Akustische Kommunikation

Springer
*Berlin
Heidelberg
New York
Barcelona
Budapest
Hongkong
London
Mailand
Paris
Santa Clara
Singapur
Tokio*

Ernst Terhardt

Akustische Kommunikation

Grundlagen mit Hörbeispielen

Mit 221 Abbildungen, 15 Tabellen
und einer DDD Audio-CD mit 31 Hörbeispielen

Springer

Prof. Dr.-Ing. Ernst Terhardt
Technische Universität München
Fachgebiet Akustische Kommunikation
Lehrstuhl für Mensch-Maschine-Kommunikation
Arcisstraße 21
D-80290 München
Email: ter@mmk.e-technik.tu-muenchen.de

Die Deutsche Bibliothek – CIP-Einheitsaufnahme

Akustische Kommunikation: Grundlagen mit Hörbeispielen / Ernst Terhardt. – Berlin; Heidelberg;
New York; Barcelona; Budapest; Hongkong; London; Mailand; Paris; Santa Clara; Singapur; Tokio:
Springer
ISBN 3-540-63408-8
Buch. 1998 Gb. CD. 1998

ISBN 3-540-63408-8 Springer-Verlag Berlin Heidelberg New York

Dieses Werk ist urheberrechtlich geschützt. Die dadurch begründeten Rechte, insbesondere die der Übersetzung, des Nachdrucks, des Vortrags, der Entnahme von Abbildungen und Tabellen, der Funksendung, der Mikroverfilmung oder der Vervielfältigung auf anderen Wegen und der Speicherung in Datenverarbeitungsanlagen, bleiben, auch bei nur auszugsweiser Verwertung, vorbehalten. Eine Vervielfältigung dieses Werkes oder von Teilen dieses Werkes ist auch im Einzelfall nur in den Grenzen der gesetzlichen Bestimmungen des Urheberrechtsgesetzes der Bundesrepublik Deutschland vom 9. September 1965 in der jeweils geltenden Fassung zulässig. Sie ist grundsätzlich vergütungspflichtig. Zuwiderhandlungen unterliegen den Strafbestimmungen des Urheberrechtsgesetzes.

© Springer-Verlag Berlin Heidelberg 1998
Printed in Germany

Die Wiedergabe von Gebrauchsnamen, Handelsnamen, Warenbezeichnungen usw. in diesem Werk berechtigt auch ohne besondere Kennzeichnung nicht zu der Annahme, daß solche Namen im Sinne der Warenzeichen- und Markenschutz-Gesetzgebung als frei zu betrachten wären und daher von jedermann benutzt werden dürften.

Zur Beachtung: Die Hörbeispiele auf der beigefügten Audio-CD sind urheberrechtlich geschützt und dürfen nicht vervielfältigt werden.

Einbandgestaltung: Struve & Partner, Heidelberg
Satz: Reproduktionsfertige Vorlage vom Autor mit Springer T_EX-Makros

SPIN: 10516451   56/3144 - 5 4 3 2 1 0 – Gedruckt auf säurefreiem Papier

Vorwort

Das vorliegende Buch ist aus meiner langjährigen Beschäftigung mit der akustischen Kommunikation in Forschung und Lehre an der Technischen Universität München entstanden. Beim Entwurf habe ich einen ganzheitlichen Ansatz verfolgt, derart, daß zumindest die wichtigsten der involvierten wissenschaftlichen Disziplinen mit etwa dem gleichen Gewicht berücksichtigt werden. Falls mir diese Ganzheitlichkeit geglückt sein sollte, könnte man darin wahrscheinlich eine Besonderheit dieses Buches im Vergleich mit anderen Werken ähnlicher Thematik sehen.

Bei der Verfolgung jenes Ansatzes ging es mir aber weniger um Originalität als vielmehr um den darin liegenden methodischen Nutzeffekt. Ich bin der Überzeugung, daß man dem wirklichen Verständnis der komplexen Zusammenhänge, welche bei der akustischen Kommunikation mit Sprache und Musik im Spiel sind, nur durch einen der Komplexität des Themas gerecht werdenden breiten Ansatz näher kommen kann. Man wird beispielsweise die Grundlagen der Wahrnehmung von Musik nicht einmal annähernd verstehen können, wenn man nicht die Wahrnehmung der Tonhöhe im Sinne einer Grundempfindung des Gehörs verstanden hat; und die Tonhöhenwahrnehmung wird man nicht verstehen, wenn man nicht profunde Kenntnisse über die physikalischen und signaltheoretischen Aspekte der musikalischen Klänge einbringt.

Aus dem ganzheitlichen Ansatz ergab sich fast von selbst, daß das Buch eher darauf angelegt ist, einschlägige Erkenntnisse und Beobachtungstatsachen unterschiedlicher Art miteinander zu verknüpfen und aufeinander zu beziehen, als darauf, angenäherte Vollständigkeit ihrer Wiedergabe zu erreichen. Mir soll es recht sein, wenn mit diesem Buch etwas entstanden ist, das "mehr ist als die Summe seiner Teile" – um es in der Sprache und Tradition der Gestaltpsychologen auszudrücken.

Unter den Menschen, denen ich in diesem Zusammenhang zu danken habe, steht mit Abstand an erster Stelle mein verstorbener Lehrer und Mentor Eberhard Zwicker. Sein Beitrag zum vorliegenden Buch geht über seine von mir herangezogenen Forschungsergebnisse weit hinaus, denn ich habe es zwar auf meine Weise, aber in seinem Geiste geschrieben.

Für Unterstützung bei der Lösung technischer Probleme und für viele hilfreiche Diskussionen danke ich meinen Mitarbeitern, vor allem den Herren

Dr.-Ing. S. Wartini, Dr.-Ing. U. Baumann, Dipl.-Ing. C. von Rücker, sowie Frau Dipl.-Ing. M. Valenzuela. Herrn von Rücker gebührt besonderer Dank für das Durchlesen des Manuskripts und für zahlreiche wertvolle Hinweise. Frau Valenzuela ist die Autorin und Sprecherin der Texte zu den Klangbeispielen, welche sich auf der beiliegenden Compact Disk befinden. Für diesen Beitrag, den sie im Rahmen ihrer Diplomarbeit leistete, gilt ihr, auch im Namen der an den Hörbeispielen interessierten Leser, mein besonderer Dank.

Ohne die Förderung meiner Forschungsarbeiten durch die Deutsche Forschungsgemeinschaft über viele Jahre hinweg wäre es mir wahrscheinlich nicht möglich gewesen, dieses Buch zu schreiben.

Den zuständigen Damen und Herren des Springer-Verlages danke ich für ihre Geduld mit einem Autor, an dessen Prognosen über den Zeitpunkt der Fertigstellung nur sicher war, daß sie niemals stimmten.

Für ihre verständnisvolle Geduld und für zahllose unschätzbar wichtige Hilfen und Entlastungen im Privaten danke ich meiner Frau.

München, Dezember 1997					*E. Terhardt*

Inhaltsverzeichnis

1. **Einführung** 1
   1.1 Die drei Welten 2
   1.2 Aspekte der Physik 5
      1.2.1 Schallquellen 6
      1.2.2 Schallübertragung 7
      1.2.3 Schallempfang 10
   1.3 Aspekte der Wahrnehmung 11
      1.3.1 Wahrnehmungen als sensorische Systemgrößen 11
      1.3.2 Hörversuche 14
      1.3.3 Die beiden Klassen von Sinnesempfindungen 15
      1.3.4 Eigenschaften prothetischer Empfindungsgrößen 16
   1.4 Aspekte der Information 21
      1.4.1 Hauptmerkmale sensorischer Information 21
      1.4.2 Information an der Peripherie sensorischer Systeme .. 23
      1.4.3 Primärkonturen als binäre Informationseinheiten 23
      1.4.4 Virtuelle Konturen 26
      1.4.5 Autonomie sensorischer Informationsverarbeitung 27
      1.4.6 Das hierarchische Prinzip 27
      1.4.7 Schema der sensorischen Informationsverarbeitung.... 28

2. **Komponenten der Audiokommunikation** 31
   2.1 Schallquellen 31
      2.1.1 Das Sprechorgan 31
      2.1.2 Musikalische Blechblasinstrumente 33
      2.1.3 Musikalische Rohrblattinstrumente 35
      2.1.4 Pfeifen und Flöten 38
      2.1.5 Musikalische Saiteninstrumente 39
   2.2 Elektroakustische Komponenten 43
      2.2.1 Mikrofone 43
      2.2.2 Lautsprecher und Kopfhörer 46
      2.2.3 Elektroakustische Schallspeicher 49
   2.3 Das Gehör 53
      2.3.1 Übersicht 53
      2.3.2 Die äußeren Teile des Hörorgans 55

2.3.3 Das Mittelohr 55
2.3.4 Das Innenohr und die Cochlea 56

3. Signal- und systemtheoretische Grundlagen 61
3.1 Signale und Systeme 61
    3.1.1 Energietorsysteme 61
    3.1.2 Potentialgrößen und Flußgrößen 63
    3.1.3 Effektivwert und Pegeldarstellung 65
    3.1.4 Nichtlinearität, Klirrfaktor und Klirrdämpfung 66
3.2 Operatorenrechnung und kausale Fourier-Transformation 67
    3.2.1 Operatorenrechnung 67
    3.2.2 Fourier-Transformation 69
    3.2.3 Zur Existenz der Fourier-Transformierten 70
    3.2.4 Kausale Fourier-Transformation CFT 71
3.3 Lineare zeitinvariante Zweitorsysteme 75
    3.3.1 Systemgleichungen und Kettenmatrix 75
    3.3.2 Kettenverbindung von Zweitorsystemen 76
    3.3.3 Umkehrung der Übertragungsrichtung 76
    3.3.4 Typen von Zweitorsystemen 77
    3.3.5 Eingangs- und Ausgangsimpedanz 77
    3.3.6 Übertragungsfunktionen 78
3.4 Zeitvariante Fourier-Transformation 78
    3.4.1 Übergang zur zeitvarianten Fourier-Transformation ... 79
    3.4.2 Einige Eigenschaften der FTT als Signal-Analysator .. 81
    3.4.3 Berechnung der FTT für Kosinusschwingungen 82
    3.4.4 Digitale FTT 84
3.5 Merkmale einiger Schallsignaltypen 86
    3.5.1 Komplexe Töne 86
    3.5.2 Sinusförmig amplitudenmodulierte Signale 88
    3.5.3 Sinusförmig frequenzmodulierte Signale 90
3.6 Periodendauer, Fourier-Spektrum, Teiltonanalyse 92
    3.6.1 Teiltonkonzept und zeitvariante Teiltonsynthese ... 92
    3.6.2 Periodenanalyse, Autokorrelation, Fourierspektrum .. 93
    3.6.3 Gehörgerechte Teiltonanalyse 95

4. Elektromechanische Systeme 99
4.1 Grundlagen der Berechnung 99
    4.1.1 Das elektromechanische Schema EMS 99
    4.1.2 Elektromechanische Entsprechungen 101
    4.1.3 Umwandlung des EMS in das entsprechende PES ... 103
4.2 Elektromechanische Elementarwandler 105
    4.2.1 Der elektrodynamische Elementarwandler 105
    4.2.2 Der piezoelektrische Elementarwandler 106
    4.2.3 Der dielektrische Elementarwandler 107
    4.2.4 Der elektromagnetische Elementarwandler 109

4.3 Der reale elektromechanische Wandler 111
        4.3.1 Kettenmatrix 112
        4.3.2 Übertragungsfunktionen des Schwingungsgebers 113
        4.3.3 Übertragungsfunktionen des Kraftwandlers 114

5. **Schallemission und Schallfelder in Luft** 117
   5.1 Die linearen Gesetze des Schallfeldes 117
   5.2 Grundtypen von Schallfeldern 120
        5.2.1 Das quasi-statische Schallfeld 120
        5.2.2 Das ebene Schallfeld 121
        5.2.3 Das Kugelschallfeld 125
   5.3 Grundtypen von Schallstrahlern 127
        5.3.1 Kugelstrahler 127
        5.3.2 Punktschallquelle 129
        5.3.3 Doppel-Punktschallquelle 129
        5.3.4 Dipolschallquelle 131
        5.3.5 Linienschallquelle 132
        5.3.6 Kreiskolbenstrahler in sehr großer Wand 133
   5.4 Schall in halligen Räumen 138
        5.4.1 Punktquelle vor einer sehr großen Wand 139
        5.4.2 Punktschallquelle in einem quaderförmigen Raum 143
        5.4.3 Kenngrößen der Raumakustik 148

6. **Lautsprecher, Kopfhörer und Mikrofone** 151
   6.1 Lautsprecher 151
        6.1.1 Der Schallwandlautsprecher 152
        6.1.2 Die Lautsprecherbox 157
   6.2 Kopfhörer 164
        6.2.1 Die akustische Übertragungsfunktion 164
        6.2.2 Die elektromechanische Übertragungsfunktion 168
        6.2.3 Die Gesamtübertragungsfunktion 171
   6.3 Mikrofone 171
        6.3.1 Die akustische Übertragungsfunktion 172
        6.3.2 Die Gesamt-Übertragungsfunktion 177

7. **Sprechvorgang und Sprachsignal** 183
   7.1 Die Schallquellen des Sprechorgans 185
        7.1.1 Die Glottis-Schallquelle 185
        7.1.2 Turbulenz-Schallquellen 187
        7.1.3 Impuls-Schallquellen 187
   7.2 Die Vokale 188
        7.2.1 Allgemeiner Ansatz 188
        7.2.2 Der Schwa-Laut 189
        7.2.3 Vokaltrakt-Kettenmatrix 190
        7.2.4 Funktionstyp der Übertragungsfunktion 192

           7.2.5 Eigenfrequenzen und Formanten 193
           7.2.6 Informationsgewicht der Formanten 195
     7.3 Nasallaute 196
     7.4 Frikativlaute 197
     7.5 Plosivlaute 198
     7.6 Weitere Merkmale des Sprachsignals 198

8. **Schallsignale der Musik** 201
     8.1 Das Tonsystem 201
     8.2 Wirkungsweise konventioneller Tonerzeuger 205
           8.2.1 Tonerzeugung auf Rohrblattinstrumenten 205
           8.2.2 Tonerzeugung auf Blechblasinstrumenten 209
           8.2.3 Tonerzeugung auf Flöten und Pfeifen 210
           8.2.4 Tonerzeugung auf Streichinstrumenten 211
           8.2.5 Anzupfen und Anschlagen von Saiten 216
     8.3 Tonsignaltypen und ihre Charakteristika 217
           8.3.1 Harmonische komplexe Töne 217
           8.3.2 Angenähert harmonische komplexe Töne 218
           8.3.3 Geringharmonische komplexe Töne 219
     8.4 Die gespreizte Intonation der Tonskala 220

9. **Grundparameter des Gehörs** 223
     9.1 Autonome Einflüsse auf die Schallsignale 224
           9.1.1 Die Freifeldübertragungsfunktion 225
           9.1.2 Die interaurale Übertragungsfunktion 225
           9.1.3 Schallquelle in der Medianebene 228
     9.2 Die Schallübertragung zum Innenohr 229
           9.2.1 Die Übertragungsfunktion des äußeren Gehörganges ... 229
           9.2.2 Die Übertragungsfunktion des Mittelohres 230
           9.2.3 Die Übertragungsfunktion des Innenohres 231
     9.3 Die Absoluthörschwelle für Sinustöne 242
           9.3.1 Dauertöne 242
           9.3.2 Tonimpulse 245
     9.4 Funktionsschema der peripheren Schallsignalübertragung 246
           9.4.1 Gehörgangresonanzen 247
           9.4.2 Cochleäre Übertragungsfunktionen 248
           9.4.3 Digitale Berechnung des PET-Systems 258
     9.5 Gehörbezogene Frequenzskalierung 260
           9.5.1 Logarithmische Skalierung 260
           9.5.2 SPINC-Skalierung 261
           9.5.3 Bark-Skalierung (Tonheit) 264
           9.5.4 ERB-Skalierung 267
           9.5.5 PET-Skalierung 267

10. Prothetische Aspekte des Hörens 271
10.1 Wahrnehmung der Schallstärke 271
    10.1.1 Intensitätsunterschiedsschwellen 271
    10.1.2 Die Lautheit 278
10.2 Wahrnehmung von Schallfluktuationen 283
    10.2.1 Absolutschwellen für Schallfluktuationen 284
    10.2.2 Unterschiedsschwellen für Schallfluktuationen ... 290
    10.2.3 Binaurale Schwebung 292
    10.2.4 Rauhigkeit und Schwankungsstärke 292
10.3 Prothetische Attribute der Klangfarbe 300
    10.3.1 Volumen 300
    10.3.2 Schärfe 301
    10.3.3 Klanghaftigkeit 303

11. Die Tonhöhe 307
11.1 Konzeptionelle Grundlagen 307
    11.1.1 Die Tonhöhenhierarchie 310
    11.1.2 Der Sinuston als Bezugsschall 312
    11.1.3 Die Tonhöhe harmonischer komplexer Töne 313
11.2 Die Spektraltonhöhe 316
    11.2.1 Existenzbedingungen 316
    11.2.2 Kontureffekte 327
    11.2.3 Tonhöhenabweichungen 329
    11.2.4 Die interaurale Tonhöhendifferenz 336
    11.2.5 Oktav- und Quintabweichung 340
    11.2.6 Zusammenfassung 344
11.3 Die virtuelle Tonhöhe 345
    11.3.1 Klänge aus wenigen Teiltönen 347
    11.3.2 Dominanz des mittleren Frequenzbereichs 349
    11.3.3 Unterschiedsschwellen 351
    11.3.4 Tonhöhenabweichungen und Teiltonspektrum .. 353
    11.3.5 Tonhöhenabweichungen bei Schallpegeländerungen 354
    11.3.6 Tonhöhenabweichungen durch Zusatzschall 356
    11.3.7 Interaurale Tonhöhendifferenz 357
    11.3.8 Oktavabweichung 358
    11.3.9 Virtuelle Tonhöhen von Geräuschen 359
11.4 Theorie 359
    11.4.1 Die Theorie der virtuellen Tonhöhe 360
    11.4.2 Andere Theorien 366

12. Klangzeitgestalt, Sprache und Musik 369
12.1 Klanggestalt 372
    12.1.1 Klangfarbe, Klanggestalt und Tonhöhe 372
    12.1.2 Erkennung 383
    12.1.3 Ähnlichkeit 392

       12.1.4 Musikalische Konsonanz 397
  12.2 Klangzeitgestalt 405
       12.2.1 Ereignisintervalle und Ereigniszeitpunkte 406
       12.2.2 Auditive Dauer von Ereignissen 410
       12.2.3 Der Kontinuitätseffekt 412
       12.2.4 Der Akzentuierungseffekt 414
       12.2.5 Bildung und Zerfall von Ereignisketten 416

Anhang 421
  A.1 Symbole, Größen und Konstanten 421
  A.2 Korrespondenzen und Rechenregeln der CFT 426
  A.3 Inhalt der Compact-Disk 428

Literaturverzeichnis 439

Sachverzeichnis 487

1. Einführung

Akustische Kommunikation spielt für Mensch und Tier eine herausragende Rolle. Anhand "der Akustik", die ihn umgibt, erkennt der Normalhörende in erheblichem Maße, in welcher Art von Umgebung er sich gerade befindet. Aus Tönen, Klängen und Geräuschen, die sein Ohr erreichen, entnimmt er – häufig unbewußt – Information darüber, was um ihn her vorgeht, ohne sich umschauen zu müssen. Die Laut-Kommunikation unter den Individuen einer Gemeinschaft ist im Tierreich ein entscheidender Faktor, weil sie mit minimalem physischem Aufwand und ohne das Erfordernis einer Sichtverbindung gepflegt werden kann. Die entsprechende Rolle spielt für den Menschen die lautsprachliche Kommunikation. Die Möglichkeit, ohne Einschränkungen des Bewegungsraums und mit freien Händen komplexe Mitteilungen austauschen zu können, hat offensichtlich enorme praktische Vorteile. Diese Vorteile müssen vom Beginn der Entwicklung der Lautsprache an, das heißt unter den primitiven Lebensbedingungen des frühen Menschen, von entscheidender Bedeutung gewesen sein. So ist es plausibel, daß in der Evolution des Menschen ein erheblicher Selektionsdruck für die Ausbildung des höchst komplexen Kommunikationsmediums gesorgt hat, welches wir Lautsprache nennen. Die Evolution der Lautsprache ist andererseits zweifellos mit derjenigen des Gehirns und seiner Intelligenz untrennbar verknüpft. Die komplizierte Lautsprache setzt hochentwickelte Gehirne voraus [565].

Die Musik – das zweite Hauptmedium der akustischen Kommunikation des Menschen – hat sich offenbar gleichzeitig mit der Sprache, und parallel zu dieser, entwickelt. Es wäre nicht erstaunlich, wenn sich herausstellen würde, daß gesangsartige – also musiktypische – Lautäußerungen des frühzeitlichen Menschen der Entwicklung der Lautsprache, wie wir sie heute kennen, *vorausgegangen* sind. Denn die frühesten Funktionen lautsprachlicher Äußerungen waren zweifellos Warn-, Aufforderungs- und Abschreckungsrufe, also jedenfalls *Rufe* [306]. Zwischen Rufen und Singen besteht aber – akustisch genommen – kein großer Unterschied. Jedenfalls sind Rufe – vor allem, wenn sie mit stufenartigen Änderungen der Tonhöhe einhergehen – kurzen Gesangsproduktionen weit ähnlicher als die lautsprachlichen Äußerungen des zivilisierten Menschen. Daher erscheint es wahrscheinlich, daß die Schreie und Rufe des frühzeitlichen Menschen nicht nur den Anfang der heutigen Lautsprachen bildeten, sondern auch den Anfang des Gesanges, welcher seinerseits als Grundlage der Musik im heutigen Sinne des Begriffes anzusehen ist. Die Bemerkung von Helmholtz [432], daß die Grundlagen der Musik im Gesang zu sehen seien, bringt diese Überlegungen auf den Punkt; sie kann wahrscheinlich dahingehend verallgemeinert werden, daß die menschliche Stimme und Sprache die Grundlage der Musik sei.

Schall – der Träger akustisch vermittelter Information – hat den praktischen Vorteil, daß er Licht entbehrlich macht und "um die Ecke geht". Für das Verständnis der Prinzipien und Mechanismen der akustischen Kommunikation bildet jedoch die Unsichtbarkeit des Schalles – die Unanschaulichkeit aller physikalischen sowie hörpsychologischen Vorgänge, die bei der akustischen Kommunikation im Spiel sind – ein gewaltiges Hindernis. Diese Schwierigkeit kann nur durch besondere Sorgfalt bei der Ausarbeitung und Anwendung abstrakter Beschreibungsweisen und gedanklicher Konzepte überwunden werden. Die folgenden konzeptionellen Erläuterungen dienen diesem Zweck.

1.1 Die drei Welten

Akustische Kommunikation ist Aussendung und Empfang von *Information* mittels *Schall* und *Gehör*. Mit dieser Formulierung sind die drei großen Erfahrungsbereiche angesprochen, denen sich überhaupt alles, was wissenschaftlich untersucht und beschrieben werden kann, zuordnen läßt. Die drei Bereiche sind diejenigen der *Physik*, der (subjektiven) *Wahrnehmung*[1] und der *Information*, vgl. Abb. 1.1. Sie entsprechen den drei "Welten", welche in der jüngeren Vergangenheit hauptsächlich von Popper und Eccles beschrieben und diskutiert wurden [746, 252, 747]. Daraus ergibt sich, daß die wissenschaftliche Auseinandersetzung mit dem Thema akustische Kommunikation einen weitgesteckten Horizont voraussetzt, welcher sehr verschiedene Fachdisziplinen umfaßt.

Abb. 1.1. Die drei Hauptbereiche ("Welten") der Erfahrung beziehungsweise Wissenschaft [746, 252, 747]

---

[1] Das Wort *Wahrnehmung* wird in diesem Buch sowohl für den *Vorgang* des Wahrnehmens, als auch gegebenenfalls für die *Produkte* jenes Vorganges – die subjektiven Repräsentationen der Außenwelt – benützt. Dies entspricht dem allgemeinen Sprachgebrauch. In der letztgenannten Bedeutung ist der Begriff Wahrnehmung synonym mit *Sinnesempfindung*.

1.1 Die drei Welten 3

Der Begriff *Physik* steht hier für alle Objekte und Vorgänge der "realen Welt", also diejenigen, welche Gegenstand der Naturwissenschaften (auch beispielsweise der Chemie) sind. Der Schall – ebenso wie andere physikalische Informationsträger, beispielsweise eine elektrische Wechselspannung – gehört dem Bereich der Physik an. Zum gleichen Bereich gehören insbesondere alle (neuro-)physiologischen Objekte und Vorgänge. Das heißt, daß auch die lebenden Organismen, in welchen sich Wahrnehmung abspielt, immer dann Gegenstand der Physik sind, wenn man ihre Struktur und Funktion mit den Methoden der Physik untersucht [429].

Der Begriff *Wahrnehmung* steht für alle Objekte und Vorgänge subjektiver beziehungsweise psychologischer Art. Jegliche Aufnahme von Information über Vorgänge in der Umgebung durch einen lebendigen Organismus wird von Wahrnehmungen begleitet; dabei spielt es eine untergeordnete Rolle, ob man dieselben im Einzelfall als bewußt oder unbewußt anzusehen geneigt ist. Für alle Wahrnehmungen ist typisch, daß sie nur dem wahrnehmenden Individuum selbst zugänglich sind; eben dies macht ihre Subjektivität aus. Typische Komponenten der *Hör*wahrnehmung des Menschen sind beispielsweise die Hörempfindungen Lautstärke (Lautheit), Tonhöhe, Rauhigkeit, und Klangfarbe.

Der Bereich der *Information* umfaßt alle Objekte und Vorgänge, die man als *abstrakt* zu bezeichnen pflegt, nämlich *das Wissen* über andere Dinge, beziehungsweise *die Bedeutung* von beobachteten oder erlebten Vorgängen. Diese Definition ist ihrerseits sehr abstrakt. Um sie zu präzisieren, bezieht man sich zweckmäßigerweise auf das typische Merkmal jeglicher Gewinnung und Verarbeitung von Information: die Entscheidung. Die Entscheidung zwischen gegebenen Alternativen ist ihrer Natur nach ein diskontinuierlicher Vorgang; er hat den Zweck, durch Analyse beziehungsweise Zusammenfassung gegebener Objekte neue Objekte zu erzeugen. Dieses Merkmal ist technischen und biologischen informationsverarbeitenden Systemen gemeinsam.

Die Gliederung des vorliegenden Buches ist an jener Dreiteilung orientiert. Das vorliegende (erste) Kapitel soll vor allem den konzeptionellen Ansatz vermitteln, welcher nach der Meinung des Autors angemessen ist. Das zweite Kapitel gibt eine Übersicht über die wichtigsten Komponenten der akustischen Kommunikation, ohne den Leser gleich besonderen physikalischen und mathematischen Anforderungen auszusetzen. Das dritte und vierte Kapitel vermitteln notwendige methodische Grundlagen in einer Form, die dem Thema des Buches angepaßt ist und in dieser Weise weder als vollständig bekannt vorausgesetzt werden kann noch durch andere Werke hinreichend abgedeckt ist. Im fünften und sechsten Kapitel werden die wichtigsten physikalischen Bedingungen behandelt, unter denen Schallsignale der akustischen Kommunikation entstehen und räumlich übertragen werden können. Kapitel sieben und acht sind den wichtigsten Eigenschaften der Schallsignale selbst gewidmet, also denen der Sprache und der Musik. Das bedeutet, daß in diesen Kapiteln die Prinzipien der *Entstehung* der Sprach- und Musiksignale im

Vordergrund stehen. Kapitel neun leitet vom Bereich der Physik zu demjenigen der Hörwahrnehmung über. Darin werden die Grundeigenschaften und -parameter des Gehörs teils auf physikalischer, teils auf psychoakustischer Basis dargestellt. Kapitel zehn behandelt die mehr oder weniger klassischen Aspekte der akustischen Psychophysik, nämlich die Unterschiedsschwellen und die Empfindungsfunktionen der prothetischen Hörattribute. Das elfte Kapitel ist der Tonhöhenwahrnehmung gewidmet. Weil – wie sich herausgestellt hat – die Tonhöhe in ihren verschiedenen Erscheinungsformen der wichtigste und vorherrschende Träger akustischer Information ist, wird sie entsprechend ausführlich behandelt. Damit wird eine wesentliche Grundlage geschaffen für das Thema des zwölften und letzten Kapitels, die Wahrnehmung der komplexen Klangzeitmuster von Sprache und Musik.

Auf ein großes Teilgebiet der auditiven Informationsaufnahme kann in diesem Rahmen nicht eingegangen werden, nämlich auf dasjenige der Kooperation der beiden Ohren und des räumlichen Hörens. Zum einen ist der dazugehörige Stoff so umfangreich und komplex, daß seine Darstellung den Rahmen dieses Buches sprengen würde; vgl. Blauert [96, 97]. Zum anderen ist der Forschung die Integration dieses Teilgebiets in den im vorliegenden Buch dargestellten Grundlagenbereich des Hörens bisher noch nicht in dem Maße gelungen, welches zur einheitlichen Darstellung des Gesamtgebiets erforderlich ist.

Eine gründliche Darstellung der physikalischen Voraussetzungen der akustischen Kommunikation ist hauptsächlich aus folgenden beiden Gründen erforderlich. Erstens – und dies ist nicht schwer zu erkennen – gehören zur akustischen Kommunikation die *Schallquellen* (Stimme, Musikinstrumente, Sonstige) sowie die *Übertragungsstrecken* der Audiosignale (Schallfelder, elektroakustische Strecken, peripheres Gehör), und diese sind nun einmal physikalisch-technischer Art. Zweitens – und dies ist nicht auf den ersten Blick offensichtlich – stellt ein möglichst weitreichendes Wissen über die physikalischen Voraussetzungen des Hörens nicht nur eine Grundvoraussetzung für die Untersuchung der Hörwahrnehmung dar, sondern es bildet darüber hinaus eine ergiebige Quelle von Information über die Funktionsweise des Gehörs selbst.

Letzteres ergibt sich daraus, daß man im Hinblick auf die Wirkungsweise der biologischen Evolution davon auszugehen hat, daß das Gehör der Säugetiere – also auch des Menschen – in höchstem Maße an gewisse vorgegebene und langfristig gleichbleibende physikalische Voraussetzungen des Hörens angepaßt ist. Das zentrale Prinzip der biologischen Evolution besteht darin, daß genetisch übertragbare Eigenschaften dann bevorzugt an die folgenden Generationen weitergegeben, also herausgezüchtet werden, wenn sie die statistische Wahrscheinlichkeit dafür erhöhen, daß es unter gegebenen Umweltbedingungen zur Weitergabe (Fortpflanzung) kommt. Wie beispielsweise Lorenz [564] hervorgehoben hat, ist dieser Vorgang dem *Lernen durch Versuch und Irrtum* völlig äquivalent. Im Ergebnis kann man die existierenden Lebewesen als organische "Spiegelbilder" der physikalischen Bedingungen ansehen, unter denen sie sich entwickelt haben [1017, 564, 152, 576, 746, 565].

1.2 Aspekte der Physik

Die Komponenten, welche im allgemeinen an der akustischen Kommunikation beteiligt sind, weisen hohe physikalische Komplexität und enorme Vielfalt auf. Zur Illustration ist in Abb. 1.2 die Übertragung einer Stimme über eine Rundfunkstrecke dargestellt, und zwar unter Einbeziehung des Sprechorgans des Sprechers sowie des Hörorgans des Hörers.

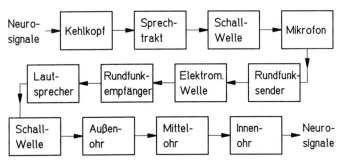

Abb. 1.2. Schema der physiologischen, physikalischen und technischen Komponenten, welche an der Übertragung einer Stimme aus dem Rundfunkstudio zum Radiohörer beteiligt sind

Information wird durch physikalische Wirkungen übertragen, und diese werden in der Regel durch zeitabhängige physikalische Größen wie beispielsweise Schalldruck, elektrische Spannung, mechanische Kraft und elektrische Feldstärke beschrieben. Handelt es sich um *räumliche* Übertragung von Information – der vorherrschende Fall – dann nimmt die Information denselben Weg von der Quelle zum Empfänger wie die übertragene Energie – unabhängig davon, daß die unausbleiblichen Energieverluste gegebenenfalls durch Verstärker (also relaisartig) ausgeglichen werden. Die physikalischen Details der beteiligten Komponenten ebenso wie die physikalische Natur der beteiligten Schwingungsgrößen sind für die Beschreibung und das Verständnis der informationsrelevanten Aspekte unerheblich, so daß nach Möglichkeit von ihnen abstrahiert wird. Die Abstraktion sowohl der Komponenten als auch der in ihnen wirksamen Schwingungsgrößen geschieht mit Hilfe des Konzepts der Systemtheorie. Das heißt, die Eigenschaften der Komponenten werden nicht durch Angabe ihres Aufbaus im Einzelnen spezifiziert, sondern durch Angabe der funktionalen Zusammenhänge, welche zwischen den Schwingungsgrößen an ihren Ein- und Ausgangstoren bestehen. Weiterhin wird nach Möglichkeit auch von der physikalischen Natur der Schwingungsgrößen abstrahiert, weil es häufig nicht von Interesse ist, ob es sich beispielsweise um eine elektrische Spannung, eine mechanische Kraft, oder einen Schalldruck handelt. Schwingungsgrößen im derart verallgemeinerten Sinn werden als *Signale* bezeichnet.

Diejenigen Teilsysteme und Signale, deren Verhalten *linearen* Gesetzmäßigkeiten unterliegt, können mit den Methoden der Theorie der linearen Systeme [535, 686] übersichtlich und verhältnismäßig einfach beschrieben werden. Die an der Audiokommunikation beteiligten technischen Übertragungssysteme sind in der Tat in aller Regel in hohem Maße linear. Das hängt damit zusammen, daß sie an das Gehör als dem Empfänger der Audiosignale angepaßt sind. Das Gehör ist gegen nichtlineare Verzerrungen sehr empfindlich, weil diese die akustische Information verfälschen [301, 396]. Weitgehende Linearität der technischen und physikalischen Übertragungssysteme der akustischen Kommunikation ist daher eine wesentliche Voraussetzung für deren Brauchbarkeit.

In welchem Sinne Nichtlinearität eines Systems die Information verfälscht, kann man leicht am Beispiel der Wirkung nichtlinearer Verzerrung bei der Übertragung eines Zweiklangs aus Sinustönen erkennen. Durch nichtlineare Verzerrung entsteht unter anderem ein *Differenzton*. Dieser macht aus dem Zweiklang einen Dreiklang.

Die Tatsache, daß drastische nichtlineare Verzerrung eines einzelnen Sprachsignals dessen Verständlichkeit im allgemeinen nur mäßig reduziert [555, 552, 742], steht nicht im Widerspruch zu der Feststellung, daß durch nichtlineare Verzerrung die akustische Information verfälscht wird. Diese Tatsache ist vielmehr als ein Zeichen dafür anzusehen, mit welch enormer Flexibilität und Leistungsfähigkeit das Gehör das Spektral-Zeitmuster komplexer Schallsignale auswertet [4, 139].

1.2.1 Schallquellen

Die in der akustischen Kommunikation wichtigen und typischen Schallquellen sind dadurch gekennzeichnet, daß ein schwingungsfähiger Körper oder Luftraum vorhanden ist (ein *Resonator*), welcher durch einen energiezuführenden Oszillatormechanismus, den *Generator*, zu Schwingungen angeregt wird. Die Energiezufuhr erfolgt in der Regel entweder über ein mechanisch-akustisches Wirkungsprinzip derart, daß stationäre (andauernde) Schwingungen möglich sind; oder sie erfolgt einmalig und impulsartig, das heißt, durch einen Stoß oder Schlag. Daraus ergeben sich zwei fundamental verschiedene Klassen von Schallquellen (Abb. 1.3). Beispiele für Quellen der ersten Klasse sind die menschliche Stimme, sämtliche Blasinstrumente der Musik und die musikalischen Streichinstrumente. Beispiele für Quellen der zweiten Klasse sind der Schmiedehammer; das mit einem Prüfhammer akustisch geprüfte Werkstück; die Glocke; das Schlagzeug; das Klavier; die Gitarre.

Die Schallsignale, welche von Quellen der beiden Klassen ausgehen, unterscheiden sich in wichtigen Eigenschaften. Aus physikalischen und anderen Gründen sind die Schallsignale der ersten Klasse nicht nur stationär, sondern auch periodisch. Das bedeutet, daß ihr Teiltonspektrum aus *Harmonischen* besteht, das heißt, Sinusschwingungen, deren Frequenzen ganzzahlige Vielfa-

1.2 Aspekte der Physik

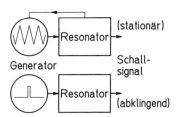

Abb. 1.3. Die beiden Hauptklassen von Schallquellen. Quellen der ersten Klasse (oben) erzeugen stationäre, periodische Schallschwingungen. Bei vielen – jedoch nicht allen – Quellen dieser Klasse gibt es eine Rückwirkung des Resonators auf den Generator (rückwärtsgerichteter Pfeil). Quellen der zweiten Klasse (unten) erzeugen Schallschwingungen, welche aus den abklingenden Eigenschwingungen des Resonators zusammengesetzt sind

che der ersten Harmonischen (der *Grundschwingung*) sind.[2] Diese Eigenschaft wird durch den Generator hergestellt, und die Übertragung des Generatorsignals durch das als Resonator bezeichnete lineare System (Abb. 1.3 oben) ändert daran nichts. Zahlreiche Merkmale des erzeugten Schallsignals werden bei den Quellen dieser Klasse somit durch den Generator festgelegt; der Resonator fügt ihnen im allgemeinen weitere Merkmale hinzu – insbesondere durch Klangfärbung (Änderung des Fourierspektrums) des Generatorsignals. Die Überlagerung von informationstragenden Merkmalen des Generatorsignals mit solchen des Resonators findet in höchst ausgeprägtem Maße in der menschlichen Stimme statt.

Demgegenüber werden die Signalmerkmale bei den Quellen der zweiten Klasse überwiegend durch den Resonator bestimmt. Das durch einen mechanischen Impuls angeregte, als Resonator bezeichnete lineare System "antwortet" mit einem Schallsignal, welches aus den abklingenden sinusförmigen Eigenschwingungen des Systems zusammengesetzt ist. Deren Frequenzen werden durch Form, Abmessungen und Material des Resonatorsystems bestimmt und stehen im allgemeinen nicht im Verhältnis kleiner ganzer Zahlen. Somit enthält der Schall, welcher durch Impulsanregung eines zu Schwingungen fähigen Körpers erzeugt wird, ein hohes Maß an Information über dessen spezifische Eigenschaften. Dies ist der Grund dafür, daß man Werkstücke, Porzellan- und Glasgefäße, Bauteile von Musikinstrumenten und viele andere Arten von Objekten durch Anklopfen und Abhören des entstehenden Schalls im Hinblick wichtige Merkmale beziehungsweise versteckte Fehler überprüfen kann.

1.2.2 Schallübertragung

Aus den erwähnten Gründen haben die Übertragungsstrecken der akustischen Kommunikation, so verschiedenartig sie physikalisch auch beschaffen sein mögen, die Eigenschaft miteinander gemeinsam, daß sie weitgehend *lineares* Verhalten aufweisen. Die Übertragungseigenschaften einer linearen Strecke werden vollständig durch ihre Übertragungsfunktion beziehungsweise ihre

---
[2] Eine experimentelle Verifikation dieser Tatsache wurde kürzlich von Brown [132, 131] vorgenommen.

Impulsantwort gekennzeichnet [535]. Die Übertragungsfunktion beschreibt, wie die Fourier-Komponenten des Quellensignals auf dem Weg zum Empfangsort nach Betrag und Phase verändert werden. Die Impulsantwort gibt das Ausgangssignal der Strecke an für den Fall, daß das Eingangssignal aus einem einzelnen Einheitsimpuls(Dirac-Stoß) besteht.

Schallfelder sind in einem naheliegenden Sinne die natürlichsten Übertragungsstrecken. In den meisten Fällen bewirken die Übertragungsfunktionen gerade von Schallfeld-Übertragungsstrecken besonders drastische Änderungen der Amplituden und Phasen der Fourier-Komponenten der Quellensignale.

Unabhängig davon, ob der natürliche Fall des Hörens im freien Schallfeld vorliegt, oder ob die Schallquellensignale auf irgend eine andere Weise den Ohren zugeleitet werden, kann man die physikalischen Bedingungen der Hörwahrnehmung von Schallquellensignalen durch das Schema Abb. 1.4 beschreiben. Weil die Amplituden und Phasen der Fourier-Komponenten der Quellsignale auf dem Weg zu den Ohren zumeist Änderungen drastischen Ausmaßes erfahren, erhebt sich die Frage, welche Merkmale der Quellsignale es sind, die in solchem Maße erhalten bleiben, daß eine getreue Hörwahrnehmung der akustischen Eigenschaften der Quellen möglich ist.

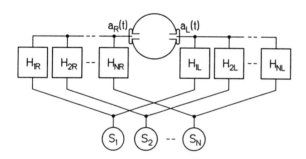

Abb. 1.4. Allgemeines Schema der Beschallung des Gehörs durch eine Anzahl N von Schallquellen. $a_R(t)$ und $a_L(t)$ sind die beiden Ohrsignale. H_{1R}-H_{NL} sind Übertragungsfunktionen linearer Systeme, nämlich der Schallübertragungswege von den Quellen zu den Ohren

Dieser Frage wird zu selten die ihr gebührende Beachtung geschenkt. Es ist nicht selbstverständlich, daß beispielsweise die im Konzertsaal sitzenden Zuhörer in der Lage sind, die klanglichen Nuancen der Interpretation eines in beträchtlicher Entfernung auf dem Podium stehenden Solisten zu beurteilen. Die Frage, auf welche Weise und in welchem Maße die *physikalischen* Voraussetzungen dafür erfüllt sind, daß dem Ohr des Zuhörers die nötige akustische Information überhaupt zur Verfügung steht, ist von zentraler Bedeutung. Wenn man akustische Kommunikation verstehen will, kann man nicht umhin, sich solche Gedanken zu machen. Eine qualitative Überlegung, welche ein Licht auf die Sache wirft, ist die folgende.

Ein Schallquellensignal beliebiger Art kann man sich aus sinusförmigen Teilsignalen (Teiltönen) zusammengesetzt vorstellen. Jeder einzelne dieser Teiltöne wird durch genau drei Parameter gekennzeichnet: Frequenz, Amplitude und Phase. Das Fourier-Theorem sagt aus, daß es stets eine Zusammensetzung aus *stationären* Teiltönen gibt, also solchen, deren Frequenzen, Amplituden und Phasen über einen beliebig langen Zeitraum fest sind. Es gibt aber auch beliebig viele andere Teilton-Zusammensetzungen eines gegebenen Quellsignals, wenn man die Frequenzen, Amplituden und Phasen der Teiltöne *zeitvariabel* ansetzt. Wählt man die zeitvariablen Teiltöne so, daß die zeitlichen Änderungen der drei Parameter relativ langsam erfolgen, dann kann man die Signalübertragung über ein lineares System näherungsweise so beschreiben, als ob die Teiltöne stationär wären.

Mathematisch läßt sich dies folgendermaßen formulieren. Das Quellsignal $s(t)$ sei formal aus N zeitvariablen Teiltönen in der Form

$$s(t) = \sum_{n=1}^{N} \hat{p}_n(t) \cos[\omega_n(t) \cdot t + \varphi_n] \tag{1.1}$$

zusammengesetzt, wobei die zeitvariable Amplitude $\hat{p}_n(t)$ und die Kreisfrequenz $\omega_n(t)$ der einzelnen Teiltöne sich nur relativ langsam ändern mögen. Dann entsteht nach der Übertragung dieses Signals über eine Strecke mit der komplexen Übertragungsfunktion

$$H(\omega) = |H(\omega)| e^{j\Phi(\omega)} \tag{1.2}$$

näherungsweise das zugehörige Ohrsignal

$$a(t) = \sum_{n=1}^{N} |H(\omega_n)| \hat{p}_n(t) \cos[\omega_n(t) \cdot t + \varphi_n + \Phi(\omega_n)] \tag{1.3}$$

(vgl. Abb. 1.4). Gleichung (1.3) besagt, daß das Ohrsignal $a(t)$ aus den gleichen Teiltönen zusammengesetzt ist, wie das Quellsignal (1.1), wobei insbesondere die zeitvariablen Frequenzen der Teiltöne unverändert bleiben. Die zeitvariablen Teiltonamplituden des Ohrsignals unterscheiden sich von den entsprechenden Amplituden des Quellsignals um den Faktor $|H(\omega_n)|$, und die Phasen des Ohrsignals unterscheiden sich von den entsprechenden Phasen des Quellsignals um den Betrag $\Phi(\omega_n)$.

Unter der Voraussetzung relativ langsam vonstatten gehender Änderungen von Frequenzen und Amplituden sind damit die übertragungsresistenten und in diesem Sinne *robusten* Parameter der Quellsignale identifiziert: Es sind dies die Frequenzen der zeitvariablen Teiltöne. Die Robustheit der Teiltonfrequenzen gegenüber den Einflüssen der Übertragungsstrecke ist es, welche es dem Zuhörer hauptsächlich ermöglicht, die Intonation, die Klangfarben und andere Charakteristika dargebotener Musik zu beurteilen. Entsprechendes gilt für die Darbietung von Sprache.

Die Voraussetzung für die Zulässigkeit des Ansatzes (1.1) – langsame Änderung von Frequenzen und Amplituden – ist in der akustischen Kommunikation meist in hohem Maße erfüllt. Es ist im wesentlichen das Gehör, welches wie ein zeitvarianter Fourier-Analysator eine Zerlegung des Schallsignals in zeitvariante Teiltöne vornimmt und so aus der mathematisch möglichen beliebig großen Anzahl verschiedener Zusammensetzungen eine bestimmte auswählt. Die Zeitauflösung des auralen Fourier-Analysators liegt im Mittel bei wenigen Millisekunden; die Frequenzen und Amplituden der meisten Quellsignale der Audiokommunikation ändern sich in derart kurzen Zeitintervallen nicht wesentlich.

1.2.3 Schallempfang

Der natürliche Empfänger akustischer Signale ist das Gehör. Es hat zwei physikalische Eingangstore, nämlich die beiden Trommelfelle (Abb. 1.4). Alle Information über das Geschehen in der Umgebung leitet das Gehör aus den Schwingungen der beiden Trommelfelle ab, welche ihrerseits mit den Schalldruckschwingungen in den Gehörgängen in einem zwangsläufigen Zusammenhang stehen. Als die maßgeblichen Eingangssignale des Gehörs, die sogenannten Ohrsignale, kann man daher auch die beiden Schalldrucksignale vor den Trommelfellen ansehen.

Die gesamte innere (subjektive) Abbildung der Umwelt, welche das Gehör vermittelt, entsteht aus den beiden Ohrsignalen. Wie Abb. 1.4 illustriert, sind in den beiden Ohrsignalen die Beiträge sämtlicher Schallquellen einander überlagert. Da die Übertragungsstrecke in aller Regel die Eigenschaft der Linearität hat, ist jene Überlagerung *ungestört*, was nichts anderes bedeutet, als daß jedes Ohrsignal die mathematische Summe derjenigen Teilsignale darstellt, welche jede Quelle unter sonst gleichen Bedingungen für sich allein im Gehörgang hervorrufen würde.

Unter natürlichen Bedingungen ist das Gehör in gewissem Maße in der Lage, die Schallquellen subjektiv getrennt zu repräsentieren. Dies ist eine höchst bemerkenswerte Leistung, denn vom physikalischen Standpunkt aus ist die Überlagerung der Teilsignale der Quellen in den Ohrsignalen im Prinzip unumkehrbar. Dies bedeutet, daß der physikalische Input des Gehörs grundsätzlich und sehr weitgehend *unbestimmt* ist. Eine bestimmte subjektive Repräsentation der akustischen Umwelt wird (nahezu) ausschließlich durch die beiden Ohrsignale festgelegt; wie diese tatsächlich physikalisch erzeugt werden, spielt keine oder höchstens eine untergeordnete Rolle.

Die Situation wurde von Bregman [115] durch ein einleuchtendes Bild gekennzeichnet. Bregman illustriert die dem Gehör zur Verfügung stehende Informationsmenge darüber, was akustisch in der Umgebung geschieht, mit dem Wellenbild auf dem Wasser zweier kleiner Buchten eines Sees. Die Aufgabe, aus den beiden vergleichsweise winzigen Ausschnitten des gesamten Wellenbildes darauf zu schließen, durch welche Winde, Schiffe und Schwimmer auf dem See sie hervorgerufen wurden, ist offensichtlich extrem schwierig und weder vollständig noch eindeutig lösbar. Der Vergleich mit den akustischen Bedingungen der auditiven Informationsaufnahme erscheint nicht übertrieben.

Die grundsätzliche Unbestimmtheit der Ohrsignale ist zum einen die Grundlage dafür, daß man dem Gehör Sprache, Musik und sonstige informationshaltige akustische Signale *indirekt*, beispielsweise mit elektroakustischen

Mitteln, zuleiten kann (Telefon, Rundfunk- und Fernsehgerät, Stereoanlage). Zum anderen ergibt sich aus ihr zwingend eine wichtige Erkenntnis über die prinzipielle Arbeitsweise des Gehörs. Es ist von vorn herein als inadäquat anzusehen, das Gehör als so etwas ähnliches wie ein Meßgerät für physikalische Schallparameter zu betrachten – beispielsweise für die Schallintensität (welche sich hauptsächlich in der Lautstärkeempfindung abbildet), und die Frequenz (welche als Tonhöhenempfindung in Erscheinung tritt). Vielmehr ist davon auszuehen, daß das Gehör darauf angelegt ist, die Ohrsignale *aktiv* zu *interpretieren* und dabei umfangreiches Wissen einzusetzen, nämlich das Wissen darüber, wie bestimmte Ohrsignale unter natürlichen Bedingungen normalerweise entstehen. Dazu gehört darüber hinaus umfangreiches Wissen über die typischen Merkmale der natürlichen Schallquellen selbst.

1.3 Aspekte der Wahrnehmung

Wahrnehmungen sind etwas anderes als die neurophysiologischen Vorgänge im Gehirn, welche mit ihnen einhergehen. Von Beziehungen zwischen neurophysiologischen Zuständen und Vorgängen einerseits und subjektiven Wahrnehmungen andererseits kann man logisch nur unter der Voraussetzung sprechen, daß man Wahrnehmungen und neurophysiologische Vorgänge von vorn herein konsequent als verschiedenartig betrachtet. Letzteres geschieht durch die Zuordnung zum Bereich der Physik einerseits und demjenigen der Wahrnehmung andererseits. Die Wissenschaft von den Zusammenhängen zwischen den physikalischen Parametern wahrgenommener Stimuli und den damit zusammenhängenden Wahrnehmungen wird Psychophysik genannt.

Um die Beziehungen zwischen physikalischen und (neuro-)physiologischen Vorgängen einerseits und den Wahrnehmungen andererseits zu erforschen, muß man die Wahrnehmungen als solche registrieren, beschreiben und, wenn möglich, messen. Geschieht dies durch Selbstbeobachtung, haben die Wahrnehmungen den Charakter realer Objekte beziehungsweise Vorgänge, und zwar im höchst möglichen Maße. Sie haben diesen Charakter jedoch allein für das wahrnehmende Individuum selbst. Daher ist ihre Eignung dafür, Gegenstand der exakten Wissenschaft zu sein, nicht ganz zu Unrecht umstritten.

1.3.1 Wahrnehmungen als sensorische Systemgrößen

Für die wissenschaftliche Psychophysik ist ein Konzept der Wahrnehmungen von Bedeutung, welches von vorn herein darauf angelegt ist, ohne deren unmittelbare Verifikation auszukommen. Ein Beobachter beziehungsweise experimentell forschender Psychophysiker hat die Möglichkeit, auf die Wahrnehmungen eines Individuums (einer Versuchsperson) indirekt zu schließen, und zwar aus deren Reaktionen, welche innerhalb einer sinnvoll erscheinenden Zeit auf kontrolliert dargebotene Stimuli erfolgen. Die Wahrnehmungen haben in diesem Konzept den Charakter theoretischer Systemgrößen.

Dieses Verfahren unterscheidet sich bei Licht besehen überhaupt nicht von den bewährten und anerkannten Verfahrensweisen der Physik. Beispielsweise schließt die Physik seit Newton aus den beobachteten Bewegungen der Himmelskörper, daß in der Umgebung einer Masse ein Gravitationsfeld existiere. Das Gravitationsfeld kann man aber einzig und allein anhand der Wirkungen festellen und messen, welche es auf materielle Körper (Massen) hat. Daher stellt das Gravitationsfeld als solches weit eher ein theoretisches Beschreibungsmittel für jene Wirkungen dar, als eine selbständige Realität. Entsprechendes gilt beispielsweise für das elektromagnetische Feld.

Mit den subjektiven Wahrnehmungen verhält es sich analog: Sie können (vom außenstehenden Beobachter) nicht unmittelbar gemessen werden. Dennoch ist es sinnvoll, ihr Vorhandensein anzunehmen und ihnen auf Grund von Beobachtungen des Verhaltens beziehungsweise der Reaktionen des wahrnehmenden Individuums bestimmte Eigenschaften, Merkmale und quantitative Werte zuzuschreiben. Unter diesem Gesichtspunkt sind sowohl die Wahrnehmungen als solche als auch deren Erforschung ebenso naturwissenschaftlich legitim wie irgend ein Beschreibungssystem der Physik.

Weder die Selbstbeoachtbarkeit von Wahrnehmungen noch deren Bestimmbarkeit und Meßbarkeit im soeben erläuterten Sinne können ernsthaft bezweifelt werden. Dennoch wird die Messung von Wahrnehmungen unter dem Gesichtspunkt der Wissenschaftlichkeit häufig als ein recht zweifelhaftes Unterfangen angesehen, weil man die Ergebnisse für grundsätzlich unzuverlässig hält. Es lohnt sich, dem Grund für diesen Vorbehalt nachzugehen.

Man gebraucht im Zusammenhang mit der Untersuchung von Wahrnehmungen das Attribut *subjektiv* häufig synonym für *unzuverlässig, willkürlich*. Diese Auffassung ist aber in mehrfacher Hinsicht fehl am Platze. Die Streuung der Meßergebnisse eines psychophysikalischen Versuchs ist häufig nicht wesentlich größer als diejenige der physikalischen Parameter der dargebotenen Stimuli. Beispielsweise kann man den Schalldruckpegel am Trommelfell einer Versuchsperson nur mit sehr erheblichem Aufwand genauer messen als auf $\pm 0,5$ dB. Die Genauigkeit, mit welcher eine Versuchsperson beispielsweise die Gleichheit der Lautheiten zweier aufeinanderfolgender Töne auditiv feststellen kann, beträgt etwa ± 1 dB. Die letztere "subjektiv" bedingte Unsicherheit des Meßergebnisses ist also zwar höher als die rein physikalische, jedoch ist sie weder um Größenordnungen noch gar grundsätzlich von jener verschieden. Im übrigen ist leicht einzusehen, daß es eine Grundvoraussetzung jedes psychophysikalischen Experiments darstellt, daß die Genauigkeit, mit welcher die Stimuli spezifiziert werden können, deutlich höher ist als die Streuung der auf subjektivem Urteil beruhenden Meßdaten.

Des weiteren wird das Ausmaß des willkürlichen Entscheidungsspielraums, den eine Versuchsperson in einem zweckmäßig angelegten psychophysikalischen Experiment hat, von unerfahrenen Personen meist weit überschätzt. Sogar die Gefahr, daß eine Versuchsperson den Versuchsleiter absichtlich mit falschen Aussagen in die Irre führt, ist in der Regel schon deshalb sehr gering, weil dies anhand voneinander abweichender Reaktionen auf ein und denselben Stimulus meist rasch auffallen würde.

Im übrigen ergibt sich aus dem oben begründeten hohen Maß von Anpassung der sensorischen Systeme an die Erfordernisse der Informationsgewinnung auch logisch, daß der Spielraum einer Versuchsperson, zu hören oder zu sehen "was sie will" nur gering sein kann. Wenn die Sinneswahrnehmungen so unzuverlässig, unbestimmt und dehnbar wären, wie dies bei oberflächlicher Betrachtung des Problems leicht unterstellt wird, dann könnten sie ihre natürliche Aufgabe nicht erfüllen. Zumindest bezüglich jener Leistungen, welche der natürlichen Aufgabe eines sensorischen Systems entsprechen, ist im Gegenteil ein hohes Maß an Präzision und Zuverlässigkeit der Wahrnehmung zu erwarten.

Allerdings hat das Mißtrauen bezüglich der Zuverlässigkeit subjektiver Wahrnehmungen, zu welchem man intuitiv neigt, auch einen verständlichen Grund. In einem anderen Sinne sind nämlich Sinneswahrnehmungen in der Tat grundsätzlich unzuverlässig, und zwar in Bezug darauf, ob das, was sie besagen, auch der physikalischen Realität entspricht. Bezüglich der *auditiven* Wahrnehmung ist diese Feststellung gleichbedeutend mit der im Abschnitt 1.2.3 erläuterten physikalischen Unbestimmtheit der Ohrsignale.

Schaut man in einen großen Spiegel, so teilt einem die visuelle Wahrnehmung mit, daß man sich selbst seitenverkehrt gegenüberstehe. Hört man sich die Kunstkopfaufnahme eines Sinfoniekonzerts über Kopfhörer an, so besagt die Hörwahrnehmung – für sich genommen völlig überzeugend –, daß man sich in demjenigen Konzertsaal und an derjenigen Stelle darin befinde, wo die Aufnahme gemacht wurde – und daß das Orchester soeben die Sinfonie aufführe. Beim Telefonieren vermittelt die Hörwahrnehmung – für sich genommen – den Eindruck, daß der Gesprächspartner einem unmittelbar ins Ohr spreche.

Man hat also recht, wenn man die Wahrnehmungen bezüglich ihrer korrekten Repräsentation der tatsächlich vorliegenden Realität für unzuverlässig hält. Man hat aber unrecht, wenn man diese Unzuverlässigkeit der "Subjektivität" der Wahrnehmungen zur Last legt. Die soeben beschriebene Art der Unzuverlässigkeit ist vielmehr auf die Unzuverlässigkeit zurückzuführen, mit welcher schon der Stimulus gerade eines komplexen Fernsinnesorgans wie des Auges und des Gehörs grundsätzlich behaftet ist.

Wenn auf der Retina des Auges ein bestimmtes Netzhautbild entworfen wird, entsteht eine dazugehörige visuelle Wahrnehmung, und zwar weitestgehend unabhängig davon, auf welche Weise das betreffende Netzhautbild tatsächlich zustandekommt. Die Wahrnehmung, welche das visuelle System daraus bildet, ist darauf angelegt, diejenige Wirklichkeit widerzuspiegeln, welche *normalerweise*, das heißt unter gewohnten physikalischen Bedingungen, zu jenem Netzhautbild führen würde. Wenn jene Bedingungen unter Beibehaltung des Netzhautbildes durch andere ersetzt werden – beispielsweise mit Hilfe von Spiegeln, Prismen und Linsen – so entsteht dieselbe Wahrnehmung wie unter natürlichen Bedingungen, und damit eine Diskrepanz zwischen Wahrnehmung und Wirklichkeit.

Analog ist es bei der Hörwahrnehmung. Ein bestimmtes Paar von Ohrsignalen (Schalldrucksignale an den Trommelfellen) erzeugt eine Hörwahrnehmung, welche so zuverlässig wie irgend möglich diejenigen physikalischen Bedingungen widerspiegelt, unter denen die betreffenden Ohrsignale beim natürlichen Hören im freien Schallfeld zustandekommen. Werden dieselben Ohrsignale in Wirklichkeit auf andere Art erzeugt – beispielsweise durch Kopfhörerwiedergabe – so bleibt die Hörwahrnehmung im wesentlichen dieselbe und entspricht somit nicht mehr der Wirklichkeit. Denn physikalisch ist im letzteren Beispiel der Kopfhörer die einzige vorhandene Schallquelle.

Offensichtlich kann die physikalische Unbestimmtheit der Stimuli in vielen Lebenssituationen zu einem Widerspruch zwischen Wahrnehmung und Wirklichkeit führen. Das daraus entstehende Problem wird im täglichen Leben normalerweise dadurch gelöst oder zumindest reduziert, daß man Information über die umgebende Wirklichkeit mit mehreren Sinnesorganen zugleich aufnimmt und die verschiedenen Wahrnehmungen optimal interpretiert.

1.3.2 Hörversuche

Zur Bestimmung der Hörwahrnehmungen einer Versuchsperson wird diese unter möglichst gut spezifizierten physikalischen Bedingungen einer Folge von Testschallen ausgesetzt, und sie wird verbal darüber instruiert, worauf sie achten soll und auf welche Art sie anschließend über ihre Hörwahrnehmung eine Aussage machen soll. Diese Aussage besteht häufig einfach im Betätigen eines Schalters, welcher die Auswahl zwischen zwei Möglichkeiten erlaubt. Zwei typische Arten der Schalldarbietung und -Spezifikation sind in Abb. 1.5 illustriert.

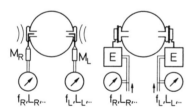

Abb. 1.5. Zwei typische Arten der kontrollierten Schalldarbietung bei Hörversuchen. Links: Freifeld-Darbietung mit Messung der Ohrsignale. M_R, M_L Sondenmikrofone. Rechts: Schalldarbietung über frequenzgangentzerrte, geeichte Kopfhörer. E Frequenzgang-Entzerrer

Um verallgemeinerungsfähige Ergebnisse zu erhalten, ist es erforderlich, die physikalischen Darbietungsbedingungen und den Stimulus – die beiden Ohrsignale – möglichst genau zu spezifizieren. Erfolgt die Darbietung der Testschalle im freien Schallfeld, dann muß erstens die Art des Schallfeldes, welches bei Abwesenheit der Versuchsperson vorhanden ist, bekannt sein (z.B. ebenes Feld, Kugelfeld, diffuses Feld) und zweitens müssen die Ohrsignale gemessen werden (Abb. 1.5 links). Weil dieses Verfahren aufwendig und für die Versuchsperson unbequem ist, wird sehr häufig die in Abb. 1.5 rechts illustrierte Darbietungstechnik angewandt. Die Ohrsignale werden durch Kopfhörer erzeugt, und diese werden – meist unter Verwendung eines Frequenzgangentzerrers – so geeicht, daß die Ohrsignale als hinreichend genau bekannt anzusehen sind. Eine häufig verwendete Variante besteht darin, daß man die Kopfhörer so eicht, daß die erzeugten Ohrsignale denen der Freifelddarbietung im ebenen Schallfeld äquivalent sind [103, 1125, 1026, 823].

1.3.3 Die beiden Klassen von Sinnesempfindungen

An der Peripherie fast jeden sensorischen Systems befindet sich eine große Anzahl örtlich verteilter Rezeptoren. Beim Auge sind dies die Stäbchen und Zäpfchen der Retina; beim Ohr die Haarzellen des Corti'schen Organs in der Schnecke. Der adäquate Reiz jenes Rezeptorfeldes hat also stets zwei Hauptaspekte, nämlich denjenigen des Ortes, an welchem er wirkt, und die Stärke, mit welcher er wirkt. Beim Auge entspricht wegen der optischen Abbildung der örtlichen Verteilung der Stimulusintensität die örtlich/räumliche Verteilung der umgebenden Dinge, von welchen Licht ausgeht beziehungsweise reflektiert wird. Beim Ohr entspricht der örtlichen Stimulusverteilung im wesentlichen die Frequenz beziehungsweise Frequenzlage der Schallintensitätsanteile gemäß der Fourier-Zerlegung des Ohrsignals.

Diesen beiden Hauptaspekten des Stimulus entsprechen zwei Klassen von Sinnesempfindungen, nämlich die sogenannten *prothetischen* und die *metathetischen* Empfindungen [905, 911, 908], die man auch als Intensitäts- und Ortsempfindungen klassifizieren kann [1125]. Psychologisch gesehen sind die prothetischen Empfindungen dadurch gekennzeichnet, daß sie den Aspekt des "Wieviel" repräsentieren, während die metathetischen den Aspekt des "Was" beziehungsweise "Wo" darstellen. Typische Vertreter der prothetischen Empfindungen sind die Helligkeitsempfindung beim Gesichtssinn und die Lautstärkeempfindung (Lautheit) beim Gehör. Typische Vertreter der metathetischen Gruppe sind die Konturempfindungen beim Gesicht und die Tonhöhenempfindungen beim Gehör.

Ein wesentliches Anliegen der Psychophysik war seit ihrer Begründung durch Weber und Fechner das Auffinden beziehungsweise die Formulierung allgemeiner Gesetze der Sinnesempfindungen. In diesem Zusammenhang ist die Unterscheidung der beiden Gruppen von erheblicher Bedeutung, denn unter der Voraussetzung, daß solche allgemeinen Gesetze überhaupt existieren, kann man nicht ohne weiteres erwarten, daß sie für die beiden genannten Empfindungsarten gleich oder ähnlich sind.

Auch bezüglich des Aspekts der Information, welche durch sensorische Stimuli vermittelt wird, ergeben sich plausible Unterschiede zwischen den beiden Gruppen. Vergleicht man die örtliche Verteilung der Rezeptoren mit der Verteilung der Ziffern einer mehrstelligen Zahl, so entsprechen die metathetischen Empfindungen den Stellen der Ziffern, während die prothetischen den Ziffern selbst – beziehungsweise deren quantitativem Aspekt – analog sind.

1.3.4 Eigenschaften prothetischer Empfindungsgrößen

Auf der Grundlage der von Weber und Fechner [298] ausgearbeiteten Ansätze hat Stevens [905, 908, 909] gezeigt, daß man jedenfalls für die *prothetischen* Empfindungsgrößen[3] gewisse allgemeine Gesetzmäßigkeiten angeben kann. Diese betreffen die Reiz-Empfindungsfunktionen, die Unterschiedsschwellen und die Absolutschwellen.

Reiz-Empfindungsfunktionen. Im Bereich deutlich überschwelliger Intensitäten findet man für prothetische Empfindungsfunktionen in der Regel ein Potenzgesetz, das heißt einen Zusammenhang der Form

$$R = \rho S^\kappa, \qquad (1.4)$$

wobei S (*Stimulus*) die Intensität des Stimulus bedeutet, R (*Response*) die zugehörige Empfindungsstärke (das heißt, den Wert der betreffenden Empfindungsgröße), κ eine Zahlenkonstante, welche für die betreffende Empfindungsgröße typisch ist (der Empfindungsexponent), und ρ einen festen Anpassungsfaktor. Beispielsweise wurde von Stevens für die Lautstärkeempfindung (S Schalldruck, R Lautheit) der Exponent $\kappa = 0{,}67$ gefunden; für die Helligkeitsempfindung (S Leuchtstärke, R Helligkeit) 0,3–0,5; für die taktile Vibrationsstärke 0,6–0,9; für die visuelle Rotsättigung 1,7; für die Wärme (Haut) 1,0–1,6; und für elektrische Reizung der Haut 3,5 [909].

Die psychophysikalische Messung der Reiz-Empfindungsfunktion geschieht zumeist durch Absolut- oder Verhältnisschätzung. Bei der Absolutschätzung gibt die Versuchsperson nach der Darbietung des Stimulus eine Zahl oder eine andere lineare Kategorie an, welche die Empfindungsstärke ausdrückt. Bei der Verhältnisschätzung beurteilt die Versuchsperson zwei aufeinanderfolgende Darbietungen daraufhin, ob die beiden Empfindungsstärken ein bestimmtes vorgegebenes Zahlenverhältnis (vorzugsweise 1:2) über- oder unterschritten haben. Nach der Durchführung einer ausreichenden Zahl solcher Schätzungen mit passend gewählten Stimulusparametern leitet man aus den Schätzwerten die Reiz-Empfindungsfunktion ab. Die Reiz-Empfindungsfunktionen prothetischer Empfindungsgrößen erweisen sich als durch den Ansatz (1.4) beschreibbar, wobei der Exponent κ den Ergebnissen der Schätzungen anzupassen ist.

---

[3] Mit dem Begriff Empfindungsgröße wird eine *Komponente* der Wahrnehmung beziehungsweise der Sinnesempfindung bezeichnet. Dem liegt die Vorstellung zugrunde, daß sich jede momentan gegebene Sinnesempfindung beziehungsweise Wahrnehmung im allgemeinen aus mehreren oder vielen Empfindungsgrößen in irgend einer Weise zusammensetzt.

Empfindungsfunktionen und Unterschiedsschwellen. Die minimale Stimulus-Intensität, bei welcher das Vorhandensein des Stimulus im Mittel eben wahrnehmbar ist, wird als Absolutschwelle bezeichnet. Der minimale Intensitäts-Unterschied, welchen zwei aufeinanderfolgende Stimuli aufweisen müssen, damit eben ein Unterschied der Empfindungsstärke wahrgenommen werden kann, wird Unterschiedsschwelle genannt. Unterschiedsschwellen gibt es sowohl für prothetische als auch für metathetische Empfindungsgrößen. Was die Absolutschwelle betrifft, so ist für prothetische Empfindungsgrößen leicht einsehbar, was darunter zu verstehen ist. Für metathetische Empfindungsgrößen ist die Definition einer Absolutschwelle weniger offensichtlich – in manchen Fällen vielleicht unmöglich. Beispielsweise ist nicht klar, was man sinnvollerweise unter einer "verschwindend kleinen" Tonhöhenempfindung zu verstehen hat.

Für die Unterschiedsschwellen prothetischer Empfindungsgrößen gilt ein ähnlich allgemeines Gesetz, welches auf zahlreichen empirischen Beobachtungen beruht: das Weber'sche Gesetz. Weber hat gefunden, daß – jedenfalls im Bereich deutlich oberhalb der Absolutschwelle – die Unterschiedsschwelle prothetischer Empfindungsgrößen *relativ* konstant ist, das heißt,

$$\frac{\Delta S_D}{S} = \text{const}, \tag{1.5}$$

wobei ΔS_D der eben wahrnehmbare Unterschied der Stimulusstärke, S die Stärke selbst ist. Diese Gesetzmäßigkeit kann als recht gut gesichert angesehen werden [781, 1041, 1041] wenngleich ihre Gültigkeit im Einzelfall von gewissen Eigenschaften des Stimulus – beispielsweise dessen Zeitstruktur – abhängt [158, 159].

Was den Zusammenhang zwischen Unterschiedsschwellen und Empfindungsfunktionen betrifft, so hat Fechner postuliert, daß auf dem Kontinuum der Empfindungsgröße R der eben wahrnehmbare Unterschied ΔR_D konstant sei. Aus diesem Postulat ergibt sich das sogenannte Weber-Fechner'sche Gesetz, wie folgt. Aus (1.5) sowie dem Fechner'schen Postulat folgt, daß man

$$\Delta R_D = \text{const} \Delta S_D / S \tag{1.6}$$

oder auch

$$\frac{\Delta R_D}{\Delta S_D} = \text{const} \frac{1}{S} \tag{1.7}$$

setzen kann. Setzt man voraus, daß die eben wahrnehmbaren Änderungen ΔS_D und ΔR_D relativ klein sind, kann man (1.7) als Beziehung zwischen differentiellen Größen, also als Differentialgleichung, auffassen, wobei S die Rolle der unabhängigen Variablen spielt, R diejenige der abhängigen Variablen. Die Lösung hat die Form

$$R = \log S + \text{const}, \tag{1.8}$$

wobei die Basis des Logarithmus sowie die additive Konstante freie Parameter sind. Gleichung (1.8) stellt das Weber-Fechner'sche Gesetz dar.

Wie Stevens [907] dargelegt hat, lassen sich die durch Absolut- und Verhältnisschätzungen gewonnenen Empfindungsfunktionen mit diesem logarithmischen Gesetz nicht gut beschreiben. Daher hat Stevens die Annahme vorgeschlagen, daß auf dem Kontinuum der prothetischen Empfindungsgrößen die eben wahrnehmbare Änderung *relativ* konstant sei, so daß

$$\frac{\Delta R_D}{R} = \text{const.} \tag{1.9}$$

Auf entsprechende Weise wie oben ergibt sich hieraus mit (1.5) die Differenzengleichung

$$\frac{\Delta R_D}{\Delta S_D} = \kappa \frac{R}{S}, \tag{1.10}$$

wo κ zunächst eine beliebige Konstante bedeutet. Als Differentialgleichung aufgefaßt und integriert führt (1.10) auf die Potenzfunktion

$$R = \rho S^\kappa, \tag{1.11}$$

wo ρ eine Konstante bedeutet. Die Annahme, daß die Unterschiedsschwellen auf dem Empfindungskontinuum *relativ* konstant seien, befindet sich somit im Einklang mit dem empirisch gefundenen Potenzgesetz.

Die Tatsache, daß die relative Stimulus-Unterschiedsschwelle im überschwelligen Bereich konstant ist, kann man auch so ausdrücken, daß das Verhältnis der beiden Intensitäten, um deren eben wahrnehmbaren Unterschied es geht, konstant sei. Werden diese beiden Stimulusstärken mit S_1 und S_2 bezeichnet und wählt man als Bezugswert des (1.5) entsprechenden Verhältnisses den Wert S_1, dann nimmt (1.5) die Form

$$\frac{S_2 - S_1}{S_1} = \frac{S_2}{S_1} - 1 = \text{const} \tag{1.12}$$

an, woraus die Richtigkeit der obigen Behauptung hervorgeht. Man kann daher den Unterschiedsschwellen der prothetischen Empfindungsgrößen auch das Gesetz

$$\frac{S_2}{S_1} = \text{const} \tag{1.13}$$

zugrundelegen. Sofern $S_D = S_2 - S_1$ relativ sehr klein ist, ist es unwesentlich, ob man als Bezugswert S_1 oder beispielsweise $(S_1+S_2)/2$ nimmt. Bei größeren Unterschiedsschwellen wirkt sich jedoch die Wahl des Bezugswerts merklich aus [568].

Der Ansatz (1.13) ist im Hinblick auf das Potenzgesetz der allgemeinere, denn er ist auch für größere Unterschiedsschwellen im Einklang mit dem Potenzgesetz. Mit (1.4) folgt nämlich aus (1.13) für das Verhältnis der beiden eben unterscheidbaren Empfindungsstärken

$$\frac{R_2}{R_1} = \left(\frac{S_2}{S_1}\right)^\kappa, \tag{1.14}$$

so daß das (1.13) entsprechende Gesetz auch auf dem Empfindungsstärkenkontinuum gilt.

Absolutschwellen und Unterschiedsschwellen. Sensorische (neuronale) Systeme sind hochgradig aktiv. Wie unter anderem aus neurophysiologischen Befunden hervorgeht, weisen sie eine interne Grundaktivität – ein "Eigenrauschen" – auf. Daher liegt es nahe anzunehmen, daß die Absolutschwelle in hohem Maße durch das Eigenrauschen bestimmt sein sollte – also nicht durch eine Schwelle im engeren Sinne des Wortes. Nach diesem Konzept ist die Absolutschwelle als *Unterschieds*schwelle aufzufassen, derart, daß die Wahrnehmbarkeit des Stimulus davon abhängt, daß der Unterschied zwischen dem Eigenrauschen allein und der Summe von Stimulus und Eigenrauschen wahrnehmbar ist – wenngleich das Eigenrauschen allein im allgemeinen nicht bewußt wahrgenommen wird. Es lohnt sich, die Implikationen dieses Konzepts zu notieren, wie folgt.

Ersetzt man im Schwellenkriterium (1.13) die Stimulusstärke S durch die Summe aus der Stärke des von außen zugeführten Stimulus S und eines internen Stimulus S_i, welcher dem Eigenrauschen entspricht, so entsteht aus (1.13) das neue Kriterium

$$\frac{S_2 + S_i}{S_1 + S_i} = \sigma = \text{const.} \tag{1.15}$$

Mit σ ist ein fester Zahlenwert, der *Schwellenquotient*, gemeint. Wie man aus (1.15) ersieht, kann σ bei deutlich überschwelligen Stimulusstärken (d.h. für $S_1 \gg S_i$, $S_2 \gg S_i$) nach (1.13) ermittelt werden, ohne daß S_i bekannt zu sein braucht. Beispielsweise beträgt für Sinustöne innerhalb des Hörbereichs der Schwellenquotient der Schallintensitäten $\sigma \approx 1{,}12$, was einem eben wahrnehmbaren Schallpegel-Unterschied von 0,5 dB entspricht [345, 824, 1041].

Indem man (1.15) sinngemäß auf die Absolutschwelle S_A anwendet, kann man die unbekannte Stärke S_i des Eigenrauschens auf die meßbaren Größen S_A und σ zurückführen. Die Absolutschwelle entspricht dem Fall $S_1 = 0$, $S_2 = S_A$. Setzt man dies in (1.15) ein, so ergibt sich nach Umformung

$$S_i = \frac{S_A}{\sigma - 1}. \tag{1.16}$$

Zusammenhang zwischen Schwellen und Empfindungsfunktion. Das Potenzgesetz (1.4) gilt, wie erwähnt, nur im Bereich von Stimulusstärken, welche deutlich oberhalb der Absolutschwelle liegen. Nimmt die Reizstärke von großen Werten her ab, so wird die Empfindungsstärke $R = 0$ bei einem endlichen Wert der Reizstärke $S = S_A$ erreicht. In Erweiterung des soeben gemachten Ansatzes kann man den Einfluß der Absolutschwelle auf die Empfindungsstärke mit Hilfe des in Abb. 1.6 dargestellten Schemas berücksichtigen.

Danach geht die Zwischengröße R^* der Empfindungsstärke über die Potenzfunktion aus dem Gesamtstimulus $S + S_i$ hervor. Um die Tatsache zu berücksichtigen, daß das Eigenrauschen S_i nicht zur Empfindung beiträgt, wird zwischen R^* und R eine Schwelle vorgesehen, welche denjenigen Anteil R_0 abschneidet, welcher der Wirkung des Eigenrauschens entspricht, so daß

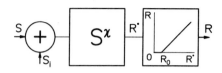

Abb. 1.6. Schema des Zusammenhangs zwischen Stimulusstärke S und Empfindungsstärke R (Response) bei prothetischen Empfindungsgrößen, unter Berücksichtigung der durch das innere Rauschen S_i bedingten Absolutschwelle

$$\begin{aligned} R &= R^* - R_0 \text{ für } R^* \geq R_0 \\ &= 0 \text{ für } R^* \leq R_0. \end{aligned} \qquad (1.17)$$

Der Parameter R_0 ergibt sich mit (1.17) aus der Bedingung, daß an der Absolutschwelle $S = S_A$ die Empfindungsstärke $R = 0$ ist:

$$R_0 = R^*(S_A) = \rho\Big(S_A + S_i\Big)^{\kappa}. \qquad (1.18)$$

Setzt man (1.18) sowie (1.16) in (1.17) ein, so erhält man nach Umformung das erweiterte Potenzgesetz für prothetische Empfindungsgrößen:

$$\begin{aligned} R &= \rho\Big(\frac{S_A}{\sigma - 1}\Big)^{\kappa}\Big[\Big(\frac{S(\sigma-1)}{S_A} + 1\Big)^{\kappa} - \sigma^{\kappa}\Big] \text{ für } S \geq S_A \\ &= 0 \text{ für } S < S_A. \end{aligned} \qquad (1.19)$$

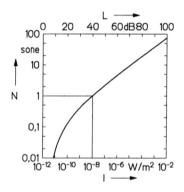

Abb. 1.7. Lautheit N eines 1 kHz-Tones als Funktion der Schallintensität I, berechnet mit Gleichung (1.19) und den Parametern $S_A = I_A = 2 \cdot 10^{-12}$ W/m^2; $\sigma = 1,12$; $\kappa = 0,3$. ρ wurde so gewählt, daß sich bei der Intensität 10^{-8} W/m^2 bzw. dem Schallpegel 40 dB der Lautheits-Zahlenwert 1 ergibt. Diesem wird entsprechend internationaler Vereinbarung die Maßeinheit 1 sone zugeordnet

Als Beispiel zeigt Abb. 1.7 die mit (1.19) berechnete Empfindungsfunktion der Lautheit eines Sinustones mit der Frequenz 1 kHz. Die Stimulusstärke S wird durch die Schallintensität I repräsentiert. Dieselbe beträgt für den 1 kHz-Ton an der Absolutschwelle $I_A = 2 \cdot 10^{-12}$ W/m^2, entsprechend dem Schallpegel 3 dB. Der Schwellenquotient beträgt, wie oben erwähnt, $\sigma = 1,12$. Zur Anpassung an die durch Verhältnisschätzung gewonnenen empirischen Daten [1124] wurde $\kappa = 0,3$ gesetzt. Wegen der logarithmischen Skalierung beider Koordinaten entspricht der geradlinige Teil der Kurve dem eigentlichen Potenzgesetz, während der gekrümmte Teil den Einfluß der Absoluthörschwelle widerspiegelt.

1.4 Aspekte der Information

Es gibt nicht wenige Wissenschaftler, welche den Standpunkt vertreten, daß man zum Verständnis psychischer Vorgänge einschließlich der sensorischen Wahrnehmungen im Prinzip auf die Erforschung außerphysikalischer Vorgänge – also auf Psychophysik und Experimentalpsychologie – verzichten könne, weil – zumindest im Prinzip – jene Vorgänge durch die neurophysiologischen Vorgänge, welche damit einhergehen, erklärt werden könnten. Unabhängig davon, ob der letzte Teil der Annahme tatsächlich berechtigt ist, schießt diese Auffassung insofern über das Ziel hinaus, als sie außer acht läßt, daß man nur etwas erklären kann, was man zuvor beobachtet, gemessen und beschrieben hat. Da die Beobachtung, Messung und Beschreibung psychologischer Phänomene eben das ausmachen, was man unter Psychophysik und Experimentalpsychologie versteht, sind diese Wissenschaften nicht einmal theoretisch durch Neurophysiologie ersetzbar.

Anders liegen die Dinge bezüglich der Information. Die Gewinnung und die Verarbeitung von Information haben einen höchst praktischen Zweck: Durch eine Kette von Entscheidungen zwischen verfügbaren Alternativen werden physische Aktionen vorbereitet und determiniert, und zwar sowohl in Computern als auch in biologischen Systemen. Die Aufnahme, Speicherung und Verarbeitung eines physikalischen Inputs sowie dessen Umsetzung in inputabhängige Aktionen sind Vorgänge, welche vollständig den Gesetzen der Physik gehorchen. Also können diese Vorgänge im Prinzip ohne das Konzept der Information behandelt werden, nämlich durch Beschreibung aller physikalischen Vorgänge, welche daran beteiligt sind.

Angesichts der physikalischen Komplexität, welche schon sehr kleine technische informationsverarbeitende Systeme aufweisen – beispielsweise ein Mikrocomputer – wäre es allerdings ein aussichtsloses Unterfangen, nach dieser Methode vorzugehen, um das zu beschreiben, worauf es beim Einsatz des Systems ankommt. Dies ist der Grund dafür, daß das Informationskonzept unentbehrlich ist. Es erlaubt die Beschreibung der Funktionen aktiver Systeme mit einem Höchstmaß an Abstraktion von allem, was nicht wesentlich ist – und dies sind vor allem die physikalischen Details. Aus diesem Grund und in diesem Sinne kann man davon sprechen, daß die Welt der Information *existiert*, und daß sie sich sowohl von derjenigen der Physik als auch von derjenigen der Wahrnehmungen unterscheidet.

1.4.1 Hauptmerkmale sensorischer Information

Information ist unter anderem dadurch charakterisiert, daß zwischen alternativen Kategorien Entscheidungen getroffen werden. Physikalisch werden Objekte – beispielsweise ein Sprachlaut – immer durch *Signale* repräsentiert, etwa eine Schalldruckschwingung. Wenn ein und dasselbe Objekt bei verschiedenen Gelegenheiten in Erscheinung tritt, sind die physikalischen Signale, welche seine Wahrnehmung ermöglichen, niemals genau gleich. Auch die dazugehörigen Wahrnehmungen können sich in vielfacher Hinsicht unterscheiden. Trotzdem wird von einem funktionstüchtigen informationsverarbeitenden System das Objekt wiedererkannt. Die interne Repräsentation des Objekts ensteht aus dem Signal durch einen Abstraktionsvorgang. Abstraktion wird durch die Prinzipien *Kategorisierung* (Diskretisierung) und *Entscheidung* herbeigeführt. Phänomenologisch ist Information dadurch charakterisiert, daß diskrete Objekte im Spiel sind, und daß auf sie diskontinuierliche Operationen (Entscheidungen) angewandt werden.

Jeder lebende Organismus steht in andauerndem Austausch mit seiner Umwelt. Sein Überleben hängt von seiner Fähigkeit ab, auf Ereignisse der Umgebung optimal zu reagieren, und zwar mit Hilfe unverzüglicher Interpretation der eintreffenden Stimuli. Die Reaktion primitiver (beispielsweise einzelliger) Organismen basiert auf einer relativ kleinen Anzahl physikalischer Prozesse in ihrem Inneren – jedenfalls im Vergleich mit einem Vielzeller beziehungsweise Wirbel- oder Säugetier. Die Anzahl möglicher physikalischer Reaktionen ist beim Einzeller relativ beschränkt. Eben wegen dieser Beschränktheit wird an diesem Beispiel der Kernaspekt biologischer Informationsaufnahme deutlich: Die optimale physische Aktion auf Grund eines aktuellen physikalischen Inputs unter Einbeziehung früherer Erfahrungen.

Die Aufnahme und Verarbeitung eines Stimulus durch ein sensorisches System stellen sich aus dieser Sicht als die ersten Glieder derjenigen Kette von Kategorisierungen und bedingten Entscheidungen dar, welche in physische Aktionen mündet. Was man als Signal- beziehungsweise Informationsverarbeitung zu bezeichnen pflegt, ist genau genommen nichts anderes als der erste Teil der physischen Reaktionen auf den Stimulus. Informationsverarbeitung ist ein in höchstem Maße pragmatischer Vorgang.

Da Informationsverarbeitung im genannten Sinne für den evolutionären Erfolg ausschlaggebend ist, kann man jeden lebenden Organismus als eine "Entscheidungsmaschine" ansehen, welche an die Erfordernisse der gewohnten Umgebung angepaßt und während der Lebensdauer des Organismus in höchstem Maße aktiv ist. Abstraktion und bedingte Entscheidung bezüglich diskreter Objekte sind vorherrschende Erscheinungen der lebenden Natur. In diesem Lichte ist auch die im psychologischen Bereich zu beobachtende ausgeprägte Tendenz zu sehen, sensorische Wahrnehmungen zu kategorisieren und anstehende Entscheidungen nicht hinauszuzögern [564, 565]. Der Fluß der Lautsprache wird als Folge von Silben, Wörtern, Sätzen und so weiter wahrgenommen. Die Töne der Musik werden nicht dem Kontinuum der Tonhöhe, sondern Tonleitern, also Folgen diskreter Töne, entnommen. Ist ein dargebotener Stimulus im Rahmen des vorgegebenen, an natürliche Bedingungen angepaßten sensorischen Wissens widersprüchlich, so verweigert das sensorische System nicht etwa die Interpretation, sondern es klappt sozusagen zwischen den einander ausschließenden Interpretationen hin und her. Visuelle Beispiele dafür sind der sogenannte Necker-Würfel und die als *Tribar* bekannte Figur (Abb. 1.8).

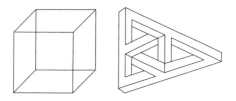

Abb. 1.8. Necker-Würfel (links) und unmögliche Balkenkonstruktion ("Tribar", rechts, nach Escher [268])

1.4.2 Information an der Peripherie sensorischer Systeme

In biologischen sensorischen Systemen beginnt die Informationsverarbeitung in der Tat bereits in den peripheren Einheiten. Im Hinblick auf das Evolutionsprinzip und die außerordentliche Bedeutung optimaler und unverzüglicher Informationsverarbeitung ist dies einleuchtend. Die Tatsache, daß die Stimuli im sensorischen Empfangsorgan unverzüglich in Nervenimpulse (Aktionspotentiale) umgewandelt werden, erscheint unter diesem Aspekt in einem besonderen Licht. Wenn man beispielsweise die Aktionspotentiale, welche nach Reizung der inneren Haarzellen des Innenohres in den Fasern des akustischen Nerven entstehen, lediglich als eine mehr oder weniger (un)zweckmäßige Lösung der Natur für die Übertragung des physikalischen Inputs zum Gehirn ansieht, verkennt man wahrscheinlich den wesentlichen Aspekt dieses Mechanismus. Wesentlich passender ist wahrscheinlich die Ansicht, daß die möglichst getreue Übertragung des Inputs überhaupt nicht angestrebt wird, weil es vielmehr darauf ankommt, die *Bedeutung* des Stimulus zu übermitteln. Die im Innenohr stattfindende Reduktion des Ohrsignals auf Aktionspotentiale in zahlreichen Fasern des Hörnerven ist demnach bereits als der erste Abstraktionsschritt aufzufassen – gekennzeichnet durch Kategorisierung (diskrete elektrische Objekte auf diskreten Nervenfasern) und die dabei notwendigen Entscheidungen (Schwellen).

1.4.3 Primäre Konturen als Binärelemente sensorischer Information

Auch im psychologischen beziehungsweise psychophysikalischen Sinne gibt es auf der untersten Stufe der sensorischen Hierarchie diskrete, entscheidungsabhängige Wahrnehmungsmerkmale, nämlich die *Konturen*. Gestalten werden dadurch definiert, daß ihre Umrisse beziehungsweise strukturellen Details durch Konturen repräsentiert werden, welche sich an bestimmten Stellen innerhalb eines Darstellungsraumes, einer Darstellungsfläche oder einer Darstellungslinie befinden. Der Darstellungsfläche analog ist beispielsweise die Anordnung von 16, 32 oder 64 *Bits*, welcher ein Computer-Wort bildet. Ebenso wie die aktuell vorhandene binäre Wertigkeit der Bits zusammen mit ihrer Position im Array die Bedeutung des Computerworts bestimmt, wird durch das Vorhandensein oder die Abwesenheit von Konturen an bestimmten Stellen der primären Darstellungsfläche eines sensorischen Systems deren Bedeutung, das heißt, die Gestalt, festgelegt. Was für den Computer das Bit, ist für das sensorische System die Kontur. Konturen sind als elementare Wahrnehmungsobjekte aufzufassen. Beispielsweise entsteht die Wahrnehmung der in Abb. 1.8 dargestellten beiden Gestalten (Würfel, Tribar) auf Grund der Konturen, welche ihrerseits durch die schwarzen Linien im visuellen System induziert werden.

Es lohnt sich, die wesentlichen Merkmale von Konturen am Beispiel visueller Konturen folgendermaßen zusammenzufassen.

- Die visuelle Kontur ist ein örtlich diskretes Objekt. Es trennt ein Gebiet der Wahrnehmungsfläche in zwei Teile.
- Eine visuelle Kontur ist ein *binäres* Elementarobjekt in dem Sinne, daß sie entweder vorhanden ist, oder nicht – womit nicht ausgeschlossen sein soll, daß sie unterschiedliche Grade der Ausprägung (Deutlichkeit, Prägnanz) annehmen kann.
- Eine visuelle Kontur entsteht durch aktive Auswertung der Helligkeits- beziehungsweise Farbverteilung auf der Wahrnehmungsfläche und einen entsprechenden Entscheidungsprozeß.
- Die visuelle Kontur weist in hohem Maße die Eigenschaft der *Robustheit* auf. Das heißt, sie ist weitgehend unabhängig von Stimulusparametern wie Helligkeit und Beleuchtungsfarbe.
- Die Bildung von Konturen aus dem Stimulus ist ein hochgradig festliegender Prozeß; das heißt, die Kriterien der Konturbildung lassen sich nicht durch Lernen beeinflussen. Dadurch wird gewährleistet, daß die Konturen einen zuverlässigen Input der nachfolgenden Verarbeitungsstufen des sensorischen Systems darstellen.
- Der Mechanismus der Konturbildung manifestiert sich in Wahrnehmungen wie beispielsweise Mach-Bändern, Kontrastverstärkung, Nachbildern (beziehungsweise Nach-Konturen) und gewissen Arten von "optischen Täuschungen".

Die auditive Entsprechung der visuellen Konturen ist die sogenannte *Spektraltonhöhe*; das ist die Art von Tonhöhenempfindung, welche von Sinustönen beziehungsweise abrupten Amplituden- oder Phasenübergängen des Fourierspektrums eines Schalles hervorgerufen werden kann [950, 951, 967]. Die Spektraltonhöhe weist in der Tat genau dieselben Merkmale auf wie die visuelle Kontur: Sie ist a) örtlich diskret (wobei als Ort die auditive Dimension *Tief-Hoch* gilt); b) binär; c) durch aktive Auswertung des Fourierspektrums gebildet; d) robust; e) nach starren Regeln gebildet; und e) begleitet von Kontrasteffekten, "Nachbildern" und Täuschungseffekten.

Während der primäre Wahrnehmungsraum des Auges zweidimensional ist (veranschaulicht durch die Fläche der Retina), hat derselbe beim Gehör nur eine einzige Dimension, die Tief-Hoch-Dimension. Dem entspricht die Tatsache, daß eine Spektraltonhöhe einen *Punkt* der Tief-Hoch-Koordinate markiert, also nulldimensional ist, während eine visuelle Kontur Liniencharakter hat, also eindimensional ist. Die Analogie zwischem dem Bit des Computers und der sensorischen Kontur ist daher beim Gehör noch enger und anschaulicher als beim Auge: Diskreten Punkten der auditiven Tief-Hoch-Koordinate entsprechen die linear angeordneten Binärstellen eines Computerwortes. Ebenso wie die Bedeutung eins Computerwortes davon bestimmt wird, welche Bits gesetzt sind, wird die instantane Bedeutung eines auditiven Stimulus durch die Anzahl und die Orte der Spektraltonhöhen bestimmt, welche im betrachteten Zeitpunkt entlang der Tief-Hoch-Koordinate auftreten, das sogenannte *Spektraltonhöhen-Muster*. Der überwiegende Teil der auditiv gewonnenen Information wird der Reihe der rasch aufeinanderfolgenden Spektraltonhöhen-Muster entnommen.

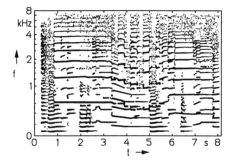

Abb. 1.9. Beispiel eines Teiltonzeitmusters. Ausschnitt einer mehrstimmigen Blasmusikdarbietung. Die hauptsächlich beteiligten Instrumente sind Trompete, Posaune, Klarinette und Tuba. Die instantane Teilton-Amplitude wird durch die Strichstärke angedeutet. Ordinate Bark-skaliert. Nach [969]

Abbildung 1.9 illustriert dies am Beispiel eines sogenannten Teiltonzeitmusters eines kurzen Abschnittes eines Instrumental-Musikstückes. Das Teiltonzeitmuster wurde durch zeitvariante Spektralanalyse (FTT, vgl. Abschnitt 3.4) und darauffolgende Teiltonextraktion (die ihrerseits in gewissem Maße der Extraktion von Spektraltonhöhen entspricht) gewonnen, vgl. Abschnitt 3.6.3. Die Ordinate (Teiltonfrequenz) entspricht der auditiven Tief-Hoch-Dimension, und die Stärke der dargestellten Linien ist ein Maß für die Teiltonamplituden – und indirekt für die Prägnanz der entsprechenden Spektraltonhöhen [427].

Abb. 1.10. Transkription der Trompeten- und der Tuba-Stimme des Musikbeispiels, dessen Teiltonzeitmuster in Abb. 1.9 dargestellt ist

In dem Musikbeispiel spielen hauptsächlich vier Instrumente zusammen: Trompete, Posaune, Tenorsaxophon und Tuba. Als Orientierungshilfe sind in Abb. 1.10 die Trompeten- und die Tubastimme notiert. Wenn man die Tonlagen dieser Instrumente berücksichtigt sowie die Tatsachen, daß die zu ein und demselben Instrument gehörenden Teiltöne synchron einsetzen und enden und zueinander in ganzzahligen Frequenzverhältnissen stehen müssen, dann fällt es nicht schwer, die in in Abb. 1.9 erkennbaren Teiltonzeitmuster den einzelnen Instrumenten zuzuordnen. Diese Zuordnungsmöglichkeit ist ihrerseits die Grundlage dafür, daß die musikalischen Stimmen in erheblichem Maße getrennt voneinander, das heißt, als gleichzeitig nebeneinander existierende Wahrnehmungsobjekte, gehört werden können. Der Aufbau der internen Repräsentation der akustischen Umgebung ist demnach zugleich eine Sache der Zerlegung des Stimulus in elementare Wahrnehmungsobjekte und der aktiven Synthese übergeordneter Wahrnehmungsobjekte aus den Elementarobjekten.

Weiterin zeigt das Beispiel, daß die Aufnahme von Information mit dem Gehör in hohem Maße auf der Tonhöhenwahrnehmung beruht – wenn man von der Information, welche in der zeitlichen Abfolge von Schallereignissen steckt (beispielsweise dem Rhythmus) vorerst einmal absieht.

1.4.4 Virtuelle Konturen

Allgemein kann man sagen, daß wahrgenommene Gestalten durch Konturen definiert werden. Im unteren Bereich der sensorischen Hierarchie können Konturen aber auch einfach wiederum Konturen bedeuten. Dies manifestiert sich im Phänomen der *virtuellen* Kontur (häufig und weniger passend auch als *subjektive* oder *illusionäre* Kontur bezeichnet) [847, 197, 692]. Abb. 1.11 gibt dafür ein Beispiel.

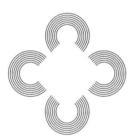

Abb. 1.11. Beispiel für virtuelle Konturen. Die offenen Kreisbögen induzieren die Konturen eines auf der Spitze stehenden Quadrats

Man unterscheidet demnach sinnvollerweise zwischen *primären* und *virtuellen* Konturen. Die virtuellen Konturen sind keineswegs in einem höheren Maße subjektiv als die primären. Subjektiv (das heißt, dem Bereich der Wahrnehmungen zugehörig) sind die primären und die sekundären Konturen gleichermaßen. Es wäre insbesondere unangemessen, die virtuellen Konturen als illusionär anzusehen im Sinne unerwünschter, irreführender Produkte des sensorischen Systems. Es handelt sich bei den virtuellen Konturen um Wahrnehmungsobjekte, welche durch aktive, wissensbasierte Verarbeitung hervorgebracht werden, also durch eben jenes Prinzip, dessen Notwendigkeit zwingend aus der Aufgabe des sensorischen Systems und der physikalischen Unbestimmtheit der Stimuli folgt.

1.4.5 Autonomie sensorischer Informationsverarbeitung

Daraus, daß die subjektiv wahrgenommenen virtuellen Konturen weder an Ausgeprägtheit verlieren noch gar völlig verschwinden, wenn man anhand zusätzlich herangezogener Information erkennt, daß sie im Sinne von primären Konturen "gar nicht vorhanden" sind, ergibt sich die wichtige Erkenntnis, daß sensorische Systeme – jedenfalls auf den ersten Stufen der Hierarchie – in hohem Maße *autonom* arbeiten. Das soll besagen, daß die aktive, wissensbasierte Interpretation auf den einzelnen Stufen der hierarchischen Kette weitgehend unbeeinflußbar ist.

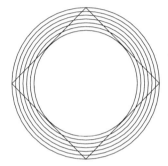

Abb. 1.12. Visuelle Linienkrümmung. Die Seiten des Quadrats sehen zum Kreismittelpunkt hin gekrümmt aus

Diese Tatsache sei durch ein weiteres visuelles Beispiel illustriert, und zwar die in Abb. 1.12 sichtbare scheinbare Krümmung gerader Linien. Die Seiten des Quadrats erscheinen dem Auge gekrümmt; dies ist allein die Folge der Überlagerung konzentrischer Kreise. Die Wahrnehmung der Linienkrümmung kann durch selektives Anschauen des Bildes, das heißt, die Bemühung, die Kreise zu ignorieren, nicht beeinflußt werden; auch das Bewußtmachen der Tatsache, daß die Seiten des Quadrats in der Zeichnung nicht gekrümmt sind, hat diesbezüglich keinen Effekt.

1.4.6 Das hierarchische Prinzip

Den Schlüssel zum Verständnis zahlreicher Wahrnehmungsphänomene – insbesondere solcher, welche auf den ersten Blick widersprüchlich erscheinen – bildet das Prinzip der *hierarchischen* Informationsverarbeitung. Einen scheinbaren Widerspruch stellt beispielsweise die Tatsache dar, daß man zugleich die Teile und das Ganze einer Gestalt wahrnehmen kann. Teile einer mehr oder weniger komplexen Gestalt sind häufig selbst Gestalten, welche ihrerseits aus Subgestalten aufgebaut sind, und so weiter – bis auf der untersten Stufe der Hierarchie die Auflösung in Primärkonturen erreicht ist. Die Primärkontur ist sozusagen die Elementargestalt. Auch dieses Prinzip gilt in weitgehender Analogie sowohl für die visuelle als auch für die auditive Wahrnehmung.

Abb. 1.13. Visuelle (rechts) und auditive Gestalten (links) auf verschiedenen Wahrnehmungsebenen. Spielt man die notierte Folge musikalischer Akkorde auf einem geeigneten Tasteninstrument, so kann man die Melodie "Sur le pont d'Avignon" hören. Sie wird durch die Folge der Akkordgrundtöne gebildet, nicht durch die Akkordtöne selbst. Nach [959]

Abb. 1.13 (rechts) illustriert das hierarchische Wahrnehmungs- beziehungsweise Objektbildungs-Prinzip mit einem visuellen Beispiel.[4] Ein akustisch/auditives Beispiel stellt die links notierte musikalische Klangfolge dar. Spielt man diese scheinbar willkürlich zusammengestellte Folge von Dur- und Molldreiklängen auf einem musikalischen Tasteninstrument, so kann man die dazugehörige Folge der Akkordgrundtöne hören, und zwar als die Melodie des französischen Volksliedes *Sur le pont d' Avignon*. Während die Klangfolge auf der Wahrnehmungsebene der Akkordtöne keinen musikalischen Sinn ergibt, erweist sich die Folge der Akkord-*Grund*töne, welche auf der nächsthöheren Ebene wahrgenommen wird, als sinnvoll.

Auf der diesem Buch beiliegenden Compact Disk befindet sich ein entsprechendes Hörbeispiel (Nr. 26; vgl. dazu auch Nr. 24, 25). Dabei wird das ebenfalls sehr bekannte Lied "My Bonnie is Over the Ocean" verwendet [CD 26].[5]

1.4.7 Schema der sensorischen Informationsverarbeitung

Die in den vorhergehenden Abschnitten erläuterten Merkmale und Prinzipien der Informationsaufnahme durch lebende Systeme können in dem Schema zusammengefaßt werden, welches in Abb. 1.14 dargestellt ist.

Das Schema soll die folgenden Merkmale sensorischer Informationsaufnahme zusammenfassend veranschaulichen.

- Zweck und Ziel jeglicher Aufnahme von Information aus der Umwelt ist die angemessene motorische (Re-)Aktion.

---

[4] Modifizierte Nachzeichnung einer Werbegrafik.
[5] Im weiteren Text wird jeweils in dieser Form auf Hörbeispiele ingewiesen.

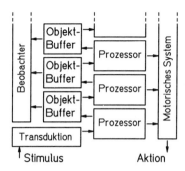

Abb. 1.14. Allgemeines Schema der hierarchischen Sinneswahrnehmung

- Nachdem der Stimulus eine Anpassungsstufe durchlaufen hat (Transduktion), wird er durch eine hierarchische Folge von Interpretationsschritten (Prozessoren) in Wahrnehmungsobjekte zerlegt.
- Die hierarchische Kette der Verarbeitungsstufen bildet ein abstrahierendes System; die Kette hat kein bestimmtes Ende – sie ist nach oben offen.
- Der Abstraktionsgrad, bis zu welchem eine Information verarbeitet wird, bevor gegebenenfalls eine motorische Aktion erfolgt, kann sehr unterschiedlich sein (unwillkürlicher Reflex einerseits, gründlich durchdachte Aktion andererseits).
- Die Interpretation auf jeder Stufe beruht ausschließlich auf demjenigen Input, welcher von der darunterliegenden Stufe geliefert wird.
- Die Interpretation läuft auf jeder Stufe autonom ab.
- Das zur Interpretation erforderliche Wissen ist auf die Stufen der Hierarchie verteilt.
- Neue Wahrnehmungsobjekte werden im allgemeinen nicht nur aus synchron auftretenden Unterobjekten gebildet, sondern auch aus solchen, welche zeitlich mehr oder weniger dicht benachbart sind; dazu sind im Schema *Objekt-Buffer* (Kurzzeitgedächtnisse) vorgesehen.
- Der gesamte Prozeß der Informationsaufnahme und -verarbeitung sowie der physischen Aktion setzt die Annahme eines aktiven Bewußtseins (also "willensgesteuerter"Aktionen) *nicht* voraus. Um der Existenz dessen Rechnung zu tragen, was man Bewußtsein und bewußtes Wahrnehmen nennt, enthält das Schema den passiven *Beobachter*.

Eine bemerkenswerte Implikation dieses Schemas besteht darin, daß die Mechanismen der Abstraktion auf allen Stufen gleich sind. Die Art und Weise des Zustandekommens einer Kontur (also eines Elementarobjekts) auf der untersten Stufe unterscheidet sich demnach im Prinzip nicht von derjenigen einer abstrakten Vorstellung eines komplexen, einen langen Zeitraum umfassenden Sachverhaltes.

Bemerkenswerterweise spricht einiges dafür, daß auch die Kapazität der Objektbuffer der einzelnen Stufen der Hierarchie gleich ist. Für die *auditive* Informationsaufnahme kann man dies etwa folgendermaßen begründen. Als die zeitlichen Elementarobjekte des Gehörs sieht man zweckmäßigerweise die kürzesten auditiven Ereignisse an, welche man noch in irgend einer Form zeitlich getrennt wahrnehmen kann. Sie manifestieren sich insbesondere in der auditiven Rauhigkeitsempfindung, denn diese kommt durch die rasche Aufeinanderfolge zahlreicher solcher Ereignisse zustande. Die Rauhigkeitsempfindung verschwindet, wenn die Folgefrequenz größer wird als ungefähr 300 Hz.[6] Die Rauhigkeit hat ihr Maximum bei der Folgefrequenz 70–75 Hz, so daß sich als mittlere Dauer des auditiven Elementarereignisses 10–20 ms ergeben. Diese Dauer entspricht beispielsweise ungefähr derjenigen des Plosivgeräuschs eines Plosivlauts der Sprache und derjenigen eines noch eben als tonal wahrgenommenen Tonimpulses. Das Drei- bis Fünffache jener Dauer entspricht ungefähr der mittleren Dauer eines Sprachlauts und eines kurzen musikalischen Tones. Drei bis fünf aufeinanderfolgende Sprachlaute machen ihrerseits eine Silbe aus und deren Dauer entspricht der mittleren Länge musikalischer Töne (In der Lautsprache beträgt die Silbenfrequenz ungefähr 3–5 Hz und die mittlere Folgefrequenz von Tönen der Musik liegt im gleichen Bereich). Drei bis fünf aufeinanderfolgende Silben ergeben im Mittel ein Wort der Lautsprache und bilden in der Musik eine kurze, als Einheit wahrgenommene Phrase. Drei bis fünf Worte bilden die nächste sprachliche Einheit, und so fort. Es scheint demnach, daß den im Schema Abb. 1.9 enthaltenen Objekt-Buffern einheitlich eine Kapazität von ungefähr 5 Objekten zuzuschreiben ist.[7] Dies bedeutet, daß die Zeitintervalle, welche die Kurzzeitgedächtnisse der einzelnen Stufen überdecken, auf jeder Stufe ungefähr fünf mal so groß sind wie auf der vorhergehenden.

---

[6] Dies ist zugleich die Maximalfrequenz, mit welcher eine Faser des Hörnerven über einige Zeit feuern kann [715].
[7] Hier mag ein Zusammenhang mit der von Miller [621] für die Kapazität des Kurzzeitgedächtnisses gefundenen *Magic Number Seven Plus/Minus Two* bestehen.

2. Komponenten der Audiokommunikation

In diesem Kapitel wird eine Übersicht gegeben über die wichtigsten natürlichen und technischen Komponenten, welche in der Regel an der akustischen Kommunikation beteiligt sind.

2.1 Schallquellen

Im folgenden werden die dominanten Schallquellen der akustischen Kommunikation erläutert, das heißt, das Sprechorgan und die konventionellen Tonerzeuger der Musik.

2.1.1 Das Sprechorgan

Abb. 2.1 zeigt das Sprechorgan schematisch im Schnitt. Der aus Nase, Lippen, Zähnen, Zunge, Gaumen, Rachen, Kehlkopf, Luftröhre, Bronchien und Lunge bestehende Apparat, welcher bei den Säugetieren wesentlich an der Nahrungsaufnahme und Respiration beteiligt ist, wird von zahlreichen Säugetierarten auch zur Lauterzeugung benutzt. Beim Menschen hat sich dieses akustische Kommunikationsmittel zusammen mit der Evolution des Gehirns zu höchster Perfektion entwickelt. Obwohl alle an der Lauterzeugung beteiligten Komponenten auch oder sogar überwiegend anderen Zwecken dienen, sei ihre Gesamtheit im vorliegenden Zusammenhang als das Sprechorgan bezeichnet.

Im Laufe seiner Entwicklung und mit Hilfe seines hochentwickelten Gehörs hat der Mensch zweifellos sehr bald bemerkt, daß das schwache Geräusch, welches die strömende Luft beim Ein- und Ausatmen verursacht, durch *Artikulation*, das heißt, kontrollierte Formung der Mundöffnung, Verlagerung der Zunge in der Mundhöhle, Verschiebung des Gaumensegels und Formung der Öffnung zwischen den beiden Stimmlippen in deutlich hörbarem Maße beeinflußt, also zur Kommunikation benutzt werden kann. Ferner mußte sich die Entdeckung der Möglichkeit, das Strömungsgeräusch durch Herstellung eines engen Querschnitts (beispielsweise zwischen Zungenrücken und hartem Gaumen) gezielt zu verstärken, praktisch von selbst ergeben. Dasselbe gilt für die prominente Schallquelle des Sprechorgans, die periodische Unterbrechung

32   2. Komponenten der Audiokommunikation

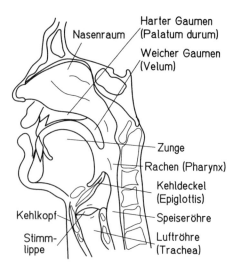

Abb. 2.1. Querschnitt durch das Sprechorgan des Menschen. Länge des Vokaltrakts (Glottis-Mundöffnung) 17–18 cm (Männer) bzw. 16–17 cm (Frauen). Querschnittsvariation im Vokaltrakt durch Artikulation 0–20 cm^2. Max. Durchlaßquerschnitt am Velum 5 cm^2. Länge bzw. Volumen der Nasenhöhle 12 cm bzw. 60 cm^3. Länge der Glottis 10–15 mm. Mittler Luftdruck in der Trachea 500–2000 Pa. Strömungsgeschwindigkeit der Luft in der Glottis 3–5 m/s [314, 848]

des Luftstromes durch die Glottis infolge des Gegeneinanderschwingens der beiden Stimmlippen; denn jene Stimmlippenschwingung stellt sich bei geeigneter muskulärer Voreinstellung der Stimmlippen als Folge der Luftströmung von selbst ein.

Als Schallquelle wird beim Sprechen außer dem Strömungsgeräusch (bei den Frikativlauten und den gehauchten Lauten) und der Glottisschwingung (bei allen stimmhaften Lauten, also insbesondere den Vokalen und Nasalen) noch die plötzliche Öffnung eines zuvor hergestellten Verschlusses im Luftwege durch den Mund benutzt, nämlich bei den Plosivlauten.

Der deutlich hörbare Unterschied zwischen nichtnasalen und nasalen Lauten wird durch Verlagerung des Gaumensegels (Velum) herbeigeführt. Liegt das Velum an der hinteren Rachenwand an, so ist der Nasenraum von der Mundhöhle und dem Rachen und insbesondere von den inneren Schallquellen jeder Art abgetrennt und spielt für den entstehenden Sprachschall keine Rolle. Hängt das Velum nach unten, wie in Abb. 2.1, dann sind der Nasenraum und die Nasenlöcher nach außen in die Beeinflussung des Sprachsingnals einbezogen; es entsteht ein Nasallaut oder ein nasalierter Vokal.

Die Schwingung der Stimmlippen ist über kurze Zeitintervalle angenähert periodisch. Faßt man Männer-, Frauen- und Kinderstimmen zusammen, so überstreicht die Stimmlippen-Oszillationsfrequenz, welche beim natürlichen Sprechen vorkommen kann, ungefähr den Bereich 70–600 Hz. Typische Werte für die Sprech- und Gesangsstimme sind in Tabelle 2.1 zusammengestellt.

Die Stimmlippenschwingungen erfolgen weitestgehend unabhängig von der Stellung der Zunge und des Velums, der Öffnungsweite des Mundes und anderen Artikulationsvorgängen. Es gibt keine Synchronisation der Stimmlippenfrequenz durch die akustischen Resonanzen des Vokaltrakts. Wäre dem

Tab. 2.1. Oszillationsfrequenzen der Stimmlippen

Sprechstimme, Mittelwert	
— Männer	120 Hz
— Frauen	240 Hz
Sprechstimme, Variation	±1/2 Oktave
Gesangsstimme	
— Baß	80–330 Hz
— Bariton	96–390 Hz
— Tenor	120–490 Hz
— Alt	160–660 Hz
— Mezzosopran	190–780 Hz
— Sopran	240–980 Hz

nicht so, dann könnten beispielsweise beim Gesang Text und Melodie nicht unabhängig voneinander gewählt werden.

Die akustische Abstrahlung des Sprachsignals erfolgt fast ausschließlich in Form der Schallwellen, welche an Mund beziehungsweise Nase austreten. Schallabstrahlung durch Vibration des Brustkorbes kann höchstens bei einer tiefen Männerstimme – und da auch nur bezüglich der tiefsten Fourier-Komponenten – einen nennenswerten Anteil bilden. Die Abstrahlung ist bei Frequenzen unterhalb etwa 500 Hz richtungsunabhängig; sie wird mit wachsender Frequenz immer stärker nach vorn gebündelt.

2.1.2 Musikalische Blechblasinstrumente

Das primitive Vorbild und die Urform der musikalischen Blechblasinstrumente ist das Kuhhorn, an dessen enge Öffnung der Bläser seine Lippen ansetzt. Durch den Luftstrom, welcher durch die fast geschlossenen Lippen gedrückt wird, werden letztere in eine periodische Schwingung versetzt, welche den Luftstrom periodisch unterbricht; dadurch entsteht eine sehr effiziente Schallquelle. Die akustischen Eigenschaften der Luft im Horn haben zur Folge, daß die Lippenschwingungen auf bestimmte Frequenzen synchronisiert werden, während Schwingungen aller übrigen Frequenzen vom Rohr gehemmt werden.[1] Dies hat den in der Musik allgemein erwünschten beziehungsweise beobachteten Effekt, daß die an sich kontinuierliche Tonhöhendimension diskretisiert wird, indem nur eine bestimmte Auswahl von Tönen in wohldefinierten Intervallen erzeugt werden kann. Die derart gekennzeichneten *Naturtöne* der Hörner beziehungsweise Rohre werden durch die Eigenschwingungen der

---

[1] Weil der Mechanismus, mit welchem die stimmhaften Sprachlaute erzeugt werden, demjenigen der Blechblasinstrumente sehr ähnlich ist, wäre grundsätzlich dabei ebenfalls mit einer entsprechenden Synchronisation zu rechnen. Daß diese in Wirklichkeit nicht in Erscheinung tritt, liegt daran, daß Form und Größe der akustisch/mechanischen Komponenten des Sprechorgans dafür keine günstigen Voraussetzungen bilden.

im Rohr vorhandenen Luft bestimmt, sind aber nicht mit jenen wesensgleich. Bezüglich der akustischen Eigenschaften der erzeugten Töne hat das Horn beziehungsweise Rohr allein die Funktion, für die in seinem Inneren befindliche Luftsäule einen schallharten Mantel zu bilden. Daher ist das Material, aus welchem das Rohr besteht, von untergeordneter Bedeutung.

Aus dem primitiven Horn hat sich zunächst die typische Blechblasinstrumentenform in Gestalt der aus einem Blechrohr bestehenden Fanfare entwickelt. Der Durchmesser beziehungsweise Querschnittsverlauf zwischen Rohranfang und -ende wird so gewählt, daß die Naturtonfrequenzen in Verhältnissen zueinander stehen, welche als musikalisch brauchbar empfunden werden. Es sind dies typischerweise diejenigen Frequenzen, welche in den Verhältnissen 2:3:4:5:6 und so weiter stehen. Die soeben genannten ersten fünf Naturtonfrequenzen bilden den universellen Basisklang der gesamten tonalen Musik, den Durdreiklang. Bei allen Blechblasinstrumenten wird ein kesselartig geformtes Mundstück verwendet, welches im Rohranfang steckt, den Lippen des Bläsers eine Auflage bietet und so die Schwingungserzeugung erleichtert (Abb. 2.2).

Abb. 2.2. Posaune (links oben) und Trompete (links unten), schematisch. Rechts Trompetenmundstück im Schnitt

Moderne Blechblasinstrumente unterscheiden sich von der Fanfare durch eine Vorrichtung, welche es dem Spieler gestattet, rasch die Länge des Rohres zu verändern, um auf diese Weise Tonfrequenzen erzeugen zu können, welche zwischen den Naturtönen eines Rohres fester Länge liegen. Bei den Posaunen wird dies durch ineinander gleitende Rohrbügel (den Posaunenzug) erreicht. Dieses Verfahren wird dadurch ermöglicht, daß der Anfangsteil des Rohres über eine längere Strecke zylindrisch sein darf, was den Gesichtspunkt günstiger Naturtonfrequenzen betrifft.

Tab. 2.2. Ungefähre Rohrlänge einiger Blechblasinstrumente

B-Trompete	Posaune	Flügelhorn	Waldhorn	Baßtuba
1,3	2,6	1,3	3,7	3,7 m

Bei den Trompeten, Tuben, Waldhörnern usw. ist die Rohrlänge stufenweise veränderbar, und zwar derart, daß über je ein Ventil, welches durch

Drücken einer Taste betätigt werden kann, ein zylindrisches Zusatzrohr eingeschleift werden kann. Die Frequenz jedes Naturtones sinkt im gleichen Verhältnis ab wie die Rohrlänge zunimmt. Die Länge des ersten Zusatzrohres beträgt ungefähr zwölf Prozent der usprünglichen Gesamtlänge, so daß durch Betätigen des ersten Ventils jeder Naturton um einen musikalischen Ganzton erniedrigt wird. Die Länge des zweiten Zusatzrohres macht ungefähr sechs Prozent aus, so daß sich eine Vertiefung um einen Halbton ergibt. Das dritte Zusatzrohr hat ungefähr 1/5 der ursprünglichen Rohrlänge; es ermöglicht daher die Vertiefung um eine kleine Terz. Bei gleichzeitiger Betätigung mehrerer Ventile wird das Rohr um die Summe der einzelnen Zusatzstücke verlängert. Dies bedeutet, daß sich die einzelnen Vertiefungsintervalle *ungefähr* addieren, so daß man mit drei Ventilen die chromatische Leiter spielen kann, wenn auch in nur angenähert korrekter Intonation.

Eine der diesem Prinzip grundsätzlich anhaftenden Intonations-Fehlerquellen ist leicht einzusehen: Für die Vertiefung um ein bestimmtes musikalisches Intervall ist die Verlängerung des Rohres um einen bestimmten *relativen* Anteil der davor vorhanden Länge erforderlich – für einen Ganzton beispielsweise 12,2%. Wenn die Länge des dazugehörigen Verlängerungsbogens relativ zum unverlängerten Rohr genau diesen Wert hat, dann ist sie in Kombination beispielsweise mit dem dritten Ventil (das für sich allein eine Verlängerung um genau 20% bewirken möge) um 20% von 12%, also 2,4 Prozentpunkte, zu klein [770].

2.1.3 Musikalische Rohrblattinstrumente

Das Grundprinzip der Tonerzeugung bei den Rohrblattinstrumenten unterscheidet sich kaum von demjenigen der Blechblasinstrumente. Hier wie dort sind die wesentlichen Komponenten ein Rohr sowie ein Mechanismus, welcher periodische Unterbrechung des hineingeblasenen Luftstromes bewirkt. Die hauptsächliche Besonderheit der Rohrblattinstrumente besteht darin, daß zur Unterbrechung des Luftstromes ein mechanisches Hilfsmittel herangezogen wird, nämlich ein Mundstück mit einem oder zwei schwingenden Holzblättchen. Für die Blättchen wird das Holz bestimmter subtropischer Schilfrohrarten verwendet – daher der Name *Rohrblatt*.

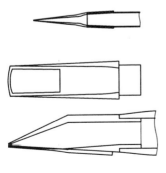

Abb. 2.3. Schwingungserzeugung bei den Rohrblattinstrumenten. Oben: Doppelrohrblatt schematisch. Mitte: Unteransicht des Klarinettenmundstücks ohne Blatt. Unten: Seitenansicht des Klarinettenmundstücks mit Rohrblatt, schematisch. Der Spieler führt das Doppelrohrblatt bzw. Mundstück ein Stück weit in den Mund ein und reguliert durch Lippendruck das Schwingungsverhalten des Blattes

Das sogenannte Einfachrohrblatt wird bei den Klarinetten und Saxophonen verwendet. Es ist ein einseitig dünn zugeschliffenes Holzblättchen, dessen dickes Ende derart an das Mundstück montiert wird, daß das dünne Ende gegen eine Auflagefläche des Mundstücks, welche eine Lufteinlaßöffnung aufweist, schwingen kann, Abb. 2.3. Beim Doppelrohrblatt-Mechanismus bilden zwei gegeneinander schwingenden Holzblättchen selbst das Mundstück. Sie lassen zwischen einander einen Spalt für den Lufteintritt, Abb. 2.3, den sie beim Schwingen periodisch verschließen und öffnen. Das Doppelrohrblatt wird bei der Oboe und ihren Verwandten sowie dem Fagott verwendet. In jedem Falle nimmt der Bläser das Ende des Mundstückes beziehungsweise des Doppelrohrblatts in den Mund und kontrolliert beziehungsweise beeinflußt die Schwingung durch Lippendruck.

Die Synchronisation der Blattschwingung auf die Eigenfrequenzen des Rohres ist noch ausgeprägter als diejenige der Bläserlippen bei den Blechblasinstrumenten, weil das Holzblättchen den Luftdruckschwankungen im Rohr eine relativ große Angriffsfläche bietet. Das aus Holz oder Blech bestehende Rohr ist entweder überwiegend zylindrisch (Klarinette) oder konisch (Oboe, Fagott, Saxophon), vgl. Abb. 2.4.

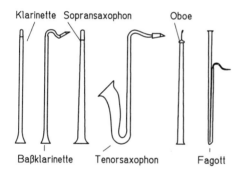

Abb. 2.4. Formen und Rohrquerschnittsverläufe der wichtigsten Rohrblattinstrumente (schematisch). Die ungefähren Längen der Rohre (ausgestreckt, in m): Klarinette 0,6; Baßklarinette 1,2; Sopransaxophon 0,6; Tenorsaxophon 1,2; Oboe 0,6; Fagott 2,4

Die auf den Rohrblattinstrumenten erzeugten Töne sind genau wie bei den Blechblasinstrumenten die Naturtöne des Rohres. Die Rohrblattinstrumente benutzen nur zwei oder drei verschiedene Naturtöne. Die Töne der chromatischen Leiter werden – wie bei den Flöten – durch stufenartige Verkürzung der effektiven Rohrlänge erzeugt, nämlich durch Öffnen von Seitenlöchern des Rohres. Daraus ergibt sich, daß auf den Rohrblattinstrumenten häufig zahlreiche aufeinanderfolgende Töne gespielt werden, ohne daß sich die Ordnungszahl des dabei benutzten Naturtones ändert. Ein Wechsel von einem Naturton zum anderen wird daher auch als Wechsel des *Modus* beziehungsweise des *Registers* bezeichnet. Der Übergang vom ersten Naturton zum nächsthöheren wird auch *Überblasen* genannt. Der Wechsel vom tieferen zum höheren Naturton kann allein durch geeignete Veränderung der Lippenspannung auf dem Rohrblatt herbeigeführt werden. Er wird jedoch in der Regel dadurch unterstützt, daß der Spieler ein zusätzliches Seitenloch öffnet, welches sich relativ nahe am Mundstück befindet (das *Oktavloch*).

Die Wirkungsweise der Klarinette ist besonders übersichtlich, weil ihr Rohr innen im wesentlichen einen zylindrischen Querschnittsverlauf hat. Das Rohr der gebräuchlichsten Variante, der B-Klarinette, besteht in der Regel aus Holz und ist aus vier Einzelstücken zusammengesetzt. Seine Länge beträgt ungefähr 60 cm und die lichte Weite 15–16 mm. Am oberen Ende ist das Mundstück mit Einzelrohrblatt angebracht. Aus den physikalischen Bedingungen des Anblasens mit dem Rohrblatt ergeben sich für das zylindrische Rohr Naturtonfrequenzen, welche im Verhältnis 1:3:5 usw. stehen. Daher können bei fester Rohrlänge auf der Klarinette nur Töne in den entsprechenden, weiten Intervallen erzeugt werden. Die Töne der chromatischen Leiter werden durch Öffnen von Seitenlöchern des Rohres, also Verkürzung der effektiven Rohrlänge, hervorgebracht. Weil beispielsweise das zum Frequenzverhältnis 1:3 gehörende musikalische Tonintervall (die Duodezime) 19 Halbtonschritte umfaßt, müssen am Klarinettenrohr mindestens 18 Seitenlöcher an den geeigneten Stellen angebracht werden. Das oberste Loch muß sich bei ungefähr 2/3 der Rohrgesamtlänge, vom Ende her gerechnet, befinden. Wenn alle Seitenlöcher geöffnet sind, ergibt sich der höchste derjenigen Töne, welche ein und demselben Naturton entsprechen. Noch höhere Töne werden erzeugt, indem – bei zunächst wieder geschlossenen Seitenlöchern – der nächsthöhere Naturton benutzt wird. Allein durch Nutzung der ersten beiden Naturtöne entsteht so ein Tonumfang der Klarinette von drei Oktaven.

Bei den übrigen Rohrblattinstrumenten wird durch ihren konischen Querschnittsverlauf des Rohres bewirkt, daß die ersten beiden Naturtöne im Frequenzverhältnis 1:2 stehen. Die Töne der chromatischen Leiter, welche sich innerhalb dieses Oktavintervalls befinden, werden durch stufenartige Verkürzung der effektiven Rohrlänge mittels Seitenlöchern erzeugt. Weil die Oktav 12 Halbtöne umfaßt, genügen im Prinzip 11 Löcher, um die Lücke zwischen dem ersten und zweiten Naturton zu überbrücken. Der Tonumfang dieser Instrumente beträgt nur etwa 2 1/2 Oktaven. Sie sind leichter zu erlernen als die Klarinette, weil die Fingergriffe für "dieselben" Töne in den beiden Naturtonmoden gleich sind.

Die Rohrblattinstrumente in ihrer heutzutage üblichen Bauform weisen deutlich mehr Seitenlöcher auf als die obengenannten Minimalzahlen. Zusätzliche Seitenlöcher haben im wesentlichen den Zweck, den Tonumfang möglichst weit zu gestalten und die Spielbarkeit in allen Tonarten zu erleichtern. Weil die Anzahl der Seitenlöcher die Zahl der Finger des Spielers deutlich übersteigt, und weil die Löcher teilweise recht große Abstände voneinander haben (insbesondere bei Instrumenten der tieferen Tonlagen), besitzen alle modernen Rohrblattinstrumente eine Spielmechanik aus Hebeln und Klappen. Diese hat keine andere Funktion als diejenige, dem Spieler das Öffnen und Schließen der Seitenlöcher mit den Fingern beider Hände zu ermöglichen.

Das Rohr der Klarinette, der Oboe und des Fagotts besteht in der Regel aus Holz; dasjenige der Saxophone aus Metall. Es gibt jedoch auch Klarinetten aus Metall und Saxophone aus Kunststoff. Vom physikalischen Wirkungsprinzip her gilt, daß das Material des Rohres keine Rolle spielt, solange es die Forderung erfüllt, für die Luftsäule einen schallharten Mantel zu bilden. Auch wenn es intuitiv einleuchtend erscheinen mag, daß beispielsweise eine Klarinette aus Metall brillanter beziehungsweise schärfer (metallischer) klingt als eine solche aus Holz, so ist der Klangunterschied – falls vorhanden – in aller Regel auf Unterschiede der Formen und Dimensionen zurückzuführen, nicht auf das Rohrmaterial als solches [691, 187]. Insbesondere haben die Dimensionen der Seitenlöcher (Durchmesser, Tiefe) erheblichen Einfluß auf den Klang des Instruments, weil die Schallabstrahlung im wesentlichen am obersten offenen Seitenloch erfolgt [65, 67].

2.1.4 Pfeifen und Flöten

Herkömmlicherweise werden die Flöten (Blockflöte, Querflöte) zusammen mit den Rohrblattinstrumenten ein und derselben Kategorie zugeordnet, nämlich derjenigen der Holzblasinstrumente. Diese Klassifizierung ist aus naturwissenschaftlicher Sicht eher verwirrend – selbst dann, wenn man davon absieht, daß nicht alle Holzblasinstrumente aus Holz bestehen. In Bezug auf ihre physikalische Wirkungsweise haben nämlich die Flöten und Pfeifen mit den Rohrblattinstrumenten ebensowenig gemeinsam wie beispielsweise mit den Blechblasinstrumenten. Umgekehrt besteht zwischen Rohrblatt- und Blechblasinstrumenten tatsächlich eine engere Verwandtschaft als zwischen Rohrblattinstrumenten und Flöten.

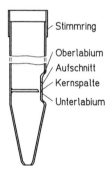

Abb. 2.5. Querschnitt durch eine Orgelpfeife (schematisch)

Bei der Orgelpfeife (Abb. 2.5) wird ein dünner Luftstrom von unten durch den engen Spalt zwischen Kern und Unterlabium geblasen. Je nachdem, ob die strömende Luftschicht durch den Aufschnitt in die Umgebung austritt oder ins Rohr hinein verläuft, erzeugt sie eine entsprechend gerichtete Auslenkung der Luftteilchen im Rohr, welche sich darin als Welle fortpflanzt. Die damit verbundenen Druckschwankungen üben ihrerseits auf die strömende Luftschicht eine Kraft aus, welche diese veranlaßt, abwechselnd durch den Aufschnitt hinaus- und in das Rohr hineinzuströmen. Dadurch wird die Schallschwingung im Rohr phasenrichtig mit Energie versorgt, das heißt, angefacht beziehungsweise aufrechterhalten.

Die Orgelpfeife kann am Ende offen oder geschlossen (*gedackt*) sein. Im ersteren Fall verhält sie sich wie ein $\lambda/2$-Resonator, denn das Rohr ist sowohl am Aufschnitt als auch am Ende "akustisch offen". Im letzteren Fall verhält sich die Pfeife wie ein $\lambda/4$-Resonator. Das bedeutet, daß ihre tiefste Naturtonfrequenz halb so groß ist wie diejenige derselben, jedoch offenen Pfeife. Bei der beidseitig offenen Pfeife wird der Schall sowohl vom Aufschnitt als auch vom Ende abgestrahlt; bei der gedackten Pfeife allein vom Aufschnitt. Die Orgelpfeifen werden ausschließlich bei ihrer tiefsten Naturtonfrequenz angeregt.

Abb. 2.6. Querflöte im Schnitt, schematisch, ohne Mechanik

Bei der Querflöte (Abb. 2.6) entspricht der Kernspalte der Orgelpfeife die schmale Öffnung zwischen den Lippen des Bläsers, und dem Aufschnitt entspricht das Blasloch. Die moderne Querflöte (Böhmflöte) ist ein zylindrisches Metallrohr mit 18–20 mm lichtem Durchmesser und einer Länge zwischen Blasloch und Rohrende von etwa 65 cm. Das Rohr ist an diesen beiden Endpunkten akustisch offen und stellt einen $\lambda/2$-Resonator dar. Daher stehen die die Frequenzen der Naturtöne im Verhältnis 1:2:3:4 und so fort. Bei fester Länge liegt zwischen der ersten und der zweiten Naturtonfrequenz das Intervall einer Oktav – wie bei den Rohrblattinstrumenten mit konischem Rohr. Um innerhalb dieser Oktav (und darüber) alle Töne der chromatischen Leiter spielen zu können, wird dieselbe Methode angewandt wie bei den Rohrblattinstrumenten: Das Rohr hat mindestens 11 Seitenlöcher, welche der Reihe nach vom Ende her geöffnet werden, wenn man eine chromatische Tonleiter spielt. Durch Übergang zum nächsthöheren Naturton kann die Tonreihe nach oben fortgesetzt werden, indem vor dem Naturtonwechsel alle Seitenlöcher geschlossen und sodann der Reihe nach wieder geöffnet werden. So wird mit der Querflöte ein Tonumfang von ungefähr 3 Oktaven erreicht.

Die Schallabstrahlung erfolgt stets im wesentlichen an zwei Stellen: dem Anblasloch und dem obersten offenen Seitenloch.

2.1.5 Musikalische Saiteninstrumente

Die Art und Weise, wie Saitenschwingungen in hörbaren Schall umgesetzt werden, ist bei sämtlichen Saiteninstrumenten grundsätzlich gleich. Sie ist unabhängig davon, ob es sich um ein kleines Zupfinstrument wie die Ukulele, eine Taschengeige, eine Gitarre, einen Kontrabaß, ein Cembalo oder einen Konzertflügel handelt. Jede Saite verläuft von einer möglichst starren Einspannstelle, dem Sattel, über einen Steg und ist am jenseitigen Ende wieder fest eingespannt. Der Steg ruht seinerseits auf einer relativ großen schwingungsfähigen Fläche, dem Resonanzboden. Weil die mechanische Impedanz, welche der Steg an der Auflagestelle der Saite aufweist, relativ groß ist, bildet das zwischen Sattel und Steg verlaufende Saitenstück einen Resonator mit Eigenfrequenzen, welche bei gegebener Saitenspannkraft proportional zur Länge dieses Stückes sind und im Verhältnis 1:2:3:4 usw. stehen. Wird die Saite auf irgend eine Weise in Schwingung versetzt, so übt sie auf den Steg im Rhythmus der Schwingung eine Kraft aus, welche diesen zum Mitschwingen mit relativ kleiner Amplitude bringt. Die Schwingung des Steges wird auf den Resonanzboden übertragen, und durch dessen relativ große Fläche ergibt sich eine wirksame Schallabstrahlung.

Die unterschiedlichen Klangeigenschaften der verschiedenen Saiteninstrumente ergeben sich hauptsächlich aus der Art, wie die Saiten in Schwingung versetzt werden (Anzupfen, Anschlagen, Anstreichen) und aus der Veränderung, welche das Schwingungssignal der Saite bei der Übertragung über den Steg, den Resonanzboden und den akustischen Abstrahlungsvorgang erfährt. Darüber hinaus besteht ein fundamentaler Unterschied zwischen den Instrumenten, bei denen durch Anstreichen mit einem Roßhaarbogen jeweils für einige Zeit eine stationäre Saitenschwingung aufrecht erhalten wird, und jenen, bei denen die Saite jeweils ein einziges mal impulsartig angeregt und danach sich selbst überlassen wird.

Saiteninstrumente mit impulsartiger Anregung. Die größte Gruppe bilden diejenigen Instrumente, deren Töne durch Anzupfen angeregt werden, beispielsweise Gitarre, Laute, Zither, Cembalo. Abb. 2.7 zeigt als Beispiel den äußeren Bau der (akustischen) Gitarre. Saitenanregung durch Anschlagen mit einem mehr oder weniger weichen Hammer erfolgt bei Klavier, Hackbrett und Cimbal.

Den zuletztgenannten Instrumenten ist gemeinsam, daß für jeden Ton der Skala eine Saite oder eine Gruppe von bis zu drei gleich gestimmten Saiten bereitgestellt wird. Die Saiten des Hackbretts und des Cimbal werden vom Spieler unmittelbar mit leichten, hammerartigen Klöppeln angeschlagen. Beim Klavier erfolgt der Anschlag über die Tasten des Manuals, welche mit Hilfe einer komplizierten Mechanik je einen filzüberzogenen Hammer in Bewegung setzen, Abb. 2.8.

Die Instrumente mit angezupften Saiten können in solche mit Tastenmechanik und solche ohne Mechanik eingeteilt werden. Zur ersteren Gruppe gehören Spinett und Cembalo. Für jeden Ton der Skala steht eine fest abgestimmte Saite zur Verfügung und diese wird über eine Tastenmechanik angezupft. Zur letzteren Gruppe gehören Gitarre, Laute und deren Verwandte. Sie haben eine kleine Zahl von Saiten (die Gitarre beispielsweise sechs), welche nebeneinander über dem Hals und dem Griffbrett des Instruments gespannt

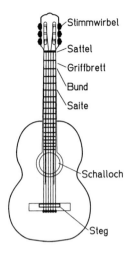

Abb. 2.7. Äußerer Aufbau der Gitarre (Draufsicht, schematisch). Die sechs Saiten verlaufen vom Sattel zum Steg oberhalb des Griffbretts und der darin eingelassenen Querbünde. Sie werden auf die Töne E_2, A_2, D_3, G_3, H_3, E_4 gestimmt. Durch Niederdrücken einer Saite dicht hinter einem Bund wird dieselbe auf die verbleibende Länge verkürzt, wobei die Härte des Bundes dafür sorgt, daß die Bedämpfung der Saite gering bleibt. Auf jeder Saite kann eine chromatische Leiter gespielt werden und auf verschiedene Tonhöhen gestimmt sind. Der Spieler kann auf jeder der Saiten nacheinander eine große Zahl verschiedener Töne spielen, indem er die Saite an verschiedenen Stellen auf das mit Querstegen (Bünden) versehene Griffbrett drückt und so ihre schwingende Länge verändert. Mit den Fingerkuppen oder -nägeln der anderen Hand – oder mit einem kleinen Plättchen, dem Plektrum – wird die Saite manuell angezupft. Es können höchstens soviele Töne gleichzeitig gespielt werden, wie Saiten vorhanden sind.

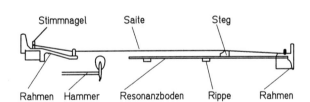

Abb. 2.8. Prinzip der Tonerzeugung beim Klavier. Der Hammer wird von der Tastenmechanik an die Saite geschleudert, zurückgeworfen und danach durch die Mechanik bis zum nächsten Tastendruck festgehalten

Durch impulsartige Anregung werden sämtliche Eigenschwingungen der Saite zugleich angeregt. Weil es sich bei dem so erzeugten Ton um eine freie – im Gegensatz zur einer erzwungenen – Schwingung handelt, welche mit abnehmender Amplitude abklingt, setzt er sich stets unmittelbar aus jenen Eigenschwingungen zusammen, ebenso wie dies beispielsweise bei einer angeschlagenen Glocke der Fall ist.

Musikalische Streichinstrumente. Die typischen Vertreter der Familie der Streichinstrumente sind Violine, Viola, Cello und Kontrabaß. Abgesehen von ihrer unterschiedlichen Größe stimmen sie in Aufbau und Funktionsweise weitgehend überein.

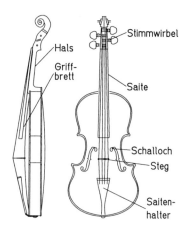

Abb. 2.9. Äußerer Aufbau der Violine. Die vier Saiten werden auf die Töne G_3, D_4, A_4, E_5 gestimmt. Länge des Körpers 35 cm; Breite 20 cm; Höhe am Zargenkranz 35 mm; im Maximum (Mitte) 60 mm. Halslänge 26 cm. Saitenlänge Steg–Sattel 33 cm; Steg–Saitenhalter 4 cm. Spannkraft der Saiten ca. 35–45 N (G-Saite, 196 Hz), 40–60 N (D, 294 Hz), 50–60 N (A, 440 Hz), 72–85 N (E, 659 Hz)

Die äußerlichen konstruktiven Merkmale sind aus Abb. 2.9 ersichtlich. Vier Saiten verlaufen vom Saitenhalter über den Steg und das Griffbrett zu den Stimmwirbeln. Der tonfrequenzbestimmende schwingende Teil der Saite verläuft vom Steg bis zu der Stelle, wo der Finger die Saite auf das Griffbrett drückt – oder bis zum Sattel. Die Decke des Köpers der Violine besteht im allgemeinen aus zwei Fichtenholzstücken, welche in der Mitte zusammengeleimt sind. Der Boden ist üblicherweise aus Ahornholz hergestellt. Decke und Boden sind durch einen dazwischengeklemmten Holzstab, den Stimmstock, miteinander verbunden. Unter die Decke ist auf einer Seite eine Holzleiste, der Baßbalken, geleimt.

Die Haare des Geigenbogens streichen in der Nähe des Steges über die Saite und regen diese über periodischen Wechsel von Haft- und Gleitreibung zu periodischen Schwingungen an. Dieser Vorgang ist der Hervorbringung der Naturtöne auf den Blasinstrumenten analog. Die durch Anstreichen mit dem Bogen hervorgerufene Saitenschwingung stellt den ersten Naturton der Saite dar. Weitere Naturtöne werden nur ausnahmsweise benutzt (Flageolett). Die Frequenz der Schwingung wird durch die Eigenschwingungen der Saite – beziehungsweise genau genommen durch die am Anstreichpunkt in Erscheinung tretenden Eigenschwingungen des gesamten Instruments – bestimmt. Dabei dominiert in der Regel die tiefste Eigenschwingung der Saite.

Der Ton, welchen man durch Anstreichen einer Saite erhält, unterscheidet sich von demjenigen derselben, jedoch angezupften oder angeschlagenen Saite nicht nur dadurch, daß er stationär ist, während er nach Impulsanregung abklingt, sondern auch dadurch, daß er eine weitgehend streng periodische Schwingung darstellt. Sein Fourierspektrum besteht aus *Harmonischen*, das heißt, aus Teilschwingungen, deren Frequenzen sehr genau ganzzahlige Vielfache der Grundfrequenz – der Frequenz der ersten Harmonischen – sind. Bei Impulsanregung besteht demgegenüber das Fourierspektrum aus den abklingenden Eigenschwingungen des gesamten Systems Geige, und deren Frequenzen sind im allgemeinen nicht exakt ganzzahlige Vielfache der ersten Eigenfrequenz.

Während die Geige äußerlich in Bezug auf ihre Längsachse weitgehend symmetrisch gebaut ist, sorgen die im Inneren vorhandenen Elemente – der Stimmstock und der Baßbalken – für eine ausgeprägte funktionale Asymmetrie. Diese ist für eine wirksame Schallabstrahlung notwendig. Es besteht eine ausgeprägte, frequenzabhängige Richtcharakteristik [609].

Die Abmessungen der Saiteninstrumente werden in mehrfacher Hinsicht durch ihre Tonlage bestimmt. Zur Erzeugung tieffrequenter Töne sind grundsätzlich längere Saiten erforderlich als für höhere Töne, woraus sich entsprechende Unterschiede der Hals- beziehungsweise Griffbrettlänge ergeben. Die Größe des Körpers und damit der schallabstrahlenden Flächen ergibt sich aus der Notwendigkeit, auch den tiefsten Ton des Instruments noch hinreichend als Schallwelle abzustrahlen.

2.2 Elektroakustische Komponenten

In der aktuellen Informationstechnik werden akustische Signale in weitestem Maße durch *elektrische* Signale repräsentiert. Die Speicherung, Übertragung und Bearbeitung der Signale der Audiokommunikation erfolgt überwiegend in elektrischer Form. Die Umwandlung von Schallsignalen in elektrische Signale, deren Verstärkung, Modifikation und Speicherung sowie ihre Rückwandlung in Schallsignale erfolgt durch Komponenten der Elektroakustik.

Mikrofone dienen der möglichst getreuen, das heißt, proportionalen Umwandlung von Schallschwingungen in elektrische Schwingungen.

Lautsprecher und Kopfhörer dienen dazu, elektrische Audiosignale auf möglichst geeignete Weise in Schallschwingungen umzuwandeln.

Elektroakustische Speicher dienen dazu, die elektrisch repräsentierten Schallsignale möglichst getreu auf einem geeigneten Trägermedium zu konservieren und sie davon möglichst getreu wieder abzulesen und als elektrische Signale darzustellen.

2.2.1 Mikrofone

Es gibt eine erhebliche Anzahl physikalischer Effekte, welche die Umsetzung von Schalldruckschwankungen in elektrische Spannungs- beziehungsweise Stromschwankungen – und damit die Konstruktion von Mikrofonen – ermöglichen. Von den dadurch möglichen Mikrofonarten werden im folgenden diejenigen aufgeführt, welche in erheblichem Maße Anwendung gefunden haben.

Das piezoelektrische Mikrofon. Manche kristalline Materialien besitzen polare Richtungen, das heißt Richtungen in der Kristallstruktur, in welchen bei Deformation eine unsymmetrische Verlagerung von Ionenladungen auftritt. Diese macht sich an den Oberflächen als elektrische Ladung bemerkbar (piezoelektrischer Effekt). Über Elektroden kann die Ladung abgeführt, beziehungsweise eine elektrische Spannung abgegriffen werden. Umgekehrt entsteht durch Anlegen einer Spannung und damit eines elektrischen Feldes in der polaren Richtung eine Deformation (reziproker piezoelektrischer Effekt).

Piezoelektrische Materialien sind beispielsweise *Quarz*; *Seignettesalz*; (Rochellesalz, Kalium-Natrium-Tartrat); *Lithiumsulfathydrat* (LSH); *Ammoniumhydrogenphosphat* (ADP); *Kaliumhydrogenphosphat* (KDP); *Cadmiumsulfid* (CdS); *Bariumtitanat* ($BaTiO_3$); *Bleizirkonattitanat* (PZT); *Polyvinylidenfluorid* (PVDF). Bei Bariumtitanat und Bleizirkonattitanat handelt es sich um Keramiken, bei PVDF um dünne, flexible Kunststoffolien, welche durch Polarisation im elektrischen Feld piezoelektrisch gemacht werden.

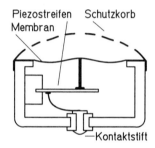

Abb. 2.10. Schnitt durch ein piezoelektrisches Mikrofon. Die vom Schalldruck hervorgerufene Membranauslenkung erzeugt eine Biegespannung am Piezoelement

Als Beispiel zeigt Abb. 2.10 ein einfaches piezoelektrisches Mikrofon. Durch die Schwingungen einer Membran, welche ihrerseits durch Schalldruckschwankungen hervorgerufen werden, wird ein Streifen aus piezoelektrischem Material ausgelenkt. Die damit verbundenen mechanischen Spannungen rufen zwischen den Elektroden entsprechende elektrische Spannungen hervor.

Das dielektrische Mikrofon (Kondensatormikrofon). Das dielektrische Mikrofon nutzt auf die eine oder andere Art die Änderung der Kapazität eines elektrischen Kondensators, dessen eine Elektrode durch eine dem Schalldruck ausgesetzte Membran gebildet wird. Die Änderung der Kapazität wird durch die schalldruckbedingte Änderung des Abstandes der Membran (der einen Elektrode) von einer festen Gegenelektrode hervorgerufen.

Für die Umsetzung der Kapazitätsschwankungen in elektrische Spannungsschwankungen gibt es im wesentlichen zwei Möglichkeiten:

- Auf den Kondensator wird eine konstante Ladung aufgebracht. Dann ist die anliegende Spannung der Kapazität umgekehrt proportional.
- Der Kondensator wird derart in eine Hochfrequenzschaltung eingebaut, daß sich aus den Schwankungen seiner Kapazität Frequenzschwankungen des Hochfrequenzsignals ergeben. Diese werden demoduliert, das heißt, in elektrische Spannungsschwankungen umgewandelt.

2.2 Elektroakustische Komponenten

Nur zum erstgenannten Prinzip gibt es ein umgekehrtes Äquivalent, welches *Reversibilität* des dielektrischen Mikrofons begründet: Der Spannungsänderung an einem Kondensator entspricht eine Änderung der mechanischen Kraft zwischen den Elektroden, welche ihrerseits eine als Membran ausgebildete Elektrode in Schwingung versetzt (dielektrischer Lautsprecher).

Beim *Kondensatormikrofon mit Gleich-Vorspannung* wird der aus Membran und Gegenelektrode gebildete Kondensator (Abb. 2.11) über einen großen Widerstand (z.B. 10–100 MΩ) mit einer Gleichspannungsquelle (100–200 V) verbunden. Nachdem der Einschaltvorgang abgeklungen ist, befindet sich auf dem Kondensator eine Ladung, welche sich während hinreichend rascher Membranauslenkungen nicht ändert. Deshalb erzeugt eine Membranauslenkung eine Schwankung der Spannung zwischen Membran und Gegenelektrode. Diese wird über einen Impedanzwandler einem Verstärker zugeführt.

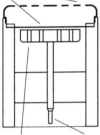

Abb. 2.11. Aufbau des dielektrischen Mikrofons (Kondensatormikrofon). Zwischen der (elektrisch leitenden) Membran und der Gegenelektrode wird ein elektrisches Feld erzeugt, und zwar entweder durch Anlegen einer Gleichspannung über einen großen Widerstand, oder durch eine Elektretfolie, welche sich auf der Membran oder der Gegenelekrode befindet. Exemplarische Daten: Membran- bzw. Elektrodendurchmesser 20 mm; Abstand zwischen Membran und Gegenelektrode 30 μm; Vorspannung 150 V.

Beim *Elektretmikrofon*, dessen Aufbau dem in Abb. 2.11 dargestellten sehr ähnlich ist, wird das elektrische Feld zwischen Membran und Gegenelektrode durch ein permanent polarisiertes Material – ein Elektret – hergestellt. Dasselbe befindet sich als Folie entweder auf der Membran oder auf der Gegenelektrode. Es erzeugt ungefähr dieselbe elektrische Feldstärke wie eine Vorspannung von 100 V. Im übrigen entpricht die Wirkungsweise derjenigen des Kondensatormikrofons mit Gleichspannung [854].

Das elektrodynamische Mikrofon. Das elektrodynamische Mikrofon, kürzer auch als dynamisches Mikrofon bezeichnet, beruht auf dem Induktionsgesetz, wonach in einem elektrischen Leiter, welcher in einem konstanten homogenen Magnetfeld bewegt wird, eine Spannung induziert wird, welche der Stärke des Magnetfeldes und der Geschwindigkeit des Leiters proportional ist. Der elektrische Leiter wird meist als *Schwingspule* (Tauchspule) realisiert.

Weil auf einen stromdurchflossenen Leiter, welcher sich in einem Magnetfeld befindet, eine mechanische Kraft wirkt, welche dem elektrischen Strom und der Feldstärke proportional ist, ist das elektrodynamische Mikrofon *reversibel*.

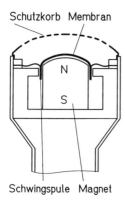

Abb. 2.12. Elektrodynamisches Mikrofon, schematisch. An einer Membran ist eine Schwingspule befestigt, welche in den ringförmigen Luftspalt eines magnetischen Kreises ragt

Die (in der Regel kreisrunde) Membran des elektrodynamischen Mikrofons (Abb. 2.12) trägt eine konzentrische Schwingspule. Diese ragt in den ringförmigen Luftspalt, welcher durch einen Stabmagneten (beziehungsweise einen darauf befindlichen runden Polschuh) und einen topfförmigen Magnetkreis gebildet wird. Durch die vom Schalldruck hervorgerufene Auslenkung der Membran wird in der Schwingspule eine Spannung induziert, welche der momentanen Geschwindigkeit der Membran proportional ist.

2.2.2 Lautsprecher und Kopfhörer

Ebenso wie bei den Mikrofonen kann man bei den Lautsprechern zwei Hauptbestandteile unterscheiden, nämlich den eigentlichen elektromechanischen Wandler und das Gehäuse. Bei den Mikrofonen ist diese Unterscheidung in der Regel nur formaler Art, weil die beiden Teile meist eine untrennbare Einheit bilden. Ein Mikrofongehäuse enthält meistens einen einzigen Wandler. Bei den Lautsprechern steht dagegen der Wandler – das sogenannte Lautsprecher-System (auch Lautsprecherchassis genannt) – als selbständige Baueinheit zur Verfügung. Ein- und dasselbe Lautsprechersystem kann grundsätzlich in Gehäuse unterschiedlicher Form und Größe eingebaut werden. Häufig enthält ein Lautsprecher mehrere Wandlersysteme.

Breitbandlautsprecher. Im Beispiel Abb. 2.13 sind in ein stabiles, dicht geschlossenes Gehäuse zwei elektrodynamische Lautsprechersysteme eingebaut, und zwar ein Baß-System und ein Mittel-Hochton-System. Weil der Übertragungsfrequenzbereich eines einzigen elektrodynamischen Lautsprechersystems im allgemeinen nicht ganz ausreicht, ist die Kombination zweier Systeme oft erforderlich. Die Frequenzweiche sorgt dafür, daß das Baßsystem nur mit tieffrequenten Spektralanteilen der Eingangsspannung, das andere

System mit dem oberen Teil des Frequenzbandes versorgt wird. Um Resonanzeffekte stehender Wellen bei höheren Frequenzen zu bedämpfen, wird in das Gehäuse Dämpfungsmaterial, zum Beispiel Steinwolle, eingebracht.

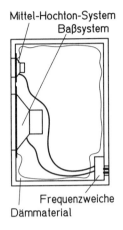

Abb. 2.13. Typischer Aufbau einer Breitbandlautsprecherbox. Zwei verschiedene elektrodynamische Lautsprechersysteme sind and die Frontplatte montiert. Sie werden über eine elektrische *Frequenzweiche* (eine Kombination von Hoch- und Tiefpaß) an den Ausgang eines Verstärkers angeschlossen

Das elektrodynamische Lautsprechersystem (Lautsprecherchassis).
Dieses stellt den gegenwärtig in Lautsprechern überwiegend eingesetzten Wandlertyp dar. Abb. 2.14 zeigt seinen Aufbau. An der Membran ist konzentrisch eine Schwingspule befestigt. Diese ragt in den ringförmigen Luftspalt, welcher von einem Stabmagneten und einem Topf aus magnetischem Material gebildet wird. Ein Strom durch die Schwingspule erzeugt im konstanten Magnetfeld des Luftspalts eine vertikal gerichtete Kraft. Diese bewirkt eine Bewegung der Membran. Damit die Membranschwingungen sinnvoll in Schall umgesetzt werden können, muß das System in eine Schallwand oder ein Gehäuse eingebaut sein.

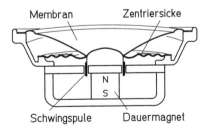

Abb. 2.14. Schnittbild eines elektrodynamischen Lautsprechersystems. Exemplarische Zahlenwerte: Magnetische Induktion im Luftspalt 1 Vs/m^2; Durchmesser und Masse der Schwingspule 25 mm, 2 g; Durchmesser und Masse der Membran 160 mm, 30 g

Kopfhörer. Wie bei den Mikrofonen bilden bei den Kopfhörern das Gehäuse und das Wandlersystem in der Regel eine untrennbare Einheit. Vorherrschend ist das elektrodynamische Wandlerprinzip. Daneben gibt es magnetische und elektrostatische Hörer. Letztere arbeiten nach dem dielektrischen Wandlerprinzip.

2. Komponenten der Audiokommunikation

Für die Wirkungsweise ist es von erheblicher Bedeutung, ob der Hörer am Ohr schalldicht anliegt, oder nicht. Man unterscheidet daher *geschlossene* und *offene* Kopfhörertypen. Beim geschlossenen Hörertyp ist das elektrodynamische System im Gehäuse dicht eingeschlossen, und der Hörer soll schalldicht an der Ohrmuschel anliegen. Letzteres wird mehr oder weniger vollkommen durch die *supraaurale* Polsterform (Abb. 2.15 links) beziehungsweise die *circumaurale* (ohrumschließende) Form erreicht. Undichtheit des Polstersitzes – auch als akustisches Leck bezeichnet – hat schlechte Baßwiedergabe zur Folge.

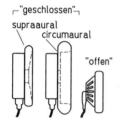

Abb. 2.15. Elektrodynamische Kopfhörer in drei verschiedenen Konstruktionen. Mit dem *geschlossenen* Hörertyp wird optimale Baßwiedergabe nur erreicht, wenn das supraaurale Polster an der Ohrmuschel bzw. das circumaurale Polster am Kopf schalldicht abschließt. Beim *offenen* Typ (rechts) ist ein *akustisches Leck* von vorn herein vorgesehen

Beim offenen Hörertyp wird ein akustisches Leck zwischen Hörer und Ohrmuschel von vorn herein in Rechnung gestellt und im Frequenzgang des Übertragungsfaktors berücksichtigt. Das akustische Leck entsteht dadurch, daß das weiche Polster aus porösem Material besteht und nur lose aufliegt. Die nötige Baßanhebung wird im wesentlichen durch eine tiefliegende Resonanzfrequenz der Hörermembran (ca. 70 Hz) erreicht. Dies wiederum ist praktisch nur dadurch erreichbar, daß das Hörergehäuse auf der Rückseite Öffnungen hat. Abb. 2.16 zeigt exemplarisch den Aufbau und die wichtigsten Daten eines elektrodynamischen Kleinhörers vom offenen Typ.

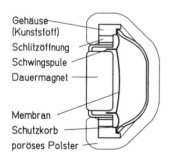

Abb. 2.16. Schnitt durch einen elektrodynamischen Kleinhörer, offener Typ. Gesamtdurchmesser 36 mm; Gehäusedurchmesser 26 mm. Durchmesser der Membran aus Teflonfolie (schwingender Teil) 22 mm; Membrandicke 60 μm; Masse der Membran (ohne Schwingspule) 20 mg. Masse der Schwingspule 32 mg; Gleichstromwiderstand ca. 70 Ω. Gesamtmasse 7 g

Wegen ihrer Robustheit, Kleinheit und Bequemlichkeit werden heutzutage zum allgemeinen Gebrauch überwiegend offene Kleinhörer verwendet. Wenn eine möglichst genau definierte und reproduzierte Übertragungsfunktion des Hörers verlangt wird – beispielsweise für psychoakustische Messungen – werden meist elektrodynamische Hörer des geschlossenen Typs bevorzugt.

2.2.3 Elektroakustische Schallspeicher

Die Technik der Schallsignalspeicher befindet sich gegenwärtig in einer Phase rascher Weiterentwicklung. Die klassischen Verfahren der mechanischen und magnetischen Fixierung der Schallsignale beziehungsweise der ihnen entsprechenden digitalen Daten werden durch die Anwendung weiterer physikalischer Effekte ergänzt. Die Digitaltechnik ermöglicht darüber hinaus den Einsatz datenflußreduzierender Verfahren, womit sich eine weitere Erhöhung der Speicherkapazität ergibt.

Die Schallplatte. Diese verwendet das älteste, bereits von T.A. Edison benutzte Prinzip der Schallspeicherung: Das Schallsignal wird mit Hilfe eines akustisch-mechanischen Wandlers unmittelbar als Schwingungszug in ein Trägermaterial (die Oberfläche einer rotierenden Walze beziehungsweise Scheibe) graviert. Anstelle der von Edison ursprünglich verwendeten *Tiefenschrift* auf einer Wachswalze wird seit der Einführung der Schallplatte die *Seitenschrift* verwendet.

Bei einkanaliger Aufzeichnung werden die Schwingungen durch seitliche (das heißt, auf der Platte radial gerichtete) Auslenkungen eines Schneidstichels in eine Spur geschrieben, welche in einer engen Spirale von außen nach innen verläuft. Zweikanalige Aufzeichnung (stereo) erfolgt für die beiden Kanäle im Winkel von 45 Grad. Dabei liegt die Aufzeichnung des linken Kanals am inneren, das heißt, näher zum Plattenmittelpunkt liegenden Rand der Rille.

Die Wiedergabe der Aufzeichnung erfolgt über einen Tonabnehmer, beziehungsweise eine entsprechende Stereokombination. Am Ende eines Ankers, welcher den beweglichen Teil eines mechanisch-elektrischen Wandlers bildet, befindet sich eine feine Nadel, welche in der spiraligen Rille der Schallplatte gleitet und dabei durch die lateralen Wellen der Spur ausgelenkt wird. Preiswerte Abtastsysteme können mit Piezowandlern hergestellt werden. Mit diesen lassen sich jedoch in der Regel keine Höchstforderungen bezüglich Wiedergabequalität und Schonung der Schallplatte erfüllen. Für hohe Anforderungen haben sich Tonabnehmer bewährt, welche nach dem magnetischen Wandlerprinzip arbeiten.

Magnetbandgerät. Zur Aufzeichnung von Schallsignalen auf ein mit einer magnetisierbaren Schicht versehenes dünnes Band (das Tonband) wird das letztere mit konstanter Geschwindigkeit an den Magnetköpfen vorbeigezogen und aufgewickelt, Abb. 2.17 [849]. Häufig (z.B. in Kassettentonbandgeräten) wird anstelle von Sprech- und Hörkopf ein einziger sogenannter Kombikopf verwendet, der beide Funktionen erfüllt. Die Magnetköpfe bestehen aus je einer Spule, welche auf einen Eisenkern gewickelt ist. Die Eisenkerne haben vorn eine glatte Fläche, an welcher das Band entlanggleitet. Der Eisenkern ist an dieser Stelle durch einen sehr schmalen Spalt, welcher mit nicht-magnetischem Material ausgefüllt ist, unterbrochen. (Beim Löschkopf sind es meist zwei benachbarte Spalte.) Daher durchsetzt das magnetische

Wechselfeld, welches im Eisenkern durch einen Strom erzeugt wird, an dieser Stelle das Band und ruft eine lokal eng begrenzte Magnetisierung hervor.

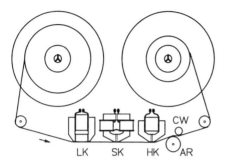

Abb. 2.17. Magnetbandgerät schematisch. Zum Aufsprechen und zur Wiedergabe wird das mit einer magnetisierbaren Schicht versehene Tonband aus Polyester mit konstanter Geschwindigkeit an den Spalten der Magnetköpfe vorbeigezogen und auf der rechten Spule aufgewickelt. LK Löschkopf; SK Sprechkopf; HK Hörkopf; AR Andruckrolle; CW Capstan-Welle

Bei der Aufzeichnung wird das Band zuerst gelöscht, weil es den Löschkopf zuerst passiert. Das Löschen wird durch einen sinusförmigen Hochfrequenzstrom (z.B. mit der Frequenz 100 kHz) bewirkt. Das aufzuzeichnende Signal wird als elektrischer Wechselstrom – zusammen mit einem hochfrequenten Vormagnetisierungsstrom – durch die Spule des Sprechkopfes geleitet. Wenn eine Stelle des Bandes den Sprechkopf passiert hat, bleibt in der Magnetschicht dort eine permanente Magnetisierung zurück, welche der instantanen Amplitude des Signals proportional ist.

Die Stärke des instantanen magnetischen Flusses, welcher die Schicht des Bandes am Sprechkopf-Lufspalt durchsetzt, hängt davon ab, wie eng der mechanische Kontakt zwischen Band und Sprechkopf ist. Weil dieser infolge von Verunreinigungen, Klebestellen, etc. merklichen Schwankungen unterliegt, wird durch einen zweiten Luftspalt auf der Rückseite des Sprechkopfes ein relativ großer magnetischer Widerstand des vom Sprechkopf gebildeten Magnetflußkreises erzeugt. So wird erreicht, daß kleine Schwankungen des Band-Kopf-Kontakts sich auf die Bandmagnetisierung wenig auswirken.

Wenn – wie in Abb. 2.17 – getrennte Sprech- und Hörköpfe vorhanden sind, kann das aufgezeichnete Signal schon unmittelbar nach der Aufzeichnung über den Hörkopf wiedergegeben werden (Hinterbandkontrolle). Die Restmagnetisierung der Magnetschicht des Bandes induziert in der Spule des Hörkopfes eine ihr proportionale Spannung, welche verstärkt und wiedergegeben werden kann.

Mehrspuraufzeichnung – das heißt, Aufzeichnung auf parallelen, getrennten Streifen längs des Bandes – wird erreicht, indem für jede Spur der Satz von Magnetköpfen in entsprechender Anordnung, das heißt, dicht übereinander, aufgebaut wird.

Das Trägermaterial der Tonbänder ist meist ein Polyester. Die Breite des Bandes beträgt je nach Einsatzgebiet 2; 1; 1/2; 1/4 beziehungsweise 0,15 in (Zoll). Bei Spulentonbandgeräten wird meist 1/4 in (6,3 mm) breites Band verwendet. Das Compact-Cassettenband ist 0,15 in (3,81 mm) breit. Die Gesamtdicke des Bandes beträgt 20–60 μm. Die magnetisierbare Schicht besteht aus Reineisen, Eisenoxid, Chromdioxid oder Eisen-Chromdioxid-Mischung. Die Bandgeschwindigkeit beträgt je nach Anforderungen und Einsatzbereich 15; 7,5; 3,75; 1,875 in/s, entsprechend 38,1; 19,05; 9,5; 4,76 cm/s.

Die Compact Disk. In der Standardausführung ist die Compact-Disk (CD) eine 1,2 mm dicke runde Scheibe aus hochtransparentem Polykarbonat mit einem Durchmesser von 120 mm. Ein 35,5 mm breiter Kreisring ist mit einer spiralig verlaufenden Spur von sogenannten Pits (Gräben) belegt. In ihnen sind die mit 44,1 kHz abgetasteten und digitalisierten Schallsignale der beiden Stereokanäle zusammen mit Fehlerkorrektur- und Steuerungsinformation gespeichert.

Die Pits werden bei der Herstellung auf der Oberseite durch eine Matrize eingeprägt. Sie haben eine Tiefe von ca. 120 nm, eine Breite von ca. 500 nm und eine Länge, welche ein ganzzahliges Vielfaches der Abtastzeit für ein Bit beträgt. Der radiale Abstand der Spurwindungen beträgt 1,6 μm. Ein ca. 100 nm dicker Metallfilm bewirkt Lichtreflektion (vgl. Abb. 2.18). Über dem Metallfilm liegt eine ca. 20 μm starke Schutzschicht aus Kunststoff. Auf die letztere ist die Beschriftung (das Label) der CD gedruckt (Stärke ca. 5 μm). Die Abtastung erfolgt mit Laserlicht (AlGaAs Halbleiter-Laser) von der Unterseite der Scheibe. Die Wellenlänge des Laserlichts beträgt in Luft beziehungsweise im Vakuum 780 nm, im Polykarbonat-Trägermaterial der CD ca. 500 nm.

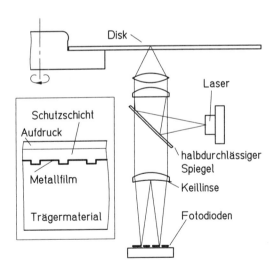

Abb. 2.18. Abtastung der Compact-Disk nach dem Ein-Strahlverfahren. Die Pit-Spur befindet sich auf der Oberseite der lichtdurchlässigen Scheibe und ist von einem reflektierenden Metallfilm überzogen, vgl. vergrößerten Ausschnitt links. Das gesamte Abtastsystem ist in horizontaler Richtung beweglich, um der Pit-Spur zu folgen

Das gesamte Abtastsystem ist in radialer (in Abb. 2.18: horizontaler) Richtung beweglich. Die Abtastung erfolgt von innen nach außen, und zwar mit konstanter linearer Geschwindigkeit, das heißt so, daß in gleichen Zeiten gleiche Weglängen der Spur abgetastet werden. Die Drehzahl beträgt am Anfang 500 min^{-1} und verringert sich zum Ende der Abtastung auf 200 min^{-1}. Die Gesamtlänge der Pit-Spur beträgt ca. 5000 m. Die Spieldauer beträgt mehr als eine Stunde. Dazu muß die Spur mehr als $15 \cdot 10^9$ bit enthalten. Die Bit-Dichte beträgt also ungefähr 3000 bit/mm.

Durch Verfolgung der Pit-Spuren und Auswertung der darin vorhandenen Format- und Synchonisierungs-Informationen regelt das System die Drehzahl, findet die gewünschte Position, korrigiert dieselbe fortlaufend und fokussiert die Optik auf die reflektierende Ebene der CD. Das Ablesen der digitalen Audiosignaldaten, die Fehlererkennung und -korrektur und die Positionierung des Abtastsystems sind eng miteinander verknüpft und voneinander abhängig.

Das Erkennen der einzelnen Pits geschieht folgendermaßen. Das Lasersystem erzeugt einen divergenten Strahl, welcher über den halbdurchlässigen Spiegel nach oben umgelenkt wird, Abb. 2.18. Durch das Linsensystem wird der Strahl zuerst parallelisiert und dann auf die reflektierende Ebene der CD fokussiert, und zwar unter Einbeziehung des Brechungsindex des Disk-Materials. Der Strahl hat beim Auftreffen auf die reflektierende Schicht einen Durchmesser, welcher etwas größer ist als die Breite eines Grabens. Falls der Strahl auf einen Graben trifft, wird daher sowohl Licht vom Inneren des Grabens als auch von der höherliegenden Umgebung reflektiert. Weil die Wellenlänge des Laserlichts innerhalb des Trägermaterials ca. 500 nm beträgt, entspricht der Höhenunterschied von 120 nm ungefähr 1/4 Wellenlänge. Daher besteht zwischen dem Licht, welches vom Grabengrund reflektiert wird und demjenigen, welches von der Bezugsebene reflektiert wird, ein Wegunterschied von ungefähr 1/2 Wellenlänge, so daß sich die betreffenden Anteile gegenseitig weitgehend aufheben. Dies bedeutet: Wenn die Strahlmitte auf einen Graben trifft, wird praktisch kein Licht zurückgeworfen; wenn der Gesamtstrahl dagegen auf die metallisierte Bezugsfläche allein trifft, werden ca. 90% des Lichts reflektiert. Das reflektierte Licht erreicht über den halbdurchlässigen Spiegel die Keillinse. Letztere teilt den reflektierten Strahl in zwei Bündel, in deren Fokusebene sich die vier Fotodioden A bis D befinden [734, 771].

Digitale Bandaufzeichnung. Auch zum Magnetbandgerät gibt es die digitaltechnische Alternative. Beispielsweise wird nach dem R-DAT-Verfahren das mit 48 kHz abgetastete und digitalisierte Schallsignal (zwei Stereokanäle) durch Impulsmagnetisierung eines Magnetbandes (Magnetschicht vorzugsweise Fe) von 0,15 in (3,81 mm) Breite gespeichert. Dazu wird das Magnetband schräg an einer rotierenden Magnetkopftrommel mit 30 mm Durchmesser entlanggeführt. Die Kopftrommel enthält zwei Magnetköpfe, deren Spalte das Band nacheinander in Schrägspuren magnetisieren, welche gegen die Bandrichtung um 6 Grad geneigt, 23,5 mm lang und 13,6 µm breit sind. Zur Entkopplung benachbarter Spuren sind die Spalte der beiden Magnetköpfe um ± 20 Grad gegen die Spurachse geneigt. Der Kopf rotiert mit 2000 min^{-1}. Die Bandgeschwindigkeit beträgt 8,13 mm/s. Die Relativgeschwindigkeit zwischen Kopfspalt und Band ist 3,13 m/s. Wegen der geringen linearen Bandgeschwindigkeit bleibt trotz beträchtlicher Aufzeichnungsdauer (1 Stunde und mehr) die Gesamtlänge des Bandes relativ kurz, so daß geringe Such- beziehungsweise Umspulzeiten erzielt werden.

2.3 Das Gehör

Das Gehör ist eine Schlüsselkomponente der akustischen Kommunikation, weil sich aus seinen Eigenschaften, Möglichkeiten und Grenzen die Anforderungen an die übrigen Komponenten ergeben. Außerdem deshalb, weil sein Bau und seine Funktionen im Verlauf der Evolution an die langfristig konstanten physikalischen Bedingungen der akustischen Kommunikation angepaßt wurden.

2.3.1 Übersicht

Beim Menschen sind – anders als bei den meisten Säugetieren – die Augen parallel nach vorn, die Ohren nach den Seiten orientiert. Der Kopf ist etwas langgestreckt und hat individuell merklich unterschiedliche Form und Größe. Die beiden Gehörgang-Eingänge sind beim erwachsenen Mann im Mittel etwa 150 mm, bei der erwachsenen Frau 135 mm voneinander entfernt.

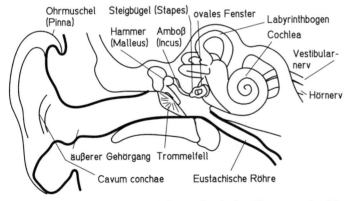

Abb. 2.19. Schematischer Schnitt durch das Hörorgan des Menschen; nach Ades & Engström [2] sowie Pickles [715]

Abbildung 2.19 zeigt einen schematischen Schnitt durch das rechtsseitige Hörorgan des Menschen. Es besteht aus Außen-, Mittel- und Innenohr; der eigentliche Empfänger der Schallschwingungen befindet sich im schneckenförmigen Teil des Innenohres, der *Cochlea*. In der Cochlea wird das Schallsignal in neuronale Aktivität auf den Fasern des Hörnerven umgesetzt.

54   2. Komponenten der Audiokommunikation

Letzterer hat einen Durchmesser von ungefähr 3 mm und besteht aus ungefähr 30000 voneinander isolierten Einzelfasern. Davon sind ungefähr 95% aufsteigend (afferent), der Rest absteigend (efferent). Der Hörnerv verbindet das Innenohr mit einer aufsteigenden Kette von Verarbeitungsstationen, welche im Rückenmark (Oliven) beginnt und im auditorischen Cortex mündet.

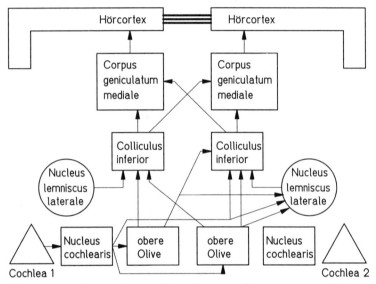

Abb. 2.20. Schema des auditiven Systems (die sogenannte Hörbahn). Der Übersichtlichkeit halber sind nur die aufsteigenden Bahnen des einen Ohres (Cochlea 1) eingezeichnet

Abbildung 2.20 gibt eine schematische Übersicht über die sogenannte Hörbahn. Sie besteht unterhalb der Großhirnrinde (Cortex) aus fünf bis sechs anatomisch und physiologisch unterscheidbaren Verarbeitungsebenen, welche Kerne genannt werden (*Nucleus cochlearis* bis *Corpus geniculatum mediale*).

Diese Kerne, welche jeweils aus einer großen Zahl von Zellen bestehen, sind paarweise vorhanden und es bestehen zwischen ihnen die in der Abbildung angedeuteten Nervenverbindungen. Diese Verbindungen sind wahrscheinlich zur kontralateralen Seite hin zahlreicher und enger als auf der ipsilateralen Seite. Daher nimmt man an, daß die vom rechten Ohr kommende Information überwiegend in den linken Cortex gelangt und diejenige des linken Ohres in den rechten. Insbesondere bilden die lateralen Verbindungen die neurophysiologische Grundlage für eine Auswertung der Beziehungen zwischen den beiden Ohrsignalen.

2.3.2 Die äußeren Teile des Hörorgans

Als Außenohr bezeichnet man den aus Ohrmuschel (*Auricula, Pinna*) und äußerem Gehörgang (*Meatus acusticus ext.*) bestehenden Teil des Gesamtorgans, welcher am Trommelfell (*Membrana tympani*) endet.
Die Ohrmuschel hat beim Erwachsenen im Mittel eine Größe von 30–40 mm mal 70 mm. Sie besteht aus knorpeligem, beweglichem Gewebe. Viele Einzelheiten ihrer Form sind individuell verschieden. Jedoch gibt es einige einheitliche Merkmale, die man wie folgt beschreiben kann. Die Ohrmuschel bildet an ihrem oberen Bogen einen Flansch (*Helix*), welcher ungefähr 5 mm hoch ist und einen flachen Hohlraum teilweise umfaßt (*Fossa triangularis* und *Fossa scaphoida*). Weiter nach innen, das heißt, zum Gehörgang hin, folgt eine trichterartige Einbuchtung, das Cavum conchae (*Concha*). Die Concha bildet einen allseitig weitgehend umschlossenen, in der Aufsicht angenähert halbkreisförmigen Eingang zum äußeren Gehörgang. Der Radius dieses Halbkreises beträgt beim Erwachsenen ungefähr 15 mm. Das Volumen der Concha wird auf ungefähr 3 cm^3 geschätzt.
Der äußere Gehörgang ist ein etwas abgewinkelter, mit behaarter Haut umgebener Kanal. Er hat im Mittel eine Länge von ungefähr 25 mm (Concha–Trommelfell) und einen mittleren Durchmesser von 7–8 mm. Sein Volumen beträgt rund 1 cm^3.
Das Trommelfell ist eine schrägliegende, zum Mittelohr hin leicht eingebeulte Hautmembran, welche am Rande der Mittelohrhöhle angewachsen ist. Sein mittlerer Durchmesser beträgt ungefähr 9 mm, seine Fläche etwa 0,7 cm^2.

2.3.3 Das Mittelohr

Das Mittelohr erstreckt sich vom Trommelfell bis zum ovalen Fenster der Cochlea. Es liegt in einer kleinen Höhle des Schädelknochens. Seine wesentlichen funktionalen Bestandteile sind drei Mittelohrknöchelchen, welche nach ihrer Form als Hammer (*Malleus*), Amboß (*Incus*) und Steigbügel (*Stapes*) bezeichnet werden. Es handelt sich dabei um sehr feine und leichte Kalziumkörperchen, welche durch feine Sehnen und Muskeln miteinander verbunden sind. Der Hammer ist mit zwei Verdickungen seines Stiels am Trommelfell angewachsen und mit dem Ende an einem Vorsprung der Mittelohrhöhle beweglich befestigt. Von jenem Ende werden seine Bewegungen auf den Amboß übertragen, dessen anderes Ende wiederum auf dem Bogen des Steigbügels aufsitzt. Letzterer, der *Stapedius*, besitzt eine Fußplatte mit einer Fläche von etwa 3,2 mm^2. Mit der Fußplatte sitzt der Steigbügel auf dem sogenannten ovalen Fenster, einer feinen Membran, welche das Innenohr verschließt und die Eintrittsstelle der Schallschwingungen in dasselbe darstellt.
Die Beweglichkeit der Mittelohrknöchelchen kann durch Anspannung der feinen Muskeln, an welchen sie befestigt sind, verändert werden. Die Muskelaktivität wiederum wird von nachfolgenden Verarbeitungsstellen efferent

gesteuert. Dadurch besteht insbesondere die Möglichkeit, die Dämpfung der Schallübertragung zu erhöhen und dem Innenohr einen gewissen Schutz vor allzu großen Schallenergien zu bieten. Wegen des Umweges über mehrere neuronale Schaltstellen hat dieser Regelkreis eine Zeitkonstante von der Größenordnung 100 ms. Der Mechanismus bietet deshalb keinen Schutz vor kurzen Schalldruckimpulsen hoher Amplitude (Knallen).

Wie in Abb. 2.19 dargestellt, führt von der Mittelohrhöhle die sogenannte Eustachische Röhre weg. Sie mündet in die Rachenhöhle und erfüllt vor allem den Zweck, den Druck in der Mittelohrhöhle dem Umgebungsdruck anzugleichen. Die Eustachische Röhre ist meist verschlossen, da ihre Wände aneinander anliegen. Beim Schlucken öffnet sie sich kurzzeitig, so daß Luft zwischen Rachen und Mittelohr strömen kann.

Die Aufgaben des Mittelohres bestehen darin,

- das empfindliche Innenohr vor mechanischer Beschädigung und dem Eindringen von Schmutz und Krankheitserregern zu schützen;
- die äußere Luftschallimpedanz an die Flüssigkeitsschallimpedanz der Cochlea anzupassen; und
- beim Auftreten hoher Schallintensitäten zum Schutz des Innenohres eine Zusatzdämpfung einzufügen.

2.3.4 Das Innenohr und die Cochlea

Die Cochlea bildet zusammen mit dem Gleichgewichtsorgan (Vestibulärorgan) eine Einheit, das Innenohr. Es besteht aus sehr hartem Knochenmaterial. Die Bogengänge (Labyrinthbogen) des Vestibulärorgans sind in Abb. 2.19 deutlich zu sehen. Bezüglich ihrer Funktion sind Vestibulärorgan und Cochlea weitestgehend unabhängig voneinander.

Das eigentliche Hörorgan befindet sich im schneckenförmigen Teil des Gebildes, der *Cochlea*. Diese hat einen Basisdurchmesser von rund 1 cm und eine Höhe von etwa 5 mm. Sie ist ihrerseits in den Schädelknochen eingebettet und mit Lymphe gefüllt. Lediglich an zwei Stellen sind die Cochleawände nachgiebig: Am ovalen Fenster und am runden Fenster. Die beiden Fenster, welche durch feine Membranen die Mittelohrhöhle und das Innere der Cochlea voneinander trennen, befinden sich an der Schneckenbasis. Auf der Membran des ovalen Fensters sitzt die Fußplatte des Steigbügels auf; sie überträgt die Schallschwingungen auf die Innenohrlymphe. Letztere hat recht genau die gleichen physikalischen Eigenschaften wie Wasser; insbesondere ist sie praktisch inkompressibel. Die über den Stapes angeregten Schwingungen der Membran des ovalen Fensters erzeugen daher Schwingungen der Lymphmoleküle, welche sich mehr oder weniger über das gesamte Innere der Cochlea verteilen und am runden Fenster ausgleichen. Dabei versetzen sie das

Corti'sche Organ in vertikale Schwingungen; diese führen zu Verbiegungen der Stereozilien, welche den mechanischen Reiz der Haarzellen darstellen.[2]

Abb. 2.21 zeigt einen schematischen Schnitt durch die Cochlea. Diese enthält in etwa 2,5 Windungen einen Kanal mit einer Gesamtlänge von etwa 35 mm, welcher vollständig mit Lymphe gefüllt ist. Er ist – unter anderem – der Länge nach in eine obere und eine untere Hälfte unterteilt, und zwar teils durch die Basilarmembran, teils die knöcherne Trennwand (Lamina spiralis). Die Basilarmembran trägt das Corti'sche Organ – den eigentlichen Schwingungsempfänger. Das Corti'sche Organ erstreckt sich ebenso wie die Basilarmembran über die 2 1/2 Windungen des Kanals.

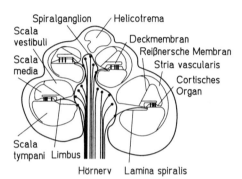

Abb. 2.21. Schematischer Querschnitt durch die Cochlea. Nach [2] und [715]

Die Tektorialmembran ist keine Membran im engeren Sinne, sondern eine schwammartige, vergleichsweise dicke Struktur; sie schwebt unmittelbar über den Enden der Stereozilien in der Lymphe. Sie spielt bei der mechanischen Auslenkung der Stereozilien und somit der Erregung der Haarzellen eine entscheidende Rolle.

Die Reißner'sche Membran dient zur Trennung elektrischer Potentiale. Sowohl die Tektorialmembran als auch die Reißner'sche Membran erstrecken sich ebenso wie die Basilarmembran und das Corti'sche Organ über fast die gesamte Länge des Schneckenkanals. Lediglich an der Schneckenspitze enden die Membranen, und die Basilarmembran läßt dort einen Durchgang von der Scala media zur Scala tympani offen. Diese Stelle wird als *Helicotrema* bezeichnet. Das ovale Fenster liegt am Kanalanfang, also an der Schneckenbasis, vor der Scala vestibuli. Vor der Scala tympani liegt das runde Fenster.

Wie in Abb. 2.21 zu erkennen ist, verjüngt sich der Schneckenkanal von der Basis (Durchmesser etwa 3 mm) zur Spitze (1,5 mm). In noch stärkerem Maße verringert sich die Breite der Lamina spiralis. Während die letztere an der Basis fast die ganze Kanalbreite einnimmt, läßt sie zur Spitze hin einen Spalt zunehmender Breite offen, welcher von der Basilarmembran überbrückt

---

[2] Die Abtastung der Basilarmembranschwingungen durch die Stereozilien ist in vieler Hinsicht dem Fühlen mechanischer Schwingungseinwirkungen auf die Hautoberfläche des Armes, der Finger, usw. analog [58, 59].

58   2. Komponenten der Audiokommunikation

wird. Daher ändert sich die Breite der Basilarmembran entgegengesetzt zum Kanaldurchmesser. Sie beträgt an der Basis etwa 0,2 mm, an der Spitze 0,6 mm.

Ein vergrößerter Schnitt durch das Corti'sche Organ mit der darüberliegenden Deckmembran ist in Abb. 2.22 dargestellt. Es enthält längs des Kanalverlaufs, also senkrecht zur Bildebene, eine Reihe innerer und drei (teilweise vier) Reihen äußerer Haarzellen. Von jeder Reihe ist im Bild eine Zelle zu sehen. Die Schneckenachse befindet sich links außerhalb des Bildes. In jeder Reihe gibt es ungefähr 3500 bis 4500 Haarzellen; die Gesamtzahl der Haarzellen beläuft sich auf etwa 25000. Die Spitzen der Haare (Stereozilien) berühren die Unterseite der Deckmembran.

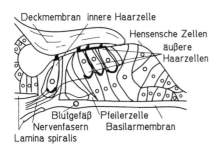

Abb. 2.22. Schematischer Querschnitt durch das Cortische Organ mit Basilarmembran und Deckmembran. Die Breite des dargestellten Gebildes beträgt ungefähr 1 mm. Nach [2] und [715]

Die inneren Haarzellen haben eine deutlich andere Gestalt als die äußeren. Blickt man auf die Oberseite der Haarzellen, so sind die Stereozilien der äußeren Haarzellen W-förmig angeordnet, diejenigen der inneren Haarzellen fast auf einer geraden Linie.

Wie in Abb. 2.21 ersichtlich, mündet der akustische Nerv (der Hörnerv) in die Achse der Cochlea, und seine Axone (Fasern) verteilen sich in radialer Richtung in den spiraligen Schneckenkanal über die Länge des Corti'schen Organs. Von den etwa 30000 Fasern sind nur ungefähr 2000 efferent; die Mehrzahl ist afferent [896]. Die afferenten Fasern gehen von Ganglienzellen (*Ganglion spirale*) aus, welche sich auf der Innenseite der Schnecke befinden. In aufsteigender Richtung verlaufen sie in den Nucleus cochlearis (vgl. Abb. 2.20). Zum anderen laufen Fasern der Spiralganglien in das Corti'sche Organ, und zwar nahezu ausschließlich zu den inneren Haarzellen. Jede innere Haarzelle hat mit bis zu 20 Fasern synaptische Verbindung. Umgekehrt ist auf diese Weise jede afferente Faser über ein Spiralganglion eindeutig mit einer einzelnen inneren Haarzelle und somit einer bestimmten Stelle des spiralig verlaufenden Corti'schen Organs verbunden. Die längs des Corti'schen Organs verteilte Erregung der Haarzellen, welche durch Schwingungen der Lymphe hervorgerufen werden, ist also *tonotop* in den Axonen des akustischen Nerven repräsentiert.

Die efferenten Fasern verlaufen nahezu ausschließlich zu den äußeren Haarzellen. Im Gegensatz zur konvergenten Innervation der inneren Haarzellen ist die Innervation der äußeren Haarzellen divergent. Das heißt, daß jede efferente Faser mit einer erheblichen Anzahl äußerer Haarzellen verbunden ist, wobei sie von ihrem Eintrittspunkt in die Lamina spiralis längs des Corti'schen Organs in Richtung auf die Schneckenbasis verläuft. Die Innervation der äußeren Haarzellen durch efferente Fasern erstreckt sich pro Faser längs des Corti'schen Organs über eine Länge von ungefähr 0,6 mm [896].

3. Signal- und systemtheoretische Grundlagen

Die Komponenten beziehungsweise Systeme der akustischen Kommunikation sind überwiegend *linear*. Das heißt, daß die in ihnen vorhandenen Signale (die Schwingungsgrößen) einander ungestört überlagern. Historisch sind die darauf passenden konzeptionellen Ideen und mathematischen Methoden – die Theorie linearer Systeme – überwiegend aus den Problemen der akustischen Kommunikation entstanden. Dafür stehen vor allem die Namen Fourier, Ohm, Helmholtz und Lord Rayleigh. Mit der Entstehung der Elektrotechnik und Informationstechnik wurde die Theorie der Signale und Systeme weiterentwickelt und verallgemeinert. Daraus ergab sich eine gewisse Entfremdung von den ursprünglichen, auf die akustische Kommunikation zugeschnittenen Gesichtspunkten. Eine adäquate Verbindung von konzeptioneller und mathematischer Methodik auf diesem Gebiet ist aber von entscheidender Bedeutung für das Verständnis der akustischen Kommunikation. Mit der folgenden Darstellung der Grundlagen wird daher das Ziel verfolgt, einerseits ein einfach zu handhabendes mathematisches Werkzeug bereitzustellen, andererseits dessen Bezüge zur akustischen Kommunikation hervorzuheben und erkennbar zu machen.

3.1 Signale und Systeme

Bei der folgenden Behandlung der wichtigsten Grundlagen der Systeme und der darin auftretenden Signale werden hauptsächlich mechanische, akustische und elektrische Systeme und Signale ins Auge gefaßt. Signale treten jeweils paarweise in Erscheinung, nämlich als Kraft $k(t)$ und Schnelle $v(t)$; Schalldruck $p(t)$ und Schallfluß $q(t)$; elektrische Spannung $u(t)$ und elektrischer Strom $i(t)$.

3.1.1 Energietorsysteme

Genau genommen geschieht der Transport von Information nicht durch einzelne Signale (also jeweils eine einzige der Größen $u(t)$, $i(t)$, $p(t)$, $q(t)$, $k(t)$, $v(t)$), sondern durch Transport der Leistung beziehungsweise Energie, welche durch das Produkt paarweise zusammengehöriger Signale gekennzeichnet ist.

Die räumliche beziehungsweise zeitliche Richtung des Informationstransports ist stets dieselbe wie diejenige des Energietransports. Die Strecke, über welche Information übertragen wird, hat im einfachsten – jedoch zugleich häufigsten und daher typischen – Fall je ein Eingangs- und Ausgangstor, das heißt, je eine Schnittstelle, durch welche Energie zu- beziehungsweise abgeführt wird. Jede solche Strecke wird durch die Funktionen zwischen ihren Eingangs- und Ausgangsgrößen beschrieben und als Energietorsystem bezeichnet.

Beschränkt man die Betrachtung auf elektrische, mechanische und akustische Schwingungsgrößen, so gibt es sechs Typen von Energiezweitorsystemen (kurz Zweitorsysteme), wie in Abb. 3.1 dargestellt. Im allgemeinen können die Zweitorsysteme sowohl vorwärts (von a nach b) als auch rückwärts (b–a) Energie und damit Information übertragen.

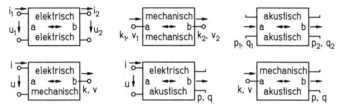

Abb. 3.1. Symbolische Darstellung der sechs Typen von Zweitorsystemen. Pfeilrichtungen der Signale für Energieübertragung von Tor a nach b. Die oberen drei Systeme werden homogen genannt, weil ihre Tore denselben physikalischen Bereichen angehören. Die unteren drei Systeme heißen sinngemäß inhomogen

Ein elektrisches Tor besteht aus einem Paar elektrischer Anschlußklemmen. Ein mechanisches Tor kann man sich als das Ende einer starren, masse- und reibungsfreien Stange vorstellen; ein akustisches Tor als Rohröffnung, in welcher das schallübertragende Medium (z.B. Luft) vorhanden ist. Zwei- beziehungsweise Mehrtorsysteme, deren Tore nicht sämtlich ein und demselben physikalischen Bereich angehören, werden *inhomogen* genannt und sind im allgemeinen *Wandler* (der Energieart). Entsprechend werden Systeme, deren Tore sämtlich dem gleichen physikalischen Bereich angehören, als *homogen* bezeichnet.

Zweitorsysteme der dargestellten Typen werden miteinander vorzugsweise in Kette verbunden, so daß das Ausgangstor des einen mit dem Eingangstor des nächsten identisch ist. Die Signale an einem Tor, welches als Eingangstor angesehen wird (in Abb. 3.1 ist dies Tor a), sind jeweils diejenigen, welche auf das Tor wirken, d.h. es sind Ausgangssignale eines davor liegenden Systems. Die Signale am Ausgangstor sind diejenigen, welche auf das folgende Zweitorsystem wirken. Die Eingangskraft eines mechanischen Tores wird positiv gezählt, wenn sie die betreffende Klemme in Pfeilrichtung zu verschieben sucht. Die Eingangsschnelle v gilt als positiv, wenn sich die Klemme in Pfeilrichtung bewegt. Eine Ausgangskraft zählt positiv, wenn sie die mit der Ausgangsklemme verbundene Eingangsklemme eines nachfolgenden Systems in Pfeilrichtung zu verschieben sucht. Die Ausgangskraft wirkt auf das betrachtete System selbst also in der entgegengesetzten Richtung zurück.

Je nach der vorliegenden Fragestellung kann und wird man ein kompliziertes System (meist ein Zweitorsystem) in kleinere, miteinander verkettete Untersysteme unterteilen. So entsteht eine Hierarchie, auf deren unterster Ebene Elementar-Zweitorsysteme beziehungsweise Elementar-Eintorsysteme stehen. Elementar-Eintorsysteme sind beispielsweise die (punktuell aufgefaßte) Masse und der elektrische Widerstand. Es können nur gleichartige (das heißt, demselben physikalischen Bereich zugehörige) Tore miteinander verbunden werden. Abb. 3.2 zeigt als Beispiel die schematische Unterteilung eines Lautsprechersystems in funktionale Zweitorsysteme.

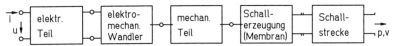

Abb. 3.2. Übertragungsweg vom elektrischen Eingang eines Lautsprechers zu einem Punkt im Schallfeld, schematisch aus Zweitoren aufgebaut

3.1.2 Potentialgrößen und Flußgrößen

Zur Berechnung eines komplizierten, im oben erklärten Sinne inhomogenen Übertragungssystems für Audiosignale ist es nahezu unumgänglich, eine Repräsentation durch ein homogenes Ersatzsystem zu erstellen. Meistens kann das Systemverhalten anhand des Ersatzsystems einfacher und übersichtlicher ermittelt werden als am Originalsystem. Die Grundlage der Ersetzung eines Systems durch ein anderes bilden gewisse Analogien, welche zwischen Elementarsystemen verschiedener physikalischer Bereiche und zwischen den dazugehörigen Schwingungsgrößen bestehen. Die formalen Aspekte dieser Analogien werden im Abschnitt 4.1.2 dargestellt und angewendet. Im folgenden wird dargelegt, daß die Analogiebildung von vorn herein bestimmten Beschränkungen unterliegt.

Die Signalpaare (u, i), (p, q) und (k, v) entsprechen einander insofern, als das Produkt der jeweiligen beiden Schwingungsgrößen eine Leistung (Energie pro Zeiteinheit) ergibt und an einem Energietor stets genau eines dieser Paare auftritt. Bezüglich je zweier verschiedener physikalischer Bereiche kann man anscheinend je zwei verschiedene Zuordnungen von Schwingungsgrößen vornehmen. Beispielsweise kann man für eine mechanisch-elektrische Analogie die Zuordnung $(k \Leftrightarrow u, v \Leftrightarrow i)$ oder $(k \Leftrightarrow i, v \Leftrightarrow u)$ wählen.

Auf den ersten Blick scheinen diese beiden Zuordnungen einander gleichwertig zu sein [399, 400, 397, 421, 606]. Eine genauere Untersuchung ergibt aber, daß gerade in demjenigen Fall, welcher Anlaß zur Analogiebildung gibt – daß nämlich das System inhomogen ist – die beiden Zuordnungen einander nicht gleichwertig sind. Wenn ein magnetfeldabhängiger Wandler im Spiel ist, kann die zweite Zuordnung Ergebnisse liefern, welche zwar dem Betrage nach richtig, aber dem Vorzeichen nach falsch sind [973]. Der physikalische Grund dafür, daß dieser Fehler bei den magnetfeldabhängigen Wandlern zutage tritt, liegt darin, daß diese Wandler Gyratoreigenschaften aufweisen [303] (vgl. Abschnitt 3.3.4, 4.2.1, 4.2.4).

Die Ursache des Fehlers selbst besteht darin, daß von den beiden an einem Energietor auftretenden Schwingungsgrößen jeweils nur eine die Energieflußrichtung durch das System kennzeichnet, während die andere in dieser Hinsicht indifferent ist. Wenn man beispielsweise die Richtung des Energieflusses durch ein rein elektrisches Zweitorsystem umkehrt (dies würde bedeuten, daß man das System zwischen den Strom- und Spannungspfeilen umklappt, so daß danach Tor b links liegt, vgl. Abb. 3.1), dann kehren sich *vom System aus gesehen* allein die Richtungen des Ein- und Ausgangsstromes, nicht aber diejenigen der Spannungen um. Das entsprechende gilt für die anderen Systemtypen. Wird beim rein mechanischen Zweitorsystem die Übertragungsrichtung umgekehrt, dann kehrt sich vom System aus gesehen die Richtung der Schnelle an beiden Toren um, während die Kraft nach Betrag und Richtung die gleiche bleibt. Entsprechendes gilt für Schallfluß und Schalldruck am akustischen System.

Tab. 3.1. Die einander entsprechenden Schwingungsgrößen

	elektrisch	mechanisch	akustisch
Potentialgrößen:	Spannung u	Kraft k	Schalldruck p
Flußgrößen:	Stromstärke i	Schnelle v	Schallfluß q

Im beschriebenen Sinne bilden demnach der elektrische Strom, die mechanische Schnelle und der Schallfluß von vorn herein eine Gruppe von Schwingungsgrößen, während die elektrische Spannung, die mechanische Kraft und der Schalldruck eine zweite, andersartige Gruppe ausmachen. Die Größen der ersten Gruppe sind unter der Bezeichnung *Flußgrößen* bekannt; diejenigen der zweiten Gruppe unter der Bezeichnung *Potentialgrößen* (Tab. 3.1).[1] Aus den geschilderten Gründen kann ein analoges Ersatzsystem nur dann mit Sicherheit fehlerfrei sein, wenn es so definiert ist, daß Potentialgrößen ausschließlich Potentialgrößen und Flußgrößen ausschließlich Flußgrößen entsprechen. Damit ist von den oben erwähnten beiden Zuordnungen von Schwingungsgrößen die zweite auszuscheiden. Es kommt nur die auf der ersten Art von Zuordnung beruhende Analogie in Frage.

---

[1] Der Unterschied zwischen Potential- und Flußgrößen wird implizit bei der gebräuchlichen Unterscheidung von *Impedanz* und *Admittanz* gemacht. Das Verhältnis einer Potentialgröße zu einer Flußgröße bezeichnet man üblicherweise als Impedanz; den Kehrwert davon als Admittanz.

Wenn es auf den physikalischen Typ einer Potential- beziehungsweise Flußgröße nicht ankommt, weil eine davon unabhängige, allgemeingültige Feststellung getroffen werden soll, so werden in den folgenden Abschnitten und Kapiteln Potentialgrößen mit $p(t)$, Flußgrößen mit $q(t)$ bezeichnet. Wenn es auch auf die Unterscheidung von Potential- und Flußgrößen nicht ankommt, so werden die Symbole $p(t)$ und $q(t)$ frei verwendet, beispielsweise zur Unterscheidung von Eingangs- und Ausgangsgrößen eines Systems.

3.1.3 Effektivwert und Pegeldarstellung

Zur Kennzeichnung der Stärke von Audiosignalen wird häufig der Effektivwert angegeben – und dies wiederum häufig im Pegelmaß. Der Effektivwert $\tilde{p}$ einer beliebigen Schwingungsgröße $p(t)$ ist im allgemeinen eine Funktion der Zeit und ist durch

$$\tilde{p}(t) = \sqrt{\frac{1}{T} \int_{t-T}^{t} p^2(\tau) \mathrm{d}\tau} \tag{3.1}$$

definiert, wobei T die Integrations- beziehungsweise Mittelungszeit bedeutet. In der akustischen Meßtechnik beziehungsweise Schallbewertung sind die Mittelungszeiten $T = 1000$ ms ("slow"), $T = 125$ ms ("fast") und $T = 35$ ms ("impulse") gebräuchlich.

Der Schallpegel des Signals $p(t)$ ist durch

$$L = 20 \cdot \lg \frac{\tilde{p}}{p_\mathrm{r}} \text{ dB} \tag{3.2}$$

definiert, wobei p_r ein Referenzwert ist.[2]

Bei *Schall*signalen (wo $p(t)$ den Schalldruck bedeutet) ergibt sich der *absolute Schallpegel* (Sound-Pressure Level, SPL)[3] aus (3.2) mit dem Referenzwert

$$p_\mathrm{r} = 20 \text{ μPa}. \tag{3.3}$$

Weil die Schallintensität J proportional zum Quadrat des Effektivwerts des Schalldrucks ist, gilt auch

$$L = 10 \cdot \lg \frac{J}{J_\mathrm{r}} \text{ dB}, \tag{3.4}$$

wo J_r die Referenz-Schallintensität bedeutet. Dieselbe wird durch

$$J_\mathrm{r} = 10^{-12} \text{ W/m}^2 \tag{3.5}$$

definiert. Dies ist die Schallintensität, welche im freien Schallfeld in Luft dem Bezugsschalldruck p_r entspricht.

Da $\lg 10 = 1$ und $\lg 2 = 0,3010$ ist, entspricht einer Verzehnfachung der Intensität beziehungsweise Leistung ein Pegelzuwachs von 10 dB, und einer

---
[2] lg bedeutet Logarithmus zur Basis 10.
[3] Wenn in diesem Buch vom Schallpegel beziehungsweise kurz Pegel die Rede ist, ist immer der hier definierte absolute Schallpegel (SPL) gemeint.

Verdopplung der Intensität der Pegelzuwachs 3 dB. Der Verzehnfachung des effektiven Schalldrucks entspricht der Pegelzuwachs 20 dB, und der Verdopplung des Schalldrucks der Zuwachs 6 dB. Hat beispielsweise eine elektroakustische Anlage einen Dynamikbereich von 80 dB, so entspricht dies einem Verhältnis der maximalen zur minimalen Signalleistung von 10^8. Um den Schallpegel, der von einer bestimmten Schallquelle in einem Punkt der Umgebung erzeugt wird, um 10 dB anzuheben, muß die Quelle die zehnfache Leistung abgeben.

3.1.4 Nichtlinearität, Klirrfaktor und Klirrdämpfung

Linearität eines Systems ist dadurch definiert, daß sich die Wirkungen (die Ausgangssignale) zweier oder mehrerer überlagerter Ursachen (Eingangssignale) wechselwirkungsfrei überlagern. Das Ausgangssignal eines linearen Systems, welches durch ein stationäres (lang andauerndes) sinusförmiges Eingangssignal erzeugt wird, ist ein stationäres Sinussignal derselben Frequenz; es unterscheidet sich vom Eingangssignal nur durch seine Amplitude und Phase. Besteht also das Eingangssignal aus mehreren überlagerten stationären Sinusschwingungen, dann besteht das Ausgangssignal des linearen Systems aus "denselben" Sinusschwingungen; letztere sind im allgemeinen lediglich in Amplitude und Phase verändert. Diese Amplituden- und Phasenänderung des Eingangssignals nennt man *lineare Verzerrung*. Das Ausmaß *nichtlinearer Verzerrung* kann man prüfen, indem man ermittelt, wie weit die ebengenannten Kriterien verletzt sind.

Am einfachsten gibt man dazu ein einziges stationäres Sinussignal $p(t)$ auf das System und ermittelt mit einem Fourier-Analysator das Fourier-Spektrum des Ausgangssignals $q(t)$. Sind darin Sinusschwingungen mit anderen Frequenzen als derjenigen des Eingangssignals vorhanden, so liegt Nichtlinearität vor. Ihr Ausmaß kann auf einfache Weise durch den *Klirrfaktor* beschrieben werden. Dieser ist durch

$$k = \sqrt{\frac{\tilde{q}_2^2 + \tilde{q}_3^2 + \cdots}{\tilde{q}}} \qquad (3.6)$$

definiert. Dabei bedeuten $\tilde{q}_2, \tilde{q}_3$ usw. die Effektivwerte der Klirrprodukte des Ausgangssignals $q(t)$, und $\tilde{q}$ den Effektivwert des Ausgangssignals. In einem überwiegend linearen, zeitinvarianten System mit relativ geringem nichtlinearen Anteil sind die Klirrprodukte $q_2(t), q_3(t)$ usw. Harmonische des sinusförmigen Eingangssignals. Die relative Stärke der einzelnen Harmonischen kennzeichnet man auch durch ihre individuellen Klirrfaktoren, zum Beispiel denjenigen der zweiten Harmonischen durch

$$k_2 = \frac{\tilde{q}_2}{\tilde{q}}. \qquad (3.7)$$

Als *Klirrdämpfung* D_k bezeichnet man den Pegelunterschied zwischen Ausgangssignal und Klirrprodukten, das heißt:

$$D_{\mathrm{k}} = -20\lg k \text{ dB}, \tag{3.8}$$

beziehungsweise für den Anteil der zweiten Harmonischen allein:

$$D_{\mathrm{k}2} = -20\lg k_2 \text{ dB}. \tag{3.9}$$

3.2 Operatorenrechnung und kausale Fourier-Transformation

Die Übertragungsstrecken, welche bei der akustischen Kommunikation eine Rolle spielen, sind überwiegend linear, das heißt, frei von nichtlinearen Verzerrungen. Für die Beschreibung und Berechung von Systemen der Audiokommunikation spielen daher die auf *lineare* Systeme anwendbaren Methoden die vorherrschende Rolle.

3.2.1 Operatorenrechnung

Wird ein lineares, zeitinvariantes System durch ein sinusförmiges Signal der Kreisfrequenz ω erregt, so besteht zwischen zwei beliebigen Schwingungsgrößen $p(t), q(t)$, die an diesem System auftreten, die Wechselbeziehung

$$p(t) = \hat{p}\cos(\omega t + \phi) \Leftrightarrow q(t) = \hat{q}\cos(\omega t + \psi). \tag{3.10}$$

Dies ist eine symbolische Darstellung der bereits oben getroffenen Feststellung, daß sich die "Antwort" eines linearen, zeitinvarianten Systems auf ein stationäres sinusförmiges Eingangssignal von diesem allein in der Amplitude und der Phase unterscheidet. Wegen dieses Sachverhalts ist die Tatsache, daß in (3.10) $q(t)$ ebenfalls sinusförmig ist und dieselbe Frequenz hat wie $p(t)$, redundant. Davon macht die Operatorenrechnung Gebrauch, indem sie sinusförmige Signale durch komplexe Zahlen P, Q repräsentiert, welche sich jeweils auf eine feste Frequenz beziehen. Im Operatorbereich kann somit (3.10) durch die Beziehung

$$P = \hat{p}\mathrm{e}^{\mathrm{j}\phi} \Leftrightarrow Q = \hat{q}\mathrm{e}^{\mathrm{j}\psi} \tag{3.11}$$

ersetzt werden. Da im linearen System bei einer festen Frequenz das Verhältnis $\hat{q}/\hat{p}$ und die Phasendifferenz $\psi - \phi$ von der absoluten Amplitude unabhängig sind, kennzeichnet der Quotient

$$A = \frac{Q}{P} = \frac{\hat{q}}{\hat{p}}\mathrm{e}^{\mathrm{j}(\psi-\phi)} \tag{3.12}$$

das Systemverhalten, soweit es die beiden betrachteten Signale betrifft, für eine Dauer-Sinusschwingung der Kreisfrequenz

$$\omega = 2\pi f \tag{3.13}$$

vollständig.

Wie man aus (3.10) und (3.11) leicht ableiten kann, entspricht der mathematischen Operation des Differenzierens des Sinus-Dauersignals die Multiplikation des komplexen Amplitudenoperators mit $j\omega$; und der Integration entspricht die Division durch $j\omega$. Aus diesem Grund werden in der Operatordarstellung Differential- beziehungsweise Integralausdrücke zu algebraischen Ausdrücken, und aus Differentialgleichungen werden algebraische Gleichungen. Diese Tatsache ermöglicht die übersichtliche Berechnung von vernetzten Systemen (elektrische Netzwerke; mechanische und akustische Systeme). Weil ω überwiegend in Verbindung mit dem Faktor j (der imaginären Einheit) in Erscheinung tritt, wird im vorliegenden Buch durchweg die Abkürzung

$$s = j\omega. \tag{3.14}$$

verwendet.

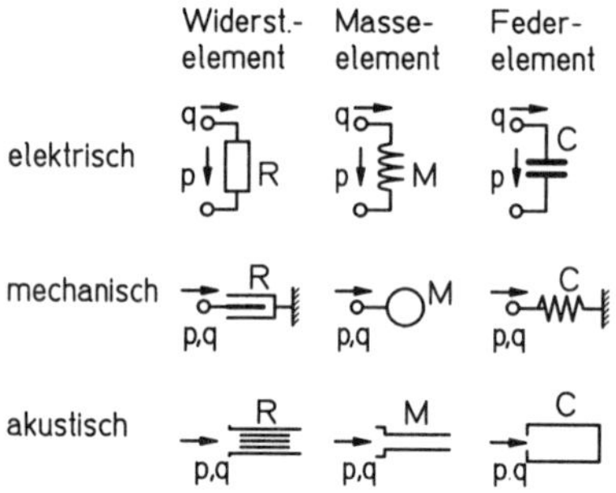

Abb. 3.3. Die elektrischen, mechanischen und akustischen Grundelemente (Eintorsysteme). p bedeutet jeweils die Potentialgröße, q die Flußgröße. R bedeutet elektrischen ohmschen Widerstand, mechanischen Reibwiderstand oder akustischen Reibwiderstand. M bedeutet elektrische Induktivität, Masse oder akustische Massenwirkung. C bedeutet elektrische Kapazität oder mechanische bzw. akustische Federnachgiebigkeit

Mit Hilfe der Operatorenrechnung können die fundamentalen Eigenschaften der Bausteine elektrischer, mechanischer und akustischer Systeme, nämlich des Wirkwiderstandes R, der Induktivität beziehungsweise der Masse M, und der elektrischen Kapazität beziehungsweise der Federung C, sehr einfach ausgedrückt werden. In Abb. 3.3 sind diese idealisierten Eintore schematisch dargestellt, wobei die Bezeichnungen p, q für die Größenpaare Spannung, Strom; Kraft, Schnelle; beziehungsweise Schalldruck, Schallfluß stehen.

Am Wirkwiderstand R gilt

$$p(t) = q(t)R \quad \text{beziehungsweise } P = QR. \tag{3.15}$$

Dem Quotienten A entspricht beim Wirkwiderstand die Admittanz Y, seinem Kehrwert die Impedanz Z; das heißt es ist

$$Z = R \tag{3.16}$$

und

$$Y = 1/R. \tag{3.17}$$

Für Induktivität beziehungsweise Masse gilt

$$p(t) = M\frac{dq}{dt} \quad \text{beziehungsweise } P = sMQ, \tag{3.18}$$

$$Z = sM, \tag{3.19}$$

$$Y = \frac{1}{sM}. \tag{3.20}$$

Für Kapazität beziehungsweise Federung gilt

$$q(t) = C\frac{\mathrm{d}p}{\mathrm{d}t} \quad \text{beziehungsweise} \quad Q = sCP, \tag{3.21}$$

$$Z = \frac{1}{sC}, \tag{3.22}$$

$$Y = sC. \tag{3.23}$$

Mit dem Hilfsmittel der Operatorenrechnung ist das Problem der Signalberechnung an linearen, zeitinvarianten Systemen im Prinzip gelöst, weil man nach dem Fourier-Theorem jedes beliebige Signal aus Sinus-Dauerschwingungen zusammensetzen kann.[4] Jedoch sind insoweit die Operatorenrechnung und die Signaldarstellung durch stationäre Sinusschwingungen noch konzeptionell voneinander unabhängige Methoden. Durch die nachfolgend beschriebene Aufbereitung des Fourier-Theorems verschmelzen sie zu einer einzigen Methode, deren Handhabung ebenso einfach ist wie diejenige der Operatorenrechnung, sich jedoch von vorn herein auf beliebige physikalisch mögliche Signalarten erstreckt.

3.2.2 Fourier-Transformation

Durch die Fourier-Transformation

$$P(s) = \int_{-\infty}^{+\infty} p(t)\mathrm{e}^{-st}\mathrm{d}t \tag{3.24}$$

wird das reelle Signal $p(t)$ eindeutig durch die komplexe Frequenzfunktion $P(s)$ dargestellt, falls das Integral im mathematischen Sinne existiert. Unter letzterer Voraussetzung gilt

$$p(t) = \frac{1}{\mathrm{j}2\pi} \int_{-\infty}^{+\infty} P(s)\mathrm{e}^{st}\mathrm{d}s. \tag{3.25}$$

Bei einer festen Frequenz s entspricht die Frequenzfunktion $P(s)$ in praktisch jeder Hinsicht dem Operator P, der durch (3.10) und (3.11) definiert wird. Deshalb gelten die für Operatoren beschriebenen Rechenregeln in gleicher Weise für Frequenzfunktionen. Die Frequenzfunktionen haben dieselben mathematischen Eigenschaften wie die komplexen Operatoren. Sie unterscheiden sich von jenen dadurch, daß sie nicht symbolische Repräsentanten sinusförmiger Dauerschwingungen sind, sondern – vermöge der Transformation (3.24) – mit beliebigen Zeitsignalen funktional eindeutig verknüpft sind.

---
[4] Die Operatorenrechnung als Methode zur Berechnung von Schwingungen in komplizierten linearen Systemen geht auf Heaviside [420] zurück.

Der Zusammenhang zwischen einem Ausgangssignal und dem verursachenden Eingangssignal an einem linearen zeitinvarianten System kann demnach für beliebige Signalarten durch die Übertragungs- beziehungsweise Systemfunktion

$$A(s) = Q(s)/P(s), \tag{3.26}$$

welche dem Übertragungsfaktor (3.12) entspricht, beschrieben werden. Wenn $A(s)$ bekannt ist, kann das Ausgangssignal mit

$$q(t) = \frac{1}{\mathrm{j}2\pi} \int_{-\infty}^{+\infty} P(s)A(s)\mathrm{e}^{st}\mathrm{d}s \tag{3.27}$$

berechnet werden. Da in der komplexen Darstellung der Frequenzfunktionen formal sowohl positive als auch negative Frequenzen vorkommen, sei angemerkt, daß

$$A(-s) = A^*(s) \tag{3.28}$$

ist, wobei * *konjugiert komplex* bedeutet.

3.2.3 Zur Existenz der Fourier-Transformierten

Die Methode der Fourier-Transformation, obwohl konzeptionell konsistent und einfach, ist in der oben beschriebenen Form nicht universell brauchbar, weil das uneigentliche Integral in (3.24) im mathematischen Sinne für zahlreiche wichtige Signaltypen nicht existiert [1034, 239]. Beispielsweise konvergiert das Integral schon für die stationäre Sinusschwingung nicht. Im Hinblick auf physikalisch mögliche Zeitsignale an physikalisch möglichen Systemen kann man dieses Hindernis aber vollständig beseitigen, indem man sich zunutze macht, daß

- physikalisch mögliche Signale, welche ein System in Schwingungen versetzen können, stets erst ab einem endlichen Zeitpunkt existieren, so daß man ihnen im gesamten davor liegenden Zeitraum den Signalwert Null zuschreiben kann;
- die mathematische Beschreibung der Sigale sich nicht bis in die unendlich ferne Zukunft zu erstrecken braucht.

Berücksichtigt man die erste dieser Feststellungen, indem man sich auf *kausale* Signale beschränkt (das sind solche, die in einem endlichen Zeitpunkt einsetzen und davor gleich null sind), so ist damit das Konvergenzproblem für $t \to -\infty$ gelöst. Von dieser Möglichkeit macht die von Wagner [1034] und Doetsch [239] vorgeschlagene Lösung des Konvergenzproblems Gebrauch; sie besteht in der Einführung der *einseitigen* (unilateralen) Laplace-Transformation.

Hinsichtlich der Lösung des Konvergenzproblems für $t \to +\infty$ unterscheidet sich die vorliegende Methode jedoch von der Laplace-Transformation. Bei letzterer wird die Konvergenz des in (3.24) stehenden Integrals mittels einer

Dämpfungsfunktion der Form $e^{-\sigma t}$ mehr oder weniger erfolgreich erzwungen. Die Dämpfungsfunktion beeinträchtigt nicht die mathematisch korrekte Repräsentation des Signals im Frequenzbereich, bewirkt aber, daß der Limes des unbestimmten Integrals für $t \to +\infty$ für die meisten interessierenden Signale verschwindet, so daß die Transformierte im mathematischen Sinne tatsächlich existiert.[5]

Jener Weg erweist sich bei näherer Untersuchung jedoch als unnötig aufwendig. Die zweite der obengenannten Feststellungen besagt nämlich, daß – jedenfalls für die Signalberechnung an kausalen Systemen – Konvergenz des Integrals für $t \to +\infty$ *überhaupt nicht verlangt zu werden braucht* [963, 964, 966, 968]. Diese Überlegung führt auf das Konzept der kausalen Fourier-Transformation, wie folgt.

3.2.4 Kausale Fourier-Transformation CFT

Die CFT wird auf Grund der Voraussetzungen entwickelt,

- daß das Signal $p(t)$ im Zeitabschnitt $-\infty < t_0$ gleich null (also kausal) ist;
- daß es für $t_0 < t \leq t_1$ (t_1 sei ein endlicher Zeitpunkt, wobei $t_1 > t_0$) durch einen geschlossenen Ausdruck oder abschnittsweise durch eine endliche Zahl geschlossener Ausdrücke definiert ist;
- und daß sein Verlauf im Bereich $t > t_1$ irrelevant ist.

Die erste dieser Annahmen stellt im Hinblick auf reale Systeme keine Einschränkung der Allgemeinheit dar, sondern bietet im Gegenteil den Vorteil, daß damit das Einschwingen des Systems erfaßt wird. Die Einbeziehung von Einschwingvorgängen (welche manchmal als ein Vorteil der Laplace-Transformation gegenüber der Fourier-Transformation bezeichnet wird) hängt nicht vom Typ der Integraltransformation ab, sondern allein von der Verwendung eines kausalen Eingangssignals.

Die zweite Annahme betrifft lediglich die Ausführbarkeit der Integration. Die dritte Annahme wird durch Beschränkung auf reale und damit *kausale Systeme* gerechtfertigt, also Systeme, deren Signale in einem gegebenen Zeitpunkt nicht von zeitlich nachfolgenden Verläufen anderer Signale abhängen. Unter dieser Voraussetzung kann die gesamte Signalbeschreibung und -berechnung auf den Zeitbereich $t < t_1$ beschränkt werden, wobei mit t_1 der (zwangsläufig endliche) Zeitpunkt gemeint ist, jenseits dessen die Signale für den Beobachter ohne Bedeutung sind. Die CFT ergibt sich aus diesen Voraussetzungen in zwei Schritten, wie folgt.

Endliche Fourier-Transformation. Im Hinblick auf den Zweck der Signaldarstellung und -berechnung an linearen, zeitinvarianten und kausalen

---

[5] Bei der *bilateralen* Laplacetransformation wird auf die Voraussetzung eines kausalen Signals verzichtet und die Konvergenz für $t \to -\infty$ ebenfalls mit Hilfe einer Dämpfungsfunktion erzwungen.

72   3. Signal- und systemtheoretische Grundlagen

Systemen kann man ohne Einschränkung der Anwendungsmöglichkeiten anstelle der durch (3.24) definierten Transformation die Definition

$$P(s) = \int_{t_0}^{t_1} p(t)\mathrm{e}^{-st}\mathrm{d}t \tag{3.29}$$

setzen. Diese Transformation sei der Übersicht halber als *endliche* Fourier-Transformation bezeichnet.

Die Existenz des Integrals in (3.29) ist für alle physikalisch möglichen Signalarten gesichert, weil die Integralgrenzen endlich sind. Die so definierte Frequenzfunktion $P(s)$ repräsentiert das kausale Signal bezüglich des Zeitbereichs $t < t_1$. Bezüglich des Bereichs $t > t_1$ repräsentiert sie das konstante Signal $p(t) \equiv 0$.

In diesem Zusammenhang ist es nützlich anzumerken, daß sowohl die durch (3.24) als auch die durch (3.29) definierten Frequenzfunktionen in jedem Falle Zeitsignale repräsentieren, welche im gesamten Bereich $-\infty < t < +\infty$ definiert sind. Dies hängt damit zusammen, daß es sich um frequenz*kontinuierliche* Transformationen beziehungsweise Frequenzfunktionen handelt (im Gegensatz zu einer frequenzdiskreten, wie beispielsweise der Fourier-Reihendarstellung). Diese Tatsache wird durch die Wahl endlicher Integrationsgrenzen nicht beeinflußt. Aus eben diesem Grunde ist die sogenannte einseitige Laplace-Transformation in Wirklichkeit *nicht* einseitig, jedenfalls nicht in dem Sinne, daß sie sich allein auf Signale im Bereich $t > 0$ bezöge.

Was den Zeitbereich $-\infty < t < t_1$ betrifft, so ist der ebengenannte Sachverhalt von entscheidender Bedeutung, denn um die Reaktion eines Systemes auf irgend eine physikalische Einwirkung (das Eingangssignal) bestimmen zu können, muß das Eingangssignal für den gesamten der Beobachtung vorangehenden Zeitraum spezifiziert werden – auch dann, wenn es gleich null ist. Bezüglich des Zeitraumes $t > t_1$ ist derselbe Sachverhalt dagegen ohne Bedeutung, und zwar wegen der vorausgesetzten Kausalität der Systeme.

Obwohl mit der endlichen Fourier-Transformation nach (3.29) die Existenz der Frequenzfunktionen für alle physikalisch möglichen Signale gesichert ist, befriedigt sie nicht vollständig, weil die damit entstehende Frequenzfunktion $P(s)$ neben dem – notwendigerweise zu spezifizierenden – Signaleinsatzzeitpunkt t_0 den Parameter t_1 enthält. Die Spezifikation dieses Parameters erweist sich aber für die korrekte Signaldarstellung als irrelevant, so daß er lediglich Ballast darstellt. Dies läßt sich folgendermaßen begründen.

Die durch (3.29) definierte Frequenzfunktion besteht stets aus zwei Termen, nämlich dem Wert des unbestimmten Integrals an der Obergrenze t_1 und demjenigen an der Untergrenze t_0 (Es wird $t_1 > t_0$ vorausgesetzt). Nennt man jene beiden Werte sinngemäß $P_1(s)$ und $P_0(s)$, dann gilt

$$P(s) = P_1(s) - P_0(s). \tag{3.30}$$

Entsprechend kann man die Frequenzfunktion $Q(s)$ der Antwort eines linearen zeitinvarianten Systems auf das Eingangssignal $P(s)$, welche man durch

Multiplikation mit der Systemfunktion $A(s)$ erhält, stets aus zwei getrennten Anteilen $Q_1(s)$ und $Q_0(s)$ zusammensetzen:

$$Q(s) = A(s)P(s) = A(s)P_1(s) - A(s)P_0(s) = Q_1(s) - Q_0(s). \quad (3.31)$$

Das Antwortsignal, welches gemäß (3.27) entsteht, ist daher ebenso aus zwei Anteilen $q_1(t)$, $q_0(t)$ zusammengesetzt, welche einzeln berechnet werden können:

$$q(t) = q_1(t) - q_0(t). \quad (3.32)$$

Den beiden Anteilen $q_1(t)$ und $q_0(t)$ ist gemeinsam, daß sie im Zeitbereich unterhalb der jeweils zugehörigen Integralgrenze – also für $t < t_1$ beziehungsweise $t < t_0$ – gleich null sind. Um dies einzusehen, vergegenwärtige man sich zunächst, daß die durch (3.24) beziehungsweise (3.29) gewonnene Frequenzfunktion $P(s)$ eines kausalen Signals $p(t)$ dessen Kausalitätseigenschaft ($p(t) \equiv 0$ für $t < t_0$) unabhängig davon richtig repräsentiert, welche Obergrenze t_1 man wählt. Darüber hinaus ist die korrekte Repräsentation der Kausalität des Signals auch dann gegeben, wenn der Wert des Integrals an der Obergrenze verschwindet – beispielsweise durch Konvergenz für $t \to +\infty$. Aus diesen Eigenschaften der Transformation folgt, daß bereits der zur Untergrenze t_0 gehörende Anteil $P_0(s)$ allein die Kausalitätseigenschaft enthält, so daß sowohl $p_0(t)$ als auch $q_0(t)$ für $t < t_0$ gleich null sind.

Die Teilsignale $p_1(t)$ beziehungsweise $q_1(t)$ sind im Bereich $t < t_1$ gleich null, denn sie gehen formal auf genau die gleiche Weise aus dem unbestimmten Integral der Transformation hervor wie $p_0(t)$ beziehungsweise $q_0(t)$: Die beiden Signalpaare p_0, q_0 und p_1, q_1 unterscheiden sich lediglich dadurch, daß in den unbestimmten Integralwert im einen Falle t_0, im anderen t_1 einzusetzen ist.

Damit ist bewiesen, daß die Teilsignale $p_1(t)$ und $q_1(t)$ im Zeitbereich $t < t_1$ zum Antwortsignal $q(t)$ nichts beitragen. Somit ist es unter den angegebenen Voraussetzungen (physikalisch mögliche Signale, kausale Systeme) überflüssig, den Anteil $P_1(s)$ aus (3.29) überhaupt in die Frequenzfunktion $P(s)$ einzubeziehen.

Definition der CFT. Ignoriert man daher in (3.29) den von der Integralobergrenze herrührenden Anteil, so entsteht die neue Transformationsvorschrift

$$P(s) = -\left[\int p(t)e^{-st}dt\right]_{t=t_0} = \int_{t_0} p(t)e^{-st}dt. \quad (3.33)$$

Die Schreibweise (3.33) soll besagen: Als Frequenzfunktion $P(s)$ ist der negative Wert des unbestimmten Integrals definiert, genommen an der Untergrenze t_0. Diese Transformation wird als *kausale Fourier-Transformation* CFT bezeichnet.[6]

---
[6] Die so definierte CFT ist identisch mit der in [963] als *Reduced Fourier Transformation* (RFT) bezeichneten Transformation.

Die mit der CFT gewonnenen Frequenzfunktionen existieren offensichtlich für sämtliche Signalfunktionen, für die das unbestimmte Integral (3.33) existiert. Sie existieren sogar für Signalfunktionen, bei denen selbst die Laplace-Transformation versagt, beispielsweise für ein Signal der Form $p(t) = \exp(t^2)$.

Zur Anwendung der CFT. Wenn man $t_0 = 0$ setzt, das heißt, den Zeitnullpunkt so wählt, daß er mit dem Signaleinsatzzeitpunkt zusammenfällt, dann sind die CFT-Frequenzfunktionen identisch mit den Bildfunktionen der einseitigen Laplace-Transformation. Das liegt daran, daß Konvergenz des Laplace-Transformations-Integrals *de facto* nichts anderes bedeutet als das Verschwinden des Integralterms, der von der Obergrenze herrührt, also des Anteils $P_1(s)$ von (3.30).

Daraus ergibt sich die Annehmlichkeit, daß man die meisten Ergebnisse der Theorie der Laplace-Transformation unmittelbar auf die CFT-Frequenzfunktionen übertragen kann. Dabei hat die CFT gegenüber der Laplace-Transformation den Vorteil, daß man sich um die Konvergenz des Integrals für $t \to +\infty$ nicht zu kümmern braucht. Insbesondere ist es überflüssig, der komplexen Frequenzvariablen s einen positiven Realteil zuzuschreiben, um gegebenenfalls Konvergenz zu erzwingen. Unter der Frequenzvariablen s ist vielmehr stets $s = j\omega$ zu verstehen.

Aus diesem Grunde entsteht bei Anwendung der CFT auch kein Widerspruch mit der Existenzbedingung der Frequenzfunktionen, wenn man in einer Frequenzfunktion explizit $s = j\omega$ setzt, um den ihr entsprechenden *Frequenzgang* darzustellen. Wäre es für die Existenz der Systemfunktion tatsächlich erforderlich, daß die Frequenzvariable der Form $s = \sigma + j\omega$ einen von null verschiedenen und positiven Realteil σ hat, dann wäre es im allgemeinen unzulässig, daraus nachträglich einen Frequenzgang zu bilden, indem man $\sigma = 0$, also $s = j\omega$ setzt.

Einige weitere Beschränkungen beziehungsweise Inkonsistenzen der unilateralen Laplace-Transformation, insbesondere betreffend die Ableitungsregel und die Verschiebungsregel, entfallen bei der CFT. Die Auffassung von der Laplace-Transformation als einer Transformation, welche sich allein auf den Zeitbereich $t > 0$ erstreckt, erweist sich aus den obengenannten Gründen als unhaltbar. Bei der CFT wurde diese unhaltbare Konzeption gar nicht erst eingeführt. Die Ableitungs- und die Verschiebungsregel der CFT sind mit den entsprechenden Regeln der Operatorenrechnung und der ursprünglichen Fourier-Transformation identisch. Die wichtigsten Rechenregeln der CFT sind im Anhang A.2 aufgeführt.

Um die CFT-Frequenzfunktion zu ermitteln, welche zu einer gegebenen Zeitfunktion gehört – beziehungsweise umgekehrt – braucht man meistens (3.33) nicht auszuwerten, sondern kann sich der Korrespondenztabellen der Laplace-Transformation bedienen [239, 480, 130], vgl. Anhang A.2. Umgekehrt kann man häufig die zu einer Frequenzfunktion gehörende Zeitfunktion mittels der Korrespondenztabelle gewinnen. Falls man darin die zu transformierende Funktion nicht unmittelbar vorfindet, kann man sie häufig mit Hilfe der Rechenregeln passend umformen oder aus Funktionen zusammensetzen, deren Korrespondenzen bekannt sind.

Die in der Korrespondenztabelle angegebenen Frequenzfunktionen sind als CFT-Frequenzfunktionen des Spezialfalles $t_0 = 0$ aufzufassen. Um die Frequenzfunktion für einen von null verschiedenen Wert von t_0 zu bekommen, braucht man nur unter Anwendung der Verschiebungsregel (A.15) die Frequenzfunktion mit e^{-st_0} zu multiplizieren.

3.3 Lineare zeitinvariante Zweitorsysteme

Im folgenden werden einige Gesetzmäßigkeiten der Signale an Zweitorsystemen der in Abb. 3.1 dargestellten Typen zusammengestellt (*Elektrische Zweitorsysteme werden auch als Vierpole bezeichnet*). Die Darstellung beruht auf der Theorie der elektrischen Zweitore beziehungsweise Vierpole, vgl. [302, 586, 480]. Zur Beschreibung der Schwingungsgrößen werden die CFT-Frequenzfunktionen benutzt. Der Kürze halber werden für Schwingungsgrößen verschiedener physikalischer Bereiche dieselben Bezeichner benutzt. Die jeweilige Potentialgröße wird mit p, die Flußgröße mit q bezeichnet.

3.3.1 Systemgleichungen und Kettenmatrix

Im Hinblick darauf, daß die kettenartige Verbindung von Zweitorsystemen eine vorherrschende Rolle spielt (das Ausgangstor des einen Systems wird mit dem Eingangstor des anderen verbunden), ist zur Beschreibung der Zusammenhänge zwischen den vier äußeren Schwingungsgrößen des Zweitorsystems die Darstellung

$$P_1(s) = A_{11}(s)P_2(s) + A_{12}(s)Q_2(s), \tag{3.34}$$

$$Q_1(s) = A_{21}(s)P_2(s) + A_{22}(s)Q_2(s) \tag{3.35}$$

zweckmäßig. Hierin bedeuten $P_1(s)$ und $Q_1(s)$ die Frequenzfunktionen der Potential- beziehungsweise Flußgrößen am Eingangstor; $P_2(s)$ und $Q_2(s)$ sind die Potential- beziehungsweise Flußgrößen am Ausgangstor; und $A_{11}(s)$ bis $A_{22}(s)$ sind Systemfunktionen, welche das Zweitorsystem charakterisieren. Wie man aus (3.34), (3.35) ablesen kann, gilt

$$A_{11}(s) = \left.\frac{P_1(s)}{P_2(s)}\right|_{q_2=0}, \tag{3.36}$$

$$A_{12}(s) = \left.\frac{P_1(s)}{Q_2(s)}\right|_{p_2=0}, \tag{3.37}$$

$$A_{21}(s) = \left.\frac{Q_1(s)}{P_2(s)}\right|_{q_2=0}, \tag{3.38}$$

$$A_{22}(s) = \left.\frac{Q_1(s)}{Q_2(s)}\right|_{p_2=0}. \tag{3.39}$$

Beispielsweise besagt (3.36), daß man die Systemfunktion $A_{11}(s)$ erhält, indem man die Frequenzfunktion $P_2(s)$ mißt, welche durch das Eingangssignal mit der Frequenzfunktion $P_1(s)$ hervorgerufen wird, wenn die Lastimpedanz am Ausgangstor unendlich groß ist, so daß $q_2(t) \equiv 0$. Entsprechend erhält man nach (3.37) durch Bestimmung von $Q_2(s)$ mit der Lastimpedanz null die Systemfunktion $A_{12}(s)$, und so fort.

Die Matrix der vier Systemfunktionen A_{11} bis A_{22}, das heißt,

$$(A) = \begin{pmatrix} A_{11}(s) & A_{12}(s) \\ A_{21}(s) & A_{22}(s) \end{pmatrix} \tag{3.40}$$

kennzeichnet das lineare Zweitorsystem vollständig.

3.3.2 Kettenverbindung von Zweitorsystemen

Der kettenartigen Verbindung zweier Zweitorsysteme mit den Matrizen $(A)'$ und $(A)''$ zu einem gemeinsamen System mit der Matrix (A) entspricht die Multiplikation der Matrizen:

$$(A) = (A)' \cdot (A)'', \tag{3.41}$$

wobei die Reihenfolge der beiden "Faktoren" mit derjenigen der Verkettung übereinstimmen muß. Die nach den Regeln der Multiplikation von Matrizen bestimmte Matrix (A) beschreibt das aus $(A)'$ und $(A)''$ zusammengesetzte neue Zweitorsystem vollständig.

3.3.3 Umkehrung der Übertragungsrichtung

Die Systemfunktionen $A_{11}(s)$ bis $A_{22}(s)$ kennzeichnen ein Zweitorsystem nur dann eindeutig, wenn sie für eine feste Übertragungsrichtung *relativ zum Zweitorsystem* definiert sind. Dafür wurde die Richtung a–b gewählt (vgl. Abb. 3.1). Wird die Übertragungsrichtung umgekehrt, so daß sie relativ zum Zweitorsystem von b nach a verläuft, dann muß die Matrix (A) durch eine neue Matrix (B) ersetzt werden. Die Systemfunktionen $B_{11}(s)$ bis $B_{22}(s)$ der Umkehrmatrix können durch diejenigen der ursprünglichen Matrix (also $A_{11}(s)$ bis $A_{22}(s)$) ausgedrückt werden. Aus den Systemgleichungen (3.34, 3.35) ergibt sich unter Beachtung der in Abb. 3.1 enthaltenen Definitionen für das Vorzeichen der Schwingungsgrößen

$$(B) = \frac{1}{\Delta A} \begin{pmatrix} A_{22}(s) & A_{12}(s) \\ A_{21}(s) & A_{11}(s) \end{pmatrix}. \tag{3.42}$$

Darin bedeutet ΔA die Determinante von (A):

$$\Delta A = A_{11}(s)A_{22}(s) - A_{12}(s)A_{21}(s). \tag{3.43}$$

Aus (3.42) geht hervor, daß sich die Matrix für die umgekehrte Übertragungsrichtung von der ursprünglichen Matrix durch die Multiplikation mit dem Kehrwert der Determinante sowie dadurch unterscheidet, daß die Matrix-Elemente $A_{11}(s)$ und $A_{22}(s)$ ihre Plätze getauscht haben.

3.3.4 Typen von Zweitorsystemen

Ein Zweitorsystem, dessen Determinante $\Delta A = 1$ ist, wird *reziprok* beziehungsweise *übertragungssymmetrisch* beziehungsweise *kopplungssymmetrisch* genannt. Ist $A_{11}(s) = A_{22}(s)$, so heißt das System *widerstandssymmetrisch*. Ist sowohl $\Delta A = 1$ als auch $A_{11}(s) = A_{22}(s)$, dann ist das System *symmetrisch*.

Ein Zweitorsystem mit der Kettenmatrix

$$(A) = \begin{pmatrix} 0 & R_g \\ 1/R_g & 0 \end{pmatrix}, \tag{3.44}$$

wo R_g reell, heißt *Gyrator*. Dieser ist widerstandssymmetrisch, weil $A_{11} = A_{22} = 0$, und nicht-reziprok, weil $\Delta A = -1$. Für die Umkehrmatrix (B) ergibt sich nach der Regel (3.42)

$$(B) = -(A). \tag{3.45}$$

Das heißt, daß bei Umkehrung der Übertragungsrichtung Umpolung der Ausgangssignale auftritt. Der Gyrator hat in der Elektroakustik erhebliche Bedeutung, weil er bei denjenigen Wandlertypen in Erscheinung tritt, welche mechanische Kräfte über ein Magnetfeld in elektrische Größen wandeln, beziehungsweise umgekehrt.

3.3.5 Eingangs- und Ausgangsimpedanz

Ist ein Zweitorsystem am Ausgangstor mit der Impedanz $Z_L(s)$ belastet, so ist die Impedanz seines Eingangstores (die Eingangsimpedanz)

$$Z_1(s) = \frac{P_1(s)}{Q_1(s)} = \frac{A_{11}(s)Z_L(s) + A_{12}(s)}{A_{21}(s)Z_L(s) + A_{22}(s)}. \tag{3.46}$$

Ist das Eingangstor eines Zweitorsystems mit einer Signalquelle verbunden, welche die innere Impedanz $Z_Q(s)$ hat, so stellt das Ausgangstor für ein nachfolgendes System eine Quelle mit der inneren Impedanz (der Ausgangsimpedanz des Zweitorsystems)

$$Z_2(s) = \frac{A_{12}(s) + A_{22}(s)Z_Q(s)}{A_{11}(s) + A_{21}(s)Z_Q(s)} \tag{3.47}$$

dar.

3.3.6 Übertragungsfunktionen

Als Übertragungsfunktion wird das Verhältnis der Frequenzfunktion einer der Ausgangsschwingungsgrößen zur Frequenzfunktion einer der Eingangsschwingungsgrößen bezeichnet. Da es je zwei Ein- und Ausgangsschwingungsgrößen gibt, gibt es vier Übertragungsfunktionen. Im allgemeinen ist das Eingangstor eines Zweitorsystems mit einer Signalquelle verbunden, welche eine endliche, komplexe und frequenzabhängige innere Impedanz Z_Q aufweist. An das Ausgangstor ist im allgemeinen eine komplexe und frequenzabhängige Lastimpedanz Z_L angeschlossen. Die Signalquelle sei durch eine innere Quelle für die Potentialgröße und die innere Impedanz beschrieben. Die Frequenzfunktion der inneren Potentialgröße sei $P_{10}(s)$. Dann ist die Eingangsflußgröße $Q_1(s)$ gleich der Flußgröße der Quelle, während die Eingangspotentialgröße $P_1(s)$ im allgemeinen von P_{10} verschieden ist. Meist ist das Verhältnis der Ausgangsgrößen zur inneren Potentialgröße $P_{10}(s)$ von größerem Interesse als dasjenige zu $P_1(s)$. Daher sind die Übertragungsfunktionen $P_2(s)/P_{10}(s)$, $Q_2(s)/P_{10}(s)$, $P_2(s)/Q_1(s)$ und $Q_2(s)/Q_1(s)$ von Bedeutung. Für sie ergeben sich die Formeln

$$\frac{P_2(s)}{P_{10}(s)} = \frac{Z_L}{Z_Q(A_{21}Z_L + A_{22}) + A_{11}Z_L + A_{12}}, \tag{3.48}$$

$$\frac{Q_2(s)}{P_{10}(s)} = \frac{1}{Z_Q(A_{21}Z_L + A_{22}) + A_{11}Z_L + A_{12}}, \tag{3.49}$$

$$\frac{P_2(s)}{Q_1(s)} = \frac{Z_L}{A_{21}Z_L + A_{22}}, \tag{3.50}$$

$$\frac{Q_2(s)}{Q_1(s)} = \frac{1}{A_{21}Z_L + A_{22}}. \tag{3.51}$$

3.4 Zeitvariante Fourier-Transformation

Die Frequenzbereich-Darstellung von Audiosignalen hat für die akustische Kommunikation unter anderem deshalb besondere Bedeutung, weil zwischen den Fourier-Spektren und den Hörempfindungen enge Beziehungen bestehen. Die im vorliegenden Kapitel (Abschnitt 3.2.2) behandelten Methoden der Signaldarstellung durch Frequenzfunktionen werden – insbesondere in der Form der kausalen Fourier-Transformation CFT – diesem Aspekt zwar teilweise gerecht; jedoch dienen sie allein dem Zweck, die Signale an linearen, zeitinvarianten Systemen übersichtlich zu beschreiben beziehungsweise zu berechnen.

Neben dem Aspekt der zweckmäßig gehörbezogenen Signalberechnung an linearen Systemen ist derjenige der gehörgerechten *Analyse* von Audiosignalen von außerordentlicher Bedeutung. Beide Aspekte sind konzeptionell deutlich voneinander zu unterscheiden. Während bei der Signaldarstellung zum

Zwecke der Systemberechnung die Eindeutigkeit und die Umkehrbarkeit der Transformation essentielle Voraussetzungen darstellen, kommt es bei der Signalanalyse darauf nicht – jedenfalls nicht im vollen Umfang – an. Die Signaltransformation als Mittel der Analyse hat vielmehr den Zweck, bestimmte Signaleigenschaften und -Merkmale hervorzuheben und anschaulich zu machen, wobei in der Regel andere Merkmale in den Hintergrund treten oder ganz vernachlässigt werden. Das geläufigste Beispiel hierfür ist die Darstellung eines Signals durch den Absolutbetrag seiner Frequenzfunktion; dabei wird die Intensitätsverteilung über der Frequenz hervorgehoben und die in der Phasenfunktion enthaltene Information über die zeitliche Feinstruktur des Signals vernachlässigt.

Das Gehör erzeugt Hörempfindungen, welche in engem Zusammenhang mit der auditiven Tief-Hoch-Dimension stehen, wobei letztere offensichtlich analog zur Frequenzvariablen der Fourier-Transformierten ist. Die Hörempfindungen ändern sich rasch als Funktion der Zeit. Daher muß eine gehöradäquate Spektraldarstellung *zeitvariant* sein. Die Zeitvarianz schließt nicht von vorn herein aus, daß die betreffende Spektraldarstellung auch zur Systemberechnung geeignet sein kann; jedoch steht dieser Aspekt nicht im Mittelpunkt des Interesses.

3.4.1 Übergang zur zeitvarianten Fourier-Transformation

Ausgehend vom Fourier'schen Integralansatz (3.24) gelangt man zur zeitvarianten Fourier-Transformation, indem man die Überlegungen zur Kausalität von realen Signalen und Systemen, welche auf (3.29) führten, sinngemäß fortsetzt. Flanagan [314] hat diese Zusammenhänge beschrieben, und zwar auf der Grundlage der Arbeiten von Fano [270], Schroeder & Atal [840] und Gambardella [361, 362].

Der erste Schritt besteht darin, daß man die obere Integrationsgrenze t_1 von (3.29) als gleitend ansieht. Mit entsprechenden Umbenennungen ergibt dies

$$P(f,t) = \int_{t_0}^{t} p(\tau) e^{-j2\pi f \tau} d\tau. \tag{3.52}$$

Die durch (3.52) definierte komplexe zeitabhängige Frequenzfunktion enthält im jeweils aktuellen Zeitpunkt t die Spezifikation des gesamten vorausgegangenen Signalverlaufs. Sie ist daher zur Beschreibung der Signale an kausalen, linearen und zeitinvarianten Systemen genau so geeignet wie (3.29).

Unter dem Gesichtspunkt der Signal*analyse* sind die in der Vergangenheit liegenden Signalvorgänge von umso geringerem Interesse, je weiter sie zurückliegen. Daher muß dafür gesorgt werden, daß der Beitrag vergangener Signalwerte zur aktuellen Frequenzfunktion entsprechend herabgesetzt wird. Die naheliegendste Methode dazu ist die Multiplikation des Signals mit einer entsprechenden Gewichtsfunktion w, womit aus (3.52)

$$P(f,t) = \int_{t_0}^{t} p(\tau)w(t-\tau)e^{-j2\pi f\tau}d\tau \qquad (3.53)$$

entsteht. Die Gewichtsfunktion (auch Fensterfunktion genannt) ist eine reelle Funktion mit der Eigenschaft $w(x) = 0$ für $x < 0$.
Als besonders nützlich erweist sich die exponentielle Gewichtsfunktion

$$\begin{aligned} w(x) &= e^{-ax} \text{ für } x \geq 0, \\ &= 0 \text{ für } x < 0, \end{aligned} \qquad (3.54)$$

wo a ein reeller Faktor ist. Sie ist mit $x = t - \tau$ in Abb. 3.4 als Funktion von τ dargestellt.

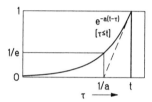

Abb. 3.4. Die Gewichtsfunktion der Fourier-t-Transformation gemäß (3.54)

Gemäß (3.53) stellt die damit erzeugte zeitvariante Frequenzfunktion stets die Fourier-Transformierte des Signals $p(\tau)w(t-\tau)$ dar, niemals diejenige des Signals $p(\tau)$ selbst. Dies wirkt sich derart aus, daß beispielsweise die zeitvariante Frequenzfunktion einer stationären Sinusschwingung der Verteilung der Ausgangssignale einer Bandpaß-Filterbank ähnelt und daß der Betrag der Frequenzfunktion bei einer festen Analysefrequenz in Abhängigkeit von der Frequenz f_s der Sinusschwingung sich näherungsweise so verhält, als ob das Signal einen Bandpaß durchlaufen hätte. Die Übertragungsfunktion dieses Bandpasses entspricht in mancher Hinsicht der Fourier-Transformierten der Gewichtsfunktion w.

Die Transformation (3.53) beschreibt in ihrer allgemeinen Form (das heißt, ohne Festlegung auf eine bestimmte Gewichtsfunktion) alle denkbaren zeitvarianten Fourier-Transformationen. Verschiedene Varianten unterscheiden sich voneinander allein durch die Gewichtsfunktion w. Beispielsweise werden zur digitalen Berechung zeitvarianter Frequenzfunktionen häufig Gewichtsfunktionen endlicher Dauer mit symmetrischem Zeitverlauf benutzt, insbesondere die Rechteckfunktion, die Kosinusquadrat-Funktion und die bei endlichen Zeitwerten abgebrochene Gaußfunktion. Bei der Wahl der Gewichtsfunktion wird nicht notwendigerweise darauf Rücksicht genommen, ob die entsprechende Bandpaßcharakteristik durch ein reales lineares System dargestellt werden kann. In der Tat haben reale, das heißt, auf Resonanzerscheinungen linearer Systeme beruhende Analysatoren niemals Bandpaßcharakteristiken, welche symmetrischen Gewichtsfunktionen entsprechen.

Die in (3.54) angegebene Gewichtsfunktion hat einen ähnlichen Effekt wie die Filterung des Signals mit einem Einfach-Resonator, das heißt, einem

Bandpaß zweiter Ordnung. Die inverse Transformation der mit ihr erzeugten Frequenzfunktion ist mit (3.25) identisch. Dies wird deutlich, wenn man zunächst den aktuellen Zeitpunkt t als fest, die Hilfsgröße τ als variabel ansieht, und (3.54) in (3.25) einsetzt. Dies ergibt bezüglich des Intervalls $\tau \leq t$ das Signal

$$p(\tau) = e^{a(t-\tau)} \int_{-\infty}^{+\infty} P(f,t)e^{j2\pi t}df. \tag{3.55}$$

Für den aktuellen Zeitpunkt $\tau = t$ wird daraus

$$p(t) = \int_{-\infty}^{+\infty} P(f,t)e^{j2\pi t}df, \tag{3.56}$$

was mit (3.25) gleichbedeutend ist.

Die zeitvariante Fourier-Transformation gemäß (3.53) mit der exponentiellen Gewichtsfunktion (3.54), also

$$P(f,t) = \int_{t_0}^{t} p(\tau)e^{-a(t-\tau)}e^{-j2\pi f\tau}d\tau \tag{3.57}$$

wird im folgenden als *Fourier-t-Transformation* – abgekürzt FTT – bezeichnet [963].

3.4.2 Einige Eigenschaften der FTT als Signal-Analysator

Um einige Grundeigenschaften der FTT zu verdeutlichen, sei im folgenden das FTT-Spektrum der im Zeitpunkt $t = 0$ einsetzenden Kosinusschwingung dargestellt. Für das kausale Signal

$$\begin{aligned} p(t) &= 0 \quad \text{für } t < 0 \\ &= \hat{p}_s \cos(2\pi f_s t + \varphi_s) \quad \text{für } t \geq 0 \end{aligned} \tag{3.58}$$

ergibt sich nach (3.57) die FTT-Spektralfunktion

$$\begin{aligned} P(f,t) &= \frac{1}{2}\hat{p}_s e^{j\varphi_s} \frac{e^{-j2\pi(f-f_s)t} - e^{-at}}{a - j2\pi(f - f_s)} \\ &+ \frac{1}{2}\hat{p}_s e^{-j\varphi_s} \frac{e^{-j2\pi(f+f_s)t} - e^{-at}}{a - j2\pi(f + f_s)}. \end{aligned} \tag{3.59}$$

Bei relativ hohen Signalfrequenzen $2\pi f_s \gg a$ und im stationären Zustand, das heißt, für $t \gg 1/a$, trägt nur der erste der beiden Terme auf der rechten Seite von (3.59) wesentlich bei, so daß

$$P(f,t) \approx \frac{1}{2}\hat{p}_s e^{j\varphi_s} \frac{e^{-j2\pi(f-f_s)t}}{a + j2\pi(f_s - f)} \tag{3.60}$$

angenommen werden kann. Der dazugehörige Absolutbetrag ist

$$|P(f)| \approx \frac{\hat{p}_s}{2\sqrt{a^2 + 4\pi^2(f_s - f)^2}}. \tag{3.61}$$

Der Absolutbetrag nimmt bei $f = f_s$ seinen Maximalwert an, und zum $1/\sqrt{2}$-fachen davon gehört die Frequenz $f_s + a/(2\pi)$. Als die effektive Bandbreite B des entsprechenden Bandpasses ("3 dB-Bandbreite") bezeichnet man daher zweckmäßigerweise den Wert

$$B = a/\pi. \tag{3.62}$$

Der Resonanzgüte G eines entsprechenden Einfachresonators entspricht damit der Wert

$$G = f_s/B = \pi f_s/a. \tag{3.63}$$

Bezüglich der Eigenschaften der FTT als Fourier-Analysator ist die Beziehung zwischen Zeit- und Frequenz-Auflösungsvermögen von besonderem Interesse. Unter dem Zeitauflösungsvermögen ist diejenige Zeit zu verstehen, welche von irgend einem Zeitpunkt an vergeht, bevor sich eine Änderung des Signals merklich in einer Änderung der Frequenzfunktion bemerkbar macht. Dieses Intervall ist durch die effektive Länge des Zeitfensters, welches durch die Gewichtsfunktion w gebildet wird, bestimmt. Unter dem Frequenzauflösungsvermögen ist die effektive Bandbreite des äquivalenten Bandpasses zu verstehen. Mit einem Fourier-Analysator, gleich welcher Art, kann hohe Zeitauflösung nur durch entsprechend verminderte Frequenzauflösung erkauft werden, und umgekehrt.

Die Beziehung zwischen Zeit- und Frequenzauflösung eines Analysators wird auf einfache Weise durch das Produkt BT gekennzeichnet, wobei T die effektive Dauer der Gewichtsfunktion bedeutet. Je kleiner das Produkt BT, umso günstiger ist die Beziehung zwischen Zeit- und Frequenzauflösung.[7] Definiert man als effektive Dauer der Gewichtsfunktion die Dauer der rechteckförmigen Gewichtsfunktion, deren Amplitudenmittelwert gleich demjenigen der tatsächlich benutzten Gewichtsfunktion ist, so ergibt sich beispielsweise für die exponentielle Gewichtsfunktion (3.54) $T = 1/a$. Wird als effektive Bandbreite B die 3-dB-Bandbreite gewählt, so ergibt sich mit (3.62) für den FTT-Analysator

$$BT = 1/\pi \approx 0,32. \tag{3.64}$$

Verglichen mit dem BT-Wert zeitvarianter Fourier-Analysatoren, welche eine symmetrische Gewichtsfunktion verwenden, ist dieser Wert bemerkenswert klein, also günstig.

3.4.3 Berechnung der FTT für Kosinusschwingungen

Da sich alle interessierenden kausalen Schallsignale grundsätzlich aus kausalen Kosinusschwingungen additiv zusammensetzen lassen, ist es nützlich,

---

[7] Jedoch ist das BT-Produkt nicht so etwas wie eine Naturkonstante. Es hängt vielmehr (abgesehen von der Definition von effektiver Fensterlänge T und Bandbreite B) vom Typ der Gewichtsfunktion ab.

eine Formel für die FTT-Frequenzfunktion der einzelnen Kosinusschwingung zur Verfügung zu haben, derart, daß die instantane Frequenzfunktion durch Real- und Imaginärteil ausgedrückt wird. Der Überlagerung mehrerer Kosinusschwingungen wird dann im Frequenzbereich durch Addition der Real- beziehungsweise Imaginärteile der FTT-Frequenzfunktionen Rechnung getragen.

Aus (3.59) entsteht durch Umformung zunächst

$$\begin{aligned} P(f,t) &= \frac{\hat{p}_s e^{-j\omega t}}{a^2 - \omega^2 + \omega_s^2 - j2a\omega} \\ &\cdot \{a\cos(\omega_s t + \varphi_s) + \omega_s \sin(\omega_s t + \varphi_s) \\ &\quad - e^{-at} \cdot (a\cos\omega t \cos\varphi_s \\ &\quad + \omega \sin\omega t \cos\varphi_s + \omega_s \cos\omega t \sin\varphi_s) \\ &\quad + j[-\omega \cos(\omega_s t + \varphi_s) \\ &\quad + e^{-at} \cdot (-a\sin\omega t \cos\varphi_s \\ &\quad + \omega \cos\omega t \cos\varphi_s - \omega_s \sin\omega t \sin\varphi_s)]\}. \end{aligned} \qquad (3.65)$$

Durch Erweiterung des Bruches auf der rechten Seite von (3.65) mit seinem konjugiert komplexen Nenner und Einbeziehung des Faktors $e^{-j\omega t}$ im Zähler entsteht ein Ausdruck der Form

$$P(f,t) = C(A_1 + jB_1)(A_2 + jB_2), \qquad (3.66)$$

worin C, A_1, A_2, B_1, B_2 für die reellen Ausdrücke

$$C = \frac{\hat{p}_s}{(a^2 - \omega^2 + \omega_s^2)^2 + 4a^2\omega^2}, \qquad (3.67)$$

$$A_1 = (a^2 - \omega^2 + \omega_s^2)\cos\omega t - 2a\omega\sin\omega t, \qquad (3.68)$$

$$B_1 = (a^2 - \omega^2 + \omega_s^2)\sin\omega t + 2a\omega\cos\omega t, \qquad (3.69)$$

$$\begin{aligned} A_2 &= a\cos(\omega_s t + \varphi_s) + \omega_s \sin(\omega_s t + \varphi_s) \\ &\quad - e^{-at}[(a\cos\omega t + \omega\sin\omega t)\cos\varphi_s + \omega_s \cos\omega t \sin\varphi_s], \end{aligned} \qquad (3.70)$$

$$\begin{aligned} B_2 &= -\omega\cos(\omega_s t + \varphi_s) \\ &\quad - e^{-at}[(a\sin\omega t - \omega\cos\omega t)\cos\varphi_s + \omega_s \sin\omega t \sin\varphi_s] \end{aligned} \qquad (3.71)$$

stehen. Real- und Imaginärteil der Frequenzfunktion einer einzelnen Kosinusschwingung sind damit durch

$$Re[P(f,t)] = C(A_1 A_2 - B_1 B_2), \qquad (3.72)$$

$$Im[P(f,t)] = C(A_1 B_2 + A_2 B_1) \qquad (3.73)$$

gegeben. Real- und Imaginärteil der FTT-Spektralfunktion eines Signals, welches aus mehreren stationären Kosinusschwingungen zusammengesetzt ist, ergeben sich durch Ausrechnen und Addieren der Einzelbeiträge nach (3.72, 3.73).

Abbildung 3.5 zeigt als Beispiel FTT-Betrags-Frequenzfunktionen von Kosinusschwingungen mit den Frequenzen 50 und 1000 Hz, berechnet mit Hilfe von (3.72, 3.73) für $\varphi_s = 0$, $a = 50 \text{ s}^{-1}$ und die Zeitpunkte 1, 10 und 100 ms. Der gewählte Wert von a entspricht einer effektiven Zeitfensterlänge von 20 ms. Damit ändern die Frequenzfunktionen ab dem Zeitpunkt 100 ms ihr Verhalten nicht mehr.

Vollkommen zeitunabhängig ist die FTT-Frequenzfunktion eines Sinustones auch im eingeschwungenen Zustand nicht. In logarithmischer Darstellung weist sie vielmehr ein Pendeln um den Punkt des Maximums auf, und zwar mit der doppelten Tonfrequenz [963].

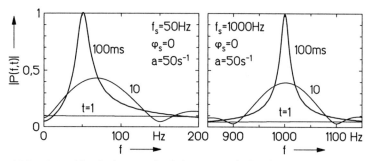

Abb. 3.5. Absolutbetrag (auf $\hat{p}$ normiert) der FTT-Frequenzfunktion einer im Zeitpunkt $t = 0$ einsetzenden Kosinusschwingung mit der Frequenz 50 Hz (links) bzw. 1000 Hz (rechts). Berechnet mit (3.72, 3.73) für $t = 1$, 10 und 100 ms

3.4.4 Digitale FTT

Zur fortlaufenden Berechnung der FTT-Spektralfunktion auf einem Digitalrechner liegt das Signal $p(t)$ in der Form von Abtastwerten p_m vor, wobei m die Nummer des Abtastwerts bedeutet. Das Abtastintervall sei konstant und mit T_x bezeichnet. Dann ist $t = mT_x$, so daß ein bestimmter Wert von m einen bestimmten Zeitpunkt kennzeichnet. Wird T_x klein genug gewählt, dann kann das Integral in (3.57) durch eine Summe ersetzt werden, und die FTT-Frequenzfunktion wird mit umso größerer Genauigkeit durch die Formel

$$P_m(f) = T_x \sum_{i=0}^{m} p(iT_x) e^{-a(m-i)T_x} e^{-j2\pi f iT_x} \quad (3.74)$$

beschrieben, je kleiner T_x gewählt wird. $P_m(f)$ bezeichnet den zum Zeitpunkt mT_x gehörenden komplexen Wert der Frequenzfunktion bei der Frequenz f. Die gesamte Frequenzfunktion erhält man für jeden Abtastzeitpunkt, indem man die Berechnung bei einer hinreichend großen Anzahl von benachbarten

3.4 Zeitvariante Fourier-Transformation

Frequenzwerten durchführt. Das Ergebnis stellt umso genauer die Frequenzfunktion dar, je dichter die Frequenzwerte einander benachbart sind.

Rekursive Berechnung. Mit fortschreitender Zeit, das heißt beim Hochzählen von m, ändert sich in der Summe von (3.74) immer nur der letzte, neu hinzukommende Wert. Daher kann man die fortlaufende Berechnung weitaus effizienter durchführen, indem man die jeweils neue Frequenzfunktion aus der zeitlich vorhergehenden berechnet. Unter Zugrundelegung von (3.74) führt diese Überlegung auf die Rekursionsformel

$$P_{m+1}(f) = P_m(f)e^{-aT_x} + T_x p_{m+1} e^{-j2\pi f(m+1)T_x}. \tag{3.75}$$

Sie gibt an, wie aus der bereits berechneten Frequenzfunktion $P_m(f)$ durch Hinzufügen des nächsten Signalabtastwerts p_{m+1} die neue Frequenzfunktion $P_{m+1}(f)$ zu bilden ist.

Weil sich bei einer rekursiven Berechung dieser Art die unvermeidliche numerische Ungenauigkeit auf die nachfolgenden Ergebnisse überträgt, ist grundsätzlich die Möglichkeit zu beachten, daß im Laufe der Zeit eine Fehlerakkumulation auftreten kann. Im Falle der Formel (3.75) besteht diese Gefahr jedoch im allgemeinen nicht, weil durch den Faktor e^{-aT_x} der Beitrag des Fehlers zu $P_m(f)$ mit jedem Rekursionsschritt herabgesetzt wird. Wenn die Rechenungenauigkeit eine gewisse Grenze nicht überschreitet, ist die Rekursion stabil.

Berechnung des Absolutbetrags. Eine bemerkenswerte und intensiv genutzte Eigenschaft der zeitvarianten Frequenzfunktionen besteht darin, daß schon ihr Absolutbetrag ausreicht und in vielen Fällen adäquat ist, die zeitvarianten Charakteristika der Schallsignale darzustellen. Deshalb ist man häufig nur am Absolutbetrag der Frequenzfunktion interessiert. Falls dies der Fall ist, kann man die rekursive Berechnung einfacher und damit effizienter gestalten, indem man der Herleitung der Rekursionsformel anstelle von (3.57) die Frequenz-Zeitfunktion

$$P^\circ(f,t) = e^{j\omega t}P(f,t) = e^{j\omega t}\int_{t_0}^{t} p(\tau)e^{-a(t-\tau)}e^{-j2\pi f\tau}d\tau \tag{3.76}$$

zugrunde legt. Diese hat offensichtlich den gleichen Absolutbetrag wie $P(f,t)$. Auf entsprechende Weise wie oben ergibt sich dafür die Rekursionsformel

$$P^\circ_{m+1}(f) = P^\circ_m(f)e^{-aT_x}e^{j2\pi fT_x} + T_x p_{m+1}. \tag{3.77}$$

Die Vereinfachung von (3.77) gegenüber (3.75) besteht darin, daß bei gegebener Frequenz in (3.77) die Faktoren nicht mehr vom Abtastzeitpunkt abhängen.

Bezeichnet man mit $X_m(f)$ den Realteil und mit $Y_m(f)$ den Imaginärteil der Frequenzfunktion, so daß

$$P^\circ_m(f) = X_m(f) + jY_m(f), \tag{3.78}$$

dann läßt sich (3.77) in die beiden Formeln

$$X_{m+1}(f) = e^{-aT_x}[X_m(f)\cos 2\pi fT_x - Y_m(f)\sin 2\pi fT_x] + T_x p_{m+1}, \quad (3.79)$$

$$Y_{m+1}(f) = e^{-aT_x}[X_m(f)\sin 2\pi fT_x + Y_m(f)\cos 2\pi fT_x] \quad (3.80)$$

aufspalten und es ist

$$|P_m(f)| = +\sqrt{X_m^2 + Y_m^2}. \quad (3.81)$$

3.5 Merkmale einiger Schallsignaltypen

Mit Hilfe der Signaldarstellung aus festen Teiltönen einerseits und der FTT-Analyse andererseits lassen sich aufschlußreiche Einblicke in die gehörrelevanten Eigenschaften der Audiosignale gewinnen. Dazu im folgenden einige Beispiele.

3.5.1 Komplexe Töne

Die Tonsignale, mit welchen man es im täglichen Leben – insbesondere in der Musik – zu tun hat, sind nur sehr selten *Sinus*töne. Trotzdem pflegt man sie als Töne zu bezeichnen, wenn sie weitgehend eindeutige Tonhöhenempfindungen hervorrufen. Diese nicht-sinusförmigen Tonsignale werden – dem englischen Sprachgebrauch folgend – als *komplexe Töne* bezeichnet. Beispiele für komplexe Töne sind die Töne der gebräuchlichen Musikinstrumente, die stimmhaften Sprachlaute und die Klänge von Glocken. Letzteres Beispiel macht deutlich, daß zwischen den Schalltypen *Ton* und *Klang* keine scharfe Grenze existiert.

Es zeigt sich, daß Schallsignale dann und nur dann als Töne empfunden werden, wenn sie sich durch eine begrenzte Anzahl diskreter Sinusschwingungen (Teiltöne) beschreiben lassen. Man kann demnach sagen, daß sich ein komplexer Ton von einem Sinuston allein dadurch unterscheidet, daß er aus zwei oder mehr Teiltönen besteht.

Sind die Frequenzen der Teiltöne eines komplexen Tones genau ganzzahlige Vielfache einer gemeinsamen Grundfrequenz, so spricht man von einem *harmonischen* komplexen Ton (HKT). Dabei ist jedoch die Voraussetzung zu machen, daß die Grundfrequenz (der größte gemeinsame Teiler der Teiltonfrequenzen) einen Wert hat, welcher dem Bereich wahrnehmbarer Tonhöhen zugeordnet werden kann. Ohne dieses Zusatzkriterium müsste man *jeden* komplexen Ton als harmonisch bezeichnen, denn es gibt zu jeder endlichen Anzahl von Teiltönen eine Frequenz, welche man mit jeder geforderten Genauigkeit als größten gemeinsamen Teiler der Teiltonfrequenzen bezeichnen kann.

Dem Begriff *Harmonizität* bezüglich der Frequenzbeziehungen unter den Teiltönen eines komplexen Tones entspricht bezüglich des Tonssignals selbst der Begriff *Periodizität*. Harmonizität der Teiltöne bedeutet Periodizität des Signals, und umgekehrt. Die Grundfrequenz im Sinne des größten gemeinsamen Teilers der Teiltonfrequenzen ist der Kehrwert der Periode. Ebenso wie es unsinnig wäre, einem Tonsignal die Eigenschaft der Periodizität abzusprechen, wenn die Länge der Periode eine gewisse endliche Grenze überschreitet, ist es genau genommen unsinnig, einen komplexen Ton als inharmonisch zu bezeichnen, wenn seine Grundfrequenz einen endlichen Wert unterschreitet. Gleichwohl pflegt letztere Art von Unterscheidung gemacht zu werden. Sie gründet sich allein auf die von den komplexen Tönen hervorgerufene Hörempfindung, nicht auf objektive Eigenschaften der Tonsignale. Beispielsweise pflegt man einen komplexen Ton, dessen drei Teiltöne die Frequenzen 600, 800 und 1000 Hz haben, als harmonisch anzusehen (Grundfrequenz 200 Hz). Denselben, jedoch um 10 Hz frequenzverschobenen Klang mit den Teiltonfrequenzen 610, 810 und 1010 Hz pflegt man dagegen als inharmonisch zu bezeichnen, obwohl auch dieser eine wohldefinierte Grundfrequenz hat (10 Hz).

Im allgemeinen – wie auch im ebengenannten Beispiel – braucht im harmonischen komplexen Ton ein Teilton mit der Grundfrequenz, also ein sogenannter *Grundton*, nicht enthalten zu sein. Daher ist es zur Vermeidung von Mißverständnissen zweckmäßig, für den Kehrwert der Periode anstelle des Terminus Grundfrequenz den Begriff *Oszillationsfrequenz* zu verwenden.

Als Beispiel eines harmonischen komplexen Tones zeigt Abb. 3.6 die Zeitfunktion und das FTT-Spektrum des Sprachvokals /a/. Beide Funktionen wurden durch Addition der Beiträge von Kosinusschwingungen (Teiltönen) berechnet, deren Frequenzen ganzzahlige Vielfache der willkürlich gewählten Oszillationsfrequenz $f_o = 100$ Hz sind. Die Amplituden der Teiltöne wurden mit Hilfe der Theorie der Vokale berechnet, welche im Kapitel 7 beschrieben wird. Die Phasen wurden willkürlich auf null gesetzt.

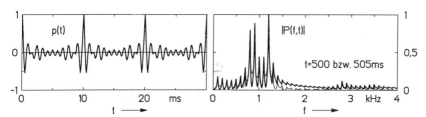

Abb. 3.6. Zeitfunktion (links) und Absolutbetrag des FTT-Spektrums (rechts) des Vokals /a/ (Ordinatenwerte normiert). Die Zeitfunktion des Signals $p(t)$ wurde durch Überlagerung der harmonischen Kosinusschwingungen gebildet, deren Amplituden mit der Grundfrequenz 100 Hz und den Formantfrequenzen 850, 1220, 2810 und 3500 Hz nach (7.31) berechnet wurden; die Phasen aller Teiltöne wurden gleich null gesetzt. Die FTT-Frequenzfunktion (rechts) wurde für die beiden Zeitpunkte $t = 500$ (dicke Linie) und 505 ms (dünn) mit (3.72, 3.73) berechnet.

Die Betrags-Frequenzfunktion des Vokals wurde für zwei Zeitpunkte berechnet, in denen die Einschwingvorgänge des Signaleinsatzes abgeklungen sind. Sie unterscheiden sich um eine halbe Signalperiode. Mit dem gewählten FTT-Parameter $a = 50$ s^{-1} treten einerseits die harmonischen Teiltöne als lokale Maxima deutlich in Erscheinung; andererseits weist die Frequenzfunktion in den Bereichen zwischen den lokalen Maxima eine merkliche Betragsschwankung mit der Oszillationsfrequenz auf.

3.5.2 Sinusförmig amplitudenmodulierte Signale

Im Falle sinusförmiger Amplitudenmodulation (SAM) eines Trägersignals $p_c(t)$ schwankt die Amplitude sinusförmig um ihren Mittelwert, und zwar mit der Modulationsfrequenz f_m, so daß das Schalldrucksignal

$$p(t) = [1 + m\cos(2\pi f_m t + \varphi_m)]p_c(t) \tag{3.82}$$

entsteht. Hierin bedeuten m den Modulationsgrad und φ_m die Anfangsphase des modulierenden Signals. Solange $0 <= m <= 1$, ist die Amplitudenhüllkurve des modulierten Signals sinusförmig, und m hat die physikalische Bedeutung der maximalen Abweichung der Amplitude vom Mittelwert. Für $m = 0$ ist das Trägersignal unmoduliert; für $m = 1$ schwankt seine Amplitude zwischen null und dem Doppelten ihres ursprünglichen Wertes.

Der Veränderung des Trägersignals durch Amplitudenmodulation entspricht eine Veränderung des Fourierspektrums. Diese läßt sich am einfachsten überblicken, wenn man sich das Trägersignal nach dem Teiltonsynthese-Prinzip aus sinusförmigen Komponenten fester Frequenzen, Amplituden und Phasen zusammengesetzt denkt, so daß

$$p_c(t) = \sum_{\nu=1}^{N} \hat{p}_\nu \cos(2\pi f_\nu t + \varphi_\nu). \tag{3.83}$$

Hier bedeutet N die Gesamtzahl der Teiltöne. Aus dieser Darstellungsmöglichkeit von $p_c(t)$ geht im Hinblick auf (3.82) hervor, daß der Effekt der Amplitudenmodulation sich auf jeden der Teiltöne, aus welchen $p_c(t)$ zusammengesetzt ist, in einer Weise auswirkt, welche von den jeweils anderen Teiltönen unabhängig ist.

Setzt man (3.83) in (3.82) ein, so erhält man durch Ausmultiplizieren und Umformen der entstehenden Produkte von Kosinusfunktionen die Teiltondarstellung des sinusförmig amplitudenmodulierten beliebigen Signals:

$$\begin{aligned} p(t) =\ & \sum_{\nu=1}^{N} \hat{p}_\nu \cos(2\pi f_\nu t + \varphi_\nu) \\ & + \frac{m}{2} \sum_{\nu=1}^{N} \hat{p}_\nu \cos[2\pi(f_\nu - f_m)t + \varphi_\nu - \varphi_m] \\ & + \frac{m}{2} \sum_{\nu=1}^{N} \hat{p}_\nu \cos[2\pi(f_\nu + f_m)t + \varphi_\nu + \varphi_m]. \end{aligned} \tag{3.84}$$

Anstelle der durch (3.82) beschriebenen Modulation des Trägersignals mit dem modulierenden Signal kann man das modulierte Signal $p(t)$ ebenso durch

3.5 Merkmale einiger Schallsignaltypen

Superposition der in (3.84) angegebenen Kosinusschwingungen *fester* Frequenzen, Amplituden und Phasen erzeugen. Gleichung (3.84) besagt im übrigen, daß jedem Teilton des Trägersignals durch SAM genau zwei Seitentöne hinzugefügt werden, welche die Frequenzen $f_\nu \pm f_m$, die Amplituden $m\hat{p}_\nu/2$ und die Phasen $\varphi_\nu \pm \varphi_m$ haben.

Im Hinblick auf die Tatsache, daß das Gehör sich in vieler Hinsicht wie ein zeitvarianter Fourier-Analysator verhält, beschreiben die Gleichungen 3.82 und 3.84 die beiden gegensätzlichen Möglichkeiten der Art und Weise, wie sich die SAM des Trägersignals in der Hörempfindung auswirken kann. Die erste Möglichkeit besteht darin, daß das modulierte Trägersignal seine ursprünglichen Charakteristika – etwa Tonhöhe und Klangfarbe – beibehält, jedoch im Takt der Amplitudenmodulation in der Lautheit schwankt. Im Gegensatz dazu besteht die andere Möglichkeit in der Wahrnehmung eines stabilen Klanges, entsprechend der Zusammensetzung des modulierten Signals aus festen Teiltönen nach (3.84). Die Hörempfindung dieses Klanges kann sich von derjenigen, welche das unmodulierte Signal hervorruft, erheblich unterscheiden. Der erste Fall ist zu erwarten, wenn die Modulationsfrequenz so klein ist, daß das Gehör einerseits die dicht benachbarten Teiltöne der Darstellung (3.84) nicht auflösen kann, andererseits in der Lage ist, der Hüllkurvenschwankung zu folgen. Der zweite Fall wird eintreten, wenn das Trägersignal selbst schon tonalen Charakter hat, also aus relativ weit in der Frequenz auseinanderliegenden Teiltönen besteht, und außerdem die Modulationsfrequenz so hoch ist, daß die entstehenden Seitentöne ebenfalls ausreichenden Frequenzabstand voneinander haben.

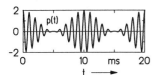

Abb. 3.7. Sinusförmig amplitudenmodulierter Sinuston. Trägerfrequenz $f_c = 1$ kHz; Modulationsfrequenz $f_m = 100$ Hz; Modulationsgrad $m = 1$

Beim SAM Sinuston besteht das Trägersignal aus nur einem einzigen Teilton. Bezeichnet man dessen Frequenz mit f_c, so geht (3.82) über in

$$p(t) = [1 + m\cos(2\pi f_m t + \varphi_m)]\hat{p}_c \cos(2\pi f_c t + \varphi_c). \tag{3.85}$$

Abbildung 3.7 illustriert das amplitudenmodulierte Signal am Beispiel eines mit $f_m = 100$ Hz und $m = 1$ amplitudenmodulierten 1 kHz-Tones.

Als Teiltondarstellung des SAM Sinustones erhält man entsprechend (3.84)

$$\begin{aligned} p(t) &= \hat{p}_c \cos(2\pi f_c t + \varphi_c) \\ &\quad + \frac{m}{2}\hat{p}_c \cos[2\pi(f_c - f_m)t + \varphi_c - \varphi_m] \\ &\quad + \frac{m}{2}\hat{p}_c \cos[2\pi(f_c + f_m)t + \varphi_c + \varphi_m]. \end{aligned} \tag{3.86}$$

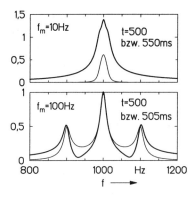

Abb. 3.8. FTT-Frequenzfunktion (Absolutbetrag, auf $\hat{p}_c$ normiert) eines sinusförmig amplitudenmodulierten 1 kHz-Tones. Oben: Modulationsfrequenz $f_m = 10$ Hz; unten: 100 Hz. Berechnet mit Hilfe von (3.72, 3.73) mit $a = 50$ (effektive Zeitfensterlänge 20 ms) für $t = 500$ ms, also einen Zeitpunkt im eingeschwungenen Zustand, sowie für $t = 550$ bzw. 505 ms, also eine halbe Modulationsperiode später

Mit Hilfe der Teiltondarstellung des modulierten Signals gemäß (3.84), sowie mit (3.72, 3.73), kann man die dazugehörige FTT-Frequenzfunktion berechnen. Abb. 3.8 zeigt als Beispiel Betrags-Frequenzfunktionen des SAM 1 kHz-Tones für $f_m = 10$ Hz (oben) und 100 Hz (unten), $m = 1$, und für zwei Zeitpunkte, welche hinreichend weit nach dem Signaleinsatzpunkt $t_0 = 0$ liegen, jedoch um eine halbe Modulationsperiode gegeneinander versetzt sind. Mit dem zu $a = 50 \text{ s}^{-1}$ gewählten FTT-Parameter unterscheiden sich die Frequenzfunktionen für $f_m = 10$ und 100 Hz deutlich. Mit $f_m = 10$ Hz stimmt die Form der Frequenzfunktion näherungsweise mit derjenigen der unmodulierten Trägerschwingung überein und schwankt mit der Modulationsfrequenz auf und ab. Mit $f_m = 100$ Hz treten die drei Komponenten der Teiltondarstellung deutlich hervor, wobei zusätzlich eine Zeitabhängigkeit vorhanden ist.

3.5.3 Sinusförmig frequenzmodulierte Signale

Eine übersichtliche und allgemeine Formulierung der Signaländerungen, welche durch Frequenzmodulation (FM) erzeugt werden, läßt sich wiederum mit Hilfe des Fourier-Synthesemodells eines beliebigen Trägersignals gewinnen, also auf der Grundlage von (3.83). Frequenzmodulation des Trägersignals besteht in der zeitlichen Veränderung der Frequenzen f_ν der einzelnen Komponenten, und zwar unter Konstanthaltung der Amplituden. Im Prinzip kann man die Frequenz jedes einzelnen Teiltones unabhängig von den anderen modulieren, was offensichtlich eine riesige Vielfalt möglicher Testsignale ergibt.

Um die Veränderungen zu überblicken, welche das Fourier-Spektrum des Trägersignals durch SFM erfährt, ermittelt man zweckmäßigerweise für das frequenzmodulierte Signal die Fourier-Synthesedarstellung mit Teiltönen fester Frequenzen, Amplituden und Phasen. Im ersten Schritt gilt es, das Teiltonspektrum für eine einzige Komponente des Trägersignals zu ermitteln.

3.5 Merkmale einiger Schallsignaltypen

Das Gesamtspektrum erhält man im zweiten Schritt durch Überlagerung der Beiträge, welcher von den Komponenten stammen.

Für den Fall *sinusförmiger* Frequenzmodulation (SFM) ergeben sich folgende Zusammenhänge. Zunächst wird das SFM Signal der ν-ten Trägerkomponente von (3.83) durch den Ansatz

$$p_\nu(t) = \hat{p}_\nu \cos(2\pi f_\nu + 2\pi \Delta f \sin 2\pi f_\mathrm{m} t)t \qquad (3.87)$$

dargestellt. Darin bedeutet Δf den *Frequenzhub*, das heißt die maximale Abweichung der Momentanfrequenz vom mittleren Wert f_ν. (Die Anfangsphasen der Trägersignalkomponente und des modulierenden Signals wurden der Übersichtlichkeit halber gleich null gesetzt.) Der in (3.87) enthaltene Ausdruck

$$2\pi \Delta f t \sin 2\pi f_\mathrm{m} t = \varphi(t) \qquad (3.88)$$

stellt eine oszillierend mit der Zeit anwachsende Phase dar. In der Kosinusfunktion auf der rechten Seite von (3.87) wird diese Phase lediglich *modulo* 2π wirksam. Deshalb kann man sie durch die Funktion

$$\varphi(t) = \frac{\Delta f}{f_\mathrm{m}} \sin 2\pi f_\mathrm{m} t \qquad (3.89)$$

ersetzen, ohne daß sich am Resultat etwas ändert. So ergibt sich anstelle von (3.87) die gleichwertige Darstellung

$$p_\nu(t) = \hat{p}_\nu \cos(2\pi f_\nu t + \frac{\Delta f}{f_\mathrm{m}} \sin 2\pi f_\mathrm{m} t). \qquad (3.90)$$

Das Verhältnis von Frequenzhub Δf zur Modulationsfrequenz f_m wird als *Modulationsindex* beziehungsweise *Phasenhub* bezeichnet. Die Größe des Modulationsindex erweist sich als maßgebend für die effektive Frequenzbandbreite des Teiltonspektrums des sinusförmig frequenzmodulierten Teiltones.

Zur Darstellung jenes Spektrums gelangt man mit Hilfe einiger Umformungen von (3.90) sowie der Entwicklung in eine unendliche Reihe von Besselfunktionen. Das Resultat lautet

$$p_\nu(t) = \hat{p}_\nu \sum_{n=0}^{\infty} J_n(\frac{\Delta f}{f_\mathrm{m}}) \cdot [\cos(2\pi f_\nu + n 2\pi f_\mathrm{m})t$$
$$+ (-1)^n \cos(2\pi f_\nu - n 2\pi f_\mathrm{m})t]. \qquad (3.91)$$

Das Teiltonspektrum der SFM Komponente des Trägersignals besteht demnach aus unendlich vielen sinusförmigen Komponenten mit den Frequenzen $f_\nu \pm n f_\mathrm{m}$ ($n = 0, 1, 2, \ldots$) und Amplituden sowie Phasen, welche durch Besselfunktionen n-ter Ordnung in Abhängigkeit vom Modulationsindex bestimmt sind. Besteht das Trägersignal gemäß (3.83) aus N Komponenten, so ergibt sich das Teiltonspektrum nach sinusförmiger Frequenzmodulation aus der Summe

$$p(t) = \sum_{\nu=1}^{N} p_\nu(t), \qquad (3.92)$$

wo die $p_\nu(t)$ aus (3.91) einzusetzen sind. Diese Darstellung gilt unabhängig davon, ob die Modulationsfrequenzen und Frequenzhübe aller Komponenten einander gleich sind, oder nicht.

Das Gehör ist gegenüber Frequenzmodulation so empfindlich, daß die Frequenzmodulationsschwelle bereits bei sehr kleinem Modulationsindex erreicht wird. Für die Interpretation der Frequenzmodulationsschwellen des Gehörs ist daher der Fall $\Delta f / f_\mathrm{m} \ll 1$ von besonderer Bedeutung. In diesem Fall läßt sich das sinusförmig frequenzmodulierte Teilsignal $p_\nu(t)$ aus (3.90) auf die Näherung

$$\begin{aligned} p_\nu(t) \;\approx\;& \hat{p}_\nu \cos 2\pi f_\nu t \\ & +\hat{p}_\nu \frac{\Delta f}{2 f_\mathrm{m}} \cos 2\pi (f_\nu + f_\mathrm{m}) t \\ & -\hat{p}_\nu \frac{\Delta f}{2 f_\mathrm{m}} \cos 2\pi (f_\nu - f_\mathrm{m}) t \end{aligned} \qquad (3.93)$$

reduzieren. Diese stellt unmittelbar das Teiltonspektrum der sinusförmig frequenzmodulierten Trägersignalkomponente für kleinen Modulationsindex dar. Ein Vergleich mit (3.84) zeigt, daß für $\Delta f / f_\mathrm{m} \ll 1$ das Teiltonspektrum einer einzelnen SFM Trägersignalkomponente mit demjenigen einer sinusförmig *amplituden*modulierten Komponente übereinstimmt, wenn $\Delta f / f_\mathrm{m} = m$. Die beiden Signale unterscheiden sich allein durch die Phasen der Teiltöne.

3.6 Periodendauer, Fourier-Spektrum und Teiltonanalyse

Eine Kernfrage der gehörgerechten Audiosignalanalyse besteht darin, wie es möglich ist, aus einem Signalgemisch die wesentlichen Merkmale der Einzelsignale zu extrahieren. Eines dieser Merkmale ist beispielsweise die Periodendauer; sie hängt, wie man weiß, eng mit der Tonhöhenempfindung zusammen. Im folgenden werden Grundlagen und Konzepte erläutert, welche zur Klärung dieser Frage beitragen.

3.6.1 Teiltonkonzept und zeitvariante Teiltonsynthese

Von der Möglichkeit, gewisse Signale als Summe von Kosinusschwingungen darzustellen – also von einer Teiltondarstellung der Signale – wurde in den vorausgehenden Abschnitten ausgiebig Gebrauch gemacht. Wesentliche Voraussetzung für die Anwendbarkeit dieser Darstellung ist die Konstanz der Teiltonamplituden und -frequenzen für $t > 0$.

In der Akustik ist darüber hinaus die Vorstellung verbreitet, daß Klänge aus Teiltönen zusammengesetzt seien, deren Amplituden und Frequenzen sich im allgemeinen mit der Zeit ändern. Diese Vorstellung wird hauptsächlich durch die Tatsache nahegelegt, daß man zeitvariable Teiltöne (im Sinne von "reinen Tönen" [681]) *hören* kann – beispielsweise in den stimmhaften Sprachlauten und den Tönen und Klängen der Musik. Aus dieser Tatsache haben schon die führenden Akustiker des 19. Jahrhunderts den Schluß gezogen, daß die Schallanalyse durch das Gehör in hohem Maße von einem frequenzselektiven Mechanismus abhänge, welcher ähnlich wie ein zeitvariabler Fourier-Analysator wirkt [681, 769, 432]. In der Tat weist die zeitvariable Frequenzfunktion im allgemeinen Merkmale auf, welche man diskreten Teiltönen des analysierten Signals zuordnen kann. Die offensichtlichsten Merkmale dieser Art sind lokale Maxima der Betrags-Frequenzfunktion (vgl. die Abbildungen 3.6 und 3.8).

Man pflegt häufig von den Teiltönen zu sprechen, als ob sie objektiv gegebene Komponenten eines Signals wären, die vom Fourier-Analysator lediglich mehr oder weniger zuverlässig "gefunden" werden können. Diese Vorstellung hält aber einer genaueren Betrachtung nicht stand.

Zwar kann man in der Tat für jedes physikalisch mögliche Signal einen zeitvariablen Teiltonansatz der Form

$$p(t) = \sum_{\nu=1}^{n} \hat{p}_\nu(t) \cos[2\pi f_\nu(t) \cdot t + \varphi_\nu] \qquad (3.94)$$

machen. Darin bedeuten n die Anzahl der Teiltöne und $\hat{p}_\nu(t)$, $f_\nu(t)$ die zeitvariante Amplitude und Frequenz. Jedoch beweist auch dieser Ansatz nicht die objektive – das heißt vom Analysator unabhängige – Existenz der Teiltöne. Denn erstens ist diese zeitvariante Teiltondarstellung eines gegebenen Signals willkürlich, und zweitens ist sie nicht eindeutig. Offensichtlich kann man durch passende Wahl der Zeitfunktionen der Amplituden und Frequenzen der Teiltöne stets erreichen, daß ein gegebenes Signal $p(t)$ korrekt dargestellt wird, und zwar für jede beliebige Zahl von Teiltönen – angefangen bei einem einzigen.

3.6.2 Periodenanalyse, Autokorrelation und Fourierspektrum

Ein Schallsignal $p(t)$ wird als periodisch bezeichnet, wenn

$$p(t+T) = p(t) \quad \text{für } t_1 < t < t_2, \qquad (3.95)$$

wo T die Länge der Periode und t_1, t_2 Beginn- und Endzeitpunkt desjenigen Zeitintervalls bezeichnen, innerhalb dessen die Periodizität festgestellt wird. Mit der letzteren Einschränkung wird auf die Tatsache Rücksicht genommen, daß reale Signale in der Tat nur innerhalb eines endlichen Zeitintervalls beobachtet werden können beziehungsweise überhaupt eine Rolle spielen. Offensichtlich kann Periodizität nach diesem Kriterium nur ermittelt werden, wenn $t_2 - t_1 > 2T$.

Für reale Audiosignale ist das Kriterium (3.95) niemals streng erfüllt, und zwar zum einen deshalb, weil die Signale stets zufälligen Störungen unterliegen – seien diese auch sehr klein. Zum anderen ist der Fall nicht selten, daß Signale (zusätzlich) in dem Sinne "nur angenähert periodisch" sind, daß die Frequenzen der Teiltöne, aus welchen man sie sich zusammengesetzt denken kann, zwar angenähert, aber nicht exakt, ganzzahlige Vielfache einer gemeinsamen Grundfrequenz sind. Dies trifft insbesondere auf die Töne frei ausschwingender (also nicht angestrichener, sondern angeschlagener oder -gezupfter) Saiten zu und somit auf die Töne des Klaviers, des Cembalos, der Gitarre. Im Hinblick auf die Frequenzanalyse realer Audiosignale kommt man daher nicht um eine Auseinandersetzung mit der Frage herum, auf welche Weise "angenäherte Periodizität" einerseits definiert und andererseits festgestellt werden kann.

Dies wird auf noch drastischere Weise deutlich, wenn man bei der Definition der Periodizität in Rechnung zu stellen versucht, daß die Oszillationsfrequenz realer, also quasiperiodischer Audiosignale zeitvariant ist. Würde man in (3.95) die Periodendauer explizit zeitvariant ansetzen, so daß $T = T(t)$, so würde die Definition sinnlos.

Als Ergebnis dieser Überlegungen zeigt sich, daß die Bestimmung der Oszillationsfrequenz realer Audiosignale schon vom Prinzip her bei weitem nicht so einfach ist, wie es auf den ersten Blick scheint.

Autokorrelation. Eine naheliegende und dementsprechend weit verbreitete Methode, angenäherte und zeitvariante Periodizät sinnvoll zu definieren, ist die Autokorrelation, also die Feststellung des Grades, in welchem aufeinanderfolgende Signalabschnitte miteinander übereinstimmen. Mit Rücksicht auf die Zeitabhängigkeit der Parameter realer Audiosignale kommt von vorn herein nur eine zeitvariante Form der Autokorrelationsfunktion in Betracht. Diese wurde unter anderem von Fano [270], Kraft [525] und Flanagan [314] beschrieben und lautet

$$\varphi(\tau, t) = \int_{t_0}^{t} p(\lambda) w(t - \lambda) p(\lambda + \tau) w(t - \lambda - \tau) d\lambda. \tag{3.96}$$

Hier bezeichnet φ die Autokorrelationsfunktion. Sie ist eine reelle Funktion der Verzögerungszeit τ und der Zeit t. Analog zur Gewichtung des Audiosignals $p(t)$ bei der zeitvarianten Fourier-Analyse enthält (3.96) die Gewichtsfunktion $w(t)$; sie ist typischerweise außerhalb eines endlichen Zeitintervalls gleich null.

Die zeitvariante Autokorrelationsfunktion hat die gewünschten Eigenschaften. Ist das Signal $p(t)$ innerhalb des durch die Gewichtsfunktion definierten Zeitfensters im Analysezeitpunkt t weitgehend periodisch mit der Periodendauer T, so nimmt $\varphi(\tau)$ in diesem Zeitpunkt ausgeprägte Maxima bei $\tau = nT$ an ($n = 1, 2, 3, \ldots$). Durch Aufsuchen des ersten Maximums und Bestimmung seiner Position auf der τ-Achse erhält man die Periodendauer – im Sinne des kürzesten Zeitintervalls, nach welchem sich die Signalfunktion mehr oder weniger exakt wiederholt. Die Schärfe und Ausgeprägtheit des Maximums geben ein Maß für den "Grad der Periodizität", welcher im Analysezeitpunkt vorliegt.

Das Autokorrelationsverfahren wurde oft als ein mögliches Modell der Bildung der Tonhöhenempfindung durch das Gehör diskutiert. Gegen diese Annahme spricht jedoch, daß im auditiven System ein physiologischer Mechanismus, welcher die notwendigen Operationen durchführen könnte, nicht beobachtet wird. Dagegen findet man im peripheren auditiven System einen hochentwickelten und leistungsfähigen Apparat zur zeitvarianten Fourier-Analyse. Daher ist die Tatsache von erheblicher Bedeutung, daß ein enger mathematischer Zusammenhang zwischen der Autokorrelationsfunktion und dem Fourierspektrum besteht.

Der Zusammenhang zwischen Autokorrelationsfunktion und Fourierspektrum. Es sei $P(\omega, t)$ die komplexe zeitvariante Fourier-Transformierte des Signals $p(t)$, so daß

$$P(\omega, t) = \int_{t_0}^{t} p(\lambda) w(t - \lambda) e^{-j\omega\lambda} d\lambda, \tag{3.97}$$

wo die Gewichtsfunktion $w(t)$ derjenigen von (3.96) entspricht. Zwischen der Autokorrelationsfunktion und dem Betrag der Frequenzfunktion $|P(\omega, t)|$ besteht die Beziehung

$$\varphi(\tau, t) = \frac{1}{2\pi} \int_{-\infty}^{+\infty} |P(\omega, t)|^2 e^{\omega\tau} d\omega. \tag{3.98}$$

Aus der Äquivalenz von Autokorrelierter und Leistungsspektrum geht hervor, daß alle Eigenschaften eines Audiosignals, welche durch die Autokorrelierte repräsentiert werden können, im Leistungsspektrum – und damit im Absolutbetrag der Frequenzfunktion – ebenfalls enthalten sind. Dies gilt insbesondere auch für die Eigenschaft der Beinahe-Periodizität. Während sich diese – falls vorhanden – in der Funktion $\varphi(\tau)$ durch eine Folge mehr oder weniger ausgeprägter Maxima bei $\tau = T, 2T, 3T, \ldots$ widerspiegelt, tritt sie in der Betrags-Frequenzfunktion durch eine Folge von Maxima bei den Frequenzen $1/T, 2/T, 3/T, \ldots$ in Erscheinung. Die letzteren Frequenzen sind nichts anderes als die Frequenzen der harmonischen Teiltöne, aus welchen man sich nach dem Teiltonsynthesemodell ein periodisches Signal zusammengesetzt denken kann.

3.6.3 Gehörgerechte Teiltonanalyse

Wird ein Klangsignal durch Teiltonsynthese hergestellt, das heißt, durch Überlagerung einer endlichen Zahl von Sinusschwingungen fester oder langsam variabler Amplitude und Frequenz, so ist dadurch die Zusammensetzung jenes Signals aus Teiltönen definiert. Der Absolutbetrag des zeitvarianten Fourierspektrums des Signals, beispielsweise des FTT-Spektrums, weist als Funktion der Frequenz mehr oder weniger ausgeprägte lokale Maxima auf, welche man den bei der Synthese benutzten Teiltönen zuordnen kann. Jedenfalls trifft dies dann zu, wenn die Frequenzen benachbarter Teiltöne nicht zu nahe beieinander liegen, vgl. Abb. 3.8 und 3.6. Die Analysebandbreite des Analysators, welche sich aus der effektiven Dauer und Form der Zeitgewichtsfunktion $w(t)$ ergibt, entscheidet darüber, ob benachbarte Teiltöne mit feststellbaren Maxima in Erscheinung treten, oder nicht.

Durch automatische Bestimmung der lokalen Maxima der Spektral-Betragsfunktion in kurzen Zeitabständen kann man aus dem zeitvarianten Spektrum eine zeitvariante Darstellung der Teiltonfrequenzen und -amplituden gewinnen, das sogenannte *Teiltonzeitmuster* TTZM. Dasselbe bildet schon deshalb eine gehörgerechte Signaldarstellung, weil es der auditiven Repräsentation von Klangsignalen durch die sogenannten Spektraltonhöhen entspricht [951], vgl. Kapitel 11. Darüber hinaus wird es dadurch zur optimal gehörgerechten Audiosignaldarstellung, daß die Parameter der zeitvarianten Frequenzanalyse dem entsprechenden Verhalten des Gehörs angepaßt werden. Diese Anpassung betrifft vor allem die Analysebandbreite und die Skalierung der Frequenz.

Unter Verwendung der gehörgerecht dimensionierten FTT nach [963] hat Heinbach erstmals eine Teiltonzeitmuster-Darstellung entwickelt [425, 427]. Die Analysebandbreite wurde zu 0,1 Bark gewählt.[8] Die Frequenzstützstellen, das heißt diejenigen Frequenzen, bei welchen die rekursive Berechnung nach (3.77) durchgeführt wird, wurden auf der Tonheitsskala äquidistant gewählt, und zwar im Abstand von 0,05 Bark. Da der gesamte Hörfrequenzbereich 24 Bark umfaßt, wird er auf diese Weise mit 480 Stützstellen abgedeckt.

Weil das FTT-Betragsspektrum eines Sinustones Nebenmaxima mit zeitlich rasch variabler Frequenzlage aufweist (vgl. Abb. 3.5) muß dem Algorithmus, welcher die Lage des zur Tonfrequenz gehörenden Hauptmaximums ermittelt, eine zeitliche Glättung des Betragsspektrums vorgeschaltet werden. Ohne diese Maßnahme würde der Detektionsalgorithmus instantane Scheinmaxima finden, welche nicht interessieren. Zur Glättung des *Leistungs*spektrums (das heißt, der Funktion $|P(f,t)|^2$) wird nach Heinbach ein Tiefpaß erster Ordnung mit einer Zeitkonstante von $0,12/a$ – mindestens jedoch 1,25 ms – verwendet [427]. Die Kriterien für die Bestimmung der lokalen Maxima bestehen im wesentlichen in der Forderung, daß ein Maximum "hoch und schmal genug" sein muß. Während die Definition eines solchen *peak picking* Algorithmus nicht schwierig ist [427], bedarf es zur Verfolgung der Teiltöne über der Zeit (*peak tracking*) eines gewissen Aufwandes. Diesbezüglich sei auf die Arbeiten von Grey & Moorer [386], Funada [356], Brown & Puckette [133, 131], Baumann [49] und Sullivan [929] hingewiesen.

Aus derart hergestellten TTZM realer Sprach- und Musiksignale hat Heinbach wieder Audiosignale erzeugt, und zwar durch Addition der durch das TTZM spezifizierten Teiltöne mit passend gewählten Phasen. Es zeigte sich, daß die neuen Signale sich nach Gehör von den Originalsignalen nur sehr

---

[8] 1 Bark entspricht der Breite einer Frequenzgruppe und stellt die Maßeinheit der sogenannten Tonheitsskala des Gehörs dar, vgl. Abschnitt 9.5.3.

3.6 Periodendauer, Fourier-Spektrum, Teiltonanalyse

wenig unterscheiden. Dies beweist, daß praktisch die gesamte gehörrelevante Information in den Teiltonzeitmustern enthalten ist.[9]

Da auf diese Weise ein brauchbares Verfahren gefunden war, die Qualität der Teiltonanalyse zu testen, haben Schlang und Mummert [816, 817] Modifikationen der FTT-Fensterfunktion (Gewichtsfunktion) untersucht, um gegebenenfalls die noch verbleibenden Unterschiede zwischen dem Höreindruck des Originalsignals und des resynthetisierten Signals zu vermindern oder zu beseitigen. Schlang [816] zeigte, daß sich mit einer Gewichtsfunktion des Typs ate^{-at} in der Tat eine merkliche Verbesserung erzielen ließ. Daher wird gegenwärtig die auf der FTT beruhende Teiltonanalyse überwiegend mit dieser sogenannten "Fensterfunktion 2. Ordnung" – im Unterschied von der in (3.57) enthaltenen "Fensterfunktion 1. Ordnung" – verwendet. Das in Abb. 1.9 dargestellte TTZM wurde auf diese Weise hergestellt.

Zum Zwecke der automatischen Analyse von Sprach- und Musiksignalen wurden schon seit längerer Zeit Verfahren entwickelt, welche mit dem soeben beschriebenen mehr oder weniger eng verwandt sind, vgl. Manley [583], Grey & Moorer [386], Hedelin [422], McAulay & Quatieri [591, 754], Strawn [921], Feiten & Becker [299], d'Alessandro [6], Cooke [195], Unkrig & Baumann [1018].

Sowohl die Vorstellung, daß die Schallsignale aus zeitvariablen Teiltönen zusammengesetzt seien, als auch diejenige, daß die Hörwahrnehmung in hohem Maße auf Tonhöhenwahrnehmungen beruhe, mag auf den ersten Blick ein wenig naiv anmuten. Jedoch bekommt die erste dieser beiden Vorstellungen ernstzunehmendes Gewicht durch die signaltheoretischen Zusammenhänge zwischen Signalfunktionen, Fourierspektren und zeitvariablen Teiltönen, welche in den vorstehenden Abschnitten geschildert wurden. Die Bedeutung und Berechtigung der zweiten Vorstellung – daß die Hörwahrnehmung in hohem Maße von subjektiven Teiltonzeitmustern abhänge – ergibt sich aus den Untersuchungsergebnissen über die Tonhöhen- und Klangmuster-Wahrnehmung, welche in den Kapiteln 11 und 12 geschildert werden.

Über diese grundlegenden Aspekte der gehörgerechten Teilton-Zeitmuster-Darstellung hinaus weist dieselbe einen vielversprechenden Weg zu zahlreichen Anwendungen in der Audiotechnik, beispielsweise in den Bereichen *Datenreduktion*, vgl. Heinbach [426]; *Signalbearbeitung und Signalverbesserung*, vgl. Schlang [816], Cooke [195], Kates [492], Wartini & Rücker [1051], Deisher & Spanias [227]; und *Objektanalyse*, vgl. Cooke [195], Baumann [48, 49].

---

[9] Mit einer beträchtlichen Zahl von Tönen verschiedener Musikinstrumente haben schon 1977 Grey & Moorer [386] eine ähnliche Analyse-Resynthese-Technik erfolgreich angewandt.

4. Elektromechanische Systeme

Die meisten der physikalischen beziehungsweise technischen Systeme, die an der Erzeugung oder Übertragung von Audiosignalen beteiligt sind, enthalten mechanische beziehungsweise elektromechanische Komponenten. Dazu gehören praktisch sämtliche Schallquellen, die Mehrzahl der elektroakustischen Komponenten und die peripheren Teile des Gehörs. Die im folgenden dargestellten Grundlagen und Verfahren zur Berechnung elektromechanischer Systeme beschränken sich auf solche, die *linear* und *zeitinvariant* sind. Weiterhin werden nur Systeme behandelt, deren wesentliche Eigenschaften sich durch zweidimensionale mechanische Ersatzbilder darstellen lassen.

4.1 Grundlagen der Berechnung

Weil mechanische beziehungsweise elektromechanische Systeme häufig eine recht komplizierte dreidimensionale Struktur haben, ist es zur Darstellung beziehungsweise Berechnung ihrer für die Schwingungsübertragung wesentlichen Eigenschaften erforderlich, sie durch möglichst einfache Ersatzbilder darzustellen. Die Berechnung eines elektromechanischen Schwingungsgebildes beginnt also zweckmäßigerweise damit, daß man seine wesentlichen Eigenschaften durch ein *elektromechanisches Schema*, im folgenden abgekürzt EMS, darstellt.

4.1.1 Das elektromechanische Schema EMS

Unter Beschränkung auf Systeme, welche durch ein zweidimensionales Schema dargestellt werden können, besteht das EMS aus einem ebenen Netzwerk, welches aus mechanischen beziehungsweise elektromechanischen Grundkomponenten sowie masselosen, starren Verbindungsstangen zusammengesetzt ist. Grundkomponenten sind die *Masse*, die *Feder*, der *Reibwiderstand* und der *Elementarwandler*. Letzterer ist dadurch definiert, daß er allein diejenigen Komponenten beziehungsweise Funktionen eines realen Wandlers enthält, welche sich nicht im Netzwerk durch die übrigen Komponenten darstellen lassen (näheres im Abschnitt 4.2). Von den Verbindungsstangen wird vorausgesetzt, daß sie masselos, starr und biegesteif seien.

Als Beispiel ist in Abb. 4.1 das EMS eines elektromechanischen Schwingungswandlers dargestellt. Das elektrische Tor ist mit a, das mechanische (z.B. ein Vibrationsstift) mit b bezeichnet. Dasselbe Schema gilt beispielsweise auch für das elektrodynamische Lautsprechersystem (Abb. 2.14), was dessen nicht-akustische Eigenschaften angeht.

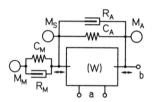

Abb. 4.1. Elektromechanisches Schema EMS eines realen elektromechanischen Schwingungswandlers. Der Wandler ist über die Montageelemente C_M, R_M an einer Umgebungsmasse M_M befestigt und stellt daher ein elektromechanisches Zweitor (a–b) dar. M_A, C_A, R_A sind Masse, Federnachgiebigkeit und Reibwiderstand des Ankers. M_S bedeutet die Statormasse und (W) ist der Elementarwandler

Physikalische Implikationen. Das EMS setzt grundsätzlich kein absolutes mechanisches beziehungsweise geometrisches Bezugssystem voraus. Während der Bewegungszustand jeder mechanischen Klemme und jedes Elements innerhalb des EMS wohldefiniert ist, wird über den Bewegungszustand des *gesamten* EMS keine andere Voraussetzung gemacht, als daß er so beschaffen sein muß, daß innerhalb des EMS das Newton'sche Beschleunigungsgesetz gilt. Mit anderen Worten, es wird vorausgesetzt, daß die Kräfte, welche auf die Klemmen der mechanischen Elemente wirken, außer von Federung und Reibung allein von der Beschleunigung der Massen herrühren. In dieser Voraussetzung ist diejenige eingeschlossen, daß auch Gravitationskräfte keine Rolle spielen.

Von den Gravitationskräften, welche im allgemeinen auf die Massen eines *realen* elektromechanischen Systems wirken, kann angenommen werden, daß sie zeitlich konstant sind, ein und dieselbe Richtung haben und dem Betrage nach zueinander im gleichen Verhältnis stehen wie die betreffenden Massen. Die einfachste Art, die Gravitationskräfte im EMS unwirksam zu machen, besteht darin, daß man nur Massenbewegungen zuläßt, deren Richtung senkrecht auf derjenigen der Gravitationskräfte steht. Beispielsweise sind im EMS des elektromechanischen Wandlers nach Abb. 4.1 Gravitationskräfte in senkrechter Richtung unwirksam, wenn man voraussetzt, daß nur horizontale Massenbewegungen möglich seien.

Wenn Massenbewegung in beliebiger Richtung zugelassen wird, kann man die Gravitationskräfte trotzdem als unwirksam betrachten, weil es unter den obengenannten Bedingungen möglich ist, sie zu kompensieren. Man braucht dazu nur vorauszusetzen, daß dem gesamten System eine konstante Beschleunigung passenden Betrages in der Richtung der Gravitationskräfte aufgeprägt sei. Das derart beschleunigte System ist ein Intertialsystem, das heißt, es gilt das Newton'sche Beschleunigungsgesetz bezüglich derjenigen Geschwindigkeiten und Beschleunigungen, welche innerhalb des EMS definiert sind.

4.1 Grundlagen der Berechnung 101

Wenngleich es also nach diesem Konzept grundsätzlich kein ruhendes Bezugssystem gibt, kann man ein solches im technischen Sinne leicht herstellen, nämlich dadurch, daß man eine unendlich große Masse – die Bezugsmasse – einführt, und die Geschwindigkeiten der Klemmen und Elemente des EMS relativ zu derjenigen des Angriffspunkts der Bezugsmasse mißt. Beispielsweise kann es sinnvoll und zulässig sein, im EMS nach Abb. 4.1 die Masse M_M der Umgebungsstruktur, an welche der Wandler montiert ist, als unendlich groß zu behandeln. Dann kann der Angriffspunkt von M_M als ruhend angesehen werden, während sich im allgemeinen alle übrigen Klemmen und Elemente des Systems relativ zu jenem Punkt in Bewegung befinden.

4.1.2 Elektromechanische Entsprechungen

Das EMS bildet zwar im Prinzip eine ausreichende Grundlage für die Berechung des Schwingungsverhaltens des zugehörigen Systems. Doch ist es aus mehreren Gründen zweckmäßig, der Umwandlung des realen Systems in das EMS einen weiteren Abstraktionsschritt folgen zu lassen, nämlich die Darstellung durch ein pseudo-elektrisches Schema (PES). Der Hauptgrund besteht darin, daß das EMS eines elektromechanischen Systems im allgemeinen *inhomogen* ist, weil es nicht nur mechanische, sondern auch elektrische Tore (nämlich diejenigen der Elementarwandler) enthält. Das Verfahren der Umwandlung des EMS in das entsprechende PES wird im folgenden Abschnitt beschrieben. Seine Grundlage bilden die elektrischen Entsprechungen der Komponenten, aus denen das EMS besteht.[1]

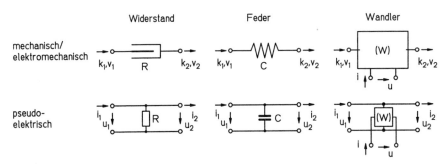

Abb. 4.2. Die mechanischen beziehungsweise elektro-mechanischen Elementarsysteme, außer der Masse, und ihre pseudo-elektrische Darstellung. Reibwiderstand und Feder sind als Zweitorsysteme zu betrachten. Der elektromechanische Elementarwandler ist ein Dreitor

---

[1] Die Anwendung der Analogien zwischen verschiedenen physikalischen Systemen kann mindestens bis Lord Rayleigh zurückverfolgt werden [194].

Die elektrischen Entsprechungen der mechanischen Grundelemente. Die wichtigsten elektromechanischen Grundelemente mit Ausnahme der Masse sind in Abb. 4.2 zusammengestellt. Der freie Reibwiderstand und die freie Feder sind mechanische Zweitorsysteme; ihnen entsprechen die gezeigten elektrischen Zweitore. Das Grundelement Masse stellt ein Eintorsystem dar und wurde bereits im vorhergehenden Kapitel erläutert (Abb. 3.3). Der freie elektromechanische Elementarwandler ist ein Dreitorsystem (Abb. 4.2 rechts oben) mit der in Abb. 4.2 rechts unten dargestellten pseudoelektrischen Entsprechung.

Der elektromechanische Elementarwandler. Als elektromechanischer Elementarwandler[2] wird ein Dreitorsystem bezeichnet, welches die essentiellen elektrischen Elemente des realen Wandlers enthält, mechanische Elemente aber nur insoweit, wie diese nicht im externen Netzwerk Berücksichtigung finden können. Insbesondere wird definiert, daß der Elementarwandler keine Massen enthält. Unter dieser Voraussetzung gilt am elektromechanischen Elementarwandler (vgl. Abb. 4.2 rechts oben)

$$k_1 = k_2 = k. \tag{4.1}$$

Da es auf den Bewegungszustand des Wandlergehäuses nicht ankommt, sondern nur auf die Geschwindigkeitsdifferenz zwischen den beiden mechanischen Toren, brauchen nicht v_1 und v_2 einzeln berechnet zu werden, sondern es genügt,

$$v = v_2 - v_1 \tag{4.2}$$

anzugeben. Damit kann der Wandler ebenso einfach wie ein Zweitorsystem berechnet werden. Zwischen den Schwingungsgrößen u, i an seinem elektrischen Tor und den mechanischen Schwingungsgrößen k, v – beziehungsweise den entsprechenden Frequenzfunktionen – können die Wandlergleichungen

$$U_1(s) = W_{11}(s)K(s) + W_{12}(s)V(s), \tag{4.3}$$

$$I_1(s) = W_{21}(s)K(s) + W_{22}(s)V(s), \tag{4.4}$$

angesetzt werden, so daß der Elementarwandler durch die Kettenmatrix

$$(W) = \begin{pmatrix} W_{11}(s) & W_{12}(s) \\ W_{21}(s) & W_{22}(s) \end{pmatrix} \tag{4.5}$$

vollständig beschrieben wird, sofern die Systemfunktionen $W_{11}(s) \ldots W_{22}(s)$ gegeben sind.

Die Matrix (W) wird mit (4.3, 4.4) für die elektro-mechanische Übertragungsrichtung definiert, so daß in Übereinstimmung mit den in Abb. 3.1 dargestellten formalen Zuordnungen das elektrische Tor als Tor a, das mechanische als Tor b bezeichnet wird. Wird der Wandler in umgekehrter Richtung

---

[2] Zur Systematik der elektromechanischen Wandler vgl. [310, 311, 312, 303].

betrieben, so ergibt sich die dafür maßgebende Kettenmatrix aus (4.5) mit Hilfe von (3.42).

Im PES werden den mechanischen Schwingungsgrößen k, v des Elementarwandlers entsprechende elektrische Größen u, i zugeordnet, so daß er darin als die Verstärkerschaltung in Erscheinung tritt, welche in Abb. 4.2 rechts unten dargestellt ist.

4.1.3 Umwandlung des EMS in das entsprechende PES

Auf der Grundlage der soeben beschriebenen Analogien ergibt sich das folgende anschauliche Verfahren zur Gewinnung des pseudo-elektrischen Schemas PES (vgl. Abb. 4.1 und 4.3).

- Falls nötig, zeichne man das EMS so um, daß in einem Knoten nicht mehr als drei Verbindungsstangen zusammentreffen und daß Massen nicht vollständig durch Verbindungsstangen in "Maschen" eingeschlossen werden.
- Man spalte alle Verbindungsstangen der Länge nach auf, so daß diese zu elektrischen Doppelleitungen werden. Desgleichen spalte man gegebenenfalls jede mechanische Klemme in eine elektrische Doppelklemme auf. Die mechanischen Zweitore ersetze man durch ihre elektrischen Analoga nach Abb. 4.2. Verzweigungsstellen lasse man zunächst offen.
- An den Verzweigungsstellen verbinde man nun die im Inneren von Maschen verlaufenen Einzelleitungen miteinander.
- Die verbleibenden offenen Verbindungen schließe man durch Reihenschaltung.

Der wesentliche Vorteil des PES, abgesehen von seiner Homogenität, besteht darin, daß darin die wechselseitigen Abhängigkeiten der Schwingungsgrößen deutlicher und übersichtlicher in Erscheinung treten als im EMS. Bei der Anwendung des PES werden die Werte der mechanischen Komponenten des EMS nicht wirklich in diejenigen der entsprechenden elektrischen Schaltelemente umgerechnet; vielmehr werden im PES die mechanischen Größen unmittelbar verwendet. Kräfte werden mit Hilfe des PES errechnet, als ob sie elektrische Spannungen wären, und Schnellen, als ob sie Ströme wären. Entsprechend haben die im PES auftretenden Symbole für Widerstände, Spulen und Kondensatoren die Bedeutung der ihnen entsprechenden mechanischen Reibwiderstände, Massen und Federn. Dies ist der Grund dafür, daß das Schema nicht als elektrisches Schaltbild, sondern als pseudo-elektrisches Schema PES bezeichnet wird.

Zeichnet man das nach dem geschilderten Verfahren gewonnene PES so um, als ob es ein elektrisches Netzwerk wäre, dann entsteht die in Abb. 4.3 links oben dargestellte Form. In dieser Darstellung wird deutlich, daß die Einflüsse sämtlicher mechanischen Komponenten außerhalb des Elementarwandlers durch ein Zweitor repräsentiert werden, welches mit dem PES des

104   4. Elektromechanische Systeme

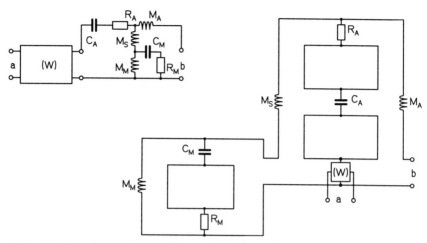

Abb. 4.3. Pseudoelektrisches Schema PES des realen elektromechanischen Wandlers, dessen elektromechanisches Schema (EMS) in Abb. 4.1 dargestellt ist. Das Schema auf der rechten Seite wurde aus Abb. 4.1 durch sinngemäßes Ersetzen der elektromechanischen Elementarsysteme durch ihre elektrischen Entsprechungen (vgl. Abb. 4.2 und 3.3) gewonnen. Links oben ist dasselbe Schema in umgezeichneter Form dargestellt

Elementarwandlers in Kette geschaltet ist. Ferner zeigt sich, daß die mechanischen Elemente in jenem Zweitor in der Struktur einer T-Schaltung auftreten. Obwohl man jenes Teilzweitor auch als Pi-Schaltung darstellen könnte, erscheint somit die verallgemeinerte Darstellung des realen elektromechanischen Wandlers zweckmäßig, welche in Abb. 4.4 gezeigt ist.

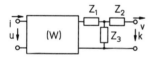

Abb. 4.4. Verallgemeinertes PES des realen elektromechanischen Wandlers

Durch Vergleich mit Abb. 4.3 findet man für Z_1, Z_2, Z_3 die Beziehungen

$$Z_1(s) = R_A + \frac{1}{sC_A}, \tag{4.6}$$

$$Z_2(s) = sM_A, \tag{4.7}$$

$$Z_3(s) = sM_S + \frac{sM_M(R_M + \frac{1}{sC_M})}{sM_M + R_M + \frac{1}{sC_M}}. \tag{4.8}$$

Z_1 und Z_2 enthalten die Parameter des Ankers (Federung C_A, Reibwiderstand R_A und Masse M_A); Z_3 enthält die Parameter, welche mit dem Wandlerchassis (Masse M_S) und mit dessen Befestigung an einer Umgebungsmasse (C_M, M_M, R_M) zu tun haben. Die Struktur des Querzweigs Z_3 spiegelt die physikalisch einleuchtende Tatsache wider, daß die Masse des Wandlerchassis M_S nur dann eine Rolle spielt, wenn dasselbe die Möglichkeit hat, mitzuschwingen. Letzteres ist der Fall, wenn die aus C_M, M_M, R_M zusammengesetzte Impedanz – der zweite Term auf der rechten Seite von (4.8) – einen endlichen Betrag hat.

4.2 Elektromechanische Elementarwandler

Wie ein Blick auf Abb. 4.4 zeigt, wird zur vollständigen Berechnung des realen elektromechanischen Wandlers die Kettenmatrix (W) des Elementarwandlers benötigt. Im folgenden wird diese für das elektrodynamische, das piezoelektrische, das dielektrische und das elektromagnetische Wandlerprinzip hergeleitet.

4.2.1 Der elektrodynamische Elementarwandler

Als elektrodynamischer Elementarwandler wird ein abstrahiertes System bezeichnet, welches einen masselosen elektrischen Leiter mit der Länge l enthält, der seinerseits in einem homogenen Magnetfeld mit der magnetischen Induktion B frei beweglich angeordnet ist. Wird der Leiter vom Strom $i(t)$ durchflossen, so erfährt er die Kraft

$$k(t) = Bli(t). \tag{4.9}$$

Die Spannung u am Leiter setzt sich aus der geschwindigkeitsproportionalen Induktionsspannung, dem Spannungsabfall am ohmschen Widerstand R des Leiters und der Selbstinduktionsspannung zusammen, welche an der Induktivität L des Leiters entsteht:

$$u(t) = Blv(t) + Ri(t) + L\frac{di}{dt}. \tag{4.10}$$

Setzt man in (4.10) i beziehungsweise di/dt aus (4.9) ein, so ergibt sich

$$u(t) = \frac{R}{Bl}k(t) + \frac{L}{Bl}\frac{dk}{dt} + Blv(t). \tag{4.11}$$

Durch Fourier-Transformation (CFT) von (4.9) und (4.11) erhält man die beiden Grundgleichungen des elektrodynamischen Elementarwandlers

$$U(s) = \frac{R+sL}{Bl}K(s) + BlV(s), \tag{4.12}$$

$$I(s) = \frac{1}{Bl}K(s), \tag{4.13}$$

und damit seine Kettenmatrix

$$(W) = \begin{pmatrix} \frac{R+sL}{Bl} & Bl \\ 1/(Bl) & 0 \end{pmatrix}. \tag{4.14}$$

Ihre Determinante ist −1. Dies bedeutet, daß der elektrodynamische Wandler Gyratoreigenschaften hat (vgl. Abschnitt 3.3.4).

Der Kehrwert des Elements W_{22} gibt für den Fall verschwindend kleiner Kraft das Verhältnis V/I an; er ist nach (4.14) unendlich groß. Dies bedeutet, daß ein verschwindend kleiner Strom eine beliebig große Geschwindigkeit des Leiters herruft, falls keine äußere Kraft einwirkt. Diese Eigenschaft des Elementarwandlers ergibt sich aus der Definition, daß der Leiter masselos und frei beweglich sei. Physikalisch mögliches Verhalten ergibt sich nach der Anbringung von Massen und Federelementen an den Toren des Elementarwandlers, das heißt, durch dessen Ergänzung zum *realen* Wandler.

4.2.2 Der piezoelektrische Elementarwandler

Auf den Flächen einer Scheibe aus piezoelektrischem Material seien Elektroden angebracht. Die Scheibe habe die Dicke d. Auf Grund des piezoelektrischen Effekts besteht zwischen der Oberflächenladung q und der Dickenänderung ξ der Scheibe der Zusammenhang

$$q = \alpha_p \xi, \tag{4.15}$$

und es gilt

$$\frac{d\xi}{dt} = v_2 - v_1. \tag{4.16}$$

Der Piezokoeffizient α_p hängt vom Material und der Bauform beziehungsweise der Schwingungsrichtung ab. Für den Longitudinalschwinger mit der Dicke d und der Fläche S gilt

$$\alpha_p = \frac{\delta S E_M}{d}, \tag{4.17}$$

wo δ den für die Schwingungsrichtung maßgebenden piezoelektrischen Modul bedeutet.

Die beiden am Piezomaterial angebrachten Elektroden bilden unvermeidlich einen Plattenkondensator mit dem Piezomaterial als Dielektrikum. Unter Berücksichtigung von dessen Ladung gilt

$$q(t) = \alpha_p \xi(t) + C_0 u(t), \tag{4.18}$$

wo C_0 die Kapazität des Plattenkondensators bezeichnet. Diese beträgt

$$C_0 = \frac{\varepsilon S}{d}. \tag{4.19}$$

Das Gesetz des *reziproken* piezoelektrischen Effekts lautet

$$k(t) = \alpha_p u(t), \tag{4.20}$$

wobei α_p für ein und dieselbe Wandlerkonstruktion denselben Wert hat wie oben (Man beachte, daß 1 As/m = 1 N/V). Setzt man $u(t)$ aus (4.20) in (4.18) ein, so wird daraus

$$q(t) = \alpha_p \xi(t) + \frac{C_0}{\alpha_p} k(t). \tag{4.21}$$

Durch Übergang in den Frequenzbereich und Auflösung nach $U(s)$ wird aus (4.20)

$$U(s) = \frac{1}{\alpha_p} K(s). \tag{4.22}$$

Aus (4.21) erhält man durch Differenzieren nach t und Übergang in den Frequenzbereich

$$I(s) = \frac{sC_0}{\alpha_p} K(s) + \alpha_p V(s), \tag{4.23}$$

wo entsprechend (4.2)

$$V(s) = V_2(s) - V_1(s). \tag{4.24}$$

Aus (4.22) und (4.23) folgt die Kettenmatrix des piezoelektrischen Elementarwandlers

$$(W) = \begin{pmatrix} 1/\alpha_p & 0 \\ sC_0/\alpha_p & \alpha_p \end{pmatrix}. \tag{4.25}$$

Ihre Determinante ist $+1$.

4.2.3 Der dielektrische Elementarwandler

Wie in Abb. 4.5 schematisch dargestellt, bilden Membran und Gegenelektrode einen Plattenkondensator. Im Elementarwandler wird von den Massen dieser Komponenten abstrahiert. Zwischen den Elektroden wird ein konstantes homogenes elektrisches Feld mit möglichst hoher Feldstärke E_0 erzeugt. Dies geschieht entweder durch eine der Signalspannung $u(t)$ überlagerte Gleichspannung U_0, so daß

$$u_a(t) = U_0 + u(t), \tag{4.26}$$

oder durch Anbringung einer Folie aus Elektretmaterial. Unabhängig davon, wie das elektrische Feld erzeugt wird, besteht der Zusammenhang

$$E_0 = U_0/\xi_0. \tag{4.27}$$

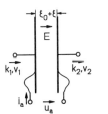

Abb. 4.5. Schema des dielektrischen Elementarwandlers. Er besteht aus zwei frei beweglichen masselosen Elektroden im Abstand $\xi_0 + \xi$, die man sich als Kreisscheiben vorstellen kann. u_a, i_a bedeuten Gesamtspannung bzw. Gesamtstrom. In ihnen sind die Signalgrößen $u(t)$, $i(t)$ enthalten

Die Wandlung elektrischer in mechanische Energie erfolgt über die elektrische Anziehungskraft der Elektroden. Mechano-elektrische Wandlung ergibt sich durch die Spannungsänderung, welche bei konstanter Ladung mit einer Änderung des Elektrodenabstands einhergeht. Weil diese Zusammenhänge grundsätzlich nichtlinear sind, kann man einen linearen dielektrischen Wandler nur für Signale mit kleinen Schwingungsamplituden herstellen.

Zur Ermittlung der Wandlermatrix wird zunächst das Kraftgesetz des Plattenkondensators herangezogen. Die Anziehungskraft k_C zwischen den beiden Elektroden mit der Fläche S ist

$$k_C = \frac{1}{2}\varepsilon S E^2. \tag{4.28}$$

Darin bedeutet S die Elektrodenfläche und E die absolute (gesamte) Feldstärke. Wendet man dieses Gesetz auf den Plattenkondensator mit frei beweglichen Elektroden an, so ergibt sich für die an den Toren wirksame Kraft $k(t)$

$$k(t) = -\frac{1}{2}\varepsilon S \frac{[U_0 + u(t)]^2}{[\xi_0 + \xi(t)]^2}. \tag{4.29}$$

Würde man den dielektrischen Elementarwandler ohne außen angebrachte Zusatzelemente – insbesondere ohne elastische Befestigung der Elektroden – betreiben, so würden sich die Elektroden unter dem Einfluß der elektrischen Anziehungskraft aufeinander zu bewegen und schließlich aneinanderhaften. Aus diesem Grund ist der dielektrische Elementarwandler allein nicht einmal theoretisch funktionsfähig. Dies hindert jedoch nicht daran, ihn als Hilfskomponente zum theoretischen Aufbau des entsprechenden realen Wandlers zu verwenden. Für die Bestimmung seiner Kettenmatrix genügt, es vorauszusetzen, daß die Elektroden den mittleren Abstand $\xi_0 > 0$ voneinander haben, ohne Rücksicht darauf, daß dieser Zustand beim isoliert betrachteten Elementarwandler (das heißt, ohne elastische Befestigung der Elektroden) nicht stabil ist.

Unter der Voraussetzung kleiner Amplituden, das heißt, für $|\xi| \ll \xi_0$ und $|u| \ll |U_0|$, kann man alle Terme zweiter und höherer Ordnung, welche sich in (4.29) beim Ausmultiplizieren beziehungsweise durch Reihenentwicklung ergeben, vernachlässigen. So erhält man die lineare Beziehung

$$k(t) = -\frac{1}{2}\varepsilon S E_0^2[1 + \frac{2}{U_0}u(t) - \frac{2}{\xi_0}\xi(t)]. \tag{4.30}$$

Durch Differenzieren von (4.30) nach t, Fourier-Transformation und Auflösung nach $U(s)$ entsteht die erste Wandlergleichung

$$U(s) = -\frac{1}{C_0 E_0}K(s) + \frac{E_0}{s}V(s), \tag{4.31}$$

wobei zur Abkürzung

$$C_0 = \frac{\varepsilon S}{\xi_0} \tag{4.32}$$

gesetzt wurde. C_0 ist die mittlere Kapazität (Ruhekapazität) des Plattenkondensators.

Die zweite Wandlergleichung folgt aus dem Ladungsgesetz

$$q(t) = C(t)[U_0 + u(t)] = \varepsilon S \frac{U_0 + u(t)}{\xi_0 + \xi(t)}, \tag{4.33}$$

wo $q(t)$ die Gesamtladung und $C(t)$ die zeitvariable Kapazität bedeuten. Unter der Voraussetzung kleiner Schwingungsamplituden wird aus (4.33) die lineare Beziehung

$$q(t) = \varepsilon S E_0 \left[1 + \frac{u(t)}{U_0} - \frac{\xi(t)}{\xi_0}\right]. \tag{4.34}$$

Durch Differenzieren nach t und Übergang in den Frequenzbereich erhält man

$$I(s) = sC_0 U(s) - E_0 C_0 V(s). \tag{4.35}$$

Setzt man hier $U(s)$ aus (4.31) ein, so erhält man die gesuchte zweite Wandlergleichung

$$I(s) = -\frac{s}{E_0} K(s). \tag{4.36}$$

Aus (4.31) und (4.36) ergibt sich die Kettenmatrix des dielektrischen Elementarwandlers:

$$(W) = \begin{pmatrix} \frac{-1}{C_0 E_0} & \frac{E_0}{s} \\ \frac{-s}{E_0} & 0 \end{pmatrix}. \tag{4.37}$$

Ihre Determinante ist $+1$.

4.2.4 Der elektromagnetische Elementarwandler

Der elektromagnetische Elementarwandler besteht definitionsgemäß aus einem masselos angenommenen Stator und einem frei beweglichen masselosen Anker (Abb. 4.6).

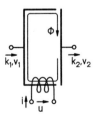

Abb. 4.6. Schema des elektromagnetischen Elementarwandlers. Er besteht aus masselosem Stator und Anker im Abstand $\xi_0 + \xi$

Stator und Anker sind aus magnetisierbarem Material. Der Stator ist ferner mit einer (ebenfalls masselos vorausgesetzten) Spule versehen, durch welche der elektrische Signalstrom fließt. Schließlich wird vorausgesetzt, daß der durch Stator und Anker gebildete Magnetkreis vormagnetisiert sei – und zwar entweder durch einen darin enthaltenen Permanentmagneten oder durch eine weitere, gleichstromdurchflossene Spule. Der gesamte Magnetfluß durch Stator und Anker setzt sich aus dem konstanten Fluß der Vormagnetisierung und einem signalabhängigen Wechselanteil zusammen.

Die Stirnflächen der Magnetpole seien S. Dann beträgt die Anziehungskraft zwischen Stator und Anker

$$k_\mathrm{p} = \frac{1}{2}\mu_0 S H^2. \tag{4.38}$$

Die magnetische Feldstärke läßt sich mit Hilfe des Durchflutungsgesetzes

$$\Theta_0 + wi(t) = \phi_\mathrm{a}(t) R_m \tag{4.39}$$

ausdrücken. Hierin ist Θ_0 die magnetische Durchflutung, hervorgerufen durch die Vormagnetisierung; $\phi_\mathrm{a}(t)$ bezeichnet den gesamten resultierenden Magnetfluß. R_m bezeichnet den magnetischen Widerstand des aus Stator und Anker mit Luftspalt gebildeten Magnetkreises. Er wird im wesentlichen durch die beiden Luftspalte bestimmt und beträgt

$$R_\mathrm{m} = 2\frac{\xi_0 + \xi(t)}{\mu_0 S}, \tag{4.40}$$

wo $\xi(t)$ die Vergrößerung des Luftspaltes gegenüber der Ruhelage ξ_0 bedeutet [536]. Setzt man R_m in (4.39) ein und löst letztere nach $\phi_\mathrm{a}(t)$ auf, so ergibt dies

$$\phi_\mathrm{a}(t) = \frac{\mu_0 S}{2} \cdot \frac{\Theta_0 + wi(t)}{\xi_0 + \xi(t)}. \tag{4.41}$$

Daraus erhält man die magnetische Feldstärke

$$H(t) = \frac{\phi_\mathrm{a}(t)}{\mu_0 S} = \frac{1}{2} \cdot \frac{\Theta_0 + wi(t)}{\xi_0 + \xi(t)}. \tag{4.42}$$

Weil zwei Polpaare vorhanden sind, ist die magnetische Kraft zwischen Anker und Stator doppelt so groß wie nach (4.38). Die an den Toren des Elementarwandlers wirksame Kraft wird damit

$$k(t) = -\frac{\mu_0 S}{4} \cdot \frac{[\Theta_0 + wi(t)]^2}{[\xi_0 + \xi(t)]^2}. \tag{4.43}$$

Wie der dielektrische Elementarwandler ist auch der magnetische für sich allein betrachtet nicht stabil. Gleichwohl ist es sinnvoll, seine Eigenschaften im Sinne eines theoretischen Hilfsmittels zu bestimmen und dabei vorauszusetzen, daß zwischen Stator und Anker ein fester mittlerer Abstand ξ_0 vorhanden sei.

Unter der Voraussetzung kleiner Amplituden erhält man aus (4.43) durch Ausmultiplizieren beziehungsweise Reihenentwicklung und Vernachlässigung der Glieder zweiter Ordnung

$$k(t) = -\frac{\mu_0 S \Theta_0^2}{4\xi_0^2} - \frac{\mu_0 S \Theta_0 w}{2\xi_0^2} i(t) + \frac{\mu_0 S \Theta_0^2}{2\xi_0^3} \xi(t). \tag{4.44}$$

Differenziert man (4.44) nach t und geht in den Frequenzbereich über, so ergibt sich nach den nötigen Umstellungen die zweite Wandlergleichung:

$$I(s) = -\frac{2\xi_0^2}{\mu_0 S\Theta_0 w}K(s) + \frac{\Theta_0}{sw\xi_0}V(s). \tag{4.45}$$

Die andere Wandlergleichung erhält man mit Hilfe des Induktionsgesetzes aus dem Magnetfluß $\phi_a(t)$. Das Induktionsgesetz verknüpft die Signalspannung $u(t)$ an der Spule mit dem Magnetfluß $\phi_a(t)$ nach der Beziehung

$$u(t) = w\frac{d\phi_a}{dt}. \tag{4.46}$$

Linearisiert man (4.41) unter der Voraussetzung kleiner Schwingungsamplituden, so erhält man den Magnetfluß

$$\phi_a(t) = \frac{\mu_0 S\Theta_0}{2\xi_0}\left[1 + \frac{w}{\Theta_0}i(t) - \frac{1}{\xi_0}\xi(t)\right]. \tag{4.47}$$

Durch Differenzieren und Einsetzen in (4.46), sowie Transformation in den Frequenzbereich, erhält man

$$U(s) = \frac{\mu_0 Sw^2}{2\xi_0}sI(s) - \frac{\mu_0 S\Theta_0 w}{2\xi_0^2}V(s). \tag{4.48}$$

Setzt man hier $I(s)$ aus (4.45) ein, so ergibt sich die noch fehlende Wandlergleichung (die erste):

$$U(s) = -\frac{\xi_0 w}{\Theta_0}sK(s). \tag{4.49}$$

Die Kettenmatrix des elektromagnetischen Wandlers lautet nach (4.49) und (4.45)

$$(W) = \begin{pmatrix} -\frac{sw\xi_0}{\Theta_0} & 0 \\ -\frac{2\xi_0^2}{\mu_0 S\Theta_0 w} & \frac{\Theta_0}{sw\xi_0} \end{pmatrix}. \tag{4.50}$$

Ihre Determinante ist -1. Ebenso wie der elektrodynamische Wandler hat der magnetische Gyratoreigenschaften (vgl. Abschnitt 3.3.4).

4.3 Der reale elektromechanische Wandler

Das EMS und das PES des *realen* elektromechanischen Wandlers unterscheiden sich von demjenigen des Elementarwandlers dadurch, daß die tatsächlich vorhandenen Massen, Federn und Reibwiderstände dem Elementarwandler hinzugefügt – das heißt, an dessen Toren angebracht – werden. Das in Abb. 4.1 dargestellte EMS und das daraus abgeleitete PES Abb. 4.3 verdeutlichen dies. Die verallgemeinerte Darstellung Abb. 4.4 zeigt weiterhin, daß das PES des realen Wandlers aus demjenigen des Elementarwandlers allgemein dadurch entsteht, daß auf das Elementarwandlerzweitorsystem ein Zweitorsystem folgt, welches die zusätzlichen mechanischen Elemente berücksichtigt. Letzteres wird im folgenden als *mechanisches Zweitorsystem* bezeichnet.

4.3.1 Kettenmatrix

Die Kettenmatrix des realen elektromechanischen Wandlers sei mit (T) bezeichnet, diejenige des mechanischen Zweitores mit (M). Dann gilt

$$(T) = (W) \cdot (M)$$
$$= \begin{pmatrix} W_{11}M_{11} + W_{12}M_{21} & W_{11}M_{12} + W_{12}M_{22} \\ W_{21}M_{11} + W_{22}M_{21} & W_{21}M_{12} + W_{22}M_{22} \end{pmatrix}. \quad (4.51)$$

Die Systemfunktionen M_{11} bis M_{22} des mechanischen Zweitorsystems sind durch die Komponenten Z_1, Z_2, Z_3 des äquivalenten T-Glieds (vgl. Abbildung 4.4 und Gleichungen 4.6–4.8) vollständig bestimmt. Zwischen Z_1, Z_2, Z_3 einerseits und M_{11} bis M_{22} andererseits bestehen die Beziehungen

$$M_{11}(s) = \frac{Z_1(s)}{Z_3(s)} + 1, \quad (4.52)$$

$$M_{12}(s) = Z_1(s) + Z_2(s) + \frac{Z_1(s)Z_2(s)}{Z_3(s)}, \quad (4.53)$$

$$M_{21}(s) = \frac{1}{Z_3(s)}, \quad (4.54)$$

$$M_{22}(s) = \frac{Z_2(s)}{Z_3(s)} + 1, \quad (4.55)$$

sowie

$$Z_1(s) = \frac{M_{11}(s) - 1}{M_{21}}, \quad (4.56)$$

$$Z_2(s) = \frac{M_{22}(s) - 1}{M_{21}}, \quad (4.57)$$

$$Z_3(s) = \frac{1}{M_{21}}. \quad (4.58)$$

Die Formeln (4.52–4.55) ergeben sich analog zu (3.36–3.39) durch Anwendung der Bedingungen $p_2 = 0$ beziehungsweise $q_2 = 0$ auf das T-Glied.

Nach Festlegung des Wandlerprinzips – das heißt, nach Auswahl einer der Elementarwandler-Matrizen aus Abschnitt 4.2 – ist die Kettenmatrix (T) des realen Wandlers vollständig bestimmt. Sie bezieht sich definitionsgemäß auf den Fall, daß das elektrische Tor als Eingang, das mechanische als Ausgang angesehen wird. Dies ist die Betriebsweise als elektromechanischer *Schwingungsgeber*. Die Determinante der Matrix (T) ist gleich derjenigen des benutzten Elementarwandlers; das heißt, sie ist bei den Magnetfeldwandlern -1, sonst +1. Daher ergibt sich die Kettenmatrix $(T)^*$ für den Fall der mechanisch-elektrischen Betriebsrichtung (Schwingungsempfänger) entsprechend (3.42) aus (4.51), indem man die Elemente T_{11} und T_{22} vertauscht und im Falle der Magnetwandler zusätzlich allen Elementen der neuen Matrix das andere Vorzeichen gibt.

4.3.2 Übertragungsfunktionen des Schwingungsgebers

Das elektrische Eingangstor des elektromechanischen Wandlers sei an eine Signalquelle mit der inneren Spannung $u(t)$ und der inneren elektrischen Impedanz Z_Q angeschlossen (Abb. 4.7). Das mechanische Tor (der Vibratorstift) sei mit der mechanischen Impedanz Z_L belastet. Dann gilt unter sinngemäßer Anwendung von (3.49) für das Verhältnis der Vibratorschnelle zur inneren Quellenspannung

$$\frac{V(s)}{U(s)} = \frac{1}{Z_Q(T_{21}Z_L + T_{22}) + T_{11}Z_L + T_{12}}, \quad (4.59)$$

wobei die Elemente T_{21} bis T_{22} der Matrix (4.51) zu entnehmen sind.

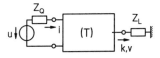

Abb. 4.7. Elektromechanisches Schema des mit der mechanischen Impedanz Z_L belasteten Schwingungsgebers, der aus einer elektrischen Quelle mit der inneren Impedanz Z_Q gespeist wird

Für das Verhältnis von Vibratorschnelle zu Eingangsstrom gilt

$$\frac{V(s)}{I(s)} = \frac{1}{(W_{21}M_{11} + W_{22}M_{21})Z_L + W_{21}M_{12} + W_{22}M_{22}}. \quad (4.60)$$

Die Übertragungsfunktionen $K(s)/U(s)$ und $K(s)/I(s)$ erhält man aus (4.59 beziehungsweise 4.60 durch Multiplikation mit Z_L.

Eine erhebliche Vereinfachung dieser Formeln ergibt sich, wenn man voraussetzen kann, daß das Wandlersystem als Ganzes keine Schwingungen ausführt, sei es, weil seine Gesamtmasse M_S sehr groß ist, sei es, weil es vollkommen starr an einer sehr großen Umgebungsmasse befestigt ist ($C_M = 0$, $M_M = \infty$). Dann ist nach (4.8) $Z_3 = \infty$ und mit (4.6, 4.7) sowie (4.52–4.55) erhält man $M_{11} = 1$, $M_{12} = R_A + 1/(sC_A) + sM_A$, $M_{21} = 0$ und $M_{22} = 1$. Damit wird für diesen Fall beispielsweise aus (4.59)

$$\frac{V(s)}{U(s)} =$$
$$\frac{1}{(Z_Q W_{21} + W_{11})(Z_L + R_A + \frac{1}{sC_A} + sM_A) + W_{12} + Z_Q W_{22}}. \quad (4.61)$$

Von den vier Übertragungsfunktionen ist $V(s)/U(s)$ von herausragender Bedeutung, weil die Vibratorschnelle $V(s)$ zusammen mit der Fläche einer am Vibratorstift befestigten Membran diejenige Schwingungsgröße bestimmt, auf welche es bei der Schallabstrahlung hauptsächlich ankommt: den Schallfluß.

Bei den elektroakustischen Anwendungen spielt der *elektrodynamische* Wandler eine herausragende Rolle. Für den Fall starrer Befestigung, das heißt, falls entweder die Systemmasse M_S als unendlich groß bezeichnet werden kann oder die Montage-Umgebungsmasse M_M unendlich und zugleich

$C_\mathrm{M} = 0$ ist, erhält man die Übertragungsfunktion $V(s)/U(s)$ des elektrodynamischen Schwingungsgebers durch Einsetzen der W_{11} bis W_{22} aus (4.14) in (4.61):

$$\frac{V(s)}{U(s)} = \frac{Bl}{(Z_\mathrm{Q} + R + sL)(Z_\mathrm{L} + R_\mathrm{A} + 1/(sC_\mathrm{A}) + sM_\mathrm{A}) + B^2 l^2}. \qquad (4.62)$$

4.3.3 Übertragungsfunktionen des Kraftwandlers

Ein elektromechanischer Wandler werde dazu benutzt, eine Kraft, welche auf sein mechanisches Tor wirkt, in ein elektrisches Signal zu wandeln (Abb. 4.8). Dieser Anwendungsfall ist insbesondere bei den Mikrofonen gegeben. Von den vier Übertragungsfunktionen interessiert bei den meisten Anwendungen ausschließlich das Verhältnis der elektrischen Ausgangsspannung zur Kraft. Durch sinngemäße Anwendung von (3.48) auf die Kettenmatrix für die mechanisch-elektrische Betriebsrichtung (Vertauschung von T_{11} und T_{22}) ergibt sich für die Übertragungsfunktion $U(s)/K(s)$

$$\frac{U(s)}{K(s)} = \frac{\pm Z_\mathrm{L}}{(W_{21}M_{12} + W_{22}M_{22})Z_\mathrm{L} + W_{11}M_{12} + W_{12}M_{22}}. \qquad (4.63)$$

Darin bedeutet Z_L die *elektrische* Impedanz, mit welcher das Ausgangstor abgeschlossen ist. In (4.63) ist das negative Vorzeichen zu wählen, wenn einer der beiden magnetfeldabhängigen Elementarwandler verwendet wird, sonst das positive.

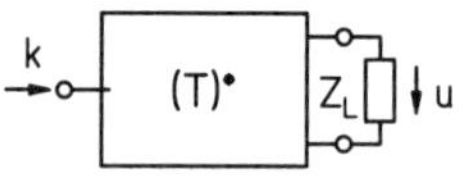

Abb. 4.8. Elektromechanisches Schema des mit der elektrischen Impedanz Z_L belasteten Kraftwandlers. Seine Kettenmatrix $(T)^*$ ist die zu (T) komplementäre

Unter der Annahme, daß das Wandlergehäuse eine sehr große Masse besitze beziehungsweise starr an einer solchen befestigt sei, wird aus (4.63)

$$\frac{U(s)}{K(s)} = \frac{\pm Z_\mathrm{L}}{(W_{21}Z_\mathrm{L} + W_{11})(R_\mathrm{A} + 1/(sC_\mathrm{A}) + sM_\mathrm{A}) + W_{22}Z_\mathrm{L} + W_{12}}. \qquad (4.64)$$

In den weitaus meisten Anwendungsfällen ist Z_L die Eingangsimpedanz eines elektronischen Verstärkers, und ihr Betrag ist sehr groß gegenüber der Ausgangsimpedanz des Wandlers. In diesem Falle vereinfacht sich (4.64) nochmals und man erhält die *Leerlaufübertragungsfunktion*

$$\frac{U(s)}{K(s)} = \frac{\pm 1}{W_{21}(R_\mathrm{A} + 1/(sC_\mathrm{A}) + sM_\mathrm{A}) + W_{22}}. \qquad (4.65)$$

Durch Einsetzen der W_{11} bis W_{22} aus (4.14, 4.25, 4.37, 4.50) erhält man aus (4.65) die folgenden Leerlaufübertragungsfunktionen der vier Wandlertypen.

Elektrodynamischer Kraftwandler:
$$\frac{U(s)}{K(s)} = \frac{-Bl}{R_A + 1/(sC_A) + sM_A}. \tag{4.66}$$

Piezoelektrischer Kraftwandler:
$$\frac{U(s)}{K(s)} = \frac{\alpha_p/(sC_0)}{R_A + (1/C_A + \alpha_p^2/C_0)/s + sM_A}. \tag{4.67}$$

Dielektrischer Kraftwandler:
$$\frac{U(s)}{K(s)} = \frac{-E_0/s}{R_A + 1/(sC_A) + sM_A}. \tag{4.68}$$

Magnetischer Kraftwandler:
$$\frac{U(s)}{K(s)} = \frac{\mu_0 S \Theta_0 w/(2\xi_0^2)}{R_A + [1/C_A - \mu_0 S \Theta_0^2/(2\xi_0^3)]/s + sM_A}. \tag{4.69}$$

5. Schallemission und Schallfelder in Luft

Die räumliche Verteilung der akustischen Schwingungen der Luft nennt man das Schallfeld. Dasselbe hängt von den Eigenschaften der Schallquellen (Form, Größe) sowie gegebenenfalls von den im Raum vorhandenen Körpern ab. Die akustischen Schwingungen in jedem Punkt des Raumes enthalten somit Information sowohl über die mechanischen Schwingungen der Schallquellen als auch über die im Raum aufgebaute akustische "Szene".

5.1 Die linearen Gesetze des Schallfeldes

Die allgemeinen Gesetze des Schallfeldes ergeben sich aus dem Zustandsgesetz des Gases Luft, dem Newton'schen Beschleunigungsgesetz (Euler'sche Bewegungsgleichung) und der Kontinuitätsbedingung. Die Druck-, und Dichteschwankungen des Schalles sind durchweg sehr klein im Vergleich mit den entsprechenden statischen Größen (das heißt, dem Atmosphärendruck beziehungsweise der mittleren Dichte). Daher sind die Schalldruck-, Schallschnelle- und Schalldichte-Amplituden zueinander *de facto* proportional. Dies bedeutet, daß die Schallfelder bezüglich der Übertragung von Schallsignalen *lineare Systeme* sind.

Schwingungsgrößen des Schalles. Unter dem *Schalldruck* $p(t)$ wird die zeitabhängige Abweichung vom mittleren Druck verstanden. Der instantane *Absolutdruck* $p_a(t)$ setzt sich aus dem *mittleren Druck* p_0 (dies ist im allgemeinen der Atmosphärendruck) und dem *Schalldruck* $p(t)$ zusammen:

$$p_a(t) = p_0 + p(t). \tag{5.1}$$

In den Schallfeldern, welche für die akustische Kommunikation in Frage kommen, liegt p_0 um mehrere Größenordnungen über der Amplitude von $p(t)$.

Mit den Schwankungen des Absolutdruckes gehen Schwankungen der absoluten *Dichte* $\rho_a(t)$ einher, so daß sich entsprechend der Ansatz

$$\rho_a(t) = \rho_0 + \rho(t) \tag{5.2}$$

ergibt. Darin stellt $\rho(t)$ den oszillierenden Anteil der absoluten Dichte, die *Schalldichte*, dar.

118 5. Schallemission und Schallfelder in Luft

Mit den Druck- und Dichteschwankungen sind lokale Bewegungen der Luftmoleküle verbunden. Deren instantane Geschwindigkeit wird *Schallschnelle* $\mathbf{v}(t)$ genannt. Diese ist – im Unterschied von Druck und Dichte – ein räumlicher Vektor. Von der Schallschnelle ist die *Schallgeschwindigkeit* c zu unterscheiden. Letztere ist die Geschwindigkeit, mit welcher sich ein lokaler Schwingungs*zustand* im Medium ausbreitet; erstere ist ein Merkmal des Zustandes selbst.

Das Integral über die Schnellen, welche in einer Fläche S innerhalb des Schallfeldes auftreten, wird *Schallfluß* (*Volume Velocity*) $\mathbf{q}(t)$ genannt:

$$\mathbf{q}(t) = \int_S \mathbf{v}(t) \mathrm{d}S. \tag{5.3}$$

Der Schallfluß ist ebenfalls ein Vektor. Häufig liegt der Fall vor, daß die Schnelle in allen Punkten einer senkrecht zu ihrer Richtung verlaufenden Fläche S gleich groß ist. Dann gilt

$$q(t) = Sv(t), \tag{5.4}$$

wobei mit $v(t), q(t)$ Schallschnelle und Schallfluß senkrecht zur Fläche gemeint sind.

Die durch ein Schallfeld übertragene Energie wird – genau wie in elektrischen und mechanischen Systemen – durch ein Paar komplementärer Schwingungsgrößen vollständig beschrieben. Im folgenden werden dafür in der Regel entweder Schalldruck und Schallschnelle oder Schalldruck und Schallfluß benutzt. Der Schalldruck ist die Potentialgröße; Schallschnelle beziehungsweise Schallfluß sind die zugehörigen Flußgrößen (vgl. Tab. 3.1). Das Produkt aus Schalldruck und Schnelle ergibt die instantane Schallintensität, also eine flächenbezogene Leistung. Das Produkt aus Schalldruck und Schallfluß ergibt die Leistung.

Die Zustandsgleichung. Wenn man eine konstante Menge Luft mit der Masse M komprimiert, so erhöhen sich Druck und Temperatur; umgekehrt bei Dekompression. Die Luft wirkt wie eine elastische Feder. Werden Kompression und Dekompression abwechselnd und relativ rasch durchgeführt, so kann praktisch keine Wärme abfließen, weil Luft ein guter Wärmeisolator ist. Diese Bedingungen liegen bei Schallvorgängen stets vor (adiabatische Zustandsänderung). Unter diesen Bedingungen sind Druck und Dichte der Luft durch die Beziehung

$$p_\mathrm{a} = \mathrm{const} \cdot \rho_\mathrm{a}^{1,4} \tag{5.5}$$

miteinander verknüpft.

Die Funktion (5.5) ist in normierter Form in Abb. 5.1 dargestellt. Da Schallschwingungen sehr kleine Abweichungen vom mittleren Druck p_0 beziehungsweise der mittleren Dichte ρ_0 darstellen, sind die Schwingungsgrößen $p(t)$ und $\rho(t)$ mit hoher Genauigkeit proportional zueinander, wobei die Steigung der Funktion (5.5) im Punkt (p_0, ρ_0) den Proportionalitätsfaktor bildet. Sie ist gleich dem Quadrat der Schallgeschwindigkeit, und zwar gilt

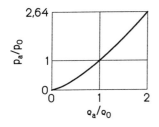

Abb. 5.1. Der adiabatische Zusammenhang zwischen absoluter Dichte ρ_a und absolutem Druck p_a. Die Steigung der Funktion $p_a(\rho_a)$ im Punkt (1,1) ist gleich dem Quadrat der Schallgeschwindigkeit, so daß für die vergleichsweise sehr kleinen Schalldruckschwankungen (5.7) gilt

$$c^2 = 1{,}4\frac{p_0}{\rho_0}. \tag{5.6}$$

Somit besteht zwischen den Schalldruck- und dichteschwankungen die einfache Beziehung

$$p(t) = c^2 \rho(t). \tag{5.7}$$

Sie wird auch als (lineare) Zustandsgleichung bezeichnet.

Die Bewegungsgleichung. Die Euler'sche Bewegungsgleichung lautet in ihrer vereinfachten, auf kleine Schwingungsamplituden beschränkten Form

$$\operatorname{grad} p(t) + \rho_0 \frac{\partial \mathbf{v}}{\partial t} = 0. \tag{5.8}$$

Sie besagt, daß die lokale Mediummasse eine Beschleunigung in Richtung der lokalen Druckdifferenz erfährt, welche zu jener proportional ist.

Die Kontinuitätsgleichung. In einem kleinen Volumen um einen beliebigen Punkt des Raumes entspricht der Zu- beziehungsweise Abfluß von Luftmasse der Änderung der Dichte in jenem Punkt. Die mathematische Formulierung dieses Sachverhalts lautet für kleine Schwingungsamplituden

$$\rho_0 \operatorname{div} \mathbf{v}(t) + \frac{\partial \rho(t)}{\partial t} = 0. \tag{5.9}$$

Die linearen Grundgleichungen. Die Gleichungen 5.7–5.9 beschreiben die Zusammenhänge zwischen den drei akustischen Grundgrößen $p(t)$, $\rho(t)$ und $\mathbf{v}(t)$, welche in jedem beliebigen Schallfeld Gültigkeit haben – soweit kleine Schwingungsamplituden vorliegen. Ebenso wie bei den mechanischen und elektrischen Schwingungen können die Schallvorgänge durch nur zwei komplementäre Schwingungsgrößen beschrieben werden. Die dafür am besten geeigneten sind Schalldruck und Schallschnelle. Daher ist es zweckmäßig, die Dichteschwankungen aus den obigen Gleichungen zu eliminieren, wodurch sich sowohl die Zahl der Variablen als auch diejenige der Grundgleichungen auf zwei reduziert.

Als erste der beiden allgemeinen Grundgleichungen kann (5.8) (die Euler'sche Bewegungsgleichung) unverändert übernommen werden, da darin nur die Variablen p und $\mathbf{v}$ vorkommen. Die zweite Grundgleichung erhält man, wenn man mit (5.7) in (5.9) die Schwingungsgröße $\rho(t)$ durch $p(t)$ ersetzt. So ergibt sich

$$\rho_0 \operatorname{div} \mathbf{v}(t) + \frac{1}{c^2}\frac{\partial p}{\partial t} = 0. \tag{5.10}$$

Die beiden linearen partiellen Differentialgleichungen (5.8, 5.10) stellen die allgemeinen Bedingungen dar, denen die beiden Schwingungsgrößen $p(t)$ und $v(t)$ in jedem Schallfeld genügen müssen. Für die entsprechenden Frequenzfunktionen lauten die beiden Grundgleichungen

$$\operatorname{grad} P(s) + s\rho_0 \mathbf{V}(s) = 0, \tag{5.11}$$

$$\operatorname{div} \mathbf{V}(s) + \frac{s}{\rho_0 c^2} P(s) = 0. \tag{5.12}$$

5.2 Grundtypen von Schallfeldern

Das Schallfeld in der näheren und weiteren Umgebung einer Schallquelle kann häufig durch einen von drei Grundtypen näherungsweise gekennzeichnet werden, und zwar entweder durch das *quasi-statische Schallfeld*, das *ebene Schallfeld*, oder das *Kugelschallfeld*.

5.2.1 Das quasi-statische Schallfeld

Für eine Schwingung, deren Wellenlänge groß ist gegen die Abmessungen eines luftgefüllten Hohlraumes, wirkt die darin eingeschlossene Luft wie eine Feder. Die Voraussetzung einer relativ großen Wellenlänge ist gleichbedeutend mit der Bedingung, daß die Kompression beziehungsweise Dekompression so langsam vor sich gehen soll, daß sich die dadurch verursachten Dichteänderungen in vernachlässigbar kurzer Zeit über das betrachtete Volumen verteilen. Diese Bedingungen sind bei Hohlräumen mit Abmessungen von wenigen Zentimetern, wie sie beispielsweise in einer Mikrofon- beziehungsweise Kopfhörerkapsel auftreten, bis zu Frequenzen von einigen kHz erfüllt. In einer geschlossenen Lautsprecherbox mit linearen Abmessungen von einigen Dezimetern kann man sie für den Frequenzbereich unterhalb ca. 200 Hz als hinreichend erfüllt ansehen.

Die Dichte einer festen Luftmenge mit der Masse M ist unter den obengenannten Bedingungen umgekehrt proportional zu dem Volumen Λ, welches ihr zur Verfügung steht. Falls vor einer Änderung des Volumens die Dichte gleich ρ_0 war, gilt

$$\frac{\rho}{\rho_0} = -\frac{\Delta \Lambda}{\Lambda}. \tag{5.13}$$

Wenn $\Delta\Lambda$ durch Verschiebung eines Kolbens mit dem Querschnitt S um die Auslenkung ξ so erzeugt wird, daß $\Delta\Lambda = -\xi S$ (vgl. Abb. 5.2 oben), so wird aus (5.13)

$$\frac{\rho}{\rho_0} = \frac{\xi S}{\Lambda}. \tag{5.14}$$

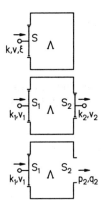

Abb. 5.2. Wirkung der Luft in einer Kammer mit dem Volumen Λ, welche klein gegen die Wellenlänge ist. Oben: Mechanische Feder, bestehend aus einem Kolben mit der Fläche S und der eingeschlossenen Luft; für die Federnachgiebigkeit gilt (5.15). Mitte: Mechanisches Zweitor mit Luftkissen; Kettenmatrix (5.16). Unten: Mechanisch-akustisches Zweitor mit Luftkissen (Druckkammer); Kettenmatrix (5.17)

Ersetzt man hier mit (5.7) ρ durch p/c^2, so erhält man nach Umstellung die *Nachgiebigkeit* (Federung) C_{L} der durch das Luftpolster zusammen mit dem Kolben gebildeten Feder:

$$C_{\mathrm{L}} = \frac{\xi}{pS} = \frac{\Lambda}{\rho_0 c^2 S^2}. \tag{5.15}$$

Diese Anordnung tritt beispielsweise bei Mikrofonen, Lautsprechern und Kopfhörern auf.

Bringt man an der luftgefüllten Kammer *zwei* masselose Kolben mit den Querschnitten S_1, S_2 an, so entsteht das in Abb. 5.2 mitte dargestellte mechanische Zweitor. Seine Kettenmatrix lautet

$$(A) = \begin{pmatrix} S_1/S_2 & 0 \\ \frac{s\Lambda}{\rho_0 c^2 S_1 S_2} & S_2/S_1 \end{pmatrix}. \tag{5.16}$$

Eine vergleichbare Anordnung liegt beispielsweise vor, wenn man einen Kopfhörer über eine geschlossene luftgefüllte Kammer mit einem Mikrofon koppelt, um seine Übertragungsfunktion zu messen.

Läßt man den zweiten Kolben fort, so daß stattdessen eine Öffnung bleibt, wie in Abb. 5.2 unten dargestellt, so entsteht ein mechanisch-akustisches Zweitor. Es wird auch als *Druckkammer* bezeichnet. Diese Anordnung tritt beispielsweise beim Kopfhörer, beim Trichterlautsprecher und bei der sogenannten Baßreflex-Lautsprecherbox auf. Die Kettenmatrix der Druckkammer lautet

$$(A) = \begin{pmatrix} S_1 & 0 \\ \frac{s\Lambda}{\rho_0 c^2 S_1} & 1/S_1 \end{pmatrix}. \tag{5.17}$$

5.2.2 Das ebene Schallfeld

Das ebene Schallfeld (die ebene Welle) ist dadurch definiert, daß sich der Schwingungszustand nur längs einer einzigen Raumrichtung ausbreitet, wobei die räumlichen Gradienten von p beziehungsweise $\mathbf{v}$ senkrecht zu dieser Richtung null sind.

Dämpfungsfreie ebene Welle. Im dämpfungsfreien Fall führt diese Definition auf die Schalldruckverteilung

$$P(s,x) = P(s,0)e^{-sx/c}. \tag{5.18}$$

In (5.18) bedeutet x die Entfernung von einem Bezugspunkt in Richtung der Wellenausbreitung; $P(s,0)$ bedeutet die Frequenzfunktion des Schalldruckes im Bezugspunkt, und $P(s,x)$ die Frequenzfunktion des Schalldrucks in der Entferung x. Gleichung (5.18) besagt, daß die Amplitude der Schalldruckschwingung in jeder beliebigen Entfernung die gleiche ist, während sich allein die Phase ändert.

Die Verteilung der Schallschnelle geht aus dem Ansatz (5.18) hervor, indem man $P(s,x)$ in die Bewegungsgleichung (5.11) einsetzt. Reduziert auf den Fall der ebenen Welle lauten die beiden Grundgleichungen (5.11, 5.12)

$$\frac{dP(s)}{dx} + s\rho_0 V(s) = 0, \tag{5.19}$$

$$\frac{dV(s)}{dx} + \frac{s}{\rho_0 c^2} P(s) = 0. \tag{5.20}$$

Durch Einsetzen von $P(s,x)$ aus (5.18) in (5.19) und Auflösung nach $V(s)$ erhält man

$$V(s,x) = \frac{1}{\rho_0 c} P(s,0) e^{-sx/c}. \tag{5.21}$$

Weil der Faktor $\rho_0 c$ reell ist, besagt (5.21), daß die Schallschnelle in jedem Punkt des ebenen Schallfeldes mit dem Schalldruck in Phase schwingt. Der Quotient

$$Z_0 = \frac{P(s,x)}{V(s,x)} = \rho_0 c \tag{5.22}$$

wird als die Impedanz des ebenen Schallfeldes bezeichnet. Diese ist reell, frequenz- und ortsunabhängig. Entsprechend den unter physikalischen Normalbedingungen gegebenen Werten von ρ_0 und c hat sie den festen Wert

$$Z_0 = 415 \text{ Ns/m}^3. \tag{5.23}$$

Verlustbehaftete ebene Welle im zylindrischen Rohr. Energieverluste durch Reibung und andere Effekte kann man näherungsweise berücksichtigen, indem man die Grundgleichungen (5.19, 5.20) durch reelle Verlustkoeffizienten r, g ergänzt:

$$\frac{dP(s,x)}{dx} + s\rho_0 V(s,x) + rV(s) = 0, \tag{5.24}$$

$$\frac{dV(s,x)}{dx} + \frac{s}{\rho_0 c^2} P(s,x) + gP(s) = 0. \tag{5.25}$$

5.2 Grundtypen von Schallfeldern

In Rohren konstanten Querschnitts entstehen immer ebene Wellen, wenn die Querabmessung klein gegen die Wellenlänge ist. Dies kommt beispielsweise bei Sondenmikrofonen, dem äußeren Gehörgang und den Rohren musikalischer Blasinstrumente zum Tragen. Weiterhin kann man die Schallausbreitung im Rohren mit örtlich variablem Querschnitt (beispielsweise dem Vokaltrakt) stückweise durch zylindrische Rohre annähern. Daher finden sich für den einfachen Fall der Schallübertragung durch eine ebene Welle in einem zylindrischen Rohr zahlreiche Anwendungen.

Zur Beschreibung der ebenen Welle, die sich in der Längsrichtung eines zylindrischen Rohres mit dem Querschnitt S ausbreitet, ist es zweckmäßig, als Flußgröße den Schallfluß zu benutzen. Wenn man (5.19, 5.20) entsprechend umformt, erhält man

$$\frac{dP(s,x)}{dx} + sM'Q(s,x) + R'Q(s) = 0, \tag{5.26}$$

$$\frac{dQ(s,x)}{dx} + sC'P(s,x) + G'P(s) = 0, \tag{5.27}$$

wo zur Abkürzung

$$M' = \frac{\rho_0}{S}, \tag{5.28}$$

$$C' = \frac{S}{\rho_0 c^2}, \tag{5.29}$$

$$R' = r/S, \tag{5.30}$$

$$G' = gS \tag{5.31}$$

gesetzt wurden.

Die beiden Gleichungen (5.26, 5.27) sind formal identisch mit den entsprechenden Differentialgleichungen der elektrischen homogenen Zweidrahtleitung. Dabei entsprechen die elektrische Spannung dem Schalldruck, der Strom dem Schallfluß, der Induktivitätsbelag dem Massenbelag M', der Kapazitätsbelag dem Federungsbelag C', der Widerstandsbelag dem Verlustimpedanzbelag R' und der Leitwertbelag dem Verlustadmittanzbelag G'. Daher können zur Beschreibung der Signalübertragung durch die ebene Welle in einem zylindrischen Rohr unmittelbar die Ergebnisse der Theorie der homogenen Zweidrahtleitung herangezogen werden [480, 536].

Für ein unendlich langes zylindrisches Rohr, dessen Anfang bei $x = 0$ liegt, gehorchen danach Schalldruck und Schallfluß an einer Stelle x den Gleichungen

$$P(s,x) = P(s,0)\cosh(\gamma x) - Q(s,0)Z\sinh(\gamma x), \tag{5.32}$$

$$Q(s,x) = Q(s,0)\cosh(\gamma x) - \frac{P(s,0)}{Z}\sinh(\gamma x). \tag{5.33}$$

5. Schallemission und Schallfelder in Luft

Darin bedeuten $P(s,0), Q_0(s,0)$ Schalldruck und Schallfluß am Anfang des unendlich langen Rohres; γ und Z sind durch

$$\gamma = +\sqrt{(R' + sM')(G' + sC')}, \qquad (5.34)$$

$$Z = +\sqrt{\frac{R' + sM'}{G' + sC'}} \qquad (5.35)$$

definiert.

Die Schallübertragung durch ein zylindrisches Rohr der *endlichen* Länge l entspricht damit der elektrischen Übertragung durch eine homogene Zweidrahtleitung fester Länge. Das zylindrische Rohr bildet ein akustisches Zweitorsystem. Zwischen seinen Ein- und Ausgangsgrößen gelten nach der Theorie der homogenen Zweidrahtleitung die Beziehungen

$$P_1(s) = \cosh(\gamma l) P_2(s) + Z \sinh(\gamma l) Q_2(s), \qquad (5.36)$$

$$Q_1(s) = \frac{1}{Z} \sinh(\gamma l) P_2(s) + \cosh(\gamma l) Q_2(s). \qquad (5.37)$$

Die Kettenmatrix des durch ein zylindrisches Rohr gebildeten akustischen Zweitores lautet daher

$$(A) = \begin{pmatrix} \cosh \gamma l & Z \sinh \gamma l \\ \frac{1}{Z} \sinh \gamma l & \cosh \gamma l \end{pmatrix}. \qquad (5.38)$$

Die Verlustgrößen R' und G' kann man folgendermaßen näherungsweise berechnen [314]:

$$R' = \frac{U}{\sqrt{2} S^2} \sqrt{\omega \rho_0 \eta}, \qquad (5.39)$$

$$G' = \frac{U(\kappa - 1)}{\sqrt{2} \rho_0 c^2} \sqrt{\frac{C_w \omega}{c_p \rho_0}}. \qquad (5.40)$$

Darin bedeuten U den inneren Rohrumfang und η die Viskosität.

Wie (5.39) und (5.40) zeigen, wachsen die Verluste generell mit der Frequenz an. Dies bedeutet, daß die Eigenfrequenzen (Resonanzen) der akustischen homogenen Leitung mit wachsender Frequenz zunehmend bedämpft werden.

Für den Fall geringer Verluste sind die folgenden Näherungen nützlich. Die Leitungskennimpedanz Z nimmt für $R' \ll |sM'|$ und $G' \ll |sC'|$ näherungsweise den Wert

$$Z = \sqrt{\frac{M'}{C'}} \left[1 + \frac{1}{2} \left(\frac{R'}{sM'} - \frac{G'}{sC'} \right) \right] \qquad (5.41)$$

an. Falls $R'/(\omega M')$ und $G'/(\omega C')$ in derselben Größenordnung liegen, heben sie sich weitgehend auf und man kann Z als reell und frequenzunabhängig ansehen, d.h.

$$Z = \sqrt{\frac{M'}{C'}} = \frac{\rho_0 c}{S}. \tag{5.42}$$

Für die komplexe Transmissionsfunktion $\gamma(s)$ ergibt sich unter der obigen Voraussetzung

$$\gamma \approx \frac{1}{2}\left(\frac{R'}{M'} + \frac{G'}{C'}\right) + s\sqrt{M'C'}. \tag{5.43}$$

Mit dem Ansatz

$$\gamma = \alpha + \mathrm{j}\beta \tag{5.44}$$

gilt demnach für den Fall geringer Dämpfung

$$\alpha = \frac{1}{2}\left(\frac{R'}{M'} + \frac{G'}{C'}\right), \tag{5.45}$$

$$\beta = \omega\sqrt{M'C'} = \frac{\omega}{c}, \tag{5.46}$$

und man kann insbesondere schreiben

$$\gamma = \alpha + s/c. \tag{5.47}$$

Setzt man diesen Ausdruck für γ in die Elemente der Kettenmatrix der akustischen homogenen Leitung (5.38) ein, so ergibt sich

$$(A) = \begin{pmatrix} \cosh(\alpha + s/c)l & \frac{\rho_0 c}{S}\sinh(\alpha + s/c)l \\ \frac{S}{\rho_0 c}\sinh(\alpha + s/c)l & \cosh(\alpha + s/c)l \end{pmatrix}. \tag{5.48}$$

In dieser Form lassen sich die wesentlichen Eigenschaften des Zweitores besonders gut diskutieren, wenn man zu diesem Zweck α als frequenzunabhängig annimmt.

5.2.3 Das Kugelschallfeld

Wenn die Schallquelle eine radial oszillierende ("atmende") Kugel ist, oder wenn irgend eine beliebige Schallquelle sehr klein gegen die Wellenlänge ist, so breitet sich der Schall nach allen Richtungen gleichmäßig aus; es entsteht ein Kugelschallfeld. Dieses ist dadurch gekennzeichnet, daß

- die Schalldruckschwankungen auf jeder Kugelfläche um den Quellen-Mittelpunkt ein und dieselbe Phase haben;
- die Schallschnelle in jedem Raumpunkt dieselbe Richtung hat wie der Radiusvektor und auf einer festen Kugelhüllfläche ebenfalls gleichphasig schwingt.

Längs irgend eines Radiusvektors gilt die Bewegungsgleichung

$$\frac{\mathrm{d}P(s,r)}{\mathrm{d}r} + s\rho_0 V(s,r) = 0. \tag{5.49}$$

Im dämpfungsfreien homogenen Medium ist die auf einer Kugelfläche mit beliebigem Radius insgesamt auftretende akustische Leistung gleich der Leistung, welche die Quelle abstrahlt. Daher nimmt die Schallintensität im selben Verhältnis ab, wie die Kugelfläche wächst, nämlich mit dem Quadrat des Radius. Daraus folgt, daß der Schalldruck umgekehrt proportional zum Radius ist. Daher ist das Kugelschallfeld durch die Schalldruckverteilung

$$P(s,r) = P(s,r_0)\frac{r_0}{r}e^{-s(r-r_0)/c} \tag{5.50}$$

gekennzeichnet. Hier bedeutet $P(s,r_0)$ die Frequenzfunktion des Schalldrucks in der Bezugsentfernung r_0 vom Mittelpunkt, und c die Schallgeschwindigkeit – das heißt, die Ausbreitungsgeschwindigkeit der Welle in radialer Richtung.

Differenziert man die Schalldruckfunktion (5.50) nach r und setzt das Ergebnis in (5.49) ein, so ergibt die Auflösung nach $V(s,r)$

$$V(s,r) = \frac{1}{\rho_0 c}\left(1 + \frac{c}{sr}\right) P(s,r_0)(s)\frac{r_0}{r}e^{-s(r-r_0)/c}, \tag{5.51}$$

was man mit (5.50) auch durch

$$V(s,r) = \frac{1}{\rho_0 c}\left(1 + \frac{c}{sr}\right) P(s,r) \tag{5.52}$$

ausdrücken kann. Das Verhältnis

$$Z_K(s) = \frac{P(s,r)}{V(s,r)} = \frac{\rho_0 c}{1 + c/(sr)}, \tag{5.53}$$

die *Kugelwellenimpedanz*, hängt sowohl von den Koordinaten des betrachteten Raumpunktes als auch von der Frequenz ab – im Unterschied von der ebenen Welle. Unter Verwendung der *Wellenzahl*

$$\beta = \frac{\omega}{c} = \frac{2\pi f}{c} = \frac{2\pi}{\lambda} \tag{5.54}$$

wird aus (5.53)

$$Z_K(s,r) = \frac{Z_0}{1 - j/(\beta r)} = Z_0 \frac{\beta^2 r^2 + j\beta r}{1 + \beta^2 r^2}. \tag{5.55}$$

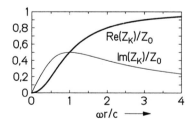

Abb. 5.3. Real- und Imaginärteil der Kugelwellen-Impedanz Z_K, normiert auf die Impedanz $Z_0 = \rho_0 c$ der ebenen Welle, als Funktion von βr; berechnet mit Gleichung (5.55)

Abbildung 5.3 zeigt den auf $Z_0 = \rho_0 c$ normierten Real- und Imaginärteil der Kugelwellenimpedanz als Funktion von $\beta r = \omega r/c$. Für hohe Frequenzen beziehungsweise große Entfernungen nähert sich der Realteil von Z_K der Impedanz Z_0 der ebenen Welle, und der Imaginärteil geht gegen null. Dies ist insofern einleuchtend, als mit wachsender Entfernung die Krümmung der Welle abnimmt, so daß diese schließlich zur ebenen Welle wird.

5.3 Grundtypen von Schallstrahlern

Jede vibrierende Fläche eines Gegenstandes strahlt in die umgebende Luft Schall ab. Das entstehende Schallfeld hängt in komplizierter Weise von der Größe und Form nicht nur der vibrierenden Fläche, sondern des gesamten Gegenstandes ab. Eine Übersicht über die wichtigsten Aspekte der Schallstrahlung läßt sich anhand der Gesetzmäßigkeiten gewinnen, welche für einige Grundformen von Strahlern gelten. Diese werden im folgenden dargestellt. Dabei interessiert jeweils zum einen das entstehende Schallfeld, das heißt, die Verteilung von Schalldruck und Schallschnelle im Raum; zum anderen die akustisch/mechanische Belastung, welche die vibrierende Fläche durch die umgebende Luft erfährt. Diese Belastung wird durch die *Strahlungsimpedanz* ausgedrückt.

5.3.1 Kugelstrahler

Als Kugelstrahler im engeren Sinne wird eine radial oszillierende Kugel bezeichnet. Im weiteren Sinne kann jede Schallquelle, deren Abmessungen klein gegen die Wellenlänge in Luft sind, im Hinblick auf das umgebende Schallfeld wie ein Kugelstrahler behandelt werden.

Ein Kugelstrahler mit dem Radius a, welcher radial mit der Schnelle $V_K(s,a)$ oszilliert, prägt diese Schallschnelle dem Schallfeld im Mittelpunktsabstand a auf. Der Schalldruck auf der Kugeloberfläche ergibt sich daraus durch Multiplikation mit der Kugelfeldimpedanz für den Mittelpunktsabstand a. Den Schalldruck im Abstand r erhält man aus (5.50), wenn man darin den Kugelstrahlerradius als Bezugsentfernung benutzt, also $r_0 = a$ setzt. So ergibt sich

$$P(s,r) = V_K(s,a) Z_K(s,a) \frac{a}{r} e^{-s(r-a)/c}. \tag{5.56}$$

Zweckmäßigerweise ersetzt man darin die Schnelle der Kugelstrahlermembran durch den Schallfluß $Q_K = 4\pi a^2 V_K$. Damit wird aus (5.56)

$$P(s,r) = Q_K(s) \frac{Z_K(s,a)}{4\pi a r} e^{-s(r-a)/c}. \tag{5.57}$$

Setzt man schließlich noch $Z_K(s,a)$ nach (5.53) ein, so ergibt sich

$$P(s,r) = Q_K(s) \frac{\rho_0 c}{4\pi r(a + c/s)} e^{-s(r-a)/c}. \tag{5.58}$$

5. Schallemission und Schallfelder in Luft

Die akustische Belastung des Kugelstrahlers durch die umgebende Luft – die *Strahlungsimpedanz* $Z_{KS}(s)$ – wird unmittelbar durch die im Abstand a gültige Kugelfeldimpedanz $Z_K(s,a)$ beschrieben:

$$Z_{KS}(s) = \frac{Z_0}{1+\frac{c}{sa}} = \frac{Z_0}{1-j\frac{1}{\beta a}}. \tag{5.59}$$

Die Abhängigkeit des Real- und Imaginärteils der Strahlungsimpedanz von $\beta a = a\omega/c$ kann unmittelbar Abb. 5.3 entnommen werden, wenn man darin r durch a ersetzt. Bei tiefen Frequenzen beziehungsweise mit relativ kleinem Radius (so daß $\beta a \ll 1$) ist die Strahlungsimpedanz nahezu rein imaginär und proportional zur Frequenz. Dies bedeutet, daß bei tiefen Frequenzen die mitschwingende Luft an der Kugeloberfläche eine Massenbelastung darstellt. Für sehr kleine Werte von βa erhält man aus (5.59)

$$Z_{KS}(s) \approx j\omega\rho_0 a. \tag{5.60}$$

Der Wert $\rho_0 a$ stellt die pro Flächeneinheit mitschwingende Luftmasse dar.

Für die Effizienz einer Schallquelle ist im wesentlichen die Wirkleistung entscheidend, welche als Schall an die Luft abgegeben wird. Wenn $\tilde{v}_K$ der Effektivwert der Kugelstrahler-Oszillation ist, so herrscht an der Oberfläche die Schallintensität

$$J(a) = \tilde{v}_K^2 Re(Z_{KS}) = \tilde{v}_K^2 Z_0 \frac{\beta^2 a^2}{1+\beta^2 a^2}. \tag{5.61}$$

Daraus erhält man durch Multiplikation mit der Kugelstrahlerfläche die abgestrahlte Wirkleistung

$$N = 4\pi a^2 J(a) = \tilde{v}_K^2 \frac{4\pi Z_0 \beta^2 a^4}{1+\beta^2 a^2}. \tag{5.62}$$

Diese hängt demnach bei gegebenem Kugelradius entscheidend von β, das heißt, der Frequenz ab. Sie ist bei sehr tiefen Frequenzen verschwindend gering und konvergiert für hohe Frequenzen gegen den Wert $\tilde{v}_K^2 4\pi Z_0 a^2$. Für $\beta a = 1$ nimmt sie die Hälfte des Maximalwerts an. Der Wert $\beta a = 1$ ist daher repräsentativ für die untere Grenze desjenigen Frequenzbereichs, in welchem der Kugelstrahler wirksam Schall abstrahlt: die Kugelstrahler-Grenzfrequenz. Aus (5.54) ergibt sich, daß diesem Grenzwert die Wellenlänge $\lambda = 2\pi a$ entspricht. Der Kugelstrahler strahlt demnach nur dann wirksam, wenn die Wellenlänge des abgestrahlten Schalles in Luft kleiner als der Kugelumfang ist.

Dieses Ergebnis läßt sich zur überschlägigen Beurteilung der Wirksamkeit der Schallabstrahlung *beliebig geformter* Schallquellen heranziehen: Ein Objekt mit vibrierenden Flächen – beispielsweise der Korpus einer Geige – strahlt nur wirksam Schall ab, wenn sein Umfang mindestens eine Wellenlänge ausmacht.

5.3.2 Punktschallquelle

Setzt man in (5.58) willkürlich $a = 0$ und $Q_K = Q$, so ergibt sich der Schalldruck in der Umgebung einer *Punktschallquelle*, welche den Schallfluß $Q(s)$ abgibt:

$$P(s,r) = sQ(s)\frac{\rho_0}{4\pi r}e^{-sr/c}. \tag{5.63}$$

Zwar ist es physikalisch nicht möglich, mit einer verschwindend kleinen Kugelschallquelle einen endlichen Schallfluß zu erzeugen. Jedoch ist der durch (5.63) gegebene formale Ansatz als theoretisches Hilfsmittel außerordentlich nützlich. Darüber hinaus kann man den Punktquellenansatz (5.63) benutzen, um den Schalldruck abzuschätzen, den eine reale Schallquelle relativ kleiner Abmessungen in der Umgebung erzeugt.

Bezüglich des in irgend einem Mittelpunktsabstand r hervorgerufenen Schalldrucks ist die Punktquelle einem Kugelstrahler mit dem endlichem Radius a und dem Schallfluß Q_K äquivalent, wenn sie den Schallfluß

$$Q(s) = \frac{Q_K(s)}{1 + sa/c}e^{sa/c} \tag{5.64}$$

abgibt – wovon man sich durch Einsetzen von (5.64) in (5.63) und Vergleich mit (5.58) überzeugen kann.

5.3.3 Doppel-Punktschallquelle

Als Beispiel sei eine Doppel-Punktquelle nach Abb. 5.4 betrachtet, das heißt, eine Anordnung aus zwei Punktquellen im Abstand d, welche den gleichen Schallfluß Q abgeben. Beispielsweise stellt eine auf dem zweiten Naturton angeblasene Flöte näherungsweise eine Doppel-Punktschallquelle dar, weil der Schall sowohl am Blasloch als auch am obersten offenen Seitenloch mit derselben Phase abgestrahlt wird und die Öffnungen bis zu hohen Frequenzen klein gegen die Wellenlänge sind.

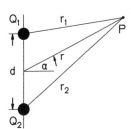

Abb. 5.4. Zur Berechnung des von einer Doppel-Punktquelle im Punkt P hervorgerufenen Schalldrucks. Zwei Punktquellen im Abstand d geben den gleichen Schallfluß Q ab.

Das Schallfeld muß offensichtlich bezüglich der Verbindungsachse der Quellen rotationssymmetrisch sein. So bleibt die Abhängigkeit des Schalldrucks in einer Ebene zu bestimmen, welche durch diese Achse geht. Um einen Überblick zu bekommen, sei angenommen, daß die mittlere Entfernung r groß gegen den Abstand d der beiden Quellen sei. Dann sind die von den einzelnen Quellen im Aufpunkt erzeugten Schalldruckamplituden praktisch gleich groß und man kann ansetzen

$$P(s,r) = \frac{s\rho_0 Q(s)}{4\pi r}\left(e^{-sr_1/c} + e^{-sr_2/c}\right). \tag{5.65}$$

Durch die Überlagerung der beiden Exponentialfunktionen entsteht eine ausgeprägte Richtungsabhängigkeit des Schalldrucks. Zerlegt man die beiden Exponentialfunktionen mit der Euler'schen Formel in Real- und Imaginärteil und bildet den Betrag, so ergibt sich mit Einführung der Wellenzahl β

$$|P(s,r)| = \frac{\omega\rho_0 |Q(\omega)|}{2\pi r}\left|\cos\left[\frac{\beta}{2}(r_2 - r_1)\right]\right|. \tag{5.66}$$

Die Schalldruckamplitude hängt demnach entscheidend von der Differenz der beiden relativ großen Entfernungen r_1, r_2 ab. Diese ergeben sich aus den in Abb. 5.4 dargestellten geometrischen Verhältnissen zu

$$r_1 = \sqrt{r^2 + d^2/4 - rd\sin\alpha}, \tag{5.67}$$

$$r_2 = \sqrt{r^2 + d^2/4 + rd\sin\alpha}. \tag{5.68}$$

Ihre Differenz hängt nur wenig von r ab und geht für große Distanzen in

$$r_2 - r_1 = d\sin\alpha \tag{5.69}$$

über.

Die Abhängigkeit des Schalldruckbetrages vom Winkel α wird durch den *Richtungsfaktor*

$$\Gamma = \left|\cos\left(\frac{\beta d}{2}\sin\alpha\right)\right| \tag{5.70}$$

beschrieben, so daß unter der Voraussetzung $r \gg d$ (5.66) in

$$|P(s,r)| = \frac{\omega\rho_0 |Q(\omega)|}{2\pi r}\Gamma(\omega,\alpha) \tag{5.71}$$

übergeht.

In Abb. 5.5 ist der Richtungsfaktor der Doppel-Punktquelle für den Abstand $d = 0,5$ m bei vier verschiedenen Frequenzen in der Form von Richtdiagrammen dargestellt. Als Richtdiagramm wird die Kurve bezeichnet, welche die Spitze des Nullpunktvektors als Funktion des Winkels α durchläuft, wobei die Länge des Vektors dem Wert des Richtungsfaktors entspricht. Wie Abb. 5.5 verdeutlicht, ist die Richtcharakteristik bei tiefen Frequenzen angenähert kugelförmig; bei mittleren und hohen Frequenzen treten bei bestimmten Winkeln und Frequenzen ausgeprägte Einbrüche des Schalldrucks auf.

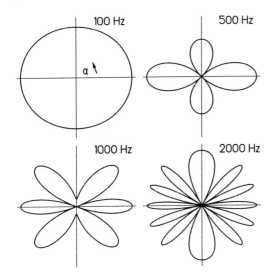

Abb. 5.5. Richtdiagramme der in Abb.5.4 dargestellten Doppel-Punktquelle für große Entfernungen ($r \gg d$), berechnet mit (5.70), für $d = 0,5$ m und die angegebenen Frequenzen. Der Abstand der Kurvenpunkte vom Koordinatenursprung gibt als Funktion des Winkels α gegen die Horizontalachse den Betrag des Richtungsfaktors an

5.3.4 Dipolschallquelle

Wenn der Schallfluß einer der beiden Punktquellen den gleichen Betrag, aber die entgegengesetze Phase hat wie derjenige der anderen, spricht man von einer Dipolschallquelle. Beispielsweise stellen die Orgelpfeifen und die auf dem ersten Naturton geblasene Flöte näherungsweise Dipolquellen dar. Die Berechnung des Schalldrucks entspricht vollständig derjenigen bei der Doppel-Punktquelle. Der (5.65) entsprechende Ausdruck für den Schalldruck unterscheidet sich von (5.65) allein dadurch, daß die beiden Exponentialfunktionen voneinander subtrahiert anstatt addiert werden. Dadurch entsteht als Richtungsfaktor der Dipolquelle

$$\Gamma = \left|\sin(\frac{\beta d}{2}\sin\alpha)\right|. \tag{5.72}$$

Die Richtcharakteristik der Dipolquelle ist ähnlich kompliziert wie diejenige der Doppel-Punktquelle; jedoch treten die Maxima und Minima des Richtungsfaktors bei anderen Winkeln auf.

Sowohl bei der Doppel-Punktquelle als auch bei der Dipolquelle weist der Schalldruck in einem entfernten Punkt im allgemeinen eine ausgeprägte Frequenzabhängigkeit auf; nur auf der Senkrechten zur Dipolachse ist er frequenzunabhängig. Abb. 5.6 zeigt als Beispiel den mit (5.72) berechneten Schalldruck der Dipolquelle im Pegelmaß, und zwar für $d = 40$ cm und für einen entfernten Punkt, welcher 45 Grad außerhalb der Dipolsenkrechten liegt.

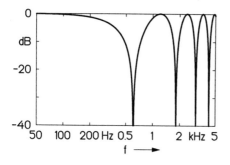

Abb. 5.6. Frequenzabhängigkeit des von einer Dipolquelle erzeugten Schalldrucks in einem entfernten Punkt, der 45 Grad außerhalb der Senkrechten zur Dipolachse liegt, im Pegelmaß. Berechnet mit Gleichung (5.72) für $d = 40$ cm

5.3.5 Linienschallquelle

Ist eine Anzahl gleichartiger kleiner Schallquellen auf einer Achse angeordnet – beispielsweise in einer Lautsprecherzeile – so entsteht näherungsweise eine *Linienschallquelle*, vgl. Abb. 5.7. Das Schallfeld ist rotationssymmetrisch um die Schallquellenachse. Die Schalldruckverteilung in einer Ebene durch die Achse kann mit dem Punktquellenansatz wie folgt berechnet werden.

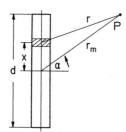

Abb. 5.7. Zur Berechnung des Schallfeldes einer Linienschallquelle. Die Linienquelle der Länge d ist als ein Stab aufzufassen, dessen Dicke oszilliert. Das schraffierte Segment mit der Länge dx wirkt bei hinreichend kleinem dx wie eine Punktquelle, die sich im Abstand x von der Horizontalachse befindet

Der gesamte von der Linienquelle ausgehende Schallfluß sei $Q(s)$. Er sei gleichmäßig über die Länge d der Linienquelle verteilt. Dann ist der von einem Element der Länge dx ausgehende Schallfluß

$$dQ = \frac{dx}{d} Q. \tag{5.73}$$

Damit wird der Schalldruck im Meßpunkt

$$P(s, r_m) = \frac{sQ(s)\rho_0}{4\pi d} \int_{-d/2}^{+d/2} \frac{1}{r(x)} e^{-sr(x)/c} dx. \tag{5.74}$$

Für $r(x)$ ergeben sich Ausdrücke ähnlich denen in (5.67) beziehungsweise 5.68, so daß das Integral in (5.74) nicht ohne weiteres in geschlossener Form ausgerechnet werden kann. Um einen Überblick zu gewinnen, wird daher wieder der Fall betrachtet, daß der Aufpunkt relativ weit entfernt liege, so daß $r_m \gg d$. Dann genügt es, den Einfluß der Entfernung auf den Schalldruckbetrag durch r_m zu berücksichtigen und in der Exponentialfunktion

$$r(x) = r_{\mathrm{m}} - x\sin\alpha \qquad (5.75)$$

zu setzen. Damit wird aus (5.74)

$$P(s, r_{\mathrm{m}}) = \frac{sQ(s)\rho_0}{4\pi d r_{\mathrm{m}}} \mathrm{e}^{-sr_{\mathrm{m}}/c} \int_{-d/2}^{+d/2} \mathrm{e}^{\mathrm{j}\beta x \sin\alpha} \mathrm{d}x, \qquad (5.76)$$

und es ergibt sich

$$P(s, r_{\mathrm{m}}) = \frac{\mathrm{j}Q(s)Z_0}{2\pi d r_{\mathrm{m}}} \mathrm{e}^{-sr_{\mathrm{m}}/c} \frac{\sin(\frac{\beta d}{2}\sin\alpha)}{\sin\alpha}. \qquad (5.77)$$

Der Richtungsfaktor entspricht im wesentlichen dem letzten Faktor in (5.77). Weil dieser für $\alpha = 0$ den Maximalwert $\beta d/2$ annimmt, ist es zweckmäßig, als Richtungsfaktor der Linienquelle zu definieren

$$\Gamma = \left| \frac{2\sin(\frac{\beta d}{2}\sin\alpha)}{\beta d \sin\alpha} \right|. \qquad (5.78)$$

Abb. 5.8 zeigt als Beispiel Richtdiagramme einer Linienquelle der Länge $d = 0,5$ m bei vier verschiedenen Frequenzen.

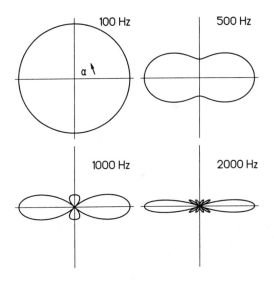

Abb. 5.8. Richtdiagramme der in Abb. 5.7 skizzierten Linienschallquelle für große Entfernungen $r \gg d$, berechnet mit (5.78) für $d = 0,5$ m und die angegebenen Frequenzen. Der Abstand der Kurvenpunkte vom Koordinatenursprung gibt als Funktion des Winkels α gegen die Horizontalachse den Betrag des Richtungsfaktors an

5.3.6 Kreiskolbenstrahler in sehr großer Wand

Eine Schallquelle mit einer vibrierenden Fläche – beispielsweise ein Lautsprecher – wird bezüglich des Bereichs tiefer Frequenzen recht gut durch das Modell des Kugelstrahlers repräsentiert. Als hinreichend tief sind dabei Frequenzen anzusehen, deren zugehörige Wellenlängen größer sind als die Dimensionen der Quelle. Im darüberliegenden Frequenzbereich versagt jedoch das Kugelstrahlermodell. Mit wachsender Frequenz nimmt eine Schallquelle mit vibrierender Fläche mehr und mehr die Eigenschaften eines schwingenden Kolbens an, welcher sich in einer umgebenden festen Wand befindet. In diesem Sinne bildet der Kreiskolbenstrahler, der sich in einer sehr großen Wand befindet, das geeignete ergänzende Pendant zum Modell des Kugelstrahlers.

Theorie. Die Wand, in welcher der Kreiskolben schwingt, teilt den Raum in zwei Hälften. Die Wand sei senkrecht angeordnet, und es interessiert das Schallfeld im rechten Halbraum. Aus der angenommenen Kreisform des Kolbens folgt zunächst, daß das Schallfeld bezüglich der Kolbenachse – diese wird als x-Richtung bezeichnet – rotationssymmetrisch sein muß. Zur Berechnung des Schalldrucks im rechten Halbraum kann man den von der Stirnfläche des Kolbens ausgehenden Schallfluß ähnlich wie im Fall der Linienquelle aus den Schallflüssen zahlreicher kleiner, über die Kolbenfläche verteilter Punktquellen zusammensetzen, wenn es gelingt, die Anordnung durch ein Modell zu ersetzen, welches bezüglich der Schallwandebene symmetrisch ist. Ein solches Modell ist die in Abb. 5.9 dargestellte, symmetrische Dickenschwingungen ausführende Kreisscheibe ohne Schallwand. Sie hat denselben Radius wie der Kolben. Wegen der Symmetrie dieses Schallstrahlers muß die horizontale Komponente der Schallschnelle in der gesamten Ebene, welche durch die Scheibe geht (also einer im Bild senkrechten Ebene), in jedem Augenblick null sein. Aus diesem Grund würde sich das Schallfeld in den beiden Halbräumen nicht ändern, wenn man sie durch eine dünne Wand voneinander trennen würde. Dies bedeutet, daß die in der Dicke schwingende Scheibe sowohl mit als auch ohne Schallwand im rechten Halbraum genau das gleiche Schallfeld erzeugt wie der Kreiskolben *mit* Schallwand. Damit ist die Voraussetzung dafür erfüllt, daß der vom Kolben ausgehende Schallfluß aus den Schallflüssen von Punktquellen zusammengesetzt werden kann.

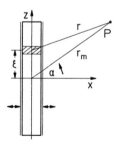

Abb. 5.9. Zur Berechnung des Schallfeldes, welches im rechten Halbraum von einem Kreiskolben in einer unendlich großen Wand hervorgerufen wird. Die schematisch dargestellte Kreisscheibe mit dem Durchmesser des Kreiskolbens, welche Dickenschwingungen ausführt, erzeugt ohne Anwesenheit einer Trennwand im rechten Halbraum denselben Schalldruck wie der Kreiskolben in einer unendlich großen Wand

Mit den in Abb. 5.10 angegebenen Definitionen hat ein infinitesimal kleiner Sektor der Scheibe die Stirnfläche

$$dS = \xi d\xi d\varphi. \tag{5.79}$$

Die Dickenschwingung des Sektors entspricht dem Schallfluß

$$dQ(s) = 2V(s)dS = 2\xi d\xi d\varphi V(s). \tag{5.80}$$

5.3 Grundtypen von Schallstrahlern

Mit dem Schallstrahlungsgesetz der Punktquelle (5.63) kann man den Schalldruck in einem Punkt des rechten Halbraumes durch

$$P(s) = \frac{sV(s)\rho_0}{2\pi} \int_{\xi=0}^{a} \int_{\varphi=0}^{2\pi} \frac{\xi}{r} e^{-sr/c} d\varphi d\xi \tag{5.81}$$

ausdrücken. Dabei bedeutet r die Entfernung des Aufpunktes vom Scheibensektor; r ist eine Funktion von r_m, α, ξ und φ. Wenn man den Aufpunkt in der xz-Ebene annimmt (vgl. Abb. 5.9), so ergibt sich

$$r = \sqrt{r_m^2 + \xi^2 - 2r_m\xi \sin\alpha \cos\varphi}. \tag{5.82}$$

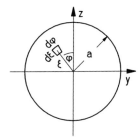

Abb. 5.10. Definition der Koordinaten der Elementarquellen der in der Dicke schwingenden Kreisscheibe mit dem Radius a

Der Schalldruck in großer Entfernung. Die geschlossene Auswertung des Doppelintegrals in (5.81) ist für den Bereich großer Entfernungen, d.h. $r_m \gg a$, möglich. In diesem Fall kann man die Entfernungsabhängigkeit des Schalldrucks durch $1/r_m$ hinreichend genau erfassen, und in die Exponentialfunktion kann man

$$r = r_m - \xi \sin\alpha \cos\varphi \tag{5.83}$$

einsetzen. Mit diesen Näherungen ergibt die Integration von (5.81)

$$P(s) = \frac{sV(s)\rho_0 a^2}{2r_m} e^{-sr_m/c} \frac{2J_1(\beta a \sin\alpha)}{\beta a \sin\alpha}, \tag{5.84}$$

wo $J_1(x)$ die Besselfunktion erster Ordnung bedeutet:

$$J_1(x) = \frac{1}{x} \int_0^\pi \cos(x\sin\gamma - \gamma) d\gamma. \tag{5.85}$$

Gleichung (5.85), worin γ eine Hilfsvariable bedeutet, eignet sich als Grundlage für die numerische Berechnung von $J_1(x)$ für beliebig große x. Man unterteilt dazu das Intervall $0 \leq \gamma \leq \pi$ in hinreichend kleine Schritte und berechnet die entsprechende Summe.

Der letzte Faktor auf der rechten Seite von (5.84) liefert den Richtungsfaktor des Kreiskolbenstrahlers bezüglich des Winkels α für große Entfernungen:

$$\Gamma = \left| \frac{2J_1(\beta a \sin\alpha)}{\beta a \sin\alpha} \right|. \tag{5.86}$$

Abb. 5.11 zeigt als Beispiel die mit (5.86) berechneten Richtdiagramme eines Kreiskolbenstrahlers mit dem Radius $a = 10$ cm bei den angegebenen Frequenzen. Sie zeigen deutlich, daß mit wachsender Frequenz das Schallfeld entlang der Strahlerachse gebündelt wird.

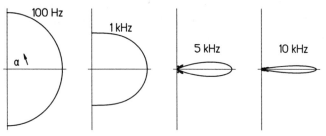

Abb. 5.11. Richtdiagramme des Kreiskolbenstrahlers in einer unendlich großen Wand bei den Frequenzen 100, 1000, 5000 und 10000 Hz. Kolbenradius $a = 10$ cm. Der Nullpunktabstand der Kurvenpunkte entspricht dem Betrag des mit (5.86) berechneten Richtungsfaktors

Der Schalldruck auf der Strahlerachse. Für große Entfernungen ergibt sich der Schalldruck auf der Strahlerachse (der x-Achse, vgl. Abb. 5.9) unmittelbar aus (5.84), wenn man darin $\alpha = 0$ setzt, so daß $r_m = x$:

$$P(s) = sV(s)\frac{\rho_0 a^2}{2x}e^{-sx/c}. \tag{5.87}$$

Durch Einführung des vom Kreiskolbenstrahler in den rechten Halbraum abgegebenen Schallflusses $Q(s) = \pi a^2 V(s)$ wird daraus

$$P(s) = sQ(s)\frac{\rho_0}{2\pi x}e^{-sx/c}. \tag{5.88}$$

Ein Vergleich mit (5.63) zeigt, daß der Schalldruck auf der Kreiskolbenachse (und in relativ großer Entfernung) mit demjenigen einer Punktschallquelle an der Stelle des Kreiskolbenstrahlers übereinstimmt – bis auf die Tatsache, daß ersterer den doppelten Absolutbetrag hat. Insbesondere ist zu vermerken, daß der Schalldruckbetrag bei frequenzunabhängigem Schallfluß proportional mit der Frequenz anwächst.

Der Schalldruck auf der Strahlerachse läßt sich aus (5.81) für beliebige Entfernungen ableiten. Die Integration von (5.81) ergibt für den Fall $\alpha = 0$

$$P(s) = sV(s)\rho_0 \int_{\xi=0}^{a} \frac{\xi}{r}e^{-sr/c}d\xi, \tag{5.89}$$

und aus (5.82) wird

$$r = \sqrt{r_m^2 + \xi^2}. \tag{5.90}$$

5.3 Grundtypen von Schallstrahlern

Ferner ist
$$\frac{dr}{d\xi} = \frac{\xi}{\sqrt{r_m^2 + \xi^2}} = \frac{\xi}{r}. \tag{5.91}$$

Mit der Substitution $d\xi = \frac{r}{\xi}dr$ wird aus (5.89)

$$P(s) = sV(s)\rho_0 \int_{r_m}^{\sqrt{r_m^2+a^2}} e^{-sr/c} dr, \tag{5.92}$$

und dies ergibt

$$P(s) = V(s)Z_0(e^{-j\beta r_m} - e^{-j\beta\sqrt{r_m^2+a^2}}). \tag{5.93}$$

Daraus erhält man für den Betrag des Schalldruckes

$$|P(s)| = 2|V(s)|Z_0 \left|\sin\left[\frac{\beta}{2}\left(\sqrt{r_m^2+a^2} - r_m\right)\right]\right|. \tag{5.94}$$

Die Auswertung dieser Formel zeigt, daß der Schalldruck auf der Strahlerachse bis zu Entfernungen von einigen Vielfachen des Kolbenradius zwischen null und einem Maximalwert schwankt, während er in größerer Entfernung umgekehrt proportial zur Entfernung abnimmt – in Übereinstimmung mit (5.87).

Die Strahlungsimpedanz. Die Belastung des Kreiskolbens durch die umgebende Luft ist durch den *mittleren* Schalldruck $\bar{P}(s, r = 0)$ auf seiner Stirnfläche gegeben.[1] Sie wird durch die Strahlungsimpedanz

$$Z_{PS}(s) = \frac{\bar{P}(s, r = 0)}{V(s)} \tag{5.95}$$

ausgedrückt. Die Theorie [655, 901] liefert dafür den Ausdruck

$$Z_{PS}(s) = Z_0 \left[1 - \frac{2J_1(2\beta a)}{2\beta a} + j\frac{2H_1(2\beta a)}{2\beta a}\right]. \tag{5.96}$$

Darin bedeutet $H_1(x)$ die Struve'sche Funktion erster Ordnung

$$H_1(x) = \frac{2x}{\pi} \int_0^{\pi/2} \sin(x\cos\gamma)\sin^2\gamma \, d\gamma. \tag{5.97}$$

Gleichung (5.97) eignet sich als Grundlage für die numerische Berechnung von $H_1(x)$ für beliebige x. Die Abhängigkeit des Real- und Imaginärteils der Strahlungsimpedanz von βa geht aus Abb. 5.12 hervor.

Der Realteil nähert sich für große Werte von βa oszillierend dem Wert Z_0. Für kleine Werte von βa, das heißt, $\beta a \ll 1$, wird der Realteil durch die Formel

---

[1] Außer bei tiefen Frequenzen ist dieser Schalldruck zwar auf konzentrischen Kreisen gleich, aber vom Kreisradius abhängig, vgl. [322].

138 5. Schallemission und Schallfelder in Luft

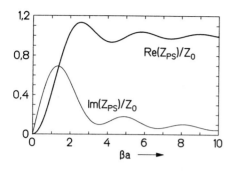

Abb. 5.12. Real- und Imaginärteil der auf Z_0 normierten Strahlungsimpedanz Z_{PS} des Kreiskolbenstrahlers als Funktion von βa

$$Re[Z_{\text{PS}}(s)] = Z_0 \frac{\beta^2 a^2}{2}. \tag{5.98}$$

angenähert.

Der Imaginärteil der Strahlungsimpedanz durchläuft ein Maximum und verschwindet für große Werte von βa. Für $\beta a \ll 1$ gilt näherungsweise

$$Im[Z_{\text{PS}}(s)] = Z_0 \frac{8\beta a}{3\pi}. \tag{5.99}$$

Die von einem Kreiskolbenstrahler mit dem Radius a an die Luft abgegebene *Wirkleistung* kann für eine sinusförmige Schwingung mit der Frequenz f und dem Effektivwert $\tilde{v}$ durch

$$N = \tilde{v}^2 Re[Z_{\text{PS}}(f)] \cdot \pi a^2 \tag{5.100}$$

ausgedrückt werden. Wie aus Abb. 5.12 ersichtlich, nähert sie sich bei gegebener Schnelle $\tilde{v}$ für $\beta a > 2$, das heißt $f > c/(\pi a)$, dem Wert

$$N = \tilde{v}^2 Z_0 \pi a^2 \tag{5.101}$$

an. Für $\beta a < 1$, das heißt für $f < c/(2\pi a)$, kann sie näherungsweise durch

$$N = \tilde{v}^2 f^2 2\pi^3 \rho_0 a^4 / c \tag{5.102}$$

ausgedrückt werden. Die Hälfte des für große βa erreichten Endwertes nimmt die Wirkleistung bei $\beta a \approx 1,1$ an; dieser Wert ist als die untere Grenzfrequenz des Kolbenstrahlers bezüglich wirksamer Schallabstrahlung anzusehen. Beispielsweise ergibt sich für einen Kreiskolben mit 10 cm Radius eine Grenzfrequenz von rund 600 Hz. Nach (5.54) gehört zur Grenzfrequenz ungefähr der Wert $2\pi a \approx \lambda$; somit ergibt sich für den Kreiskolbenstrahler eine ähnliche Faustregel wie für den Kugelstrahler: Wirksame Schallabstrahlung erfolgt nur bei Frequenzen, deren zugehörige Wellenlänge kleiner ist als der Kolbenumfang.

5.4 Schall in halligen Räumen

In einem Raum, welcher durch schallreflektierende Wände begrenzt ist (Zimmer, Hörsaal, Kirche, Konzertsaal) werden die von einer Schallquelle ausgehenden Schallwellen von den Begrenzungsflächen zum Teil absorbiert, zum anderen Teil zurückgeworfen. Die reflektierten Wellen überlagern sich einander sowie dem Direktschall, so daß das in irgend einem Punkt des Raumes auftretende Schallsignal aus zahlreichen, einander ähnlichen, jedoch zeitversetzten Teilsignalen zusammengesetzt ist. Der Raum wirkt wie ein akustisches Spiegelkabinett, mit der Besonderheit, daß die akustischen "Spiegelbilder" der Primärschallquelle sich nicht nur in allen möglichen Richtungen befinden, sondern zusätzlich merkliche Zeitverzögerung aufweisen.

Wenn eine Schallquelle ein kausales Schallsignal abgibt, das heißt, ein Signal, welches im Zeitpunkt t_0 einsetzt und für $t < t_0$ gleich null ist, dann stimmt das Schallfeld in der Umgebung solange mit dem ungestörten Feld überein, bis die von der Quelle ausgehende Wellenfront eine reflektierende Fläche erreicht. Danach wird das Schallfeld in der Umgebung verändert. Diese Änderung breitet sich mit Schallgeschwindigkeit aus. In irgend einem festen Punkt des Raumes tritt nach kurzer Zeit ein Schallsignal auf, welches man aus demjenigen des ursprünglichen ungestörten Schallfeldes und dem Beitrag der Reflexion zusammensetzen kann. Die reflektierte Welle wird danach ihrerseits an einer anderen Fläche reflektiert, und so fort. Da zwischen je zwei Reflexionen immer eine endliche Wegstrecke liegt, lassen sich die entstehenden Wellenanteile im Prinzip räumlich-zeitlich voneinander trennen und zum Gesamtsignal überlagern.

5.4.1 Punktquelle vor einer sehr großen Wand

Die Wirkungen der Schallreflexion werden zweckmäßigerweise zunächst an einem einfachen Beispiel diskutiert, und zwar für den Fall, daß sich im festen Abstand d von einer Punktschallquelle eine sehr große Wand befinde (Abb. 5.13). Wenn die Wand schallhart, das heißt, vollständig reflektierend ist, verändert sie das im rechten Halbraum entstehende Schallfeld dadurch, daß sie die senkrecht zu ihrer Oberfläche gerichtete Schnellekomponente zu null macht. Diesen Zustand kann man auch ohne die Wand, nämlich durch eine im Abstand $2d$ angebrachte *Spiegelschallquelle*, welche dasselbe Schallflußsignal $q(t)$ abgibt wie die Primärschallquelle, herbeiführen. Die Berechnung des Schallfeldes einer Punktquelle vor einer großen schallharten Wand läuft also auf diejenige des Schallfeldes der Doppel-Punktquelle (vgl. Abschnitt 5.3.3) hinaus.

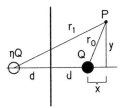

Abb. 5.13. Zur Berechnung des Schallfeldes, welches eine Punktquelle erzeugt, die sich im Abstand d vor einer sehr großen Wand befindet. Die Wand kann hinsichtlich ihrer schallreflektierenden Wirkung durch die links angedeutete Spiegelpunktquelle ersetzt werden, wobei die Schallabsorption an der Wand durch den Faktor η berücksichtigt werden kann

5. Schallemission und Schallfelder in Luft

Angenäherte Berücksichtigung der Wandabsorption und der Luftdämpfung. Eine reale Wand ist nicht ideal schallhart, sondern sie absorbiert einen Teil der auftreffenden Schallenergie. Dies kann pauschal und angenähert durch den *Absorptionsgrad* α berücksichtigt werden. Darunter wird das Verhältnis der absorbierten zur auftreffenden Schallintensität verstanden; es ist stets kleiner als 1. Der Absorptionsgrad einer starren – das heißt, nicht mitschwingenden – Wand hängt im wesentlichen vom Material und der Struktur ihrer Oberfläche ab. Tabelle 5.1 enthält als Anhaltspunkt einige Zahlenwerte.

Tab. 5.1. Richtwerte für Absorptionsgrade α verschiedener Materialien bei den angegebenen Frequenzen

	100	500	2000	4000 Hz
Holztäfelung	0,09	0,17	0,15	0,12
Glas	0,04	0,03	0,02	0,01
Ziegelmauer	0,02	0,03	0,05	0,08
Verputzte Mauerwand	0,02	0,03	0,05	0,09
Parkett	0,03	0,06	0,10	0,20
Teppich 15 mm	0,15	0,30	0,30	0,40
Vorhang	0,07	0,49	0,66	0,85
Akustikplatte 20 mm	0,20	0,35	0,7	0,90

Infolge der Wandabsorption ist die Intensität der reflektierten Welle kleiner als diejenige der Primärwelle. Unter Vernachlässigung physikalischer Details des Reflexionsvorganges kann man dieser Tatsache dadurch näherungsweise Rechnung tragen, daß man der Spiegelquelle einen entprechend kleineren Schallfluß zuordnet. Der Unterschied zwischen dem Schallfluß Q_S der Spiegelpunktquelle und demjenigen Q der Primärpunktquelle wird zweckmäßigerweise durch den *Reflexionskoeffizienten* η beschrieben:

$$\eta = \sqrt{1-\alpha}. \tag{5.103}$$

Dieser ist für reale Wände stets kleiner als 1. Der Spiegelschallquelle wird der Schallfluß

$$Q_S = \eta Q \tag{5.104}$$

zugeordnet.

Im Hinblick auf das Schallfeld in halligen Räumen ist es weiterhin zweckmäßig, die Dämpfung der Schallwellen zu berücksichtigen, welche diese bei ihrer Ausbreitung in Luft erfahren. Der Effektivwert des Schalldrucks einer Welle nimmt nach einem Exponentialgesetz mit der Länge der durchlaufenen Strecke ab:

$$\tilde{p}(r) = \tilde{p}(0)e^{-\delta r}. \tag{5.105}$$

Die Abnahme des Schalldruckes wird durch den *Dämpfungskoeffizienten* δ gekennzeichnet. Dieser hängt hauptsächlich von der Luftfeuchtigkeit und der Frequenz ab. Tabelle 5.2 enthält einige Richtwerte.

Tab. 5.2. Dämpfungskonstante δ des Schalldrucks $[10^{-3}\mathrm{m}^{-1}]$ von Luftschall bei verschiedenen Frequenzen und Luftfeuchtigkeiten (20°C, Normaldruck)

	1	2	3	4 kHz
40%	0,5	2	3,5	12
50%	0,5	1,5	3	10
60%	0,5	1,5	3	8
70%	0,5	1,5	2,5	7

Das Schalldrucksignal. Das Schalldrucksignal im Punkt P ergibt sich durch Überlagerung der von Punktquelle und Spiegelschallquelle erzeugten Wellen, so daß

$$p(t) = p_0(t) + p_1(t). \tag{5.106}$$

Hier bedeutet $p_0(t)$ das unmittelbar von der Punktquelle über die Entfernung r_0 erzeugte Signal und $p_1(t)$ dasjenige der Spiegelschallquelle, welche sich im Abstand r_1 befindet. Für die Frequenzfunktionen dieser beiden Schalldrucksignale gilt mit (5.63, 5.104, 5.105)

$$P_0(s) = sQ(s)\frac{\rho_0}{4\pi r_0}\mathrm{e}^{-\delta r_0}\mathrm{e}^{-sr_0/c}, \tag{5.107}$$

$$P_1(s) = s\eta Q(s)\frac{\rho_0}{4\pi r_1}\mathrm{e}^{-\delta r_1}\mathrm{e}^{-sr_1/c}. \tag{5.108}$$

Die zugehörigen Schalldruckzeitfunktionen haben die Form

$$p_0(t) = \frac{\rho_0}{4\pi r_0}\mathrm{e}^{-\delta r_0}q'(t - r_0/c), \tag{5.109}$$

$$p_1(t) = \eta\frac{\rho_0}{4\pi r_1}\mathrm{e}^{-\delta r_1}q'(t - r_1/c). \tag{5.110}$$

Darin bedeutet $q'(t) = \mathrm{d}q/\mathrm{d}t$ die zeitliche Ableitung der Schallflußzeitfunktion.

Wenn beispielsweise $q(t)$ eine in $t = 0$ einsetzende Sinusschwingung ist, so sind die beiden Schalldrucksignale $p_0(t), p_1(t)$ Kosinusschwingungen derselben Frequenz, jedoch mit verschiedenen Amplituden und Phasen, und ihre Einsatzzeitpunkte sind $\tau_0 = r_0/c$ und $\tau_1 = r_1/c$. Die Amplitude des nach der Zeit τ_1 vorhandenen Summensignals $p(t)$ kann größer, kleiner oder gleich derjenigen der Einzelsignale sein, je nachdem, welchen Phasenunterschied die beiden Anteile aufweisen. Wenn andererseits $q(t)$ in $t = 0$ von null auf einen festen Wert springt (Sprungfunktion), so sind $p_0(t)$ und $p_1(t)$ δ-Impulse in den Zeitpunkten τ_0 und τ_1, wie in Abb. 5.14 schematisch dargestellt.

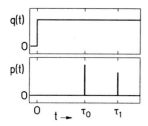

Abb. 5.14. Schalldrucksignal $p(t)$ (unten) nach einem Sprung des Schallflusses $q(t)$ (oben) der Punktquelle, welche sich vor einer sehr großen schallharten Wand befindet, vgl. Abb. 5.13. τ_0, τ_1 sind die Laufzeiten der Welle von der Primärquelle und der Spiegelquelle zum Empfangsort

Das Schallschnellesignal. Die Schallschnelle im Empfangspunkt setzt sich vektoriell aus den Teil-Schnellesignalen $v_0(t)$ und $v_1(t)$ zusammen, welche von Punktquelle und Spiegelquelle herrühren. Diese Teilsignale können mit Hilfe der Kugelfeldimpedanz leicht aus den Schalldrucksignalen abgeleitet werden. Die Richtungen der Schnellevektoren $\mathbf{v}_0(t), \mathbf{v}_1(t)$ sind mit denen der Entfernungsvektoren $\mathbf{r}_0$, $\mathbf{r}_1$ identisch. Die Richtung des Summen-Schnellsignals ändert sich in Abhängigkeit von den Momentanwerten der Teilschnellen.

Übertragungsfunktion und Frequenzgang. Unter der Übertragungsfunktion sei das Verhältnis des Schalldruckes $P(s)$ im Meßpunkt zum Schallfluß $Q(s)$ der Quelle verstanden. Durch Addition der Gleichungen (5.107) und (5.108) sowie Division durch $Q(s)$ erhält man

$$\frac{P(s)}{Q(s)} = \frac{s\rho_0}{4\pi}\left(\frac{1}{r_0}e^{-(\delta+s/c)r_0} + \frac{\eta}{r_1}e^{-(\delta+s/c)r_1}\right). \tag{5.111}$$

Als *Frequenzgang* der Übertragungsstrecke ergibt sich aus (5.111) durch Einsetzen von $s = j\omega$ unter Verwendung der Euler'schen Formel:

$$\frac{P(\omega)}{Q(\omega)} = \frac{\omega\rho_0}{4\pi}\left[\frac{e^{-\delta r_0}}{r_0}\sin\omega r_0/c + \frac{\eta e^{-\delta r_1}}{r_1}\sin\omega r_1/c \right.$$
$$\left. +j\left(\frac{e^{-\delta r_0}}{r_0}\cos\omega r_0/c + \frac{\eta e^{-\delta r_1}}{r_1}\cos\omega r_1/c\right)\right]. \tag{5.112}$$

Aus (5.112) geht hervor, daß in einem festen Punkt des Raumes und bei frequenzunabhängigem stationärem Schallfluß der Quelle der Schalldruck als Funktion der Frequenz erheblichen Schwankungen unterliegt. Abb. 5.15 zeigt als Beispiel den auf $\omega\rho_0/4\pi$ normierten Frequenzgang (Absolutbetrag aus Gleichung 5.112 im Pegelmaß) als Funktion der Frequenz, und zwar für $\eta = 1$, $\delta = 0$, $d = 0,5$ m und den Meßpunkt mit den Koordinaten $x = 3$ m, $y = 2$ m.

Die Ergebnisse dieses Abschnitts können zur Abschätzung der Übertragungsverhältnisse benutzt werden, welche bei Aufstellung eines Lautsprechers vor einer großen Wand vorliegen. Vorauszusetzen ist dabei, daß Schallreflexionen von anderen Flächen eine untergeordnete Rolle spielen – beispielsweise, weil dieselben mit schallschluckendem Material bedeckt sind.

Weiterhin bilden die obigen Ergebnisse die Grundlage für den Fall, daß im rechten Halbraum mehrere Primärschallquellen vorhanden sind. Die Wirkung jeder einzelnen von ihnen in irgend einem Punkt des Raumes ergibt sich – unter

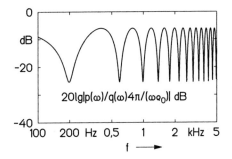

Abb. 5.15. Absolutbetrag des Frequenzganges der normierten Übertragungsfunktion der Strecke von einer Punktquelle, die sich im Abstand $d = 0{,}5$ m vor einer sehr großen Wand befindet, zum Meßpunkt in $x = 3$ m, $y = 2$ m (vgl. Abb. 5.13), und zwar für $\eta = 1$, $\delta = 0$. Berechnet mit (5.112)

Berücksichtigung ihrer Koordinaten – aus den angegebenen Beziehungen, und ihre Beiträge werden addiert.

5.4.2 Punktschallquelle in einem quaderförmigen Raum

Das einfache Modell der Schallreflexion an einer großen Wand läßt sich zur Berechnung des Schallfeldes in einem quaderförmigen Raum verwenden. Dazu denkt man sich die Wände des Raumes der Reihe nach als unendlich ausgedehnte Flächen eingeführt und durch Spiegelschallquellen ersetzt.

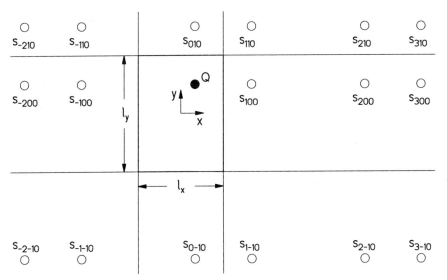

Abb. 5.16. Zur Berechnung des Schallfeldes, welches eine Punktquelle in einem Quaderraum erzeugt. Die Kantenlängen des Raumes werden mit l_x, l_y, l_z bezeichnet, und der Ursprung des Koordinatensystems liegt in der Raummitte. Die Wände werden nacheinander durch je eine endlose Serie von Spiegelschallquellen ersetzt, von denen einige dargestellt und indiziert sind. Die Primärpunktquelle mit dem Schallfluß Q hat die Koordinaten x_Q, y_Q, z_Q. Dargestellt ist ein Ausschnitt der Ebene $z = z_Q$

5. Schallemission und Schallfelder in Luft

Der Ursprung eines kartesischen Koordinatensystems (x,y,z) liege in der Mitte des Raumes, vgl. Abb. 5.16. Die Kantenlängen des Raumes seien l_x, l_y, l_z. Die Punktschallquelle befinde sich an der Stelle (x_Q, y_Q, z_Q). Die Wände des Raumes seien vorläufig nicht vorhanden.

Zuerst seien nun zwei parallele, unendlich ausgedehnte Wände eingeführt, beispielsweise die in Abb. 5.16 durch vertikale Linien bezeichneten, welche auf der x-Achse senkrecht stehen. Sie können bezüglich ihrer akustischen Wirkung durch die endlose Reihe von Spiegelschallquellen ersetzt werden, welche sich auf der horizontalen Geraden $(y = y_Q, z = z_Q)$ befindet. Nun seien zwei parallel zur x-Achse verlaufende und senkrecht auf der Bildebene stehende, unendlich ausgedehnte Wände eingeführt. Weil sie voraussetzungsgemäß parallel zur Kette der soeben eingeführten Spiegelschallquellen verlaufen, hindern sie diese nicht, ihre Funktion zu erfüllen. Die beiden neuen Wände können ihrerseits durch Serien von Spiegelschallquellen ersetzt werden, welche auf vertikalen Geraden liegen, die durch die Orte der ersten Serie von Spiegelquellen gehen. So entstehen die in Abb. 5.16 ausschnittweise dargestellten Spiegelquellen der Fläche $z = z_Q$. Schließlich kann man die letzten beiden Wände, welche parallel zur Bildebene verlaufen, einführen. Sie stören die Wirkung der bereits vorhandenen Spiegelquellen nicht und werden sogleich durch Spiegelquellen sämtlicher schon vorhandener Quellen ersetzt.

Die Spiegelquellen seien durch die Indizes μ, ν, ζ gekennzeichnet, welche den Koordinatenachsen x, y, z zugeordnet sind. Jeder Index nimmt nacheinander die Zahlen $\ldots -2, -1, 0, 1, 2, \ldots$ an, und jede Quelle ist durch ein Indextripel $\mu\nu\zeta$ eindeutig gekennzeichnet. Negative Indizes kennzeichnen Quellen, deren zugehörige Koordinate negativ ist, umgekehrt für positive Indizes, vgl. Abb. 5.16. Der Index 0 kennzeichnet eine Koordinate der Primärquelle. Die in Abb. 5.16 mit Q bezeichnete Primärquelle hat daher auch die Bezeichnung S_{000}.

Die Koordinaten sämtlicher Quellen lassen sich damit durch

$$x_\mu = \mu l_x + (-1)^\mu x_Q, \tag{5.113}$$

$$y_\nu = \nu l_y + (-1)^\nu y_Q, \tag{5.114}$$

$$z_\zeta = \zeta l_z + (-1)^\zeta z_Q, \tag{5.115}$$

beschreiben. Der Abstand einer Quelle $S_{\mu\nu\zeta}$ von einem Raumpunkt mit den Koordinaten (x, y, z) ist durch

$$r_{\mu\nu\zeta} = \sqrt{(x - x_\mu)^2 + (y - y_\nu)^2 + (z - z_\zeta)^2} \tag{5.116}$$

gegeben.

Die Schallflüsse der Spiegelquellen lassen sich unter Berücksichtigung der Wandabsorption wie folgt ausdrücken. Es seien η_{x1}, η_{x2} die Reflexionskoeffizienten derjenigen beiden Wände, welche von der x-Achse senkrecht durchdrungen werden; entsprechend seien η_{y1}, η_{y2} und η_{z1}, η_{z2} die von der y- beziehungsweise z-Achse durchdrungenen Wände. Dann gilt für den Schallfluß einer durch irgend ein Indextripel $(\mu\nu\zeta)$ bezeichneten Quelle

$$Q_{\mu\nu\zeta} = \eta_{x1}^{n_{1\mu}} \eta_{x2}^{n_{2\mu}} \eta_{y1}^{n_{1\nu}} \eta_{y2}^{n_{2\nu}} \eta_{z1}^{n_{1\zeta}} \eta_{z2}^{n_{2\zeta}} Q, \qquad (5.117)$$

wobei beispielsweise die Exponenten $n_{1\mu}, n_{2\mu}$ die Werte

$$\begin{aligned} n_{1\mu} &= \operatorname{sgn}(\mu) \cdot \frac{\mu - 1}{2} \text{ für } \mu \text{ ungerade,} \\ &= \operatorname{sgn}(\mu) \cdot \frac{\mu}{2} \text{ für } \mu \text{ gerade} \end{aligned} \qquad (5.118)$$

$$\begin{aligned} n_{2\mu} &= \operatorname{sgn}(\mu) \cdot \frac{\mu + 1}{2} \text{ für } \mu \text{ ungerade,} \\ &= \operatorname{sgn}(\mu) \cdot \frac{\mu}{2} \text{ für } \mu \text{ gerade} \end{aligned} \qquad (5.119)$$

haben. Die zu den Indizes ν und ζ gehörenden Exponenten erhält man, indem man in (5.118, 5.119) die Indizes μ durch ν beziehunsweise ζ ersetzt. Falls die Reflexionskoeffizienten der einander gegenüberliegenden Wände jeweils gleich sind, so daß $\eta_{x1} = \eta_{x2} = \eta_x$ und so fort, vereinfacht sich (5.117) zu

$$Q_{\mu\nu\zeta} = \eta_x^{|\mu|} \eta_y^{|\nu|} \eta_z^{|\zeta|} Q. \qquad (5.120)$$

Mit obigen Beziehungen ist der Schalldruck im Punkt (x, y, z) durch

$$P(s) = \frac{s\rho_0}{4\pi} \sum_{\mu,\nu,\zeta} \frac{Q_{\mu\nu\zeta}(s)}{r_{\mu\nu\zeta}} e^{-(\delta + s/c) r_{\mu\nu\zeta}} \qquad (5.121)$$

vollständig bestimmt, wobei auch die Luftdämpfung (Dämpfungskoeffizient δ) einbezogen wurde. Die Zusammensetzung des Schalldrucksignals aus Teilsignalen ist deutlicher erkennbar, wenn man (5.121) mit (5.117) in der Form

$$P(s) = sQ(s)\frac{\rho_0}{4\pi} \sum_{\mu,\nu,\zeta} \frac{\eta_{x1}^{n_{1\mu}} \eta_{x2}^{n_{2\mu}} \eta_{y1}^{n_{1\nu}} \eta_{y2}^{n_{2\nu}} \eta_{z1}^{n_{1\zeta}} \eta_{z2}^{n_{2\zeta}} e^{-\delta r_{\mu\nu\zeta}}}{r_{\mu\nu\zeta}} e^{-s r_{\mu\nu\zeta}/c} \qquad (5.122)$$

schreibt. Die Zeitfunktion des Schalldrucksignals lautet

$$p(t) = \frac{\rho_0}{4\pi} \sum_{\mu,\nu,\zeta} \frac{\eta_{x1}^{n_{1\mu}} \eta_{x2}^{n_{2\mu}} \eta_{y1}^{n_{1\nu}} \eta_{y2}^{n_{2\nu}} \eta_{z1}^{n_{1\zeta}} \eta_{z2}^{n_{2\zeta}} e^{-\delta r_{\mu\nu\zeta}}}{r_{\mu\nu\zeta}} q'(t - r_{\mu\nu\zeta}/c). \qquad (5.123)$$

Die Exponenten $n_{1\mu}$ etc. in (5.122, 5.123) gehen aus (5.118, 5.119) hervor. Da voraussetzungsgemäß $q'(t - r_{\mu\nu\zeta}/c) = 0$ für $t < r_{\mu\nu\zeta}/c$, baut sich nach (5.123) das Schalldrucksignal im Lauf der Zeit aus Teilsignalen auf, welche in den Zeitpunkten $r_{\mu\nu\zeta}/c$ einsetzen. In Bezug auf ein endliches Beobachtungsintervall $0 < t < t_1$ brauchen daher nur Teilsignale berücksichtigt zu werden, deren Beitrag innerhalb dieses Intervalls einsetzt. Das bedeutet, daß man nur diejenigen Spiegelschallquellen zu berücksichtigen braucht, welche sich innerhalb eines Kugelraumes mit dem Radius $t_1 c$ um den Meßpunkt befinden. Darüber hinaus brauchen Spiegelquellen nur berücksichtigt zu werden, wenn ihr Beitrag bezüglich der verlangten Genauigkeit ins Gewicht fällt.

Ist das Schallflußzeitsignal der Primärquelle ein Sprung von 0 auf $\hat{q}$, dann besteht das Schalldrucksignal im Punkt x, y, z (die Sprungantwort) aus δ-Impulsen in den Zeitpunkten $r_{\mu\nu\zeta}/c$, deren Amplituden-Zeitintegral die Werte

$$\hat{q}\rho_0 \eta_{x1}^{n_{1\mu}} \eta_{x2}^{n_{2\mu}} \eta_{y1}^{n_{1\nu}} \eta_{y2}^{n_{2\nu}} \eta_{z1}^{n_{1\zeta}} \eta_{z2}^{n_{2\zeta}} e^{-\delta r_{\mu\nu\zeta}}/(4\pi r_{\mu\nu\zeta}) \tag{5.124}$$

annimmt. Abb. 5.17 zeigt als Beispiel die Sprungantwort des Schalldrucks in einem Quaderraum mit den Abmessungen $l_x = 20$ m, $l_y = 10$ m, $l_z = 8$ m, welche sich nach (5.124) ergibt.

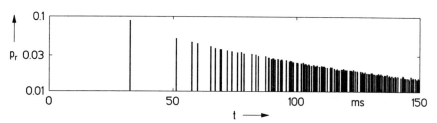

Abb. 5.17. Schalldruck-Sprungantwort im Punkt (x, y, z) eines Quaderraumes, berechnet nach (5.123, 5.124) mit den Parametern $l_x = 20$ m, $l_y = 10$ m, $l_z = 8$ m, $\delta = 0,001 \text{m}^{-1}$, $x_Q = -8$ m, $y_Q = 0$, $z_Q = 2$ m, $x = 3$ m, $y = 2$ m, $z = 1,5$ m; alle η-Werte gleich groß, $\eta = 0,97$. Die Amplituden sind auf $\hat{q}\rho_0/(4\pi)$ normiert

Wenn die gegeneinander zeitversetzten Abschnitte des Quellsignals nicht miteinander korreliert sind, dann ist der Effektivwert des Schalldrucks im Raum gleich der Wurzel aus der Summe der Quadrate der Effektivwerte der Teilsignale. Abb. 5.18 zeigt für diesen Fall den Zeitverlauf des Effektivwerts im gleichen Raum wie zuvor, wobei das Quellsignal in $t = 0$ einsetzt und in $t = 0,5$ s endet.

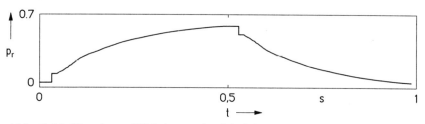

Abb. 5.18. Normierter Effektivwert des Schalldrucks im Quaderraum als Funktion der Zeit. Die Quelle, welche ein unkorreliertes stationäres Signal erzeugt, werde in $t = 0$ ein- und in $t = 0,5$ s abgeschaltet. Parameter wie zu Abb. 5.17

Der Frequenzgang der Übertragungsfunktion von der Punktquelle zum Punkt (x, y, z) ergibt sich aus (5.122) zu

$$\frac{P(\omega)}{Q(\omega)} = \frac{\omega \rho_0}{4\pi} \sum_{\mu,\nu,\zeta} \frac{D_{\mu\nu\zeta}}{r_{\mu\nu\zeta}} (\sin \omega r_{\mu\nu\zeta}/c + j \cos \omega r_{\mu\nu\zeta}/c), \tag{5.125}$$

worin zur Abkürzung

$$D_{\mu\nu\zeta} = \eta_{x1}^{n_{1\mu}} \eta_{x2}^{n_{2\mu}} \eta_{y1}^{n_{1\nu}} \eta_{y2}^{n_{2\nu}} \eta_{z1}^{n_{1\zeta}} \eta_{z2}^{n_{2\zeta}} e^{-\delta r_{\mu\nu\zeta}} \qquad (5.126)$$

gesetzt wurde. Abbildung 5.19 zeigt als Beispiel den in Frequenzschritten von 2 Prozent berechneten Frequenzgang (Absolutbetrag normiert, im Pegelmaß) für dieselben Parameter wie in den beiden vorhergehenden Abbildungen.

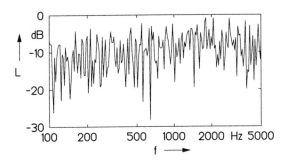

Abb. 5.19. Absolutbetrag der Übertragungsfunktion im Quaderraum im Pegelmaß, berechnet mit (5.125) in Frequenzschritten von 2 Prozent. Bezugswert des Schalldrucks ist $\omega\rho_0/(4\pi)$. Parameter wie in Abb. 5.17. Zur Berechnung wurden $10 \cdot 10 \cdot 10$ Spiegelquellen benutzt

Das *Schnellesignal* im Meßpunkt entsteht durch vektorielle Addition der Schnellesignale der einzelnen Spiegelschallquellen. Von dem Zeitpunkt ab, in welchem sich mindestens zwei dieser Beiträge im Aufpunkt überlagern, hat die Schnelle keine feste Richtung mehr, sondern ändert dieselbe rasch, das heißt, im Rhythmus der Schallschwingung. Die Schnelle kann mit Hilfe der oben angegebenen Beziehungen zwar berechnet werden, wenn die Dimensionen des Raumes und die Position der Schallquelle bekannt sind. Da jedoch nach kurzer Zeit sehr viele Spiegelquellen zur Schallschnelle beitragen, erscheint die rasche und andauernde Richtungsänderung des Schnellevektors unsystematisch und unvorhersehbar. Daher – und in diesem Sinne – wird das Schallfeld in einem halligen Raum als *diffus* bezeichnet.

Reale hallige Räume sind im allgemeinen nicht streng quaderförmig; sie können schiefwinklige Wandteile und sonstige schallreflektierende Flächen aufweisen, weshalb die Berechnung des Schallfeldes mit Hilfe von Spiegelschallquellen nicht mehr exakt durchführbar ist. Jedoch bleibt auch in diesem Falle die Grundcharakteristik des Schallfeldes erhalten, welche darin besteht, daß der Schalldruck in einem Empfangspunkt sich aus den Beiträgen zahlreicher zeitverzögerter Teilsignale additiv zusammensetzt. Alle Teilsignale stammen letztlich von der Schallquelle und weisen – abgesehen von ihrer Zeitverzögerung – Unterschiede vom ursprünglichen Quellensignal auf, welche als *lineare Verzerrungen*, das heißt, Veränderungen der Amplituden und Phasen der Spektralkomponenten, beschrieben werden können. Die Übertragungsfunktion des Schalldrucksignals in einem beliebigen Raum hat daher die Form

$$\frac{P(s)}{Q(s)} = \sum_{\mu=0}^{M} A_\mu(s) 0^{-s\tau_\mu}. \qquad (5.127)$$

Darin werden die obengenannten Effekte durch die komplexen, frequenzabhängigen Koeffizienten $A_\mu(s)$ berücksichtigt. Mit diesem allgemeinen Ansatz kann man darüber hinaus der Tatsache Rechnung tragen, daß die Schallquelle gegebenenfalls keine Punktquelle ist, sondern eine Richtwirkung aufweist.

5.4.3 Kenngrößen der Raumakustik

In halligen Räumen – dies sind in der Regel relativ große Räume – ist das Schallfeld in hohem Maße diffus und es kann näherungsweise durch statistische Angaben charakterisiert werden, vgl. Cremer [205], Kuttruff [538, 539], Plomp & Steeneken [733], Schroeder [833, 839, 832]. Die einfachsten und verhältnismäßig groben Parameter dieser Beschreibungsweise sind diejenigen für den Anhall, den Nachhall und den sogenannten Hallradius.

Anhall und Nachhall. Wenn sich zwischen der Schallquelle und dem Schallempfänger (dem Aufpunkt) kein größeres Objekt befindet, dann entstammt das zuerst eintreffende Teilsignal $p_0(t)$ mit Sicherheit dem Direktschall. Die Richtung, aus welcher diese Teilschallwelle eintrifft, ist diejenige, in welcher sich die Quelle befindet. Die nachfolgenden Teilsignale sind linear verzerrte Wiederholungen des ersten Teilsignals; sie treffen aus verschiedenen Richtungen ein und geben daher über den Ort der Schallquelle keinen Aufschluß.

Wenn die Schallquelle ein in $t = 0$ einsetzendes stationäres Schallsignal abgibt, welches im Zeitpunkt $t = t_a$ wieder abgeschaltet wird, ergibt sich in einem beliebigen Raum im Empfangsort ein Verlauf des effektiven Schalldruckes derselben Art wie in Abb. 5.18 (wo $t_a = 0,5$ s). Nähert man den Verlauf durch glatte Kurvenstücke an, so verlaufen sowohl der *Anhall* als auch der *Nachhall* nach einer Exponentialfunktion. Da stets Wandabsorption und Luftdämpfung vorhanden sind, stellt sich nach dem Anhallvorgang ein stationärer Schalldruck-Effektivwert ein. In diesem Zustand ist die an den Wänden und in der Luft absorbierte Schalleistung gleich der von der Quelle abgegebenen Leistung.

Nach dem Abschalten des Quellsignals im Zeitpunkt t_a verschwinden die Teilsignale in derselben Reihenfolge und mit denselben Verzögerungen aus dem Empfangssignal, wie sie aufgetreten sind. Die Zeitkonstante des Nachhallvorganges ist gleich derjenigen des Anhalls.

Die *Nachhallzeit* T_N ist definiert als die Zeit, welche nach dem Zeitpunkt $t_a + \tau_0$ vergeht, bis der Effektivwert des Schalldrucks auf 1/1000 des Sättigungswerts abgenommen hat (τ_0 sei die Laufzeit des Direktschalles). Das entspricht einer Abnahme des Schallpegels um 60 dB. Wegen des im Mittel exponentiellen Verlaufs ist die Differenz zwischen Sättigungswert und Momentanpegel proportional zur Zeit. Das heißt, daß beispielsweise nach der Zeit $T_N/2$ der Schallpegel um 30 dB, nach $T_N/3$ um 20 dB abgefallen ist, und so fort. Weil eine abfallende Exponentialfunktion mit der Zeitkonstante τ und dem Anfangswert 1 nach der Zeit τ auf den Betrag $1/e$ abgenommen hat, was einer Pegeldifferenz von 8,7 dB entspricht, besteht zwischen der Nachhallzeit und der Zeitkonstante des Raumes der Zusammenhang

$$\frac{T_\mathrm{N}}{\tau} = \frac{60}{8,7} = 6,91. \tag{5.128}$$

Die Nachhallzeit ist rund sieben mal so lang wie die Zeitkonstante des exponentiell abklingenden Schalldruckverlaufs. Die Wahl der obigen Definition der Nachhallzeit hängt mit der Tatsache zusammen, daß im allgemeinen die Wahrnehmung des Schallsignals über einen sehr großen Amplitudenbereich erhalten bleibt, so daß nach dem Abschalten der Schallquelle im halligen Raum beträchtliche Zeit vergeht, bis der Nachhall auf unhörbare Stärke abgenommen hat [939]. Wie die Erfahrung zeigt, nimmt man dagegen den Vorgang des Anhalls in der Regel kaum oder gar nicht wahr, obwohl er dieselbe Zeitkonstante hat wie der Nachhall. Dieser Unterschied ist auf zwei fundamentale Eigenschaften des Gehörs zurückführbar, nämlich die Größe der Unterschiedsschwelle für die Schallintensität und die amplitudenkomprimierende Schalldruck-Lautheitsfunktion.

Unter der gehörbezogenen *Anhallzeit* ist sinnvollerweise diejenige Zeit zu verstehen, welche vom Zeitpunkt τ_0 an vergeht, bis der Schalldruckeffektivwert sich vom Sättigungswert nicht mehr hörbar unterscheidet. Der eben wahrnehmbare Schallpegelunterschied beträgt ungefähr 1 dB. Daraus folgt, daß das Anklingen spätestens dann nicht mehr vom Sättigungswert unterscheidbar ist, wenn der Schalldruck 90 % des Endwerts erreicht hat. Das dazugehörige Zeitintervall ist gleich demjenigen, in welchem der *Nachhall*-Effektivwert auf 10 % des Sättigungswertes, also um 20 dB, abgesunken ist. Somit beträgt die gehörbezogene Anhallzeit rund 1/3 der Nachhallzeit T_N. Daß das Gehör vom Anhall in der Regel wenig oder nichts bemerkt, liegt darüber hinaus daran, daß die Lautheitsempfindung mit der Wurzel aus dem Schalldruck-Effektivwert anwächst; sie steigt von kleinen Werten aus doppelt so steil an wie der Schalldruck-Effektivwert.

Durch Abschätzung der mittleren Schallenergieabsorption in einem halligen Raum gewinnt man für die Nachhallzeit die Näherungsformel

$$T_\mathrm{N} = 0,16 \frac{\mathrm{s}}{\mathrm{m}} \cdot \frac{\Lambda}{4\delta_\mathrm{i}\Lambda - S\ln(1-\bar{\alpha})}. \tag{5.129}$$

Hierin bedeuten Λ das Raumvolumen, S die Summe der Flächen von Wänden, Decke und Boden, δ_i die Intensitäts-Dämpfungskonstante in Luft und $\bar{\alpha}$ den über alle Teilflächen gemittelten Absorptionsgrad. Die Gesamtfläche S ist im allgemeinen aus Teilflächen mit jeweils konstantem Absorptionsgrad α_n zusammengesetzt. Beträgt deren Anzahl k, dann gilt

$$\bar{\alpha} = \frac{1}{S}\sum_{n=1}^{k} S_n \alpha_n. \tag{5.130}$$

Die Nachhallzeit nimmt in der Regel nach hohen Frequenzen hin ab, weil sowohl die mittlere Absorption als auch die Luftdämpfung mit der Frequenz anwachsen. In Räumen des täglichen Lebens (Wohnzimmer, Büro, Vortragsbeziehungsweise Konzertsaal, Kirche) kommen Nachhallzeiten im Bereich zwischen 0,5 s (kleiner, akustisch bedämpfter Raum) und 5 s (große Kirche [566]) vor. Für Konzertsäle ist eine Nachhallzeit von rund 2 s typisch. Für Tonaufnahmestudios sind je nach Musikstil Werte geringfügig oberhalb beziehungsweise unterhalb einer Sekunde üblich [75, 111].

Hallradius. Eine weitere gebräuchliche Kenngröße ist der *Hallradius*. Er kennzeichnet denjenigen Abstand von der Schallquelle, in welchem die Stärke des Direktschalles (das heißt, des auf dem kürzesten Wege von der Quelle eintreffenden Schalles) gleich derjenigen des von Reflexionen herrührenden Schalles ist.

Der Hallradius hängt ab von der Wandabsorption und Dämpfung der reflektierten Schallwellen und von der Richtung des Aufpunktes zur Schallquelle – falls letztere eine gebündelte Abstrahlung aufweist. Nimmt man kugelförmige Abstrahlung der Quelle an, so entfällt der letzte dieser Faktoren, und man kann eine allgemeine Nährung für den Hallradius r_H angeben:

$$r_H \approx 0,14\sqrt{\bar{\alpha}S}, \tag{5.131}$$

wo $\bar{\alpha}$ und S dieselbe Bedeutung haben wie im vorhergehenden Abschnitt. Innerhalb des Hallradius r_H ist der effektive Schalldruck umgekehrt proportional zum Abstand von der Kugelquelle. Außerhalb ist er im gesamten Raum gleich groß. In Räumen des täglichen Lebens kommen Hallradien im Bereich 0,5 m bis zu wenigen Metern vor.

6. Lautsprecher, Kopfhörer und Mikrofone

Die akustische Kommunikation findet heutzutage in hohem Maße unter Beteiligung elektroakustischer Komponenten statt, so daß insbesondere Lautsprecher, Kopfhörer und Mikrofone wesentliche Bestandteile der Übertragungsstecken sind. Daher werden die wichtigsten Grundlagen und Eigenschaften dieser Komponenten im folgenden dargestellt.

6.1 Lautsprecher

Ein Lautsprecher besteht in der Regel aus einem elektromechanischen Wandler (Schwingungsgeber), welcher eine Membran beziehungweise einen Kolben in Schwingung versetzt. Oft werden mehrere Wandler-Membran-Anordnungen konstruktiv zusammengefaßt, wie beispielsweise in Abb. 2.13 dargestellt. Als Signalquelle für den Schwingungsgeber dient im allgemeinen ein Leistungsverstärker. Wenn der Leistungsverstärker im Betriebsfrequenzbereich keine nennenswerten linearen Verzerrungen aufweist, stimmt das innere Signal der Quelle, welche er für den Schwingungsgeber darstellt (vgl. Abb. 4.7), bis auf den Verstärkungsfaktor mit seinem Eingangssignal überein. Die innere Impedanz Z_Q der Quelle ist gleich der Ausgangsimpedanz des Verstärkers. Falls die Leerlauf-Spannungsverstärkung des Leistungsverstärkers gleich 1 ist, läßt sich die Übertragungsfunktion der gesamten Strecke vom Verstärkereingang bis zu einem Punkt des Schallfeldes allgemein durch

$$\frac{P(s)}{U(s)} = \frac{V(s)}{U(s)} \cdot \frac{P(s)}{V(s)} \qquad (6.1)$$

beschreiben. Darin bedeutet $V(s)/U(s)$ die durch (4.59) definierte Übertragungsfunktion des elektromechanischen Wandlers – im folgenden als *elektromechanische Übertragungsfunktion* bezeichnet – und $P(s)/V(s)$ die Übertragungsfunktion der Strecke zwischen Membran und Schallfeldpunkt – die *akustische Übertragungsfunktion*. Ist die Leerlauf-Spannungsverstärkung von 1 verschieden, so ist (6.1) mit dem entsprechenden Faktor zu multiplizieren.

Sowohl die akustische als auch die elektromechanische Übertragungsfunktion hängen vom Typ und den Dimensionen des Schallstrahlers ab. Diese Abhängigkeit ist bei der akustischen Übertragungsfunktion vorherrschend.

152   6. Lautsprecher, Kopfhörer und Mikrofone

Bezüglich der elektromechanischen Übertragungsfunktion ist sie auf den Einfluß der Lastimpedanz Z_L des Schwingungsgebers beschränkt (vgl. Abb. 4.7 und Gleichung 4.59). Die Lastimpedanz wird im wesentlichen durch die Masse der Membran und die Strahlungsimpedanz gebildet. Der Einfluß der Schallstrahlereigenschaften ergibt sich aus der Strahlungsimpedanz.

Im folgenden werden die wesentlichen Einflüsse und Zusammenhänge für den Schallwandlautsprecher und die Lautsprecherbox dargestellt.

6.1.1 Der Schallwandlautsprecher

In seiner idealisierten Form besteht der Schallwandlautsprecher aus einem Kreiskolben, welcher in einer sehr großen starren Wand angebracht ist und durch einen elektromechanischen Wandler in Schwingung versetzt wird (Abb. 6.1).

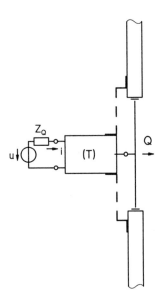

Abb. 6.1. Schema des Schallwandlautsprechers: Kreiskolben in sehr großer Wand, angetrieben von einem elektromechanischen Schwingungsgeber, welcher aus einer Signalquelle mit der inneren Impedanz Z_Q gespeist wird

Die akustische Übertragungsfunktion. Die akustische Übertragungsfunktion ist unter diesen Bedingungen durch (5.84) und folgende gegeben. Nach (5.84) gilt für einen Punkt, dessen Abstandsvektor vom Mittelpunkt der Kolbenfläche den Betrag r hat und mit der Kolbenachse den Winkel α bildet, wobei r groß gegen den Kolbenradius a sei,

$$\frac{P(s)}{V(s)} = \frac{s\rho_0 a^2}{2r} e^{-sr/c} \frac{2J_1(\beta a \sin\alpha)}{\beta a \sin\alpha}. \tag{6.2}$$

Die Übertragungsfunktion für Punkte der Kolbenachse (der x-Achse) ergibt sich für beliebige Entfernungen aus (5.93):

$$\frac{P(s)}{V(s)} = Z_0 \left(e^{-j\beta x} - e^{-j\beta \sqrt{x^2+a^2}} \right). \tag{6.3}$$

Für große Entfernungen $x \gg a$ geht (6.3) in (5.87) über und es gilt

$$\frac{P(s)}{V(s)} = \frac{s\rho_0 a^2}{2x} e^{-sx/c}. \tag{6.4}$$

In hinreichend entfernten Punkten der Strahlerachse (das heißt, Punkten, die mindestens einige Membrandurchmesser Abstand haben) wächst demnach der Betrag der Übertragungsfunktion im gesamten Frequenzbereich proportional zur Frequenz an.

Die elektromechanische Übertragungsfunktion. Man kann ohne wesentliche Einschränkungen annehmen, daß der Schwingungsgeber starr an der Schallwand befestigt sei und daß letztere ebenfalls starr sei. Dann ist die Übertragungsfunktion des Schwingungsgebers durch (4.61) gegeben, das heißt, es gilt

$$\frac{V(s)}{U(s)} = \frac{1}{(Z_\mathrm{Q} W_{21} + W_{11})(Z_\mathrm{L} + R_\mathrm{A} + \frac{1}{sC_\mathrm{A}} + sM_\mathrm{A}) + W_{12} + Z_\mathrm{Q} W_{22}}. \tag{6.5}$$

Darin hat Z_Q die Bedeutung der Verstärker-Ausgangsimpedanz; diese ist im allgemeinen reell und frequenzunabhängig. Was die Parameter R_A, C_A, M_A und Z_L betrifft, so ist es zur übersichtlichen Darstellung zweckmäßig, darunter nicht nur Reibwiderstand, Federung und Masse des Ankers des Wandlers zu verstehen, sondern die entsprechenden Beiträge der Membran (des Kreiskolbens) darin einzubeziehen – anstatt letztere als Teil der Lastimpedanz Z_L einzuführen. Wie (6.5) zeigt, ist dies zulässig, weil die Lastimpedanz und die Ankerimpedanz ohnehin addiert werden.

Als Lastimpedanz Z_L tritt nach dieser Vereinbarung allein die akustische Belastung des Kreiskolbens in Erscheinung. Diese ist auf der Vorder- und Rückseite des Kreiskolbens gleich groß und jeweils gleich der mit der Kolbenfläche multiplizierten Strahlungsimpedanz. Nach (5.96) gilt somit

$$Z_\mathrm{L} = X_\mathrm{L} + jY_\mathrm{L} = 2\pi a^2 Z_0 \left[1 - \frac{2J_1(2\beta a)}{2\beta a} + j\frac{2H_1(2\beta a)}{2\beta a} \right]. \tag{6.6}$$

Mit den ebengenannten Vereinbarungen bezüglich der Bedeutung von R_A, C_A, M_A und Z_L – und nach Festlegung des Elementarwandlertyps (vgl. Abschnitt 4.3) – sind alle Parameter der elektromechanischen Übertragungsfunktion bestimmt, so daß zusammen mit der akustischen Übertragungsfunktion die Übertragungsfunktion der gesamten Strecke gemäß (6.1) berechnet werden kann.

Elektrodynamischer Schallwandlautsprecher. Als Beispiel sei im folgenden der Schallwandlautsprecher mit *elektrodynamischem* Wandler näher betrachtet. Mit (4.62) sowie der Zerlegung $Z_\mathrm{L} = X_\mathrm{L} + \mathrm{j}Y_\mathrm{L}$ gemäß (6.6) ergibt sich für die elektromechanische Übertragungsfunktion

$$\frac{V(s)}{U(s)} = \frac{Bl}{(Z_\mathrm{Q} + R + \mathrm{j}\omega L)\left[X_\mathrm{L} + R_\mathrm{A} + \mathrm{j}\left(Y_\mathrm{L} + \omega M_\mathrm{A} - \frac{1}{\omega C_\mathrm{A}}\right)\right] + B^2 l^2}. \quad (6.7)$$

Darin haben Z_Q, R_A, C_A, M_A, X_L und Y_L dieselbe Bedeutung wie oben. Bl ist das Produkt aus magnetischer Induktion und Leiterlänge der Schwingspule; R und L sind ohmscher Widerstand und Induktivität der Schwingspule. Multipliziert man in (6.7) noch den Nenner aus und faßt Real- und Imaginärteile zusammen, so ergibt sich

$$\frac{V(s)}{U(s)} = \frac{Bl}{(Z_\mathrm{Q} + R)} \Bigg\{ X_\mathrm{L} + R_\mathrm{A} - \frac{\omega L}{Z_\mathrm{Q} + R}\left(Y_\mathrm{L} + \omega M_\mathrm{A} - \frac{1}{\omega C_\mathrm{A}}\right)$$
$$+ \frac{B^2 l^2}{Z_\mathrm{Q} + R} + \mathrm{j}\left(Y_\mathrm{L} + \omega M_\mathrm{A} - \frac{1}{\omega C_\mathrm{A}}\right) \Bigg\}^{-1}. \quad (6.8)$$

Die elektromechanische Übertragungsfunktion (6.8) wird durch drei besondere Frequenzwerte charakterisiert, und zwar

- die Resonanzfrequenz f_A des Ankers;
- die Grenzfrequenz f_P des Kreiskolbenstrahlers; und
- die Schwingspulengrenzfrequenz f_S.

Läßt man vorläufig den Imaginärteil der Lastimpedanz Y_L außer acht, so gilt für die Resonanzfrequenz des Ankers

$$f_\mathrm{A} = \frac{1}{2\pi\sqrt{M_\mathrm{A} C_\mathrm{A}}}. \quad (6.9)$$

Beispielsweise ergibt sich mit einer Gesamtmasse des Ankers (Schwingspulen- plus Membranmasse) von $M_\mathrm{A} = 32$ g und einem Zahlenwert der Federung von $C_\mathrm{A} = 1,2 \cdot 10^{-4}$ m/N die Resonanzfrequenz $f_\mathrm{A} = 80$ Hz. Die Grenzfrequenz des Kreiskolbenstrahlers sei durch die Bedingung $2\pi f_\mathrm{P} a/c = 1$ gekennzeichnet, so daß

$$f_\mathrm{P} = c/(2\pi a). \quad (6.10)$$

Für einen Membranradius von $a = 8$ cm erhält man beispielsweise $f_\mathrm{P} = 682$ Hz.

Die Schwingspulengrenzfrequenz ist diejenige Frequenz, oberhalb welcher ωL dem Betrage nach die reelle elektrische Impedanz $Z_\mathrm{Q} + R$ überwiegt (Gleichung 6.7); das heißt, sie ist durch

$$f_S = \frac{Z_Q + R}{2\pi L} \tag{6.11}$$

definiert. Sie ist am kleinsten, wenn der Leistungsverstärker die innere Impedanz null hat und kann durch Erhöhung dieser Impedanz nach oben verschoben werden. Beispielsweise ergibt sich mit einer Schwingspuleninduktivität von $L = 0{,}5$ mH und dem ohmschen Schwingspulenwiderstand $R = 5\,\Omega$ die Schwingspulengrenzfrequenz $f_S = 1590$ Hz.

Aus der Tatsache, daß die Ankerresonanzfrequenz f_A weit unterhalb der Kreiskolbengrenzfrequenz f_P liegt, ergibt sich nachträglich, daß es bei der angenäherten Berechnung der Resonanzfrequenz gerechtfertigt war, den Imaginärteil Y_L der Lastimpedanz zunächst unberücksichtigt zu lassen. Wie aus (5.99) hervorgeht, gilt im Frequenzbereich $f < f_P$ die Näherung

$$Y_L \approx j\omega 16\rho_0 a^3/3. \tag{6.12}$$

Der Imaginärteil der durch die Strahlungsimpedanz verursachten Lastimpedanz ist die Impedanz einer Masse mit dem Betrag $16\rho_0 a^3$. Diese Masse hat für den Lautsprecher mit $a = 8$ cm den Betrag 3,3 g. Um diesen erhöht sich die Gesamtmasse, welche für die Resonanzfrequenz maßgebend ist. Somit kann man den oben nach (6.9) erhaltenen Wert für die Resonanzfrequenz dahingehend korrigieren, daß er in Wirklichkeit um ungefähr 5 Prozent kleiner ist, weil der Beitrag der Lastimpedanz etwa 10 Prozent der ursprünglich für M_A angesetzten Masse ausmacht. Die effektive Ankerresonanzfrequenz des Beispiellautsprechers beträgt also ungefähr 76 Hz.

Die Übertragungsfunktion kann anhand von (6.8) folgendermaßen diskutiert werden. Im Frequenzbereich $f \ll f_P$ dominiert der Term $1/(\omega C_A)$ im Nenner, so daß sich die asymptotische Funktion

$$\frac{V(s)}{U(s)} = j\omega C_A Bl/(Z_Q + R) \tag{6.13}$$

ergibt. Der Betrag der Übertragungsfunktion steigt in diesem Bereich proportional zur Frequenz an. Bei der (wie oben berichtigten) Ankerresonanzfrequenz nimmt er den Wert

$$\frac{V(s)}{U(s)} = \frac{Bl}{(Z_Q + R)R_A + B^2 l^2} \tag{6.14}$$

an. Der Realteil X_L der Lastimpedanz wurde hier nicht berücksichtigt, weil sein Betrag nach (5.98) weit unterhalb der Kreiskolbengrenzfrequenz sehr klein ist.

Im Frequenzbereich $f_A < f < f_S$ dominiert mit wachsender Frequenz zunehmend der Term ωM_A im Nenner von (6.8), so daß sich die Übertragungsfunktion der Funktion

$$\frac{V(s)}{U(s)} = \frac{-jBl}{\omega M_A (Z_Q + R)} \tag{6.15}$$

annähert. Deren Betrag ist umgekehrt proportional zur Frequenz. Zusammen mit der akustischen Übertragungsfunktion ergibt sich auf diese Weise nach (6.1) eine angenähert frequenzunabhängige Gesamtübertragungsfunktion, weil der Betrag der *akustischen* Übertragungsfunktion proportional zur Frequenz anwächst. Dies gilt insbesondere für die Punkte der Strahlerachse, vgl. (6.4).

Im Frequenzbereich $f > f_S$ dominiert im Nenner von (6.8) mit wachsender Frequenz zunehmend der Term $\omega^2 L M_A$, so daß sich die asymptotische Funktion

$$\frac{V(s)}{U(s)} = \frac{-Bl}{\omega^2 L M_A} \qquad (6.16)$$

ergibt. Deren Betrag ist umgekehrt proportional zum *Quadrat* der Frequenz. Daher verläuft in diesem Frequenzbereich die Gesamtübertragungsfunktion $P(s)/U(s)$ umgekehrt proportional zur Frequenz.

Die Untergrenze des *Betriebsfrequenzbereichs*, also des Bereichs, in welchem der Betrag der Gesamtübertragungsfunktion $P(s)/U(s)$ angenähert frequenzunabhängig ist, liegt dicht unterhalb der Ankerresonanzfrequenz, also im Beispiel bei ungefähr 75 Hz. Die Obergrenze liegt ungefähr bei der Schwingspulengrenzfrequenz f_S. Unter der Annahme, daß der als Beispiel betrachtete Lautsprecher mit einem Leistungsverstärker der inneren Impedanz $Z_Q = 0$ betrieben wird, beträgt die obere Betriebsgrenzfrequenz ungefähr 1600 Hz. Wie (6.11) zeigt, kann sie beträchtlich erhöht werden, indem man die innere Impedanz des Leistungsverstärkers vergrößert.

Besonderheiten des realen Schallwandlautsprechers. Ein technisch realisierter Schallwandlautsprecher weist gegenüber dem idealisierten Kreiskolbenlautsprecher in unendlich großer Wand zwangsläufig einige Unterschiede auf. Erstens sind die Dimensionen der Schallwand beschränkt. Dies hat zur Folge, daß die Baßwiedergabe beeinträchtigt wird, weil sich die von der Membranvorder- und rückseite abgestrahlten Schallwellen überlagern und teilweise frequenzselektiv auslöschen, und zwar umso wirksamer, je größer die Wellenlänge ist. Für eine quadratische Schallwand ergibt sich daraus eine untere Grenze des Betriebsfrequenzbereichs, welche ungefähr derjenigen Frequenz entspricht, deren Wellenlänge doppelt so groß ist wie die Kantenlänge der Schallwand. Um die untere Grenzfrequenz von 75 Hz des Beispiel-Lautsprechers tatsächlich zu nutzen, muß eine quadratische Schallwand mindestens 2,3 m Kantenlänge haben; denn die zu 75 Hz gehörige Wellenlänge beträgt 4,6 m.

Zweitens wird der reale Schallwandlautsprecher in der Regel nahe vor eine feste Wand montiert. Dies hat zum einen zur Folge, daß sich die von Membranvorder- und rückseite abgestrahlten Schallwellen im akustisch zu versorgenden Raum in noch wesentlich größerem Ausmaß überlagern. Zum anderen ändert sich die akustische Belastung der Membranrückseite merklich; das heißt, sie weicht von der Strahlungsimpedanz des idealisierten Kreiskolbens ab.

Drittens stellt die Membran des realen Lautsprechers ein Mittelding zwischen einem idealen Kolben und einer idealen Membran dar. Das heißt, daß sie nur bei sinusförmiger Anregung mit Frequenzen bis zu wenigen hundert Hertz wie ein Kolben schwingt; bei höheren Frequenzen entstehen auf ihr Biegeschwingungen.

Die Biegeschwingungen der Lautsprechermembran – und ihre Wirkung auf die Übertragungsfunktion – werden zwar durch die Theorie des Kreiskolbens nicht erfaßt; sie sind aber nicht von vorn herein als Nachteil anzusehen. Sie haben einerseits zur Folge, daß der Schalldruck auch auf der Strahlerachse und in größerer Entfernung nicht mehr den glatten Frequenzgang des idealen Kreiskolbens aufweist, sondern frequenzabhängig lokal selektive Maxima und Minima annimmt. Da Lautsprecher jedoch in der überwiegenden Zahl der Fälle in Umgebungen eingesetzt werden, wo in erheblichem Ausmaß Schallreflexion, Schallbeugung und Interferenz im Spiel sind – mit entsprechenden Folgen für den Frequenzgang der Übertragungsfunktion – fällt andererseits die Wirkung der Membran-Biegeschwingungen kaum ins Gewicht. Dagegen kann die Tatsache, daß die Membran-Biegeschwingungen der Schallabstrahlung bei höheren Frequenzen eine Richtungsdiffusität verleihen – also die scharfe Bündelung des Kreiskolbens mildern – als Vorteil angesehen werden.

6.1.2 Die Lautsprecherbox

Die idealisierte Lautsprecherbox geht aus dem Schallwandlautsprecher nach Abb. 6.1 hervor, wenn man sich dessen Schallwand um den elektromechanischen Wandler herum zu einem würfel- oder quaderförmigen geschlossenen Gehäuse zusammengeklappt vorstellt. Am elektromechanischen Wandler und seiner Kettenmatrix ändert sich dadurch nichts. Auch der Ansatz (6.1) zur Beschreibung der Übertragungsfunktion gilt unverändert. Dagegen müssen die beiden im Ansatz enthaltenen Übertragungsfunktionen neu ermittelt und diskutiert werden.

Die akustische Übertragungsfunktion. Im Hinblick auf die im Kapitel 5 dargestellten Grundlagen der Schallstrahler ist einleuchtend, daß die akustische Übertragungsfunktion der Lautsprecherbox nicht unabhängig von der Umgebung diskutiert werden kann, in welcher sich die Box befindet. Zuerst wird angenommen, daß die Box von keinen schallreflektierenden Flächen beziehungsweise anderen Körpern umgeben sei. Dieser Fall tritt zwar selten auf, jedoch ist seine Betrachtung als Grundlage für die Beurteilung anderer Situationen unumgänglich.

Der Übersichtlichkeit halber sei angenommen, daß die Box Würfelform habe, wie in Abb. 6.2 dargestellt. Für eine sinusförmige Schwingung so tiefer Frequenz, daß die Wellenlänge groß ist im Vergleich zur Box, wirkt die letztere wie ein konzentrischer Kugelstrahler, der den Schallfluß

$$Q_K(s) = \pi a^2 V(s) \tag{6.17}$$

abgibt, wo $V(s)$ die Frequenzfunktion der Kreiskolbenschnelle und a den Kolbenradius bedeuten. Der Radius des äquivalenten Kugelstrahlers ist gleich der halben Kantenlänge der Box, so daß der Kreiskolben näherungsweise einen Teil der Kugelfläche bildet. Dem Kugelstrahler ist seinerseits eine Punktquelle im Mittelpunkt der Box äquivalent, welche den Schallfluß

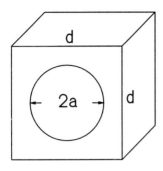

Abb. 6.2. Würfelförmige Lautsprecherbox. Im Ausschnitt der Frontwand schwingt ein Kreiskolben

$$Q(s) = \frac{\pi a^2 V(s)}{1 + sd/(2c)} e^{sd/(2c)} \tag{6.18}$$

abgibt, wobei mit d die Kantenlänge der Box gemeint ist. Gleichung (6.18) geht aus (5.64) hervor, wenn man in letzterer den Kugelradius a durch $d/2$ ersetzt und $Q_K(s)$ aus (6.17) einsetzt.

Der Frequenzbereich, in welchem obige Zusammenhänge gelten, läßt sich genauer durch die Bedingung $\lambda \gg 2\pi d/2$ ausdrücken, was dasselbe bedeutet wie $c/f \gg \pi d$, so daß

$$f \ll c/(\pi d) \tag{6.19}$$

zu fordern ist.

Die akustische Übertragungsfunktion der Strecke vom Boxmittelpunkt zu einem Punkt der Umgebung – für den Fall tiefer Frequenzen – erhält man aus (5.63), indem man darin $Q(s)$ aus (6.18) einsetzt und das Verhältnis $P(s)/V(s)$ bildet. Dabei kann man im Hinblick auf (6.19) den Nenner des Bruchs in (6.18) auf den Wert 1 reduzieren und erhält

$$\frac{P(s)}{V(s)} = \frac{s\rho_0 a^2}{4r} e^{-s(r-d/2)/c}. \tag{6.20}$$

Ein Vergleich von (6.20) mit (6.4) zeigt, daß für Meßpunkte auf der Kreiskolbenachse und für tiefe Frequenzen der Betrag der akustischen Übertragungsfunktion der Lautsprecherbox (6.20) gerade halb so groß ist wie derjenige des idealisierten Schallwandlautsprechers.

Wenn andererseits die Wellenlänge *klein* ist gegenüber der Box, dann ist die Frontfläche der Box groß genug, um im Hinblick auf die Schallabstrahlung angenähert dieselbe Wirkung auszuüben wie die große Wand des Kreiskolbenstrahlers. Daher gelten für diesen Frequenzbereich die akustischen Übertragungsfunktionen (6.2–6.4). Das bedeutet, daß für Punkte auf der Kreiskolbenachse bei hohen Frequenzen der Betrag der akustischen Übertragungsfunktion doppelt so groß ist wie bei tiefen Frequenzen. Die Übertragungsfunktionen bei tiefen und hohen Frequenzen gehen für Punkte der Strahlerachse monoton ineinander über, so daß man die Übertragungsfunktion des Übergangsfrequenzbereichs durch Interpolation annähern kann. Als Grenze zwischen den Bereichen tiefer und hoher Frequenzen im obigen Sinne bezeichnet man zweckmäßigerweise die Frequenz

$$f_\mathrm{d} = c/(2d), \tag{6.21}$$

also diejenige, bei welcher die Wellenlänge gleich der doppelten Kantenlänge ist. Sie beträgt beispielsweise für eine Box mit der Kantenlänge $d = 30$ cm rund 570 Hz.

Für hinreichend entfernte Punkte der Kreiskolbenachse kann man die akustische Übertragungsfunktion der Box für den *gesamten* Frequenzbereich in geschlossener Form angeben, indem man (6.20) und (6.4) in geeigneter Weise zusammenfaßt. Diesen Zweck erfüllt beispielsweise die Funktion

$$\frac{P(s)}{V(s)} = \frac{s\rho_0 a^2}{4x} \left(2 - e^{-\omega d/(\pi c)}\right) e^{-sx/c}. \tag{6.22}$$

Darin bedeutet x die Entfernung von der Lautsprechermembran und es wird $x \gg a$ vorausgesetzt.

Eine Lautsprecherbox wird meist entweder an einer Wand eines Raumes angebracht oder in einer Raumecke aufgestellt. Bezüglich des Bereichs hoher Frequenzen ändern sich dadurch die Verhältnisse nur insofern, als die Schallreflexionen an den Wänden des Raumes berücksichtigt werden müssen (vgl. Abschnitt 5.4). Bezüglich tiefer Frequenzen kann die Box mit (6.20) als Punktquelle behandelt werden, so daß man im Falle ihrer Aufstellung in einem halligen Raum die Methoden anwenden kann, welche im Abschnitt 5.4 beschrieben wurden.

Wenn beispielsweise die Box an einer großen schallreflektierenden Wand eines Raumes angebracht ist und die Schallreflexionen an den anderen Wänden vernachlässigbar sind, ergibt sich die im Abschnitt 5.4.1 beschriebene Übertragungsfunktion, wobei im Falle einer würfelförmigen Box die äquivalente Punktquelle von der Wand den Abstand $d/2$ hat.

Wenn die Box in einer Raumecke auf dem Boden aufgestellt wird, dann wird bei tiefen Frequenzen der Schall von den beiden angrenzenden Wänden und dem Boden reflektiert. Die akustische Wirkung dieser drei Flächen kann man durch insgesamt acht Spiegelquellen nachbilden, welche außerhalb des Raumes von den Wänden beziehungsweise dem Boden jeweils den Abstand $d/2$ haben. Dies zeigt, daß die Aufstellung einer Lautsprecherbox in einer Ecke eines Raumes eine beträchtliche Verstärkung der Baßwiedergabe zur Folge hat.

Die elektromechanische Übertragungsfunkion. Die elektromechanische Übertragungsfunktion der Lautsprecherbox ist durch (6.5) gegeben. Masse, Federung und Reibwiderstand des Kreiskolbens (der Lautsprechermembran) seien wieder in M_A, C_A und R_A enthalten. Die mechanische Last Z_L des Wandlers, welche aus der akustischen Belastung der Membran an Vorder- und Rückseite hervorgeht, kann folgendermaßen bestimmt werden.

Die auf der Membranvorderseite wirksame Strahlungsimpedanz entspricht bei tiefen Frequenzen - das heißt, unter der Bedingung (6.19) - näherungsweise der Strahlungsimpedanz des Kugelstrahlers, wobei der Membranradius a die Rolle des Kugelradius übernimmt. Dieser Sachverhalt geht beispielsweise aus der Theorie des Kreiskolbenstrahlers, der sich in einem kugelförmigen Gehäuse befindet, hervor [655]. Bei hohen Frequenzen ist die Strahlungsimpedanz des Kreiskolbens in unendlich großer Wand anzunehmen. Weil diese mit derjenigen des Kugelstrahlers umso besser übereinstimmt, je höher die Frequenz ist, beschreibt man zweckmäßigerweise die äußere Strahlungsimpedanz der Lautsprecherbox im ganzen Frequenzbereich durch diejenige des Kugelstrahlers. Letztere ist durch (5.59) gegeben.

Der Anteil Z_{La} der Lastimpedanz, welcher von der äußeren Strahlungsimpedanz herrührt, geht somit aus (5.59) hervor, indem man darin unter a den Radius der Lautsprechermembran versteht und mit der Membranfläche πa^2 multipliziert. Nach Trennung in Real- und Imaginärteil ergibt sich

$$Z_{\text{La}} = \frac{\omega^2 a^4 \pi \rho_0/c}{1+(\omega a/c)^2} + j\frac{\omega a^3 \pi \rho_0}{1+(\omega a/c)^2}. \tag{6.23}$$

Mit ihrer Rückseite strahlt die Membran Schall ins Innere der Box ab. Daraus ergibt sich eine akustische Belastung, welche vom Schallfeld im Inneren abhängt. Für Sinusschwingungen tiefer Frequenz, das heißt, mit Wellenlängen, die groß sind gegenüber der Kantenlänge d, ist das Schallfeld sehr einfach. Der instantane Schalldruck ist in allen Punkten innerhalb der Box näherungsweise gleich und die Luft wirkt auf die Membran wie eine Feder mit der durch (5.15) angegebenen Nachgiebigkeit. Wenn andererseits die Wellenlänge kleiner ist als die Kantenlänge, entstehen im Inneren Wellen und diese haben eine frequenzabhängige akustische Belastung der Membranrückseite zur Folge. Setzt man voraus, daß die damit verbundenen Resonanzerscheinungen durch eingebrachtes Dämmaterial bedämpft werden – dies gelingt umso wirksamer, je höher die Frequenz – dann geht die innere akustische Last angenähert in diejenige des freien Schallfeldes über. Bei hohen Frequenzen kann man daher als innere Strahlungsimpedanz den Wert $\rho_0 c$ ansetzen. Auf Grund dieser Überlegungen kann man mit (5.15) für den Anteil Z_{Li} der mechanischen Lastimpedanz, welcher von der inneren Strahlungsimpedanz herrührt, die Formel

$$Z_{\text{Li}} = \frac{\rho_0 c \pi a^2}{1+\left(\frac{2\pi c}{\omega d}\right)^2} - j\frac{\rho_0 c^2 \pi^2 a^4/(\omega d^3)}{1+\left(\frac{\omega d}{2\pi c}\right)^3} \tag{6.24}$$

ansetzen. Darin dienen die Nenner der beiden Brüche als "Schaltfunktionen". Diese sorgen dafür, daß Z_{Li} bei tiefen Frequenzen praktisch nur aus dem Imaginärteil, bei hohen aus dem Realteil besteht. Als Übergangsfrequenz f_{g} vom einen Zustand in den anderen wurde diejenige gewählt, bei welcher $\lambda = d$ ist, so daß

$$f_{\text{g}} = c/d. \tag{6.25}$$

Die Lastimpedanz $Z_{\text{L}} = X_{\text{L}} + jY_{\text{L}}$ des Wandlers erhält man durch Zusammenfassung der inneren und äußeren Anteile. Aus (6.23) und (6.24) ergibt sich

$$X_{\text{L}} = \frac{\omega^2 a^4 \pi \rho_0/c}{1+(\omega a/c)^2} + \frac{\rho_0 c \pi a^2}{1+\left(\frac{2\pi c}{\omega d}\right)^2}, \tag{6.26}$$

$$Y_{\mathrm{L}} = \frac{\omega a^3 \pi \rho_0}{1+(\omega a/c)^2} - \frac{\rho_0 c^2 \pi^2 a^4/(\omega d^3)}{1+\left(\frac{\omega d}{2\pi c}\right)^2}. \tag{6.27}$$

In Abb. 6.3 sind X_{L} und Y_{L} exemplarisch für eine würfelförmige Lautsprecherbox mit 30 cm Kantenlänge und 16 cm Membrandurchmesser als Funktion der Frequenz dargestellt.

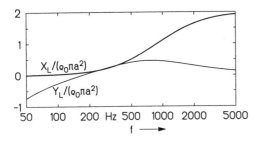

Abb. 6.3. Frequenzgang des Realteils X_{L} und des Imaginärteils Y_{L} der Lastimpedanz Z_{L} bei der elektrodynamischen Lautsprecherbox (auf $\rho_0 \pi a^2$ normiert). Berechnet nach (6.26, 6.27) für $a = 8$ cm, $d = 30$ cm

Durch Einsetzen von (6.26) und (6.27) in (6.5) erhält man die elektromechanische Übertragungsfunktion. Zusammen mit (6.22) und (6.1) ergibt sich die gesamte Übertragungsfunktion der Lautsprecherbox für Punkte der Strahlerachse.

Elektrodynamische Lautsprecherbox. Die elektromechanische Übertragungsfunktion des elektrodynamischen Wandlers ist durch (6.8) gegeben. Darin sind X_{L} und Y_{L} aus (6.26, 6.27) einzusetzen. Der Frequenzgang der elektromechanischen Übertragungsfunktion unterscheidet sich von demjenigen beim Schallwandlautsprecher in dem Maße, wie die Unterschiede der Lastimpedanz Z_{L} ins Gewicht fallen. Im Bereich höherer Frequenzen ist dieser Unterschied verschwindend gering. Bei tiefen Frequenzen kann er merklich werden, und zwar deshalb, weil Y_{L} gemäß (6.27) bei tiefen Frequenzen einen negativen Anteil aufweist – resultierend aus der Federwirkung der in der Box eingeschlossenen Luft. Dazu kommt, daß der positive Anteil von Y_{L} (die massenartige akustische Belastung der Membran) nach (6.27) nur ungefähr halb so groß ist wie beim Schallwandlautsprecher. Der positive Anteil wirkt wie eine Erhöhung der Ankermasse, der negative wie eine Erhöhung der Ankerfedersteifigkeit, vgl. (6.8). Zusammengenommen kommt dabei heraus, daß die effektive Ankerresonanzfrequenz der geschlossenen Lautsprecherbox höher ist als diejenige desselben Systems in einer Schallwand. Weil die effektive Ankerresonanzfrequenz bei der Lautsprecherbox genau so wie beim Schallwandlautsprecher die untere Grenze des Betriebsfrequenzbereichs bestimmt, gilt es, diesen Effekt zu beachten.

Der Betrag der durch die eingeschlossene Luft erzeugten Federsteifigkeit ist gemäß (5.15) proportional zum Quadrat der Membranfläche und umgekehrt proportional zum Luftvolumen. Beispielsweise ergibt sich für eine würfelförmige Box mit 30 cm Kantenlänge, in welche das oben betrachtete elektrodynamische System eingebaut ist, nach (5.15) die Federung

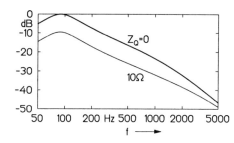

Abb. 6.4. Die elektromechanische Übertragungsfunktion des elektrodynamischen Wandlers in einer würfelförmigen Lautsprecherbox mit der Kantenlänge $d = 30$ cm; $a = 8$ cm; $R = 5\,\Omega$; $L = 5$ mH; $Bl = 1$ Vs/m; $R_A = 15$ Ns/m; $M_A = 32$ g; $C_A = 1{,}2 \cdot 10^{-4}$ m/N. Normierte Darstellung im Pegelmaß mit demselben Bezugswert für beide Kurven

$C_L = 4{,}56 \cdot 10^{-4}$ m/N, was der Steifigkeit $1/C_L = 2130$ N/m entspricht. Diese Steifigkeit addiert sich zu derjenigen der mechanischen Membranaufhängung, wodurch eine Gesamtsteifigkeit von 10130 N/m entsteht. Die äußere akustische Belastung entspricht in der Umgebung der Ankerresonanzfrequenz nach (6.27) einer Masse von etwa 2 g, so daß die effektive Ankermasse 34 g ausmacht. Damit ergibt sich nach (6.9) eine effektive Ankerresonanzfrequenz von 87 Hz. Diese liegt um 11 Hz über derjenigen desselben, in eine große Schallwand eingebauten elektrodynamischen Systems. In Abb. 6.4 ist als Beispiel der mit (6.8) und (6.26, 6.27) berechnete Betrag der elektromechanischen Übertragungsfunktion der Box mit den oben angenommenen Daten als Funktion der Frequenz dargestellt, und zwar im Pegelmaß und auf den Maximalwert normiert.

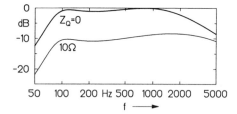

Abb. 6.5. Betrag der Übertragungsfunktion $P(s)/U(s)$ der Lautsprecherbox mit den zu Abb. 6.4 angegebenen Daten. Normierte Darstellung im Pegelmaß für eine feste Entfernung auf der Strahlerachse

Abbildung 6.5 zeigt den Frequenzgang der Gesamtübertragungsfunktion der Lautsprecherbox, welcher sich mit den oben angenommen Daten aus (6.1) mit (6.8), (6.22) und (6.26, 6.27) ergibt.

Für den Einbau in geschlossene Gehäuse werden spezielle elektrodynamische Systeme hergestellt, welche eine besonders nachgiebige mechanische Membranaufhängung haben. Wenn zugleich ein relativ kleiner Membrandurchmesser gewählt wird, ergibt sich auch mit einer kleinen Box eine verhältnismäßig tiefliegende effektive Ankerresonanzfrequenz. Würde man beispielsweise die Steifigkeit der mechanischen Membranaufhängung des oben betrachteten Lautsprechers verschwindend gering machen, so ergäbe sich im geschlossenen Gehäuse von 30 cm Kantenlänge die effektive Ankerresonanzfrequenz 40 Hz – und eine entsprechend tiefliegende untere Betriebsgrenzfrequenz.

Im Unterschied zum Schallwandlautsprecher folgt demnach die erforderliche Größe einer Lautsprecherbox nicht primär aus der gewünschten unteren Betriebsgrenzfrequenz. Sie ergibt sich vielmehr aus der verlangten Schalleistung, beziehungsweise aus dem in der Umgebung verlangten Schalldruck. Wie (6.22) zeigt, erfordert die Erzeugung eines bestimmten Schalldrucks auf der Strahlerachse eine umso größere Membranschnelle, je tiefer die Frequenz ist. Zur Erzeugung des effektiven Schalldrucks $\tilde{p}$ bei der Frequenz f und in der Entfernung x auf der Strahlerachse ist die effektive Membranschnelle

$$\tilde{v} = \frac{4x}{2\pi f \rho_0 a^2} \tilde{p} \tag{6.28}$$

erforderlich. Dieser entspricht bei einem sinusförmigen Signal der Frequenz f die Membran*amplitude*

$$\hat{\xi} = \frac{\tilde{v}}{2\pi f}\sqrt{2} = \frac{\sqrt{2}x}{f^2 \rho_0 \pi^2 a^2}\tilde{p}. \tag{6.29}$$

Um mit dem oben als Beispiel betrachteten Lautsprecher in einer Box mit der Kantenlänge 30 cm ($a = 8$ cm, Resonanzfrequenz 87 Hz) bei der unteren Betriebsgrenzfrequenz und in der Entfernung $x = 5$ m den Schallpegel 80 dB – das heißt, den effektiven Schalldruck 0,2 Pa – zu erzeugen, muß nach (6.29) die Membranschwingung eine Amplitude von 2,4 mm annehmen, was einem Hub der Schwingspule im Magnetfeld von 4,8 mm entspricht. Damit erreicht der elektrodynamische Wandler ungefähr seine technisch realisierbare Grenze. Um bei derselben – oder gar einer tieferen – Frequenz einen höheren Schalldruck erzeugen zu können, muß eine Membran mit größerem Durchmesser verwendet werden. Weil die wirksame Federsteifigkeit der in der Box eingeschlossenen Luft mit der vierten Potenz des Membrandurchmessers wächst, muß das Luftvolumen – und damit die Größe der Box – im gleichen Maß vergrößert werden, wenn die untere Betriebsgrenzfrequenz erhalten bleiben soll.

Neben dem maximal möglichen Hub der Schwingspule ergibt sich die zweite hauptsächliche Begrenzung des Schalldrucks aus der thermischen Belastung der Schwingspule. Der Realteil der elektrischen Eingangsimpedanz des elektrodynamischen Wandlers besteht zum größten Teil aus dem ohmschen Widerstand der Schwingspule. Daher wird der größte Teil (ungefähr 99 Prozent) der vom Verstärker gelieferten elektrischen Wirkleistung in der Schwingspule in Wärme umgesetzt. Weil die Wärme nur in sehr begrenztem Maß abgeleitet werden kann, nimmt die Schwingspule schon bei relativ geringer, aber andauernder Überlastung eine Temperatur an, welche zu ihrer Zerstörung beziehungsweise Verformung führt. Der Vorgang des Aufheizens beziehungsweise der Abkühlung der Schwinggspule weist eine merkliche Trägheit auf. Deshalb sind kurzzeitige, in nicht zu kleinen Zeitabständen auftretende Überlastungen weniger schädlich als gleichmäßig andauernde. Daraus ergibt sich der Unterschied zwischen der maximal zulässigen *Musikleistung* und der *Sinusleistung* des elektrodynamischen Lautsprechers. Die

164   6. Lautsprecher, Kopfhörer und Mikrofone

zulässige Musikleistung ist größer, weil im Musiksignal Abschnitte großer und kleiner Intensität einander abwechseln und Pausen beträchtlicher Dauer auftreten, in welchen die Schwingspule abkühlt.

6.2 Kopfhörer

Als Kopfhörer (vgl. Abb. 2.15) wird ein elektroakustischer Wandler bezeichnet, welcher unmittelbar vor dem Ohr oder im äußeren Gehörgang angebracht ist und mit demselben zusammen eine mehr oder weniger dicht geschlossene Kammer bildet. Abb. 6.6 zeigt schematisch die wesentlichen Teile der Anordnung. Die gesamte Anordnung stellt ein elektroakustisches Zweitorsystem dar, dessen Eingangsgröße die innere elektrische Wechselspannung der Signalquelle und der dazugehörige Wechselstrom sind. Die Signalquelle (beispielsweise ein elektrischer Verstärker) habe die innere Impedanz Z_Q. Die Ausgangsgrößen sind der Schalldruck und die Schallschnelle beziehungsweise der Schallfluß, welche unmittelbar vor dem Trommelfell entstehen.

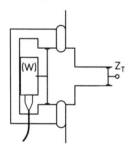

Abb. 6.6. Schema eines Kopfhörers mit Wandlermembran, äußerer Luftkammer und Gehörgang. Letzterer ist durch das Trommelfell mit der Impedanz Z_T abgeschlossen

Das Gesamtsystem unterteilt man zweckmäßigerweise in die elektromechanische Strecke und und die akustische Strecke. Die Gesamtübertragungsfunktion wird durch das Produkt der elektromechanischen Übertragungsfunktion $V(s)/U(s)$ und der akustischen Übertragungsfunktion $P_T(s)/V(s)$ gekennzeichnet. Mit $V(s)$, $U(s)$ sind dabei die Membranschnelle und die innere Spannung der Signalquelle gemeint, mit $P_T(s)$ der Schalldruck am Trommelfell. Die Gesamtübertragungsfunktion hängt außer von den Eigenschaften des elektromechanischen Wandlers von den Dimensionen des Hohlraums zwischen Membran und Trommelfell, dem Grad der Undichtheit dieses Hohlraumes (der Größe des *akustischen Lecks*) und der Trommelfellimpedanz Z_T ab.

6.2.1 Die akustische Übertragungsfunktion

Der Gehörgang hat im Mittel eine Länge von ungefähr 25 mm, einen Durchmesser von 8 mm und einen Querschnitt von etwa 50 mm². Bei Kopfhörern,

6.2 Kopfhörer

die auf der Ohrmuschel einigermaßen eng aufliegen, beträgt die Distanz zwischen Wandlermembran und Trommelfell 30–50 mm, bei solchen, die in den Gehörgang ragen, 20–30 mm. Läßt man das akustische Leck einmal außer acht, so wird die akustische Übertragungsstrecke je nach Hörertyp durch eine 20–50 mm lange, luftgefüllte Kammer mit einem Volumen von 2–10 cm^3 gebildet. Im Hinblick auf ihre Dimensionen kann man sie bezüglich des Frequenzbereichs unterhalb etwa 3 kHz als *Druckkammer* behandeln (vgl. Abschnitt 5.2.1). Bezüglich des darüberliegenden Frequenzbereichs ist es angebracht, den Gehörgang als zylindrische akustische Leitung zu behandeln (Abschnitt 5.2.2), vor welcher sich gegebenenfalls noch eine kurze, flache Druckkammer befindet.

Das akustische Leck – das heißt, eine Öffnung der Kammer nach außen – entsteht dadurch, daß die Hörer-Auflagefläche nicht dicht ans Ohr gedrückt wird (wie beispielsweise beim Telefonieren), daß das Auflagepolster nicht dicht an der Ohrmuschel beziehungsweise am Kopf anliegt (geschlossener supraauraler beziehungsweise zirkumauraler Hörer), oder daß das Polster porös ist und nur locker anliegt (offener Hörer). Der Einfluß des akustischen Lecks auf die Übertragungsfunktion kann näherungsweise mit Hilfe des in Abb. 6.7 dargestellten Modells berechnet werden. Es handelt sich dabei um eine Druckkammer, welche außer ihrem akustischen Ausgangstor mit dem Querschnitt S_2 eine seitliche Öffnung mit dem Querschnitt S_3 aufweist. Dieses Modell ist für den Frequenzbereich unterhalb etwa 3 kHz für die *gesamte* akustische Strecke geeignet, so daß P_2, Q_2 Schalldruck und Schallfluß vor dem Trommelfell bedeuten. Bezüglich des Bereichs hoher Frequenzen dient das Modell zur Beschreibung der Strecke von der Membran bis zum Beginn des Gehörgangs. Letzterer wird dann als zusätzliches Zweitorsystem (akustische homogene Leitung) berücksichtigt.

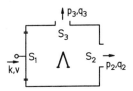

Abb. 6.7. Mechanisch-akustisches Zweitor mit akustischem Leck als Modell der mehr oder weniger undichten Kammer vor der Membran eines Kopfhörers. Das Leck wird durch die Seitenöffnung mit der Fläche S_3 repräsentiert

Mit Hilfe der im Abschnitt 5.2.1 beschriebenen Grundlagen ergibt sich als Kettenmatrix des in Abb. 6.7 dargestellten Hohlraumzweitors:

$$(H) = \begin{pmatrix} S_1 & 0 \\ \frac{s\Lambda}{\rho_0 c^2 S_1} + \frac{1}{S_1 Z_3} & 1/S_1 \end{pmatrix}. \tag{6.30}$$

Darin bedeutet Λ das Kammervolumen, und $Z_3(s) = P_3(s)/Q_3(s)$ ist die akustische Impedanz an der Seitenöffnung, das heißt, die Impedanz des akustischen Lecks.

Die Übertragungsfunktion $P_2(s)/V(s)$ der undichten Druckkammer lautet

$$\frac{P_2(s)}{V(s)} = \frac{Z_2}{H_{21}Z_2 + H_{22}} = \frac{S_1}{\frac{s\Lambda}{\rho_0 c^2} + \frac{1}{Z_3} + \frac{1}{Z_2}}, \qquad (6.31)$$

wobei $Z_2 = P_2/Q_2$ die akustische Impedanz am Ausgangstor bedeutet.
Die Wirkung des akustischen Lecks kann man näherungsweise folgendermaßen beschreiben. Von der Seitenöffnung wird in die Umgebung Schall abgestrahlt. Die Impedanz Z_3 ist die dabei wirksame Strahlungsimpedanz. Weil die Weite des Lecks und der zugehörige Querschnitt S_3 sehr klein sind verglichen mit der Wellenlänge, entspricht die Strahlungsimpedanz weitgehend derjenigen eines Kugelstrahlers im Bereich $\beta a_\text{L} \ll 1$, wo a_L der Radius des kreisförmig angenommenen Lecks ist. Somit gilt

$$Z_3 = j\omega \rho_0 a_\text{L}/S_3. \qquad (6.32)$$

Um von der Querschnittsform des Lecks zu abstrahieren, ersetzt man zweckmäßigerweise den Radius $a_\text{L} = \sqrt{S_3/\pi}$ durch den Leckquerschnitt S_3, so daß aus (6.32)

$$Z_3 = j\omega \rho_0 / \sqrt{\pi S_3} \qquad (6.33)$$

hervorgeht. Gleichung (6.33) besagt, daß das Leck wie eine angekoppelte Masse mit dem Betrag $\rho_0/\sqrt{\pi S_3}$ wirkt.

Die Trommelfellimpedanz, das heißt, das Verhältnis $P_\text{T}(s)/Q_\text{T}(s)$, hat im Frequenzbereich unterhalb 6 kHz einen Betrag von der Größenordnung 10^7 Ns/m^5 [459, 460]. Im hohen Frequenzbereich ist sie nicht zuverlässig bekannt, weil die Messung schwierig ist und die Ergebnisse stark streuen. Als vorläufige Näherung wird im folgenden die Trommelfellimpedanz durch die Formeln

$$X_\text{T} = \frac{1500}{1 + (f/7000\text{Hz})^3} \text{ Ns/m}^3, \qquad (6.34)$$

$$Y_\text{T} = \frac{-6 \cdot 10^6}{3000 + f/\text{Hz}} \text{ Ns/m}^3 \qquad (6.35)$$

beschrieben. Um sie bequem mit der Schallfeldimpedanz $\rho_0 c = 415$ Ns/m^3 in Luft vergleichen zu können, wurde hier als $Z_\text{T} = X_\text{T} + jY_\text{T}$ das Verhältnis P_T/V_T definiert. Den Quotienten P_T/Q_T erhält man daraus, indem man Z_T durch den Querschnitt des Gehörgangs $S_\text{G} \approx 50$ mm^2 dividiert. Abb. 6.8 illustriert die derart definierte Trommelfellimpedanz als Funktion der Frequenz.

Aus (6.34, 6.35) geht hervor, daß der Absolutbetrag der Trommelfellimpedanz im Frequenzbereich unterhalb 6 kHz mindestens das Fünffache von Z_0 beträgt. Für eine überschlägige Berechnung kann man daher das Trommelfell als schallharten Abschluß des Gehörganges ansehen. Bei Frequenzen oberhalb 6 kHz scheint die Trommelfellimpedanz auf sehr kleine Werte abzusinken. Die Implikationen dieser Beobachtung sind bisher noch weitgehend unklar.

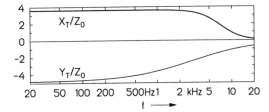

Abb. 6.8. Realteil X_T und Imaginärteil Y_T der akustischen Impedanz P/V unmittelbar vor dem Trommelfell, normiert auf $\rho_0 c$, als Funktion der Frequenz. Berechnet mit den Näherungsformeln (6.34, 6.35)

Für den Frequenzbereich $f < 3$ kHz kann man das Modell Abb. 6.7 zur Beschreibung der gesamten Strecke zwischen Membran und Trommelfell heranziehen, so daß $P_2/Q_2 = Z_T/S_G$ (wo S_G der Gehörgangquerschnitt sei). Setzt man (6.33), (6.34) und (6.35) in (6.31) ein, so ergibt sich für diesen Frequenzbereich die akustische Übertragungsfunktion

$$\frac{P_T(s)}{V(s)} = S_1 \left[\frac{S_G X_T}{X_T^2 + Y_T^2} + j \left(\frac{\omega \Lambda}{\rho_0 c^2} - \frac{\sqrt{\pi S_3}}{\omega \rho_0} - \frac{S_G Y_T}{X_T^2 + Y_T^2} \right) \right]^{-1}. \quad (6.36)$$

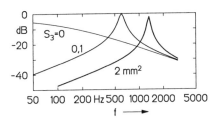

Abb. 6.9. Akustische Übertragungsfunktion $P_T(s)/V(s)$ des Kopfhörers bei undichter Druckkammer und endlicher Trommelfellimpedanz. Berechnet mit (6.36) und (6.34, 6.35) für das Volumen $\Lambda = 4$ cm^3 und die angegebenen Werte für S_3. Darstellung im Pegelmaß und auf den Maximalwert der zweiten Kurve normiert

Abbildung 6.9 zeigt als Beispiel drei Betragsfrequenzgänge der mit (6.36) berechneten akustischen Übertragungsfunktion, im Pegelmaß. Wenn der Leck-Querschnitt S_3 von null verschieden ist, tritt eine ausgeprägte Resonanz auf, welche durch die am akustischen Leck auftretende Luftmasse zusammen mit der Druckkammer-Federung hervorgerufen wird. Die Frequenz f_L der Leck-Resonanz liegt umso höher, je größer die Lecköffung ist. Man kann eine einfache Nährungsformel dafür aus (6.31) gewinnen, indem man darin die Abschlußimpedanz Z_2 unendlich groß annimmt und Z_3 aus (6.33) einsetzt. So ergibt sich

$$f_L = \frac{c}{2\pi} \sqrt{\sqrt{\pi S_3}/\Lambda}. \quad (6.37)$$

Soll die Berechnung den Bereich hoher Frequenzen einschließen, so wendet man zweckmäßigerweise das Hohlraummodell allein auf den kurzen flachen Raum zwischen Membran und Gehörgang an und behandelt den Gehörgang als daran angeschlossenes zusätzliches Zweitorsystem. Die Kettenmatrix des Gehörganges ist durch (5.48) gegeben. Bezeichnet man sie mit (G), so lautet die Matrix der gesamten akustischen Strecke

$$(A) = (H) \cdot (G) = \begin{pmatrix} H_{11}G_{11} + H_{12}G_{21} & H_{11}G_{12} + H_{12}G_{22} \\ H_{21}G_{11} + H_{22}G_{21} & H_{21}G_{12} + H_{22}G_{22} \end{pmatrix}. \tag{6.38}$$

Für die akustische Übertragungsfunktion $P_T(s)/V(s)$ gilt dann

$$\frac{P_T(s)}{V(s)} = \frac{Z_T}{(H_{21}G_{11} + H_{22}G_{21})Z_T + (H_{21}G_{12} + H_{22}G_{22})S_G}, \tag{6.39}$$

wo Z_T die Trommelfellimpedanz nach (6.34, 6.35), und $Z_G \approx 50$ mm² den Gehörgangquerschnitt bedeuten.

Die Wirkungen von Gehörgang und Trommelfellimpedanz wurden von Shaw [860] experimentell ermittelt, indem der Schalldruck im Gehörgang von 10 Versuchspersonen mit vier verschiedenen Kopfhörern als Funktion der Frequenz gemessen und sein Verhältnis zum Schalldruck in einer Kammer (Kuppler) dargestellt wurde. Die so erhaltenen Frequenzgänge hängen nur wenig vom Kopfhörertyp ab und weisen merkliche individuelle Unterschiede auf.

6.2.2 Die elektromechanische Übertragungsfunktion

Der Berechnung der elektromechanischen Übertragungsfunktion legt man zweckmäßigerweise das in Abb. 6.10 links dargestellte elektromechanische Schema (EMS) zugrunde.

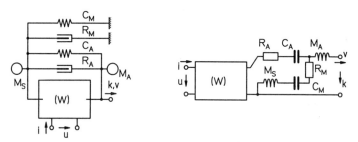

Abb. 6.10. EMS (links) und PES (rechts) des Kopfhörers. M_S Gesamtmasse; R_M, C_M Reibwiderstand und Federung von Polster und Andruckbügel. M_A, R_A, C_A Masse, Reibwiderstand und Federung des Ankers

Es geht anschaulich aus der in Abb. 6.6 gezeigten Anordnung hervor. Es unterscheidet sich vom EMS des allgemeinen realen Wandlers nach Abb. 4.1 nur dadurch, daß die Montage-Umgebungsmasse M_M nicht in Erscheinung tritt. Ihr entspricht beim Kopfhörer die Masse des Kopfes und diese wird von vorn herein als sehr groß angenommen. Das pseudoelektrische Ersatzschema PES ist in Abb. 6.10 rechts dargestellt. Die im EMS und PES enthaltenen Elemente haben folgende Bedeutungen:

- R_A, C_A und M_A sind Reibwiderstand, Federung und Masse des Ankers des Wandlers.
- R_M und C_M sind Reibwiderstand und Federung des Auflagepolsters.
- M_S ist die Gesamtmasse des Hörers.

Die elektromechanische Übertragungsfunktion $V(s)/U(s)$ erhält man aus (4.59), indem dem man darin die mechanischen Systemfunktionen M_{11} bis M_{22} einsetzt. Die in den letzteren nach (4.52– 4.55) enthaltenen Impedanzen Z_1, Z_2, Z_3 der T-Ersatzschaltung sind aus dem PES Abb. 6.10 rechts abzulesen.

Man kann dem Kopfhörer weder von vorn herein eine unendlich große Gesamtmasse M_S zuschreiben, noch kann man voraussetzen, daß er an einer unendlich großen Masse starr befestigt sei. Daher muß man im allgemeinen damit rechnen, daß der gesamte Wandler Schwingungen ausführt, welche die Übertragungsfunktion beeinflussen, und es gilt abzuschätzen, unter welchen Voraussetzungen diese Schwingungen vernachlässigt werden können. Aus der Wandler-Gesamtmasse M_S und der Federung des Polsters C_M ergibt sich die *Systemresonanzfrequenz*

$$f_S = \frac{1}{2\pi\sqrt{M_S C_M}}. \tag{6.40}$$

Je geringer die Gesamtmasse des Hörers, umso größer ist die Gefahr, daß f_S in den Betriebsfrequenzbereich zu liegen kommt. Um das Mitschwingen des Gesamtsystems im Betriebsfrequenzbereich vernachlässigen zu können, muß f_S unterhalb der Untergrenze f_u dieses Bereichs liegen. Aus (6.40) ergibt sich so bei gegebener Gesamtmasse für die Federung des Polsters die Bedingung

$$C_M > \frac{1}{4\pi^2 f_u^2 M_S}. \tag{6.41}$$

Für einen Hörer mit der relativ geringen Gesamtmasse 7 g und die untere Grenzfrequenz $f_u = 20$ Hz ergibt sich beispielsweise $C_M > 9$ mm/N. Allgemein gilt, daß der Hörer umso lockerer am Ohr anliegen soll, je geringer seine Gesamtmasse ist. Diese Bedingung ist günstig für die Annehmlichkeit des Tragens des Kopfhörers. Da sie andererseits der Entstehung eines akustischen Lecks Vorschub leistet, kann sie nur beim offenen Hörertyp realisiert werden.

Setzt man voraus, daß die Bedingung (6.41) erfüllt ist, dann kann man zur Berechnung der Übertragungsfunktion im Betriebsfrequenzbereich den aus R_M, C_M und M_S bestehenden Querzweig des PES (Abb. 6.10) fortlassen so daß die Übertragungsfunktion die Form (4.61) annimmt.

Zur Berechnung der elektromechanischen Übertragungsfunktion wird neben der inneren Impedanz Z_Q der elektrischen Signalquelle die mechanische Lastimpedanz Z_L benötigt. Letztere ergibt sich aus der akustischen Belastung der Membranvorder- und rückseite. Die akustische Last auf der Vorderseite ist gleich der Eingangsimpedanz des akustischen Zweitores, welches allgemein durch (6.38) gekennzeichnet ist. Für den Frequenzbereich unterhalb 3 kHz ist sie gleich der Eingangsimpedanz der undichten Druckkammer, welche mit der Trommelfellimpedanz abgeschlossen ist, und diese ist mit der dazugehörigen akustischen Übertragungsfunktion (6.36) identisch, weil der Schalldruck an jeder Stelle innerhalb der Kammer gleich groß ist.

Die akustische Last auf der Membranrückseite ist sehr verschieden, je nachdem, ob es sich um den geschlossenen oder den offenen Hörertyp handelt. Beim geschlossenen Hörer soll nicht nur die zwischen Membran und Gehörgang vorhandene Druckkammer möglichst dicht abgeschlossen sein, sondern es ist auch das Hörergehäuse *hinter* der Membran dicht geschlossen. Daher wirkt die hinter der Membran eingeschlossene Luft wie eine Feder mit der in (5.15) angegebenen Federung C_L. Bei der Berechnung der elektromechanischen Übertragungsfunktion des geschlossenen Hörers ist es zweckmäßig, diese Federung mit derjenigen der mechanischen Membranaufhängung zusammenzufassen, so daß

$$C_\mathrm{A} = \frac{C_\mathrm{mech} C_\mathrm{L}}{C_\mathrm{mech} + C_\mathrm{L}}. \tag{6.42}$$

Die beträchtliche Federsteifigkeit $1/C_\mathrm{L}$ der hinteren Druckkammer ist beim geschlossenen Hörer erwünscht, weil sie bei gegebener Masse M_A des Ankers wesentlich zur Erhöhung der mechanischen Resonanzfrequenz beiträgt. Letztere soll möglichst hoch liegen, weil als Betriebsfrequenzbereich des geschlossenen Hörers der Bereich zwischen der Leck-Resonanzfrequenz und der Ankerresonanzfrequenz in Frage kommt. Wie oben gezeigt, liegt die Leck-Resonanzfrequenz umso tiefer, je kleiner die Lecköffnung ist. Beim geschlossenen Hörer entspricht die Leck-Resonanzfrequnz der unteren, die Membran-Resonanzfrequenz der oberen Grenze des Betriebsfrequenzbereichs.

Wenn auf diese Weise die Luftfederung mit der mechanischen Federung zusammengefaßt wird, bleibt beim geschlossenen Hörer als mechanische Lastimpedanz Z_L allein diejenige zu berücksichtigen, welche von der akustischen Last auf der Membranvorderseite herrührt. Bezüglich des Frequenzbereichs $f < 3$ kHz geht sie aus (6.36) durch Multiplikation mit der Membranfläche S_1 hervor.

Beim offenen Hörer wird nicht nur ein relativ weites akustisches Leck der Druckkammer vorausgesetzt, sondern es wird das Hörergehäuse mit Öffnungen versehen, durch welche von der Rückseite der Membran Schall abgestrahlt wird. Die akustische Last der Membranrückseite wird durch die dazugehörige Strahlungsimpedanz erzeugt, und diese ist wegen der relativ zur Wellenlänge kleinen Dimensionen massenartig. Wenn S_S die gesamte Querschnittsfläche der Gehäuseöffnungen ist, ergibt sich die akustische Last auf der Membranrückseite näherungsweise aus (6.33), indem man darin S_3 durch S_S ersetzt. Der rückseitige Anteil Z_Lr an der gesamten mechanischen Lastimpedanz Z_L beträgt beim offenen Hörer demnach

$$Z_\mathrm{Lr} = \frac{\mathrm{j}\omega \rho_0 S_1^2}{\sqrt{\pi S_\mathrm{S}}}. \tag{6.43}$$

Die massenartige Belastung der Membranrückseite beim offenen Hörer ist erwünscht, weil sie es ermöglicht, die Ankerresonanz auf eine tiefe Frequenz zu legen. Die Leck-Resonanzfrequenz liegt bei weitem Leckquerschnitt und kleinem Druckkammervolumen bei einigen kHz. Als Betriebsfrequenzbereich des offenen Hörers kommt der Bereich oberhalb der Ankerresonanzfrequenz und über die Leck-Resonanzfrequenz hinaus in Betracht.

6.2.3 Die Gesamtübertragungsfunktion

Die gesamte Übertragungsfunktion des Kopfhörers ist das Produkt der akustischen und der elektromechanischen Übertragungsfunktionen. Beide Übertragungsfunktionen werden durch die Leck-Resonanz beeinflußt. Dem Betragsmaximum der akustischen Übertragungsfunktion (vgl. Abb. 6.9) bei der Leck-Resonanzfrequenz entspricht ein Betragsmaximum der Lastimpedanz auf der Membranvorderseite. Dies hat zur Folge, daß die elektromechanische Übertragungsfunktion bei der Leck-Resonanzfrequenz ein Betragsminimum annimmt. Die Leckresonanz tritt daher im allgemeinen im Betrag der Gesamt-Übertragungsfunktion nicht in Erscheinung.

6.3 Mikrofone

Von außen betrachtet, sind die in der Audiotechnik vorwiegend verwendeten Mikrofone lineare Zwei- oder Dreitorsysteme. Sie haben ein oder zwei akustische Eingangstore, d.h., Stellen, an welchen die Schalldruckschwingungen einwirken, und ein elektrisches Ausgangstor. Die elektrische Ausgangsspannung soll in einer wohldefinierten Beziehung zu den Schallschwingungsgrößen stehen, welche in der unmittelbaren Umgebung des Mikrofons vorhanden sind. Alle Mikrofone auf der Basis der vier in Abschnitt 4.1.2 behandelten Wandlertypen arbeiten nach demselben Grundprinzip: Eine Membran, welche mit dem Anker des Wandlers verbunden oder mit ihm identisch ist, erfährt im Schallfeld eine zeitabhängige Kraft; diese wird durch einen elektromechanischen Kraftwandler in ein elektrisches Ausgangssignal umgesetzt.

Der Aufbau der meisten Mikrofone ist demjenigen der Kopfhörer sehr ähnlich, wenn man davon absieht, daß Mikrofone äußerlich in der Regel eher langgestreckt und schlank als flach und breit geformt sind. Insbesondere gibt es auch bei den Mikrofonen einen geschlossenen und einen offenen Typ. Beim geschlossenen Typ bildet das Gehäuse hinter der Membran eine weitgehend dichte Druckkammer, so daß der Schalldruck allein auf die Membranvorderseite wirkt. Beim offenen Typ weist das Gehäuse hinter der Membran Öffnungen auf, so daß der Schalldruck sowohl auf die Membranvorderseite als auch auf die Rückseite einwirkt. Der geschlossene Typ wird als *Druckempfänger* bezeichnet, der offene als *Druckgradientenempfänger*.

6. Lautsprecher, Kopfhörer und Mikrofone

Mikrofone werden in der Regel an einen elektrischen Verstärker mit relativ großer Eingangsimpedanz angeschlossen, so daß der Wandler ausgangsseitig im Leerlauf betrieben wird. Es interessiert die Übertragungsfunktion $U(s)/P(s)$, wo $P(s)$ die Frequenzfunktion des Schalldrucks an der Stelle des Mikrofons ist und $U(s)$ die elektrische Leerlaufspannung. Die Übertragungsfunktion unterteilt man zweckmäßigerweise in einen akustischen und einen elektromechanischen Anteil, so daß

$$\frac{U(s)}{P(s)} = \frac{K(s)}{P(s)} \cdot \frac{U(s)}{K(s)}. \tag{6.44}$$

Darin ist $U(s)/K(s)$ die Leerlauf-Übertragungsfunktion des Kraftwandlers. Sie wurde mit (4.66–4.69) für die vier Wandlerarten bereits angegeben, so daß es im folgenden hauptsächlich die akustische Übertragungsfunktion $K(s)/P(s)$ und ihr Zusammenspiel mit der elektromechanischen Übertragungsfunktion zu diskutieren gilt.

6.3.1 Die akustische Übertragungsfunktion

Weil der Schalldruck in verschiedenen Punkten des Raumes im allgemeinen nach Betrag und Phase verschieden ist und weil außerdem das Mikrofon durch seine Anwesenheit als schallbeugender Körper das Schallfeld verändert, muß zunächst diskutiert werden, was unter dem Schalldruck an der Stelle des Mikrofons zu verstehen ist.

Wenn das Mikrofon beispielsweise zwar nur eine einzige schallempfangende Fläche (die Membran oder eine Schalleintrittsöffnung) aufweist, diese aber nicht wesentlich kleiner als die Wellenlänge der empfangenen Schallschwingung in Luft ist, so ist das ursprüngliche Schallfeld auf jeden Fall gestört und der Schalldruck nicht an allen Stellen der Membran gleich. Das Mikrofon empfängt dann einen mittleren Schalldruck in einem Schallfeld, welches durch seine Anwesenheit verändert ist. In der Regel ist jedoch die Membranfläche beziehungsweise die Schalleintrittsöffnung so klein, daß dieser Effekt bis zu Frequenzen von mindestens 5 kHz vernachlässigt werden kann. Das heißt, daß das Mikrofon zwar wegen seiner nicht vernachlässigbaren Gesamtgröße das Schallfeld stört, der Raumpunkt, in welchem der Schalldruck empfangen wird, aber hinreichend genau definiert ist. Man kann unter diesen Umständen davon sprechen, daß das Mikrofon den Schalldruck in einem Punkt des *real vorhandenen* Schallfeldes empfängt. Die unter diesen Bedingungen ermittelte Übertragungsfunktion $U(s)/P(s)$ wird als *Druck-Übertragungsfunktion* bezeichnet.

Weil das Mikrofongehäuse im allgemeinen eine Länge der Größenordnung 10 cm aufweist, verändert es das ursprüngliche Schallfeld schon bei Frequenzen oberhalb etwa 1 kHz merklich. Um von der räumlichen Schalldruckverteilung, welche man unter diesen Umständen mit dem Mikrofon mißt, auf die ursprüngliche Schalldruckverteilung schließen zu können, muß bekannt sein, wie das Mikrofon das Schallfeld verändert. Wenn dies der Fall ist, kann man eine Korrekturfunktion angeben, mit deren Hilfe auf das ursprüngliche Schallfeld geschlossen werden kann. Insbesondere kann man die Druck-Übertragungsfunktion des Mikrofons so korrigieren, daß sich – beispielsweise für das ebene Schallfeld – eine Mikrofonspannung ergibt, welche der Schalldruckverteilung im *ungestörten* Schallfeld entspricht. Die derart korrigierte Übertragungsfunktion wird als *Feld-Übertragungsfunktion* bezeichnet.

Wenn das Mikrofon sowohl vor als auch hinter der Membran je eine Schalleintrittsöffnung aufweist, so empfängt es die Differenz der Schalldrücke, welche an den betreffenden Stellen des realen Schallfeldes auftreten. Weil die beiden Öffnungen in der Regel einen Abstand von nur ungefähr 10–20 mm haben, unterscheiden sich ihre Beträge nicht wesentlich, wohl aber ihre Phasen. Unter dem Schalldruck an der Stelle des Mikrofons wird dann zweckmäßigerweise der Schalldruck an der Membranvorderseite verstanden.

Im folgenden wird vorausgesetzt, daß der Schalldruck an allen Stellen der Membran beziehungsweise der Schalleintrittsöffnung gleich groß sei, und es werden die Übertragungsfunktionen bezüglich des realen, das heißt, gegebenenfalls durch das Mikrofon veränderten Schallfeldes ermittelt.

Druckempfänger. Beim sogenannten Druckempfänger (dem geschlossenen Mikrofontyp) ist die Kraft, welche auf die Membranrückseite wirkt, vom Schalldruck unabhängig. Die äußere Kraft auf die Membran ist gleich dem Schalldruck multipliziert mit der Membranfläche. Weil der Druck eine skalare Größe ist, gibt es keine Abhängigkeit der Übertragungsfunktion von der Richtung des Mikrofons im Schallfeld. Das heißt, daß die Richtcharakteristik des druckempfangenden Mikrofons kugelförmig ist. Dies gilt bezüglich des real vorhandenen, also unter Umständen durch die Anwesenheit des Mikrofons veränderten Schallfeldes.

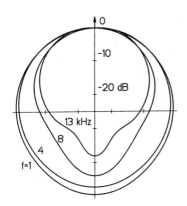

Abb. 6.11. Richtdiagramme eines druckempfangenden hochwertigen Kondensatormikrofons bei verschiedenen Frequenzen. Der Pfeil kennzeichnet die Richtung der Mikrofonlängsachse, das heißt, der Normalen auf der Membran

Weil das ursprüngliche Schallfeld durch die Anwesenheit des Mikrofons im allgemeinen in einer Weise verändert wird, die von der Form und damit der räumlichen Ausrichtung des Mikrofons abhängt, kann das druckempfangende Mikrofon bezüglich der Ausbreitungsrichtung der *ursprüngli-*

chen Schallwelle – und damit bezüglich einer bestimmten Schallquellenrichtung – durchaus eine Richtungsabhängigkeit der Übertragungsfunktion zeigen. Wenn die Membran des Mikrofons eine relativ hohe Impedanz hat und die Gesamtabmessungen klein gegen die Wellenlänge sind, tritt dieser Effekt nicht in Erscheinung; Druck-Übertragungsfunktion und Feld-Übertragungsfunktion stimmen dann überein. Abb. 6.11 zeigt als Beispiel gemessene Richtdiagramme eines langgestreckten, als Druckempfänger arbeitenden Kondensatormikrofons bei Frequenzen von 1 bis 13 kHz.

Druckgradientenempfänger. Beim Druckgradientenempfänger ist die instantane Kraft auf die Membran gleich der Druckdifferenz zwischen Vorder- und Rückseite, multipliziert mit der Membranfläche. Weil die Größe der instantanen Druckdifferenz von der Richtung des Mikrofons relativ zur Ausbreitungsrichtung der Schallwelle abhängt, ergibt sich eine ausgeprägte Richtwirkung.

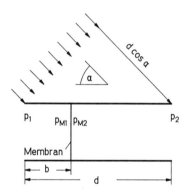

Abb. 6.12. Schema zur Berechnung der Kraft auf die Membran des Druckdifferenz-Mikrofons. Die Membran befinde sich in einem Rohr der Länge d, und zwar im Abstand b vom vorderen Rohrende. Der Winkel α kennzeichnet die Richtung der Schallwelle in Bezug auf die Längsachse des Rohres

Der Berechnung der akustischen Übertragungsfunktion wird das Schema zugrundegelegt, welches in Abb. 6.12 dargestellt ist. Die Membran befinde sich zwischen zwei Öffnungen des rohrförmigen Mikrofongehäuses, welche den Abstand d haben. Der Abstand der Membran von der vorderen Öffnung sei b. Wenn eine ebene Schallwelle unter dem Winkel α gegen die Mikrofon-Längsachse einfällt, beträgt der Wegunterschied zwischen den beiden Öffnungen $d\cos\alpha$. Wenn $P_1(s)$ und $P_2(2)$ die Frequenzfunktionen der Schalldrücke $p_1(t)$ und $p_2(t)$ an den beiden Öffnungen sind, gilt

$$P_2(s) = P_1(s)\mathrm{e}^{-s\frac{d}{c}\cos\alpha}. \tag{6.45}$$

Bis zur Membran müssen die Schalldruckwellen noch die Wege b beziehungsweise $d-b$ zurücklegen, so daß

$$P_{M1}(s) = P_1(s)\mathrm{e}^{-sb/c}, \tag{6.46}$$

$$P_{M2} = P_2(s)\mathrm{e}^{-s(d-b)/c} = P_1(s)\mathrm{e}^{-s\frac{d}{c}(\cos\alpha + 1 - b/d)}. \tag{6.47}$$

Die Differenz der Schalldrücke auf die Membranvorder- und rückseite läßt sich damit unter Verwendung von (6.46) durch

$$P_{M1}(s) - P_{M2}(s) = P_{M1}(s)\left[1 - e^{-s\frac{d}{c}(\cos\alpha + 1 - 2b/d)}\right] \quad (6.48)$$

ausdrücken. Wählt man als Bezugswert des maßgebenden Schalldrucks $P(s)$ den Schalldruck $P_{M1}(s) = P(s)$ auf die Membranvorderseite, so ergibt sich aus (6.48) als akustische Übertragungsfunktion des Druckgradientenempfängers

$$\frac{K(s)}{P(s)} = S_M\left[1 - e^{-sd(\cos\alpha + \sigma)/c}\right], \quad (6.49)$$

wo S_M die Membranfläche bedeutet, und zur Abkürzung

$$\sigma = 1 - \frac{2b}{d} \quad (6.50)$$

gesetzt wurde. Die akustische Übertragungsfunktion hat den Absolutbetrag

$$\left|\frac{K(s)}{P(s)}\right| = 2S_M\left|\sin\left[\frac{\omega d}{2c}(\cos\alpha + \sigma)\right]\right|. \quad (6.51)$$

Abb. 6.13 zeigt den Absolutbetrag im Pegelmaß als Funktion der normierten Frequenz fd/c, und zwar exemplarisch für $\alpha = \sigma = 0$. Im Hinblick auf die Schwankungen, welche der Absolutbetrag als Funktion der Frequenz aufweist, ist die Anwendung des Druckgradientenprinzips im allgemeinen nur für den Frequenzbereich unterhalb des ersten Minimums sinnvoll.

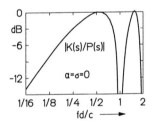

Abb. 6.13. Absolutbetrag der akustischen Übertragungsfunktion des Druckgradientenempfängers im Pegelmaß, als Funktion von fd/c; $\alpha = 0$, $\sigma = 0$, entsprechend $b = d/2$.

Aus (6.51) kann man entnehmen, daß die Nullstellen des Absolutbetrags allgemein bei den Frequenzen

$$f_n = \frac{nc}{d(\cos\alpha + \sigma)} \quad (6.52)$$

liegen, wobei $n = 1, 2, 3$, usw. Definiert man als obere Grenze f_h des Betriebsfrequenzbereichs den Wert $f_h = f_1/2$, wo f_1 die Frequenz der ersten Nullstelle nach (6.52) bedeutet, dann gilt

$$f_h = \frac{c}{2d(\cos\alpha + \sigma)}. \quad (6.53)$$

176   6. Lautsprecher, Kopfhörer und Mikrofone

Bezüglich des Betriebsfrequenzbereichs selbst, genauer für $f \ll f_\mathrm{h}$, geht aus (6.49) die akustische Übertragungsfunktion

$$\frac{K(s)}{P(s)} = sS_\mathrm{M}\frac{d}{c}(\cos\alpha + \sigma) \tag{6.54}$$

hervor. Im Betriebsfrequenzbereich ist demnach der Betrag der akustischen Übertragungsfunktion des Druckgradientenempfängers proportional zur Frequenz.

Weiterhin ist im Betriebsfrequenzbereich nach (6.54) der Betrag der Übertragungsfunktion proportional zum Abstand d der beiden Einlaßöffnungen. Um eine hohe Empfindlichkeit des Mikrofons zu erzielen, ist demnach d möglichst groß zu machen. Andererseits sinkt nach (6.53) mit wachsendem d die obere Grenze des Betriebsfrequenzbereichs ab. Soll beispielsweise $f_\mathrm{h} = 10$ kHz sein, so erhält man aus (6.53) für $\alpha = 0$, $\sigma = 0$ den maximalen Öffnungsabstand $d = 17$ mm. Für $\sigma = 1$ (das heißt, $b = 0$, vgl. Abb. 6.12) erhält man die Hälfte dieses Wertes.

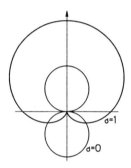

Abb. 6.14. Berechnete Richtdiagramme des Druckgradientenempfängers für $\sigma = 0$, das heißt, $b = d/2$, und $\sigma = 1$ ($b = 0$). Die Pfeilrichtung kennzeichnet die Richtung der Mikrofonachse, das heißt den Einfallswinkel $\alpha = 0$; vgl. (6.49)

Schließlich zeigt (6.54), daß die Richtcharakteristik des Druckgradientenempfängers im Betriebsfrequenzbereich von der Frequenz unabhängig ist. Der Absolutbetrag des in (6.54) enthaltenen Faktors $(\cos\alpha + \sigma)$ stellt den Richtungsfaktor dar. Durch die Wahl von σ, das heißt, der Position der Membran zwischen den beiden Öffnungen, kann man die Richtcharakteristik beeinflussen. Mit $\sigma = 0$, das heißt, $b = d/2$, erhält man ein acht-förmiges Richtdiagramm, weil sich bei seitlichem Schalleinfall die Schalldrücke auf die Vorder- und Rückseite der Membran aufheben. Mit $\sigma = 1$, das heißt, $b = 0$, erhält man eine nierenförmige Charakteristik (Cardioid). In Abb. 6.14 ist die Funktion $|\cos(\alpha + \sigma)|$ für diese beiden Fälle als Richtdiagramm dargestellt.

Der Phasenunterschied der Drücke auf Membranvorder- und rückseite – und damit die Richtcharakteristik – kann zusätzlich durch akustische Filter beeinflußt werden, welche im hinteren Teil des Gehäuses untergebracht sind. So kommen Varianten wie die *Super-Niere* und die *Hyper-Niere* zustande. Der Parameter σ hat in diesem Falle eine verallgemeinerte Bedeutung.

Der Nahbesprechungseffekt. Druckgradientenmikrofone weisen im Kugelschallfeld den sogenannten *Nahbesprechungseffekt* auf. Dieser besteht in einer Betonung tiefer Spektralkomponenten (Baßanhebung). Weil der vom Mund eines Sprechers oder Sängers abgestrahlte Schall sich im Bereich tiefer Frequenzen kugelförmig ausbreitet, tritt der Effekt immer dann auf, wenn der Abstand vom Druckgradienten-Mikrofon klein ist.

Der Effekt kommt dadurch zustande, daß im Kugelschallfeld der Druckgradient nicht – wie in der ebenen Welle – genau proportional zur Frequenz ist. Vielmehr geht sein Frequenzgang bei kleinem Abstand vom Kugelmittelpunkt in einen frequenzunabhängigen Verlauf über. Dies kann man anhand des Kugelwellenansatzes für den Schalldruck (5.50) nachweisen. Man erhält aus jenem Ansatz den radialen Druckgradienten durch Differenzieren nach r. Dies ergibt

$$\frac{dP(s,r)}{dr} = -P_0(s)\frac{r_0}{r}e^{-s(r-r_0)/c}(1/r + s/c) = -P(s,r)\frac{c+sr}{rc}. \quad (6.55)$$

Im Bereich $r \ll c/\omega$ hat somit der Schalldruckgradient denselben Frequenzgang wie der Schalldruck.

Wenn das Druckgradientenmikrofon so konstruiert ist, daß es in der ebenen Welle und im gesamten Betriebsfrequenzbereich einen frequenzunabhängigen Übertragungsfaktor hat, dann ist der in (6.54) enthaltene Faktor ω gerade kompensiert. Im Nahfeld einer Kugelquelle tritt nach (6.55) jener Faktor aber gar nicht auf, so daß die Baßanhebung entsteht.

Die Grenze für den Einsatz der Baßanhebung ist durch $r\omega = c$ gekennzeichnet. Wenn beispielsweise ein Sänger oder Sprecher ein für das freie Schallfeld ausgelegtes Druckgradientenmikrofon dicht vor den Mund hält, so entspricht dies einem Mittelpunktsabstand von rund 10 cm. Die Baßbetonung setzt dann bei der Frequenz $f = c/(2\pi \cdot 0{,}1 \text{ m}) = 546$ Hz ein.

Der Effekt wird bei *Nahbesprechungsmikrofonen* zur Verbesserung des Nutz-Störsignalverhältnisses genutzt. Dazu wird der in (6.54) enthaltene Faktor ω nur im Frequenzbereich oberhalb ungefähr 500 Hz kompensiert. So ergibt sich bei Nahbesprechung ein ausgeglichener Frequenzgang ohne Anhebung des Baßbereichs, und tieffrequente Störschalle, welche aus einiger Entfernung ans Mikrofon gelangen, werden im entsprechenden Maße gedämpft.

6.3.2 Die Gesamt-Übertragungsfunktion

Allgemeine Darstellung. Mit der in (4.65) angegebenen Leerlauf-Übertragungsfunktion des elektromechanischen Kraftwandlers erhält man als Übertragungsfunktion des druckempfangenden Mikrofons

$$\frac{U(s)}{P(s)} = \frac{\pm S_\mathrm{M}}{W_{21}(R_\mathrm{A} + 1/(sC_\mathrm{A}) + sM_\mathrm{A}) + W_{22}}, \quad (6.56)$$

wobei das Minuszeichen für die magnetfeldabhängigen Elementarwandler zu wählen ist. Beim Druckempfänger ist unter C_A die *effektive* Federung des

Ankers zu verstehen, das heißt, diejenige, welche sich aus der Federung der mechanischen Aufhängung zusammen mit der Federung der im Gehäuse eingeschlossenen Luft ergibt.

Für das Druckgradientenmikrofon ergibt sich aus (6.44) mit (6.49) und (4.65)

$$\frac{U(s)}{P(s)} = \frac{\pm S_\mathrm{M}\left[1 - \mathrm{e}^{-sd(\cos\alpha+\sigma)/c}\right]}{W_{21}(R_\mathrm{A} + 1/(sC_\mathrm{A}) + sM_\mathrm{A}) + W_{22}}. \tag{6.57}$$

Bezüglich des oben definierten Betriebsfrequenzbereichs $f < f_\mathrm{h}$ geht daraus mit (6.54) die Näherung

$$\frac{U(s)}{P(s)} = \frac{sS_\mathrm{M}d(\cos\alpha+\sigma)/c}{W_{21}(R_\mathrm{A} + 1/(sC_\mathrm{A}) + sM_\mathrm{A}) + W_{22}} \tag{6.58}$$

hervor.

Sowohl beim Druckempfänger als auch beim Druckgradientenempfänger ist unter der Ankermasse M_A die Gesamtmasse aller gegenüber dem Wandlerstator schwingenden Teile zu verstehen, also insbesondere auch die Membranmasse.

Das elektrodynamische Mikrofon. Als Druckempfänger konstruiert, hat das elektrodynamische Mikrofon mit (4.66) die Übertragungsfunktion

$$\frac{U(s)}{P(s)} = \frac{-BlS_\mathrm{M}}{R_\mathrm{A} + 1/(sC_\mathrm{A}) + sM_\mathrm{A}}. \tag{6.59}$$

Der Frequenzgang des elektrodynamischen Mikrofons als Druckempfänger entspricht der Resonanzkurve des Ankerschwingers. Die Ankerresonanzfrequenz f_A wird daher zweckmäßigerweise in die geometrische Mitte des Betriebsfrequenzbereichs gelegt, so daß

$$f_\mathrm{A} = \frac{1}{2\pi\sqrt{M_\mathrm{A}C_\mathrm{A}}} = \sqrt{f_\mathrm{u}f_\mathrm{h}}. \tag{6.60}$$

Um den Absolutbetrag der Übertragungsfunktion angenähert frequenzunabhängig zu machen, muß für große Ankerreibung R_A, das heißt, starke Bedämpfung der Resonanz, gesorgt werden (*Reibungshemmung*).

Für das als Druckgradientenempfänger konstruierte elektrodynamische Mikrofon ergibt sich aus (6.54) mit (4.66)

$$\frac{U(s)}{P(s)} = \frac{-sBlS_\mathrm{M}d(\cos\alpha+\sigma)/c}{R_\mathrm{A} + 1/(sC_\mathrm{A}) + sM_\mathrm{A}}. \tag{6.61}$$

Der Absolutbetrag dieser Übertragungsfunktion wird frequenzunabhängig, wenn man für *Massenhemmung* des Ankers sorgt, das heißt, die Anker-Resonanzfrequenz an die untere Grenze des Betriebsbereichs legt, so daß $f_\mathrm{A} = f_\mathrm{u}$, wo f_u die untere Betriebsgrenzfrequenz bedeutet.

Elektrodynamische Mikrofone werden überwiegend als *Tauchspulmikrofone* konstruiert. Bei dieser Bauart kann eine Umschaltung zwischen dem

Druck- und dem Druckgradientenmodus vorgesehen werden. Dazu bedarf es im wesentlichen nur einer Vorrichtung, mit welcher Gehäuseöffnungen, welche hinter der Membran liegen, verschlossen beziehungsweise freigelegt werden können. Mit der Öffnung geht die erforderliche Verschiebung der Ankerresonanzfrequenz nach tiefen Frequenzen von selbst einher, weil die bei geschlossenem Gehäuse wirksame Luft-Federsteifigkeit entfällt. Der mittlere Absolutbetrag der Übertragungsfunktion von Tauchspulmikrofonen beider Typen liegt bei ungefähr 2 mV/Pa.

Das sogenannte *Bändchenmikrofon* ist eine konstruktive Variante des elektrodynamischen Prinzips, bei welcher der im Magnetfeld bewegte Leiter zugleich die schallempfangende Membran bildet. Der Leiter ist als dünnes, langgestrecktes Bändchen ausgeführt, welches an beiden Enden so eingespannt ist, daß seine Längskanten sich zwischen den langgestreckten Polen eines Permanentmagneten befinden. Das Bändchen kann demnach im Magnetfeld ähnlich wie eine Saite schwingen. Es hat eine sehr geringe Masse; gleichwohl liegt seine Resonanzfrequenz am unteren Ende des Hörfrequenzbereichs, weil die Längsspannung ebenfalls gering ist. Damit erfüllt die Anordnung, in welcher sowohl die Vorder- als auch die Rückseite des Bändchens dem Schallfeld ausgesetzt sind, die Voraussetzungen eines elekrodynamischen Druckgradienten-Mikrofons. Eine der frühesten Beschreibungen dieses Mikrofontyps findet man in [684].

Das piezoelektrische Mikrofon. Das piezoelektrische Mikrofon als Druckempfänger hat mit (4.67) die Übertragungsfunktion

$$\frac{U(s)}{P(s)} = \frac{S_M \alpha_p/(sC_0)}{R_A + (1/C_A + \alpha_p^2/C_0)/s + sM_A}. \tag{6.62}$$

Eine frequenzunabhängige Übertragungsfunktion ergibt sich, wenn man dafür sorgt, daß im Nenner von (6.62) der Term $(1/C_A + \alpha_p^2/C_0)/s$ dominiert (*Federhemmung*). Dies bedeutet, daß die Anker-Resonanzfrequenz ans obere Ende f_h des Betriebsfrequenzbereichs gelegt wird, so daß

$$f_A = \frac{1}{2\pi\sqrt{M_A C}} = f_h, \tag{6.63}$$

wobei

$$C = \frac{C_A C_0/\alpha_p^2}{C_A + C_0/\alpha_p^2}. \tag{6.64}$$

Für den Druckgradientenempfänger ergibt sich

$$\frac{U(s)}{P(s)} = \frac{S_M \frac{\alpha_p d}{C_0}(\cos\alpha + \sigma)/c}{R_A + (1/C_A + \alpha_p^2/C_0)/s + sM_A}. \tag{6.65}$$

Der Absolutbetrag dieser Übertragungsfunktion wird angenähert frequenzunabhängig, wenn man R_A groß macht (*Reibungshemmung*) und die Anker-Resonanzfrequenz in die Mitte des Betriebsfrequenzbereichs legt, so daß $f_A = \sqrt{f_u f_h}$.

Der mittlere Betrag des Übertragungsfaktors kann je nach Piezomaterial und Bauform 1–100 mV/Pa betragen.

Das Kondensatormikrofon. Als Druckempfänger konstruiert, hat das dielektrische Mikrofon (Kondensatormikrofon) mit (4.68) die Übertragungsfunktion

$$\frac{U(s)}{P(s)} = \frac{-S_M E_0/s}{R_A + 1/(sC_A) + sM_A}. \tag{6.66}$$

Ihr Absolutbetrag wird frequenzunabhängig, wenn man die Anker-Resonanzfrequenz an das obere Ende des Betriebsfrequenzbereichs legt, so daß $f_A = f_h$ (*Federhemmung*).

Für den entsprechenden Druckgradientenempfänger ergibt sich

$$\frac{U(s)}{P(s)} = \frac{-S_M E_0 d(\cos\alpha + \sigma)/c}{R_A + 1/(sC_A) + sM_A}. \tag{6.67}$$

Eine angenähert frequenzunabhängige Übertragungsfunktion erhält man, wenn man R_A groß macht (*Reibungshemmung*) und die Anker-Resonanzfrequenz in die Mitte des Betriebsfrequenzbereichs legt, so daß $f_A = \sqrt{f_u f_h}$.

Auch das Kondensatormikrofon kann man so konstruieren, daß von Druckempfang auf Druckgradientenempfang umgeschaltet werden kann, indem man rückseitige Schlitze des Gehäuses öffnet. Dabei verschiebt sich wegen des Wegfallens der Luftfederung die Anker-Resonanzfrequenz von selbst in der erforderlichen Richtung. Der mittlere Übertragungsfaktor gängiger Kondensatormikrofone sowohl des Druck- als auch des Druckgradienten-Typs liegt bei ungefähr 5 mV/Pa.

Das elektromagnetische Mikrofon. Mit (4.69) ergibt sich für das als Druckempfänger arbeitende elektromagnetische Mikrofon die Übertragungsfunktion

$$\frac{U(s)}{P(s)} = \frac{S_M \mu_0 S \Theta_0 w/(2\xi_0^2)}{R_A + [1/C_A - \mu_0 S \Theta_0^2/(2\xi_0^3)]/s + sM_A}. \tag{6.68}$$

Sie wird angenähert frequenzunabhängig, wenn man für *Reibungshemmung* sorgt und die Anker-Resonanzfrequenz in die Mitte des Betriebsfrequenzbereichs legt, so daß

$$f_A = \frac{1}{2\pi\sqrt{M_A C}} = \sqrt{f_u f_h}, \tag{6.69}$$

wobei

$$\frac{1}{C} = \frac{1}{C_A} - \frac{\mu_0 S \Theta_0^2}{2\xi_0^3}. \tag{6.70}$$

Als Druckgradientenempfänger hat das elektromagnetische Mikrofon die Übertragungsfunktion

$$\frac{U(s)}{P(s)} = \frac{S_M \mu_0 S \Theta_0 w/(2\xi_0^2) sd(\cos\alpha + \sigma)/c}{R_A + [1/C_A - \mu_0 S \Theta_0^2/(2\xi_0^3)]/s + sM_A}. \tag{6.71}$$

Sie wird frequenzunabhängig, wenn man für *Massenhemmung* sorgt, das heißt, die durch (6.69, 6.70) gegebene Anker-Resonanzfrequenz ans untere Ende des Betriebsfrequenzbereichs legt, so daß $f_A = f_u$.
Der mittlere Übertragungsfaktor elektromagnetischer Mikrofone beträgt je nach Bauform 1–10 mV/Pa.

Übersicht über die Mikrofon-Übertragungsfunktionen. Aus den oben beschriebenen Ergebnissen geht hervor, daß die Leerlauf-Übertragungsfunktionen der Mikrofone jeweils einem von drei Typen angehören. Sieht man bei den Gradientenmikrofonen von der Richtungsabhängigkeit ab, so hat der erste Typ die Form

$$\frac{U(s)}{P(s)} = \frac{\pm \text{const}}{R + j[\omega M - 1/(\omega C)]}, \qquad (6.72)$$

wo R, M und C stellvertretend für die entsprechenden reibwiderstandsartigen, masseartigen beziehungsweise federartigen Elemente im Nenner der jeweiligen Übertragungsfunktion stehen. Von diesem Typ sind die Übertragungsfunktionen der beiden Magnetfeldmikrofone als Druckempfänger sowie diejenigen des Piezo- und des Kondensatormikrofons als Druckgradientenempfänger.

Der zweite Typ unterscheidet sich vom ersten durch den zusätzlichen Faktor $j\omega$. Ihm gehören die Druckgradientenempfänger der beiden Magnetfeldmikrofone an. Der dritte Typ geht aus dem ersten durch Multiplikation mit $1/\omega$ hervor. Ihm gehören die druckempfangenden Piezo- und Kondensatormikrofone an.

Mit der Anker-Resonanzfrequenz $f_r = 1/(2\pi\sqrt{MC})$, der Kennimpedanz $Z = \sqrt{M/C}$ sowie dem Dämpfungsfaktor $\delta = R/Z$ läßt sich die Übertragungsfunktion vom Typ 1 in der normierten Form

$$\frac{U(s)}{P(s)} = \text{const} \cdot \frac{\pm \delta}{\delta + j\left(\frac{f}{f_r} - \frac{f_r}{f}\right)} \qquad (6.73)$$

ausdrücken, und die normierten Übertragungsfunktionen der Typen 2 und 3 gehen daraus durch Multiplikation mit f/f_r beziehungsweise f_r/f hervor.

Die Anpassung der Mikrofondaten an die Erfordernisse beschränkt sich damit auf die Spezifikation der beiden Parameter f_r und δ. Reibungshemmung ist gleichbedeutend mit einem relativ großen Dämpfungsfaktor δ. Massehemmung bedeutet, daß bei mäßiger Dämpfung f_r tief liegt. Federhemmung bedeutet, daß bei mäßiger Dämpfung f_r hoch liegt.

Mit (6.73) lassen sich die Hauptmerkmale der Frequenzgänge der Mikrofone übersichtlich darstellen, wie in Abb. 6.15 gezeigt. Der Frequenzgang des Typs 1 ist durch sanfte Übergänge an beiden Grenzen des Betriebsfrequenzbereichs gekennzeichnet; derjenige des Typs 2 durch eine relativ scharf ausgeprägte Untergrenze; und derjenige des Typs 3 durch eine scharf ausgeprägte Obergrenze. Dazu kommt bei den Typen 2 und 3 eine mehr oder

6. Lautsprecher, Kopfhörer und Mikrofone

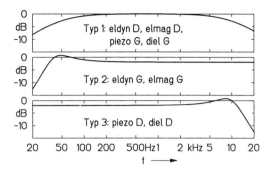

Abb. 6.15. Die drei Typen des Frequenzgangs der Mikrofone; normierte Darstellung. D Druckempfänger, G Gradientenempfänger. Als Beispiele wurden die folgenden Parameterwerte gewählt. Typ 1: $f_r = 700$ Hz; $\delta = 15$. Typ 2: $f_r = 40$ Hz; $\delta = 0,8$. Typ 3: $f_r = 10$ kHz; $\delta = 0,8$

weniger ausgeprägte Resonanzüberhöhung bei der unteren beziehungsweise der oberen Grenzfrequenz, je nach dem Grad der Bedämpfung.

Diese Charakteristika der Frequenzgänge erklären innerhalb gewisser Grenzen, daß Mikrofone verschiedenen Typs bei gleicher effektiver Bandbreite das Klangbild der wiedergegebenen Schallsignale in typischer Weise beeinflussen. Beispielsweise wird die Erfahrung, daß das Kondensatormikrofon als Druckempfänger (Typ 3) zu einem brillanten bis scharfen Klangbild führt, durch seinen Übertragungsfrequenzgang ohne weiteres erklärt. Ebenso die Erfahrung, daß das dynamische Mikrofon als Druckempfänger (Typ 1) bei gleicher effektiver Bandbreite eine ausgegliceneres Klangbild ergibt.

7. Sprechvorgang und Sprachsignal

Das Sprachsignal, das heißt, das von einem Sprechenden in der Umgebung erzeugte Schalldrucksignal, kommt durch Aktivierung von schallerzeugenden Vorgängen in den oberen Luftwegen sowie die gezielte Beeinflussung des Schalles zustande (vgl. Abb. 2.1). Die Gesamtheit der dazu erforderlichen Aktivitäten wird als *Artikulation* bezeichnet. Sprachliche Artikulation ist mit *Gestikulation (Gebärdung)* und *Mimik* vergleichbar. Die Kommunikation mittels Lautsprache ist daher mit derjenigen durch Mimik und Gestik eng verwandt. Die wesentliche Besonderheit der Lautsprache besteht darin, daß die Artikulation des Sprechenden im Sprachschall repräsentiert ist.

Es gibt keinen Grund, die Kommunikation mittels Lautsprache vom Prinzip her als leistungsfähiger anzusehen als die Kommunikation mittels Mimik und Gestik. Die Kommunikation mittels Lautsprache hat den offensichtlichen Vorteil, daß keine Sichtverbindung zwischen sprechender und hörender Person nötig ist und daß alle Beteiligten sich dabei relativ frei bewegen können und die Hände für andere Tätigkeiten frei haben. Dieser Vorteil ist es vermutlich, welcher dazu geführt hat, daß sich die Lautsprache im Verlauf der Evolution des Menschen zu höchster Perfektion entwickelte.

Die natürlichen kleinsten Einheiten der Lautsprache, die Laute, werden im wesentlichen durch die Art ihrer Artikulation definiert. Einige Beispiele für die – wenngleich unvollständige – Spezifikation der Artikulation von Sprachlauten sind in Abb. 7.1 dargestellt. Zur Beschreibung der Sprachlaute dienen die Symbole der Lautschrift, wie man sie beispielsweise in Wörterbüchern findet. Die Lautschrift bedient sich des Symbolinventars der Lautsprache, ähnlich wie die Notenschrift das Symbolinventar der musikalischen Töne benutzt.

Artikulation ist ein höchst dynamischer Vorgang, und die aufeinanderfolgenden Laute sind im allgemeinen weder bezüglich ihrer Artikulation noch bezüglich der Struktur des Schallsignals scharf gegeneinander abgegrenzt. Insbesondere verschmelzen aufeinanderfolgende Laute im allgemeinen zu einer größeren natürlichen Einheit, den Silben. Silben der Lautsprache sind meistens relativ leicht erkennbar und voneinander unterscheidbar, weil sie den Sprachrhythmus bestimmen. Sie bestehen meistens aus einem zentralen Vokal, dem je ein Konsonant vorausgeht und nachfolgt.

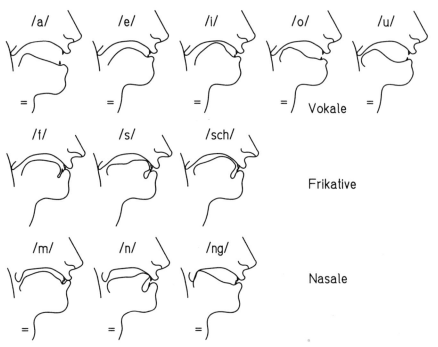

Abb. 7.1. Schematische Darstellung der Artikulation einiger Sprachlaute

Das allgemeine pseudoelektrische Schema des in Abb. 2.1 gezeigten Sprechorgans ist ein zeitvariantes lineares System mit gesteuerten Schallquellen, vgl. Abb. 7.2. Um nach diesem Schema das Sprachsignal berechnen zu können, werden die physikalischen Mechanismen der Schallquellen durch lineare Ersatzschaltungen repräsentiert, und die Schallsignalübertragung wird durch ebene Wellen in schallharten Rohren beschrieben. Unter der Voraussetzung, daß die Einschwingzeiten des Systems relativ kurz sind, kann man ferner die Signale einzelner Laute unter quasi-stationären Bedingungen berechnen.

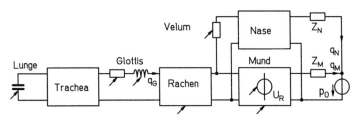

Abb. 7.2. Pseudoelektrisches Schema (vereinfacht) des Sprechapparats.

Das Verhalten des Systems hängt unter anderem von den akustischen Abschlußimpedanzen an Mund und Nase, das heißt, den Strahlungsimpedanzen

Z_M beziehungsweise Z_N, ab. Diese können näherungsweise mit den im Abschnitt 5.3.6 angegebenen Formeln für den Kreiskolbenstrahler abgeschätzt werden. Wegen der kleinen Öffnungsquerschnitte an Mund beziehungsweise Nase sind bei Frequenzen unterhalb etwa 5 kHz die betreffenden Strahlungsimpedanzen sehr klein ($< 10^5$ Ns/m^5). Für überschlägige Berechnungen können sie daher im PES durch Kurzschlüsse ersetzt werden.

7.1 Die Schallquellen des Sprechorgans

Gegenüber der Umgebung stellt eine sprechende Person eine Schallquelle dar. Bezüglich der Physik des Sprechvorganges im Sprechorgan selbst ist zu unterscheiden zwischen Mechanismen, die als Schallquellen dienen, und solchen, die lediglich Schall übertragen.

7.1.1 Die Glottis-Schallquelle

Die wirksamste und in manche Hinsicht wichtigste Schallquelle des Sprechorgans wird durch periodische Unterbrechungen des Luftstromes durch die Glottis (die Stimmritze) gebildet. Die Unterbrechungen sind ihrerseits eine Folge der gegensinnigen mechanischen Schwingungen der beiden Stimmlippen.

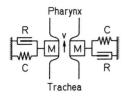

Abb. 7.3. Schema der Glottisschallquelle. M, C und R sind die wirksame Masse, Federung und Reibung der Stimmlippe. Sie sind durch Steuerung der Kehlkopfmuskeln veränderbar

Abbildung 7.3 zeigt schematisch den Mechanismus. Eine Erhöhung des statischen Druckes in der Lunge beziehungsweise Trachea bewirkt eine aufwärts gerichtete Luftströmung. Der statische Druck übt auf die Stimmlippen eine Kraft aus, welche diese auseinanderzudrücken sucht, während die Luftströmung mit der Geschwindigkeit v nach dem Bernoulli'schen Gesetz

$$p_s = -\frac{1}{2}\rho v^2 \tag{7.1}$$

in der Glottis einen negativen Druckbeitrag p_s liefert. Eine hinreichende Strömungsgeschwindigkeit bewirkt demnach, daß die beiden Stimmlippen sich aufeinander zu bewegen und den Glottisquerschnitt verkleinern. Unterschreitet der Querschnitt eine bestimmte Grenze, so wird die Strömung unterbunden und die Stimmlippen werden durch ihre Eigenelastizität sowie den statischen Druck wieder auseinander bewegt, so daß sich der Vorgang

7. Sprechvorgang und Sprachsignal

wiederholt. Auf diese Weise moduliert sich der Luftstrom selbst, so daß sich ein Schallflußsignal mit Gleichanteil ergibt. Für diese Art von schwingungserregendem Mechanismus ist typisch, daß er bei zeitlich konstanten Parametern fast zwangsweise zu einer *periodischen* Schwingung führt [24]. Sowohl die Oszillationsperiode als auch die Signalform innerhalb der Periode hängen von den Dimensionen des Kehlkopfes beziehungsweise der Stimmlippen ab und können in in weiten Grenzen durch Steuerung des statischen Druckes in der Trachea beziehungsweise der Parameter M, C und R willkürlich beeinflußt werden. Insbesondere sind bei Frauen und Kindern die Stimmlippen kleiner als bei Männern, wodurch sich die höheren Oszillationsfrequenzen erklären.

Genau genommen überlagern sich den letztgenannten Parametern noch die akustischen Parameter der über die Pharynx angekoppelten Sprechtrakträume, das heißt, die akustische Eingangsimpedanz – beziehungsweise die Impulsantwort – der Pharynx. Jedoch ist dieser Einfluß so gering, daß er vernachlässigt werden kann. Daher kommt es, daß man beim Sprechen beziehungsweise Singen die Stimmbandfrequenz unabhängig von den übrigen Artikulationsvorgängen steuern kann.

Obwohl die Luftströmung in der Glottis auswärts (in Richtung auf den Mund) gerichtet ist, breitet sich der Schall in beide Richtungen aus. Jedoch wird der in die Trachea beziehungsweise Lunge abgegebene Schall weitgehend absorbiert. Der außen hör- beziehungsweise meßbare Schalldruck wird im wesentlichen durch den Schallfluß hervorgerufen, welcher an der Mund- beziehungsweise Nasenöffnung entsteht.

Wie erwähnt, weist die Form des Schallflußsignals $q_G(t)$ große Variationsbreite auf. Diese ist in hohem Maße sowohl an der Individualität der Stimme einer Person als auch an den willkürlich gesteuerten informationstragenden Merkmalen beteiligt. Über die allgemeingültigen Merkmale des Schallflußsignals kann man daher nur grobe Angaben machen. Die Signalform ist in grober Näherung dreiecksförmig, wie in Abb. 7.4 dargestellt. Der mittlere Verlauf der Amplituden der Harmonischen als Funktion der Frequenz ist angenähert proportional $1/f^2$. In Abhängigkeit von der genauen Signalform können die Amplituden einzelner Harmonischer davon erheblich abweichen. Zum Beispiel sind im Falle eines symmetrisch dreiecksförmigen Signals die Amplituden aller geradzahligen Harmonischen null.

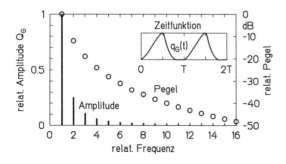

Abb. 7.4. Schematische Darstellung des Amplitudenspektrums und der Zeitfunktion des Schallflusses in der Glottis. Die Amplituden der Harmonischen sind der Deutlichkeit halber sowohl im linearen als auch im logarithmischen Maßstab dargestellt

Mit Hilfe des Teiltonsynthesemodells kann man die wesentlichen und mittleren Charakteristika des Glottis-Schallflußsignals in der Formel

$$q_G(t) = \hat{q}_0(t) \sum_{n=1}^{N} \frac{1}{n^2} \cos[n 2\pi f_o(t) \cdot t + \varphi_n] \qquad (7.2)$$

zusammenfassen. Darin bedeutet $f_o(t)$ die instantane – im allgemeinen zeitabhängige – Oszillationsfrequenz, das heißt, den Kehrwert der Periode, und der Gleich- beziehungsweise Strömungsanteil wurde ignoriert, da er zum hörbaren Schall nicht beiträgt. N bedeutet die Gesamtzahl in Betracht zu ziehender Teiltöne.

Für den Fall, daß nach dem Einsetzen des Signals im Zeitpunkt $t = 0$ die Parameter $\hat{p}_0$ und f_o konstant sind (stationäres Signal), läßt sich die zu (7.2) gehörende CFT-Frequenzfunktion angeben:

$$Q_G(s) = \hat{q}_0 \sum_{n=1}^{N} \frac{1}{n^2} \cdot \frac{s}{s^2 + n^2 (2\pi f_o)^2} \cdot e^{j\varphi_n}. \qquad (7.3)$$

Die innere Impedanz der Glottisschallquelle ist von der Größenordnung 10^7 Ns/m^5. Der Betrag der komplexen Eingangsimpedanz des Vokaltrakts ist demgegenüber rund zehn mal kleiner.

7.1.2 Turbulenz-Schallquellen

Das Strömungsgeräusch, welches an spaltartigen Engstellen entsteht und zur Erzeugung von Frikativlauten dient, kann als Schalldruckquelle nachgebildet werden, wobei das Quellsignal den Charakter eines Breitbandrauschens (weißes Rauschen) hat. Im Ersatzbild des Sprechorgans ist die Quelle am Ort ihrer Artikulation einzufügen. In Abb. 7.2 ist als Beispiel eine derartige Rauschsignalquelle U_R enthalten.

7.1.3 Impuls-Schallquellen

Wenn sich der Luftdruck beziehungsweise die Geschwindigkeit der Luftströmung im Vokaltrakt sprungartig erhöht oder erniedrigt, so entsteht ein Schallsignal mit relativ breitbandigem Frequenzspektrum. Die sprungartige Änderung stellt somit eine Schallquelle dar. Sie kommt in gewissem Umfang bei der Artikulation der Plosivlaute zur Anwendung. Dabei wird in der Regel kurzzeitig ein Verschluß des Vokaltrakts hergestellt, welcher sprungartig wieder geöffnet wird, nachdem zuvor ein gewisser statischer Luftdruck aufgebaut wurde. Als Verschlußmechanismen dienen die Stimmlippen, die Zunge und der weiche Gaumen. Weil sich beim Öffnen des Verschlusses kurzzeit ein enger Spalt bildet, entsteht dabei immer auch ein Frikativgeräusch, so daß die Plosivlaute niemals durch reine Impulsanregung des Vokaltrakts entstehen. Vielmehr spielt meist ein kurz andauerndes Frikativgeräusch eine wesentliche Rolle.

7.2 Die Vokale

Die reinen, das heißt, nichtnasalierten Vokale sind Sprachlaute, welche allein mit Hilfe der Glottisschwingung zustandekommen, wobei als schallmodifizierende Komponente ausschließlich das sogenannte Ansatzrohr (der Vokaltrakt im engeren Sinne) beteiligt ist. Somit unterliegt die Erzeugung der Vokale verhältnismäßig einfachen physikalischen Bedingungen und ist der theoretischen Behandlung recht gut zugänglich, jedenfalls, was ihre wesentlichen Grundlagen betrifft.

7.2.1 Allgemeiner Ansatz

Bei der Erzeugung (nichtnasaler) Vokale ist allein die Glottisschallquelle wirksam. Dem Verschluß der Öffnung zur Nasenhöhle durch das Velum entspricht eine unendlich große Velumimpedanz (Abb. 7.2). Die innere Impedanz der Glottisquelle ist ungefähr zehn mal so groß wie die Eingangsimpedanz des Vokaltrakts. Daher kann die Glottisquelle im PES vereinfachend als Stromquelle repräsentiert werden. Die Strahlungsimpedanz am Mund ist etwa zehnmal kleiner als die Vokaltraktimpedanz, so daß sie im PES vereinfachend als Kurzschluß dargestellt wird. Somit nimmt das PES für die Berechnung der Vokale die in Abb. 7.5 gezeigte einfache Form an.

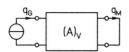

Abb. 7.5. PES des Sprechtrakts für die Erzeugung eines Vokals. Das akustische Zweitor mit der Kettenmatrix $(A)_V$ ist im allgemeinen ein Rohr örtlich variablen Querschnitts

Das darin enthaltene Zweitor mit der Kettenmatrix $(A)_V$ ist eine akustische Leitung mit örtlich variablem Querschnitt. Die Aufgabe der Signalberechnung ist im wesentlichen gelöst, wenn die Übertragungsfunktion

$$H_V(s) = \frac{Q_M(s)}{Q_G(s)} \qquad (7.4)$$

ermittelt ist. Da im Bereich tiefer und mittlerer Frequenzen die Schallabstrahlung vom Mund Kugelcharakteristik hat, kann der Schalldruck in der Entfernung r näherungsweise aus

$$P(s,r) = Q_G(s) \cdot H_V(s) \cdot \frac{s\rho_0}{4\pi r} e^{-sr/c}, \qquad (7.5)$$

berechnet werden. $Q_G(s)$ kann mit (7.3) als bekannt angenommen werden, wenn man die Stimmlippen-Oszillationsfrequenz vorgibt. Die Übertragungsfunktion $H_V(s)$ ergibt sich unter den in Abb. 7.5 veranschaulichten Bedingungen unmittelbar aus dem Element A_{22} der Kettenmatrix $(A)_V$:

$$H_V(s) = \frac{1}{A_{22}(s)}. \qquad (7.6)$$

Der Berechnung wird die Kettenmatrix der homogenen akustischen Leitung (5.38) beziehungsweise (5.48) zugrundegelegt. Weil das Zweitor im allgemeinen *keine* homogene akustische Leitung darstellt, wird es – wie weiter unten beschrieben – zur Berechnung stückweise aus kurzen homogenen Leitungen zusammengesetzt. Nur in dem besonderen Fall, daß der Vokaltrakt über die gesamte Länge von ca. 17 cm ein und denselben Querschnitt hat, ergibt sich die Übertragungsfunktion unmittelbar aus der Matrix der homogenen akustischen Leitung.

7.2.2 Der Schwa-Laut

Der zuletzt genannte Spezialfall trifft näherungsweise auf den sogenannten *Schwa-Laut* zu; das ist der neutrale Vokal /ə/ (wie in "hatt<u>e</u>"). Aus (5.38) ergibt sich für diesen Fall mit (7.6) unmittelbar

$$H_V(s) = \frac{1}{\cosh \gamma l}, \tag{7.7}$$

wo l die Gesamtlänge des Vokaltrakts (17–18 cm) bedeutet. Wenn das Glottis-Schallflußsignal bekannt ist, erhält man das Schalldrucksignal des Schwa-Lauts in der Entfernung r durch Einsetzen von (7.7) in (7.5). Wenn man speziell annimmt, daß das Glottissignal ab dem Einsatzzeitpunkt $t = 0$ stationär sei, so wird seine Frequenzfunktion durch (7.3) beschrieben und man kann diese zusammen mit der Übertragungsfunktion (7.7) in (7.5) einsetzen. Dies ergibt

$$P(s,r) = \hat{q}_0 \Big[\sum_{n=1}^{N} \frac{1}{n^2} \cdot \frac{s}{s^2 + n^2(2\pi f_o)^2} e^{j\varphi_n} \Big] \cdot \frac{s\rho_0}{4\pi r \cosh \gamma l} e^{-sr/c}. \tag{7.8}$$

Die Frequenzfunktion $P(s)$ repräsentiert das Schalldrucksignal, welches sich aus dem in $t = 0$ einsetzenden stationären Glottissignal ergibt, so daß Einschwingvorgänge des Vokaltrakts in der Darstellung enthalten sind.

Um einen Überblick über das Fourier-Spektrum des Schwa-Lauts zu bekommen, ist der Frequenzgang der Übertragungsfunktion $H_V(\omega)$ zu ermitteln. Dazu setzt man zweckmäßigerweise

$$\gamma = a + jb, \tag{7.9}$$

womit aus (7.7)

$$H_V(s) = \frac{1}{\cosh a \cdot \cos b + j \sinh a \cdot \sin b} \tag{7.10}$$

entsteht.

Nimmt man ferner an, daß die durch a repräsentierte Dämpfung relativ gering sei, so ist $a = \alpha l$ und $b = \beta l$, wobei $\beta = \omega/c$. Für $a \ll 1$ wird damit aus (7.10)

$$H_V(\omega) = \frac{1}{\cos \beta l + j\alpha l \sin \beta l} \tag{7.11}$$

mit dem Betrag

$$|H_V(\omega)| = \frac{1}{\sqrt{\cos^2 \beta l + \alpha^2 l^2 \sin^2 \beta l}}. \tag{7.12}$$

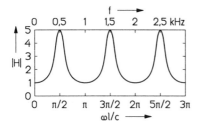

Abb. 7.6. Frequenzgang des Betrags der Vokaltrakt-Übertragungsfunktion für den Schwa-Laut (schematisch)

Der Frequenzgang $|H_V(\omega)|$ ist in Abb. 7.6 schematisch dargestellt. Seine Minima haben den Wert 1 und sie treten bei $\omega l/c = n\pi$ auf ($n = 0, 1, 2, \ldots$). Die Höhe der Maxima beträgt $1/(\alpha l)$; die Maxima treten bei

$$\frac{\omega l}{c} = (2n-1)\pi/2 \tag{7.13}$$

auf. Diese Maxima stellen die *Formanten* des Schwa-Vokals dar. Aus den zugehörigen Kreisfrequenzen nach (7.13) ergeben sich die *Formantfrequenzen* dieses Vokals:

$$f_n = (2n-1)\frac{c}{4l}. \tag{7.14}$$

Durch Einsetzen der Zahlenwerte $c = 343$ m/s und $l = 17$ cm erhält man die runden Werte 500, 1500, 2500, 3500, 4500 Hz, und so fort, vgl. Abb. 7.6.

Die Formantfrequenzen sind unter sonst konstanten Bedingungen zur Schallgeschwindigkeit proportional, und dies nicht nur beim Schwa-Laut, sondern bei allen Vokalen. Da die Formantfrequenzen in hohem Maße für die Verständlichkeit der Sprache maßgebend sind, leidet dieselbe beträchtlich, wenn der Sprecher sich einer Atmosphäre befindet, welche eine deutlich andere Schallgeschwindigkeit als Luft aufweist. Dieser Fall tritt beispielsweise in Tiefsee-Tauchkammern auf, in welchen aus verschiedenen Gründen eine Helium-Sauerstoff-Atmosphäre hohen Druckes hergestellt wird. Wegen des hohen Druckes und des Heliumanteils sind die Schallgeschwindigkeit und somit die Formantfrequenzen bis zu drei mal so groß wie in Luft, und die Formantbandbreiten sind um ein Vielfaches erhöht [64, 134]. Die Sprache ist nahezu unverständlich. Daher bemüht man sich um eine technische Entzerrung des Sprachsignals [368].

7.2.3 Allgemeine Methode zur Bestimmung der Vokaltrakt-Kettenmatrix

Die ebengenannten Werte der Formantfrequenzen des Schwalauts kann man als allgemeine Referenzwerte für die Formantfrequenzen der Vokale im allgemeinen auffassen. Die tatsächlichen Formantfrequenzen eines bestimmten

Vokals kann man sich daraus durch Verschiebung nach oben oder unten hervorgehend vorstellen. Tabelle 7.1 enthält eine exemplarische Übersicht über die Werte, welche die ersten drei Formanten der Vokale annehmen können [712]. Zu ihrer Berechnung gilt es, die Übertragungsfunktion des Vokaltrakts bei örtlich variablem Querschnitt zu bestimmen.

Tab. 7.1. Typische Werte der ersten drei Formantfrequenzen der Vokale in Hz

	/a/	/e/	/i/	/o/	/u/	/ä/	/ö/	/ü/
F1	850	360	220	350	300	860	400	250
F2	1220	2250	2200	500	870	2050	1660	1670
F3	2810	3000	3300	2600	2240	2850	1960	2050

Dazu eignet sich die folgende Methode (vgl. Chiba & Kajiyama [169], Dunn [248], Fant [273, 271]). Ihre Grundlage bildet die Tatsache, daß die Form des Vokaltrakthohlraumes entlang eines Querschnitts unwesentlich ist, so daß es nur auf den Querschnittsbetrag in Abhängigkeit von der Längskoordinate ankommt. Abb. 7.7 zeigt Beispiele für die Querschnittsverläufe der Vokale /a/, /u/ und /i/ [273, 918].

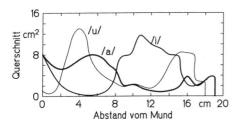

Abb. 7.7. Betrag des Querschnitts des Vokaltraktrohres für die Vokale /u/, /a/ und /i/, in Abhängigkeit vom Ort zwischen Mundöffnung und Glottis

Das akustische Zweitorsystem, welches für die Schallübertragung von der Glottis zum Mund verantwortlich ist, läßt sich durch eine Kette kurzer zylindrischer Rohre, das heißt, homogener akustischer Leitungen annähern, wie in Abb. 7.8 dargestellt. Die Länge l_ν jedes einzelnen Segments muß so kurz gewählt werden, daß die Querschnittsänderung des Vokaltrakts über dieser Strecke vernachlässigbar gering ist. Die Kettenmatrix $(A)_V$ ergibt sich dann mit hinreichender Näherung aus dem Produkt der Kettenmatrizen der einzelnen Segmente. Um jeden beliebigen Vokal nachbilden beziehungsweise berechnen zu können, ist es zweckmäßig, alle Segmentlängen gleich groß zu wählen und die Zahl der Segmente so groß zu machen, daß obige Bedingung auf jeden Fall erfüllt ist. Dies gelingt mit 10–20 Segmenten. Das einzelne Segment hat dann nur noch eine Länge von 0,85–1,7 cm, so daß es kurz im Vergleich zur Wellenlänge der höchsten interessierenden Fourierkomponenten ist. Beispielsweise wird für $l_\nu = 1$ cm der Wert $\beta l_\nu = 1$ erst bei der Frequenz

5460 Hz erreicht. Weiterhin ist wegen der geringen Segmentlänge die Dämpfung klein. Daher ergibt sich die Kettenmatrix des einzelnen Segments aus (5.48), wobei $|\gamma l| \ll 1$ angenommen werden kann. Das ν–te Segment hat damit die Kettenmatrix

$$(A)_\nu = \begin{pmatrix} 1 & \frac{\rho_0 c}{S_\nu}(\alpha_\nu + s/c)l_\nu \\ \frac{S_\nu}{\rho_0 c}(\alpha_\nu + s/c)l_\nu & 1 \end{pmatrix}. \tag{7.15}$$

Bei Unterteilung in N Segmente gilt

$$(A)_\mathrm{V} = \prod_{\nu=1}^{N} (A)_\nu. \tag{7.16}$$

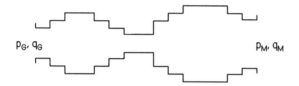

Abb. 7.8. Nachbildung des Vokaltrakt-Rohres durch zylindrische Segmente

Unter den oben getroffenen Annahmen, daß der Glottisschallfluß eingeprägt und das Ausgangstor mit der Impedanz null belastet sei (Abb. 7.5), kommt es nur auf das Element A_{22} von $(A)_\mathrm{V}$ an. Sein Kehrwert ist gemäß (7.6) die gesuchte Übertragungsfunktion $H_\mathrm{V}(s)$.

Auf diese Weise ist die Bestimmung der Vokaltraktübertragungsfunktion und damit der Formantfrequenzen ohne weiteres möglich, wenn der Querschnittsverlauf im Vokaltrakt bekannt ist. Umgekehrt zeigt sich, daß die Vokaltraktübertragungsfunktion vollständig bestimmt ist, wenn die Formantfrequenzen gegeben sind. Dieser allgemeine Zusammenhang ist von erheblicher Bedeutung, weil er zeigt, daß allein die Formantfrequenzen die gesamte Information über die Vokale enthalten.

7.2.4 Funktionstyp der Übertragungsfunktion

Da die Matrizen aller Segmente der Vokaltraktnäherung vom gleichen Typ sind, läßt sich die allgemeine Form der Funktion $A_{22}(s)$ – und damit der Übertragungsfunktion – wie folgt beschreiben. Durch die Multiplikation der Kettenmatrizen (7.15) gemäß (7.16) entsteht für A_{22} ein Ausdruck der Form

$$A_{22}(s) = a_0 + a_1 s + a_2 s^2 + \ldots + a_{N-1} s^{N-1}. \tag{7.17}$$

Die Koeffizienten $a_0 \ldots a_{N-1}$ sind reell und setzen sich aus den Parametern S_ν, l_ν und α_ν sowie den Konstanten ρ_0 und c zusammen. Mit den Nullstellen s_μ des Polynoms ergibt sich die Produktdarstellung

$$A_{22}(s) = a_{N-1} \prod_{\mu=1}^{N-1} (s - s_\mu) = a_0 \prod_{\mu=1}^{N-1} \frac{s - s_\mu}{s_\mu}. \tag{7.18}$$

Die Nullstellen entsprechen den Eigenfrequenzen des Vokaltrakts. Sofern die Dämpfungskoeffizienten α_ν relativ klein sind – was in der Tat zutrifft – ist $a_0 = 1$. Nimmt man der Einfachheit halber an, daß N (die Anzahl der Segmente) ungerade sei, so daß N − 1 gerade, dann gibt es (N − 1)/2 Paare konjugiert komplexer Nullstellen. Diese Nullstellenpaare seien mit dem Index n gekennzeichnet. Mit (7.6) hat dann die Übertragungsfunktion $H_V(s)$ die Form

$$H_V(s) = \prod_{n=1}^{(N-1)/2} \frac{s_n s_n^*}{(s-s_n)(s-s_n^*)}. \qquad (7.19)$$

Jedes der Eigenfrequenzpaare s_n, s_n^* ist für einen Formanten verantwortlich. Die Formantfrequenzen und -Bandbreiten lassen sich aus den Real- und Imaginärteilen der Eigenfrequenzen bestimmen. Umgekehrt ist die Übertragungsfunktion $H_V(s)$ bestimmt, wenn die Formantfrequenzen und deren Bandbreiten bekannt sind.

7.2.5 Zusammenhänge zwischen Eigenfrequenzen und Formanten

Mit den Bezeichnungen

$$s_n = \sigma_n + j\omega_n, \qquad (7.20)$$

$$s_n^* = \sigma_n - j\omega_n, \qquad (7.21)$$

gilt für einen einzelnen Faktor $H_{Vn}(s)$ des Produkts (7.19)

$$H_{Vn}(s) = \frac{s_n s_n^*}{(s-s_n)(s-s_n^*)} = \frac{\sigma_n^2 + \omega_n^2}{\sigma_n^2 + \omega_n^2 - \omega^2 - j\omega 2\sigma_n}. \qquad (7.22)$$

Dies ist die Frequenzfunktion eines Tiefpasses mit einer Resonanzüberhöhung bei der Kreisfrequenz $\sqrt{\omega_n^2 - \sigma_n^2}$. Die Phase von H_{Vn} durchläuft den Bereich von 0 bis $-\pi$, wenn die Frequenz von 0 nach großen Werten steigt. Diejenige Frequenz, bei welcher die Phase den Wert $-\pi/2$ annimmt, hat den Wert

$$\omega_{nr} = \sqrt{\omega_n^2 + \sigma_n^2}. \qquad (7.23)$$

Diesen Wert kann man als sinnvolle Näherung an die n-te Formantfrequenz ansehen. Bezeichnet man die n-te Formantfrequenz mit F_n, so gilt demnach

$$F_n = \frac{1}{2\pi}\sqrt{\omega_n^2 + \sigma_n^2}. \qquad (7.24)$$

Als Bandbreite B_n des n-ten Formanten wird zweckmäßigerweise die Differenz zwischen den 45°-Frequenzen der Phase definiert. Aus (7.22) ergibt sich dafür

$$B_n = \frac{\omega_{+45} - \omega_{-45}}{2\pi} = -\frac{\sigma_n}{\pi}, \qquad (7.25)$$

so daß

$$\sigma_n = -\pi B_n. \tag{7.26}$$

Ferner erhält man mit (7.24) und (7.26)

$$\omega_n = \pi\sqrt{4F_n^2 - B_n^2}. \tag{7.27}$$

Setzt man diese Ausdrücke für σ_n und ω_n in (7.22) ein und bildet man das Produkt entsprechend (7.19), so erhält man die Vokaltraktübertragungsfunktion in Abhängigkeit von der Frequenz und den Parametern F_n und B_n:

$$H_V(f) = \prod_{n=1}^{(N-1)/2} \frac{1}{1 - (f/F_n)^2 + jB_n f/F_n^2}. \tag{7.28}$$

Durch Einsetzen von $H_V(f)$ in (7.5) erhält man das zugehörige Schalldrucksignal. Insbesondere läßt sich dasselbe wie beim Schwa-Laut für den speziellen Fall stationärer Glottisschwingungen durch

$$\begin{aligned}P(s,r) &= \hat{q}_0 \Big[\sum_{n=1}^{N} \frac{1}{n^2} \cdot \frac{s}{s^2 + n^2(2\pi f_G)^2} e^{j\varphi_n}\Big] \\ &\quad \cdot \prod_{n=1}^{(N-1)/2} \frac{1}{1 - (f/F_n)^2 + jB_n f/F_n^2} \cdot \frac{s\rho_0}{4\pi r} e^{-sr/c}\end{aligned} \tag{7.29}$$

ausdrücken. Gleichung (7.29) gibt die Schalldruck-Frequenzfunktion eines beliebigen, durch seine Formantfrequenzen und Formantbandbreiten gekennzeichneten Vokals an, wenn dazu die Oszillationsfrequenz f_G des Glottissignals gegeben ist.

Die Bandbreiten der Formanten sind im wesentlichen durch die physikalischen Bedingungen im Sprechtrakt festgelegt (Reibungs- und thermische Verluste); das heißt, sie hängen kaum von der Artikulation ab und weisen bei verschiedenen Personen nur geringe Unterschiede auf. Daher besteht zwischen F_n und B_n ein weitgehend eindeutiger Zusammenhang. Man kann ihn durch die Formel

$$B = 50[1 + 0{,}1(f/\text{kHz})^3] \text{ Hz} \tag{7.30}$$

näherungsweise beschreiben.

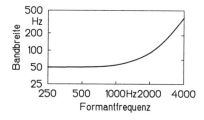

Abb. 7.9. Zusammenhang zwischen Formantbandbreite und Formantfrequenz (angenähert, gemittelt)

Abbildung 7.9 illustriert die Funktion (7.30). Mit ihrer Hilfe läßt sich die Anzahl freier Parameter in (7.29) auf die Formantfrequenzen F_n und die Glottis-Oszillationsfrequenz f_G reduzieren.

7.2.6 Informationsgewicht der Formanten und Abschätzung von $H_V(f)$ in einem begrenzten Frequenzbereich

Das Ausmaß, in dem welchen die einzelnen Formanten zur Kennzeichnung eines Vokals beitragen (ihr "Informationsgewicht") nimmt mit steigender Ordnungszahl ab. Das liegt daran, daß ihre Frequenzen umso weniger artikulationsabhängig sind, je höher ihre Ordnungszahl ist. Während die Frequenz des ersten Formanten um nahezu ±100 % variiert, ändert sich diejenige des dritten nur noch um rund ± 20–30 %, und diejenige des vierten ist nahezu konstant bei $F_4 \approx 3500$ Hz. Daher kann man die Beiträge zu $H_V(f)$, welche die höheren Formanten in einem endlich breiten Frequenzbereich $0 \ldots f_h$ leisten, abschätzen.

Beispielsweise liegen im Bereich 0–4 kHz die ersten vier Formanten. Die höheren Formanten tragen zum Gesamtfrequenzgang $H_V(f)$ in diesem Bereich nur mit flach ansteigenden Flanken ihrer Resonanzüberhöhung bei. Das Produkt dieser Anteile kann man durch eine pauschale Näherungsfunktion berücksichtigen. Daher genügt zur Bestimmung des Frequenzganges $H_V(f)$ innerhalb eines endlichen Frequenzereichs die Kenntnis der Frequenzen derjenigen Formanten, welche in diesen Bereich fallen.

Eine brauchbare Abschätzung der mittleren spektralen Hüllkurven des Schalldrucks der Vokale im Frequenzbereich 0–4 kHz bekommt man, indem man in (7.5) sinnvolle Näherungen der Betragsfrequenzgänge $|Q_G(f)|$ und $|H_V(f)|$ einsetzt [273]. Nimmt man an, daß $|Q_G(f)|$ oberhalb 100 Hz mit $1/f^2$ abfällt und setzt man für B_n den Ausdruck (7.30) ein, so ergibt sich durch Betragsbildung und Logarithmieren (Pegelbildung) aus (7.29)

$$L(f) = (2,16x^2 + 0,023x^4)\text{ dB} + 20\lg\frac{x}{1+100x^2}\text{ dB}$$

$$-10\sum_{n=1}^{4}\lg\left[\left(1-\frac{x^2}{X_n^2}\right)^2 + 2,5\cdot 10^{-3}\left(\frac{x+0,1x^4}{X_n^2}\right)^2\right]\text{ dB}. \quad (7.31)$$

Hier bedeutet $x = f/\text{kHz}$ den Zahlenwert der Frequenzvariablen in kHz, und X_n den ebenso normierten Wert der n-ten Formantfrequenz. Der erste Term in (7.31) ist die Korrekturfunktion, welche den Beitrag der oberhalb des dargestellten Frequenzbereichs liegenden Formanten berücksichtigt. Der zweite Term enhält die Frequenzgänge von Glottis-Schallflußquelle und Abstrahlung. Der dritte Term liefert die Beiträge der ersten vier Formanten. Der Absolutbetrag des Pegelwerts $L(f)$ ist ohne Bedeutung; er ist im allgemeinen durch eine passende Konstante zu ergänzen.

Als Beispiel zeigt Abb. 7.10 die nach (7.31) berechneten Teiltonspektren der fünf Hauptvokale. Zur Berechnung wurden die ersten drei Formantfrequenzen Tabelle 7.1 entnommen; als Glottis-Oszillationsfrequenz wurde

196   7. Sprechvorgang und Sprachsignal

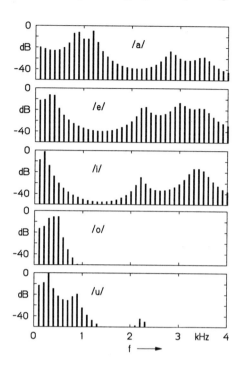

Abb. 7.10. Die Teiltonspektren der Vokale, berechnet mit Gleichung (7.31) für die willkürlich gewählte Stimmbandfrequenz 100 Hz. Die ersten drei Formantfrequenzen entsprechen denen von Tabelle 7.1; die vierte Formantfrequenz beträgt bei allen Vokalen 3,5 kHz

$f_G = 100$ Hz gewählt, und die Frequenz des vierten Formanten wurde auf $F_4 = 3,5$ kHz gesetzt.

Auf der Grundlage der Theorie der Vokale kann man bis auf gewisse Mehrdeutigkeiten aus dem Sprachsignal auf die Geometrie des Vokaltrakts zurückschließen [835, 603]. Über objektive Messungen der Vokaltrakt-Übertragungsfunktion an Versuchspersonen wurde beispielsweise von Fujimura & Lindqvist [354] berichtet.

7.3 Nasallaute

Die Nasallaute sind wie die Vokale stimmhaft. Die Berechnung des Schallsignals ist erheblich komplizierter als bei den Vokalen (vgl. Abb. 7.2). Weil der Mund weitgehend oder vollständig geschlossen ist, erfolgt die Schallabstrahlung überwiegend aus der Nase. Die Zungenposition, welche die Nasallaute /m/, /n/ und /ŋ/ unterscheidet, wirkt sich auf die Übertragungsfunktion dadurch aus, daß von ihr die an der Verzweigungsstelle am Velum auftretende komplexe Impedanz abhängt. Dieser Einfluß ist jedoch nicht groß, so daß sich die Fourierspektren der Nasallaute nicht sehr deutlich voneinander unterscheiden.

Die Übertragungsfunktion $H_N(s) = Q_N(s)/Q_G(s)$ kann wie beim Vokaltrakt durch Produktdarstellung in Abhängigkeit von Eigenfrequenzen ausgedrückt werden [273, 314]. Im Unterschied vom Vokaltrakt weist die Übertragungsfunktion sowohl Pol- als auch Nullstellen auf. Eine brauchbare Näherung stellt die Formel

$$H_N(s) = \frac{\prod_{m=1}^{3}(s-s_m)(s-s_m^*)}{\prod_{n=1}^{4}(s-s_n)(s-s_n^*)} \quad (7.32)$$

dar [314]. Die Polfrequenzen f_n liegen bei ungefähr 250, 1000, 2000 und 4000 Hz; die Nullfrequenzen f_m bei ungefähr 600, 1400 und 7000 Hz. Mit diesen Werten ist die Übertragungsfunktion des Nasallauts bestimmt und man kann das dazugehörige Schalldrucksignal mit (7.5) berechnen. Als Beispiel zeigt Abb. 7.11 die Hüllkurve des Fourierspektrums des Nasallauts /m/.

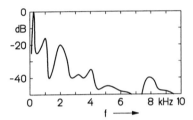

Abb. 7.11. Teiltonspektrum und Hüllkurve des Nasallauts /m/

7.4 Frikativlaute

Die Berechnung der Schallsignale der Frikativlaute ist noch aufwendiger als diejenige der Nasallaute. Dies hängt unter anderem damit zuammen, daß als Sitz der Geräusch-Schallquelle sehr verschiedene Orte innerhalb des Sprechapparates in Frage kommen: Die zu einem schmalen Spalt geformte Glottis; die hintere Rachenwand; der Gaumen; der vordere Zahndamm; und die Zähne. Ferner ist die Physik der Entstehung des Reibungsgeräuschs von Fall zu Fall unterschiedlich und theoretisch schwer zu erfassen. Schließlich ist bei rund der Hälfte der Frikativlaute die Glottisschwingung als zusätzliche Schallquelle beteiligt.

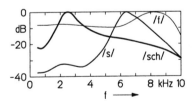

Abb. 7.12. Fourier-Intensitätsspektren dreier Frikativlaute (schematisiert).

Auf eine auch nur angenäherte Beschreibung der Schallsignalentstehung der Frikativlaute muß daher an dieser Stelle verzichtet werden. Als Beispiel zeigt Abb. 7.12 die Fourier-Intensitätsspektren dreier Frikativlaute [314, 464].

7.5 Plosivlaute

Der eingehenden theoretischen Behandlung der Plosivlaute (Verschlußlaute) stehen im wesentlichen die gleichen Schwierigkeiten im Wege wie derjenigen der Frikativlaute. Das Plosivgeräusch, welches in den meisten Fällen von sehr kurzer Dauer (einige 10 ms) ist, kennzeichnet einen Plosivlaut ohnehin nur unzureichend, so daß seine Berechnung nicht sehr wichtig ist.

Die Charakteristika der Plosivlaute – und deren Erkennung durch das Gehör – beruhen überwiegend auf dem zeitlichen Ablauf ihrer Erzeugung: Zuerst wird der Vokaltrakt an einer Stelle, welche für den nachfolgenden Plosivlaut charakteristisch ist, kurzzeitig (ungefähr 100 ms lang) verschlossen. Dieser Vorgang zeigt sich bereits im Schallsignal des Vokals, welcher dem Plosivlaut im allgemeinen vorangeht. Der Verschluß als solcher tritt als eine ausgeprägte Lücke im Schallsignal in Erscheinung. Nach der Öffnung des Verschlusses, mit welcher das Plosivgeräusch einhergeht, folgt in den meisten Fällen ein Vokal, und der artikulatorische Übergang vom Verschluß zum Vokal zeigt sich in der ersten Phase von dessen Schallsignal. Auf diese Weise tragen der vorausgehende und der nachfolgende Vokal einen wesentlichen Teil der Information darüber, um welchen Plosivlaut es sich handelt, während die markante Pause anzeigt, *daß* es sich um einen solchen handelt. Darüber hinaus wird ein Teil der Plosivlaute ansatzweise von Glottisaktivität, also Stimmhaftigkeit, begleitet. Dies gilt insbesondere für die "weichen" Verschlußlaute /b/, /g/ und /d/.

7.6 Weitere Merkmale des Sprachsignals

Die maximale akustische Leistung, welche man mit der Stimme erzeugen kann, liegt in der Größenordnung von 1 mW. Dabei wird in 1 m Entfernung ein Schallpegel von 80–85 dB erzeugt. Bei unangestrengtem Sprechen beträgt die Leistung weniger als 100 µW, entsprechend einem Schallpegel von ungefähr 65 dB.

Innerhalb des Flusses natürlicher Sprache wird eine markante zeitliche Gliederung des Sprachsignals vor allem durch die Vokale und die Plosivlaute erzeugt. Vokale besitzen relativ hohe Intensität und haben eine Dauer von 100–300 ms; mit Plosivlauten gehen Pausen von mindestens 100 ms Dauer einher. Die Zahl der je Zeiteinheit gesprochenen Laute – die Lautfrequenz – beträgt 8–15 s^{-1}, die Silbenfrequenz 3–4 s^{-1} [209].

Die Frequenz der Stimmbandschwingungen variiert zwischen ungefähr 70 Hz und 500 Hz. Im Mittel beträgt sie bei erwachsenen Männern ungefähr 120 Hz, bei Frauen 240 Hz. Die Stimmbandschwingungsfrequenz wird als *prosodisches* Merkmal in bedeutungsbezogener Weise eingesetzt, so daß sie bei ein und demselben Sprecher variiert. Die Variationsbreite beträgt ungefähr eine Oktave. Abb. 7.13 zeigt als Beispiel die Häufigkeitsverteilung

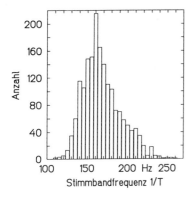

Abb. 7.13. Beispiel für die Häufigkeitsverteilung von Stimmbandschwingungsperioden für einen einzelnen Sprecher, summiert über eine Minute

des Kehrwerts der Periodendauer der Stimmbandschwingung eines einzelnen Sprechers, aufsummiert über eine Minute fortlaufender Rede.

Innerhalb der Einheiten, deren Abfolge die Grobstruktur des Sprachsignals ausmacht, kann man eine zeitliche und spektrale Feinstruktur beobachten, welche allerdings in hohem Maße vom benutzten Analyseverfahren abhängt. Tonale – das heißt nicht geräuschartige – Signalabschnitte werden ausnahmslos durch die Glottisschwingung hervorgerufen. Weil diese über jeweils eine kurze Zeit periodisch ist, sind die tonalen Anteile des Sprachsignals ebenfalls periodisch, was sich im Fourierspektrum durch das Auftreten harmonischer Teiltöne zeigt.

Wenn das Leistungsspektrum eines Sprachsignals mit einem Spektralanalysator erzeugt wird, welcher eine relativ geringe Frequenzauflösung hat, dann treten die periodischen Stimmbandschwingungen in der Zeitstruktur des zeitvariablen Fourier-Spektrums als feines Raster in Erscheinung. Weist andererseits der Analysator hohe Frequenzauflösung auf, so zeigt sich die Periodizität im Auftreten harmonischer Teiltöne. Das Hervorheben der zeitlichen Feinstruktur durch Wahl einer relativ großen Analysebandbreite geht mit der Hervorhebung der spektralen Grobstruktur einher, und umgekehrt.

Zur Darstellung beziehungsweise Analyse des Sprachsignals mit Hilfe des zeitvariablen Leistungsspektrums (Sonogramm) erweist sich eine Bandbreite des Spektralanalysators von 300 Hz als günstiger Kompromiß. Die Grundfrequenz der Stimme, und daher der Abstand der benachbarten Harmonischen, ist meistens kleiner als 300 Hz; der Frequenzabstand benachbarter Formanten ist im meistens größer. Daher zeigt das derart erzeugte Sonogramm die Formantstruktur überwiegend im Frequenzbereich und die Glottisschwingung im Zeitbereich.

Ein anderer, neuartiger Typ der zeitvariablen Spektraldarstellung ist das *Teiltonzeitmuster* (vgl. Abschnitt 3.6.3). Bei seiner Erzeugung wird von vorn herein eine so kleine Bandbreite verwendet, daß in der Regel die ersten 10 bis 20 Harmonischen des Sprachsignals nach Augenblicksfrequenz und Amplitude detektiert werden können. Durch Anwendung eines Analyseverfahrens mit kleinem BT-Produkt (vgl. Abschnitt 3.4.2) wird zugleich eine hohe Zeitauflösung erreicht. Dieses Verfahren unterscheidet sich vom sprachangepaßten Sonogramm-Verfahren grundsätzlich insofern, als ersteres signalunabhängig konzipiert ist. Seine Parameter sind den Eigenschaften des Gehörs angepaßt, nicht denjenigen des zu analysierenden Signals. Als Beispiel zeigt Abb. 7.14 das Teiltonzeitmuster des gesprochenen Wortes *Durst*.

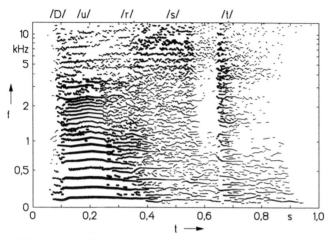

Abb. 7.14. Teiltonzeitmuster des Wortes *Durst*, gesprochen von einem Mann. Die instantane Amplitude der Teiltöne wird durch die Strichstärke angedeutet. Ordinate Bark-skaliert. Nach [1050]

Der Spektralfrequenzbereich des Sprachsignals ist nach unten durch die Untergrenze der Stimmlippen-Oszillationsfrequenz (70–100 Hz) begrenzt. Da es in diesem tiefen Frequenzbereich des Sprachsignals keine nennenswerten Geräuschanteile gibt, bildet die instantane Frequenz der ersten Harmonischen in jedem Zeitpunkt eine scharf ausgeprägte Untergrenze des Fourier-Spektrums. Diese Tatsache ist für die Art und Weise, wie das Gehör das Sprachsignal analysiert, von Bedeutung.

Eine systematische beziehungsweise scharfe *Obergrenze* des Signalspektrums gibt es dagegen nicht. Die Amplituden der Harmonischen von Vokalen und Nasallauten nehmen mit der Frequenz im Mittel um ca. 10 dB pro Oktave ab, so daß sie nur unterhalb ungefähr 5 kHz von Bedeutung sind. Bei Spektralfrequenzen oberhalb 5 kHz spielen praktisch nur noch Signale der Frikativ- und Plosivlaute eine Rolle. Deren Spektralanteile können bis etwa 10 kHz von Bedeutung sein.

8. Schallsignale der Musik

Die Einteilung der Schallsignale in Töne, Klänge und Geräusche liegt in Bezug auf die Musik besonders nahe. Sie läßt sich jedoch rein physikalisch, das heißt, allein auf Grund der objektiven Signaleigenschaften, nicht sinnvoll begründen. Dagegen ergibt sich eine zumindest brauchbare (wenngleich nicht strenge) Begründung dieser Klassifikation aus den zugehörigen Hörempfindungen.

Unter einem (musikalischen) *Ton* ist ein Schallsignal zu verstehen, welches *eine* ausgeprägte Tonhöhenempfindung hervorruft, wobei jedoch eine gewisse Art von Mehrdeutigkeit der Tonhöhe bestehen kann, nämlich vor allem hinsichtlich der Oktavlage. Entsprechend gilt als *Klang* ein Schall, welcher *mehrere* Tonhöhenempfindungen zugleich erzeugt, insbesondere solche, welche nicht oktavverwandt sind. Ein *Geräusch* ist dadurch gekennzeichnet, daß es keine – oder jedenfalls keine auffallenden – Tonhöhenempfindungen erzeugt. Ein sinnvolles Kriterium für die Existenz von Tonhöhenempfindungen ist beispielsweise die Wahrnehmbarkeit einer Melodie (oder eines melodieähnlichen Musters), wenn eine Sequenz verschiedener Schallsignale dargeboten wird.

8.1 Das Tonsystem

Musik ist durch die Hauptmerkmale Melodie, Harmonie und Rhythmus gekennzeichnet. Diese Merkmale sind mit entsprechenden Merkmalen der Lautsprache verwandt, nämlich dem Zeitverlauf der Stimmtonhöhe ("Sprachmelodie"), der Klangfarbe beziehungsweise Lautqualität und dem Sprachrhythmus. Musik unterscheidet sich von Lautsprache vor allem dadurch, daß sie deren prosodische Merkmale (Tonhöhenverlauf, Betonung, Rhythmus) zur Hauptsache macht, während semantischer Inhalt allenfalls in der Form eines gesungenen Textes eine Rolle spielt. Tonhöhen, Klangqualitäten und Rhythmus sind darüber hinaus in der Musik hochgradig – und nach mehr oder weniger willkürlichen Konventionen – systematisiert. Melodien werden aus *Tönen* zusammengesetzt, also aus lautlichen Einheiten, welche sowohl hinsichtlich ihrer zeitlichen Abfolge als auch ihrer Position auf einer *Tonleiter* kategorisch voneinander unterschieden werden. Analysiert man Melodien im

Hinblick auf die durchschnittlich auftretende Anzahl von Tönen pro Zeiteinheit, so stellt man fest, daß diese ungefähr derjenigen von Silben der Lautsprache entspricht (drei bis vier pro Sekunde).

Die Töne der Musik stellen somit eine Art Lautalphabet derselben dar. Sie bilden eine geordnete Reihe enlang der Dimension Tief-Hoch, wobei das Ordnungsprinzip sich aus der wahrgenommenen Tonhöhe ergibt. Innerhalb eines bestimmten Musiksystems, beziehungsweise einer Musikkultur, werden ausschließlich Töne verwendet, welche einer vorgegebenen *Tonleiter*, einem *Tonsystem* entstammen. Die Tonleiter, welcher sämtliche Töne der sogenannten abendländischen Musik entnommen werden, ist die *chromatische*. Die Töne der chromatischen Leiter werden wahlweise durch einen *Tonindex*, eine Kombination von Buchstaben und Zahlenindizes (Abb. 8.1), oder durch Notensymbole gekennzeichnet. Unter einem *Ton* kann die entsprechende reale Schallschwingung oder auch die davon hervorgerufene Hörempfindung zu verstehen sein; jedenfalls ist damit ein akustisches Objekt mit einer Anzahl von Eigenschaften gemeint. Tonindex, Buchstaben- oder Notensymbol sind *Zeichen* für Töne. Die *Tonhöhe* ist ein *Attribut* eines Tones, also ein Parameter der Hörempfindung.

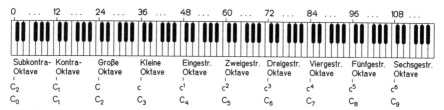

Abb. 8.1. Die chromatische Tonskala der abendländischen Musik und die Arten der Tonbezeichnung. Obere Reihe: Tonindex. Unter dem Manual: Europäisch-traditionelle Tonbezeichnung. Unterste Reihe: Bevorzugte internationale Tonbezeichnung

Die chromatische Tonleiter ist dadurch gekennzeichnet, daß es für jeden beliebigen ihrer Töne je einen weiteren Ton gibt, welcher zu ihm oktavverwandt ist, sowie je einen weiteren, welcher zu ihm quintverwandt ist. Daraus ergibt sich von selbst, daß auch alle übrigen Tonintervalle – beispielsweise die Quart und die Terzen – auf jedem Ton der chromatischen Leiter zur Verfügung stehen. Auf der chromatischen Leiter gelangt man von einem beliebigen Ton zum nächsten oktavverwandten Ton, indem man zwölf Schritte auf- oder abwärts geht. Den nächsten quintverwandten Ton erreicht man in sieben Schritten.

Oktav- und Quintverwandtschaft sind kategoriale Merkmale der Hörempfindung. Zwei aufeinanderfolgende oder gleichzeitige Töne werden vom Gehör entweder als mehr oder minder befriedigend oktav- beziehungsweise quintverwandt akzeptiert, oder nicht; eine dritte Möglichkeit existiert nicht. Die beiden Gehörkriterien der Oktav- und Quintverwandtschaft bilden die

Grundlage aller Tonleitern, insbesondere auch der chromatischen. Wenn man, ausgehend von einem hinreichend tiefen Ton, zwölf Quintschritte aufwärts aneinanderreiht, so gelangt man zu einem Ton, welcher – innerhalb der vom Gehör tolerierten Grenzen – sieben Oktaven über dem Ausgangston liegt. Somit passen in das Intervall von sieben Oktaven gerade zwölf aneinandergereihte Quinten (Quintenzirkel). Verschiebt man die zu den Quinten gehörigen Töne um die erforderliche ganze Zahl von Oktaven in die unterste Oktav, so entsteht innerhalb derselben die chromatische Leiter.

Die Ähnlichkeit oktavverwandter Töne ist für das Gehör so groß, daß dieselben in vieler Hinsicht als identisch gehört beziehungsweise gehandhabt werden. Daher rührt auch die Bezeichnung oktavverwandter Töne durch gleiche Buchstaben, Abb. 8.1. Die Bereitwilligkeit des Gehörs, oktavverwandte Töne trotz ihres relativ großen Tonhöhenunterschieds als gleichwertig anzuerkennen, hat vor allem psychophysikalische Gründe (vgl. Abschnitt 12.1.3); sie mag zusätzlich dadurch gefördert werden, daß Männer- und Frauenstimmen im Mittel ungefähr eine Oktav auseinanderliegen, so daß beim "Unisono"-Gesang Frauen nahezu zwangsläufig eine Oktav höher singen als Männer. Die Gleichwertigkeit oktavverwandter Töne zeigt sich auch in der Tatsache, daß die Transposition einer Melodie um eine Oktav durchweg nicht als Wechsel der Harmonie beziehungsweise der Tonika empfunden wird – im Unterschied beispielsweise zur Transposition um eine Quint.

Vom Tonsystem als solchem (der Tonskala) ist seine *Intonation* (die Stimmung) zu unterscheiden.[1] Letztere besteht in der Herstellung beziehungsweise der Angabe von tonhöhenrelevanten physikalischen Parametern der Töne, also insbesondere der Oszillationsfrequenzen, falls es sich um periodische Schallsignale handelt.

Die Zuordnung von Frequenzen zu Tönen ist nicht so einfach und eindeutig, wie es auf den ersten Blick scheint. Dies kommt unter anderem daher, daß man im allgemeinen weder die wesentlichen physikalischen noch die gehörrelevanten Eigenschaften eines Tones durch eine einzige Frequenz vollständig kennzeichnen kann. Trotzdem ist es üblich und zweckmäßig, den Tönen der Skala *nominelle* Frequenzen zuzuordnen. Diese sind als Referenzwerte der Intonation aufzufassen und ergeben sich aus der Definition der *temperierten Intonation*. Kennzeichnet man die Töne mit fortlaufenden Nummern, das heißt durch einen Tonindex wie in Abb. 8.1 (obere Zeile), dann gilt für die nominelle Frequenz eines Tones mit dem Index n

$$f_n = f_{A4} \cdot 2^{(n-57)/12}. \tag{8.1}$$

Dabei bedeutet f_{A4} die Frequenz des "Normstimmtones", d.h. des "eingestrichenen a"; dies ist der Ton mit der internationalen Bezeichnung A_4

---

[1] Im Instrumentenbau wird der Begriff Intonation meist in einem anderen Sinne, nämlich in dem des klanglichen Abgleichs eines Instruments gebraucht, und die Zuordnung von Tonhöhen beziehungsweise Frequenzen wird als *Stimmung* bezeichnet. International üblich ist es jedoch, letzteren Aspekt *Intonation* zu nennen.

und dem Tonindex 57. Nach internationaler Norm gilt $f_{A4} = 440$ Hz. Dem kleinstmöglichen Schritt auf der Skala, dem Halbtonschritt, entspricht das Frequenzverhältnis $2^{1/12} \approx 1,0594$, also ein Frequenzunterschied von rund 6 Prozent.

Da wichtige Beziehungen zwischen musikalischen Tönen mit Frequenzverhältnissen – im Gegensatz zu Differenzen – korrespondieren, ist es oft nützlich, Tonfrequenzen in einem logarithmischen Maß auszudrücken. Deshalb wird als *Frequenzmaß* die Größe

$$F = \operatorname{ld} \frac{f}{f_r} \text{ oct} = 12 \cdot \operatorname{ld} \frac{f}{f_r} \text{ ht} = 1200 \cdot \operatorname{ld} \frac{f}{f_r} \text{ cent} \qquad (8.2)$$

eingeführt.[2] Das zur Frequenz f gehörende *absolute* Frequenzmaß ergibt sich mit Hilfe einer festen Bezugsfrequenz f_r. Meist werden Frequenzmaß*differenzen* ("relative" Frequenzmaße) gebraucht. Beispielsweise gehört zum Frequenzverhältnis $f_2/f_1 = 2$ (Oktave) das Frequenzmaßintervall 1 oct, und dies ist dasselbe wie 12 ht beziehungsweise 1200 cent. Dem Frequenzverhältnis $2^{1/12}$ entspricht das Frequenzmaßintervall 100 cent.

Wählt man $f_r = 16,35$ Hz – das ist die nominelle Frequenz des Tones C_0 mit dem Tonindex 0 – dann ist für die Frequenzen der temperierten Intonation der Zahlenwert des in ht gemessenen Frequenzmaßes gleich dem Tonindex n. Man kann daher eine *beliebige* vorgegebene Frequenz f einer Tonkategorie (d.h. einem Tonindex) zuzuordnen, indem man das zugehörige Frequenzmaß (in ht) auf die nächste ganze Zahl rundet:[3]

$$n = \lfloor 12 \cdot \operatorname{ld} \frac{f}{16,35 \text{ Hz}} + 0,5 \rfloor = \lfloor 12 \cdot \operatorname{ld} \frac{f}{f_{A4}} + 0,5 \rfloor + 57. \qquad (8.3)$$

Tab. 8.1. Frequenzverhältnisse, Frequenzmaßintervalle und Tonindexintervalle verwandter Tonpaare

	f_2/f_1 natürl.	ΔF [cent] natürl.	f_2/f_1 temp.	ΔF [cent] temp.	Δn
Oktav	$2/1 = 2$	1200	$2/1 = 2$	1200	12
Quint	$3/2 = 1,5$	702	$1,4983$	700	7
Quart	$4/3 = 1,33..$	498	$1,3348$	500	5
gr. Terz	$5/4 = 1,25$	386	$1,2599$	400	4
kl. Terz	$6/5 = 1,2$	316	$1,1892$	300	3

Den Tonintervallen (Oktav, Quint, Quart, große u. kleine Terz) pflegt man "natürliche" Frequenzverhältnisse zuzuordnen, nämlich die Brüche kleiner ganzer Zahlen 2/1, 3/2, 4/3, 5/4 und 6/5. Tab. 8.1 zeigt die Beziehungen zwischen diesen Frequenzverhältnissen und denjenigen, welche sich aus der

---

[2] ld bedeutet Logarithmus zur Basis 2.
[3] $\lfloor x \rfloor$ bedeutet die größte ganze Zahl, welche gleich oder kleiner ist als x.

temperierten Intonation ergeben, sowie die zugehörigen Frequenzmaß- und Tonindexintervalle [148].

8.2 Wirkungsweise konventioneller Tonerzeuger

Gerade weil heutzutage die eletroakustische beziehungsweise digitale Technik die Möglichkeit zur Erzeugung einer unbegrenzten Vielfalt von Klängen bereitstellt, ist es angebracht, sich die Entstehung musikalischer Klänge durch konventionelle Tonerzeuger klar zu machen. Dies umso mehr, als sich gezeigt hat, daß ein großer Teil elektronischer Klangerzeuger darauf angelegt ist, die Klänge konventioneller Musikinstrumente möglichst naturgetreu nachzubilden.

8.2.1 Tonerzeugung auf Rohrblattinstrumenten

Wie im Abschnitt 2.1.3 beschrieben, beruht die Tonerzeugung auf den Rohrblattinstrumenten (Klarinette, Saxophon, Oboe, Fagott) auf der Unterbrechung des vom Spieler ins Mundstück geblasenen Luftstromes durch ein schwingendes Rohrblatt (Klarinette, Saxophon) beziehungsweise zwei gegeneinander schwingende Blätter (Oboe, Fagott) [338, 721]. Der Mechanismus ähnelt demjenigen der Glottisschallquelle des Sprechorgans. Als wesentlicher Faktor kommt hinzu, daß die Schallwelle im Rohr auf den Unterbrechungsmechanismus zeitabhängige Kräfte ausübt, welche die Schwingungsfrequenz (mit)bestimmen. Diese Wirkung wird im wesentlichen durch die Impulsantwort des Schalldrucks am Rohranfang beschrieben, das heißt, die inverse Transformierte der Rohr-Eingangsimpedanz $Z_1(s)$ [65, 39, 719, 444].

Als Beispiel wird die Tonerzeugung auf der Klarinette betrachtet. Das Rohr der Klarinette ist – bis auf einen kleinen Trichter am Ende, dessen Wirkungen hier vernachlässigt seien – zylindrisch. Seine effektive Länge l ist in erster Näherung durch den Abstand zwischen dem Mundstück (Rohranfang) und dem obersten offenen Querloch gegeben. Der Spieler drückt seine Lippen auf Mundstück und Blatt. Der dünne, schwingende Teil des Blattes hat eine relativ kleine Masse und große Steifigkeit; zusammen mit der Masse der Unterlippe ergibt sich eine Resonanzfrequenz, die vom Andruck und von der Position der Lippe abhängt.

Die Eingangsimpedanz des Klarinettenrohres ist nach (3.46) und (5.48)

$$Z_1 = \frac{Z_\mathrm{L} \cosh(\alpha + s/c)l + \frac{\rho_0 c}{s} \sinh(\alpha + s/c)l}{\frac{Z_\mathrm{L} S}{\rho_0 c} \sinh(\alpha + s/c)l + \cosh(\alpha + s/c)l}, \qquad (8.4)$$

wo S den Rohrquerschnitt und Z_L die akustische Lastimpedanz (Strahlungsimpedanz) am anderen Rohrende beziehungsweise dem obersten offenen Querloch bedeuten. Die Lastimpedanz ist relativ klein, verglichen mit der inneren Rohrimpedanz, so daß man sie für eine vereinfachte Berechnung vernachlässigen kann. Setzt man $Z_L = 0$, dann wird aus (8.4)

$$Z_1(s) = \frac{\rho_0 c}{S} \tanh(\alpha + s/c)l = \frac{\rho_0 c}{S} \cdot \frac{\tanh \alpha l + j \tan \beta l}{1 + j \tan \beta l \tanh \alpha l}. \tag{8.5}$$

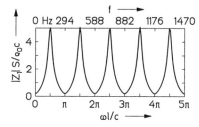

Abb. 8.2. Normierte akustische Impedanz am einen Ende eines zylindrischen Rohres der Länge l, dessen anderes Ende offen, das heißt, mit der Impedanz 0 abgeschlossen ist. Berechnet nach (8.5) mit $\alpha l = 0,2$. Obere Abszisse: Frequenzskala für ein zylindrisches Rohr mit knapp 60 cm Länge (B-Klarinette)

Abb. 8.2 illustriert den Frequenzgang des Absolutbetrages $|Z_1|$, berechnet mit (8.5) für den willkürlich angenommenen Wert des Dämpfungskoeffizienten $\alpha = 0,2$. Die obere Abszisse gibt die Frequenzwerte für ein Klarinettenrohr von knapp 60 cm Länge an (B-Klarinette, alle Seitenlöcher geschlossen). Die Oszillationsfrequenz des ersten Naturtones der Klarinette beträgt $c/(4l)$; sie stimmt mit der Frequenz des ersten Maximums der Rohrimpedanz überein. Dasselbe liegt nach Abb. 8.2 bei rund 147 Hz.

Um die Funktion der Klarinette – insbesondere die Synchronisation der Rohrblattschwingung auf die Eigenfrequenzen des Rohres – zu verstehen, ist es zweckmäßig, die Sprung- und Impulsantworten zu betrachten, welche sich aus der Eingangsimpedanz Z_1 ergeben. Abbildung 8.3 zeigt oben die Schalldruckzeitfunktion am Rohranfang für den Fall, daß ein gleichförmiger Schallfluß im Zeitpunkt 0 sprungartig einsetzt. Diese *Sprungantwort des Schalldruckes* ergibt sich aus der inversen Transformation von $Z_1(s)/s$ mit Hilfe der CFT-Korrespondenz A.12. Die Sprungantwort des Schall*flusses* ergibt sich aus der inversen Transformation von $1/[sZ_1(s)]$ und ist in Abb. 8.3 unten dargestellt.

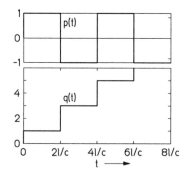

Abb. 8.3. Normierte Sprungantworten am einen Ende eines zylindrischen Rohres der Länge l, welches am anderen Ende offen, das heißt mit der Impedanz 0 abgeschlossen ist. Dämpfung vernachlässigt. Oben: Schalldruck, wenn ein in $t = 0$ sprungartig einsetzender konstanter Schallfluß (Gleichfluß) vorliegt. Unten: Schallfluß, wenn ein in $t = 0$ sprungartig einsetzender konstanter Schalldruck vorliegt. Beide Sprungantworten sind identisch null für $t < 0$

8.2 Wirkungsweise konventioneller Tonerzeuger   207

Aus dem Zeitverlauf der Schalldrucksprungantwort kann man ersehen, wie dieselbe das Rohrblatt synchronisiert. Wenn beispielsweise der Schallfluß deshalb sprungartig einsetzt, weil sich der Spalt zwischen Rohrblatt und Mundstückauflage plötzlich geöffnet hat, dann sorgt der gleichzeitig auftretende Druckanstieg für eine Kraft auf das Rohrblatt, welche die Spaltöffnung kurze Zeit unterstützt. Nach der Zeit $2l/c$ springt der innere Schalldruck auf einen negativen Wert, so daß eine Saugkraft auf das Rohrblatt entsteht, welche auf ein Schließen des Spaltes hinwirkt. Nach der Zeit $4l/c$ springt der innere Schalldruck wieder auf seinen positiven Maximalwert und unterstützt das Öffnen des Rohrblattspaltes, falls dieser sich inzwischen geschlossen hat. Danach kann sich der Vorgang wiederholen, so daß eine stationäre periodische Rohrblattschwingung mit der Frequenz $c/(4l)$ entsteht.

Die Rohrblattschwingung wird in erheblichem Maße durch den Strömungsdruck im Spalt, die Elastizität und Masse des Rohrblattes und die Lippen des Spielers beeinflußt, so daß die Sprung- beziehungsweise Impulsantwort des Rohres lediglich als eine von mehreren Einflußgrößen anzusehen ist. Daher wäre es nicht richtig anzunehmen, daß die Bewegung des Rohrblattes – beziehungsweise der durch den Spalt tretende Schallfluß – denselben rechteckförmigen Zeitverlauf hat wie die Schalldruck-Sprungantwort des für sich allein betrachteten Rohres. Vielmehr muß die Schallfluß-Zeitfunktion aus positiven Impulsen bestehen, deren Dauer geringer ist als die Dauer der Phase positiven Schalldruckes, also kleiner als $2l/c$. Wenn dies aber der Fall ist, dann muß sich der Schalldruckzeitverlauf demjenigen der Impulsantwort (im Gegensatz zur Sprungantwort) annähern. Die Impulsantwort ist gleich dem Differentialquotienten der Sprungantwort. Das heißt, sie besteht aus abwechselnd positiven und negativen Nadelimpulsen im Zeitabstand $2l/c$.

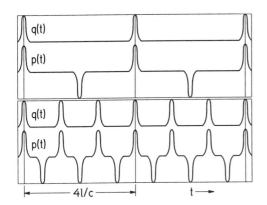

Abb. 8.4. Schematische Darstellung des zeitlichen Schallfluß- und Schalldruckverlaufes im Mundstück der Klarinette bei Erzeugung des ersten (oben) und des zweiten Naturtones (unten)

Auf Grund dieser Überlegungen ergibt sich für den Fall einer stationären Rohrblattschwingung der in Abb. 8.4 schematisch dargestellte Zustand.[4]

---
[4] Experimentelle Untersuchungsergebnisse dazu wurden beispielsweise von Backus [37, 38] beschrieben.

8. Schallsignale der Musik

Grundsätzlich kann eine stationäre Rohrblattschwingung nur bei Oszillationsfrequenzen entstehen, für welche jeweils der offene Zustand des Spaltes mit einer Phase positiven Druckes und der geschlossene mit einer solchen negativen Druckes zusammenfällt. Daher kann der Wert der Oszillationsfrequenz nur ungeradzahlige Vielfache von $c/(4l)$ annehmen. In Abb. 8.4 ist dies für die Oszillationsfrequenz des ersten Naturtones (oben) und diejenige des zweiten Naturtones $3c/(4l)$ (unten) illustriert.

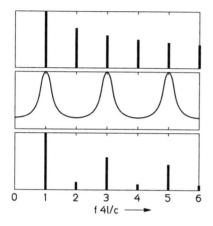

Abb. 8.5. Schematische Illustration der Wirkung der Übertragungsfunktion (mittleres Diagramm) auf das Teiltonspektrum des Klarinettentones. Oben: Angenommenes Teiltonspektrum des Schallflußsignals im Mundstück. Unten: Teiltonspektrum des Schallflußsignals am Rohrende beziehungsweise am obersten offenen Querloch

Als maßgebendes Eingangssignal des Klarinettenrohres ist die Zeitfunktion des Schallflusses $q_1(t)$ anzusehen. Diese ist im stationären Zustand periodisch und ihr Teiltonspektrum kann beispielsweise die in Abb. 8.5 oben schematisch dargestellte Gestalt haben. Die Teiltonfrequenzen sind Harmonische der Oszillationsfrequenz und ihre Amplituden nehmen in der Regel mit wachsender Teiltonfrequenz beziehungsweise -Ordnungszahl mehr oder weniger gleichmäßig ab. Der Schall wird an den obersten offenen Seitenlöchern, oder – wenn alle Seitenlöcher geschlossen sind – am Rohrende abgestrahlt. Für das abgestrahlte Schallsignal ist der an jener Stelle auftretende Schallfluß $q_2(t)$ maßgebend. Dieser ergibt sich aus dem Eingangsschallfluß durch Multiplikation mit der Schallfluß-Übertragungsfunktion des zylindrischen Rohres $1/\cosh\gamma l$ (Abb. 8.5 mitte). Weil die Frequenz der ersten Harmonischen des Eingangsschallflusses stets mit derjenigen eines Maximums des Übertragungsfaktors übereinstimmt, fallen alle ungeradzahlige Harmonischen auf Maxima, alle geradzahligen auf Minima der Übertragungsfunktion, so daß die geradzahligen Harmonischen im Ausgangsschallfluß entsprechend gedämpft erscheinen. Dies ist in Abb. 8.5 für den Fall veranschaulicht, daß die Rohrblatt-Oszillationsfrequenz den Wert $c/(4l)$ hat, so daß sie mit der Frequenz des ersten Maximums der Übertragungsfunktion zusammenfällt.

Details zum Fourierspektrum der Klarinettentöne findet man in einer Arbeit von Benade & Kouzoupis [70]. Nederveen [664] gibt eine Berechnungsverfahren zur Bestimmung der Position und Größe der Seitenlöcher der Klarinette an. Weitere Untersuchungen der Rohrblattinstrumente und ihrer Tonsignale wurden von Benade und Lutgen [65, 71], Keefe [496], Benade & Jansson [69], Moorer & Grey [650] beschrieben.

Neuzeitliche Spieler der Rohrblattinstrumente – insbesondere im Bereich des Jazz – haben herausgefunden, daß man beispielsweise auf dem Saxophon und der Klarinette nicht nur Töne, sondern auch Akkorde hervorbringen kann (*Multiphonics*). Dies wird durch spezielle Ansatz- und Grifftechniken zuwegegebracht. Auf diese Weise werden Schallsignale erzeugt, deren wahrgenommene Tonhöhe nicht der Schwingungsperiode des Rohrblatts entspricht, wie im Normalfall. Vielmehr wird eine Schwingungsform hervorgebracht, deren Fourier-Spektrum im Gehör nicht nur eine, sondern mehrere, in harmonischer Beziehung stehende, Tonhöhen hervorruft. Eine Untersuchung dieses Phänomens wird von Backus [41] beschrieben.

8.2.2 Tonerzeugung auf Blechblasinstrumenten

Das Tonerzeugungsprinzip bei den Blechblasinstrumenten (Trompete, Posaune, Waldhorn, Tuba) ähnelt erheblich demjenigen der Stimme. Die Mundlippen des Spielers spielen die Rolle der Stimmlippen. Die Oszillationsfrequenz muß durch geeignete Lippenspannung vom Spieler näherungsweise hergestellt werden. Die Schalldruck-Impulsantwort des Rohres unterstützt die Lippenschwingung bei bestimmten Frequenzen in entsprechender Weise wie bei den Rohrblattinstrumenten, vgl. Backus & Hundley [42], Benade & Jansson [69, 474], Fletcher [338], Elliott et al. [266], Caussé [161], Chen & Weinreich [166], Copley & Strong [196], Hirschberg et al. [445], Adachi & Sato [1].

Die Oszillationsfrequenzen der Naturtöne der Blechblasinstrumente, das heißt, der bevorzugt anblasbaren Töne, stehen bei fester Rohrlänge angenähert in der Verhältnisreihe 2:3:4:5:6:7 usw. Der Bezugston des Instruments hat also die relative Frequenz 2. Er wird in der Regel als Ton C bezeichnet und entsprechend notiert, unabhängig davon, welche Oszillationsfrequenz er beim gegebenen Blechblasinstrumententyp tatsächlich hat. Beispielsweise hat der als C bezeichnete Bezugston der B-Trompete – bedingt durch die Rohrlänge – die Frequenz 233,1 Hz, welche ihrerseits dem Ton B^b der Normalstimmung entspricht.

Die obengenannte Verhältnisreihe der Naturtöne kommt folgendermaßen zustande. Wie am Beispiel der Klarinette dargestellt wurde, korrespondieren die als Naturtonfrequenzen bezeichneten bevorzugten Oszillationsfrequenzen mit den Eigenfrequenzen des Rohres, und diese treten unter anderem als Maxima der Rohreingangsimpedanz in Erscheinung. Beim zylindrischen Rohr liegen die Maxima bei den ungeradzahligen Vielfachen von $c/(4l)$. Durch den Übergang zur Trompetenform des Rohres, das heißt, die Aufweitung seines vorderen Teils, werden die Eigenfrequenzen erhöht, und zwar umso mehr, je kleiner sie sind. Das heißt, daß die Lage des ersten Impedanzmaximums auf der Frequenzachse relativ am stärksten nach rechts verschoben wird, diejenige des zweiten etwas schwächer, und so weiter [40].

8. Schallsignale der Musik

Die Tatsache, daß die Aufweitung des vorderen Rohrabschnitts die Eigenfrequenzen umso mehr erhöht, je kleiner sie sind, kann man anhand der Überlegung plausibel machen, daß die partielle Aufweitung des ursprünglich zylindrischen Rohres sich umso stärker auf eine Eigenfrequenz auswirken muß, je größer der Anteil der zugehörigen Wellenlänge an der Rohrlänge ist. Da der Anfangsteil des Rohres in jedem Falle zylindrisch ist, ändert die Aufweitung des vorderen Teils an den Eigenfrequenzen nichts, wenn die dazugehörigen Wellenlängen wesentlich kleiner sind als die Länge des zylindrischen Teils.

Durch die Aufweitung des vorderen Teils des ursprünglich zylindrischen Rohres zur Trompetenform werde beispielsweise die erste Eigenfrequenz vom relativen Wert 1 auf 1,5 erhöht; die zweite von 3 auf 3,5; die dritte von 5 auf 5,25; und die höheren Eigenfrequenzen mögen ihre Werte beibehalten. Dann stehen die Eigenfrequenzen des im vorderen Teil aufgeweiteten Rohres in der Verhältnisreihe 1,5 : 3,5 : 5,25 : 7 : 9 : 11 usw., was dasselbe ist wie 0,86 : 2 : 3 : 4 : 5,1 und so fort. Analysen der Töne von Blechblasinstrumenten findet man beispielsweise in [567, 350, 652].

8.2.3 Tonerzeugung auf Flöten und Pfeifen

Der Anregungsmechanismus von Flöten und Orgelpfeifen unterscheidet sich fundamental von demjenigen der Stimme, der Rohrblattinstrumente und der Blechblasinstrumente. Ein Luftstrahl wird unter flachem Winkel über eine Öffnung des Rohres geblasen. Er strömt entweder außen am Rohr vorbei oder in dasselbe hinein.

Abb. 8.6. Zum Prinzip der Schwingungsanregung bei Flöten und Pfeifen durch einen Luftstrahl

Abbildung 8.6 veranschaulicht dies anhand einer blockflötenähnlichen Struktur. Weil der Strahl sich ähnlich wie eine Luftblatt mit entsprechend geringer Masse und sehr geringer Biegesteifigkeit verhält, ändert er seine Richtung unter dem Einfluß einer von unten oder oben wirkenden Querkraft sehr leicht und sehr rasch, vgl. Cremer & Ising [207], Coltman [188], Fletcher und Mitarbeiter [336, 339]. Wenn der Strahl beispielsweise plötzlich ins Rohr hinein verläuft, nachdem er zuvor darüber hinweg gerichtet war, so ist dies gleichbedeutend mit einem sprungartig einsetzenden Schallfluß ins Rohr hinein. Derselbe erzeugt gemäß der Sprungantwort des Rohres (Abb. 8.3) augenblicklich einen positiven Schalldruck im Rohr, welcher auf den Luftstrahl eine nach oben gerichtete Kraft ausübt, so daß dieser nach außen kippt, nachdem er einen ins Rohr hinein gerichteten Schallflußimpuls kurzer Dauer hervorgerufen hat. Die Reaktion der Luftsäule im Rohr besteht nach der Zeit $2l/c$ aus einem kurzen negativen Schalldruckimpuls (der Schalldruck-Impulsantwort).

Derselbe ruft eine von oben nach unten gerichtete Kraft auf das Luftblatt hervor, so daß dessen Richtung wieder ins Rohr hinein kippt und sich der gesamte Vorgang wiederholt. Auf diese Weise entsteht eine stationäre Schwingung mit der Frequenz $c/(2l)$.

Durch Anpassung des Anblaswinkels und der Strömungsgeschwindigkeit kann erreicht werden, daß die Richtung des Luftblattes schon nach einer kürzeren Zeit als $2l/c$ wieder ins Rohr hinein kippt, so daß ein weiterer Schallflußimpuls mit entsprechend verzögerter Druckimpulsantwort entsteht. So kann auch mit einer der Oszillationsfrequenzen $nc/(2l)$ eine stationäre Schwingung hervorgerufen werden ($n = 2, 3, 4 \ldots$) [808].

Fourier-Spektren von Orgelpfeifen wurden z.B. von Boner [105] beschrieben. Ergebnisse zur akustischen Eingangsimpedanz der Flöte finden sich bei Backus [39], Coltman [186, 189], Lyons [575], Nederveen [665]. Der Einfluß des Kopfstücks der Flöte wurde von Benade & French [68] und Fletcher et al. [340] untersucht. Zur akustischen Wirkung der Seitenlöcher gibt es Untersuchungen von Benade [66], Nederveen [667], Coltman [189], Keefe [493, 494, 495]. Fletcher [335] beschreibt akustische Wirkungen der Spieltechnik.

Bei allen Blasinstrumenten ergeben sich aus Änderungen der Schallgeschwindigkeit im Rohr entsprechende Abweichungen der Naturtonfrequenzen, welche der Spieler in der Regel durch leichte Veränderungen der Anblastechnik nach Gehör auszugleichen sucht. Die Schallgeschwindigkeit ändert sich mit der Temperatur (Sie ist proportional zur Quadratwurzel aus der absoluten Temperatur). Darüber hinaus ist mit einem merklichen Einfluß der Gaszusammensetzung der Atemluft des Spielers zu rechnen. Fuks [355] hat darauf hingewiesen, daß eine erhöhte CO_2-Konzentration der Luft um wenige Prozent eine merkliche Abnahme der Schallgeschwindigkeit und ein entsprechendes Absinken der Eigenfrequenzen des Rohres zur Folge hat.

8.2.4 Tonerzeugung auf Streichinstrumenten

Auf den musikalischen Streichinstrumenten wird eine stationäre Saitenschwingung durch Anstreichen mit einem Roßhaarbogen erzeugt. Die Anstreichstelle liegt in der Regel relativ dicht beim Steg, beispielsweise bei 1/14 der zwischen Steg und Sattel liegenden Saitenlänge. Der Vorgang ist mit einem sehr rasch wiederholten Anzupfen der Saite vergleichbar, dessen Takt von der Saite selbst bestimmt wird. Maßgebend ist dafür zum einen die Physik der Reibung zwischen Bogenhaaren und Saite, zum anderen das dynamische Verhalten der Saite [18, 19, 22].

Abbildung 8.7 zeigt schematisch die sogenannte Reibungskennlinie, das heißt, die Charakteristik des Zusammenhanges zwischen der transversal auf die Saite wirkenden Kraft und der Geschwindigkeit der Saite relativ zu derjenigen der streichenden Bogenhaare. Wenn die Geschwindigkeit der Saite an der Anstreichstelle sich nach Richtung und Betrag derjenigen des Bogens annähert, ist die mögliche Transversalkraft am größten. Daher besteht unter dieser Bedingung die Tendenz, daß die Saite vom Bogen eingefangen wird, so daß die Relativgeschwindigkeit null wird (Haftphase).

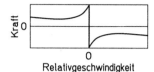

Abb. 8.7. Reibungskennlinie schematisch

Wenn die dynamische Kraft, welche mit der Transversalschwingung der Saite einhergeht, den Maximalwert der Kennlinie überschreitet, reißt die Saite von den Bogenhaaren ab. Mit der Entstehung einer geringfügig von null verschiedenen Relativgeschwindigkeit geht eine Abnahme der maximal möglichen Kraft einher, wodurch der Abriß unterstützt wird, so daß die Saite sehr rasch in die *Gleitphase* übergeht. In der Gleitphase führt sie eine weitgehend freie, das heißt, allein von ihrer eigenen Dynamik bestimmte Schwingung aus, welche solange andauert, bis die Geschwindigkeit des angestrichenen Saitenpunktes die Bewegungsrichtung des Bogens annimmt und sich dem Betrage nach der Bogengeschwindigkeit nähert. Dies führt zum erneuten Einfangen und dem Beginn der nächsten Haftphase.

Der Absolutwert der transversalen Kraft, also insbesondere auch der Maximalkraft, hängt von der Kraft ab, mit welcher der Bogen auf die Saite drückt, dem sogenannten Bogendruck. Dieser muß vom Spieler in Abhängigkeit vom gewählten Anstreichpunkt dem dynamischen Verhalten der Saite angepaßt werden, damit eine stationäre periodische Schwingung entstehen, beziehungsweise aufrechterhalten werden kann.

Die sogenannte *reguläre* Schwingung der Saite, welche durch passende Wahl des Bogendruckes herbeigeführt werden kann, ist am Anstreichpunkt durch den in Abb. 8.8 dargestellten Zeitverlauf der Saitenschnelle gekennzeichnet. Während der Haftphase ist die Saitenschnelle gleich der Bogengeschwindigkeit v_B. Während der Gleitphase tritt ein Impuls der Saitenschnelle auf, dessen Dauer von der Anstreichstelle abhängt. Wie erstmals von Helmholtz beschrieben wurde [432], ist das Verhältnis von Gleitzeit zu Haftzeit stets gleich dem Saitenteilungsverhältnis l_1/l_2, und zwar unabhängig von der Bogengeschwindigkeit. Da bei fester Saitenlänge und -Spannung die Schwingungsperiode – also die Summe von Haft- und Gleitzeit – konstant und insbesondere unabhängig von der Bogengeschwindigkeit ist, ändert sich die Tonhöhe als Funktion der Bogengeschwindigkeit *nicht*; vielmehr ist die *Amplitude* der Saitenschwingung proportional zur Bogengeschwindigkeit.

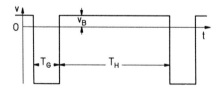

Abb. 8.8. Schnellesignal an einem Punkt der angestrichenen Saite (schematisch). v_B Bogengeschwindigkeit; T_G Dauer der Gleitphase; T_H Dauer der Haftphase. Es ist stets $T_G/T_H = l_1/l_2$

Das dynamische Verhalten der Saite – der zweite Hauptfaktor des Anstreichvorganges – wird durch ihre komplexe Impedanz an der Anstreichstelle, beziehungsweise die ihr entsprechenden Sprungantworten, beschrieben. Die komplexe Impedanz einer idealen, an beiden Enden starr eingespannten Saite ist

$$Z_1(s) = Z(\coth \gamma l_1 + \coth \gamma l_2) = Z \frac{\sinh \gamma l}{\sinh \gamma l_1 \sinh \gamma l_2}, \qquad (8.6)$$

wo l_1 und l_2 die Längen der Saitenstücke beiderseits der Anstreichstelle und l die Gesamtlänge bedeuten [970]. Ferner gilt näherungsweise

$$Z = \sqrt{M' k_0}, \qquad (8.7)$$

wo M' den Massenbelag und k_0 die Saitenspannkraft bedeuten; und

$$\gamma = \alpha + s\sqrt{\frac{M'}{k_0}}, \qquad (8.8)$$

wo α eine Dämpfungskonstante bedeutet.

Für Real- und Imaginärteil der normierten Saitenimpedanz ergeben sich die Formeln

$$Re\left(\frac{Z_1}{Z}\right) = \frac{1 - e^{-4\alpha l_1}}{1 + e^{-4\alpha l_1} - 2e^{-2\alpha l_1}\cos(2\omega l_1/c)}$$
$$+ \frac{1 - e^{-4\alpha l_2}}{1 + e^{-4\alpha l_2} - 2e^{-2\alpha l_2}\cos(2\omega l_2/c)}; \qquad (8.9)$$

$$Im\left(\frac{Z_1}{Z}\right) = \frac{-2e^{-2\alpha l_1}\sin(2\omega l_1/c)}{1 + e^{-4\alpha l_1} - 2e^{-2\alpha l_1}\cos(2\omega l_1/c)}$$
$$- \frac{-2e^{-2\alpha l_2}\sin(2\omega l_2/c)}{1 + e^{-4\alpha l_2} - 2e^{-2\alpha l_2}\cos(2\omega l_2/c)}. \qquad (8.10)$$

Darin bedeutet c die Phasengeschwindigkeit der Transversalschwingung auf der Saite,

$$c = \frac{1}{\sqrt{MC}}, \qquad (8.11)$$

und M, C bedeuten den Massen- und den Federungsbelag.

Um eine Übersicht über die Charakteristika der Impedanz in Abhängigkeit von der Frequenz f sowie von den Parametern l_1/l_2 und α zu gewinnen, setzt man in (8.9, 8.10) zweckmäßigerweise die Identitäten

$$\alpha l_1 = \frac{\alpha l}{1 + l_2/l_1}, \qquad (8.12)$$

$$\alpha l_2 = \frac{\alpha l}{1 + l_1/l_2}, \qquad (8.13)$$

$$\frac{2\omega l_1}{c} = \frac{2\pi f T}{1 + l_2/l_1}, \qquad (8.14)$$

$$\frac{2\omega l_2}{c} = \frac{2\pi fT}{1 + l_1/l_2} \tag{8.15}$$

ein, wobei $T = 2l/c$ die Grundperiode der Saitenschwingung bedeutet. Beispielsweise ergeben sich für $l_1/l_2 = 1/13$ und $\alpha l = 0,01$ für Betrag und Phase der Impedanz als Funktion der Frequenz die in Abb. 8.9 dargestellten Frequenzgänge des Betrags und der Phase von Z_1.

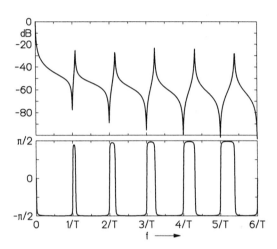

Abb. 8.9. Betrag (oben) und Phase (unten) der mechanischen Impedanz Z_1 für Transversalschwingungen der beidseitig fest eingespannten idealen Saite, als Funktion der Frequenz. $T = 2l/c$ ist die Grundperiode. Beispiel für $l_2/l_1 = 13$; $\alpha = 0,01$

Die Impedanz einer Saite eines realen Streichinstruments zeigt im wesentlichen die in Abb. 8.9 gezeigten Charakteristika.[5] In den Details treten jedoch kleine Abweichungen in Erscheinung, welche hauptsächlich von der Ankopplung weiterer Resonanzen des Instruments über den Steg herrühren. Solche vom Grundschema der idealen Saite abweichende Verläufe repräsentieren die Charakteristika des individuellen Instruments. Auf diese Weise müssen sich alle Eigenschaften eines Streichinstruments, welche auf den Anstreichvorgang Einfluß haben, in der Saitenimpedanz zeigen. Man kann diese individuellen Eigenschaften daher verdeutlichen, indem man vom gemessenen Impedanzverlauf den wie oben für die ideale Saite berechneten abzieht.

Ein eingehenderes Verständnis des Anstreichvorganges gewinnt man durch Betrachtung der Sprungantworten von Kraft und Schnelle der Saite am Anstreichpunkt. Durch inverse Transformation der mit $1/s$ multiplizierten komplexen Impedanz $Z_1(s)$ gemäß (8.6) erhält man die Zeitfunktion der von der Saite ausgeübten Kraft für den Fall, daß die Saitenschnelle von null auf einen festen Wert springt. Sie sei kurz als Sprungantwort der Kraft $z_1(t)$ bezeichnet. Für die auf die Saitenkennimpedanz Z normierte Sprungantwort der Kraft ergibt sich mit der CFT-Korrespondenz (A.10) für $t > 0$

---

[5] Solche Messungen wurden beispielsweise von F. Eggers am Cello durchgeführt, vgl. [970].

8.2 Wirkungsweise konventioneller Tonerzeuger

$$\frac{z_1(t)}{Z} = \frac{1 + e^{2\alpha l_1} - 2e^{2\alpha \lfloor t/T_1 \rfloor}}{e^{2\alpha l_1} - 1} + \frac{1 + e^{2\alpha l_2} - 2e^{2\alpha \lfloor t/T_2 \rfloor}}{e^{2\alpha l_2} - 1}. \quad (8.16)$$

Für $t < 0$ ist $z_1(t) = 0$. T_1, T_2 sind die Periodendauern, welche den Saitenstücken mit den Längen l_1, l_2 entsprechen. Es gilt

$$T_1 = \frac{T}{1 + l_2/l_1}, \quad (8.17)$$

$$T_2 = \frac{T}{1 + l_1/l_2}. \quad (8.18)$$

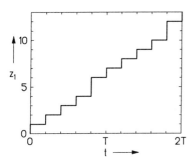

Abb. 8.10. Normierte Sprungantwort der Kraft (Kraft nach einem Sprung der Schnelle) an einem Punkt einer beidseitig starr eingespannten idealen Saite, für das Teilungsverhältnis $l_1/l_2 = 1/4$

Abbildung 8.10 zeigt die normierte Sprungantwort der Kraft für den Fall $\alpha = 0$ und $l_1/l_2 = 1/4$. Die kleinen Stufen repräsentieren die Reflexionen der Kraftsprünge vom kürzeren Saitenende her; ihnen ist eine Folge von Stufen mit vier mal längerer Dauer überlagert, welche die Reflexionen vom längeren Ende her darstellen. Durch die Überlagerung beider Stufenfolgen entstehen bei $t = 4T/5, T+4T/5, 2T+4T/5$ usw. Stufen des Kraftverlaufs mit doppelter Höhe.

Die Zeitfunktion der Schnelle der Saite, welche sich nach einem Sprung der Kraft ergibt, findet man durch Transformation des mit $1/s$ multiplizierten Kehrwerts der Impedanz $Z_1(s)$, also der Admitanz $Y_1(s)$. Die kurz als Sprungantwort der Schnelle bezeichnete Funktion sei mit $y_1(t)$ bezeichnet. Die Transformation mit Hilfe der CFT-Korrespondenz (A.11) ergibt

$$y_1(t) \cdot 2Z = \frac{e^{2\alpha l} + 1 - 2e^{-2\alpha \lfloor t/T \rfloor}}{e^{2\alpha l} - 1} - \frac{e^{-2\alpha l_1}}{e^{2\alpha l} - 1}\left(e^{2\alpha l} - e^{-2\alpha \lfloor \frac{t-T_1}{T} \rfloor}\right)$$
$$- \frac{e^{-2\alpha l_2}}{e^{2\alpha l} - 1}\left(e^{2\alpha l} - e^{-2\alpha \lfloor \frac{t-T_2}{T} \rfloor}\right). \quad (8.19)$$

Abbildung 8.11 zeigt als Beispiel die Sprungantwort der Schnelle für das Längenverhältnis $l_1/l_2 = 1/4$ und $\alpha l = 0,5$.

Eine systemtheoretische Beschreibung der Violine wurde von Schelleng [814] gegeben. Umfassende Darstellungen zur Physik der Geige finden sich beispielsweise in den Werken von Cremer [206] und Güth [390] Ergebnisse

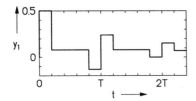

Abb. 8.11. Normierte Sprungantwort der Schnelle (Schnelle nach einem Sprung der Kraft) an einem Punkt einer beidseitig starr eingespannten idealen Saite, für das Teilungsverhältnis $l_1/l_2 = 1/4$ und $\alpha l = 0,5$

der Signalanalyse von Geigentönen findet man beispielsweise bei Beauchamp [50], Moorer & Grey [651]. Experimentelle Beobachtungen und Meßergebnisse an Streichinstrumenten liegen in großer Zahl vor, zum Beispiel von Kohut & Mathews [521], Luke [570], Meyer [609], Dünnwald [243], Arnold & Weinreich [13], Day & Jansson [226], Saldner et al. [805].

8.2.5 Tonerzeugung durch Anzupfen und Anschlagen von Saiten

Das Anzupfen einer Saite (Gitarre, Zither, Harfe, Cembalo [337, 151]) entspricht näherungsweise der Anregung durch einen Kraftsprung. Wird die Saite langsam ausgelenkt und dann plötzlich losgelassen, so springt die Kraft von einem konstanten Wert auf null. Das Schnellesignal der Transversalschwingung ist daher durch die in Abb. 8.11 dargestellte Schnelle-Sprungantwort gegeben.

Beim Klavier erfolgt die Anregung der Saitenschwingung durch den mit konstanter Geschwindigkeit in freier Bewegung auf die Saite treffenden Hammer. Die entstehende Schwingung hängt von der Anregungsstelle und der Hammer-Saite-Kontaktdauer ab. Die Kontaktdauer beträgt bei den tiefsten Tönen des Klaviers maximal 4 ms und nimmt bis zu den höchsten Tönen auf etwa 1 ms ab [934, 20, 21, 163, 164]. Wegen der Nichtlinearität der Federsteifigkeit des Hammerfilzes ist die Kontaktdauer zudem von der Anschlagstärke – d.h. der Hammergeschwindigkeit – abhängig. Die Kontaktdauer nimmt mit zunehmender Anschlagstärke ab, woraus sich eine relative Zunahme der Amplituden hoher Teiltöne – das heißt, ein hellerer beziehungsweise schärferer Klang der Saite – ergibt [333, 191, 192, 193, 23].

Die Nachklingzeit der angeschlagenen Saite beträgt in der tiefen und mittleren Tonlage mehrere Sekunden [588, 613, 662]. Deshalb gehört zur Klaviermechanik pro Saitenchor je ein Dämpfer, welcher die betreffenden Saiten am Weiterschwingen hindert, wenn die Taste losgelassen wird. Die Saiten des hohen Registers sind demgegenüber von vorn herein so stark bedämpft, daß ihre Nachklingzeit unter einer Sekunde liegt; daher findet man in diesem Bereich im allgemeinen keine Dämpfer.

8.3 Tonsignaltypen und ihre Charakteristika

Die Töne der Musik sind nach dem Sprachgebrauch der Psychoakustik durchweg *komplexe Töne*, das heißt, Schallsignale, welche als Summe einer endlichen Zahl von sinusförmigen Teiltönen beschrieben werden können, so daß

$$p(t) = \sum_{\nu=1}^{N} \hat{p}_\nu(t) \cos[2\pi f_\nu(t) \cdot t + \varphi_\nu]. \tag{8.20}$$

In Abb. 8.12 sind schematisch und exemplarisch Teiltonspektren einiger Musikinstrumententöne dargestellt.

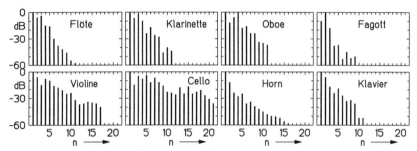

Abb. 8.12. Teiltonspektren verschiedener Musikinstrumente schematisch

Unter Einbeziehung psychoakustischer und musikalischer Gesichtspunkte lassen sich die Töne der Musik in drei Hauptklassen einteilen: (1) Harmonische komplexe Töne; (2) angenähert harmonische komplexe Töne; und (3) geringharmonische komplexe Töne.

8.3.1 Harmonische komplexe Töne

Auf den ersten Blick sind alle *periodischen* Schallsignale harmonische komplexe Töne. Läßt man eine gewisse Zeitabhängigkeit der Parameter solcher Töne zu (Frequenzvibrato, Tremolo), kann man sie mit dem Teiltonansatz

$$p(t) = \sum_{n=1}^{N} \hat{p}_n(t) \cos[2\pi n f_o(t) \cdot t + \varphi_n] \tag{8.21}$$

beschreiben, wo f_o der Kehrwert der (zeitvariablen) Periode – die Oszillationsfrequenz – ist.

Die Unterscheidung zwischen harmonischen und inharmonischen komplexen Tönen allein anhand physikalischer Kriterien ist jedoch streng genommen nicht möglich. Beispielsweise neigt man zwar intuitiv dazu, den aus drei Sinustönen mit den Frequenzen 200, 300 und 400 Hz gebildeten Dreiklang als harmonisch, den aus 205, 305 und 405 Hz gebildeten jedoch als inharmonisch zu bezeichnen. Diese Unterscheidung ist aber nur dann sinnvoll, wenn die Art und Weise berücksichtigt wird, wie die betreffenden Klänge vom Gehör wahrgenommen werden. Objektiv, formal und unabhängig von der Hörwahrnehmung betrachtet, ist der eine Dreiklang genauso harmonisch wie der andere: Der erste kann als die Summe der zweiten, dritten und vierten Harmonischen von 100 Hz, der zweite als die Summe der einundvierzigsten, einundsechzigsten und einundachtzigsten Harmonischen von 5 Hz aufgefaßt werden. Andererseits kann man den ersten Dreiklang beispielsweise auch als Summe der vierten, sechsten und achten Harmonischen von 50 Hz auffassen. Diese Beispiele zeigen, daß genau genommen sowohl die Unterscheidung zwischen harmonischen und inharmonischen komplexen Tönen als auch die Zuordnung einer bestimmten Grundfrequenz beziehungsweise Periodendauer in hohem Maße willkürlich sind.

Im vorliegenden Zusammenhang werden daher als harmonische komplexe Töne solche Tonsignale bezeichnet, welche erstens periodisch sind und deren Periodendauer zweitens der hauptsächlich wahrgenommenen Tonhöhe entspricht. Die Erfülltheit des letzteren Kriteriums kann beispielsweise durch auditiven Tonhöhenvergleich mit einem Sinuston verifiziert werden.

Harmonische komplexe Töne entstehen bevorzugt durch physikalische Prozesse, in welchen ein schwingungsfähiges System durch anhaltende Energiezufuhr zu stationären Schwingungen angeregt wird. Daher sind die Schalle der stimmhaften Sprachlaute, die Gesangsstimme und die Tonsignale aller musikalischen Blas- und Streichinstrumente vom Typ des harmonischen komplexen Tones – jedenfalls, solange sie in konventioneller Weise erzeugt werden.

Die Amplituden der harmonischen komplexen Töne, welche mit den konventionellen Streich- und Blasinstrumenten hergestellt werden können, sind sowohl nach großen wie nach kleinen Amplituden durch die Physik des Tonerzeugungsmechanismus begrenzt. Der nutzbare Amplitudenbereich – der *Dynamikbereich* – ist bei den Flöten beziehungsweise Pfeifen am kleinsten; er beträgt 10-20 dB. Bei den meisten Streich- und Blasinstrumenten beträgt er 25-35 dB [180, 612, 611].

8.3.2 Angenähert harmonische komplexe Töne

Als angenähert harmonische komplexe Töne werden Schallsignale des Typs

$$p(t) = \sum_{n=1}^{N} \hat{p}_n(t) \cos[2\pi n(1 + \varepsilon_n) f_1(t) \cdot t + \varphi_n] \qquad (8.22)$$

bezeichnet. Darin ist ε_n eine kleine Zahl, und f_1 bedeutet die Frequenz des tiefsten Teiltones. Gleichung (8.22) sagt aus, daß die Frequenzen der höheren Teiltöne nicht genau ganzzahlige Vielfache von f_1 sind, falls $\varepsilon_n \neq 0$. Der *Inharmonizitätskoeffizient* ε_n gibt die relative Frequenzabweichung des n-ten Teiltones vom n-fachen Wert der Frequenz des tiefsten Teiltones an. Das heißt, wenn f_n die Frequenz des n-ten Teiltones bedeutet, so gilt

$$\varepsilon_n = \frac{f_n - nf_1}{nf_1}. \qquad (8.23)$$

Schallsignale dieses Typs werden hauptsächlich durch frei ausschwingende Saiten erzeugt, also die Töne der Zupfinstrumente, des Cembalos und des Klaviers [858]. Als Beispiel zeigt Abb. 8.13 die Inharmonizitäten des jeweils zweiten, dritten und vierten Teiltones, welche an einem guten Konzertflügel gemessen wurden [844].

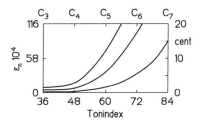

Abb. 8.13. Inharmonizität der Teiltöne Nr. 2, 3 und 4 bei den Tönen eines Konzertflügels, der Übersichtlichkeit halber als glatte Kurven gezeichnet. Nach [844]

Die Inharmonizität der Teiltöne angeschlagener oder gezupfter Saiten rührt hauptsächlich von der Biegesteifigkeit der Saiten her, vgl. Shankland & Coltman [858], Schuck und Young [844, 1085], Fletcher [331]. Sie tritt in den Signalen *angestrichener* Saiten nicht in Erscheinung, weil es sich dabei um stationäre (erzwungene) Schwingungen handelt. Die Tonhöhenempfindung, welche ein angenähert harmonischer komplexer Ton erzeugt, entspricht im allgemeinen näherungsweise der Frequenz f_1.

8.3.3 Geringharmonische komplexe Töne

Als geringharmonische komplexe Töne werden Tonsignale bezeichnet, deren Teiltonfrequenzen erheblich vom harmonischen Schema abweichen, Dazu gehören alle Klänge, welche durch Anschlagen von Glocken, Stäben aus Metall, Holz oder Kunststoff, Metallröhren oder membranartigen Körpern entstehen. Entsprechende gebräuchliche Musikinstrumente sind Glockenspiel, Xylophon, Marimbaphon und Vibraphon. Auch Pauken und Trommeln können zu dieser Gruppe gezählt werden. Alle geringharmonischen Klangsignale haben gemeinsam, daß sie durch *freie* Schwingungen von Körpern entstehen, welche durch einen Schlag angeregt wurden. Die geringharmonischen komplexen Töne sind daher stets zugleich perkussionsartig.

Die Frequenzen der Eigenschwingungen von Glocken, Stäben, Platten und Membranen stehen nicht von vorn herein in einer harmonischen Beziehung zueinander. Um musikalisch einigermaßen brauchbare Töne zu erhalten, müssen durch gezielte Formgebung harmonische Frequenzverhältnisse wenigstens in grober Näherung hergestellt werden.

Abb. 8.14 zeigt als Beispiel das Momentanspektrum einer historischen Kirchenglocke. Die Frequenzen der prominenten Teiltöne sind 181, 330, 415,

220 8. Schallsignale der Musik

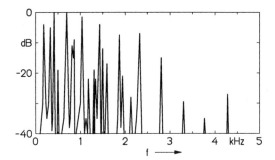

Abb. 8.14. Momentan-Fourier-Spektrum des Klanges einer Kirchenglocke, aufgenommen 500 ms nach dem Anschlag. Die stärksten Teiltöne haben die Frequenzen 181, 330, 415, 693, 1040, 1433, 1868, 2327, 2807, 3296, 3788 und 4283 Hz

693, 1040, 1433, 1868, 2327, 2807, 3296, 3788 und 4283 Hz. Die wahrgenommene musikalische Tonhöhe (der sogenannte Schlagton [486, 487, 605, 15]) entspricht bei dieser Glocke den Frequenzen 343 Hz und 171 Hz; das heißt, sie ist hinsichtlich ihrer Oktavlage zweideutig, und sie stimmt mit keiner der Teiltonfrequenzen unmittelbar überein. Vielmehr liegt sie recht genau eine beziehungsweise zwei Oktaven unter dem Teilton mit der Frequenz 693 Hz und sie stellt angenähert die dritte beziehungsweise vierte Subharmonische der Teiltöne mit 1040 beziehungsweise 1433 Hz dar. Forschungsergebnisse zum Klang und zur Akustik der Glocken finden sich beispielsweise in den Arbeiten von Arts [14], Reinicke [772], Terhardt und Seewann [851, 982], Rossing [796, 800, 798], Lehr [546], Yu-An et al. [1086], Tarnoczy [938] und Fleischer [323].

Bei Xylophon, Vibraphon und Glockenspiel stimmt man durch örtliche Änderung des Querschnitts an den Stellen der Schwingungsbäuche zwei bis drei Teiltöne der Klangstäbe auf harmonische Frequenzverhältnisse ab. Beispielsweise ist eine beim Xylophon mögliche Verhältnisreihe 1:4:9,6 (der höchste Teilton ist eine kleine Terz über der 8-fachen Frequenz des ersten). Beim Vibraphon wird die Abstimmung 1:4:12 angestrebt.

8.4 Die gespreizte Intonation der Tonskala

Die reale Intonation der Tonskala zeigt im Mittel eine ausgeprägte Tendenz zur *Spreizung*. Das heißt, daß im Mittel die Tonfrequenzen tiefer Töne unterhalb, diejenigen hoher Töne oberhalb der durch (8.1) angegebenen nominellen Werte der temperierten Intonation liegen. Diese Tendenz ist weitgehend unabhängig von der Art des Tonerzeugers und davon, ob die Töne auf einem Instrument mit fester Intonation (Klavier, Cembalo, Orgel) oder beeinflußbarer Intonation (Blas- und Streichinstrumente) hervorgebracht werden [601, 608, 349].

Abbildung 8.15 zeigt die mittleren Abweichungen der Tonfrequenzen – nämlich der Frequenzen des jeweils ersten Teiltones – eines nach Gehör optimal gestimmten Konzertflügels. Die ausgeprägte Spreizung der Intonation des

8.4 Die gespreizte Intonation der Tonskala

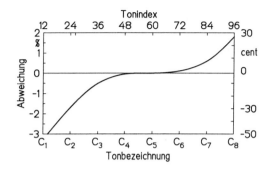

Abb. 8.15. Abweichungen der Intonation der Töne des Klaviers von der temperierten Bezugsintonation (8.1). Linke Ordinate in Prozent, rechte in cent. Die zugrundeliegenden Frequenzen der Klaviertöne sind diejenigen des jeweils ersten Teiltones. Die Kurve ist auf die Frequenz des Tones A_4 normiert, wodurch die Abweichung dieses Tones zu null wird

Klaviers läßt sich unmittelbar mit der Inharmonizität der Teiltöne angeschlagener Saiten (Abb. 8.13) erklären. Werden auf dem Klavier zwei Töne zugleich angeschlagen, so überlagern sich alle Teiltöne und es entstehen wahrnehmbare Schwebungen, falls je zwei Teiltöne *angenähert* dieselbe Frequenz haben. Solche Schwebungen werden minimal beziehungsweise sie verschwinden, wenn es gelingt, die betreffenden Teiltonfrequenzen exakt zur Übereinstimmung zu bringen. Werden insbesondere zwei Töne im Oktavabstand angeschlagen, so liegt beispielsweise die Frequenz des zweiten Teiltones des tieferen Klaviertones dicht bei derjenigen des ersten Teiltones des höheren Klaviertones und es entsteht eine Schwebung. Weil diese als Unreinheit der Intonation wahrgenommen wird, ist der Klavierstimmer bestrebt, die betreffenden beiden Teiltonfrequenzen zur Deckung zu bringen. Wegen der in Abb. 8.13 illustrierten Inharmonizität kommt dabei eine Frequenz des ersten Teiltones des höheren Klaviertones zustande, welche etwas mehr als doppelt so hoch ist wie diejenige des ersten Teiltones des tieferen Klaviertones. Auf diese Weise führt allein schon die Forderung nach Oktavreinheit, wenn sie an sämtliche Töne des Klaviers gestellt wird, zur Spreizung der Intonation [844, 768, 544].

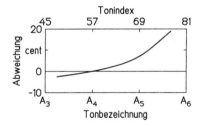

Abb. 8.16. Mittlere Abweichung der Intonation beim einstimmigen Spiel auf Violine, Oboe und Flöte; nach [562]

Die Tendenz, die Intonation der Tonskala zu spreizen, ist jedoch nicht auf das Klavier beschränkt. Sie tritt ebenfalls beim Gesang und bei einstimmigen Musikinstrumenten mit der Möglichkeit, die Intonation gehörkontrolliert zu beeinflussen, in Erscheinung. Mißt man beispielsweise die von guten Klarinettisten, Geigern und Oboisten in längeren Tonfolgen beziehungsweise ganzen Musikstücken realisierten Frequenzen nach, so zeigt sich, daß im Mittel tiefe

Töne systematisch "zu tief", hohe "zu hoch" gespielt werden. Wie Abb. 8.16 zeigt, sind die Abweichungen innerhalb des Tonumfanges der genannten Musikinstrumente ebenso groß wie diejenigen des Klaviers.

Die Intervallspreizung hat demnach letztlich einen gehörphysiologischen Grund. Zwar ist nicht zu bezweifeln, daß die Spreizung der Klavierintonation durch die Inharmonizität der Saiten-Teiltöne sozusagen erzwungen wird. Jedoch ist sie nicht als unerwünschter Artefakt zu werten, sondern im Gegenteil als ein Effekt, welcher der Tendenz des Gehörs zur Bevorzugung gespreizt intonierter Tonintervalle entgegenkommt.

Diese Einschätzung wird unter anderem dadurch gestützt, daß die Intonateure von Pfeifenorgeln – also fest intonierten Tasteninstrumenten mit harmonischen komplexen Tönen – auf Grund ihrer Erfahrung die Regel anwenden, Pfeifen hoher Tonlage eher etwas zu hoch einzustimmen – und zwar unter Inkaufnahme leichter Schwebungen.

Die Tendenz zur gespreizten Intonation wirkt sich weiterhin erkennbar auf die Bauweise von Soloinstrumenten aus. Als Beispiel zeigt Abb. 8.17 die Abweichungen der Frequenzen einiger Töne einer Querflöte, welche im Falle des Anblasens durch eine mechanische Vorrichtung (also ohne Gehörkontrolle) vorgefunden werden [607]. Sie beweisen, daß die Flöte durch geeignete Maßnahmen (Bohrungsquerschnitt, Abmessungen und Positionen der Seitenlöcher) so gebaut ist, daß im Mittel eine Spreizung der Intonation entsteht [666, 190]. Die Instrumentenbauer wissen aus Erfahrung, daß die gespreizte der ungespreizten oder gar verengten Intonation vorzuziehen ist.

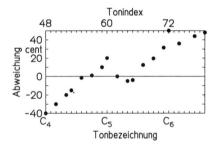

Abb. 8.17. Typische Intonationsabweichung einer Konzertflöte bei künstlichem Anblasen. Nach Meyer [607]

Während elektronische Tasteninstrumente älterer Bauart (beispielsweise elektronische Orgeln) keine Skalenspreizung haben, sondern die nominelle temperierte Stimmung nach (8.1) mit harmonischen komplexen Tönen sehr genau verwirklichen, wird in den meisten neueren Instrumenten (Synthesizer, Sampler, Digitalpianos) eine Spreizung vorgesehen. Im Hörvergleich von Musikbeispielen in ungespreizter und gespreizter Stimmung wird in der Tat die gepreizte Stimmung in der Regel bevorzugt [1061, 589, 986] [CD 16].[6]

---

[6] In der Form [CD (Nr.)] wird auf Hörbeispiele der Compact Disk hingewiesen.

9. Grundparameter des Gehörs

Die Schallsignale, welche von Quellen der Umgebung ausgehen, werden auf ihrem Weg zum Gehör in vielfältiger Weise verändert, nämlich durch Reflexion und Beugung an Körpern. Dies ist der Grund dafür, daß die das Gehör erreichenden Schallsignale Information über die Umgebung enthalten. Ein erheblicher Teil dieser Information, beispielsweise über die Richtung und die Entfernung der Schallquellen und die Position von Körpern in der Umgebung, kann vom Gehör aufgenommen werden.

Zur Angabe der Position von Schallquellen dient zweckmäßigerweise ein kopfbezogenes Koordinatensystem, wie in Abb. 9.1 dargestellt. Es werden drei Bezugsebenen definiert: Die *Horizontalebene*, die *Frontalebene* und die *Medianebene*. Die Horizontalebene wird durch die Oberkanten der beiden Gehörgänge und die Unterkanten der Augenhöhlen definiert. Die Frontalebene steht senkrecht auf der Horizontalebene und geht durch die beiden Gehörgangoberkanten. Die Medianebene steht senkrecht auf den beiden anderen Ebenen; sie schneidet den Kopf senkrecht von vorn nach hinten.

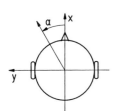

Abb. 9.1. Kopfbezogene Koordinaten. Die y-Achse geht durch die Oberkanten der beiden Gehörgangseingänge und der Mittelpunkt der dazwischenliegenden Strecke ist der Koordinatenursprung. Die x-Achse gibt die Frontalrichtung an. Die x-y-Ebene (im Bild die Zeichenebene) wird Horizontalebene genannt; die darauf senkrechte Ebene, welche die x-Achse enthält, heißt Medianebene; die auf der Horizontalebene senkrechte Ebene, welche die y-Achse enthält, heißt Frontalebene

Alle Information, welche mit dem Gehör aufgenommen werden kann, ist in den beiden Schalldrucksignalen, welche unmittelbar vor den Trommelfellen entstehen, den sogenannten *Ohrsignalen*, enthalten. Dies bedeutet insbesondere, daß die Richtung und die Entfernung, in welcher man Schallquellen wahrnimmt, durch die beiden Ohrsignale bestimmt sind, unabhängig davon, auf welche Art dieselben tatsächlich erzeugt werden. Daher – und in diesem Sinne – kann man die beiden Trommelfelle als die eigentlichen physikalischen Eingangstore des Gehörs auffassen.

In vielen Fällen ist es zweckmäßig, schon den Eingang des Gehörganges anstelle des Trommelfells als physikalisches Eingangstor des Ohres anzusehen. Dies ist im Prinzip zulässig, weil das Schalldrucksignal am Anfang des Gehörganges sich von demjenigen vor dem Trommelfell lediglich um einen festen Übertragungsfaktor – die Übertragungsfunktion des Gehörganges – unterscheidet [472]. Jedoch sind dabei gegebenenfalls folgende Effekte zu beachten.

Erstens zeigt sich, daß der Schalldruck am Trommelfell, welcher zur Absolutschwelle eines Sinustones mit einer Frequenz unterhalb 500 Hz gehört, um bis zu 6 dB höher ist, wenn er mit einem geschlossenen Kopfhörer erzeugt wird, als wenn die Darbietung im freien Schallfeld erfolgt (Effekt der "missing 6 dB" [874]). Der Effekt rührt daher, daß die spontanen Vibrationen des Schädels im Gehörgang ein zusätzliches Schallsignal erzeugen, welches insbesondere dann merkliche Stärke annimmt, wenn der Gehörgang verschlossen und ein großflächiges Kopfhörerkissen benutzt wird (*Physiological Noise* [129, 863, 504, 801]). Bei Darbietung des Testtones über einen dicht aufliegenden Kopfhörer wird daher anstelle der Ruhehörschwelle die Mithörschwelle des im tiefen Frequenzbereich auftretenden "physiologischen Rauschens" gemessen. Man kann das physiologische Rauschen hören, wenn man in ruhiger Umgebung einen Gehörgang mit dem Finger verschließt; es wird dann auf jenem Ohr ein dumpfes Poltern hörbar.

Zweitens wurde beobachtet, daß zu Schallsignalen, welche die gleiche Lautstärkeempfindung hervorrufen, verschiedene effektive Schalldrücke am Trommelfell gehören können, je nachdem, ob die Darbietung im Freifeld oder über Kopfhörer erfolgt [76, 661, 790, 993]. Nach diesen Beobachtungen soll bei Kopfhörerdarbietung für gleiche Lautheit ein 4–6 dB höherer Schalldruck am Trommelfell erforderlich sein. Fastl et al. [297] konnten in weiteren Experimenten diesen Trend für Sinustöne im wesentlichen bestätigen. Mit Sprach- und Musiksignalen fanden sie dagegen keine einheitlichen Unterschiede des Trommelfellschalldrucks zwischen Freifeld- und Kopfhörerdarbietung.

Soweit ein Effekt der zweiten Art gefunden wird, kann er jedenfalls nicht auf das physiologische Rauschen zurückgeführt werden, weil es um weit über der Schwelle liegende Schallsignale geht. Rudmose [801] führt die Meßergebnisse, welche den Effekt zeigen, auf eine Kombination folgender Einflüsse zurück: 1) Die Körperschallanregung des Gehörs der Versuchsperson im Falle der Freifelddarbietung; 2) die wahrgenommene Entfernung der Schallquelle; 3) nichtlineare Verzerrungen von Lautsprecher und/oder Kopfhörer; 4) die Versuchsmethode des Hörvergleichs; 5) die Beteiligung des unzureichend verschlossenen anderen Ohres beim monauralen Hörversuch.

Keiner der beiden Effekte ändert etwas an der Feststellung, daß die Information über die akustischen Ereignisse der Umgebung letztlich im Schalldrucksignal am Trommelfell enthalten ist.

9.1 Autonome Einflüsse auf die Schallsignale

Zu den Körpern, welche beim Hören im Schallfeld die Ohrsignale beeinflussen, gehört auch der Körper der hörenden Person selbst, vor allem ihr Kopf und Oberkörper. Diese Einflüsse seien als *autonome* Einflüsse bezeichnet. Wegen ihrer komplizierten Abhängigkeiten lassen sie sich schon für ein und dieselbe Person kaum vollständig beschreiben. Da die autonomen Einflüsse außerdem deutliche individuelle Unterschiede aufweisen, ist ihre allgemeine Beschreibung nur in grober Näherung möglich. Im folgenden wird anhand von

Beispielen ein Einblick in die Art und das Ausmaß der autonomen Einflüsse auf die Ohrsignale vermittelt.

Weil die Schallwellen mehrerer Quellen einander im Ohrsignal ungestört überlagern (Linearität der Übertragungsstrecke), genügt es zur Untersuchung der autonomen Einflüsse vorauszusetzen, daß das Schallfeld von einer einzigen Quelle herrührt.

9.1.1 Die Freifeldübertragungsfunktion

Unter sonst gleichbleibenden Beschallungsverhältnissen unterscheidet sich jedes der beiden Ohrsignale erheblich von demjenigen Schalldrucksignal, welches bei Abwesenheit der hörenden Person vorhanden wäre, beispielsweise an der Stelle des Kopfmittelpunkts. Das Schallfeld, welches bei Abwesenheit der Person (und damit der autonomen Einflüsse) vorhanden ist, wird als *Freifeld* bezeichnet. Seine Charakteristika hängen von der Art und Entfernung der Schallquelle sowie gegebenenfalls der Beugung und Reflexion an umgebenden Körpern ab.

Der Unterschied zwischen Freifeldsignal und Ohrsignal wird durch die *Freifeldübertragungsfunktion* beschrieben. Darunter wird das Verhältnis der Frequenzfunktionen des Ohrsignals und des Freifeldsignals im Kopfmittelpunkt verstanden. Die Freifeldübertragungsfunktion hängt ab von

- der Richtung und Entfernung der Schallquelle;
- der Art des Schallfeldes (ebenes Feld, Kugelfeld, etc.);
- den individuellen anatomischen Maßen [367].

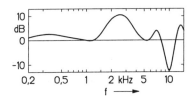

Abb. 9.2. Beispiel für den Absolutbetrag der Freifeldübertragungsfunktion für Schalleinfall in der Horizontalebene ($\alpha = 0$), als Funktion der Frequenz

Als Beispiel ist in Abb. 9.2 der Absolutbetrag der mittleren Freifeldübertragungsfunktion für den Fall des ebenen Feldes und frontaler Schalleinfallsrichtung ($\alpha = 0$) in der Horizontalebene dargestellt (vgl. dazu Wiener [1063], Jahn [473], Shaw und Teranishi [859, 864, 942, 861, 862], Mellert [602], Blauert [96, 97]).

9.1.2 Die interaurale Übertragungsfunktion

Wenn Kopf und Körper der hörenden Personen vollkommen symmetrisch wären, würden die Freifeldübertragungsfunktionen der beiden Ohren bei frontalem Schalleinfall ($\alpha = 0$) übereinstimmen; ebenso bei Schalleinfall genau von hinten ($\alpha = 180°$). Wenn sich dagegen die Schallquelle in einer anderen Richtung befindet, sind auch im Falle vollständiger Kopfsymmetrie die beiden Freifeldübertragungsfunktionen verschieden. Der Unterschied zwischen den beiden Ohrsignalen kann wiederum durch eine Art Übertragungsfunktion beschrieben werden – die sogenannte *interaurale Übertragungsfunktion*. Darunter wird das Verhältnis der Frequenzfunktionen der Ohrsignale auf dem der Quelle abgewandten Ohr und dem der Quelle zugewandten Ohr verstanden.

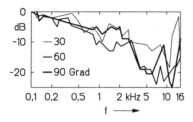

Abb. 9.3. Differenz der Schallpegel im Gehörgang des der Schallquelle abgewandten Ohres und des der Quelle zugewandten Ohres (interaurale Übertragungsfunktion), als Funktion der Frequenz. Beschallung durch einen Lautsprecher in 3 m Entfernung in der Horizontalebene mit den angegebenen Richtungswinkeln. Nach Blauert [96]

Beispiele für den Absolutbetrag der interauralen Übertragungsfunktion unter drei verschiedenen Richtungswinkeln zeigt Abb. 9.3, und zwar für Schalleinfall in der Horizontalebene. Der Frequenzgang des Betrags der interauralen Übertragungsfunktion weist schmale Maxima und Minima auf, während er im Großen und Ganzen mit wachsender Frequenz absinkt. Die lokalen Maxima und Minima des Absolutbetrages sind darauf zurückzuführen, daß bei den betreffenden Frequenzen die Addition beziehungsweise Auslöschung von Beugungswellen dominiert. Die Gesamttendenz des Absinkens des Absolutbetrages mit wachsender Frequenz ist darauf zurückzuführen, daß die Abschattung der Schallwellen durch den Kopf an dem Ohr, welches der Welle abgewandt ist, umso ausgeprägter ist, je kleiner die Schallwellenlängen im Vergleich zur Größe des Kopfes sind.

Die interaurale Laufzeit. Eine Schallwelle – beziehungsweise eine bestimmte Phase des Freifeldsignals – erreicht die beiden Ohren nur dann genau zur gleichen Zeit, wenn die Quelle sich genau vorn oder hinten befindet ($\alpha = 0$ beziehungsweise $\alpha = 180°$), Symmetrie des Kopfes vorausgesetzt. Befindet sich die Quelle in einer anderen Richtung, dann weisen die beiden Ohrsignale einen Phasenunterschied auf, welchen man auf den Laufzeitunterschied der beiden Teil-Schallwellen zurückführen kann, welche die beiden Trommelfelle erreichen. Dieser Phasen- beziehungsweise Laufzeitunterschied ist in der komplexen interauralen Übertragungsfunktion enthalten, so daß sich seine gesonderte Beschreibung im Prinzip erübrigt. Trotzdem ist es zweckmäßig, sich über das Ausmaß der interauralen Laufzeit – des Laufzeitunterschieds der beiden Teilwellen – eine gesonderte Übersicht zu verschaffen.

Nimmt man dazu der Einfachheit halber den Kopf als kugelförmig mit dem Radius a an, so ergibt sich für den Seitenwinkel α der Schalleinfallsrich-

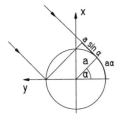

Abb. 9.4. Schema zur Abschätzung der interauralen Zeitdifferenz bei Einfall einer Schallwelle aus der seitlichen Richtung α

tung nach dem in Abb. 9.4 illustrierten Schema näherungsweise der Wegunterschied

$$\Delta r = a(\sin\alpha + \alpha), \tag{9.1}$$

so daß interaurale Laufzeit näherungsweise

$$\Delta t = \frac{a}{c}(\sin\alpha + \alpha) \tag{9.2}$$

beträgt, wo a den Kopfradius bedeutet; dieser beträgt angenähert 9 cm. Mit $a = 9$ cm, $c = 343$ m/s ergeben sich beispielsweise für $\alpha = 45°$ beziehungsweise $90°$ die Werte $\Delta t = 392$ ms beziehungsweise 675 ms.

Im Hinblick auf das Richtungshören ist von Interesse, wie sich die interaurale Laufzeit ändert, wenn die Schalleinfallsrichtung um einen kleinen Betrag geändert wird. Wird beispielsweise α von 0 auf 2° erhöht (das ist ungefähr der eben wahrnehmbare Richtungsunterschied), so ergibt sich nach (9.2) eine Änderung der interauralen Laufzeit von 0 auf 20 µs. Wird α von 43 auf 45° erhöht, so ändert sich Δt von 377 auf 392 µs; eine Richtungsänderung von 88° nach 90° ändert Δt von 652 µs auf 675 µs. Die zu einer kleinen Richtungsänderung gehörenden Änderungen der interauralen Laufzeitdifferenz sind also größenordnungsmäßig unabhängig von der Richtung selbst. Bezogen auf die interaurale Laufzeit, welche zu einer Richtung gehört, sinkt jedoch die Änderung ab, wenn α von 0 auf 90° wächst. Daher ist es nicht überraschend, daß die eben wahrnehmbare Richtungsänderung für $\alpha = 0$ am kleinsten ist und bei seitlichem Schalleinfall ($\alpha = 90°$) auf das Fünf- bis Zehnfache ansteigt [97].

Überschlägige Berechnung. Aus (9.2) ergibt sich für den Phasengang der interauralen Übertragungsfunktion

$$\Delta\phi(\omega) = 2\pi f \Delta t = \frac{\omega}{c}a(\sin\alpha + \alpha). \tag{9.3}$$

Die Richtungsbestimmung auf Grund der interauralen Phasendifferenz, also allein im Frequenzbereich, wird mehrdeutig, wenn $\Delta\phi > 2\pi$. Daher ist die Frequenz, oberhalb welcher dieser Wert überschritten wird, von einiger Bedeutung. Sie beträgt nach (9.3) mit $a = 9$ cm und $c = 343$ m/s für $\alpha = 90°$ 1482 Hz, für 45° 2553 Hz und für 15° 7320 Hz.

Da die Ausprägung und die Frequenzlage der selektiven Maxima und Minima des Absolutbetrags der interauralen Übertragungsfunktion vom individuellen Körperbau abhängen, ist es unmöglich, eine allgemeingültige Beschreibung für diese Details anzugeben. Vernachlässigt man sie aus diesem Grund, so bleibt der Abschattungseffekt als Funktion der Frequenz und des Horizontalwinkels. Diesen Anteil kann man durch die empirische Formel

$$|H_\mathrm{i}(f)| \approx \frac{1}{1 + \sqrt{0{,}1\mathrm{kHz}^{-1} \cdot f \cdot \sin\alpha}} \qquad (9.4)$$

beschreiben. Zusammen mit der Phasenfunktion (9.3) ergibt sich für die komplexe interaurale Übertragungsfunktion die Formel

$$H_\mathrm{i}(f) = \frac{1}{1 + \sqrt{0{,}1\mathrm{kHz}^{-1} \cdot f \cdot \sin\alpha}} \cdot \mathrm{e}^{-\mathrm{j}2\pi f a(\sin\alpha + \alpha)/c}. \qquad (9.5)$$

Sie kann für überschlägige Berechnungen von Nutzen sein.

9.1.3 Schallquelle in der Medianebene

Die Änderungen, welchen jedes der beiden Ohrsignale in Abhängigkeit von der Schalleinfallsrichtung unterliegt, können in gewissem Maße schon beim monauralen Hören als Merkmale zur Bestimmung der Schallquellenposition dienen. Wenn die Schallquelle sich in der Medianebene befindet und Kopfsymmetrie bezüglich der Medianebene angenommen wird, sind die beiden Ohrsignale für alle Erhebungswinkel der Schallquelle gleich, und die Bestimmung der Schallquellenposition hängt ausschließlich von Veränderungen der Ohrsignale ab, welche sich aus dem Erhebungswinkel ergeben. Solche Änderungen können nur entstehen, wenn die Störung des Freifeldes durch die hörende Person bezüglich der Horizontalebene unsymmetrisch ist. Nur weil dies tatsächlich der Fall ist, kann die Richtung beziehungsweise die Position einer Schallqelle in der Medianebene halbwegs zuverlässig wahrgenommen werden.

Wenn die Schallquelle sich in der Horizontalebene genau hinter dem Kopf befindet ($\alpha = 180°$), ist die aurale Richtungsbestimmung – insbesondere die Unterscheidung zwischen den Richtungen vorn und hinten – vollständig auf Unterschiede der Ohrsignale angewiesen, welche sich aus der Unsymmetrie des Kopfes und Körpers bezüglich der Frontalebene ergeben.

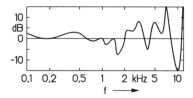

Abb. 9.5. Differenz der Schallpegel im Gehörgang bei Schalleinfall von vorn und von hinten, als Funktion der Frequenz. Beschallung durch einen Lautsprecher in 1,5 m Entfernung von Kopfmitte. Nach [16]

Das Ausmaß solcher Unterschiede der Ohrsignale ist in Abb. 9.5 durch den Absolutbetrag der Pegeldifferenz illustriert, welche als Funktion der Frequenz bei Beschallung von vorn und hinten auftritt [16, 600, 97].

9.2 Die Schallübertragung zum Innenohr

Zwischen dem Gehörgangeingang und dem eigentlichen Hörorgan im Innenohr befindet sich die Übertragungskette, welche durch den Gehörgang, das Mittelohr und die Cochlea gebildet wird. Den Einfluß dieser Komponenten kann man durch entsprechende Übertragungsfunktionen kennzeichnen.

9.2.1 Die Übertragungsfunktion des äußeren Gehörganges.

Der äußere Gehörgang kann näherungsweise als ein Rohr mit 25 mm Länge und einem Durchmesser von ungefähr 8 mm behandelt werden, durch welches eine ebene Schallwelle läuft. Für Schallschwingungen im Hörfrequenzbereich stellt das Rohr ein akustisches Zweitor mit der Kettenmatrix

$$(A) = \begin{pmatrix} \cosh(\delta + s/c)l & \frac{\rho_0 c}{S}\sinh(\delta + s/c)l \\ \frac{S}{\rho_0 c}\sinh(\delta + s/c)l & \cosh(\delta + s/c)l \end{pmatrix} \tag{9.6}$$

dar. Hier bedeutet δ eine frequenzunabhängig angenommene Dämpfungskonstante, $l \approx 25$ mm die Rohrlänge und S den Rohrquerschnitt ($S \approx 0,5 \ldots 0,7$ cm^2). Als Übertragungsfunktion des Gehörganges wird zweckmäßigerweise das Verhältnis

$$G(s) = P_\mathrm{T}(s)/P_\mathrm{G}(s) \tag{9.7}$$

gewählt. Darin sind $P_\mathrm{T}(s), P_\mathrm{G}(s)$ die Frequenzfunktionen des Schalldruckes am Trommelfell und am Eingang des Gehörganges. $G(s)$ wird in hohem Maße durch die Abschlußimpedanz des Gehörganges – also die Impedanz des Trommelfells – beeinflußt. Bezeichnet man die Trommelfellimpedanz mit $Z_\mathrm{T}(s)$, so läßt sich auf der Grundlage der Kettenmatrix (9.6) die Übertragungsfunktion des Gehörganges durch

$$G(s) = \frac{Z_\mathrm{T}(s)}{Z_\mathrm{T}(s)\cosh(\delta + s/c)l + (\rho_0 c/S)\sinh(\delta + s/c)l} \tag{9.8}$$

ausdrücken.

Um einen Überblick über das Übertragungsverhalten des Gehörganges im Frequenzbereich unterhalb etwa 7 kHz zu bekommen, ist es gerechtfertigt, ihn auf der Trommelfellseite als mit einer unendlich großen Impedanz abgeschlossen zu betrachten. Aus (9.8) ergibt sich dafür die Übertragungsfunktion

$$G(s) \approx \frac{1}{\cosh(\delta + s/c)l}, \tag{9.9}$$

mit dem Frequenzgang

$$G(f) \approx \frac{1}{\cosh(\delta + \mathrm{j}2\pi f/c)l}. \tag{9.10}$$

Der Betrag des Frequenzganges nimmt bei den Frequenzen

$$f_\mathrm{n} = (2n-1)\frac{c}{4l} \tag{9.11}$$

Maximalwerte an $(n = 1, 2, 3, \ldots)$. Mit $l = 25$ mm ergibt sich für die Frequenz des ersten, innerhalb des Gültigkeitsbereichs der Näherung liegenden Maximums der Wert $f_1 = 3430$ Hz. Er entspricht der als Gehörgangresonanz bekannten Erscheinung, die sich beispielsweise durch ein Minimum der Hörschwelle bei dieser Frequenz bemerkbar macht.

9.2.2 Die Übertragungsfunktion des Mittelohres

Unter der Übertragungsfunktion des Mittelohres $M(s)$ sei das Verhältnis der Frequenzfunktionen von Stapes-Schnelle und Trommelfell-Schalldrucksignal verstanden:

$$M(s) = \frac{V_\mathrm{S}(s)}{P_\mathrm{T}(s)}. \tag{9.12}$$

Nach Untersuchungsergebnissen von Zwislocki [1136], Møller [633], Onchi [685], Kringlebotn & Gundersen [527] und anderen liegt ein Tiefpaßverhalten vor, welches näherungsweise durch

$$M(s) = C \cdot \frac{s}{(s+\omega_\mathrm{g})[(s+\omega_\mathrm{g})^2 + \omega_\mathrm{g}^2]} \tag{9.13}$$

beschrieben werden kann [314]. C ist eine Konstante. Die Grenzfrequenz hat ungefähr den Wert $\omega_\mathrm{g} \approx 2\pi 1500$ Hz. Für den Frequenzgang ergibt sich aus (9.13)

$$M(f) = \frac{C}{4\omega_\mathrm{g}^2 - \omega^2 - \mathrm{j}\frac{\omega_\mathrm{g}}{\omega}(2\omega_\mathrm{g}^2 - 3\omega^2)}. \tag{9.14}$$

Abb. 9.6 zeigt den Frequenzgang des Absolutbetrages der Mittelohr-Übertragungsfunktion.

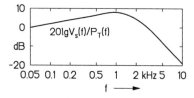

Abb. 9.6. Betragsfrequenzgang der Übertragungsfunktion des Mittelohres

Ein umfassender Modellansatz der Schwingungsübertragung im Mittelohr wurde kürzlich von Hudde & Weistenhöfer [461] beschrieben.

Die hebelartige Übertragung der Schallschwingungen über die Mittelohrknöchelchen zeigt bei größeren Amplituden ein merklich nichtlineares Verhalten. Das Mittelohr ist demnach zwar hinsichtlich seiner hauptsächlichen Übertragungseigenschaften wie ein lineares System zu behandeln, jedoch weist es einen merklichen Klirrfaktor auf. Die mechanische Nichtlinearität des Mittelohres ist die Hauptursache für die Entstehung auraler Kombinationstöne gerader Ordnung, insbesondere der Differenztöne, welche man beispielsweise beim Stimmen einer Geige beobachten kann, wenn man zwei Töne im Quintabstand gleichzeitig und mit ausreichender Stärke anstreicht. Ein besonderes Charakteristikum dieser Art von Kombinationstönen besteht darin, daß sie umso stärker werden, je stärker der Primärklang ist. Sie werden im allgemeinen bei Primärschallpegeln oberhalb etwa 65 dB hörbar [724].

9.2.3 Die Übertragungsfunktion des Innenohres

Unter der Übertragungsfunktion des Innenohres sei das Verhältnis der Auslenkung der Basilarmembran zur Auslenkung beziehungsweise Schnelle des ovalen Fensters verstanden. Daten über die Bewegungszustände der Basilarmembran beziehungsweise des Corti'schen Organs wurden im wesentlichen mit folgenden Methoden gewonnen.

Lichtmikroskopische Beobachtung. An Leichenohren, die er mit extrem starken Tönen beschallte, konnte Békésy die Amplitudenverteilung längs des Corti'schen Organs unmittelbar beobachten und angenähert bestimmen [55, 57, 61]. Er fand, daß die Transversalschwingungen der Basilarmembran eine Wanderwelle bilden, welche sich vom ovalen Fenster zum Helicotrema ausbreitet und an einem dazwischenliegenden Punkt maximale Amplitude annimmt. Die Lage des Punktes maximaler Amplitude hängt von der Frequenz ab; hohe Tonfrequenzen erzeugen maximale Amplitude im basalen Bereich (nahe dem ovalen Fenster), tiefe Frequenzen nahe dem apikalen Ende (dem Helicotrema).

Die lichtmikroskopische Methode wurde von Kronester-Frei [528] ausgebaut und wesentlich verfeinert, so daß sie zur Beobachtung der Innenohrstrukturen, insbesondere des Corti'schen Organs am lebenden Tier eingesetzt werden kann [581].

Kapazitive Messung der Basilarmembranauslenkung mit Hilfe einer auf die Membran aufgebrachten Elektrode. Am lebenden Versuchstier kann die Schwingung der Basilarmembran kapazitiv abgetastet werden, indem man eine sehr kleine dünne elektrisch leitetende Folie auflegt. Die Methode liefert im wesentlichen dieselben Ergebnisse wie die nachfolgend beschriebene Mössbauer-Methode [1071, 1066, 1067, 1072, 545].

Messung der Membranschnelle mit Hilfe des Mößbauer-Effekts. Eine 50–150 μm große, radioaktive Probe wird auf die Basilarmembran plaziert, und die durch einen frequenzselektiven Absorber geleitete Strahlung wird mit einem Geigerzähler gemessen. Wenn die Basilarmembran schwingt, wird die Strahlungsfrequenz entsprechend der instantanen Bewegungsgeschwindigkeit moduliert (Dopplereffekt), so daß sich eine geschwindigkeitsabhängige Absorption der Strahlung ergibt. Auf diese Weise kann aus der mittleren Strahlungsintensität auf die mittlere Schnelle der Basilarmembranschwingung an der betreffenden Stelle geschlossen werden, vgl. Johnstone und Mitarbeiter [483, 484, 485], Rhode [776], Rhode & Robles [780], Sellick [852]. Die Methode ist recht genau und erfordert nicht zu große Amplituden. Sie hat sich zu einem Standardverfahren in der Erforschung der Cochleamechanik entwickelt. Mit ihr konnte gezeigt werden, daß

- die Frequenzselektivität der Basilarmembranschwingung deutlich höher ist als nach den Beobachtungen von Békésy;
- eine erhebliche Nichtlinearität vorhanden ist, welche sich unter anderem in einer Amplitudenabhängigkeit der Frequenzselektivität zeigt;
- die Frequenzselektivität der Basilarmembranschwingung in hohem Maße vom physiologischen Zustand der Cochlea abhängt, das heißt, von der Zufuhr von Blut, Sauerstoff und toxischen Substanzen.

Beobachtung und Messung der Membranauslenkung mittels Laser-Beleuchtung. Wenn ein mikroskopisches Objekt unter Laserbeleuchtung beobachtet wird, so erscheinen Mikrobereiche, die sich verformen, verschwommen [12]. Diesen Effekt benutzte Kohllöffel [518], um die Schwingung der Basilarmembran zu beobachten und zu messen. An Innenohrpräparaten von Meerschweinchen sowie am lebenden Meerschweinchen konnte er Abhängigkeiten des Schwingungsverhaltens vom physiologischen Zustand der Cochlea ermitteln [519, 520].

Khanna et al. [500] sowie Nuttall, Dolan und andere [677, 678] haben eine neue laser-interferometrische Beobachtungsmethode entwickelt, mit welcher die Basilarmembranschwingung nicht nur nahe dem ovalen Fenster, sondern auch in weiter innen liegenden Windungen der Cochlea gemessen werden kann [1069].

Abbildung 9.7 zeigt als Beispiel die mit der Mößbauer-Technik gemessene Amplitude der Basilarmembran-Auslenkung an einer festen Stelle, bezogen auf die Schnelle des Malleus, als Funktion der Frequenz [776]. Für den Frequenzgang der Basilarmembranauslenkung ist charakteristisch, daß er bei einer bestimmten, mit dem Meßpunkt zusammenhängenden Frequenz ein Maximum annimmt und – bei logarithmischer Skalierung der Frequenzachse – nach tiefen Frequenzen flach, nach hohen steil abfällt. Wenn der Meßpunkt von der Schneckenbasis in Richtung Apex verlagert wird, wandert die Frequenz maximaler Auslenkung abwärts.

Theorie. Die augenblickliche Schwingungsverteilung auf der Basilarmembran bei Anregung durch einen Sinuston fester Frequenz hat man sich demnach so vorzustellen, wie es in Abb. 9.8 schematisch dargestellt ist.[1] Bei

---

[1] Steele & Zais [899] haben gezeigt, daß das Schwingungsverhalten der Basilarmembran nicht wesentlich davon abhängt, ob der Kanal gewunden oder ausgestreckt ist.

9.2 Die Schallübertragung zum Innenohr   233

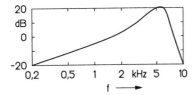

Abb. 9.7. Verhältnis der Schwingungsamplitude der Basilarmembran zur Amplitude des Malleus im Pegelmaß, gemessen an einer festen Stelle der Basilarmembran, als Funktion der Frequenz des anregenden Sinustones (anästhesierter Affe). Nach Rhode [776]

konstanter Tonfrequenz wächst die Amplitude der Basilarmembran vom ovalen Fenster (Basis) zum Helicotrama (Apex) zuerst relativ flach an und sinkt jenseits des Maximums verhältnismäßig steil wieder auf null. Wird die Tonfrequenz erhöht, wandert die Verteilung nach links (zur Basis), wird sie erniedrigt, wandert die Verteilung nach rechts.

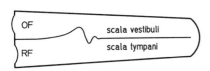

Abb. 9.8. Auslenkung der Basilarmembran (Augenblickszustand) im ausgestreckt dargestellten Kanal der Cochlea, schematisch. Sinusförmige Auslenkung des ovalen Fensters. Amplitude stark überhöht. OF ovales Fenster; RF rundes Fenster

Die physikalischen Grundlagen des frequenzselektiven Verhaltens der Basilarmembranschwingung sind nicht leicht durchschaubar. Seit den von Helmholtz diskutierten Modellvorstellungen [432] wurden parallel zur rasch wachsenden Zahl von Meßergebnissen an Innenohrpräparaten eine große Zahl von zwei- beziehungsweise dreidimensionalen Innenohrmodellen vorgeschlagen beziehungsweise diskutiert, vgl. z.B. Ranke [765], Zwislocki [1132, 1133], von Békésy [60], Schroeder [837], Allen [9, 11], Dallos [215, 216], Strube [923], Kolston & Ashmore [523], Hengel [433].

Ein Aspekt der Frequenzselektivität der Basilarmembranschwingung, welcher wegen seiner Anschaulichkeit zum Verständnis von deren Evolution beitragen kann, ist der folgende.

Abbildung 9.9 zeigt in beiden Teilbildern jeweils schematisch einen Querschnitt durch den ausgestreckten Schneckenkanal. Derselbe ist ungefähr 35 mm lang und vollständig mit Lymphe gefüllt, deren physikalische Eigenschaften weitgehend mit denjenigen von Wasser übereinstimmen [1109]. Die Wände des Kanals bestehen aus praktisch vollkommen starrem Knochen. Wenn der Kanal bis auf die Lymphe völlig leer ist (Abb. 9.9 oben), stellt er einen Wasserschallresonator dar, dessen $\lambda/4$-Resonanz auf Grund der Schallgeschwindigkeit in Wasser von etwa 1522 m/s (ca. 36 °C) bei einer Frequenz von rund 11 kHz liegt. Dies bedeutet für Schallschwingungen des Hörbereichs, daß cochleärer Wasserschall nur bezüglich des erheblich unterhalb 11 kHz liegenden Frequenzbereichs vernachlässigt werden kann. Anders ausgedrückt: Für die Berechnung der hydromechanischen Vorgänge ist nur bezüglich des Frequenzbereichs unterhalb ungefähr 6 kHz die Annahme zulässig, daß die

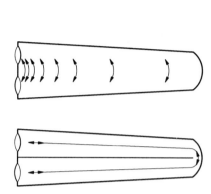

Abb. 9.9. Wenn die Basilarmembran nicht vorhanden wäre (obere Skizze, ausgestreckter Cochleakanal), würde die Flüssigkeitsbewegung sich bei Auslenkung des ovalen Fensters wegen der inneren Reibung auf den basalen Teil (links) konzentrieren. Wenn dagegen der Kanal über einen Teil seiner Länge durch eine elastische Membran unterteilt wird (unten), wird bei sehr langsamer Auslenkung die Strömung um die Membran herum gezwungen, während rasche Auslenkung wegen der Massenträgheit der bewegten Flüssigkeitssäule zur Querauslenkung der Membran führt, und zwar umso weiter links, je rascher die Auslenkung erfolgt

Lymphe inkompressibel sei. Beschränkt man die Betrachtung auf diesen tieferen Frequenzbereich, dann kann man die hydromechanischen Vorgänge, welche die Frequenzselektivität der Cochlea bewirken, qualitativ folgendermaßen beschreiben.

Wenn der Schneckenkanal außer der Lymphe keine Strukturen (insbesondere keine Membranen) enthält, muß sich bei Auslenkung des ovalen Fensters eine Flüssigkeitsströmung ergeben, welche eine entsprechende gegensinnige Auslenkung des runden Fensters nach sich zieht. Die Strömung zwischen den beiden Fenstern des langgestreckten Kanals beschränkt sich schon wegen der inneren Reibung auf den Kanalanfang, wie in Abb. 9.9 oben durch die Verteilung der Strömungslinien angedeutet. Zu den Reibungskräften kommen die Kräfte hinzu, welche zur Beschleunigung der bewegten "Flüssigkeitsfäden" erforderlich sind. Bei fester Frequenz einer sinusförmigen Auslenkung des ovalen Fensters sind jene Beschleunigungskräfte umso größer, je länger die Strömungswege sind, und für eine feste Strömungsweglänge wachsen die Beschleunigungskräfte proportional mit der Frequenz. Daher konzentriert sich die oszillierende Strömung auf einen umso schmaleren Bereich am Anfang des Kanals, je höher die Frequenz ist. Ein gewisses Maß an Frequenzabhängigkeit der Strömungsverteilung ergibt sich somit schon allein aus der langgestreckten Form des Kanals zusammen mit der Position der beiden Fenster an dessen Anfang.

Die Einbringung einer elastischen Membran (der Basilarmembran), welche sich vom Kanalanfang bis kurz vor das Kanalende erstreckt, bewirkt eine drastische Verstärkung der Frequenzabhängigkeit der Strömungswege. Wird beispielsweise das ovale Fenster sinusförmig mit einer sehr tiefen Frequenz ausgelenkt, so genügt schon eine sehr geringe Steifigkeit der Membran gegenüber Querauslenkung, damit die Strömung den Umweg um die Membran herum durch das Helicotrema nimmt (Abb. 9.9 unten).[2] Wird die Oszilla-

---

[2] Zur Nachgiebigkeit der Basilarmembran vgl. [619, 682, 683].

tionsfrequenz erhöht, so verkürzt sich die Strömungsweglänge aus den oben genannten Gründen von selbst, derart, daß eine oszillierende Querauslenkung der Basilarmembran umso weiter links erfolgt, je höher die Frequenz ist.

Außer Modellen der Basilarmembranschwingung, welche sich in unterschiedlichem Ausmaß auf die tatsächlichen Eigenschaften des Innenohres beziehen, gibt es eine Anzahl systemtheoretischer Modelle, also solche, bei denen es auf das funktionale Verhalten als Schallanalysator und weniger auf die physikalischen Einzelheiten ankommt [524, 463, 108, 109].

Die physiologischen Vorgänge in der Cochlea. Die Untersuchung des Cochlea-Inneren ist sehr schwierig, weil es sich um sehr feine Strukturen handelt, welche außerordentlich empfindlich gegenüber mechanischen und chemischen Einwirkungen sind. Diese Empfindlichkeit gegenüber Schädigungen hängt eng mit der enormen funktionalen Sensitivität des Hörorgans zusammen.[3] Diese Sensitivität kommt beispielsweise darin zum Ausdruck, daß ein geeigneter Schall (etwa ein kurzer 1 kHz-Ton) schon wahrgenommen werden kann, wenn seine Energie etwa 10^{-18} Ws beträgt. Das entspricht einer Amplitude der transversalen Schwingung der Basilarmembran beziehungsweise des Corti'schen Organs von der Größenordnung des Wasserstoff-Atomdurchmessers (ca. 10^{-10} m). Trotz dieser Schwierigkeiten hat die neurophysiologische Forschung beeindruckende und teilweise überraschende Erkenntnisse zutage gefördert [672].

Reduziert man die Betrachtung auf die wichtigsten funktionalen Gesichtspunkte, so stellt sich die Rolle der Cochlea folgendermaßen dar. Ihr Eingangstor für Schallsignale ist das ovale Fenster. Dessen Schwingungen pflanzen sich in die Lymphe fort und erzeugen transversale (in Abb. 2.12 beziehungsweise 2.16 vertikale) Schwingungen der gesamten spiralig verlaufenden Struktur, welche aus Basilarmembran, Corti'schem Organ und Deckmembran (Tektorialmembran) besteht. Die Masse beziehungsweise Dichte dieser mitschwingenden Struktur fällt nicht ins Gewicht, da sie weitgehend mit derjenigen der Lymphe übereinstimmt. Zwischen der Oberseite des Corti'schen Organs und der Tektorialmembran tritt eine Relativbewegung auf, welche im Takt der Schwingung zur Verbiegung der Stereozilien führt, da diese die Deckmembran berühren. Die Auslenkung der Stereozilien wiederum führt über eine Reihe von Zwischenprozessen zur Entstehung von elektrischen Impulsen (Aktionspotentialen, *Spikes*) auf den afferenten Fasern des akustischen Nerven.

Die Aktionspotentiale haben gegenüber der Umgebung eine Spitzenspannung von einigen Millivolt und eine Dauer von ungefähr 0,2 ms. Wie aus der oben beschriebenen Art der Innervation des Corti'schen Organs hervorgeht, stammen die Aktionspotentiale ausschließlich von inneren Haarzellen, wobei deren konvergente afferente Innervation (bis zu 20 Fasern pro inne-

---

[3] Eine Übersicht über die Frühgeschichte der Erforschung des Innenohres geben Békésy & Rosenblith [63]. Eine Einführung in die Physiologie des Gehörs stellt das Werk von Pickles [715] dar.

rer Haarzelle) als datensichernde Redundanz interpretiert werden kann. Weiterhin ergibt sich bereits aus der Tatsache, daß die Aktionspotentiale eine einheitliche Impulsdauer von ungefähr 200 µs aufweisen, eine Obergrenze ihrer Folgefrequenz. Weil die Haarzelle beziehungsweise das Spiralganglion nach der Abgabe eines Aktionspotentials jeweils eine Erholungszeit (Refraktärzeit) benötigt, liegt jene Grenze verhältnismäßig niedrig, nämlich bei ungefähr 300 Hz. Sieht man einmal von der efferenten Innervation der Cochlea ab, so hat dieselbe ungefähr 30000 Ausgänge (afferente Fasern des akustischen Nerven), auf denen das Schallsignal durch elektrische Impulse der beschriebenen Art und mit der erwähnten Redundanz repräsentiert ist. Die inneren Haarzellen (3000–4000 an der Zahl) spielen demnach eine ähnliche Rolle wie Analog-Digitalwandler mit einer Wortlänge von einem Bit, wobei die Signal-Abtastfrequenz auf ungefähr 300 Hz begrenzt ist. Das Raster der Auflösung zeitlicher Details ist daher im Mittel von der Größenordnung einer Millisekunde und somit verhältnismäßig grob. Weil die einzelnen Aktionspotentiale jeder einzelnen Haarzelle gleichwohl durch die an ihren Zilien angreifenden Schwingungen ausgelöst werden (nämlich insbesondere in deren Vorzugsrichtung), ist die Genauigkeit, mit welcher akustische Ereignisse durch Aktionspotentiale markiert werden können, trotzdem relativ hoch.

Die Anregung der inneren Haarzellen sowie die Funktion der äußeren Haarzellen hängen entscheidend vom elektrophysiologischen Grundzustand der Cochlea ab. Zwischen der Lymphe innerhalb der Scala media (Endolymphe) und derjenigen in den beiden äußeren Skalen (Scala tympani und Scala vestibuli) besteht ein Potentialunterschied von etwa +80 mV. Während die Perilymphe ähnlich wie andere extrazelluläre Gewebeflüssigkeit zusammengesetzt ist, entspricht die Endolymphe in ihrer Zusammensetzung eher derjenigen intrazellulärer Flüssigkeit. Das positive Potential der Endolymphe wird im wesentlichen durch eine aktive *Natrium-Kalium-Pumpe* aufrechterhalten, deren Sitz die Stria vascularis ist und welche die erforderliche Energie aus dem Stoffwechsel bezieht. Die Potentialgrenze zwischen der Endolymphe und der Perilymphe der Scala tympani verläuft entlang der Oberseite des Corti'schen Organs, wobei der elektrische Widerstand der oberen Zellmembran eine entscheidende Rolle spielt. Die Trennung der Endolymphe von der Perilymphe der Scala vestibuli wird durch die Reißner'sche Membran herbeigeführt. Weiterhin besteht im Inneren der Haarzellen ein Grundpotential von etwa −40 mV [803, 217]. Zwischen Endolymphe und Zellinnerem existiert demnach ein Potentialunterschied von rund +120 mV. Die Erregung der Haarzelle erfolgt wahrscheinlich derart, daß sich bei Verbiegung der Stereozilien der elektrische Widerstand der oberen Zellmembran drastisch verringert, so daß sich das intrazelluläre Potential im Takt der Schwingung ändert. Diese Potentialänderungen bewirken ihrerseits den Transport von Transmittersubstanzen und die synaptische Auslösung der Aktionspotentiale.

Wie auf Grund des beschriebenen molekularen Mechanismus zu erwarten, zeigt die Potentialänderung in der Haarzelle in Abhängigkeit von der

Zilienverbiegung eine Art Diodenverhalten. Das heißt, daß die Biegung in der einen Richtung – nämlich in Richtung auf die Schneckenachse – eine deutlich größere intrazelluläre Potentialänderung hervorruft als diejenige in umgekehrter Richtung. Daher sind die beiden Richtungen der erregenden Schwingung auch bezüglich der Umsetzung in Aktionspotentiale nicht gleich wirksam; eine der beiden Richtungen ist bevorzugt.

Wenngleich die elektrophysiologischen Vorgänge insoweit bei den inneren und den äußeren Haarzellen ähnlich sind, spielen die beiden Arten von Haarzellen nach neueren Untersuchungen extrem verschiedene Rollen. Während die inneren Haarzellen im wesentlichen diskretisierende Wandler im obengenannten Sinne sind und ihre Ausgangssignale an das Zentralnervensystem abgeben, ist die Wirkung der äußeren Haarzellen auf die Cochlea selbst beschränkt. Zwar werden die äußeren Haarzellen wahrscheinlich auf ganz ähnliche Weise durch Auslenkung ihrer Stereozilien erregt wie die inneren, aber ihre Reaktion auf diese Erregung ist nicht nur elektrischer sondern auch mechanischer Art. Es wurde gezeigt, daß sie im Takt der hydromechanischen Anregung über die Stereozilien ihre Länge beziehungsweise Ausrichtung signifikant ändern können, wobei sie mechanische Energie abgeben, vgl. Flock et al. [341, 342], Saunders et al. [807]. Sie wirken als mechanische Verstärkerelemente und beeinflussen das dynamische Verhalten des Systems, und zwar insbesondere durch positive Rückkopplung, vgl. Davis [225], Ashmore [17], Neely & Kim [669], Patuzzi & Robertson [702], Dallos [218], Santos-Sacchi [806], Brass & Kemp [114], Mills & Rubel [628].

Der Einfluß, den die äußeren Haarzellen auf das Schwingungsverhalten der Basilarmembran ausüben, hat vor allem die folgenden drei Wirkungen. Erstens wird durch positive Rückkopplung die Empfindlichkeit für schwache Schallsignale erhöht, also die Schwelle abgesenkt. Zweitens wird die ohnehin in der Cochlea angelegte Frequenzselektivität durch Entdämpfung erhöht. Und drittens kommt Nichtlinearität ins Spiel. Dieselbe entsteht durch die Nichtlinearität des Zusammenhanges zwischen der Auslenkung der Zilien und dem elektrischen Widerstand der Zellmembran. Diese spezielle Art von Nichtlinearität ist im Zusammenhang mit der positiven Rückkopplung unentbehrlich, nämlich im Sinne einer amplitudenabhängigen Kontrolle der rückgekoppelten Energie. Ohne amplitudenabhängige Begrenzung des Rückkopplungsgrades wäre das System nicht stabil – es würde zum Oszillator.

Die neueren Forschungsergebnisse laufen darauf hinaus, daß die Frequenzselektivität der Basilarmembranschwingung in der *physiologisch intakten* Cochlea ebenso groß ist wie diejenige, welche man in den neuronalen Antworten von Einzelfasern des akustischen Nerven am lebenden Tier vorfindet [793]. Wilson [1069] hat alle wesentlichen Aspekte der Basilarmembranschwingung, insbesondere das Zustandekommen der hohen Frequenzselektivität, aus der Sicht der neueren Forschungsergebnisse zusammengestellt. Er weist unter anderem darauf hin, daß schon im Jahre 1948 von Gold [373] die begründete

Vermutung ausgeprochen wurde, daß in der Cochlea aktive, entdämpfend wirkende Mechanismen vorhanden sein müssten [374].

Für die Richtigkeit der beschriebenen Vorstellung über die Funktion der Cochlea und insbesondere die Rolle der äußeren Haarzellen spricht unter anderem, daß das Ohr sich trotz der nichtlinearen Amplitudenbegrenzung häufig tatsächlich wie ein Oszillator verhält. In den meisten funktionstüchtigen Ohren sind schwache, meist sinusförmige, Schallschwingungen stabiler Frequenz nachweisbar, welche als *otoakustische Emissionen* bezeichnet werden.

Über schwache Töne und Geräusche, welche aus dem Ohr einzelner Personen drangen, haben Audiologen beziehungsweise Ohrenärzte schon seit langem berichtet. Die Existenz der sogenannten *otoakustischen Emissionen* wurde erstmals durch Kemp [499] systematisch nachgewiesen. Kemp beschrieb zunächst sogenannte evozierte otoakustische Emissionen. Diese entstehen im gesunden, normalen Gehör als Antwort auf einen kurzen Tonimpuls, das heißt, nach dem Ende desselben. Sie klingen im Laufe einiger 10 bis 100 ms von selbst wieder ab. Darüber hinaus wurden *spontane* Emissionen gefunden, und zwar wiederum gerade bei Personen mit normalem, gut funktionierendem Gehör [751]. Sie bestehen meist in einem oder mehreren dauernd vorhandenen schwachen Tönen. Die emittierende Person selbst hört diese Töne beziehungsweise Klänge in der Regel nicht; jedoch können dieselben mit einem empfindlichen Mikrofon, das man am Ohr oder im Gehörgang anbringt, nachgewiesen werden. Bei manchen Personen sind sie so stark, daß eine zweite Person sie ohne Hilfsmittel hören kann, wenn sie ihr Ohr an dasjenige des emittierenden Probanden legt.[4]

Die Entstehung sowohl der evozierten als auch der spontanen akustischen Emissionen kann auf der Grundlage der oben geschilderten cochleären Vorgänge zumindest qualitativ erklärt werden. Die *evozierten* Emissionen werden wahrscheinlich dadurch hervorgerufen, daß der Tonreiz eine lokale Verschiebung des physiologischen Arbeitspunktes des Corti'schen Organs erzeugt, wodurch der betreffende Bereich vorübergehend instabil wird und seinerseits einen schwachen Sinuston erzeugt. *Spontane* Emissionen scheinen dadurch zu entstehen, daß die Amplitudenbegrenzung an bestimmten Stellen des Corti'schen Organs nicht ausreicht, um Selbsterregung vollständig zu unterdrücken.

Der Nachweis der otoakustischen Emissionen durch Kemp [499] hat der Erforschung der Cochleafunktionen starken Auftrieb gegeben und ist von erheblicher Bedeutung für die Theorie der Cochlea. Die Existenz der Emissionen beweist, daß das Innenohr ein aktives, rückgekoppeltes System ist [1116, 1117, 1118].

Darüber hinaus sind die otoakustischen Emissionen als solche zu einem wichtigen Hilfsmittel bei der Untersuchung des Gehörs geworden, und zwar sowohl in der Forschung als auch in der audiologischen Diagnostik. Die Dia-

---

[4] Otoakustische Emissionen wurden außer im Gehör des Menschen bei mehreren verschiedenen Spezies gefunden [582, 235].

9.2 Die Schallübertragung zum Innenohr

gnostik nutzt die Tatsache, daß das Auftreten meßbarer otoakustischer Emission als zuverlässiger Nachweis eines funktionstüchtigen Gehörs zu werten ist. Allerdings bedeutet umgekehrt das Fehlen messbarer Emissionen nicht unbedingt, daß das betreffende Gehör nicht ordnungsgemäß funktioniert.

In diesem Zusammenhang sollte angemerkt werden, daß die otoakustischen Emissionen mit hoher Wahrscheinlichkeit *nicht* mit dem relativ häufig auftretenden Phänomen des *Tinnitus* ("Ohrensausen") in Zusammenhang stehen [1119]. "Ohrensausen" kann im bisher gesunden Gehör nach einer akustischen Überbeanspruchung auftreten und ist in der Regel ein Zeichen für einen mehr oder minder vorübergehenden Hörschaden. Der *Tinnitus* in seiner ausgeprägten Form ist eine besonders hartnäckige und beständige Art von "Ohrensausen" und kennzeichnet einen irreversiblen Hörschaden. Der Tinnitus stellt in den meisten Fällen für die betroffene Person eine schwer erträgliche Belastung dar. Es gibt für den Tinnitus kaum eine Therapie. Seine eigentliche Ursache hat ihren Sitz offenbar nicht in der Cochlea, sondern in höheren Zentren der Hörbahn [300].

Die Nichtlinearität der Vorgänge in der Cochlea ist die Ursache für die Entstehung auraler Kombinationstöne ungerader Ordnung [CD 6]. Deren typisches Merkmal ist, daß sie bei kleinen Amplituden des Primärklanges (Schallpegel unterhalb 50 dB) besonders deutlich hörbar werden können, während sie bei hohen Primärschallpegeln verschwinden. Diese Kombinationstöne sind – ebenso wie die im Abschnitt 9.2.2 erwähnten Mittelohr-Kombinationstöne – in der Cochlea als physikalische Schwingungen vorhanden, welche sich denjenigen der Primärklänge überlagern. Sie sind also keine "subjektiven" Phänomene, vgl. Zwicker [1098], Goldstein [376, 378], Helle [430], Greenwood [384], Smoorenburg [889], Buunen & Rhode [150], Zwicker & Harris [1126]. Trotz dieser Gemeinsamkeit sind die beiden Arten von Kombinationstönen anhand ihrer Verhaltensmerkmale sicher voneinander unterscheidbar.

Übertragungsfunktionen. Aus den geschilderten intracochleären Vorgängen ergibt sich, daß man das Übertragungsverhalten der Cochlea nur in eingeschränktem Maße auf der Basis der Theorie linearer Systeme beschreiben kann. Die Cochlea als Vieltorsystem, mit dem Stapes als Eingangstor und den 30000 Fasern des akustischen Nerven als den Ausgangstoren, ist nicht nur hochgradig nichtlinear, sondern sie ist überhaupt nicht mehr sinnvoll wie ein "analoges" System zu behandeln. Vielmehr weist sie – bedingt durch die diskontinuierliche Funktionsweise der inneren Haarzellen – die wesentlichen Merkmale diskontinuierlich reagierender Systeme auf, wie sie in der Informationstechnik als logische Schaltungen eingesetzt werden. Derartige Elementarsysteme sind nicht nur nichtlinear, sondern wegen ihres Schalt- beziehungsweise Entscheidungsverhaltens von grundsätzlich besonderer Art. Sie sind essentiell für jede Art von Informationsgewinnung und -verarbeitung. Im Hinblick darauf, daß die Gewinnung von Information der eigentliche Bestimmungszweck des Gehörs ist, sind diese Feststellungen von erheblicher Bedeutung. Sie besagen nichts weniger, als daß es verfehlt wäre, das Gesamtsystem Cochlea überhaupt noch mit den Kategorien der Signalübertragung – sei diese auch mehr oder weniger nichtlinear – zu betrachten. Man hat davon auszugehen, daß die auditive Informationsverarbeitung – unter anderem im Sinne des Abstrahierens von Unwesentlichem – bereits in der Cochlea einsetzt.

Aus diesen Feststellungen ergibt sich, daß sich der Begriff der Übertragungsfunktion nur auf denjenigen Teil der Cochlea beziehen kann, welcher den inneren Haarzellen vorangeht. Auch dieser Teil weist zwar nichtlineare Eigenschaften auf, jedoch kann er immerhin noch als "analoges" System behandelt werden, dessen nichtlineare Aspekte sich den linearen im Sinne eines Zusatzeffektes überlagern. Während bei dieser Betrachtungsweise als Eingangstor nach wie vor der Stapes anzusehen ist, sind die Ausgangstore desjenigen Teils, welcher den inneren Haarzellen vorangeht, naheliegenderweise die Stereozilien der Haarzellen. Deren Bewegungszustände sind jedoch zu wenig bekannt, um sich zur Darstellung allgemeingültiger Zusammenhänge zu eignen. Man ist daher einerseits auf unmittelbare Messungen der Schwingungen der Basilarmembran beziehungsweise des Corti'schen Organs, andererseits auf indirekte Daten angewiesen.

Indirekte Daten über die Schwingungszustände der Basilarmembran beziehungsweise der Stereozilien werden hauptsächlich durch Potentialableitungen aus einzelnen Axonen des akustischen Nerven gewonnen. Dazu wird im Tierversuch mit einer geeigneten feinen Elektrode Kontakt mit einem Axon hergestellt und dem Ohr beispielsweise ein Sinuston konstanter Amplitude zugeleitet. Dabei zeigt sich, daß die Anzahl der pro Zeiteinheit auftretenden Impulse stark von der Frequenz des Tones abhängt. Jede derart kontaktierte Faser hat eine wohldefinierte sogenannte *Bestfrequenz* (auch *charakteristische Frequenz* genannt), das heißt, eine Frequenz, bei welcher ein Sinuston fester Amplitude eine maximale Impulsfolgefrequenz erzeugt – beziehungsweise, bei welcher er zur Erzeugung einer bestimmten Impulsfolgefrequenz eine minimale Amplitude benötigt. Die Axone erweisen sich als hochgradig frequenzselektiv. Trägt man den für eine bestimmte Impulsfrequenz benötigten Schallpegel über der Tonfrequenz auf, so erhält man die sogenannte *Tuningkurve* des betreffenden Axons, vgl. Kiang [501], Geisler et al. [365, 366], Pfeiffer & Kim [713], Kim & Molnar [505], Ruggero & Rich [802]. Abb. 9.10 zeigt eine Anzahl von Tuningkurven, welche von Kiang [501] an Katzen gemessen wurden.

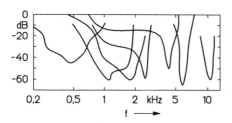

Abb. 9.10. Tuningkurven, gemessen an anästhesierten Katzen. Jede Kurve gehört zu einer anderen Faser des akustischen Nerven. Die Ordinate gibt denjenigen Schallpegel eines Sinustones an, welcher zur Erregung einer festen Anzahl von Aktionspotentialen pro Zeiteinheit erforderlich ist. Abszisse: Frequenz des Sinustones. Nach Kiang [501]

Die Cochlea ist demnach ein wirkungsvoller Frequenzanalysator. Zwischen dem Stapes und jedem Punkt der Basilarmembran existiert eine Übertragungsfunktion mit Bandpaßcharakter, und dieselbe ist für jeden Punkt charakteristisch, so daß man jeden Punkt der Basilarmembran durch die Durchlaßfrequenz des zugehörigen Bandpasses charakterisieren kann. Je näher der Punkt der Schneckenbasis beziehungsweise dem ovalen Fenster kommt, umso höher ist die zugehörige Durchlaßfrequenz. Weil andererseits jede afferente Faser des akustischen Nerven mit einer einzigen inneren Haarzelle verbunden und somit eindeutig einem Punkt der Basilarmembran zugeordnet ist, gehört auch zu jedem Axon eindeutig eine bestimmte Durchlaßfrequenz. Dieselbe stimmt mit der an den Tuningkurven (Abb. 9.10) beobachteten Bestfrequenz weitgehend überein. Die Frequenzselektivität der Tuningkurven ist demnach im wesentlichen auf die Frequenzselektivität des den inneren Haarzellen vorangehenden Teils der Cochlea zurückzuführen. Die Frequenzselektivät dieses Teils – dargestellt durch diejenige der Basilarmembranschwingung – ihrerseits beruht nicht einfach auf den hydromechanischen Eigenschaften des aus Basilarmembran, Corti'schem Organ und Lymphe bestehenden Systems, sondern sie wird in hohem Maße durch stoffwechselabhängige, aktive Prozesse hergestellt. Wie im vorhergehenden Abschnitt ausgeführt wurde, sind an diesen Prozessen wahrscheinlich die äußeren Haarzellen maßgeblich beteiligt.

Es ist nicht auszuschließen, daß an der Frequenzselektivität der Cochlea weitere frequenzselektive Mechanismen beteiligt sind. Von einer Reihe von Spezies ist bekannt, daß die Haarzellen ihrer Innenohren allein – das heißt, ohne Mitwirkung einer hydromechanischen Filterwirkung – auf Spektralkomponenten bestimmter Frequenzen selektiv ansprechen. Als Grundlage dieser Art von Frequenzselektivität kommen sowohl elektrophysiologische als auch mechanische Resonanzerscheinungen, die ihren Sitz in der Haarzelle selbst haben, in Betracht. Es ist möglich, daß bei der Frequenzselektion der hochentwickelten Säugetier-Cochlea Mechanismen aller genannten Arten zusammenwirken.

Zweck und Bedeutung der auralen Frequenzanalyse. Daran, daß den frequenzselektiven Eigenschaften der Cochlea bei der Aufnahme von Information eine Schlüsselrolle zukommt, kann kein Zweifel bestehen. Untersuchungen des Gehörs von Spezies der unterschiedlichsten phylogenetischen Entwicklungsstufen zeigen, daß praktisch in allen Hörorganen zumindest Ansätze frequenzselektiver Eigenschaften vorhanden sind, und daß der Grad der Perfektion dieser Eigenschaften in aufsteigenden Entwicklungsstufen bis hin zum Säugetierohr systematisch zunimmt. Daraus geht hervor, daß die Evolution von Frequenzselektivität einem erheblichen Selektionsdruck unterliegt, weil die aurale Frequenzanalyse als Grundlage der auditiven Informationsgewinnung erhebliche Vorteile aufweist.[5]

Einer dieser Vorteile folgt unmittelbar aus den Beschränkungen, denen die Ganglien und Axone als Informationsträger unterliegen. Wie erwähnt,

---
[5] Zur Evolution der Frequenzselektivität bei Wirbeltieren vgl. Manley [580]. Eine system- und informationstheoretische Betrachtung dazu findet sich in einer Arbeit von Buchsbaum [135].

ist die Auflösung zeitlicher Signalstrukturen, welche durch Aktionspotentiale repräsentiert werden, auf ein Raster der Größenordnung einer Millisekunde beschränkt. Dies bedeutet, daß ohne weitere Maßnahmen dem auditiven System alle Feinheiten der Schallsignale, welche durch dieses Zeitraster nicht erfaßt werden können, verlorengehen. Durch die beschriebenen frequenzselektiven Eigenschaften desjenigen Teils der Cochlea, welcher der Umsetzung in Aktionspotentiale vorangeht, wird dieses Problem gelöst, indem entlang des Corti'schen Organs eine Verteilung der Spektralkomponenten auf die zahlreichen Axone erfolgt. Die Frequenz-Orts-Transformation in der Cochlea bewirkt eine Art Serien-Parallel-Umsetzung der Schallsignale. Anders ausgedrückt: Hinreichend grobe Zeitstrukturen des Signals werden als solche, das heißt im Zeitbereich repräsentiert, während feine Zeitstrukturen, also solche, denen hochfrequente Spektralkomponenten entsprechen, durch ihre örtliche Verteilung, also sozusagen im Frequenzbereich repräsentiert werden.

Ein weiterer, mindestens ebenso wichtiger Grund für die Vorteilhaftigkeit der Frequenzanalyse wurde im Abschnitt 1.2.2 bereits angeführt: Die zeitvariablen Spektralfrequenzen der Schallsignale stellen diejenigen Signalparameter dar, welche auf dem Weg von der Schallquelle zum Gehör weitgehend unverändert bleiben, so daß sie die zuverlässigsten Informationsträger über die Quellsignale sind.

9.3 Die Absoluthörschwelle für Sinustöne

Die minimale Schallamplitude beziehungsweise -intensität, welche ein Sinuston haben muß, um hörbar zu werden, hängt – neben individuellen Unterschieden – zum einen von seiner Frequenz, zum anderen von seiner Dauer ab. Der Einfluß der Dauer ist weitgehend auf Tondauern unterhalb etwa 200 ms beschränkt, und zwar derart, daß in diesem Bereich die Hörbarkeit mit abnehmender Dauer abnimmt. Für Darbietungszeiten oberhalb etwa 200 ms ist die Hörschwelle von der Dauer unabhängig. Daher wird zweckmäßigerweise zwischen Tönen langer und kurzer Dauer unterschieden. Erstere werden im folgenden Dauertöne, letztere Tonimpulse genannt.

9.3.1 Dauertöne

Abbildung 9.11 zeigt als Beispiel die Absoluthörschwelle für Dauer-Sinustöne (die sogenannte Ruhehörschwelle) einer männlichen Person (gezackte Kurve). Sie wurde mit freifeldbezogener Kopfhörerdarbietung nach der Methode des pendelnden Regelns, nach deren Erfinder auch Békésy-*tracking* genannt [56], gewonnen. Die Messung wird üblicherweise in zwei Teilen durchgeführt, nämlich für Frequenzen oberhalb 1 kHz und unterhalb 1 kHz. Während der Messung wandert im ersten Teil die Tonfrequenz langsam aufwärts, im zweiten Teil abwärts. Die Versuchsperson drückt einen Knopf, wenn sie den Ton sicher hört – wodurch der Schallpegel mit einer voreingestellten Geschwindigkeit automatisch abgesenkt wird – und läßt ihn los, wenn der Ton sicher unhörbar ist, so daß der Schallpegel wieder ansteigt. Ein Pegelschreiber registriert den Verlauf des Schallpegels als Funktion der Frequenz, wodurch das dargestellte Audiogramm entsteht.

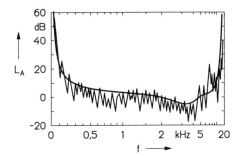

Abb. 9.11. Monaurale Absoluthörschwelle für Sinustöne. Glatte Kurve: Mittelwert des Schwellenpegels L_A von normalhörenden Personen. Gezackte Kurve: Mit der Methode des pendelnden Regelns (Békésy tracking) gemessen (25jähriger Mann, rechtes Ohr). Abszisse: Tonfrequenz, SPINC-skaliert; Ordinate: Schallpegel

In seinem mittleren Verlauf ist der Einfluß der Übertragungsfunktion des Gehörgangs recht gut erkennbar. Nach (9.11) sind Maxima der Gehörgang-Übertragungsfunktion, also Minima der Hörschwelle, bei ungefähr 3,4 und 10,2 kHz zu erwarten. Dazwischen, das heißt, bei ungefähr 7 kHz, ist ein lokales Maximum der Hörschwelle zu erwarten.

Die mittlere Absoluthörschwelle einer größeren Zahl von Versuchspersonen ist in Abb. 9.11 als glatte Kurve dargestellt [874, 791, 1125].[6] Ihr Verlauf läßt von den Gehörgangresonanzen nur noch deren erste erkennen, nämlich durch das flache Minimum in der Umgebung von 3,3 kHz. Die höheren Resonanzen treten nicht in Erscheinung, weil ihre Frequenzlage infolge individuell unterschiedlicher Gehörgangabmessungen nicht bei allen Versuchspersonen genau dieselbe ist. Wie Abb. 9.11 zeigt, liegt die Hörschwelle der als Beispiel herangezogenen Versuchsperson vorwiegend unter dem Mittelwert.

Die mittlere absolute Hörschwelle normalhörender Erwachsener, welche durch den Schwellenpegel L_A des Sinustones ausgedrückt wird, kann mit guter Näherung durch die empirische Formel

$$L_A/\text{dB} = 3{,}64 \cdot (f/\text{kHz})^{-0{,}8} - 6{,}5 \cdot \exp\bigl[-0{,}6(f/\text{kHz} - 3{,}3)^2\bigr]$$
$$+ 10^{-3}(f/\text{kHz})^4 \qquad (9.15)$$

dargestellt werden [960].

Zwischen den mittleren Hörschwellen von Frauen und denjenigen von Männern gibt es signifikante Unterschiede. Zum einen liegen die Gehörgangresonanzen bei Frauen im Durchschnitt um wenige Prozent höher als bei Männern, was auf entsprechend kleinere Abmessungen des Gehörgangs beim

---

[6] Zur Verteilung der individuellen Hörschwellen vgl. [1127].

weiblichen Geschlecht zurückzuführen ist. Zum anderen liegen die Hörschwellen von Frauen im Durchschnitt unter denjenigen von Männern – insbesondere bei hohen Frequenzen [201, 704]. Außerdem verläuft die altersbedingte Abnahme der Empfindlichkeit des Gehörs bei Männern im Durchschnitt rascher als bei Frauen [704, 574, 654].

Ein normaler, das heißt, dem Mittelwert nahekommender Verlauf der Hörschwelle ist ein sicheres Zeichen dafür, daß das betreffende Ohr in praktisch jeder Beziehung funktionstüchtig ist. Umgekehrt zeigt eine Anhebung der Hörschwelle um mehr als 10 dB über das Normalniveau grundsätzlich immer eine Schädigung – meist des peripheren Gehörs (Innen- beziehungsweise Mittelohr) – an. Eine Abweichung vom mittleren Verlauf bedeutet aber nicht ohne weiteres, daß die auditive Kommunikation nennenswerte Einbußen erleidet. Insbesondere spielt es kaum eine Rolle – und wird von der betreffenden Person in der Regel überhaupt nicht bemerkt – wenn die Hörschwelle insgesamt um 10 bis 20 dB über dem Normalverlauf liegt. Dies liegt unter anderem daran, daß unter den meisten alltäglichen Bedingungen ein Umgebungs-Geräuschpegel von mindestens 40 dB vorhanden ist, welcher schwächere Schallsignale ohnehin verdeckt.

Mit dem Lebensalter sinkt die obere Hörbereichsgrenze stetig ab, vgl. Buhlert & Kuhl [136], Patterson et al. [699], Kryter [534]. Diese Grenze, welche man für Normalhörende bei ungefähr 16 kHz ansetzen kann, ist im Alter von 40–50 Jahren üblicherweise auf ungefähr 10–12 kHz abgesunken, ohne daß man dies als Hörschaden im engeren Sinne anzusehen hätte. Diese Alterung mündet bei den meisten Menschen im sechsten bis achten Lebensjahrzehnt in die sogenannte Altersschwerhörigkeit (Presbyakusis).

Eine akustische Überlastung des Gehörs – sei es durch einen einzelnen Knall, durch laute Maschinengeräusche oder durch übermäßig laute Musik – ist in der Regel an einer Anhebung der Hörschwelle erkennbar. Die Anhebung besteht häufig nur vorübergehend, so daß die Hörschwelle nach einiger Zeit wieder ihren Normalverlauf zeigt (*Temporary Threshold Shift*, TTS, vgl. z.B. [446]). Wenn die Überlastung jedoch eine gewisse Stärke überschreitet, beziehungsweise, wenn sie in zu kurzen Zeitabständen wiederholt erfolgt, entsteht eine bleibende Hörschwellenanhebung als Zeichen eines irreparablen Schadens. Allgemein erweisen sich Schallpegel oberhalb etwa 90 dB als schädigend, wenn man ihnen häufig, beziehungsweise längere Zeit, ausgesetzt ist. Die letztere Tatsache ist von erheblicher Bedeutung, denn bereits in einer als nur mäßig laut empfundenen Geräuschumgebung kann der Schallpegel 75 bis 85 dB betragen.

Sehr bedenklich ist die heutzutage verbreitete Praxis der Musikdarbietung mit maximalen Schallpegeln über 100 dB, sei es bei Rock- und Popmusikkonzerten, sei es im privaten Bereich über elektroakustische Wiedergabeeinrichtungen. Besonders die Wiedergabe über Kopfhörer bedarf in dieser Hinsicht der Sorgfalt, weil sie die besonders schallstarke Wiedergabe nicht nur mit geringem technischem Aufwand ermöglicht, sondern dazu verleitet [5].

Auch nicht elektrisch verstärkte Musik kann Schallstärken erreichen, welche das Gehör schädigen, vgl. z.B. Ternström & Sundberg [990]. Beispielsweise zeigt sich bei Geigern nach jahrelanger Musikpraxis eine Veränderung der Hörschwelle auf dem linken Ohr, weil dieses vom Instrument aus unmittelbarer Nähe stark beschallt wird. Orchestermusiker sind in signifikantem Ausmaß der Gefahr ausgesetzt, im Laufe ihrer Karriere eine merkliche berufsbedingte Schädigung des Gehörs zu entwickeln, welche nicht allein als Presbyakusis zu erklären ist.[7]

9.3.2 Tonimpulse

Hält man die Amplitude beziehungsweise den ihr entsprechenden Dauertonpegel konstant, so ist die Absoluthörschwelle für Sinustöne bei Tondauern oberhalb etwa 200 ms von der Darbietungsdauer unabhängig. Bei kürzeren Dauern dagegen steigt sie mit abnehmender Dauer an [363, 304].

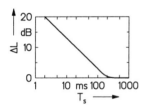

Abb. 9.12. Abhängigkeit der Absoluthörschwelle von Sinustönen von der Dauer (schematisch): Differenz ΔL zwischen dem Dauertonpegel des Tonimpulses mit der Dauer T_s (Abszisse) und der Dauer $T_s = 1$ s. Nach [304]

Abbildung 9.12 illustriert dieses Verhalten schematisch. Die Kurve beruht auf Meßergebnissen von Feldtkeller und Oetinger [304] und gilt – von geringfügigen Unterschieden abgesehen – für Tonfrequenzen des Bereichs 250–4000 Hz. Sie zeigt, daß unterhalb der festen Mindestdauer von ungefähr 100 ms – die man als eine Integrationszeit des Gehörs bezeichnen kann – der Pegel um 10 dB anwächst, wenn die Dauer auf 1/10 abnimmt. Im Bereich $T_s < 100$ ms ist demnach die an der Schwelle benötigte Schall*energie* näherungsweise konstant.[8]

Mit diesen Daten kann man auf einfache Art die Mindest-Schallenergie abschätzen, welche das Ohr zur Erzeugung einer Hörempfindung benötigt. Nimmt man als kleinsten Wert der Hörschwelle für Sinus-Dauertöne den Schallpegel 0 dB an, so entspricht die akustische Bezugsschallintensität von 10^{-12} W/m^2 der Schwellenintensität. Da die schwingende Fläche des Trommelfells grob gerechnet 1 cm^2 beträgt, ergibt sich für jedes Ohr die Schalleistung an der Schwelle zu ungefähr 10^{-16} W. Im Hinblick auf die mit Tonimpulsen gefundene Integrationszeit des Gehörs für die Schallintensität genügt eine Dauer des Tones von rund 0,1 s. Somit beträgt die der Hörschwelle entsprechende Mindestenergie rund 10^{-17} Ws. Aus physiologischen Daten des Ohres ergibt sich ein ganz ähnlicher Wert [369].

---
[7] Eine Übersicht über die möglichen Veränderungen der Innenohrstrukturen, welche durch akustische Überlastung auftreten können, findet sich in [819, 807].
[8] Das gleiche Verhalten der Absoluthörschwelle für kurze Sinustöne scheint auch bei anderen Säugetieren vorzuliegen [481].

9.4 Funktionsschema der peripheren Schallsignalübertragung

Bereits in der Absoluthörschwelle für Sinustöne tritt die wichtigste Fundamentaleigenschaft des Gehörs in Erscheinung – seine Frequenzselektivität. Da praktisch alle psychoakustisch feststellbaren Eigenschaften des Gehörs von dessen Frequenzselektivität abhängen, können sie nur mit Hilfe eines entsprechenden Funktionsschemas quantitativ beschrieben und diskutiert werden. Beim Entwurf eines solchen psychoakustischen Modells ist es einerseits zweckmäßig, auch die diesbezüglichen physiologischen Befunde heranzuziehen. Beispielsweise kann man auf Grund der Anatomie und Neurophysiologie des peripheren Gehörs die Tatsache als gesichert ansehen, daß dem auditiven neuronalen System ein Filtermechanismus *vorgeschaltet* ist, so daß eine frequenzselektive Schallsignalübertragung vom Schallfeld zum neuronalen System zweifellos die erste Stufe eines umfassenden Hörmodells darstellt.

Andererseits ist es für die Beschreibung psychoakustischer Beobachtungsergebnisse nicht erforderlich, die physikalischen und physiologischen Vorgänge in allen Einzelheiten nachzubilden. Es genügt ein Schema, dessen Struktur und Parameter gerade soweit definiert sind, wie es zum Verständnis beziehungsweise zur Nachbildung psychoakustischer Beobachtungstatsachen erforderlich ist.

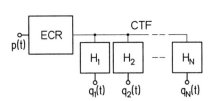

Abb. 9.13. Schema der peripheren Transduktion (Peripheral Ear Transduction, PET) für eines der beiden Ohren. $p(t)$: Ohrsignal; $q_1(t) \ldots q_N(t)$: Ausgangssignale. ECR: Filter zur Nachbildung zweier Gehörgangresonanzen (Ear Canal Resonances). CTF: Filter zur Nachbildung der cochleären Übertragung (Cochlear Transmission Function; N Kanäle) [974]

Ein solches Funktionsschema der peripheren Schallsignalübertragung (*Peripheral Ear Transduction*, PET) in einem der beiden Ohren zeigt Abb. 9.13 [974, 975]. Es besteht aus zwei Teilen, und zwar 1) einem linearen Filter, welches die ersten beiden Resonanzen des Gehörganges nachbildet (*Ear-Canal Resonances*, ECR) und 2) einem System von Filtern, deren Eingänge parallelgeschaltet sind und deren Übertragungsfunktionen die frequenzselektive Übertragung zu einzelnen Kanälen des darauffolgenden Verarbeitungssystems bestimmen (*Cochlear Transmission Functions*, CTF). Jene Kanäle entsprechen in vieler Hinsicht den einzelnen Fasern des Hörnerven, welche über die inneren Haarzellen erregt werden. Das den Haarzellen der Cochlea entsprechende Bindeglied zwischen den Ausgangssignalen $q_n(t)$ des PET-Systems – kurz PET-Signal genannt – und der darauffolgenden hierarchischen Verarbeitung (Abb. 1.14) wird zunächst außer acht gelassen und ist im Schema Abb. 9.13 nicht enthalten.

9.4.1 Gehörgangresonanzen

Die Wirkung der ersten Gehörgangresonanz bei ungefähr 3,3 kHz tritt in der Absoluthörschwelle deutlich in Erscheinung. Die zweite, bei ungefähr 10 kHz liegende Resonanz ist in der Hörschwelle weniger deutlich erkennbar. Jedoch ist anzunehmen, daß sie dazu beiträgt, daß die Hörschwelle in der Umgebung von 10 kHz etwas tiefer liegt als es ohne diese Resonanz der Fall wäre.

Als Übertragungsfunktion eines Filters, welches eine der beiden Resonanzen nachbildet, eignet sich die Funktion

$$H_r(s) = 1 + \alpha \frac{s}{s^2 + 2as + a^2 + \omega_0^2}. \tag{9.16}$$

Darin bedeuten α eine reelle Konstante, a einen reellen Dämpfungsfaktor und ω_0 eine die Resonanz kennzeichnende Eigenfrequenz. Der Frequenzgang des Absolutbetrags lautet

$$|H_r(\omega)| = \sqrt{1 + \frac{\alpha^2 + 4a\alpha}{[(a^2 + \omega_0^2)/\omega - \omega]^2 + 4a^2}}. \tag{9.17}$$

Er nähert sich außerhalb der Resonanz von oben her dem Wert 1 und nimmt bei der Kreisfrequenz

$$\omega_r = \sqrt{a^2 + \omega_0^2} \tag{9.18}$$

den Maximalwert

$$|H_r|_{\max} = 1 + \alpha/(2a) \tag{9.19}$$

an. Die Resonanzbandbreite B_r ($\pm 45°$-Bandbreite) ist durch

$$B_r = a/\pi \tag{9.20}$$

gegeben, so daß zwischen Resonanzüberhöhung $|H_r|_{\max}$, Bandbreite B_r und dem Koeffizienten α die Beziehung

$$|H_r|_{\max} = 1 + \alpha/(2\pi B_r) \tag{9.21}$$

besteht. Damit kann α anhand der erforderlichen Bandbreite und Resonanzüberhöhung festgelegt werden. Mit der Resonanzfrequenz f_r und der Bandbreite B_r ist außerdem die Eigenfrequenz ω_0 durch

$$\omega_0 = \pi\sqrt{4f_r^2 - B_r^2} \tag{9.22}$$

bestimmt. Für den Frequenzgang der Phase ergibt sich aus (9.16)

$$\phi_r(\omega) = \arctan \frac{2a\omega + \alpha\omega}{a^2 + \omega_0^2 - \omega^2} - \arctan \frac{2a\omega}{a^2 + \omega_0^2 - \omega^2}. \tag{9.23}$$

Das in Abb. 9.13 mit ECR bezeichnete Filter bildet die ersten beiden Gehörgangresonanzen nach und besteht somit aus zwei aufeinanderfolgenden Teilfiltern der soeben beschriebenen Art. Für das erste Teilfilter erweisen sich die Parameterwerte $\alpha = 10000$, $\omega_0 = 20000/\text{s}$, $a = 5000/\text{s}$ als günstig; für das zweite die Werte $\alpha = 20000$, $\omega_0 = 65000/\text{s}$, $a = 20000/\text{s}$. Bezeichnet man die Übertragungsfunktion des ersten Teilfilters mit $H_{r1}(s)$, diejenige des zweiten mit $H_{r2}(s)$, so gilt für die Übertragungsfunktion $H_{\text{ECR}}(s)$ des gesamten ECR-Filters

$$H_{\text{ECR}}(s) = H_{r1}(s) \cdot H_{r2}(s). \tag{9.24}$$

9.4.2 Cochleäre Übertragungsfunktionen

Als geeigneter Grundtyp der cochleären Übertragungsfunktion erweist sich die Funktion

$$H'_n(s) = \frac{s_n s_n^*}{(s - s_n)(s - s_n^*)}. \tag{9.25}$$

Dabei handelt es sich um dieselbe Übertragungsfunktion, welche im Abschnitt 7.2.4 als diejenige beschrieben wurde, mit welcher ein einzelner Vokal-Formant zur Vokaltrakt-Übertragungsfunktion beiträgt. Ihre wichtigsten Eigenschaften gehen aus Abb. 9.14 hervor. Bei Frequenzen unterhalb der zum Maximum gehörenden Kreisfrequenz ω_C geht ihr Absolutbetrag gegen den Wert 1; bei hohen Frequenzen sinkt er auf null. Der beiderseits der Resonanzfrequenz ω_C ungleichartige Verlauf ähnelt demjenigen, den man in der Cochlea-Übertragungsfunktion findet, vgl. z.B. [484, 10, 778].

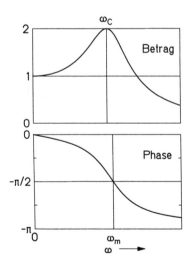

Abb. 9.14. Frequenzgang des Absolutbetrages (oben) und der Phase (unten) der Übertragungsfunktion des CTF-Filters (einfach) für $\eta = 2$. ω_C ist die Kreisfrequenz des Betragsmaximums; ω_m diejenige, welche zur Phase $-\pi/2$ gehört

Als Grund für die besondere Eignung dieser Funktion für die Beschreibung der cochleären Schallsignalübertragung kann die Verwandtschaft zwi-

9.4 Funktionsschema der peripheren Schallsignalübertragung

schen Cochlea und Vokaltrakt angesehen werden, welche darin besteht, daß beide leitungsartige lineare Systeme mit Resonanzerscheinungen darstellen. Im Unterschied zum Vokaltrakt erweist sich der Grad der einfachen Übertragungsfunktion (9.25) zur Beschreibung der Frequenzselektivität des Gehörs als nicht ausreichend. Man kann ihn jedoch auf einfache Weise erhöhen, indem man mehrere identische Einfachfilter des durch (9.25) beschriebenen Typs in Kette anordnet. Der allgemeine Ansatz für die Übertragungsfunktion des Kanals mit der Nummer n (Abb. 9.13) lautet daher

$$H_n(s) = \left(\frac{s_n s_n^*}{(s - s_n)(s - s_n^*)} \right)^k, \tag{9.26}$$

wo k die Anzahl der verketteten Einfachfilter bedeutet. Mit

$$s_n = \sigma_n + j\omega_n = -a_n + j\omega_n, \tag{9.27}$$

$$s_n^* = \sigma_n - j\omega_n = -a_n - j\omega_n \tag{9.28}$$

kann (9.26) auch in der Form

$$H_n(\omega) = \left(\frac{a_n^2 + \omega_n^2}{[a_n + j(\omega - \omega_n)][a_n + j(\omega + \omega_n)]} \right)^k \tag{9.29}$$

geschrieben werden. Darin bedeuten ω die kontinuierliche Frequenzvariable, a_n eine reelle positive Dämpfungskonstante und ω_n die Filter-Eigenfrequenz.

Das CTF-Filter mit der Übertragungsfunktion (9.26) beziehungsweise (9.29) ist mit dem sogenannten *Gammatone-Filter* verwandt [701, 875, 195], vgl. de Boer & Kuyper [104]. Beide Filtertypen stimmen für $k = 1$ überein. Für höhere Filtergrade sind sie verschieden, haben jedoch die Verwandtschaft zur Cochlea-Übertragungsfunktion miteinander gemeinsam.

Frequenzgang von Amplitude und Phase. Zwischen den Eigenschaften des aus k gleichen Einfachfiltern zusammengesetzten Gesamtfilters eines Kanals und denjenigen jedes Einfachfilters bestehen leicht überschaubare Zusammenhänge: Der Absolutbetrag der Übertragungsfunktion des Gesamtfilters ist die k-te Potenz derjenigen des Einfachfilters, die Phase das k-fache derjenigen des Einfachfilters.

Der Absolutbetrag der Übertragungsfunktion ist

$$|H_n(\omega)| = \left(\frac{a_n^2 + \omega_n^2}{\sqrt{(a_n^2 + \omega_n^2 - \omega^2)^2 + 4a_n^2\omega^2}} \right)^k. \tag{9.30}$$

Er nimmt bei der Kreisfrequenz

$$\omega_C = \sqrt{\omega_n^2 - a_n^2} \tag{9.31}$$

den Maximalwert (die Resonanzüberhöhung)

$$|H_n|_{\max} = \eta^k = \left(\frac{a_n^2 + \omega_n^2}{2a_n\omega_n} \right)^k = \left(\frac{2a_n^2 + \omega_C^2}{2a_n\sqrt{a_n^2 + \omega_C^2}} \right)^k \tag{9.32}$$

an. Zur Charakterisierung des n-ten Kanals wird anstelle der Eigenfrequenz ω_n zweckmäßigerweise die Frequenz $f_C = \omega_C/(2\pi)$ benutzt, weil bei letzterer das Maximum der Resonanzüberhöhung liegt. Um jedem Einfachfilter des n-ten Kanals nach Festsetzung der charakteristischen Frequenz f_C eine bestimmte Resonanzüberhöhung η zu verleihen, muß gemäß (9.32)

$$a_n = f_C \pi \sqrt{2} \sqrt{\sqrt{1 + 1/(\eta^2 - 1)} - 1} \qquad (9.33)$$

gewählt werden.

Für den Phasen-Frequenzgang des Einfachfilters gilt

$$\begin{aligned}\phi'_n(\omega) &= -\arctan \frac{2 a_n \omega}{a_n^2 + \omega_n^2 - \omega^2} \quad \text{für } \omega^2 < a_n^2 + \omega_n^2, \\ &= -\arctan \frac{2 a_n \omega}{a_n^2 + \omega_n^2 - \omega^2} - \pi \quad \text{für } \omega^2 > a_n^2 + \omega_n^2.\end{aligned} \qquad (9.34)$$

Die Phase nimmt bei der Kreisfrequenz

$$\omega_m = \sqrt{\omega_n^2 + a_n^2} \qquad (9.35)$$

den Wert $-\pi/2$ an. Die Phase des Gesamtfilters ist $\phi_n = k\phi'_n$.

Bandbreite und Resonanzüberhöhung. Die $\pm 45°$-Bandbreite des Einfachfilters ergibt sich aus (9.25) zu

$$B'_n = a_n/\pi. \qquad (9.36)$$

Gemäß (9.32, 9.33, 9.36) werden bei gegebener Eigenfrequenz ω_n sowohl das Maximum der Resonanzüberhöhung als auch die Bandbreite des Einfachfilters durch die Dämpfungskonstante a_n bestimmt. Zwischen Resonanzüberhöhung und Bandbreite besteht daher ein fester Zusammenhang derart, daß ein hohes Resonanzmaximum eine geringe Bandbreite erfordert und umgekehrt.

Durch Kaskadierung von k Einfachfiltern pro Kanal kann man Bandbreite und Höhe des Resonanzmaximums in gewissen Grenzen unabhängig voneinander festlegen, denn mit der Kaskadierung identischer Einfachfilter wächst die Resonanzüberhöhung mit der k-ten Potenz, während die effektive Bandbreite in weit geringerem Maße abnimmt. Zweckmäßigerweise betrachtet man als effektive Bandbreite die sogenannte 3 dB-Bandbreite, also die Differenz der beiden Frequenzen, bei welchen der Betragsfrequenzgang den $1/\sqrt{2}$-fachen Wert des Maximums aufweist. Nach diesem Kriterium beträgt die effektive Bandbreite[9]

$$B_n = \frac{\sqrt{\omega_n^2 - a_n^2}}{\pi \sqrt{2}} \sqrt{1 - \sqrt{1 - \frac{4 a_n^2 \omega_n^2 (\sqrt[k]{2} - 1)}{(\omega_n^2 - a_n^2)^2}}}. \qquad (9.37)$$

---

[9] Für $k = 1$ liefert (9.37) im allgemeinen nicht genau den in (9.36) angegebenen Wert der Bandbreite. Das liegt daran, daß beim CTF-Filtertyp die $\pm 45°$-Bandbreite und die 3 dB-Bandbreite voneinander abweichen, sofern nicht $a_n \ll \omega_n$.

9.4 Funktionsschema der peripheren Schallsignalübertragung

Die erforderliche Resonanzüberhöhung ergibt sich daraus, daß

- dem Betrag 1 der Übertragungsfunktion zweckmäßigerweise die Absolutschwelle zugeordnet wird;
- die Resonanzüberhöhung mit den Mithörschwellen von Sinustönen sowie insbesondere den *Tuningkurven* im Einklang sein muß.

Die maximal in Betracht zu ziehende Resonanzüberhöhung, welche sich nach diesen Kriterien ergibt, liegt bei 3000–10000, entsprechend 70–80 dB. Die erforderliche Mindestbandbreite ergibt sich hauptsächlich aus der Forderung nach möglichst kurzer Einschwingzeit. Aus beiden Kriterien zusammen kann die erforderliche Anzahl k der Einfachfilter ermittelt werden.

Einschwingverhalten. Das Einschwingverhalten der Filter kann man anhand der Impulsantwort wie folgt abschätzen. Die zur Übertragungsfunktion (9.26) beziehungsweise (9.29) gehörende Impulsantwort $h_n(t)$ ergibt sich aus der CFT-Korrespondenz (A.12) und lautet

$$h_n(t) = (-1)^{k-1} \frac{(a_n^2 + \omega_n^2)^k t^k e^{-a_n t}}{2^{k-1}(k-1)! \omega_n^{k-1}} \left(\frac{d}{d(\omega_n t)} \right)^{k-1} \frac{\sin \omega_n t}{\omega_n t}. \tag{9.38}$$

Speziell für das Einfachfilter ($k = 1$) gilt

$$h_n(t) = \frac{a_n^2 + \omega_n^2}{\omega_n} e^{-a_n t} \sin \omega_n t. \tag{9.39}$$

Zum Vergleich sei angemerkt, daß das sogenannte *Gammatone-Filter*, welches in letzter Zeit häufig in Gehörmodellen eingesetzt wird, durch eine Impulsantwort des Typs

$$g(t) = t^{k-1} e^{-at} \cos(\omega t + \varphi) \tag{9.40}$$

gekennzeichnet ist [701, 875, 195]. Der Vergleich von (9.40) mit (9.38, 9.39) zeigt, daß das Gammatone-Filter und das CTF-Filter für $k = 1$ einander äquivalent sind. Für $k > 1$ haben die beiden Filtertypen dagegen verschiedene Impulsantworten und daher auch verschiedene Übertragungsfunktionen, vgl. (9.29).

Für einen beliebigen Wert von k ist die Impulsantwort (9.38) das Produkt eines Amplitudenfaktors und eines mit der Kreisfrequenz ω_n oszillierenden beziehungsweise oszillierend abklingenden Faktors. Der Amplitudenfaktor entspricht der Gewichtsfunktion einer zeitvarianten Fourier-Transformation (vgl. Abschnitt 3.4), das heißt, er wächst zunächst an, durchläuft ein Maximum und wird mit weiter wachsender Zeit verschwindend klein. Er kann zur Abschätzung der effektiven "Zeitfensterlänge" des Analysators herangezogen werden, welcher durch die Kanalfilter gebildet wird. Eine sinnvolle Definition der effektiven Fensterlänge stellt die Dauer einer *rechteckförmigen* Gewichtsfunktion $W_R(t)$ dar, deren Amplitude (Maximalwert) und deren Amplitudenintegral gleich denjenigen der tatsächlich vorliegenden Gewichtsfunktion $W(t)$ sind, so daß

$$\int_0^\infty W_R(t) dt = \int_0^\infty W(t) dt. \tag{9.41}$$

Der Amplitudenfaktor $W(t)$ besteht seinerseits aus einem festen – das heißt, nur von a_n, ω_n und k abhängigen – und einem zeitabhängigen Faktor. Bezeichnet man ersteren mit A, letzteren mit $w(t)$, so lautet die Amplitudenfunktion $W(t)$ allgemein

$$W(t) = Aw(t) \tag{9.42}$$

und für ihren Maximalwert gilt

$$W_{\max} = Aw_{\max}. \tag{9.43}$$

Die rechteckförmige Gewichtsfunktion hat entsprechend obiger Definition die Amplitude $W_{\max}$. Bezeichnet man ihre Dauer – und damit die gesuchte effektive Dauer der tatsächlich verwendeten Gewichtsfunktion – mit T, so entsteht aus (9.41) nach Einsetzen und Auflösung

$$T = \frac{1}{w_{\max}} \int_0^\infty w(t)\mathrm{d}t. \tag{9.44}$$

Wie man anhand von (9.38) feststellen kann, hat der zeitabhängige Faktor von $W(t)$ die Form

$$w(t) = t^{k-1}\mathrm{e}^{-a_n t}. \tag{9.45}$$

Der zum Maximum von $w(t)$ gehörende Zeitpunkt ist $(k-1)/a_n$, und für den Maximalwert ergibt sich

$$w_{\max} = \left(\frac{k-1}{a_n \mathrm{e}}\right)^{k-1}. \tag{9.46}$$

Das Integral in (9.44) hat den Wert $(k-1)!/a_n^k$, so daß man für die effektive Zeitfensterlänge des k-fachen Filters den Wert

$$T = \frac{(k-1)!\mathrm{e}^{k-1}}{(k-1)^{k-1} a_n} \tag{9.47}$$

erhält. Darin wird der Parameter a_n durch die geforderte Resonanzüberhöhung η der Einfachfilter bestimmt, wie durch (9.33) beschrieben. Setzt man (9.33) in (9.47) ein, so ergibt sich der Zusammenhang

$$Tf_C = \frac{(k-1)!\mathrm{e}^{k-1}}{\pi\sqrt{2}(k-1)^{k-1}} \cdot \frac{1}{\sqrt{\sqrt{1+1/(\eta^2-1)}-1}}. \tag{9.48}$$

Darin steht η für die geforderte Resonanzüberhöhung des Filters. Soll das Gesamtfilter die Überhöhung g aufweisen, so ist in (9.48)

$$\eta = \sqrt[k]{g} \tag{9.49}$$

einzusetzen.

Mit (9.48, 9.49) läßt sich die effektive Zeitfensterlänge T, bezogen auf die zur charakteristischen Frequenz f_C gehörende Periode, in Abhängigkeit von der geforderten Resonanzüberhöhung g und der Filteranzahl k übersichtlich darstellen. Abb. 9.15 illustriert den Zusammenhang für Resonanzüberhöhungen von 30, 50, 70 und 90 dB.

9.4 Funktionsschema der peripheren Schallsignalübertragung

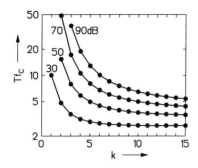

Abb. 9.15. Effektive Zeitfensterlänge (Einschwingzeit) T der CTF-Filter, normiert auf die Periodendauer, welche der charakteristischen Frequenz f_C entspricht, in Abhängigkeit von der Anzahl k der Einfachfilter. Parameter ist die Dynamik (Resonanzüberhöhung) des Gesamtfilters im Pegelmaß. Berechnet nach (9.48, 9.49)

Dimensionierung. Die Dimensionierung der CTF-Filter besteht in der Festlegung der charakteristischen Frequenzen f_C und der Dämpfungskoeffizienten a_n. Bezüglich der charakteristischen Frequenzen der einzelnen Kanäle wird im folgenden zunächst lediglich vorausgesetzt, daß $f_{C1} < f_{C2} \ldots < f_{CN}$. Die Dämpfungskoeffizienten werden so ausgelegt, daß sich aus den dazugehörigen Resonanzüberhöhungen unmittelbar die Abhängigkeit der Absoluthörschwelle von der Frequenz ergibt, wovon jedoch der Einfluß der Gehörgangresonanzen ausgenommen wird, weil dieser durch das ECR-Filter Berücksichtigung findet (vgl. Abb. 9.13). Die Resonanzüberhöhungen der einzelnen Filter – und damit die daraus folgenden a_n – werden wie folgt bestimmt.

Es sei $L_A^*(f)$ der Verlauf der Absoluthörschwelle für Sinus-Dauertöne abzüglich des Einflusses der Gehörgangresonanz. Zweckmäßigerweise wird diesem Verlauf (9.15) zugrundegelegt, so daß

$$L_A^*(f)/\mathrm{dB} = 3{,}64 \left(\frac{f}{1000\mathrm{Hz}}\right)^{-0{,}8} + 10^{-3}\left(\frac{f}{1000\mathrm{Hz}}\right)^4. \tag{9.50}$$

Die Resonanzüberhöhungen η^k der Filter sollen als Funktion von f_C den inversen Verlauf der Absoluthörschwelle aufweisen, so daß

$$L_A^*(f) = L_0 - 20\lg\eta^k(f_C = f) \text{ dB}. \tag{9.51}$$

Hier bedeutet L_0 einen festen Bezugspegel, den man nach Festsetzung der bei einer bestimmten Bezugsfrequenz f_{C0} geforderten Überhöhung $\eta^k(f_{C0})$ durch

$$L_0 = L_A^*(f_{C0}) + 20\lg\eta^k(f_{C0}) \text{ dB} \tag{9.52}$$

ausdrücken kann. Als Bezugsfrequenz wird $f_{C0} = 1000$ Hz festgesetzt, und die für den Bezugskanal mit $f_C = f_{C0}$ geforderte Überhöhung wird im Pegelmaß mit L_r bezeichnet, so daß

$$L_r = 20\lg\eta^k(f_{C0}) \text{ dB}. \tag{9.53}$$

Damit geht (9.52) in

$$L_0 = 3{,}64 \text{ dB} + 10^{-3} \text{ dB} + L_r \tag{9.54}$$

9. Grundparameter des Gehörs

über. Setzt man (9.54) in (9.51) ein, so erhält man nach Umformung

$$\lg \eta(f_C) = \frac{L_r/\text{dB}}{20k} + \frac{0,182}{k}\left[1 - \left(\frac{f_C}{1000\text{Hz}}\right)^{-0,8}\right]$$
$$+ \frac{10^{-4}}{2k}\left[1 - \left(\frac{f_C}{1000\text{Hz}}\right)^{4}\right]. \tag{9.55}$$

Nach Festsetzung der charakteristischen Frequenzen f_C der N Kanäle sowie der Referenzüberhöhung L_r erhält man aus (9.55) die Überhöhungen $\eta(f_C)$ und daraus mit (9.33) die a_n der Kanäle. Aus f_C und a_n sind sodann mit (9.31) die ω_n zu gewinnen.

Als Beispiel zeigt Abb. 9.16 einige Betrags-Frequenzgänge des gesamten PET-Systems (Abb. 9.13) für konstanten Eingangspegel und $L_r = 70$ dB, $k = 5$. Der Eingangspegel wurde so gewählt, daß sich bei tiefen Frequenzen für alle Kanäle der relative Ausgangspegel 0 dB ergibt.

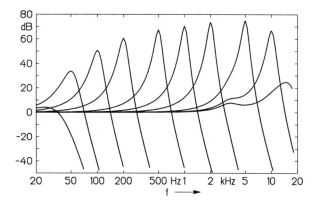

Abb. 9.16. Eine Anzahl der Übertragungsfunktionen des PET-Systems (Absolutbetrag) für einige willkürlich ausgewählte Kanäle. Die dazugehörigen charakteristischen Frequenzen sind $f_C =$ 25, 50, 100, 200, 500, 1000, 2000, 5000, 10000 und 15000 Hz. $L_r = 70$ dB; $k = 5$

Die Bandbreiten, welche sich nach dem beschriebenen Verfahren mit den Parametern $L_r = 70$ dB und $k = 5$ ergeben, sowie die dazugehörigen effektiven Zeitfensterlängen T, sind in Abhängigkeit von der charakteristischen Frequenz f_C in Abb. 9.17 dargestellt. Im wesentlichen Teil des Hörfrequenzbereichs, das heißt zwischen etwa 50 Hz und 10 kHz, steigt die Bandbreite leicht überproportional mit der Mittenfrequenz an. An den beiden Grenzen des Hörfrequenzbereichs zeigt sie ein von diesem Verlauf abweichendes Anwachsen, welches darauf zurückzuführen ist, daß dort die Resonanzüberhöhung der Filter gegen den Wert 1 (die Absolutschwelle) geht. Im Hinblick darauf, daß die Grenzen des hörbaren Frequenzbereichs den beiden Enden der Basilarmembran an Helicotrema und ovalem Fenster entsprechen, können diese "Unstetigkeiten" des Bandbreitenverlaufs auf die physikalischen Randbedingungen der cochleären Frequenzanalyse zurückgeführt werden. Dies ist bemerkenswert, weil die Bandbreiten im wesentlichen aus psychoakustischen Daten – der Absoluthörschwelle – hervorgehen.

9.4 Funktionsschema der peripheren Schallsignalübertragung 255

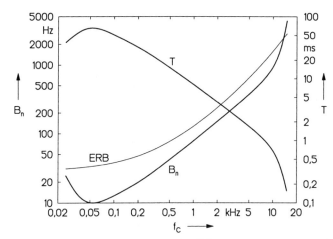

Abb. 9.17. Bandbreite B_n und effektive Zeitfensterlänge (Einschwingzeit) T der CTF-Kanäle als Funktion der charakteristischen Frequenz f_C, berechnet mit dem Referenzpegel $L_r = 70$ dB und $k = 5$. Zum Vergleich ist als dünne Kurve die ERB (Equivalent Rectangular Bandwidth) nach [640] dargestellt

Wie Abb. 9.17 ferner illustriert, beträgt die Bandbreite der CTF-Filter in einem breiten Frequenzbereich ungefähr 1/2, bei sehr tiefen Frequenzen mindestens 1/3 der sogenannten *Equivalent Rectangular Bandwidth* ERB des Gehörs. Die ERB ist ein Schätzwert für die effektive Bandbreite der Gehörfilter, welcher hauptsächlich auf den Ergebnissen von Maskierungsversuchen mit Bandsperrenrauschen beruht, vgl. Patterson [698, 699], Houtgast [451], Weber [1052], Pick [714], Moore & Glasberg [637, 638, 371], Shailer & Moore [856].

Absolutschwelle. Die Absoluthörschwelle für Dauer-Sinustöne läßt sich mit dem PET-System folgendermaßen darstellen. Der absolute Schallpegel L_n eines Sinustones am n-ten Kanalausgang steht mit dem absoluten Schallpegel L am Eingang in der Beziehung

$$L_n = L + 20\lg|H_{\text{ECR}}(f)| \text{ dB} + 20\lg|H_n(f)| \text{ dB}, \quad (9.56)$$

wo $|H_{\text{ECR}}(f)|$ und $|H_n(f)|$ die Betragsfrequenzgänge des Gehörgang-Resonanzfilters beziehungsweise des n-ten CTF-Filters sind. Speziell für den Kanal mit der Bezugsfrequenz $f_C = 1000$ Hz gilt

$$L_n(1000\text{Hz}) = L + 20\lg|H_{\text{ECR}}(1000\text{Hz})| \text{ dB} + L_r. \quad (9.57)$$

Als Absoluthörschwelle des 1000 Hz-Tones wird der Wert $L = L_A = 3$ dB zugrundegelegt. Unter Berücksichtigung des kleinen Beitrags von $|H_{\text{ECR}}|$ ergibt sich damit nach (9.57) für den Schwellenpegel im Bezugskanal

$$L_{nA} = 3,3 \text{ dB} + L_r. \quad (9.58)$$

Dieser Wert des Kanal-Schwellenpegels wird für *alle* Kanäle angenommen. Die Frequenzabhängigkeit der Absoluthörschwelle ergibt sich ausschließlich aus der oben geschilderten Anpassung der Kanalbandbreiten beziehungsweise Resonanzüberhöhungen und dem Beitrag der Gehörgangresonanzen. Die Schwelle gilt als erreicht, wenn in einem Kanal der bei $f = f_C$ erreichte Schallpegel gleich dem Kanal-Schwellenpegel ist. Man erhält daher den absoluten Schwellenpegel für eine beliebige charakteristische Frequenz f_C, indem man in (9.56) L durch L_A, H_n durch η^k und L_n durch L_{nA} aus (9.58) ersetzt und nach $L = L_A$ auflöst. So ergibt sich für die Absolutschwelle

$$L_A(f)/\mathrm{dB} = L_r/\mathrm{dB} + 3,3 - 20\lg|H_{\mathrm{ECR}}(f)| + 20\lg\eta^k(f_C = f). \qquad (9.59)$$

Tuningkurven. Ersetzt man andererseits in (9.59) η^k durch $|H_n(f)|$, so erhält man den invertierten Frequenzgang des Kanals mit dem Index n beziehungsweise der charakteristischen Frequenz f_C, und zwar derart, daß das bei der Frequenz f_C auftretende Minimum gerade die Höhe der Absoluthörschwelle hat. Dieser Frequenzgang wird durch

$$L(f)/\mathrm{dB} = L_r/\mathrm{dB} + 3,3 - 20\lg|H_{\mathrm{ECR}}(f)| + 20\lg|H_n(f)| \qquad (9.60)$$

beschrieben. Die darin enthaltene Funktion $H_n(f)$ geht unter Zugrundelegung der wie oben zu ermittelnden Parameter k, a_n und ω_n aus (9.30) hervor.

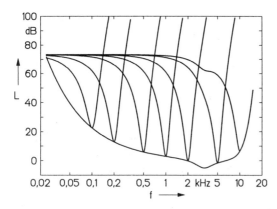

Abb. 9.18. Die Absoluthörschwelle für Dauersinustöne, sowie eine Anzahl Tuningkurven für einige willkürlich ausgewählte Kanäle; simuliert mit dem PET-System ($L_r = 70$ dB, $k = 5$) nach (9.59) und (9.60). Die charakteristischen Frequenzen der ausgewählten Kanäle sind 100, 200, 500, 1000, 2000, 5000 und 10000 Hz

Abbildung 9.18 zeigt die nach (9.59) berechnete Absoluthörschwelle und eine Anzahl von invertierten Kanal-Frequenzgängen gemäß (9.60) für das PET-System mit den Parametern $L_r = 70$ dB, $k = 5$.

Der Schallpegel $L(f)$ nach (9.60) ist gleichbedeutend mit demjenigen Schallpegel eines Sinustones als Funktion von dessen Frequenz, welcher benötigt wird, um im n-ten Kanal ein und denselben Pegel, nämlich den Schwellenpegel, zu erzeugen. Daher entspricht dieser Schallpegelverlauf weitgehend der sogenannten Tuningkurve des Gehörs. Neurophysiologische Tuningkurven, wie die in Abb. 9.10 dargestellten, geben denjenigen Sinustonpegel wieder, welcher in einer bestimmten Faser des akustischen Nervs gerade eine signifikante Erhöhung der Aktivität hervorruft. Daher ist die Annahme

9.4 Funktionsschema der peripheren Schallsignalübertragung

berechtigt, daß sie in hohem Maße den Frequenzgang des zu jener Faser gehörenden Kanalfilters widerspiegeln. Dieser Frequenzgang zeigt in der Tat dieselbe Charakteristik wie die in Abb. 9.18 dargestellten invertierten Filterkurven des PET-Systems: Oberhalb der Resonanzfrequenz ein sehr steiler Anstieg über einen Dynamikbereich von mindestens 100 dB und unterhalb einen flacheren Anstieg, welcher nach tiefen Frequenzen in einen horizontalen Verlauf übergeht. Die Differenz zwischem dem Niveau des horizontalen Teils und demjenigen des Minimums entspricht der Resonanzüberhöhung der Kanalfilter.

Eine sogenannte *psychoakustische* Tuningkurve wird gewonnen, indem man einer Versuchsperson einen Sinuston fester Frequenz und festen (meist geringen) Pegels darbietet (den Testton), und zusätzlich einen weiteren Sinuston variabler Frequenz (den Maskierer). Im Hinblick auf den kleinen Schallpegel des Testtones ist die Annahme berechtigt, daß derselbe nur wenige, in der charakteristischen Frequenz eng benachbarte Kanäle erregt. Im Hörversuch wird bei jeder Maskiererfrequenz derjenige Maskiererpegel ermittelt, bei welchem der Testton gerade unhörbar, also *maskiert* wird. Der Verlauf des Maskiererpegels über der Maskiererfrequenz ergibt die psychoakustische Tuningkurve für den betreffenden Testton. Nimmt man an, daß der zur Maskierung des Testones erforderliche Kanalpegel unabhängig von der Maskiererfrequenz sei, dann spiegelt diese Kurve näherungsweise den invertierten Frequenzgang desjenigen Kanals wider, welcher durch den Testton hauptsächlich erregt wurde.

Dieses Verfahren zur psychoakustischen Ermittlung der Filterkurven des Gehörs wurde erstmals von Small [881] angewandt. Die Charakteristika der psychoakustischen Tuningkurven erweisen sich als denen der physiologischen Tuningkurven sehr ähnlich, vgl. Zwicker [1110], Vogten [1029, 1030, 1031], Moore [634], Johnson-Davies & Patterson [482]. Die Resonanzüberhöhung der psychoakustischen Tuningkurven ist jedoch häufig größer als diejenige der physiologischen. Sie kann unter sonst gleichen Bedingungen bei verschiedenen Versuchspersonen deutlich verschiedene Beträge aufweisen [1029, 634] und den im vorliegenden PET-System gewählten Wert von 70 dB erreichen. Moore [634] fand, daß größere Resonanzüberhöhungen insbesondere dann auftreten, wenn die Tuningkurven mit nichtsimultaner Maskierung gemessen werden. (Dabei hat der Testton eine Dauer von nur wenigen 10 ms und er wird kurz nach dem Abschalten des zuvor dargebotenen Maskierers dargeboten.) Im Hinblick auf diese Befunde sowie unter anderem auf die von Johnstone & Boyle [483], Rhode [776, 777], Wilson & Johnstone [1072], Sellick et al. [852], Wilson & Evans [1070], Robles et al. [793] sowie Nuttall & Dolan [678] für verschiedene Säugetiere beschriebenen Beobachtungen der Basilarmembranschwingung als Funktion der Frequenz erscheint der im vorliegenden PET-System gewählte Referenzpegel von 70 dB angemessen.

Dieser Wert des Referenzpegels in Kombination mit dem Parameter $k = 5$ erscheint auch im Hinblick auf die Einschwingzeiten der CTF-Filter angemessen, welche sich aus den dazugehörigen Resonanzüberhöhungen ergeben, vgl. Abb. 9.15. Den Einschwingzeiten entsprechen die effektiven Laufzeiten, welche sinusförmige Schwingungen auf der Basilarmembran benötigen, um vom ovalen Fenster zu den zugehörigen Stellen zu wandern. Daten über diese Laufzeiten (bzw. die ihnen zugrundeliegende Wanderwellengeschwindigkeit auf der Basilarmembran) können an Modellen der Cochlea gemessen [1134, 60, 1010] sowie aus physiologischen [940, 941] und aus psychoakustischen Untersuchungsergebnissen [843, 1093, 506] abgeleitet werden. Die genannten Ergebnisse weichen zum Teil stark voneinander ab. Am zuverlässigsten sind wahrscheinlich die Daten von Kimberley et al. [506], weil sie am intakten menschlichen Gehör gewonnen wurden.

9.4.3 Digitale Berechnung des PET-Systems

Die Schallsignalübertragung durch das PET-System läßt sich mit Hilfe eines einheitlichen Verfahrens digital und zeitlich fortlaufend rekursiv berechnen, womit eine Voraussetzung dafür gegeben ist, die Einflüsse der Zeitstrukturen der Ausgangssignale der PET zu untersuchen beziehungsweise zu modellieren. Die gemeinsame Grundlage für die rekursive Berechnung bildet der im 3.4.4 beschriebene Algorithmus zur Berechnung der FTT, und zwar in der folgenden, leicht modifizierten Form.

Der FTT-Algorithmus. Die Frequenzfunktion $P^\circ(f,t)$ gemäß (3.76) läßt sich, wie in Abschnitt 3.4.4 gezeigt wurde, rekursiv fortlaufend berechnen. Weil

$$P^\circ(f,t) = \int_0^t p(\tau) e^{-a(t-\tau)} \cos\omega(t-\tau)\, d\tau$$
$$+ j \int_0^t p(\tau) e^{-a(t-\tau)} \sin\omega(t-\tau)\, d\tau, \qquad (9.61)$$

stellt der Realteil von P° das Faltungsintegral für ein Filter mit der Impulsantwort

$$h(t) = e^{-at} \cos\omega t \qquad (9.62)$$

dar, und der Imaginärteil das Faltungsintegral für die Impulsantwort

$$h(t) = e^{-at} \sin\omega t. \qquad (9.63)$$

Man kann daher die betreffenden Faltungsintegrale fortlaufend rekursiv berechnen – und damit die Ausgangssignale entsprechender Filter – indem man P° rekursiv berechnet und davon sinngemäß den Real- beziehungsweise Imaginärteil verwendet. Die im PET-System enthaltenen Filter sind in der Tat so beschaffen, daß sie auf diese Weise berechnet werden können. Dazu ist es allerdings erforderlich, der Rekursionsformel eine etwas genauere Approximation zugrunde zu legen als die in 3.4.4 beschriebene. Anstatt einfach das

Integral in (3.76) durch eine Summe anzunähern, wird nur die Signalfunktion $p(t)$ durch eine Näherung ersetzt, nämlich durch die Treppenfunktion der äquidistanten Abtastwerte. Innerhalb eines Abtastintervalls T_x ist die Treppenfunktion konstant, so daß die Integration stückweise ausgeführt werden kann. Dieses Verfahren führt wieder auf eine Summendarstellung für P°, und die rekursive Berechnung der Summe lautet

$$P^\circ_{m+1} = e^{-(a-j\omega)T_x} P^\circ_m + p_{m+1} \frac{1 - e^{-(a-j\omega)T_x}}{a - j\omega}. \tag{9.64}$$

Darin stellt a die Dämpfungskonstante dar, welche sowohl im ECR-Filter (9.16) als auch (unter der Bezeichnung a_n) in den CTF-Filtern vorkommt. Unter der in (9.64) auftretenden Kreisfrequenz ω ist die Eigenfrequenz der Filter zu verstehen, welche oben mit ω_n bezeichnet wurde. Um Verwechslungen mit der Signalfrequenz ω auszuschließen, wird die Bezeichnung im folgenden entsprechend angepaßt. Die Zerlegung von $P^\circ = X + jY$ in Real- und Imaginärteil ergibt damit die Formeln

$$\begin{aligned} X_{m+1} &= e^{-aT_x}(X_m \cos\omega_n T_x - Y_m \sin\omega_n T_x) \\ &+ \frac{p_{m+1}}{a^2 + \omega_n^2}\left[a - e^{-aT_x}(a\cos\omega_n T_x - \omega_n \sin\omega_n T_x)\right], \end{aligned} \tag{9.65}$$

$$\begin{aligned} Y_{m+1} &= e^{-aT_x}(X_m \sin\omega_n T_x + Y_m \cos\omega_n T_x) \\ &+ \frac{p_{m+1}}{a^2 + \omega_n^2}\left[\omega_n - e^{-aT_x} + a\sin\omega_n T_x)\right]. \end{aligned} \tag{9.66}$$

Die Formeln (9.65, 9.66) seien der Kürze halber als FTT-Algorithmus bezeichnet. Dieser unterscheidet sich von dem in Abschnitt 3.4.4 angegebenen (3.79, 3.80) durch den Faktor, mit welchem jeder neue Signalabtastwert p_{m+1} zu multiplizieren ist. Für $T_x \to 0$ sind die beiden Formelpaare identisch.

Gehörgangresonanzen. Aus den CFT-Korrespondenzen (A.2, A.8) ergibt sich die Impulsantwort des ECR-Filters mit der Übertragungsfunktion (9.16):

$$h_r(t) = \delta(t) + \alpha e^{-at}\left(\cos\omega_0 t - \frac{a}{\omega_0}\sin\omega_0 t\right). \tag{9.67}$$

Durch Ansatz des Faltungsintegrals und Vergleich mit den Formeln (9.62, 9.63) und (9.65, 9.66) ergibt sich für die Abtastwerte des Ausgangssignals $q(t)$ eines ECR-Filters die Formel

$$q_{m+1} = p_{m+1} + \alpha X_{m+1} - \frac{\alpha a}{\omega_0} Y_{m+1}, \tag{9.68}$$

wobei X_{m+1} und Y_{m+1} fortlaufend mit (9.65, 9.66) zu berechnen sind. In den letztgenannten Gleichungen entspricht ω_n der Eigenfrequenz ω_0 in (9.68).

Cochleäre Übertragungsfunktionen. Das Einfachfilter der CTF mit der Übertragungsfunktion (9.25) hat die Impulsantwort (9.39). Danach ist das Faltungsintegral bis auf einen festen Faktor gleich dem Imaginärteil von

$P°$. Daher gilt für die Abtastwerte des Ausgangssignals $q(t)$ eines CTF-Einfachfilters

$$q_{m+1} = \frac{a_n^2 + \omega_n^2}{\omega_n} Y_{m+1}, \tag{9.69}$$

wobei Y_{m+1} fortlaufend mit (9.65, 9.66) zu berechnen ist. Der Dämpfungskoeffizient a_n entspricht demjenigen, welcher in (9.65, 9.66) mit a bezeichnet ist. Der Verkettung mehrerer Einfachfilter zum CTF-Filter entspricht das Aneinanderreihen der zu (9.69) gehörenden Verarbeitungsschritte.

9.5 Gehörbezogene Frequenzskalierung

Auf Grund der physiologischen und funktionalen Eigenschaften des peripheren Gehörs kann man davon ausgehen, daß die Anzahl N der Kanäle des PET-Systems endlich und von der Größenordnung 10^3 ist, und daß zu jedem Kanal eine andere, feste charakteristische Frequenz f_C gehört. Damit erhebt sich die Frage nach der tatsächlichen beziehungsweise geeigneten Zuordnung der charakteristischen Frequenzen.

Eine lineare (proportionale) Zuordnung ist von vorn herein als ungeeignet anzusehen. Würde man beispielsweise den Abstand der charakteristischen Frequenzen aufeinanderfolgender Kanäle gleich dem kleinsten eben wahrnehmbaren Frequenzunterschied eines Sinustones machen, so ergäben sich rund 16000 Kanäle, deren Durchlaßkurven sich bei hohen Frequenzen nahezu vollständig überlappen.

9.5.1 Logarithmische Skalierung

Die logarithmische Skalierung der Frequenz ist in verschiedener Hinsicht gehöradäquat, weshalb sie in der Akustik häufig angewandt wird. Einer der Vorteile der logarithmischen Skalierung ist ihr enger Bezug zu den Frequenzen der musikalischen Tonskala, vgl. Abschnitt 8.1. Das sogenannte Frequenzmaß (8.2) ist nichts anderes als eine logarithmische Frequenzskala, und eine Zuordnung charakteristischer Frequenzen zu Kanälen eines Analysators entsprechend (8.1) kann sinnvoll sein und wird in gehör- und musikbezogenen Analysesystemen vielfach verwendet.

Die Angepaßtheit der logarithmischen Skalierung an das Gehör bezieht sich jedoch auf eine relativ hohe Ebene der auditiven Hierarchie, nämlich auf diejenige, in welcher die musikalischen Grundintervalle erkannt werden, das heißt, diejenigen Intervalle, welche zwischen den ersten sechs bis zwölf Harmonischen periodischer Schallsignale auftreten. Die Tatsache, daß diese Intervalle für das Gehör eine besondere Rolle spielen, resultiert vorwiegend aus den physikalischen Eigenschaften periodischer Schallsignale im Zusammenhang mit deren Fourier-Analyse. Insofern ist eine logarithmische Skalierung der Frequenz nichts anderes als eine Anpassung an ein Verhalten des Gehörs, welches seinerseits eine Anpassung an gewisse physikalische Eigenschaften der Schallsignale darstellt [27].

9.5.2 SPINC-Skalierung

Eine der naheliegendsten und daher ältesten Methoden, eine gehörbezogene Skalierung der Frequenz zu erzielen, beruht auf den Unterschiedsschwellen für die Frequenz von Sinustönen [CD 4, CD 5]. Weil die Tonhöhenempfindung eines Sinustones eine Spektraltonhöhe ist, wird jene Unterschiedsschwelle als das eben wahrnehmbare Inkrement der Spektraltonhöhe (*Spectral-Pitch Increment*, SPINC) bezeichnet [972].

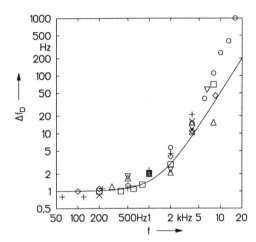

Abb. 9.19. Meßergebnisse zum eben wahrnehmbaren Frequenzunterschied zwischen aufeinanderfolgenden Sinustönen (Ordinate, Δf_D) in Abhängigkeit von der Tonfrequenz f (Abszisse). Kreise: Henning [434]; Quadrate: Wier et al. [1064]; aufwärtsgerichtete Dreiecke: Fastl [280]; abwärtsgerichtete Dreiecke: Moore & Glasberg [645]; Rauten: Walliser [1040]; x: Rosenblith & Stevens [795]; +: Harris [412]. Die durchgezogene Kurve gibt die angenäherte Repräsentation der Meßergebnisse durch (9.70) an

Die Frequenzunterschiedsschwelle Δf_D für Sinustöne ist in Abb. 9.19 als Funktion der Frequenz dargestellt. Die Punktsymbole bezeichnen die Ergebnisse verschiedener Autoren, wie in der Bildunterschrift angegeben. Bei Frequenzen unterhalb 500 Hz beträgt die Frequenzunterschiedsschwelle ungefähr 1 Hz. Im darüberliegenden Frequenzbereich macht sie einen festen Pozentsatz der Frequenz aus, nämlich ungefähr 0,2 Prozent.[10] Es handelt sich hier um die Unterschiedsschwelle für Dauertöne, das heißt, Sinustöne mit einer Dauer von mindestens 200 ms. Bei kürzerer Dauer nimmt der eben wahrnehmbare Frequenzunterschied mit abnehmender Dauer zu. Beispielsweise wächst Δf_D

---

[10] Burns & Sampat [143] haben die Frage untersucht, ob die Frequenzunterschiedsschwelle von der (Sprach- und Musik-) Kultur der Versuchspersonen abhängt. Es wurde kein Anhaltspunkt für einen derartigen Zusammenhang gefunden. Die Frequenzunterschiedsschwelle bei musikalisch geübten Personen ist zwar im Durchschnitt kleiner als bei Nichtmusikern. Jedoch ist dieser Unterschied auf die Übung im Umgang mit Tönen und Klängen zurückzuführen, nicht auf die Musikalität [895].

bei einer Verkürzung der Dauer von 100 ms auf 10 ms um ungefähr den Faktor 10 an [291].

Es ist zweckmäßig, die in Abb. 9.19 dargestellten Meßergebnisse für Dauertöne durch die empirische Formel

$$\Delta f_D(f) = 1 + 0,5(f/\text{kHz})^2 \text{ Hz}$$
$$= 1 + (\frac{f}{1414\text{Hz}})^2 \text{ Hz} \quad (9.70)$$

zu repräsentieren.[11]

Im Hinblick auf das Problem der gehörangepaßten Frequenzskalierung bietet sich die Größe Δf_D als eine Art Frequenzquantum an, das heißt, als das kleinste im Hinblick auf die Frequenzauflösung durch das Gehör erforderliche beziehungsweise sinnvolle Frequenzintervall. Die mit dem Ansatz (9.70) gewählte Repräsentation der in Abb. 5.37 dargestellten Meßergebnisse wurde unter diesem Gesichtspunkt – und mit Rücksicht auf die erhebliche individuelle Varianz der Frequenzunterschiedsschwelle – so gewählt, daß sie insbesondere bei höheren Frequenzen etwas tiefer liegt als die mittleren Meßwerte. Auf diese Weise ist bei Anwendung von (9.70) zur Frequenzskalierung dafür gesorgt, daß die Frequenzquantisierung auch bei hohen Frequenzen eher zu fein als zu grob ausfällt.

Die auf dieser Grundlage aufgebaute gehörangepaßte Frequenzskalierung – die SPINC-Funktion [972] – entsteht durch eine Verzerrung der Frequenzskala derart, daß auf der neuen Skala die Frequenzunterschiedsschwelle an jeder beliebigen Stelle dieselbe Weite hat. Ihre mathematische Formulierung entsteht aus (9.70) folgendermaßen.

Im Sinne einer Definition wird das SPINC-Intervall, welches der Frequenzunterschiedsschwelle entspricht,

$$\Delta \Phi_D = 1 \text{ spinc} \quad (9.71)$$

genannt. Damit ist zugleich die Maßeinheit 1 spinc der SPINC-Funktion definiert. Dividiert man beide Seiten von (9.71) durch Δf_D, so erhält man unter Verwendung von (9.70)

$$\frac{\Delta \Phi_D}{\Delta f_D} = \frac{1}{1+(\frac{f}{1414\text{Hz}})^2} \frac{\text{spinc}}{\text{Hz}}. \quad (9.72)$$

Weil sowohl Δf_D als auch $\Delta \Phi_D$ von vorn herein als relativ klein gegen f beziehungsweise Φ angesehen werden können, kann man den Quotienten auf der linken Seite von (9.72) als Differentialquotient $d\Phi/df$ auffassen. So entsteht die Differentialgleichung mit den Variablen f und Φ

$$\frac{d\Phi}{df} = \frac{1}{1+(\frac{f}{1414\text{Hz}})^2} \frac{\text{spinc}}{\text{Hz}}. \quad (9.73)$$

---

[11] Eine andere Formel für denselben Zusammenhang wurde von Nelson et al. [670] angegeben. Diese enthält zusätzlich einen Term, welcher die Zunahme von f_D bei kleinen Pegeln berücksichtigt.

Durch Integration von (9.73) erhält man die SPINC-Funktion

$$\Phi(f) = 1414 \arctan \frac{f}{1414\,\text{Hz}} \text{ spinc.} \tag{9.74}$$

Da zu $f = 0$ der Wert $\Phi = 0$ gehören muß, ist die Integrationskonstante null.

Abbildung 9.20 zeigt den Verlauf der SPINC-Funktion im Vergleich mit der im folgenden Abschnitt erläuterten Bark-Funktion.[12] Beide Funktionen wurden zur Darstellung im Diagramm so normiert, daß ihre Zahlenwerte bei $f = 1000$ Hz übereinstimmen. So zeigt sich deutlich, daß sie unterhalb 2000 Hz direkt zueinander proportional sind, während darüber die SPINC-Funktion flacher verläuft als die Bark-Funktion. Die Skalierung der Frequenz gemäß der SPINC-Funktion hat daher gegenüber derjenigen mit der Bark-Funktion den Vorteil, daß im hohen Frequenzbereich eine kleinere Anzahl von Frequenzstützstellen erforderlich ist.

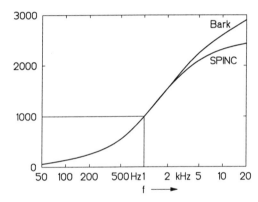

Abb. 9.20. Ein Vergleich der SPINC-Funktion und der Bark-Funktion. Die SPINC-Funktion wurde auf 0,8704 normiert, die Bark-Funktion auf 0,0085; daher stimmen die Werte beider Funktionen bei $f = 1000$ Hz überein

Die Bedeutung und Charakteristik der Funktion $\Phi(f)$ kann folgendermaßen umrissen werden.

- Für eine beliebige Frequenz f gibt $\Phi(f)$ die Anzahl benachbarter Frequenzunterschiedsschwellen an, welche im Intervall $0\ldots f$ Platz finden.
- Bei tiefen Frequenzen, das heißt unterhalb ungefähr 300 Hz, ist Φ proportional zu f, und die Anzahl der unterhalb von f Platz findenden benachbarten Frequenzunterschiedsschwellen ist gleich der Frequenz f in Hertz.
- Für Frequenzen oberhalb 300 Hz ergeben sich beispielsweise die folgenden Zusammenhänge. Der Frequenz 500 Hz entsprechen 480,6 spinc; 1000 Hz entsprechen 870,4 spinc; 2000 Hz 1351,0 spinc; 5000 Hz 1831,5 spinc; und 16000 Hz entsprechen 2096,5 spinc. Der Hörfrequenzbereich umfaßt demnach rund 2100 spinc.

---

[12] Mit der Abflachung des Verlaufs sowohl der Spinc-Funktion als auch der Bark Funktion bei hohen Frequenzen kann man die Tatsache erklären, daß musikalische Intervalle in hoher Lage subjektiv enger klingen als in tiefer [CD 10].

Um das PET-System auf dieser Grundlage zu skalieren, kann man im Prinzip beispielsweise 2096 Kanäle vorsehen, so daß der Kanalnummer der Zahlenwert in spinc entspricht. Dem ersten Kanal ist dann die Frequenz 1 Hz zugeordnet, dem Kanal Nr. 1351 die Frequenz 2000 Hz, und so fort. Allgemein gehört nach diesem Verfahren zum n-ten Kanal die charakteristische Frequenz

$$f_C = 1414 \tan(n/1414) \text{ Hz}. \tag{9.75}$$

Eine derart fein aufgelöste Abbildung der Frequenzskala auf die Kanäle wird jedoch in der Regel nicht erforderlich sein. Dann wird man der Kanal-Nummer ein festes ganzzahliges Vielfaches des Spinc-Betrages zuordnen. Weiterhin ist es nicht erforderlich, den Frequenzbereich unterhalb ungefähr 20 Hz durch Kanäle zu repräsentieren.

Im Hinblick auf eine digitale Implementation kommen vorzugsweise die Kanal-Anzahlen $N = 2048, 1024, 512$ oder 256 in Betracht. Um eine gleichmäßige Verteilung der SPINC-Werte auf eine dieser Kanalanzahlen zu bekommen, wird zweckmäßigerweise die in (9.74, 9.75) auftretende Zahlenkonstante passend geändert. Als Beispiel sei als tiefste charakteristische Frequenz 24 Hz, als höchste 15000 Hz gewählt.[13] Die Kanäle seien anstelle der Nummer $n = 1 \ldots N$ durch den Index $\nu = 0 \ldots N - 1$ gekennzeichnet. Dann gilt für die charakteristische Frequenz f_C des Kanals mit dem Index ν

$$f_C = \gamma \tan \frac{\kappa \nu + 24}{\gamma} \text{ Hz}, \tag{9.76}$$

wo κ das Verhältnis von 2048 zur gewählten Kanalanzahl bedeutet, so daß $\kappa = 1, 2, 4,$ oder 8. Die Konstante γ ist so zu wählen, daß sich für $\nu = N - 1$ die gewünschte höchste charakteristische Frequenz ergibt – im vorliegenden Beispiel also 15000 Hz. Dies ergibt für die Kanalanzahlen 2048; 1024; 512; 256 (also für $\kappa =$1; 2; 4; 8) die Werte 1401,569; 1400,847; 1399,403; und 1396,516.

9.5.3 Bark-Skalierung (Tonheit)

Die Bark-Skalierung (Tonheit, *Critical-Band Rate*) beruht auf dem Konzept der sogenannten Frequenzgruppen des Gehörs. Die Frequenzgruppen (*Critical Bands*) sind Frequenzbänder bestimmter Breite, welche in einer beträchtlichen Zahl psychoakustischer Messungen in Erscheinung treten, und zwar dadurch, daß die Meßergebnisse bezüglich einer Bandbreite unterhalb der Frequenzgruppenbreite deutlich andersartig ausfallen als bezüglich größerer Bandbreite. Die Frequenzgruppe tritt bei der Absoluthörschwelle [359], bei Mithörschwellen mit bandbegrenzten Maskierern, bei der Bildung der Lautheit [1121, 1123] und bei der Rauhigkeitswahrnehmung [944] in Erscheinung. Die Tonheits-Funktion, als deren Maßeinheit 1 Bark definiert wurde, ist eine derart verzerrte Skalierung der Frequenz, daß auf ihr die Frequenzgruppen an jeder Stelle dieselbe Breite haben – was bezüglich der Frequenzskala selbst nicht der Fall ist [1125].

---
[13] Im Hinblick auf die Frequenzspektren der Schallsignale der Audiokommunikation sind diese Eckwerte als sicher ausreichend anzusehen, vgl. [873, 890, 916].

9.5 Gehörbezogene Frequenzskalierung

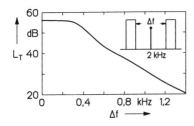

Abb. 9.21. Mithörschwelle eines 2 kHz Sinustones bei Verdeckung durch ein Paar frequenzbenachbarter Schmalbandrauschen als Funktion der Lückenbreite Δf. Nach [1125]

Als Beispiel für das Auftreten der Frequenzgruppe sei die folgende Variante der Mithörschwelle eines Sinustones herangezogen. Wie in Abb. 9.21 veranschaulicht, dient als Maskierer ein Paar von Schmalbandrauschen, welche einander auf der Frequenzachse benachbart sind, so daß zwischen ihren Grenzfrequenzen eine Lücke der Breite Δf besteht. In der Mitte dieser Lücke liegt die Frequenz des Testtones und es wird seine Mithörschwelle bei verschiedenen Lückenbreiten Δf gemessen [1125].

Abbildung 9.21 zeigt das Ergebnis dieses Versuchs für die Testtonfrequenz 2 kHz. Es läßt deutlich zwei verschiedene Bereiche erkennen. Für $\Delta f < 300$ Hz ist die Mithörschwelle unabhängig von der Lückenbreite, während sie oberhalb davon stetig abnimmt. Bezüglich der Frequenz 2 kHz ergibt sich so eine Frequenzgruppenbreite von rund 300 Hz. Bei 1000 Hz würde sich auf entsprechende Weise die Frequenzgruppenbreite 160 Hz ergeben. Für Frequenzen unterhalb 500 Hz erweist sich die Frequenzgruppenbreite als nahezu unabhängig von der Frequenz und beträgt ungefähr 100 Hz [1125].

Die Breite der Frequenzgruppe kann zwar als ein Hinweis auf die effektive Bandbreite der Ohrfilter angesehen werden, nicht jedoch damit gleichgesetzt werden, weil am Zustandekommen der Ergebnisse, in welchen sich die Frequenzgruppe zeigt, außer der Frequenzselektion weitere Mechanismen – insbesondere derjenige der Schwellenbildung – beteiligt sind. Vor allem bei Frequenzen unterhalb ungefähr 500 Hz, wo die Frequenzgruppe nahezu frequenzunabhängig ungefähr 100 Hz breit ist, kann sie schon deshalb nicht als repräsentativ für die effektive Filterbandbreite angesehen werden, weil beispielsweise die Frequenzauflösung für Spektraltonhöhen in diesem Bereich wesentlich höher ist, als es mit Filtern derart großer relativer Bandbreite erklärbar wäre.

Auf der Grundlage von Mithörschwellen- und Lautheitsuntersuchungen hat Zwicker [1102] die Frequenzgruppenbreite in Tabellenform angegeben (vgl. auch [1125]). Es ist zweckmäßig, sie durch eine empirische Formel zu beschreiben, beispielsweise

$$B_G/\text{Hz} = 86 + 0{,}0055(f/\text{Hz})^{1,4}. \tag{9.77}$$

Abb. 9.22 zeigt die durch (9.77) angegebene Abhängigkeit der Frequenzgruppenbreite B_G von der Mittenfrequenz f. Sie stimmt gut mit der von Zwicker & Feldtkeller [1125] (S.73) angegebenen überein und unterscheidet sich von einigen anderen Näherungen insofern geringfügig, als sie bei tiefen

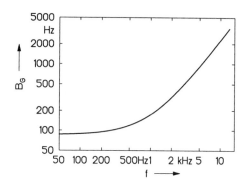

Abb. 9.22. Die Breite B_G der Frequenzgruppen des Gehörs als Funktion der Mittenfrequenz. Nach [1125]

Frequenzen eine merklich unterhalb 100 Hz liegende Frequenzgruppenbreite angibt.

Eine andere, von Zwicker & Terhardt [1129] angegebene Formel, welche besonders der soeben erwähnten Tabelle angepaßt wurde, lautet

$$B_G/\text{Hz} = 25 + 75(1 + 1{,}4\text{kHz}^{-2} f^2)^{0{,}69}. \tag{9.78}$$

Die Tonheitsfunktion (Bark-Skale, *Critical Band Rate*) wurde von Zwicker [1102] aus der soeben beschriebenen Abhängigkeit der Frequenzgruppenbreite von der Frequenz abgeleitet mit dem Ziel, die Frequenz derart zu skalieren, daß auf der Tonheitsskale die Frequenzgruppen an jeder Stelle das gleiche Intervall ausmachen; dasselbe wird mit 1 Bark bezeichnet. Es zeigt sich, daß im Hörfrequenzbereich 0–16 kHz gerade 24 Frequenzgruppen aneinandergereiht werden können, so daß der dazugehörige Tonheitsbereich 24 Bark beträgt. Die Tonheitsfunktion wurde ursprünglich ebenfalls in Tabellenform angegeben. Eine empirische Formel, welche die tabellierten Werte gut annähert, lautet

$$z(f)/\text{Bark} = 13 \arctan(0{,}76 f/\text{kHz}) + 3{,}5 \arctan(f/7{,}5\text{kHz})^2, \tag{9.79}$$

wo z die Tonheit bedeutet [1129].

Eine äquivalente, ebenso genaue, und unter Umständen bequemer zu handhabende Formel wurde von Traunmüller [1013] angegeben. Sie lautet

$$z/\text{Bark} = \frac{26{,}81 f/\text{Hz}}{1960 + f/\text{Hz}} - 0{,}53. \tag{9.80}$$

Sie hat gegenüber (9.79) den Vorteil, daß sie leicht nach f aufgelöst werden kann, so daß

$$f/\text{Hz} = 1960 \frac{z/\text{Bark} + 0{,}53}{26{,}28 - z/\text{Bark}}. \tag{9.81}$$

Der Verlauf der (auf 0,0085 Bark normierten) Tonheitsfunktion geht aus Abb. 9.20 hervor.

9.5.4 ERB-Skalierung

Die ERB-Skalierung (von *Equivalent Rectangular Bandwidth*) beruht auf Schätzwerten der effektiven Filterbandbreite des Gehörs, die durch Maskierungsexperimente mit nichtsimultanen Maskierer-Testton-Kombinationen und mit Bandsperrenrauschen als Maskierer gewonnen wurden [698, 451, 637]. Diese Ergebnisse liefern ein realistischeres Bild der Ohrfilter-Bandbreiten als die Frequenzgruppen, und zwar hauptsächlich insofern, als die bei tiefen Frequenzen erhaltenen Filterbandbreiten weit kleiner sind als die Frequenzgruppenbreite.

Moore & Glasberg [640] geben für die ERB als Funktion der Frequenz die Formel

$$B_{\mathrm{ERB}}/\mathrm{Hz} = 6{,}23(f/\mathrm{kHz})^2 + 93{,}39 f/\mathrm{kHz} + 28{,}52 \tag{9.82}$$

an und leiten daraus die ERB-Skalierung (*ERB-Rate*)

$$r_{\mathrm{ERB}} = 11{,}7 \cdot \ln\frac{f/\mathrm{kHz} + 0{,}312}{f/\mathrm{kHz} + 14{,}675} + 43 \tag{9.83}$$

ab.[14]

9.5.5 PET-Skalierung

Als zweckmäßigste Skalierung des PET-Systems erscheint die Ableitung der charakteristischen Frequenzen unmittelbar aus den Bandbreiten der CTF-Filter, und zwar nach dem gleichen Prinzip wie bei der Bark- und ERB-Skalierung. Wenn man sich zunächst nicht auf eine bestimmte Kanal-Anzahl N festlegt, lassen sich die charakteristischen Frequenzen folgendermaßen ermitteln.

Dem Kanal mit dem Index $\nu = 0$ (entsprechend $n = 1$) werde die tiefste gerade noch mögliche charakteristische Frequenz eines PET-Systems zugeordnet. Bezeichnet man dieselbe mit $f_{\mathrm{C}}(0)$, dann soll sich die zu $\nu = 1$ gehörende charakteristische Frequenz $f_{\mathrm{C}}(1)$ aus

$$f_{\mathrm{C}}(1) = f_{\mathrm{C}}(0) + \varepsilon B[f_{\mathrm{C}}(0)], \tag{9.84}$$

die nächste aus

$$f_{\mathrm{C}}(2) = f_{\mathrm{C}}(1) + \varepsilon B[f_{\mathrm{C}}(1)], \tag{9.85}$$

ergeben, und so fort. Dabei ist ε ein fester Faktor. Falls $\varepsilon < 1$, ergibt sich mehr oder weniger weitgehende Überlappung der Filterfrequenzgänge in dem Sinne, daß der Abstand der charakteristischen Frequenzen kleiner ist als die effektive Filterbandbreite. Geringe Überlappung liegt vor, wenn $\varepsilon > 1$.

---

[14] In einer weiteren Arbeit von Glasberg & Moore [371] finden sich modifizierte Formeln für B_{ERB} und r_{ERB}. Die damit berechneten Ergebnisse unterscheiden sich jedoch nicht wesentlich von denen nach (9.82, 9.83).

$B(f_C) = B_n$ bedeutet die effektive Bandbreite des Filters mit der charakteristischen Frequenz f_C.

Die Bandbreiten B werden wie im Abschnitt 9.4.2 beschrieben aus der geforderten Resonanzüberhöhung errechnet. So entsteht eine Funktion $f_C(\nu)$; sie ordnet jedem fiktiven Kanalindex eine charakteristische Frequenz zu, derart, daß die Frequenzbänder aller Kanäle sich gleichmäßig überlappen. Abbildung 9.23 zeigt als Beispiel die Funktion $f_C(\nu)$, welche sich mit $\varepsilon = 0,2$ ergibt, und zwar für die Referenzüberhöhung $L_r = 70$ dB. Weil bei fester Referenzüberhöhung die Bandbreite von der Anzahl k der Einfachfilter pro Kanal abhängt, wurde die Rechnung exemplarisch für mehrere Werte von k durchgeführt. Das Diagramm verdeutlicht, daß bei festem Überlappungsgrad und fester Referenzüberhöhung zum Abdecken eines bestimmten Frequenzbereichs umso mehr Kanäle benötigt werden, je kleiner k ist. Dies liegt daran, daß die zur Herstellung der Resonanzüberhöhung erforderliche Bandbreite umso geringer ist, je kleiner k gewählt wird.

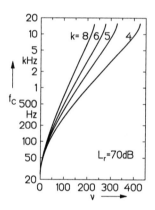

Abb. 9.23. PET-Skalierungsfunktionen für einen Referenzpegel L_r von 70 dB und verschiedene Werte von k, mit einem vorgegebenen Überlappungskoeffizienten von $\varepsilon = 0,2$. Die Abszissenwerte ν entsprechen dem Kanalindex. Die Ordinatenwerte f_C geben die zugehörigen Mittenfrequenzen an

Im allgemeinen ist es erwünscht, ein PET-System mit einer fest vorgeschriebenen Anzahl von Kanälen zu entwerfen, wobei die Frequenzen des ersten und letzten Kanals als gegeben anzusehen sind, denn sie können innerhalb gewisser Grenzen frei gewählt werden. Den Koeffizienten ε ermittelt man in diesem Fall zweckmäßigerweise durch Probieren mittels eines Computerprogramms.

Dazu wird zuerst die charakteristische Frequenz des ersten Kanals $f_C(0)$ festgelegt. Sodann ist ein Anfangswert von ε zu wählen, welcher im Hinblick auf die geforderte Kanalzahl und die Parameter k und L_r mit Sicherheit entweder zu groß oder zu klein ist. Sodann wird die soeben beschriebene Zuordnung von charakteristischen Frequenzen zu den Kanälen solange mit geringfügig dekrementierten beziehungsweise inkrementierten Werten von ε wiederholt, bis sich für den letzten Kanal, also für $\nu = N - 1$, mit hinreichender Genauigkeit die verlangte charakteristische Frequenz ergibt.

Auf diese Weise erhält man zum Beispiel für ein PET-System mit 256 Kanälen und $L_r = 70$ dB, $k = 5$, $f_C(0) = 25$ Hz, $f_C(N-1) = 15000$ Hz den Wert $\varepsilon = 0{,}2562526$. Die dazugehörige Frequenz-Kanal-Zuordnung zeigt Abb. 9.24.

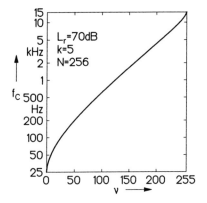

Abb. 9.24. Charakteristische Frequenzen des PET-Systems für $N = 256$, $k = 6$, $f_C(0) = 25$ Hz, $f_C(255) = 15000$ Hz; Referenzpegel 70 dB. Nach dem im Text beschriebenen Additionsverfahren aus den Kanalbandbreiten B_n berechnet

10. Prothetische Aspekte des Hörens

In diesem Kapitel werden Eigenschaften des Gehörs beschrieben, welche mit dem Aspekt des "Wieviel, Wiestark", also dem *prothetischen* Aspekt, zu tun haben. Dazu gehört an erster Stelle die Wahrnehmung der Schallintensität. Darüber hinaus gehören dazu die Hörempfindungen, welche sich aus mehr oder minder regelmäßigen und andauernden Schallfluktuationen ergeben, also Schwankungsstärke und Rauhigkeit. Schließlich gehören dazu die Hörattribute *Volumen*, *Schärfe* und *Klanghaftigkeit*. Wie im ersten Kapitel dargelegt wurde, sind prothetische Hörempfindungen im Idealfall hauptsächlich durch zwei Merkmale gekennzeichnet: Die relative Größe der Unterschiedsschwellen ist konstant (Weber'sches Gesetz), und der Zusammenhang zwischen Reiz- und Empfindungsstärke ist eine Potenzfunktion (Stevens'sches Gesetz).

10.1 Wahrnehmung der Schallstärke

Der Begriff der Intensität eines Schalles hat zwei Hauptaspekte, nämlich den physikalischen und den subjektiven. Im physikalischen Sinne ist der Terminus Schallintensität eindeutig definiert, nämlich als die flächenbezogene Schalleistung. Darüber hinaus kann man unter der Intensität eines Schalles auch dessen *subjektiv wahrgenommene* Stärke verstehen. Wenn von der Schallintensität im letzteren Sinne die Rede ist, vermeidet man zweckmäßigerweise den Begriff Intensität und verwendet beispielsweise den nicht vorbelegten Terminus Schallstärke. Ein Anzahl grundsätzlicher Gesichtspunkte der psychophysikalischen Messung der Schallstärke findet sich in einer Arbeit von Warren [1046].

10.1.1 Intensitätsunterschiedsschwellen

Meßmethoden. Um den eben wahrnehmbaren Intensitätsunterschied eines Schalles zu ermitteln, muß man der Versuchsperson den Testschall mehrmals nacheinander darbieten, wobei sich die Einzeldarbietungen in der Intensität um definierte Werte voneinander unterscheiden. Es kommen dafür hauptsächlich zwei Varianten in Betracht:

10. Prothetische Aspekte des Hörens

- Der Testschall wird in der Amplitude moduliert, und zwar mit einer Modulationsfrequenz, welche so klein ist, daß das Ohr den Schwankungen zeitlich folgen kann (AM-Methode). In aufeinanderfolgenden Darbietungen wird der Modulationsgrad variiert, und es wird mit Hilfe der Einstellmethode oder der Abfragemethode derjenige Modulationsgrad ermittelt, bei welchem die Versuchsperson den amplitudenmodulierten Schall gerade vom unmodulierten Schall unterscheiden kann. Der Intensitätsunterschied zwischen der Modulationsphase maximaler Amplitude und derjenigen minimaler Amplitude wird als die gesuchte Schwelle angesehen [305].
- Der (unmodulierte) Testschall wird in Sukzessivpaaren mit verschiedener Intensität dargeboten. Die Darbietung der Testschallpaare wird oft genug wiederholt, um mit Hilfe der Einstell- oder der Abfragemethode denjenigen Intensitätsunterschied zu finden, bei welchem im Mittel gerade ein Unterschied zwischen den Schallen eines Paares wahrgenommen wird. Dieses Verfahren hat den Vorteil, daß die Dauer der Einzelschalle und ihr Zeitabstand in weiten Grenzen variiert werden können.

Im Falle des erstgenannten Verfahrens (AM-Methode) beträgt die Maximalintensität $J(1+m)^2$, die Minimalintensität $J(1-m)^2$, wenn J die Intensität des unmodulierten Schalles ist. Daher besteht zwischen Schallpegelunterschied ΔL und Modulationsgrad m der Zusammenhang

$$\Delta L = 20\lg\frac{1+m}{1-m} \text{ dB}. \tag{10.1}$$

Breitbandrauschen. Die Intensitätsunterschiedsschwelle für *weißes Rauschen*, ermittelt nach der Modulationsmethode mit sinusförmiger Amplitudenmodulation (SAM) und der Modulationsfrequenz 4 Hz, ist in Abb. 10.1 dargestellt [1125]. Sie erweist sich als pegelunabhängig, wenn die Schallintensität hinreichend weit über der Absolutschwelle liegt. Die mit diesem Verfahren gewonnene minimale Pegelunterschiedsschwelle beträgt ungefähr 0,7 dB.

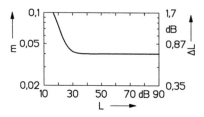

Abb. 10.1. Schwellen-Modulationsgrad m für sinusförmige Amplitudenmodulation von weißem Rauschen mit der Modulationsfrequenz 4 Hz, als Funktion des Schallpegels L. Rechte Ordinate: Zugehöriger eben wahrnehmbarer Pegelunterschied ΔL. Nach [1125]

Mit derselben Methode, jedoch rechteckförmiger AM, ergibt sich eine kleinere minimale Pegelunterschiedsschwelle, nämlich ungefähr 0,4 dB. Abb. 10.2 zeigt zum Vergleich die AM-Schwelle von Breitbandrauschen als Funktion der Modulationsfrequenz für sinus- und rechteckförmige Modulation [1125].

Miller [620] hat mit der Vergleichsmethode (ununterbrochene Darbietung von weißem Rauschen mit aufgesetzten Pegelerhöhungen von 1,5 s Dauer im

10.1 Wahrnehmung der Schallstärke

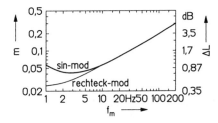

Abb. 10.2. Eben wahrnehmbarer Amplitudenmodulationsgrad m von weißem Rauschen (linke Ordinate) und dazugehöriger Pegelunterschied ΔL (rechts) als Funktion der Modulationsfrequenz f_m, für sinus- und rechteckförmige Modulation, bei Schallpegeln oberhalb 30 dB. Nach [1125]

Abstand von 4,5 s) genau denselben Wert gefunden, nämlich eine minimale Pegelunterschiedsschwelle von weißem Rauschen von 0,4 dB.

Schmalbandrauschen. Wenn man die Bandbreite eines Rauschens innerhalb des Hörbereichs schrittweise verringert, so nimmt die Größe der Intensitätsunterschiedsschwelle mit jedem Schritt zu [883, 107, 1125, 1024]. Der eben wahrnehmbare Pegelunterschied ist unabhängig von der Bandmittenfrequenz umso größer, je kleiner die absolute Bandbreite des Testgeräusches ist.

Unter einem Schmalbandrauschen ist im vorliegenden Zusammenhang ein Bandpaßrauschen zu verstehen, dessen Bandbreite ungefähr gleich derjenigen der Kanalfilter des Gehörs ist. Die Kanalbandbreite ist bei tiefen Frequenzen von der Größenordnung einiger zehn Hertz und steigt mit der Bandmittenfrequenz (dem Kanalindex) auf einige hundert Hertz bis über 1 kHz an. Daher ist der eben wahrnehmbare Pegelunterschied von Schmalbandrauschen tiefer Frequenzlage verhältnismäßig groß; er beträgt 2 bis 4 dB. In Abb. 10.3 ist ein Meßergebnis von Bos & de Boer [107] dargestellt, welches für den Zusammenhang zwischen Intensitätsunterschiedsschwelle und Bandbreite von Rauschen typisch ist.

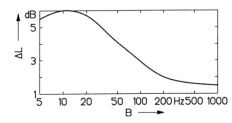

Abb. 10.3. Eben wahrnehmbarer Pegelunterschied ΔL von Rauschen in Abhängigkeit von der Bandbreite B. Nach Bos & de Boer [107]

Mit der AM-Methode läßt sich die Intensitätsunterschiedsschwelle von Schmalbandrauschen nicht zuverlässig messen, weil die Überlagerung der Eigenfluktuationen des Schmalbandrauschens und der durch die Modulation erzeugten Fluktuationen einen sinnvollen Rückschluß auf den eben wahrnehmbaren Intensitätsunterschied nicht zuläßt [321].

Sinustöne. Die Intensitäts-Unterschiedsschwelle von Sinustönen zeigt eine deutliche Abhängigkeit vom Schallpegel. Als Beispiel zeigt Abb. 10.4 die

Unterschiedsschwelle für einen 1 kHz-Ton in Abhängigkeit vom Schallpegel, gemessen mit der AM-Methode (sinusförmige Amplitudenmodulation, $f_m = 4$ Hz).

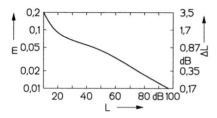

Abb. 10.4. Schwellen-Modulationsgrad m für sinusförmige Amplitudenmodulation eines 1 kHz-Tones mit der Modulationsfrequenz 4 Hz als Funktion des Schallpegels L. Rechte Ordinate: Zugehöriger eben wahrnehmbarer Pegelunterschied ΔL. Nach [1125]

Die mit der zweiten Methode, das heißt, durch Vergleich aufeinanderfolgender Tonpaare, gewonnenen Unterschiedsschwellen unterscheiden sich von den aus Abb. 10.4 ablesbaren Werten nicht wesentlich. Beispielsweise fanden Jesteadt et al. [478] bei 40 dB eine Unterschiedsschwelle von $\Delta L = 0,8$ dB, bei 80 dB $\Delta L = 0,4$ dB. Die entsprechenden Ergebnisse einer von Florentine [344] durchgeführten Messung sind $\Delta L = 1$ dB und 0,7 dB. Diese Werte sind charakteristisch für einen weiten Bereich von Tonfrequenzen [824].

Die Tatsache, daß der eben wahrnehmbare Pegelunterschied von Sinustönen im gesamten Dynmikbereich des Gehörs vom Schallpegel abhängt, stellt als solche eine Verletzung des Weber'schen Gesetzes dar, vgl. McGill & Goldberg [596], Viemeister [1023], Moore & Raab [642], Penner et al. [705]. Auf Grund einer zusammenfassenden Analyse zahlreicher Meßergebnisse ist die leichte Abflachung der Pegelabhängigkeit in der Umgebung des Schallpegels $L \approx 35$ dB, welche in Abb. 10.4 erkennbar ist, als signifikant anzusehen [757].

Wenn die Tondauer von 200 ms auf 20 ms verkürzt wird, wächst die Intensitätsunterschiedsschwelle um ungefähr 1 dB. Umgekehrt nimmt sie bei Verlängerung der Dauer über 200 ms hinaus bis zu mindestens 2 s noch geringfügig ab [345, 824].

Theorie. Die experimentell gefundene Intensitätsunterschiedsschwelle von weißem Rauschen einschließlich ihrer in (Abb. 10.1) dargestellten Abhängigkeit vom Schallpegel befindet sich im Einklang mit dem Grundmodell der Wahrnehmung prothetischer Schallgrößen, Abb. 1.6, denn für hinreichend große Intensitäten gilt das Weber'sche Gesetz. Das Anwachsen der Unterschiedsschwelle mit abnehmender Intensität in der Nähe der Absolutschwelle wird durch den im Abschnitt 1.3.4 erläuterten Ansatz erklärt, wonach die Absolutschwelle selbst als Unterschiedsschwelle aufgefaßt wird. Setzt man in (1.15) als Stimulusgröße die Schallintensität J ein, so lautet der Ansatz

$$\frac{J_2 + J_i}{J_1 + J_i} = \sigma = \text{const}, \tag{10.2}$$

10.1 Wahrnehmung der Schallstärke

wo J_1, J_2 die beiden gerade unterscheidbaren Intensitäten bedeuten und J_i die interne Eigenintensität (Grundaktivität) des Gehörs, welche für die Absolutschwelle verantwortlich ist. Aus (10.2) folgt

$$\frac{J_2}{J_1} = \sigma + (\sigma - 1)\frac{J_i}{J_1}. \tag{10.3}$$

Da $\sigma > 1$ und voraussetzungsgemäß konstant ist, muß gemäß (10.3) in der Tat der eben wahrnehmbare Pegelunterschied

$$\Delta L = 10\lg\frac{J_2}{J_1} \text{ dB} \tag{10.4}$$

für hinreichend große Werte von J_1 gleich $10\lg\sigma$, also konstant sein und für $J_1 < J_i$ mit abnehmenden Werten von J_1 ansteigen.

Legt man als Pegelunterschiedsschwelle von weißem Rauschen $\Delta L = 0,4$ dB zugrunde, so erhält man für den Schwellenquotienten σ aus

$$\sigma = \frac{J_2}{J_1} = 10^{\Delta L/10\text{dB}} \tag{10.5}$$

den Wert 1,096.

Diese einfache Theorie versagt bei den Intensitätsunterschiedsschwellen von Sinustönen, weil für diese offensichtlich das Weber'sche Gesetz nicht gilt. Darüber hinaus ist sie von vorn herein fragwürdig, weil sie das Gehör als einen *einkanaligen* Intensitätsempfänger behandelt. Da dem neuronalen Teil des Gehörs mit Sicherheit eine Frequenz-Kanal-Zuordnung vorausgeht, wird ein Breitbandschall dem inneren Gehör nicht als einheitliches Signal, sondern in Form einer großen Zahl von Schmalbandsignalen zugeleitet, vgl. Abb. 9.13. Daher erscheint es sinnvoll, dem Modell der auditorischen Peripherie eine Kombination der in Abb. 1.6 und Abb. 9.13 dargestellten Schemata zugrundezulegen. Das derart modifizierte Schema zeigt Abb. 10.5.

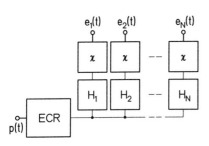

Abb. 10.5. Schema des peripheren Gehörs (eine Seite). Auf das ECR-Filter und das PET-System gemäß Abb. 9.13 folgt in jedem Hörkanal eine Reiz-Erregungs-Umsetzung. Diese wandelt die Ausgangssignale $q(t)$ des PET-Systems in Erregungssignale $e(t)$ und ist hauptsächlich durch eine innere Vorerregung und die Potenzfunktion mit dem Exponenten κ gekennzeichnet

Die Reiz-Empfindungstransformation einschließlich der Überlagerung des Eigengeräuschs geschieht diesem Ansatz zufolge in jedem einzelnen der Hörkanäle. Die Ausgangssignale $q(t)$ der einzelnen PET-Kanäle werden in sogenannte Erregungssignale $e(t)$ transformiert. Diese unterscheiden sich von den PET-Ausgangssignalen $q(t)$ dadurch, daß sie

10. Prothetische Aspekte des Hörens

- einen geeigneten zeitlichen Mittelwert der $q(t)$ darstellen;
- eine Vorerregung enthalten, also die Grundaktivität, welche innerhalb des Kanals für die Absolutschwelle verantwortlich ist;
- eine nichtlineare Transformation über eine Potenzkennlinie mit dem Exponenten κ durchführen.

Dieses Modell der auralen Peripherie dient nicht nur als Grundlage für die Erklärung der Intensitätsschwellen, sondern es ist allgemein als die erste Stufe eines hierarchischen Modells der Hörwahrnehmung anzusehen, jedenfalls soweit ein einzelnes Ohr im Spiel ist. Alle Hörempfindungen sind als Ergebnis der Analyse und Verknüpfung der Erregungssignale $e(t)$ anzusehen.

Dies bedeutet für die Theorie der Schwellen, daß es nicht damit getan ist, ein Schwellenkriterium für jeden einzelnen Hörkanal anzugeben, sondern es bedarf zusätzlich einer Aussage darüber, in welcher Weise die Erregungssignale der Kanäle miteinander verknüpft werden. Insbesondere ist anzunehmen, daß die effektive Schwelle von der Anzahl der beteiligten Hörkanäle abhängt, also von der Breite des Fourierspektrums des Schallsignals.

Die Theorie der Schwelle für die Intensität und den Intensitätsunterschied von Breitbandrauschen wird auf diese Weise aufwendiger als dies ohne die Frequenz-Kanal-Zuordnung der Fall wäre. Andererseits bietet das erweiterte Modell den Spielraum, welcher erforderlich ist, um unter Beibehaltung der wesentlichen Grundansätze auch diejenigen Schwellen zu erklären, für welche das Weber'sche Gesetz auf den ersten Blick nicht gilt, insbesondere die Intensitätsunterschiedsschwellen der Sinustöne.

Wenn man das Weber'sche Gesetz in der Form (10.2) für jeden einzelnen Hörkanal beibehält, so gibt es hauptsächlich zwei potentielle Erklärungen für die Pegelabhängigkeit der Intensitätsunterschiedsschwelle von Sinustönen, welche entweder einzeln oder kombiniert im Spiel sein können:

- Falls die effektive Unterschiedsschwelle von der Anzahl der beteiligten Hörkanäle abhängt, derart, daß sie umso kleiner ist, je größer die Anzahl, so erklärt dies grundsätzlich die bei AM Sinustönen beobachtete Pegelabhängigkeit, denn die Anzahl der beteiligten Hörkanäle nimmt mit dem Pegel zu.
- Falls bei der Frequenz-Kanal-Umsetzung durch die Cochlea eine Nichtlinearität geeigneter Art im Spiel ist, kann damit ebenfalls eine Pegelabhängigkeit erklärt werden, wie nachfolgend erläutert wird.

Die Ausarbeitung dieser Ansätze zu einer befriedigenden Theorie ist derzeit nicht abgeschlossen [435, 250, 113, 753, 79, 80, 752, 455].

Daß die Erregungssignale der Hörkanäle bei Wahrnehmungsleistungen verschiedener Art in der Tat miteinander verknüpft werden, kann man unter anderem am Effekt des sogenannten *Comodulation Masking Release* (CMR) erkennen. Dieser besteht darin, daß die Mithörschwelle eines Sinustones bei Verdeckung durch ein *kohärent moduliertes* Bandpaßrauschen absinkt, wenn bei konstanter spektraler Intensitätsdichte die Bandbreite des Rauschens,

10.1 Wahrnehmung der Schallstärke 277

dessen Mittenfrequenz gleich der Testtonfrequenz ist, erhöht wird, Abb. 10.6 [405]. Weitere Hinweise dieser Art finden sich beispielsweise in Arbeiten von Wakefield & Viemeister [1035], Grose & Hall [387, 388] Berg [77], Furukawa & Moore [357], Hall et al. [406], Moore & Jorasz [646], Buss & Richards [149].

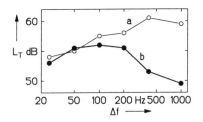

Abb. 10.6. Mithörschwelle eines 1 kHz-Tones in Abhängigkeit von der Bandbreite verdeckenden Rauschens bei konstanter Intensitätsdichte desselben. Schwelle a: Bandpaßgefiltertes Breitbandrauschen. Schwelle b: Bandpaßgefiltertes Breitbandrauschen, welches mit Tiefpaßrauschen 0–50 Hz multipliziert wurde. Schwelle b zeigt den Effekt des sogenannten *Comodulation Masking Release*. Nach Hall et al. [405]

Ein psychoakustisches Funktionsschema, welches die Pegelabhängigkeit der Modulationsschwelle von Sinustönen nach dem zweiten der beiden eben genannten Prinzipien erklärt, ist dasjenige von Maiwald [578] und Zwicker [1125]. Es beruht auf Untersuchungen der Mithör- und Modulationsschwellen von Maiwald [577, 579].

Danach wird ein Intensitätsunterschied irgend eines Schalles dann hörbar, wenn dieser in mindestens einem Hörkanal einen bestimmten, für alle Kanäle gleichen Unterschied der sogenannten psychoakustischen Erregung hervorruft; dieser beträgt rund 1 dB. Die Pegelabhängigkeit der Intensitätsunterschiedsschwelle von Sinustönen wird mit einer Nichtlinearität der Erregungsverteilung über die Kanäle erklärt, also letztlich mit einer Nichtlinearität der Hörkanalfilter. Diese hat zur Folge, daß in denjenigen Hörkanälen, deren charakteristische Frequenz höher als die Frequenz des Sinustones ist, die Erregung überproportional mit der Intensität des Tones wächst, und zwar umso mehr, je größer die Intensität ist. Die Begründung für diese Annahme besteht im Verlauf der Mithörschwellen von Sinustönen bei Verdeckung durch Schmalbandrauschen; diese zeigen in der Tat die erwähnte Art von Nichtlinearität (vgl. Abschnitt 11.2, Abb. 11.5).[1]

Abb. 10.7. Zur Erklärung der Pegelabhängigkeit der Intensitätsunterschiedsschwelle von Sinustönen nach Maiwald und Zwicker [578, 1125]. Schematisch dargestellt sind die Erregungspegelverteilungen $L_E(z)$ für zwei verschiedene Schallpegel

---

[1] Die Idee, daß der Frequenzgang der Mithörschwelle eines Sinustones bei Verdeckung durch einen weiteren Schall ein Maß für den Erregungsverlauf darstellt, welchen der verdeckende Schall verursacht, geht auf Wegel & Lane [1056], Fletcher und Munson [332, 328, 329] zurück.

Abbildung 10.7 illustriert, wie dies zu verstehen ist. Dem Kanalindex entspricht in diesem Modell die Tonheit z. Die logarithmisch skalierte Erregungsverteilung, welche der Sinuston entlang der Tonheit hervorruft – der *Erregungspegel* $L_E(z)$ – kann schematisch durch die dreieckförmige Konfiguration angenähert werden. Bei einer Pegelerhöhung des Tones wird die obere Flanke flacher, so daß sich in ihrem Bereich eine Erregungspegelerhöhung ergibt, welche die Pegelerhöhung des Tones umso mehr übertrifft, je größer der Absolutpegel ist. Ein auf dieser Grundlage aufbauendes, weiterentwickeltes Funktionsschema wurde von Schorer [825] angegeben. Neuere Untersuchungen haben das Zwicker-Maiwald'sche Modell im wesentlichen bestätigt [346, 503, 648, 1076]. [2]

10.1.2 Die Lautheit

Pegellautheit. Zu den ältesten Entdeckungen über die Lautstärkeempfindung – die *Lautheit* – gehört diejenige, daß Sinustöne verschiedener Frequenzen trotz gleichen Schallpegels verschieden laut sein können. Die systematische Untersuchung dieser Tatsache ist relativ einfach. Man bietet dazu abwechselnd in fortlaufender Wiederholung zwei Sinustöne verschiedener Frequenz an und stellt den Schallpegel des einen so ein, daß dieser ebenso laut gehört wird wie der andere. Vorzugsweise benützt man als *Standardschall* den 1 kHz-Sinuston. Der Verlauf desjenigen Schallpegels eines Sinustones beliebiger Frequenz in der Hörfläche, bei welchem derselbe im Mittel ebenso laut gehört wird wie der Standardton bei einem festen Schallpegel, wird Kurve gleicher Lautheit genannt.

In Abb. 10.8 ist eine Anzahl Kurven gleicher Lautheit dargestellt, und zwar für Schallpegel des 1 kHz-Tones von 20, 40, 60, 80 und 100 dB in der frontal einfallenden ebenen Welle. Der Schallpegel des einem beliebigen Sinuston in der Lautheit entsprechenden 1 kHz-Tones wird als *Pegellautheit* oder *Pegellautstärke* des betreffenden Tones bezeichnet. Die Pegellautheit stellt ein Maß der Lautheit des Testtones, also einer Hörempfindung, dar und wird daher mit der besonderen Maßeinheit 1 phon versehen. Weil die Absolutschwelle (die Ruhehörschwelle) des 1 kHz-Tones im Mittel bei 3 dB liegt, ist sie mit der 3 phon-Kurve gleicher Lautheit identisch. Im Bereich sehr tiefer Frequenzen scheint der genaue Verlauf der Kurven gleicher Lautheit noch nicht endgültig geklärt zu sein [293].

Nach demselben Verfahren, das heißt, durch Lautheitsvergleich mit dem 1 kHz-Ton, kann man die empfundene Lautheit eines *beliebigen* Schalles messen und als Pegellautheit ausdrücken. Dabei zeigen sich die folgenden allgemeinen Merkmale.

---
[2] Das Konzept der frequenzselektiven Verdeckung eines Nutzschalles durch einen Störschall hat sich im übrigen bei der Entwicklung datenreduzierter Übertragungsverfahren für Audiosignale als fruchtbar erwiesen, vgl. z.B. [98, 526, 917, 992, 994].

10.1 Wahrnehmung der Schallstärke   279

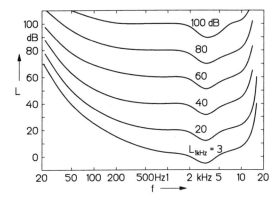

Abb. 10.8. Kurven gleicher Lautheit von Sinustönen im ebenen Schallfeld: Schallpegel L eines Sinustones (Ordinate), welcher die gleiche Lautheit hervorruft wie ein 1 kHz-Ton mit dem angegebenen Pegel, in Abhängigkeit von der Tonfrequenz f (Abszisse)

- Die Lautheit nimmt mit wachsendem Schallpegel monoton zu, und zwar bei kleinen Pegeln stärker als bei großen.
- Bei konstantem Schallpegel wächst die Lautheit an, wenn die Bandbreite über die Frequenzgruppenbreite hinaus erhöht wird. Ein stationärer Schall mit dem Schallpegel L, dessen Fourierspektrum den ganzen Hörbereich angenähert gleichförmig bedeckt (zum Beispiel weißes Rauschen), hat eine Pegellautstärke von ungefähr $(L/\text{dB} + 15)$ phon, wenn L hinreichend weit oberhalb der Absolutschwelle liegt. Dies bedeutet, daß ein 1 kHz-Ton die 30-fache Schallintensität des Breitbandschalles aufweisen muß, um ebenso laut empfunden zu werden.
- Schalle mit einer Darbietungsdauer von mehr als 200 ms gelten auch bezüglich der Lautheitsbildung als Dauerschalle. Das heißt, ihre Lautheit nimmt nicht weiter zu, wenn bei konstanter Intensität die Dauer über 200 ms hinaus verlängert wird. Unterhalb der Dauer von 100 ms nimmt sie ab, derart, daß die Pegellautheit jeweils um 3 phon sinkt, wenn die Dauer halbiert wird.

Lautheitsmessung durch Verhältnisschätzung. Die Abhängigkeit der Lautheit von der Schallintensität kann recht zuverlässig durch Größen- beziehungsweise Verhältnisschätzung quantitativ ermittelt werden. Verhältnisschätzungen ergeben, daß die Lautheit eines beliebigen Schalles sich mit jeder Pegelerhöhung um 10 dB angenähert verdoppelt. Auf diese Weise – und unter Benutzung des 1 kHz-Tones als Bezugsschall – kann man die Lautheit quantitativ ausdrücken. Dazu wird dem 1 kHz-Ton mit dem Schallpegel 40 dB durch Definition die absolute Lautheit 1 sone zugeordnet. Ein beliebiger Schall, welcher doppelt so laut empfunden wird wie der 1 kHz-Ton mit 40 dB Pegel, hat die Lautheit 2 sone, und so weiter.

Der Zusammenhang zwischen der geschätzten Lautheit und dem Schallpegel für den Standardschall selbst – den 1 kHz-Ton – wurde bereits in Abb. 1.7 dargestellt. Im oberen, geradlinigen Teil der Kurve folgt dieselbe dem Zusammenhang

$$N = 2^{(L-40\text{dB})/(10\text{dB})} \text{ sone,} \qquad (10.6)$$

wobei, wie gesagt, die Zuordnung des Absolutwertes von 1 sone zum Schallpegel 40 dB durch Definition zustandekommt.

Binaurale Lautheit. Wird ein und dasselbe Schallsignal anstatt auf beide Ohren nur auf ein einziges Ohr gegeben, wobei die Schallstärke auf diesem Ohr beibehalten wird, so sinkt die Lautheit auf etwa 70% bis 50% des binauralen Wertes ab. Das heißt, daß im Falle binauraler Schalldarbietung die Gesamtlautheit näherungsweise gleich der Summe der von jedem Ohr allein gebildeten Lautheiten ist [775]. Scharf [810] fand, daß dasselbe auch für den Fall *dichotisch* dargebotener Schallsignale gilt. [3] Das heißt, daß die beiden monauralen Lautheiten auch dann näherungsweise addiert werden, wenn die beiden Schallsignale voneinander verschieden sind.

Theorie nach Zwicker. Die Theorie der Lautheit wurde maßgebend von Zwicker entwickelt [1100, 1101, 1106, 1105, 703], und zwar auf der Basis grundlegender Ideen von Fletcher und Munson [325, 332, 324] über die Zusammenhänge zwischen den Mithörschwellen von Sinustönen bei Verdeckung durch Schmalbandschalle und der Erregung des Gehörs sowie der Lautheitsempfindung [CD 3]. Weiterhin spielen die von S.S. Stevens entwickelten allgemeinen Methoden und theoretischen Ansätze über prothetische Empfindungsgrößen eine wichtige Rolle [904, 905, 906].

Die Lautheitstheorie von Zwicker [1125, 1123] baut auf dem Zwicker-Maiwald'schen Schwellenmodell auf, dessen Basis die Verteilung der psychoakustischen Erregung E entlang der Tonheit z ist. Der Bildung der Erregungsverteilung aus dem Schallsignalspektrum wird der Verlauf der Mithörschwellen von Sinustönen bei Verdeckung durch Schmalbandrauschen zugrundegelegt. Die Erregungsverteilung wird nach *Kernerregung* und *Flankenerregung* unterschieden. Die Kernerregung ist derjenige Teil des gesamten Erregungsverlaufs, welcher mit dem Intensitätsdichtespektrum übereinstimmt, wobei eine Analysebandbreite von einer Frequenzgruppe (1 Bark) vorausgesetzt wird. Der Kernerregung werden beiderseits Flankenerregungen hinzugefügt, deren Verlauf sich aus demjenigen der Mithörschwellen von Schmalbandmaskierern ergibt. Die psychoakustische Erregung wird im übrigen wie eine Schallintensität behandelt und gemessen, das heißt, in W/m^2. Beispielsweise ist die Kernerregung eines Sinustones oder eines Schmalbandrauschens mit einer Bandbreite, die gleich oder kleiner ist als die Frequenzgruppenbreite, gleich der Schallintensität.

Im ersten Schritt des Verfahrens wird aus einem gegebenen – im allgemeinen zeitvariablen – Schallintensitätsdichtespektrum die Verteilung der psychoakustischen Erregung $E(z,t)$ gebildet. Auf welche Weise das Intensitätsspektrum gewonnen wurde, spielt dabei eine untergeordnete Rolle. Im zweiten Schritt wird aus der psychoakustischen Erregung die sogenannte spezifische

---

[3] *Dichotisch* bedeutet: Zwei getrennte und voneinander verschiedene Signale auf den beiden Ohren. Demgegenüber bedeutet *diotisch*: Auf jedem Ohr das gleiche Signal. *Monotisch* bedeutet dasselbe wie *monaural*, nämlich: Nur ein Ohr wird beschallt.

Lautheit $N'(z,t)$ gebildet, indem eine Potenzfunktion mit festem Exponenten sowie eine Frequenz- beziehungsweise tonheitsabhängige Grunderregung angenommen werden. Die letztere wird aus dem Verlauf der Absoluthörschwelle bei mittleren und tiefen Frequenzen abgeleitet. Der Einfluß der Schallübertragung durch Außen- und Mittelohr [1135] wird durch einen vorgeschalteten Frequenzgang berücksichtigt [1125].

Die spezifische Lautheit $N'(z,t)$ ergibt sich nach der Zwicker'schen Theorie aus der psychoakustischen Erregung $E(z,t)$ mit der Formel

$$N'(z,t) = 0{,}08 \left(\frac{E_A(z)}{E_0}\right)^{0,23} \left[\left(\frac{1}{2} + \frac{1}{2}\frac{E(z,t)}{E_A(z)}\right)^{0,23} - 1\right] \frac{\text{sone}}{\text{Bark}}$$
$$\text{für } E \geq E_A,$$
$$= 0 \text{ für } E < E_A. \qquad (10.7)$$

Darin bedeutet E_A die Schallintensität, welche dem erwähnten tieffrequenten Teil der Absolutschwelle entspricht; sie spielt die Rolle der Grundaktivität (des Eigenrauschens). Man kann sie durch die Formel

$$E_A = 10^{L_{Ao}(f)/10\text{dB}} \qquad (10.8)$$

beschreiben, wobei L_{Ao} durch

$$L_{Ao}(f) = 3{,}64 \cdot (f/\text{kHz})^{-0,8} \text{ dB} \qquad (10.9)$$

gegeben ist (vgl. Gleichung 9.15). Gleichung (10.7) geht unmittelbar aus (1.19) hervor, wenn man in letzterer R durch N', S durch E und S_A durch E_A ersetzt, $\kappa = 0{,}23$, $\sigma = 2$ setzt, und die Konstante ρ passend wählt.

Da die Gesamtlautheit mit einer Trägheit entsprechend einer Zeitkonstante von einigen 10 ms zeitlich bewertet wird [1111], ist es zweckmäßig, zwischen *instantaner* und *zeitbewerteter* Gesamtlautheit zu unterscheiden. Die instantane Gesamtlautheit $N_i(t)$ ergibt sich aus dem Integral über die spezifische Lautheit:

$$N_i(t) = \int_0^{24\text{Bark}} N'(z,t) dz. \qquad (10.10)$$

Die zeitbewertete Gesamtlautheit geht daraus durch

$$N(t) = \frac{1}{T} \int_{t-T}^{t} N_i(\tau) d\tau \qquad (10.11)$$

hervor, wobei für T ein Wert von 25–50 ms anzunehmen ist. Die Zahlenkonstanten und Maßeinheiten in (10.7) sind so gewählt, daß ein stationärer 1 kHz-Ton mit dem Schallpegel 40 dB die Lautheit $N = 1$ sone hat.

PET-Theorie. Im Rahmen des entsprechend Abb. 10.5 ergänzten PET-Modells der peripheren Schallsignaldarstellung kann man eine Lautheitstheorie und damit ein Berechnungsverfahren für die Lautheit angeben, welches den Vorzug hat, vollständig mathematisch definiert zu sein, wie folgt. Nach dem Vorbild der Zwicker'schen Theorie werden die Erregungssignale $e(t)$

gemäß Abb. 10.5 unmittelbar als Elementarlautheiten aufgefaßt, denn sie entstehen definitionsgemäß auf entsprechende Weise wie die spezifische Lautheit des Zwicker'schen Modells. Als instantane Gesamtlautheit wird dementsprechend

$$N_i(t) = \sum_{n=1}^{K} e_n(t) \qquad (10.12)$$

definiert. Darin stellt $e_n(t)$ das im n-ten Hörkanal auftretende Erregungssignal dar und K ist die Gesamtzahl der Hörkanäle. Die zeitbewertete Lautheit $N(t)$ geht wie im Zwicker'schen Modell aus $N_i(t)$ mit (10.11) hervor.

Die Bildung der Erregungssignale $e_n(t)$ aus den Ausgangssignalen $q_n(t)$ des PET-Systems (vgl. Abb. 9.13) ist ihrer Anwendung entsprechend zu spezifizieren. Auf Grund der mit dem Zwicker'schen Verfahren gemachten Erfahrungen erscheint es sinnvoll, sie mit den *Effektivwerten* $\tilde{q}(t)$ der PET-Ausgangssignale $q(t)$ zu verknüpfen, wobei die Zeitkonstante der Effektivwertbildung zunächst im Sinne eines Anpassungsparameters offenbleiben kann. Mit entsprechender Anpassung von (1.19) ergibt sich so der Ansatz

$$\begin{aligned} e_n(t) &= \rho_n \Big(\frac{Q_A}{(\sigma-1)}\Big)^\kappa \Big[\Big(\frac{(\sigma-1)\tilde{q}_n(t)}{Q_A}+1\Big)^\kappa - \sigma^\kappa\Big] \text{ für } \tilde{q}_n(t) \geq Q_A, \\ &= 0 \text{ für } \tilde{q}_n(t) < Q_A. \end{aligned} \qquad (10.13)$$

Darin bedeutet Q_A denjenigen (für alle Kanäle gleichen) Effektivwert des PET-Ausgangssignals, welcher der Absolutschwelle entspricht. Im PET-System wurde definitionsgemäß der Absolutschwelle aller Kanäle der gleiche Betrag zugewiesen (9.58). Somit gilt unter Berücksichtigung des dem Absolutschallpegel zugrundeliegenden Bezugsschalldrucks von 20 µPa

$$Q_A = 10^{(L_r+3{,}3\mathrm{dB})/20\mathrm{dB}} \cdot 20\,\mu\mathrm{Pa}, \qquad (10.14)$$

wo L_r die Referenzüberhöhung des PET-Systems bedeutet (vgl. Abschnitt 9.4). Beispielsweise hat Q_A für $L_r = 70$ dB den Wert $Q_A = 92{,}48$ mPa.

Die Gleichungen (10.11, 10.12, 10.13, 10.14) stellen auf der Grundlage des in Abschnitt 9.4 spezifizierten PET-Systems ein vollständiges Verfahren zur Berechnung der Lautheit beliebiger Schalle dar. Der Parameter σ in (10.13) – das Verhältnis der beiden eben unterscheidbaren effektiven Schalldrücke – hat auf Grund der Ergebnisse über die Intensitätsunterschiedsschwellen den festen Wert von ungefähr 1,05. Somit stehen zur Anpassung an die experimentellen Lautheitsschätzungen außer der Effektivwertbildung noch der Exponent κ, die Konstanten ρ_n und die Referenzüberhöhung L_r zur Verfügung. Wie aus den Ergebnissen von Lautheitsschätzungen hervorgeht, liegt der Wert des Exponenten κ bei ungefähr 0,5. [4] Der Exponent ist nicht notwendig in allen Kanälen gleich; jedoch spricht einiges dafür, daß mit ein und

---

[4] Der Exponent ist ungefähr doppelt so groß wie in (10.7), weil dort die Schallintensität als Stimulusgröße benutzt wird, im Gegensatz zum Schalldruck-Effektivwert.

demselben Exponenten für alle Kanäle eine befriedigende Annäherung an die experimentellen Ergebnisse erreichbar ist.

Die derart definiert PET-Theorie stellt im wesentlichen nichts anderes dar als eine an das PET-System angepaßte Version der Zwicker'schen Theorie. Was den Einfluß der Absolutschwelle auf die Lautheit betrifft, so tritt dieser im Zwicker'schen Verfahren explizit in (10.7) in Erscheinung, während er in der entsprechenden Formel des PET-Verfahrens (10.13) *implizit* enthalten ist, nämlich als wesentliches Kriterium der Dimensionierung des PET-Systems.

10.2 Wahrnehmung von Schallfluktuationen

Wenn man von Schallfluktuationen in Bezug auf deren Hörwahrnehmung spricht, meint man in der Regel nicht die Schalldruckschwankungen selbst, sondern mehr oder minder regelmäßige und andauernde Fluktuationen gewisser Schallparameter. Ein typisches Beispiel ist der amplitudenmodulierte Sinuston. Dabei stellt die Amplitude der Trägerschwingung den fluktuierenden Parameter dar. Diese Darstellungsweise ist aber willkürlich, denn man kann den AM Sinuston mit dem gleichem Recht durch Teiltöne mit festen Parametern spezifizieren, vgl. Abschnitt 3.5.2. Wie schon mehrfach festgestellt, kann man in der Tat einen AM Sinuston festen Modulationsgrads mal als fluktuierenden, mal als statischen Schall wahrnehmen, je nach Modulationsfrequenz. Es ist also genau genommen unmöglich, ein Schallsignal fluktuierend zu nennen (oder das Gegenteil davon), ohne dabei entweder willkürlich eine bestimmte Beschreibungsweise zum Maßstab zu machen oder auf die spezielle Art und Weise Bezug zu nehmen, wie das Gehör den Schall analysiert. Mit anderen Worten: Ob ein Schall fluktuiert oder nicht, kann letztlich allein auf Grund der Hörwahrnehmung entschieden werden. Ein eindeutiges objektives Kriterium gibt es nicht.

Hörempfindungen, welche Schallfluktuationen anzeigen, sind insbesondere die *Rauhigkeit* und die *Schwankungsstärke* [432, 54, 419, 944]. Als Rauhigkeit wird die schnarrende Hörqualität bezeichnet, welche sich aus relativ raschen Fluktuationen ergibt. Die Schwankungsstärke beschreibt demgegenüber das subjektive Ausmaß relativ langsamer Fluktuationen. Die Rauhigkeit hat als Hörempfindung einen höheren Grad von Eigenständigkeit als die Schwankungsstärke: Wenn (relativ langsame) Schwankungen wahrgenommen werden, kann man häufig sagen, welche spezielle Hörempfindung dabei fluktuiert; dafür kommen insbesondere die Lautheit und die Tonhöhe in Betracht. Für die Rauhigkeit sind solche Aussagen im allgemeinen nicht möglich.

Je nach Art des Schalles gibt es einen oder mehrere Schallparameter, von denen Schwankungsstärke und Rauhigkeit überwiegend abhängen. Zu diesen Schallparametern gehört erfahrungsgemäß der Modulationsgrad bei AM beziehungsweise der Modulationsindex bei FM eines Schallsignals. In Abhängigkeit von solchen Parametern nehmen Schwankungsstärke beziehungsweise Rauhigkeit zu oder ab und es gibt eine *Absolutschwelle* für diese

Parameter. Außerdem gibt es für dieselben Parameter *Unterschiedsschwellen*. Schließlich kann man den Zusammenhang zwischen jenen maßgebenden Parametern einerseits und der Schwankungs- beziehungsweise Rauhigkeitsempfindung andererseits offensichtlich als Reiz-Empfindungs-Zusammenhang betrachten. Rauhigkeit und Schwankungsstärke weisen somit in Bezug auf die maßgebenden Schallparameter alle Merkmale prothetischer Hörempfindungen auf.

10.2.1 Absolutschwellen für Schallfluktuationen

Die Absolutschwelle für den Modulationsgrad beziehungsweise Modulationshub oder Modulationsindex eines modulierten Schalles wird Modulationsschwelle genannt. Die Modulationsschwellen sind nicht nur deshalb von Bedeutung, weil sie bestimmte Eigenschaften des Gehörs charakterisieren, sondern auch deshalb, weil sie die Beurteilung ermöglichen, ob eine ungewollte, technisch bedingte Fluktuation eines Nutzsignals hörbar werden kann, oder nicht. Dieser Fall liegt beispielsweise bei der Musikwiedergabe von Schallplatte und Tonbandgerät vor.

Meßmethoden. Modulationsschwellen werden üblicherweise entweder mit der Abfragemethode oder derjenigen des pendelnden Regelns gemessen. Der Versuchsperson wird abwechselnd das unmodulierte und das modulierte Trägersignal dargeboten – jeweils ungefähr 1 s lang. Bei der Abfragemethode wird die Versuchsperson darüber im unklaren gelassen, welches der beiden Signale moduliert ist, und in den verschiedenen Darbietungen einer Serie wird die Stärke der Modulation variiert, so daß dieselbe mal deutlich überschwellig, mal unterschwellig ist. Die Versuchsperson hat die Aufgabe, jedesmal dasjenige Testsignal eines Paares zu nennen, welches moduliert ist.

Bei der Methode des pendelnden Regelns hört die Versuchsperson das modulierte und das unmodulierte Signal in unbegrenzter Folge. Sie kann durch Knopfdruck die Richtung wählen, in welcher die Apparatur die Modulationsstärke automatisch in kleinen Stufen ändert. Ebenso wie bei der pendelnden Messung der Absoluthörschwelle wird auf diese Weise die Schwelle der Wahrnehmbarkeit der Modulation abwechselnd über- und unterschritten.

Die Schwelle für sinusförmige Amplitudenmodulation von weißem Rauschen. Der Schwellen-Modulationsgrad m für sinusförmige Amplitudenmodulation (SAM) von weißem Rauschen [1125] wurde bereits in Abbildung 10.2 dargestellt. Er hat ein Minimum von ungefähr $m = 0,04$ bei der Modulationsfrequenz $f_m = 4$ Hz. Der Anstieg der SAM-Schwelle mit zunehmender Modulationsfrequenz oberhalb 4 Hz ist grundsätzlich als Kennzeichen der Trägheit des Gehörs gegenüber Amplitudenschwankungen anzusehen: Um wahrnehmbar zu werden, müssen Amplitudenschwankungen umso ausgeprägter sein, je rascher sie erfolgen.

Die Tatsache, daß die SAM-Schwelle als Funktion der Modulationsfrequenz ein Minimum aufweist, ist darauf zurückzuführen, daß

- eine langsam vonstatten gehende, gleitende Amplitudenänderung umso schwieriger erkennbar ist, je geringer die Änderungsgeschwindigkeit ist, weil das zur Erkennung erforderliche Kurzzeitgedächtnis des Gehörs begrenzt ist beziehungsweise eine Art Hysterese ins Spiel bringt;
- während der zwangsläufig begrenzten Darbietungszeit eines Testsignals mit festem Modulationsgrad umso weniger Modulationsperioden angeboten werden können, je kleiner die Modulationsfrequenz ist.

Weil bei *rechteckförmiger* Amplitudenmodulation die Intensität periodisch vom Maximal- auf den Minimalwert springt und umgekehrt, entfällt der erstgenannte Effekt und es ist bei genügend langer Darbietungszeit zu erwarten, daß die AM-Schwelle in Abhängigkeit von der Modulationsfrequenz kein lokales Minimum aufweist, sondern bei genügend kleiner Modulationsfrequenz einen gleichbleibenden Minimalwert erreicht. Wie aus Abb. 10.2 hervorgeht, ist dies tatsächlich der Fall.

Die Schwelle für sinusförmige Amplitudenmodulation eines Sinustones. In Abb. 10.9 ist der von Zwicker [1097, 1125] gemessene Modulationsgrad m, welcher eben hörbare Unterschiede im Vergleich zum unmodulierten Ton hervorruft, also die SAM-Schwelle, als Funktion der Modulationsfrequenz dargestellt, und zwar für einen 1 kHz-Ton als Trägersignal und für die Schallpegel 40 und 80 dB.

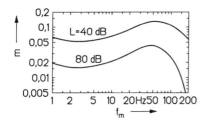

Abb. 10.9. Schwellen-Modulationsgrad m für sinusförmige Amplitudenmodulation eines 1 kHz-Tones, als Funktion der Modulationsfrequenz f_m bei den angegebenen Schallpegeln. Nach [1125]

Bei kleinen Modulationsfrequenzen, das heißt für etwa $f_m < 30$ Hz, verläuft die SAM-Schwelle des Sinustones ebenso wie diejenige des weißen Rauschens, wenn man vom Absolutwert des Schwellenmodulationsgrades absieht. Für größere Modulationsfrequenzen durchläuft sie dagegen ein Maximum und sinkt mit weiter wachsender Modulationsfrequenz drastisch ab. Letzteres ist so zu erklären, daß bei $f_m \approx 50$ Hz die Spektralzerlegung des modulierten Signals in Teiltöne einsetzt, so daß mit weiter steigender Modulationsfrequenz ein Klang gehört wird anstelle eines in der Lautheit schwankenden Tones. In diesem Bereich ist die SAM-Schwelle des Sinustones demnach keine Absolutschwelle für Schallfluktuationen, sondern für die Wahrnehmung der Seitenschwingungen. In Übereinstimmung mit dieser Schlußfolgerung zeigt es sich, daß die Modulationsfrequenz, bei welcher die SAM-Schwelle eines Sinustones am höchsten ist, mit der Trägerfrequenz von 30 Hz (für $f_c = 250$ Hz) über 70 Hz ($f_c = 1000$ Hz) auf 100 Hz ($f_c = 4$ kHz) anwächst

[1097, 1125]. Dies entspricht der Zunahme der Bandbreite der Hörkanalfilter mit wachsender Durchlaßfrequenz.

Wie in Abb. 10.4 gezeigt wurde, unterscheidet sich die SAM-Schwelle des 1 kHz-Tones von derjenigen des weißen Rauschens weiterhin durch einen ausgeprägten Einfluß des Schallpegels. Im überschwelligen Bereich, das heißt für $L > 20$ dB, nimmt der Schwellen-Modulationsgrad jeweils um den Faktor 2 ab, wenn der Schallpegel um 25 dB erhöht wird.

Eine Anzahl neuerer Meßergebnisse zur SAM-Schwelle von Sinustönen zeigt bei Modulationsfrequenzen unterhalb ungefähr 50 Hz andere Verläufe als von Zwicker [1097] angegeben. In Abb. 10.10 sind Ergebnisse von Moore & Sek [647] (Kreise), Edwards & Viemeister [253] (Quadrate) und Zwicker [1097] (Kurve) dargestellt, und zwar für die Trägerfrequenz 1 kHz. Der Schallpegel war bei Moore & Sek 70 dB, bei Edwards & Viemeister vermutlich ebenfalls (die Arbeit enthält keine Angabe), und bei Zwicker 80 dB. Berücksichtigt man, daß nach Abb. 10.4 einer Pegelerhöhung um 10 dB eine Abnahme des Schwellen-Modulationsgrads um ungefähr den Faktor 1,3 entspricht, so ergibt sich bei Modulationsfrequenzen oberhalb etwa 50 Hz ausgezeichnete Übereinstimmung der Zwicker'schen Kurve mit den anderen Meßpunkten.

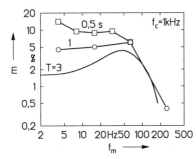

Abb. 10.10. Meßergebnisse verschiedener Autoren zum eben wahrnehmbaren Modulationsgrad m eines sinusförmig amplitudenmodulierten 1 kHz-Tones, als Funktion der Modulationsfrequenz f_m. T ist die (aufgerundete) Darbietungsdauer. Kreise: Nach Moore & Sek [647]; $L = 70$ dB; 3 Vpn; $T = 1$ s. Quadrate: Nach Edwards & Viemeister [253]; 3 Vpn; $T = 0,5$ s. Kurve: Nach Zwicker [1097]; $L = 80$ dB; $T = 3$ s

Für die Tatsache, daß die neueren Ergebnisse auch nach Anpassung auf gleichen Pegel unterhalb $f_\mathrm{m} = 50$ Hz deutlich höher liegen als diejenigen von Zwicker und daher auch das typische Minimum bei $f_\mathrm{m} = 4$ Hz nicht zeigen, ist vor allem die geringe Dauer verantwortlich zu machen, mit welcher die modulierten Testtöne dargeboten wurden. Wie in Abb. 10.10 angegeben, betrug dieselbe in den Versuchen von Moore & Sek 900–1000 ms, bei Edwards & Viemeister 450–500 ms. Zwicker [1097] hatte dagegen Darbietungszeiten von 3 s verwendet. Es ist leicht einzusehen, daß beispielsweise bei der Modulationsfrequenz 4 Hz und einer Darbietungsdauer der Modulation von weniger als 1 s die niedrigste Schwelle für stationäre Modulation nicht erreicht werden kann, denn es werden weniger als 4 ($T = 1$ s) beziehungsweise 2 ($T = 500$ ms) Modulationsperioden dargeboten. Die in Abb. 10.10 dargestellten Ergebnisse illustrieren, daß die SAM-Schwelle für $f_\mathrm{m} < 50$ Hz in der Tat systematisch von der Darbietungsdauer abhängt. Bezüglich der Frage nach der optimalen

Modulationsschwelle für stationäre SAM sind somit die von Zwicker angegebenen Ergebnisse als die brauchbarsten anzusehen, weil sie mit der größten Darbietungsdauer gemessen wurden. Der Einfluß der Darbietungsdauer der Modulation wurde auch von Sheft & Yost [865] anhand der Amplitudenmodulationsschwellen von Breitbandrauschen verifiziert.

Ein weiteres Beispiel für den Einfluß der Darbietungsdauer auf den Verlauf der Amplitudenmodulationsschwelle geben die in Abb. 10.11 dargestellten SAM-Schwellen eines 5 kHz-Tones. Die von Fleischer [321] gefundene Schwelle (Kreise) wurde mit einer Darbietungszeit von rund 1 s und $L = 80$ dB gewonnen; diejenige von Fassel & Kohlrausch [274] (Quadrate) mit einer effektiven Modulations-Darbietungszeit von nur rund 100 ms und dem Pegel $L = 75$ dB. Nach Bereinigung des Pegelunterschieds von 5 dB (welche in Abb. 10.11 *nicht* vorgenommen wurde) stimmen die beiden Meßergebnisse im Bereich $f_m > 50$ Hz gut überein. Bei tieferen Modulationsfrequenzen verläuft die mit der kurzen Darbietungsdauer gewonnene SAM-Schwelle dagegen deutlich oberhalb der anderen. Dies kann unmittelbar auf die Kürze der Darbietungszeit zurückgeführt werden, denn beispielsweise bei der Modulationsfrequenz 10 Hz und der effektiven Darbietungsdauer des modulierten Signalanteils von 100 ms bekommt der Beobachter nur eine einzige Modulationsperiode zu hören; bei der von Fleischer verwendeten Darbietungsdauer von 1 s dagegegen zehn Perioden.

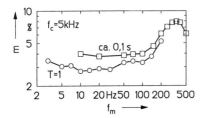

Abb. 10.11. Meßergebnisse zweier Autoren zum eben wahrnehmbaren Modulationsgrad m eines sinusförmig amplitudenmodulierten 5 kHz-Tones. T ist die effektive Dauer der Darbietung des modulierten Signals. Kreise: Nach Fleischer [321]; L=80dB; 4 Vpn; $T = 1$ s. Quadrate: Nach Fassel & Kohlrausch [274]; L=75dB; 3 Vpn; $T \approx 100$ ms.

Wenn die Darbietungszeit der Modulation mindestens 100 ms beträgt, durchlaufen die SAM-Schwellen als Funktion der Modulationsfrequenz ein mehr oder weniger flaches Minimum, vgl. Abb. 10.10 und Abb. 10.11. Die Ursache dieses Minimums ist aufgrund der geschilderten Zusammenhänge darin zu sehen, daß einerseits eine Zunahme der Modulationsfrequenz mit einem Anstieg der Schwelle verbunden ist, weil der Modulationsdetektor des Gehörs eine gewisse Trägheit aufweist; andererseits mit einer Abnahme der Modulationsfrequenz die Zahl der auswertbaren Modulationsperioden durch die endliche Darbietungsdauer beschränkt wird, was ebenfalls einen Anstieg der Schwelle zur Folge hat. Daraus folgt, daß der Minimalwert der AM-Schwelle bei umso höheren Modulationsfrequenzen liegen sollte, je kürzer die Darbietungszeit der Modulation ist, und umgekehrt. In den beiden in Abb. 10.11 dargestellen SAM-Schwellen zeigt sich dieses Verhalten in der Tat.

Die Schwelle für sinusförmige Frequenzmodulation eines Sinustones. Abb. 10.12 zeigt von Zwicker [1097, 1125] gemessene Schwellen für sinusförmige Frequenzmodulation (SFM) von Sinustönen, das heißt, den eben wahrnehmbaren Frequenzhub Δf, und zwar für Trägerfrequenzen von 0,2 bis 8 kHz. Die SFM-Schwellen weisen ein absolutes Minimum des eben wahrnehmbaren Frequenzhubes bei einer Modulationsfrequenz von ungefähr 4 Hz auf. Mit wachsender Modulationsfrequenz steigt die SFM-Schwelle zunächst an und sinkt nach Überschreiten eines Maximums wieder ab. Die Lage der zu den verschiedenen Trägerfrequenzen gehörenden Maxima auf der Abszisse stimmt mit derjenigen, welche bei den Amplitudenmodulationsschwellen zu beobachten ist, weitgehend überein.

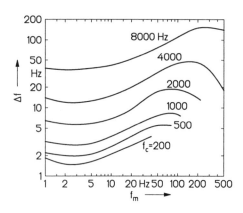

Abb. 10.12. Schwellen-Frequenzhub Δf für sinusförmige Frequenzmodulation von Sinustönen der angegebenen Frequenzen, als Funktion der Modulationsfrequenz f_m. Schallpegel 70 dB. Nach [1125]

Der Verlauf der SFM-Schwelle von Sinustönen als Funktion der Modulationsfrequenz ähnelt demjenigen der SAM-Schwelle. Ebenso ähnlich ist auch die Interpretation dieses Sachverhalts. Man kann wieder zwei Bereiche von Modulationsfrequenzen unterscheiden, deren Grenze durch die Lage des Maximums auf der Abszisse gekennzeichnet ist, welche ihrerseits mit der Trägerfrequenz monoton anwächst. Unterhalb dieser Grenze wird die Frequenzmodulation sozusagen im Zeitbereich gehört, nämlich entweder als Tonhöhenschwankung in der Art des musikalischen Frequenzvibratos, oder als Rauhigkeit. Oberhalb der Grenze wird die Modulation mehr und mehr im Frequenzbereich detektiert, nämlich im Sinne der Schwelle für die Teiltöne des Fourierspektrums.

Im Einklang mit dieser Interpretation zeigt es sich, daß die SAM- und SFM-Schwellen bei gleicher Trägerfrequenz und höheren Modulationsfrequenzen *übereinstimmen*, wenn man die Weite der Frequenzschwankung durch den *Modulationsindex* $\Delta f / f_m$ anstelle von Δf darstellt, Abb. 10.13 [1097, 375]. Bei kleinen – also schwellennahen – Werten des FM-Index stimmt das Amplitudenspektrum des SFM Tones näherungsweise mit demjenigen des SAM Tones überein, dessen Modulationsgrad m gleich dem Modulationsindex des FM-Signals ist, vgl. Abschnitt 3.5.3. Die Übereinstimmung der SAM- und SFM-Schwellen bei höheren Modulationsfrequenzen bestätigt also die Schlußfolgerung, daß es bei der Bildung der Modulationsschwelle in diesem Bereich auf das Amplitudenspektrum ankommt, nicht auf den Modulationstyp.

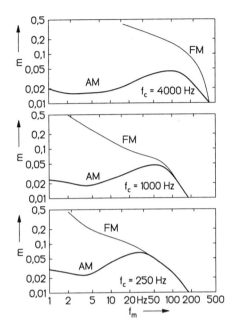

Abb. 10.13. Schwellenmodulationsgrad beziehungsweise Schwellenmodulationsindex m (Ordinate), für sinusförmige Amplitudenmodulation beziehungsweise Frequenzmodulation eines Sinustones bei den Trägerfrequenzen 250, 1000 und 4000 Hz. Darbietung mit 70 phon Lautstärkepegel; nach Zwicker [1097]. Bei genügend hohen Modulationsfrequenzen f_m (Abszisse) stimmen der Schwellen-Modulationsgrad und der Schwellen-Modulationsindex überein. Dies weist darauf hin, daß es in diesem Bereich für die Wahrnehmbarkeit der Modulation auf das Amplitudenspektrum ankommt, nicht auf den Modulationstyp

Im Bereich kleiner Modulationsfrequenzen, in welchem das Gehör den Schwankungen folgen kann, besteht andererseits eine Beziehung zwischen den SFM-Schwellen und den Frequenz-*Unterschieds*schwellen. Man kann die bei der Modulationsfrequenz von etwa 4 Hz auftretenden Minimalwerte des eben wahrnehmbaren Frequenzhubs als Maß für den absolut kleinsten noch eben wahrnehmbaren Frequenzunterschied Δf_D eines Sinustones deuten [1125, 308]. Weil die Frequenzschwankung insgesamt den Betrag $2\Delta f$ hat, so daß $\Delta f_D = 2\Delta f$, ergeben sich für die in Abb. 10.12 repräsentierten Tonfrequenzen von 200, 500, 1000, 2000, 4000 und 8000 Hz Frequenzunterschiedsschwellen von 3, 4, 6, 12, 24 und 70 Hz. Zumindest andeutungsweise kann man bereits aus diesen wenigen Werten entnehmen, daß die Frequenzunterschiedsschwellen des Gehörs für Sinustöne im Frequenzbereich unterhalb 500 Hz angenähert konstant (nämlich 3–4 Hz weit) sind, während sie im höheren Frequenzbereich eine feste *relative* Größe (nämlich 0,6–0,8%) aufweisen.

Wie die in Abb. 9.19 dargestellten Ergebnisse von Messungen der Frequenzunterschiedsschwelle mit der Vergleichsmethode zeigen, besteht jedoch eine erhebliche Diskrepanz zwischen den derart aus den SFM-Schwellen abgeleiteten Frequenzunterschiedsschwellen und den *eigentlichen* Frequenzunterschiedsschwellen von Sinustönen. Letztere sind um den Faktor 3 bis 5 kleiner als erstere. Dieser deutliche Unterschied weist darauf hin, daß es bei der Wahrnehmung eines Frequenzunterschieds zwischen aufeinanderfolgenden Tonsegmenten eine wesentliche Rolle spielt, wie rasch die Frequenzänderung vonstatten geht und wie lange die zu vergleichenden Extremalwerte der Frequenz dem Gehör dargeboten werden. Im Falle der SFM eines Sinustones mit $f_m = 4$ Hz verläuft die Frequenzänderung verhältnismäßig sanft, und die Extremalwerte werden nur relativ kurze Zeit – nämlich nur einige

10 ms lang – eingenommen. Demgegenüber verläuft im Falle des Vergleichs zweier aufeinanderfolgender Töne mit jeweils konstanter Frequenz die Frequenzänderung abrupt, und die Extremalwerte werden über mehrere 100 ms aufrechterhalten.

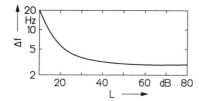

Abb. 10.14. Schwellen-Frequenzhub Δf für sinusförmige Frequenzmodulation eines 1 kHz-Tones mit f_m = 4 Hz, als Funktion des Schallpegels. Nach [1125]

Für Schallpegel des frequenzmodulierten Sinustones, die hinreichend oberhalb der Hörschwelle liegen, ist die FM-Schwelle praktisch unabhängig vom Pegel. Dies wird durch Abb. 10.14 am Beispiel eines sinusförmig frequenzmodulierten 1 kHz-Tones verdeutlicht. Die mittlere Hörschwelle eines 1 kHz-Tones liegt bei etwa 3 dB. Aus Abb. 10.14 ist ersichtlich, daß bereits wenige Dezibel oberhalb dieser Hörbarkeitsgrenze eine Frequenzunterschiedsschwelle gemessen werden kann und der eben wahrnehmbare Frequenzhub den beachtlich kleinen Wert von ungefähr 20 Hz aufweist. Dies bedeutet, daß die Frequenz des 1 kHz Tones vom Gehör mit einer Genauigkeit von ungefähr 4% analysiert wird, sobald der Ton nur eben hörbar ist. Diese Genauigkeit liegt bereits innerhalb des musikalischen Halbtonschrittes – welcher einer Frequenzänderung von 6% entspricht.

Die beschriebenen allgemeinen Charakteristika der FM-Schwellen – insbesondere die Abhängigkeit von der Modulationsfrequenz – sind unter normalhörenden Versuchspersonen einheitlich zu finden. Dagegen weist die Größe des eben wahrnehmbaren Frequenzhubs erhebliche interindividuelle Varianz auf. Es können Unterschiede des mit verschiedenen Personen gemessenen Frequenzhubs bis zum Faktor 5 beobachtet werden [280].

10.2.2 Unterschiedsschwellen für Schallfluktuationen

Bezüglich der Wahrnehmung stationärer Schallfluktuationen entspricht der Intensitätsunterschiedsschwelle die Unterschiedsschwelle für die mittlere Stärke der Fluktuationen. Diese läßt sich recht einfach mit amplitudenmodulierten Sinustönen ermitteln. Dabei stellt der Modulationsgrad das geeignete Maß der physikalischen Fluktuationsstärke dar. Um auf diese Weise eine Fluktuations-Unterschiedsschwelle zu messen, bietet man nacheinander zwei amplitudenmodulierte Sinustöne dar, welche sich allein im Modulationsgrad voneinander unterscheiden, wobei die Modulationsgrade m_1, m_2 in jedem Falle überschwellig sind, so daß die Amplitudenmodulation als Rauhigkeit beziehungsweise Schwankungsstärke hörbar ist. Mit der Einstell- oder der Abfragemethode ermittelt man dasjenige Verhältnis

$$\sigma_{\mathrm{m}} = m_2/m_1, \tag{10.15}$$

bei welchem gerade ein Unterschied der Modulationsstärke wahrgenommen wird. Der so gefundene Wert σ_{m} ist der Schwellenquotient für Schallfluktuationen, jedenfalls bezüglich des amplitudenmodulierten Sinustones.

Die Schwellenquotienten, welche sich mit SAM von Sinustönen auf diese Weise ergeben, liegen im Bereich $\sigma = 1,05\ldots1,25$ [943, 1028, 926, 320]. Der größte Wert $\sigma_{\mathrm{m}} \approx 1,25$ wurde von Terhardt [943] für $f_{\mathrm{c}} = 1$ kHz, $f_{\mathrm{m}} = 50$ Hz, $L = 60$ dB gefunden; der kleinste (1,05) von Vogel [1028], mit $L = 80$ dB. Die Unterschiede der Ergebnisse sind zum Teil auf den Einfluß des Schallpegels zurückzuführen: Bei großen Schallpegeln ist der eben wahrnehmbare Unterschied des Modulationsgrades kleiner als bei kleinen. Zum anderen spielt das Schwellenkriterium eine Rolle. Wird die Schwelle nach dem Kriterium gebildet, daß zwischen den beiden Testschallen *irgend ein* Unterschied hörbar ist, so ist sie kleiner, als wenn nach der Wahrnehmbarkeit eines Unterschieds einer speziellen Hörempfindung – in diesem Falle der Rauhigkeit beziehungsweise der Schwankungsstärke – gefragt wird [943].

Die mit SAM Sinustönen gemessenen Fluktuationsunterschiedsschwellen (beziehungsweise die Schwellenquotienten σ_{m}) zeigen bei konstantem Schallpegel nur geringe Abhängigkeit von den übrigen Schallparametern, das heißt, von m, f_{c} und f_{m} [320]. Daher kann man für den Fall festen Schallpegels das Weber'sche Gesetz im wesentlichen als bestätigt ansehen.

Theorie. Trotz der aufgezeigten beträchtlichen Differenz zwischen dem Betrag der SFM-Schwellen einerseits und demjenigen der Frequenzunterschiedsschwellen andererseits kann kein Zweifel darüber bestehen, daß bei hinreichend kleiner Modulationsfrequenz – also langsamen Schwankungen – ein enger Zusammenhang zwischen SFM-Schwellen und Frequenzunterschiedsschwellen bestehen muß. Das von Zwicker und Maiwald [1103, 578, 1125] entwickelte Modell eben wahrnehmbarer Schallunterschiede benutzt diesen Zusammenhang, um die Schwellen für Frequenzunterschiede beziehungsweise langsame Frequenzschwankungen auf dasselbe Prinzip zu reduzieren wie diejenigen für langsame Amplitudenschwankungen und -unterschiede: Die Schwelle gilt als erreicht, wenn die Schwankung oder der Unterschied zu einer Erregungspegeländerung von rund 1 dB führt.

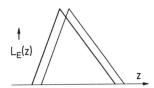

Abb. 10.15. Zur Erklärung der Frequenzunterschiedsschwelle nach Maiwald und Zwicker [578, 1125]. Schematisch dargestellt sind die Erregungspegelverteilungen zweier Sinustöne gleichen Pegels, welche sich in der Frequenz unterscheiden

Abbildung 10.15 illustriert, wie dieses Prinzip den eben wahrnehmbaren Frequenzunterschied von Sinustönen erklärt. Der Frequenzunterschied bewirkt einen entsprechenden Versatz der zugehörigen Erregungspegelverteilung. Dieser Versatz erzeugt an irgend einer unterhalb oder oberhalb des Maximums gelegenen Stelle z einen Erregungspegelunterschied, welcher gleich dem Produkt aus Horizontalverschiebung und Flankensteilheit ist. Weil der Betrag der Steilheit der unteren Flanke bei mittleren und höheren Schallpegeln größer ist als derjenige der oberen Flanke, wird die Schwelle in der Regel im Bereich der unteren Flanke gebildet. Da die Steilheit der unteren Flanke ungefähr 27 dB/Bark beträgt, ergibt sich mit einem Wert des Schwellenkriteriums von 1 dB ein eben wahrnehmbarer Tonheitsunterschied von 1/27 Bark. Dies ergibt im Frequenzbereich unterhalb 500 Hz (wo die Frequenzgruppenbreite ungefähr 100 Hz beträgt) eine Frequenzunterschiedsschwelle von ungefähr 3,5 Hz; im Frequenzbereich oberhalb 500 Hz (wo die Frequenzgruppenbreite ungefähr 16–18 Prozent der Frequenz annimmt), ungefähr 0,6%.

10.2.3 Binaurale Schwebung

Beschallt man die beiden Ohren gleichzeitig mit je einem Sinuston fester Frequenz, so entsteht eine schwebungsähnliche Hörempfindung, falls sich die beiden Tonfrequenzen um wenige Hertz voneinander unterscheiden [556, 1008, 710, 707]. Die Hörempfindung kann mit einem periodischen rotierenden Richtungseindruck einhergehen [709]. Die Schwebungsperiode entspricht dem Frequenzunterschied der beiden Sinustöne. Der Effekt ist auf Tonfrequenzen unterhalb ungefähr 1500 Hz beschränkt. Daraus geht hervor, daß auf derjenigen Stufe der auditiven Hierarchie, auf welcher die Erregungsignale der beiden Ohren zum ersten mal miteinander verknüpft werden (vgl. Abb. 2.20), die Feinstruktur des Schallsignals bis herab zu Signalperioden von ungefähr 670 µs noch repräsentiert sein muß, für kürzere Perioden jedoch nicht. Man kann die binaurale Schwebung zum Verschwinden bringen, indem man die Repräsentation der Feinstruktur durch Bandpaßrauschen, welches den Tönen frequenzbenachbart ist, zerstört [497].

Binaurale Schwebungen mit Signalen höherer Frequenzlage als 1500 Hz können mit amplitudenmodulierten Tönen erzeugt werden, deren Modulationsperioden sich auf den beiden Ohren geringfügig unterscheiden [595, 81]. In diesem Falle findet binaurale Interaktion zwischen den Signalhüllkurven statt.

10.2.4 Rauhigkeit und Schwankungsstärke

Wenn ein Schallsignal eine zeitlich fluktuierende Erregung des Gehörs erzeugt (im PET-System also der Erregungssignale $e(t)$), so führt dies im allgemeinen zur Wahrnehmung von Rauhigkeit beziehungsweise Schwankungsstärke. Die Hörempfindung Rauhigkeit entsteht durch *rasche* Fluktuationen (Fluktuationsfrequenz größer als etwa 30 Hz); die Schwankungsstärke durch relativ *langsame* Fluktuationen (unterhalb 30 Hz) [432, 54, 944]. Beispiele für Schalle, welche Rauhigkeit hervorrufen, sind das schnarrende beziehungsweise brummende Geräusch eines fliegenden Käfers und eines Elektro- oder Kolben-Motors, sowie amplituden- beziehungsweise frequenzmodulierte Töne mit Modulationsfrequenzen zwischen ungefähr 30 und 300 Hz. Beispiele für die Schwankungswahrnehmung sind die relativ raschen Änderungen der Lautheit des natürlichen Sprachsignals; das Frequenzvibrato und das Tremolo musikalischer Töne beziehungsweise Klänge; und die mit periodischer Modulation der Amplitude oder Frequenz eines Tones mit einer Modulationsfrequenz unterhalb etwa 30 Hz einhergehende Hörempfindung. Unter Schwankungs*stärke* wird das subjektiv empfundene Ausmaß der Schwankungen verstanden [944].

Die Rauhigkeit hat sich als ein wesentliches Charakteristikum von Schallsignalen erwiesen. Sie spielt eine Rolle als Komponente des sensorischen Wohlklanges [984, 155, 29, 30, 418, 517]; als Merkmal bei der Geräuschdiagnose im technischen [82, 220, 1033] und medizinischen Bereich [470, 522, 1092, 618]; sowie bei der Beurteilung der Belästigung durch Lärm [78, 897].

Konzeptionelle Gesichtspunkte. Sowohl die Rauhigkeit als auch die Schwankungsstärke spiegeln die Wahrnehmung von Schall*ereignissen* wider, nämlich den einzelnen Fluktuationen, welche in großer Zahl mehr oder minder regelmäßig einander folgen. In diesem Sinne sind Rauhigkeit und Schwankungsstärke einerseits stationäre Hörempfindungen; andererseits repräsentieren sie die zeitliche Struktur eines Schalles. Trotz dieser Gemeinsamkeit der beiden Empfindungsgrößen kann man sie gut voneinander unterscheiden [432, 54, 944]. Ihr unterschiedlicher Charakter ist darauf zurückzuführen, daß sie Schallfluktuationen auf zwei verschiedenen Ebenen der auditiven Hierarchie widerspiegeln. Auf der untersten Stufe entsteht die Rauhigkeit. Sie spiegelt die höchste Zeitstrukturauflösung wider, welche vom Gehör unmittelbar als Hörempfindung dargestellt werden kann. Die Schwankungsstärke verknüpft demgegenüber Fluktuationen relativ grober Zeitstruktur miteinander, was als Prozeß auf einer höheren Stufe der auditiven Hierarchie zu verstehen ist.

Existenzbereiche. Die fundamentalen Charakteristika der Schwankungsstärke und der Rauhigkeit lassen sich mit einfachen Signaltypen untersuchen, nämlich (1) einem Paar frequenzbenachbarter Sinustöne gleicher Amplituden (welches ein schwebendes Gesamtsignal ergibt); und (2) einem sinusförmig amplitudenmodulierten Sinston. In Abb. 10.16 ist in schematisierter Form eine Anzahl von Meßergebnissen zur Existenz der verschiedenen Hörempfindungen dargestellt, welche mit derartigen Schallsignalen einhergehen [944, 730] [CD 8, CD 9].

Kurve a) gibt als Funktion der Frequenzlage des Testsignals diejenige Schwankungsfrequenz an, bei welcher die Hörempfindung der Schwankung in diejenige der Rauhigkeit übergeht. Der Existenzbereich der Schwankungsempfindung liegt also unterhalb der Kurve. Kurve b) bezeichnet die maximale Fluktuationsfrequenz, bis zu welcher Rauhigkeit hörbar ist. Der Existenzbe-

294   10. Prothetische Aspekte des Hörens

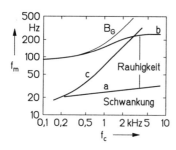

Abb. 10.16. Grenzen einiger Hörempfindungsbereiche für sinusförmig amplitudenmodulierte Sinustöne ($m = 1$) und die Schwebung zweier gleich starker Sinustöne. Ordinate: Modulationsfrequenz bzw. Frequenzabstand f_m. Abszisse: Träger- bzw. Mittenfrequenz f_c. a Grenze für Schwankungsempfindung; b Grenze für Rauhigkeit; c Grenze für Aufspaltung in zwei Tonhöhen; B_G Frequenzgruppenbreite. Nach [944]

reich der Rauhigkeit liegt also zwischen den Kurven a) und b). Diese Existenzbereiche sind weitgehend unabhängig davon, ob es sich beim Testsignal um einen SAM Sinuston mit der Trägerfrequenz f_c (Abszisse) und der Modulationsfrequenz f_m (Ordinate) handelt oder um ein Schwebungssignal aus zwei Sinustönen gleicher Amplituden, wobei die Schwebungsfrequenz (d.h. der Frequenzabstand der beiden Töne) durch f_m und die mittlere Frequenzlage durch f_c gekennzeichnet sind.

Der Verlauf der Grenze für Rauhigkeit (Kurve b) kann mit den Eigenschaften des Ohres als zeitvarianter Fourier-Analysator in Zusammenhang gebracht werden. Wie Abb. 10.16 (Kurve B_G) zeigt, stimmt er bei Trägerfrequenzen unterhalb ungefähr 1000 Hz mit der Frequenzgruppenbreite überein und geht bei Trägerfrequenzen oberhalb 2000 Hz in einen konstanten Wert der Modulationsfrequenz von 250 bis 300 Hz über. Dieser Verlauf wird, übrigens weitgehend in Übereinstimmung mit den Schlußfolgerungen, welche schon Helmholtz aus seinen Beobachtungen zog, folgendermaßen interpretiert.

Das Gehör zerlegt das SAM-Tonsignal mit wachsender Modulationsfrequenz mehr und mehr in die Teiltöne des zugehörigen Fourier-Synthesemodells. Bevor der Zustand vollständiger Trennung der Teiltöne erreicht ist, werden die Amplitudenfluktuationen als solche (das heißt, im Zeitbereich) wahrgenommen. Sind sie langsam ($f_m < 25$ Hz), so wird die entsprechende Hörempfindung als Schwankung bezeichnet; sind sie rasch ($f_m > 25$ Hz), werden sie als Rauhigkeit empfunden. Mit wachsender Modulationsfrequenz kommen zwei Faktoren ins Spiel, welche beide der Rauhigkeit schließlich eine Grenze setzen. Der erste Faktor ist die Spektralzerlegung als solche, also die Tatsache, daß in den einzelnen Kanälen des Grundmodells zunehmend nur noch das Signal eines einzigen Teiltons auftritt. Weil die Überlagerung mit den Nachbarteiltönen dabei entfällt, verschwinden die Fluktuationen des Erregungssignals $e_n(t)$ und damit die Rauhigkeit.

Der zweite Faktor ist die Trägheit, mit welcher das neuronale System raschen Schwankungen des Erregungssignals $e_n(t)$ folgen kann. Aus Abb. 10.16 kann man ablesen, wo die Grenze liegt, welche durch dieses Tiefpaßverhalten verursacht wird – nämlich bei Schwankungsfrequenzen von ungefähr 300 Hz. Die Trägheit des neuronalen Systems wird bei hohen Trägerfrequenzen zum allein die Rauhigkeit begrenzenden Faktor, weil die effektive Bandbreite der zugehörigen Hörkanäle größer ist als 300 Hz. Umgekehrt ist unterhalb der

Trägerfrequenz von 1 kHz die Spektralzerlegung der allein begrenzende Faktor, weil wegen der geringeren Bandbreite der Kanal-Bandpässe beziehungsweise Frequenzgruppen die Trennung der Teiltöne schon bei Fluktuationsfrequenzen unter 300 Hz erfolgt.

Was die Schwebung von Sinuston-Zweiklängen betrifft, so muß man die Art von Schwebung, deren Gesetzmäßigkeiten soeben erörtert wurden, genau genommen als *primäre* Schwebung bezeichnen, denn es gibt noch eine sekundäre Art. Plomp hat diese treffend *Beats of Mistuned Consonances* genannt [725] [CD 7]. Die sekundären Schwebungen werden hörbar, wenn die Frequenzen der beiden Töne *angenähert* im Verhältnis kleiner ganzer Zahlen stehen und der Schallpegel des höheren Tones wesentlich kleiner ist als derjenige des tieferen. Beispielsweise ergibt sich mit den Frequenzen f_1 und $2f_1 + \Delta f$, wobei Δf höchstens wenige Hz beträgt, die Schwebungsperiode $1/\Delta f$ [202, 614, 725].

Die sekundäre Schwebung ist nur schwach ausgeprägt, und ihr Auftreten ist auf kleine Schwebungsfrequenzen beschränkt. Das heißt, daß es beispielsweise eine "sekundäre Rauhigkeit" nicht gibt. Die *beats of mistuned consonances* kommen dadurch zustande, daß die Frequenzselektivität des Innenohres nicht ausreicht, um die beiden Sinustöne vollständig voneinander zu trennen, wenn ihre Frequenzen beispielsweise im Verhältnis 1:2 stehen. In gewissen Hörkanälen tritt das Summensignal beider Töne auf und erzeugt im Falle angenäherter Harmonizität eine periodisch schwankende Erregung des Gehörs [725].

Einfluß der Schwankungsfrequenz. Es leuchtet ohne weiteres ein, daß die Rauhigkeit zwischen den beiden Grenz-Fluktuationsfrequenzen, welche ihren Existenzbereich markieren (Kurven a, b in Abb. 10.16), einen Maximalwert annimmt. Diese Charakteristik wird durch Abb. 10.17 illustriert, wo einige Meßergebnisse der Rauhigkeit amplitudenmodulierter Sinustöne schematisch zusammengefaßt sind [945].

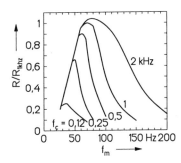

Abb. 10.17. Relative Rauhigkeit sinusförmig amplitudenmodulierter Sinustöne ($m = 1$), als Funktion der Modulationsfrequenz, wenn der Rauhigkeitsexponent 2 zugrundegelegt wird. Parameter: Trägerfrequenz f_c. Nach [945]

Das Diagramm zeigt in normierter Form die in Hörversuchen ermittelte Rauigkeit sinusförmig amplitudenmodulierter Sinustöne mit den Trägerfrequenzen 120, 250, 500, 1000 und 2000 Hz, in Abhängigkeit von der Modulationsfrequenz. Im Einklang mit der soeben erläuterten Interpretation läßt sich maximale Rauhigkeit dadurch erzielen, daß man eine relativ hohe Frequenzlage wählt ($f_c \geq 2000$ Hz), so daß wegen der dazugehörigen relativ großen Bandbreite der Hörkanäle keine Spektralzerlegung im Gehör erfolgt.

Die Modulations- beziehungsweise Schwankungsfrequenz, bei welcher unter dieser Bedingung der Maximalwert der Rauhigkeit erreicht wird, beträgt ungefähr 75 Hz. Die Tatsache, daß gemäß Abb. 10.17 bei tieferen Frequenzlagen die zur maximalen Rauhigkeit gehörende Fluktuationsfrequenz kleinere Werte hat, ist darauf zurückzuführen, daß die Spektralzerlegung, welche den Hörkanälen vorausgeht, die vollständige Ausbildung der Erregungsfluktuationen bei höheren Fluktuationsfrequenzen verhindert.

Mit SAM Breitbandrauschen ergibt sich dieselbe bandpaßartige Abhängigkeit der Rauhigkeit von der Modulationsfrequenz wie mit SAM Sinustönen höherer Trägerfrequenzen mit einem Rauhigkeitsmaximum bei $f_m \approx 70$ Hz [277, 279].

Bandpaßrauschen mit nicht zu großer Bandbreite weist eine gewisse Rauhigkeit auch dann auf, wenn es *nicht* moduliert wird. Die zufälligen Amplituden- und Frequenzfluktuationen eines Bandpaßrauschens haben eine mittlere Frequenz, welche ungefähr gleich der halben Bandbreite ist. Daher zeigt die Eigenrauhigkeit von Bandpaßrauschen eine Abhängigkeit von der Bandbreite, welche – bis auf den Faktor 2 – der Abhängigkeit von der Modulationsfrequenz sinusförmig amplitudenmodulierter Sinustöne ähnelt [28].

Die absolute Obergrenze der Wahrnehmbarkeit von Schallfluktuationen von rund 300 Hz stellt offenbar eine Art Systemkonstante des menschlichen Gehörs dar in dem Sinne, daß allgemein Fluktuationen mit höherer Frequenz nicht hörbar sind. Man kann dies beispielsweise auch mit amplitudenmoduliertem weißem Rauschen verifizieren [737, 624, 936, 409].

Die *Schwankungsstärke* ist, wie erwähnt, bei einer Fluktuationsfrequenz von etwa 30 Hz nur noch gering und wird bei höheren Fluktuationsfrequenzen mehr und mehr von der Rauhigkeit abgelöst. Nach tieferen Fluktuationsfrequenzen steigt sie an [945]. Fastl hat in Experimenten mit SAM von Sinustönen und Breitbandrauschen nachgewiesen, daß bei $f_m \approx 4$ Hz ein Maximum der Schwankungsstärke auftritt. Das heißt, daß die Schwankungsstärke sinusförmig modulierter Schalle bei noch geringeren Modulationsfrequenzen wieder abnimmt [283, 284, 285]. Die Lage des Schwankungsstärke-Maximums bei $f_m \approx 4$ Hz ist insofern bemerkenswert, als die mittlere Silbenfrequenz der Lautsprache ungefähr denselben Wert hat, vgl. Kapitel 7.

Einfluß der Schwankungsamplitude. Eine weitere charakteristische Eigenschaft der Rauhigkeits- und der Schwankungsempfindung zeigt sich in der Tatsache, daß dieselbe überwiegend von der *relativen* Amplitudenschwankung der Erregungssignale bestimmt wird – im Gegensatz zur absoluten Schwankung. Dies bedeutet, daß ein und dasselbe auf irgend eine Weise schwankende und somit Rauhigkeit erzeugende Schallsignal nahezu dieselbe Rauhigkeit unabhängig davon hervorruft, ob es leise oder laut ist. Das heißt, daß die Rauhigkeit, welche ein SAM Sinuston erzeugt, überwiegend allein vom Modulationsgrad abhängt und nur relativ wenig vom Schallpegel [952].

Der Zusammenhang zwischen der Rauhigkeit beziehungsweise Schwankungsstärke einerseits und dem Modulationsgrad eines SAM Sinustones an-

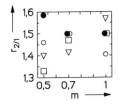

Abb. 10.18. Verhältnis $r_{2/1}$ der Modulationsgrade eines sinusförmig amplitudenmodulierten 1 kHz-Tones, welche zur halben beziehungsweise doppelten Rauhigkeit (Schwankungsstärke) gehören, als Funktion des Modulationsgrades; Meßergebnisse von 4 Vpn. Kreise: $f_m = 40$ Hz; Quadrate: $f_m = 68$ Hz; Dreiecke: $f_m = 120$ Hz; Punkte: $f_m = 5$ Hz (Schwankungsstärke). $L = 70$ dB. Nach [945]

dererseits kann durch Größen- beziehungsweise Verhältnisschätzung ermittelt werden – analog zur Lautheitsmessung. Abb. 10.18 zeigt als Beispiel das Ergebnis einer Verhältnisschätzung von Rauhigkeit beziehungsweise Schwankungsstärke mit sinusförmig amplitudenmodulierten 1 kHz-Tönen verschiedener Modulationsfrequenzen. Danach liegt der Quotient $r_{2/1}$ der beiden Modulationsgrade, welche zur halben beziehungsweise doppelten Rauhigkeit des 1 kHz-Tones gehören, im Bereich zwischen 1,33 und 1,58. Er zeigt keine signifikante Abhängigkeit von der Modulationsfrequenz und ist im dargestellten Bereich auch vom Modulationsgrad unabhängig. Daher ist es gerechtfertigt, alle in Abb. 10.18 enthaltenen Meßpunkte zu einem Mittelwert zusammenzufassen und für den Zusammenhang zwischen Modulationsgrad und Rauhigkeit den Ansatz

$$R = \text{const} \cdot m^\kappa \tag{10.16}$$

zu machen. Der Mittelwert von $r_{2/1}$ nach Abb. 10.18 beträgt $r_{2/1} = 1,47$. Der Exponent κ ergibt sich mit dem Ansatz (10.16) aus der Bedingung $r_{2/1}^\kappa = 2$ zu $\kappa=1,8$. Etwas kleinere Rauhigkeitsexponenten wurden von Vogel [1028] mit $\kappa = 1,5$ sowie Guirao & Garavilla [391] ($\kappa = 1,4$) angegeben.

Ein SAM Sinuston relativ geringer Modulationsfrequenz unterscheidet sich in der Hörempfindung nur geringfügig vom Schwebungssignal, welches durch Überlagerung zweier fester Sinustöne mit dem Frequenzabstand f_m entsteht, wenn die Mittenfrequenz f_c der beiden Töne gleich der Trägerfrequenz des SAM Signals ist. Der Änderung des Modulationsgrades eines SAM Sinustones entspricht beim Schwebungssignal die Änderung des Amplitudenunterschieds der beiden Töne. Haben beide Töne dieselbe Amplitude, so wird die Rauhigkeit maximal und entspricht ungefähr derjenigen eines mit $m = 0,5\ldots 0,8$ amplitudenmodulierten Sinustones, dessen Trägerfrequenz gleich der Mittenfrequenz und dessen Modulationsfrequenz gleich der Schwebungsfrequenz sind [28].

Addition von Teilrauhigkeiten. Wird einem SAM Sinuston beziehungsweise einem Schwebungssignal ein zweiter SAM Sinuston beziehungsweise ein zweites Schwebungssignal mit deutlich anderer Träger- beziehungsweise Mittenfrequenz überlagert, so kann man in Abhängigkeit von den Modulationsfrequenzen eine mehr oder minder große Zunahme der Rauhigkeit feststellen. Der Rauhigkeitszuwachs, welcher durch das Hinzufügen des zweiten fluktuierenden Signals entsteht, hängt vom Grad der Korrelation der beiden

Modulationshüllkurven ab. Sind beispielsweise die beiden Modulations- beziehungsweise Schwebungsfrequenzen gleich, so ergibt sich eine Rauhigkeitszunahme bis zum Faktor 2, falls die beiden Fluktuationen gleichphasig sind, während keine Rauhigkeitszunahme stattfindet, wenn sie in Gegenphase sind [952, 28].

Binaurale Summation. Zwicker [1130] hat Rauhigkeit und Schwankungsstärke bei monauraler und binauraler Darbietung mit SAM Sinustönen und Modulationsfrequenzen zwischen 1 Hz und 140 Hz untersucht. Die Ergebnisse deuten darauf hin, daß die binaurale Schwankungsstärke aus der binauralen Lautheit gebildet wird, während die Rauhigkeiten getrennt für jedes Ohr entstehen und dann in einer Art Mittelung zusammengefaßt werden.

Theorie. Die geschilderten Charakteristika der Schwankungs- und Rauhigkeitswahrnehmung lassen sich im Hinblick auf die komplexen Schallsignale der akustischen Kommunikation folgendermaßen verallgemeinern. Rauhigkeit kann dann, und nur dann, wahrgenommen werden, wenn benachbarte Teiltöne der Fourier-Synthese-Darstellung Frequenzabstände voneinander aufweisen, welche auf Grund der in Abb. 10.16 dargestellten (und für einzelne amplitudenmodulierte Sinustöne beziehungsweise Schwebungssignale gültigen) Zusammenhänge für die Entstehung von Rauhigkeit günstig sind. Die Rauhigkeit eines beliebigen komplexen Schallsignals verschwindet, sobald dies für alle darin enthaltenen Teiltöne beziehungsweise frequenzbenachbarten Teiltonpaare nicht der Fall ist. Daraus ergibt sich die einfache Erklärung der Tatsache, daß ein beliebiges periodisches – jedoch nicht moduliertes – Schallsignal im allgemeinen rauh klingt, wenn seine Schwingungsperiode größer als ungefähr 3 ms ist – und dafür, daß es umgekehrt niemals eine Rauhigkeitsempfindung erzeugt, wenn die Periode diesen Wert deutlich unterschreitet. Man kann dies leicht am Klavier verifizieren, indem man Töne in der Umgebung des eingestrichenen C (262 Hz) anschlägt. Tiefere Töne klingen zunehmend rauh, höhere zunehmend glatt.

Da man sich die Rauhigkeit eines komplexen Schallsignals in grober Näherung aus Beiträgen zusammengesetzt denken kann, welche jeweils zwei frequenzbenachbarte Teiltöne infolge ihrer Schwebung leisten, ergibt sich folgende weitere einfache Regel für die Abschätzung der Rauhigkeit: Weil die durch Schwebung entstehende Amplitudenschwankung am größten ist, wenn die beiden Teiltöne gleiche Amplituden haben, gilt unter sonst gleichen Verhältnissen dasselbe für ihren Beitrag zur Rauhigkeitsempfindung. Komplexe Signale sind daher dann besonders rauh, wenn viele Paare frequenzbenachbarter Teiltöne angenähert gleiche Amplituden haben. Umgekehrt nimmt die Rauhigkeit deutlich ab, wenn die Amplitudenverteilung der Teiltöne dieses Merkmal nicht aufweist. So erklärt sich beispielsweise die Erfahrungstatsache, daß die Rauhigkeit eines Schallsignals in der Regel deutlich gemindert wird, wenn dasselbe in einem halligen Raum dargeboten wird. Die Übertragungsfunktion des Raumes mit ihren zahlreichen, quasi zufällig verteilten Maxima und Minima reduziert drastisch die Wahrscheinlichkeit, daß irgend

10.2 Wahrnehmung von Schallfluktuationen

zwei benachbarte Teiltöne angenähert gleiche Amplituden haben – und dies unabhängig davon, ob letzteres im Originalsignal der Fall ist, oder nicht. Fleischer [319] hat diese Zusammenhänge experimentell verifiziert.

Die absolute obere Rauhigkeitsgrenze bei Fluktuationsfrequenzen von ungefähr 300 Hz steht in einem einleuchtenden Zusammenhang mit der im Abschnitt 9.2 erläuterten Beobachtung, daß eine einzelne Faser des akustischen Nerven über einige Zeit nicht rascher als ungefähr 300 mal pro Sekunde feuern, das heißt, Aktionspotentiale übertragen kann. Die Wahrnehmung der Rauhigkeit kann unmittelbar in Zusammenhang gebracht werden mit dem weitgehend *synchronen Feuern zahlreicher Fasern*. Die Rauhigkeit ist umso geringer, je weniger synchron die Fasern feuern. So erklärt es sich, daß beispielsweise eine rasche Folge kurzer Druckimpulse (beispielsweise mit der Pulsfrequenz 50 Hz) außerordentlich rauh beziehungsweise schnarrend klingt, während ein Schallsignal mit genau demselben Teilton-Amplitudenspektrum weit weniger rauh klingt, sobald die Phasen der Teiltöne zufällig verteilt werden.

Auf entsprechende Weise erklärt sich die Tatsache, daß beispielsweise ein (unmodulierter) Sinuston mit der Frequenz 50 Hz praktisch keine Rauhigkeit hervorruft, während ein mit derselben Frequenz und dem Modulationsgrad 1 *amplitudenmodulierter* Sinuston höherer Frequenz (beispielsweise 1000 Hz) eine ausgeprägte Rauhigkeit hat. Diese beiden Schallsignale haben miteinander gemeinsam, daß die von ihnen in den zugehörigen Hörkanälen erzeugten Erregungssignale mit 50 Hz fluktuieren. Daß dennoch die Rauhigkeit der beiden Signale drastisch verschieden ist, liegt daran, daß im Falle des (unmodulierten) 50 Hz Sinustones die beteiligten Kanalerregungen zwar mit ein und derselben Frequenz (nämlich 50 Hz) fluktuieren, jedoch mit erheblichen Phasenverschiebungen, welche durch die Laufzeit der Welle in der Cochlea bedingt sind. Diese Art von Asynchronität genügt, um die Rauhigkeit verschwinden zu lassen, weil die Aktionspotentiale in den erregten Hörkanälen relativ zueinander zeitversetzt sind. Demgegenüber schwankt im Falle des amplitudenmodulierten 1 kHz Sinustones die Erregung in den beteiligten Hörkanälen *synchron*, weil der Phasenunterschied der durch Amplitudenmodulation erzeugten Hüllkurvenschwankung in einem weiten Bereich von Hörkanälen vernachlässigbar gering ist.

Vogel [1027] hat ein Funktionsschema für die Bildung der Rauhigkeit angegeben, welches auf der Annahme einer logarithmisch von der spektralen Amplitudendichte abhängigen Erregungsgröße beruht. Schwankungen der Erregungsgröße um feste Absolutbeträge entsprechen dabei Signalschwankungen mit festen relativen Beträgen, wodurch die Dominanz des Modulationsgrades als maßgebender physikalischer Parameter bei der Rauhigkeitsbildung erklärt wird. Eine Stärke dieses Funktionsschemas besteht darin, daß es die Bildung von Lautheit und Rauhigkeit auf verhältnismäßig einfache Weise miteinander verknüpft. Der Ansatz von Fastl [279] zur Erklärung der Rauhigkeit beruht im wesentlichen auf dem gleichen Prinzip.

Ein Berechnungsverfahren der Rauhigkeit wurde von Aures [28] angegeben. Es beruht auf der Zerlegung des Schallsignals in 24 frequenzgruppenbreite Kanäle sowie der Annahme, daß die Gesamtrauhigkeit sich aus den Beiträgen der Kanäle zusammensetzt, wobei deren zeitliche Korrelation berücksichtigt wird. Die Teilrauhigkeit im einzelnen Kanal wird durch Bestimmung des effektiven Modulationsgrads des darin auftretenden Zeitsignals berechnet. Eine verbesserte Version dieses Verfahrens, welche insbesondere für die Rauhigkeit von Geräuschen genauere Werte liefert, wurde kürzlich von Daniel & Weber [221] beschrieben.

Die *Schwankungsstärke* wird hauptsächlich mit dem Zeitverhalten der Mithörschwellen beziehungsweise der zeitbewerteten Lautheit in Zusammenhang gebracht [821, 283]. Dieser Ansatz ist unter anderem deshalb naheliegend, weil im Bereich der in Betracht kommenden Fluktuationsfrequenzen die Lautheit den einzelnen Schwankungen in der Tat folgt [47].

10.3 Prothetische Attribute der Klangfarbe

Schallsignale können in unterschiedlichem Maße "gefärbt" sein. Art und Verteilung der Färbung sind metathetischer Natur und geben dem Schall Gestaltcharakter. Ausmaß und Intensität der Färbung sind prothetischer Natur. Als Hörempfindungen, welche Ausmaß und Intensität von Klangfärbung charakterisieren, kommen das *Volumen*, die *Schärfe* und die *Klanghaftigkeit* in Betracht.

10.3.1 Volumen

Unter dem (auditiv empfundenen) *Volumen* eines Schalles versteht man die wahrgenommene Größe beziehungsweise Mächtigkeit eines Schallobjekts. Die alltägliche Hörerfahrung zeigt, daß es nicht schwer fällt, nach Gehör Schalle hinsichtlich ihrer subjektiven Mächtigkeit voneinander zu unterscheiden. Man spricht beispielsweise von *dünnen* beziehungsweise *zarten* im Gegensatz zu *voluminösen* Stimmen; die ersteren haben geringes, die letzteren großes Volumen. Es fällt leicht, beliebige Schalle hinsichtlich ihres Volumens nach Gehör zu vergleichen und einzuordnen.

Das Volumen hängt hauptsächlich von der Frequenzbandbreite, der Frequenzlage und dem Pegel des Schalles ab. Bei fester Frequenzlage und festem Schallpegel nimmt das Volumen mit wachsender Bandbreite zu [996]. Bei fester Bandbreite nimmt das Volumen zu, wenn der Schallpegel erhöht, beziehungsweise wenn die Frequenzlage abgesenkt wird.

Die Abhängigkeit des Volumens von Sinustönen von Frequenz und Schallpegel wurde von Thomas [995] und Terrace & Stevens [991] untersucht. Bei festem Schallpegel hat ein tiefer Sinuston ein erheblich größeres Volumen als ein hoher. Bei fester Frequenz steigt das Volumen mit dem Schallpegel drastisch an. Beschreibt man die Abhängigkeit des Volumens vom Schallpegel

10.3 Prothetische Attribute der Klangfarbe

mit einer Potenzfunktion, so ergeben sich in Abhängigkeit von der Sinustonfrequenz verschiedene Exponenten: Das Volumen eines tiefen Sinustones ist relativ groß, hängt aber weniger stark vom Schallpegel ab als dasjenige eines hohen Sinustones. Terrace & Stevens geben Exponenten zwischen 0,1 (100 Hz-Ton) und 0,75 (5000 Hz-Ton) an [991].

Eine Übersicht über die bei Sinustönen vorliegenden Zusammenhänge gibt Abb. 10.19. Dargestellt ist das durch auditiven Vergleich ermittelte Volumen von Sinustönen als Funktion der Frequenz (Abszisse) und des Pegels (Parameter der Kurven). Bezugswert ist das Volumen des 1 kHz-Tones mit $L = 40$ dB.

Aus dem Diagramm kann man entnehmen, daß beispielsweise ein 1000 Hz-Sinuston mit $L = 40$ dB ein zehnmal kleineres Volumen hat als ein 50 Hz-Ton mit dem gleichen Pegel; und ein 1000 Hz-Ton mit $L = 40$ dB hat ein sieben mal kleineres Volumen als derselbe Ton mit $L = 100$ dB.

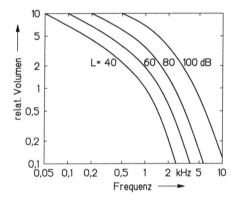

Abb. 10.19. Relatives Volumen von Sinustönen als Funktion der Frequenz (Abszisse) und des Schallpegels (Parameter). Nach Terrace & Stevens [991]

Perrott & Buell [708] untersuchten das Volumen von Breitbandrauschen und fanden unter anderem einen deutlichen Einfluß der Darbietungsdauer im Bereich zwischen 0,1 und ca. 1 s. Erst bei längeren Dauern als 1 s waren die Volumenschätzungen der Versuchspersonen unabhängig von der Dauer.

10.3.2 Schärfe

Unter der Bezeichnung *Schärfe* wird eine Reihe von Hörattributen zusammengefaßt, welche auch durch die Begriffe *Dichte, Härte, Helligkeit, Brillanz* gekennzeichnet sind. Es gibt Schalle, welche man als schrill, hart beziehungsweise scharf klingend bezeichnet und andererseits solche, welche im Gegensatz dazu als sanft und ausgeglichen wahrgenommen werden. Beispiele für Schalle, welche in diesem Sinne besonders scharf klingen, sind das Quietschen einer Fahrzeugbremse und das Geräusch einer Kreissäge.

Stevens [902] hat die betreffende Hörempfindung unter der Bezeichnung *Dichte* (density) unter hörpsychologischen Gesichtspunkten definiert. Guirao & Stevens [392] haben die Abhängigkeit der Dichte vom Schallpegel und von der Frequenzlage beschrieben. Danach nimmt allgemein die Dichte mit dem Schallpegel zu, und zwar mit einem Exponenten der Potenzfunktion, welcher zwischen 0,2 und 0,6 liegt. Mit Schmalbandrauschen wurde gefunden, daß die Dichte in umgekehrter Weise von der Frequenzlage abhängt wie das Volumen: Mit ansteigender Frequenzlage nimmt bei festem Pegel und fester Bandbreite die Dichte drastisch zu [392]. Im Hinblick auf die komplementäre Charakteristik von Dichte und Volumen haben Stevens et al. postuliert, daß das Produkt aus beiden Größen konstant sei und mit der Lautheit zusammenhänge [912].

Bismarck [93, 94] hat in einer umfassenden semantischen Analyse gezeigt, daß man eine Anzahl von auditiven Schallattributen – unter anderem die Dichte – als ein und dieselbe Komponente der Hörempfindung auffassen kann. Er hat dieser Komponente die Bezeichnung *Schärfe* gegeben.

Die Schärfe eines Schallsignals wird im wesentlichen durch dessen hochfrequente Anteile des Fourierspektrums hervorgerufen und sie nimmt mit wachsendem Schallpegel zu [392, 94]. Die Rolle, welche die Schallintensität in hoher Frequenzlage spielt, wird beispielsweise beim weißen Rauschen deutlich. Weißes Rauschen weist trotz der Ausgeglichenheit seiner spektralen Intensitätsverteilung (frequenzunabhängige Intensitätsdichte) erhebliche Schärfe auf, weil die Schallintensität, welche auf die einzelnen Hörkanäle entfällt, proportional zur Bandbreite der Hörkanalfilter ist, und diese nimmt mit der Frequenzlage zu. Die Schärfe trägt zur Erkennung der Betontheit von Sprachsegmenten bei [878, 879].

Wird die obere Grenzfrequenz eines Schallsignals, dessen Fourierspektrum zuerst den ganzen Hörbereich überdeckt, schrittweise abgesenkt, so nimmt die Schärfe ab, und zwar sowohl bei Geräuschen als auch bei Klängen [94]. Wird umgekehrt die *untere* Grenzfrequenz schrittweise angehoben, so nimmt die Schärfe zu.

Wird ein Schallsignal geringer Bandbreite (einschließlich des Sinustones) von tiefen nach hohen Frequenzen verschoben, so wächst die Schärfe drastisch an. Abb. 10.20 zeigt diesen Zusammenhang.

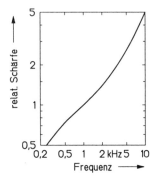

Abb. 10.20. Relative Schärfe beziehungsweise Dichte, Helligkeit, eines Schmalbandrauschens und eines Sinustones, als Funktion der Frequenz. Nach Bismarck [94] und Guirao & Stevens [392]

Theorie. Bismarck [94] hat ein Berechnungsverfahren für die Schärfe beliebiger Schallsignale angegeben. Es beruht auf der Verteilung der spezifischen Lautheit über der Tonheit. Für die Schärfe ist nach diesem Modell die Lage des Schwerpunkts der mit einer Gewichtsfunktion bewerteten Lautheitsverteilung auf der Bark-Skala maßgebend. Die Schärfe S ergibt sich auf dieser Grundlage nach [94] aus der Formel

$$S = \frac{\text{const}}{N} \int_0^{24\text{Bark}} N'(z)g(z)\text{d}z, \tag{10.17}$$

worin N' die spezifische Lautheit bedeutet, N die Gesamtlautheit gemäß (10.11), z die Tonheit, und $g(z)$ die Gewichtsfunktion. Letztere sorgt dafür, daß die bei hohen Frequenzen vorhandene spezifische Lautheit umso stärker ins Gewicht fällt, je höher die Frequenzlage ist. Gleichung (10.17) besagt demnach, daß die Schärfe proportional zum Verhältnis von gewichteter Gesamtlautheit zur Gesamtlautheit ist.

Die Formel (10.17) bezieht sich auf Schalle gleicher Lautheit; das heißt, daß der Einfluß der absoluten Lautheit auf die Schärfe darin nicht berücksichtigt wird. Aures [30] hat auf Grund weiterer Ergebnisse eine Korrektur an der von Bismarck angegebenen Gewichtsfunktion $g(z)$ vorgenommen und die Schärfeformel so geändert, daß zusätzlich dem Einfluß der Lautheit Rechnung getragen wird. Die von Aures angegebene Formel lautet

$$S = \frac{\text{const}}{\ln(1 + 0,05N/\text{sone})} \int_0^{24\text{Bark}} N'(z)g(z)\,\text{d}z, \tag{10.18}$$

und die Gewichtsfunktion ist durch

$$g(z) = 0,0165 \cdot e^{0,171z/\text{Bark}} \tag{10.19}$$

definiert [30].

Wenn man in (10.18, 10.19) anstelle von z die Kanalnummer n des PET-Systems einführt und sinngemäß $N'(z)\text{d}z$ durch $e_n(t)$ ersetzt, ergibt sich eine entsprechende Schärfeberechnungsformel auf der Grundlage des PET-Systems. Dabei muß gegebenenfalls die Gewichtsfunktion angepaßt werden.

10.3.3 Klanghaftigkeit

Die Klanghaftigkeit ist in besonderem Maße ein Merkmal der Klangfarbe beziehungsweise der Klanggestalt (vgl. Kapitel 12). Je nach der Art und Ausgeprägtheit spektraler Diskontinuitäten im Fourierspektrum eines Schallsignals erscheint dasselbe in der Hörempfindung als mehr oder minder stark *gefärbt*. Während beispielsweise ein Breitbandrauschen in diesem Sinne keine "Farbe" hat, tritt Klangfärbung auf, sobald das Rauschspektrum mit einer resonatorartigen Übertragungsfunktion gewichtet wird.[5] Dieser Effekt kommt beispielsweise in geflüsterter Sprache ins Spiel.

---
[5] Ein Modell dieses Effekts wurde beispielsweise von Kates [491] vorgeschlagen.

Ein weiterer Mechanismus für die Färbung von alltäglichen Geräuschen beziehungsweise Klängen besteht in der Überlagerung zeitversetzter Schallsignalanteile. Wenn ein zunächst "farbloses" breitbandiges Geräusch mehrfach auf Wegen verschiedener Länge ans Ohr gelangt, so verursacht die Überlagerung der gleichartigen, aber zeitverschobenen Anteile scharf ausgeprägte Diskontinuitäten im Summenspektrum, welche als Färbung wahrgenommen werden können (Kammfiltereffekt [509]). Wenn beispielsweise die Stimme eines Sprechers mit einem Mikrofon aufgenommen wird, welches auf einem Tisch steht, so gelangt der Schall sowohl direkt als auch auf dem Umweg über die Reflexion an der Tischplatte ans Mikrofon, so daß eine unerwünschte Klangfärbung der Stimme entsteht. Flohrer [343] zeigte die Grenzen dafür auf, jenseits welcher eine solche Klangfärbung die Sprache unnatürlich macht. Derselbe Effekt tritt auf, wenn man auf der Erde stehend von einem düsengetriebenen Flugzeug relativ langsam und in relativ geringer Höhe überflogen wird. In diesem Fall verursacht die Überlagerung der beiden Schallanteile, welche auf dem direkten Weg und auf dem Umweg über die Bodenreflexion ans Ohr gelangen, eine Geräuschfärbung mit Tonhöhencharakter.

Die Klangfärbung läßt sich auch im Zeitbereich beobachten. Bietet man dem Gehör einzelne kurze Schalldruckimpulse mit einer Dauer von ungefähr 0,1 ms in Zeitabständen von der Größenordnung 1 s dar, so hört man einzelne "farblose" Knacke. Ersetzt man die Einzelimpulse durch je eine kurze Folge mehrerer Druckimpulse in gleichen Zeitabständen von der Größenordnung 1 ms, so tritt mit wachsender Impulsanzahl zunehmend Klangfärbung, verbunden mit Tonhöhenempfindungen, auf. Pollack [739] fand, daß bei Impulsabständen unter etwa 1 ms die zur Färbung erforderliche Impulsanzahl in etwa einer konstanten Gesamtdauer der Impulsfolge von 3–4 ms entspricht. Bei längeren Impulsabständen als 1 ms nahm die erforderliche Gesamtdauer zu. Bei Abständen von mehr als etwa 20 ms geht die Hörempfindung wieder in diejenige einzelner Knacke über.

Die *Art* der Klangfärbung – die Klangfarbe – verleiht einem Schall Individualität, so daß man ihn an der Art seiner Buntheit erkennen kann. Beispielsweise beruht der Unterschied zwischen den stationären Frikativlauten /f/ und /ʃ/ darauf, daß die betreffenden Geräusche im genannten Sinne verschieden gefärbt sind. Die Klangfarbe ist demnach als metathetische Empfindungskomponente anzusehen. Die *Intensität* der Färbung, also die Klanghaftigkeit, entspricht der Prägnanz, mit welcher die individuellen Eigenschaften des Schallobjekts in Erscheinung treten. Daher ist die Klanghaftigkeit eine prothetische Empfindungsgröße.

Klangfärbung geht mit Abweichungen des Fourier-Spektrums von einer gleichmäßig-neutralen Form einher [509, 25, 26]. Solche Abweichungen sind gleichbedeutend mit dem Auftreten graduell unterschiedlich ausgeprägter *Tonhöhen* [347, 84, 85]. Eine bestimmte Klangfarbe ist dadurch eindeutig definiert, daß bestimmte Tonhöhen mit graduell unterschiedlicher Ausgeprägtheit (Prägnanz) vorhanden sind.

Die Klanghaftigkeit eines Schalles läßt sich ebenso leicht auditiv beurteilen wie dessen Volumen und Schärfe. Als Beispiel stelle man sich den Schall einer Kesselpauke im Vergleich zu demjenigen eines Klaviers vor. Beide werden

10.3 Prothetische Attribute der Klangfarbe

physikalisch auf sehr ähnliche Art hervorgebracht, nämlich durch Anschlagen eines Gegenstandes mit einem Hammer. Dennoch besteht kein Zweifel darüber, daß der Schall der Pauke wesentlich weniger klanghaft ist als derjenige des Klaviers [290].

Ein Maß für die Klanghaftigkeit eines Schallsignals ergibt sich demnach aus der Anzahl und Ausgeprägtheit der Tonhöhen, welche gegebenenfalls wahrnehmbar sind. Die Ausgeprägtheit von Tonhöhen bildet die Grundlage der Klanghaftigkeit, so daß man die Untersuchung der letzteren in hohem Maße auf die Untersuchung der Ausgeprägtheit von Tonhöhen zurückführen kann.

Im direkten Hörvergleich erweisen sich Sinustöne als weit klanghafter als Bandpaßrauschen derselben Frequenzlage [30]. Abb. 10.21 verdeutlicht diesen Unterschied. Weiterhin zeigt sich erwartungsgemäß, daß Bandpaßrauschen umso klanghafter sind, je geringer ihre Bandbreite ist, das heißt, je ausgeprägter die von ihnen hervorgerufene Spektraltonhöhe ist. Schließlich zeigt Abb. 10.21 noch, daß die Klanghaftigkeit von Sinustönen mit wachsender Frequenz oberhalb 1 kHz deutlich abnimmt. Der Schallpegel hat auf die Klanghaftigkeit keinen oder allenfalls nur geringen Einfluß [30].

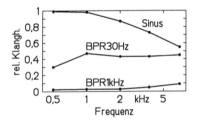

Abb. 10.21. Relative Klanghaftigkeit von Sinustönen und von Bandpaßrauschen mit den Bandbreiten $B = 30$ Hz bzw. 1000 Hz, als Funktion der Frequenzlage. Nach [30]

Weil Klanghaftigkeit unmittelbar mit der Ausgeprägtheit von Tonhöhen einhergeht, sind Klanghaftigkeit und Ausgeprägtheit der Tonhöhen mehr oder minder synonym. Systematische experimentelle Untersuchungen der Ausgeprägtheit der Tonhöhen verschiedener Schalle wurden von Fastl und Mitarbeitern durchgeführt [295, 281, 282, 287, 288, 292, 439].

Tabelle 10.1 gibt eine Übersicht über die im Paarvergleich ermittelten Ausgeprägtheiten der Tonhöhen verschiedener Schalle (nach Fastl & Stoll [295]). Die aufgeführten Schalle haben unterschiedliche Klanghaftigkeit. Sie haben miteinander gemeinsam, daß sie hauptsächlich eine Tonhöhe hervorrufen, welche der Frequenz 250 Hz entspricht, wenngleich die Ausgeprägtheit derselben bei den einzelnen Schallen verschieden ist. Die Ausgeprägtheits-Urteile, welche als Prozentwerte in der letzten Spalte angegeben sind, beziehen sich allein auf die Haupttonhöhe.

Tab. 10.1. In Hörversuchen ermittelte Ausgeprägtheit A der Haupttonhöhe verschiedener Schallsignale, relativ zu derjenigen des Sinustones. Die Haupttonhöhe entspricht bei allen 12 Signalen der Frequenz 250 Hz. Nach Fastl & Stoll [295]

	Schallsignal	A [%]
1	Sinuston $f = 250$ Hz	100
2	Harm. Komplexer Ton $f_o = 250$ Hz; Tiefpaß 2,5 kHz; -3 dB/oct	82,5
3	Harm. Komplexer Ton $f_o = 250$ Hz; -3 dB/oct	65
4	Schmalbandrauschen $f = 250$ Hz; $B = 10$ Hz	61,5
5	Sinusf. amplitudenmod. Sinuston $f_m = 250$ Hz; $f_c = 1$ kHz; $m = 1$	52,5
6	Harm. Komplexer Ton $f_o = 250$ Hz; Bandpaß 1-3 kHz; -3 dB/oct	47,5
7	Schmalbandrauschen 200-300 Hz	13
8	Tiefpaßrauschen $f_g = 250$ Hz	13
9	Kammfilterrauschen $\tau = 4$ ms	12
10	Sinusf. amplitudenmod. Breitbandrauschen $f_m = 250$ Hz	5
11	Sinusf. amplitudenmod. Sinuston $f_m = 250$ Hz; $f_c = 6$ kHz; $m = 1$	2
12	Hochpaßrauschen $f_g = 250$ Hz	0

Das Beispiel verdeutlicht eine Anzahl allgemeiner Merkmale der Ausgeprägtheit von Tonhöhen:

- Das Schallsignal, welches die ausgeprägteste Tonhöhe hervorruft, ist der ungestörte Sinuston.
- Ein harmonischer komplexer Ton erzeugt eine umso ausgeprägtere Tonhöhe, je ähnlicher er dem Sinuston wird, das heißt, je geringer die Anzahl beziehungsweise Amplitude der Harmonischen ist, welche auf die erste folgen.
- Die Ausgeprägtheit der Tonhöhe eines Schmalbandrauschens nähert sich derjenigen des entsprechenden Sinustones umso mehr an, je geringer die Bandbreite des Rauschens ist.
- Mit Geräuschen mittlerer bis großer Bandbreite lassen sich nur relativ schwach ausgeprägte Tonhöhen erzeugen.
- Die von Hochpaßrauschen hervorgerufene Tonhöhe, welche der Eckfrequenz des Leistungsspektrums entspricht, ist trotz der scharfen spektralen Diskontinuität nur schwach ausgeprägt.

11. Die Tonhöhe

Die metathetischen Aspekte der Hörwahrnehmung, also diejenigen des "Was und Wo", bilden die Grundlage für die auditive Unterscheidung beziehungsweise Erkennung von Schallobjekten. Zur Gruppe der metathetischen Hörempfindungen gehört an erster Stelle die Tonhöhe. In ihren beiden Hauptformen, der *Spektraltonhöhe* und der *virtuellen Tonhöhe*, gibt sie ein Beispiel für die hierarchische Verteilung und Abhängigkeit der informationstragenden Hörempfindungen. Außerdem sind alle Klang- beziehungsweise Klangzeitmuster als metathetische Wahrnehmungsattribute anzusehen.

11.1 Konzeptionelle Grundlagen

Wenn man die Tonhöhe als diejenige Hörempfindung bezeichnet, welche den Aspekt der Periodizität und der Periodendauer der Schallsignale repräsentiert, so trifft man damit durchaus den Kern der Sache. Gleichwohl erweisen sich die Beziehungen zwischen Tonhöhe und Schwingungsperiode als weitaus komplizierter und ihre Implikationen bezüglich der auditiven Informationsaufnahme als weit umfassender, als dies auf den ersten Blick scheint.

Die Komplikationen beginnen auf der physikalisch-signaltheoretischen Seite, und zwar damit, daß sich die Beinahe-Periodizität und die zeitvariable Periodendauer der realen Audiosignale als solche nur in einem speziellen und eingeschränkten Sinne erfassen lassen (Abschnitt 3.6.2). Die häufig auftretenden Schwierigkeiten, gewisse Zusammenhänge zwischen Tonhöhe und Signalparametern zu verstehen, haben schon hier in erheblichem Maße ihren Ursprung.

Jene Zusammenhänge sind nämlich – zumindest in einer zu einfachen Sicht der Dinge – recht widersprüchlich. Einerseits zeigt sich die Tonhöhe bei zahlreichen Signaltypen als eine Hörempfindung, welche durch Singularitäten des Fourierspektrums irgendwelcher Art hervorgerufen wird. Dazu gehören beispielsweise die Tonhöhen, welche ein Zusammenklang weniger, in der Frequenz deutlich verschiedener Sinustöne hervorruft, und diejenigen, welche durch steile Übergänge des Amplituden- oder Phasen-Frequenzganges eines Geräuschs erzeugt werden. Andererseits gibt es zahlreiche Beispiele von Audiosignalen, deren Tonhöhen unmittelbar durch ihre Periodizität bestimmt zu sein scheinen – beispielsweise diejenigen musikalischer Töne sowie der Stimme.

Die erstgenannten Beispiele deuten darauf hin, daß an der Entstehung der Tonhöhe im Gehör die aurale Fourieranalyse maßgeblich beteiligt ist. Die letzteren scheinen andererseits zu beweisen, daß die Tonhöhe durch eine Art Periodenmessung entsteht – also im wesentlichen durch einen in der Zeit stattfindenden Prozeß.

Noch komplizierter wird die Situation, wenn man Schallsignale in Betracht zieht, welche weder eine ausgeprägte Periodizät noch einen starken Teilton aufweisen, die man für die wahrgenommene Tonhöhe verantwortlich machen kann. Zu dieser Art von Schallsignalen gehören diejenigen, deren Teiltonspektren bezüglich der wahrgenommenen Tonhöhe nur angenähert harmonisch sind und welche zugleich keinen Teilton mit einer der Tonhöhe entsprechenden Frequenz enthalten. Dies trifft beispielsweise auf die Tonsignale zu, welche von frei ausschwingenden Saiten und Stäben erzeugt werden, wenn deren Tonhöhe im Tenor- oder Baßbereich liegt und die Teiltöne dieses Frequenzbereichs unzureichend akustisch abgestrahlt werden (Kleinradio, Klein-Tonbandgerät, Fernsprecher) [CD 20].

Ein weiteres Beispiel dieser Kategorie stellt die sogenannte Schlagtonhöhe der Kirchenglocken dar (womit Glocken größeren Ausmaßes, also verhältnismäßig tiefer Tonhöhe gemeint sind). Als Schlagtonhöhe der Glocken (meist kurz, aber nicht ganz korrekt, *Schlagton* genannt [486, 15] pflegt man diejenige musikalische Tonhöhe zu bezeichnen, welche das Gehör spontan, also gewissermaßen zugleich mit dem Anschlag, dem Klang der Glocke zuordnet. Im Teiltonspektrum großer Glocken findet man in der Tat nur selten einen Teilton hinreichender Stärke und passender Frequenz, den man für die Schlagtonhöhe verantwortlich machen könnte. Andererseits weist das Klangsignal solcher Glocken auch keine hinreichend ausgeprägte Periodizität auf, welche der Schlagtonhöhe entspricht [487, 605]. Es genügt, diese recht alltäglichen Beobachtungstatsachen konsequent in Betracht zu ziehen, um zu erkennen, daß das ursprünglich so naheliegend erscheinende Prinzip der Tonhöhenanalyse durch Messung des Zeitintervalls zwischen periodisch sich wiederholenden markanten Signalmerkmalen als Modell der Tonhöhenbildung ausscheidet [851, 982].

Die Unbrauchbarkeit des letzteren Ansatzes sei am folgenden Beispiel erläutert. In Abb. 11.1 sind kurze Ausschnitte zweier Schallsignale (a, b) dargestellt; sie haben miteinander gemeinsam, daß es sich um gleichmäßig aufeinanderfolgende kurze Ausschnitte aus Breitbandrauschen handelt. Die Wiederholungsfrequenz beträgt 200 Hz, entsprechend der Periodendauer 5 ms. Der Unterschied zwischen den beiden Signalen besteht darin, daß im Fall a) der impulsartige Ausschnitt mit der Periode 5 ms *identisch* wiederholt wird, während im Fall b) sich jeder einzelne Rauschimpuls vom anderen in der Feinstruktur unterscheidet; es handelt sich um ein rechteckförmig amplitudenmoduliertes Dauerrauschen. Ein Periodenmesser, welcher die Überschreitung einer gewissen Amplitudenschwelle als Auslöser der Zeitmessung benutzt, würde die Identität beziehungsweise Verschiedenheit der aufeinanderfolgenden Impulssignalstrukturen ignorieren; er würde für beide Signale eine Periode von 5 ms angeben. Als Modell der Tonhöhenwahrnehmung eingesetzt, würde er *beiden* Signalen eine ausgeprägte Tonhöhe zuschreiben, welche der Frequenz 200 Hz entspricht.

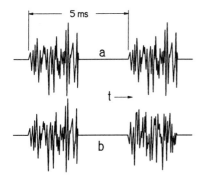

Abb. 11.1. Zwei Rauschimpulsfolgen mit der Pulsfrequenz 200 Hz. a) Wiederholung ein- und desselben Rauschimpulses. b) Aus stationärem Rauschen ausgeschnittene Impulse. Trotz der oberflächlichen Ähnlichkeit der beiden Signale unterscheiden sich die zugehörigen Hörempfindungen drastisch

Dieses Resultat würde aber nur beim Signal a) der Hörempfindung einigermaßen gerecht, also bei demjenigen, welches nicht nur in der Grobstruktur, sondern auch hinsichtlich der Feinstruktur periodisch ist. Die Hörempfindung dieses Signals ist in der Tat ausgesprochen tonal und es existiert eine ausprägte Tonhöhe entsprechend der Oszillationsfrequenz von 200 Hz. Das ist nicht überraschend, weil es sich bei diesem Signal – unbeschadet seiner Erzeugung unter Zuhilfenahme eines Zufallsprozesses – um nichts anderes als einen harmonischen komplexen Ton handelt.

Demgegenüber ist die Hörempfindung des Signals b) ausgesprochen geräuschhaft. Sie ist nahezu vollständig frei von irgendwelchen Tonhöhen. Die rechteckförmige Amplitudenmodulation als solche ist kaum wahrnehmbar; sie tritt allenfalls als sehr schwache Rauhigkeit in Erscheinung.

Im Hinblick auf den engen Zusammenhang zwischen Tonhöhe und Signalperiodizität wurden zahlreiche physikalische, psychoakustische und neurophysiologische Untersuchungen mit dem Ziel unternommen, die Tonhöhenwahrnehmung unmittelbar auf die neuronale Repräsentation der Signalperiodizität zurückzuführen. Signalperiodizität – falls vorhanden – spiegelt sich in der Tat in der neuronalen Aktivität des akustischen Nerven und des *Nucleus cochlearis* wider [372, 475, 625, 804, 383, 688]. Auch in höheren Stationen der Hörbahn finden sich Korrelate der Signalperiodizät [540, 541, 542]. Es scheint jedoch, daß die Beziehung der neuronalen Repräsentation zur Zeitstruktur des Schallsignals weit enger ist als diejenige zu den Tonhöhenempfindungen. Eine Ausnahme bilden die Ergebnisse von Rhode [779], in welchen gewisse Parallelen zwischen neurophysiologischen Daten (Impulsintervalle im *Nucleus cochlearis*) und psychoakustischen Ergebnissen zur Tonhöhe erkennbar sind.

Die unmittelbar im Zeitbereich durchgeführte Analyse der Signalperiodizität durch das Gehör, welche unter anderen beispielsweise von Licklider [554], Schroeder [834], Fischler [313], Nordmark [676], Schouten [830], Ohgushi [679], van Noorden [675] und Kohda [516] in Betracht gezogen wurde, kommt nach gründlicher Überlegung als Prinzip der Tonhöhenwahrnehmung schon deshalb nicht ernsthaft in Frage, weil sie unter den hauptsächlich vorliegenden Bedingungen des Hörens – der Wahrnehmung multipler Schallsignale, welche von verschiedenen Quellen stammen – versagt, während das Gehör in dieser Beziehung erfahrungsgemäß sehr leistungsfähig und robust ist. Dazu kommt als eines der stärksten phänomenologischen Argumente, daß es zur Wahrnehmung der virtuellen Tonhöhe (also der Tonhöhe, welche der Signalperiode entspricht) nicht einmal erforderlich ist, daß das periodische Signal als solches am Trommelfell existiert: Man kann seine Fourierkomponenten auf die beiden Ohren verteilen oder sie *zeitlich* voneinander trennen und hört trotzdem eine Tonhöhe [453, 403], vgl. S. 345.

Um die Leistungen des Gehörs bei der Bildung der Tonhöhenempfindungen nachzubilden, bedarf es offensichtlich einer aufwendigen Analyse und Interpretation des Schallsignals. Während neurophysiologische Strukturen, welche diese Aufgabe unmittelbar im Zeitbereich lösen könnten, im Hörsystem nicht anzutreffen sind, liegt der anatomische und neurophysiologische Apparat, welcher dafür tatsächlich geeignet ist, in den Strukturen, der Art der Innervation und den Funktionen der Cochlea klar zutage. Er löst das Problem auf dem Weg über die aurale Frequenzanalyse der Audiosignale. Für die Dominanz der auralen Spektraldarstellung als Grundlage der auditiven Informationsaufnahme spricht beispielsweise die Tatsache, daß im auditorischen Cortex eine tonotope Abbildung der cochleären Frequenzskala, also der Spektraltonhöhen, zu finden ist [502]. Eine entsprechend ausgeprägte tonotope Abbildung der Signalperiode wird nicht beobachtet. Jedoch gibt es objektive Hinweise auf eine – wie immer geartete – Repräsentation der virtuellen Tonhöhe im auditorischen Cortex, und zwar insbesondere in der rechten Hemisphäre, vgl. Whitfield [1062], Zatorre [1090], Pantev et al. [689, 690], Winkler et al. [1074].

11.1.1 Die Tonhöhenhierarchie

Eine große Zahl psychoakustischer Experimente wurde mit dem Ziel durchgeführt, eindeutige Kriterien dafür zu gewinnen, ob es zeitliche oder spektrale Merkmale der Schallsignale sind, die der Bildung der Tonhöhe zugrunde liegen, vgl. z.B. Small, Thurlow und Campbell [880, 1007, 885], Flanagan & Guttman [315, 316], Swigart [935], McClellan & Small [592, 593], Davies et al. [224], Houtsma und Mitarbeiter [454, 457]. Durch die Ergebnisse wurde das Problem in vielfältiger Weise beleuchtet; jedoch erwies sich keines davon als geeignet, die Frage zu entscheiden.

Die Auflösung der beschriebenen Komplikationen und Widersprüche gelingt durch eine ganzheitliche Betrachtung aller direkt und indirekt an der

11.1 Konzeptionelle Grundlagen

Tonhöhenwahrnehmung beteiligten Randbedingungen, Kriterien und Beobachtungen. Den konzeptionellen Rahmen bildet die Tatsache, daß es sich bei der Tonhöhe um eine metathetische Empfindungsgröße handelt, welche in hierarchischen Stufen verarbeitet wird. Es gibt Tonhöhen verschiedener hierarchischer Ordnung. Tonhöhen können *gleichzeitig* auf verschiedenen Stufen der auditiven Hierarchie existieren, wobei die Tonhöhen höherer Stufen von denen tieferer Stufen abhängen. Dazu gibt es eine visuelle Analogie, nämlich die Hierarchie der visuellen Konturen, welche zwischen *primären* und *virtuellen* Konturen unterscheidet. Abb. 11.2 illustriert, was damit gemeint ist.

VIRTUELLE TONHÖHE Abb. 11.2.

Durch Berücksichtigung des hierarchischen Verarbeitungsprinzips wird der Gegensatz zwischen dem Aspekt der Objektanalyse und demjenigen der Objektsynthese überwunden. Das Gehör verhält sich einerseits wie ein zeitvarianter Fourieranalysator, welcher komplexe Schallsignale in elementare Komponenten – die Teiltöne mit ihren Spektraltonhöhen – zerlegt. Andererseits werden im Zuge der hierarchischen Verarbeitung jene Komponenten zu ganzheitlichen Wahrnehmungsobjekten zusammengesetzt [CD 29].

So werden letztlich *sämtliche* Tonhöhenwahrnehmungen auf Spektralmerkmale der Schallsignale zurückgeführt. Ein Schallsignal, welches überhaupt eine Tonhöhe irgendwelcher Art hervorruft, erzeugt auf der untersten Stufe der auditiven Hierarchie zunächst eine Anzahl sogenannter *Spektraltonhöhen*, also Tonhöhen, welche unmittelbar mit Singularitäten des Fourierspektrums zusammenhängen. Die Spektraltonhöhen können als Ergebnis eines Konturierungsvorgangs aufgefaßt werden, dem seinerseits die cochleäre Bandpaßfilterung vorausgeht. Die Spektraltonhöhen sind einerseits – nämlich bei genügender Aufmerksamkeit – bewußt wahrnehmbar; andererseits bilden sie die Grundlage für die Entstehung weiterer Tonhöhen durch aktive kombinatorische Verarbeitung. Die von den Spektraltonhöhen abgeleiteten Tonhöhen werden in Analogie zu den virtuellen Konturen des Sehens als *virtuelle Tonhöhen* bezeichnet [950, 951].

In der Orgelmusik werden häufig sogenannte Mixturen benutzt; das sind Register der Pfeifenorgel, nach deren Aktivierung das Drücken einer einzigen Taste des Manuals mehrere Pfeifen gleichzeitig zum Klingen bringt. Die Schwingungsfrequenzen dieser Pfeifen stehen recht genau im Verhältnis kleiner ganzer Zahlen – insbesondere 1:2, 2:3 und 3:4. Die derart zusammenklingenden Pfeifen ahmen also in beschränktem Umfang den Aufbau einer periodischen Schwingung aus harmonischen Teiltönen nach. Ein derart erzeugter musikalischer Ton besteht demnach aus mehreren Pfeifentönen, von denen jeder seinerseits ein harmonischer komplexer Ton, also aus sinusförmigen Teiltönen zusammengesetzt ist, so daß bereits ein einziger derart erzeugter musikalischer Ton ein höchst kompliziertes Schallsignal darstellt [334] [CD 31].

Im musikalischen Kontext wird ein solcher Mixturton im wesentlichen so gehört, wie er intendiert ist, nämlich als ein einheitliches akustisches Objekt mit einer definierten musikalischen Tonhöhe (Objektsynthese). Gleichwohl ist ein einigermaßen geübter Hörer in der Lage, die Tonhöhen der beteiligten Pfeifen einzeln zu hören und so die Zusammengesetztheit des Mixturtones festzustellen (Objektanalyse). Darüber hinaus gelingt es bei einiger Aufmerksamkeit sogar, einige der Teiltöne der beteiligten Pfeifentöne zu hören.[1]

11.1.2 Der Sinuston als Bezugsschall für die Tonhöhenmessung

Um die Tonhöhen beliebiger Schalle systematisch ermitteln zu können, ist es erforderlich, ein Vergleichssignal zur Verfügung zu haben, bei welchem die Zusammenhänge zwischen physikalischen Parametern und wahrgenommener Tonhöhe einfach, eindeutig und gut bekannt sind. Das einzige Schallsignal, welches dieser Forderung weitgehend gerecht wird, ist der Sinuston.

Nach Untersuchungen von Fastl und Stoll [295] ist die Tonhöhe eines Sinustones mittlerer Frequenz und mittleren Pegels die ausgeprägteste Art von Tonhöhe, welche es gibt, vgl. Abschnitt 10.3.3. Weniger ausgeprägt ist die Tonhöhe von sehr tiefen und sehr hohen Sinustönen. Wenig ausgeprägt ist beispielsweise auch die Spektraltonhöhe eines Bandpaßrauschens und noch weniger diejenige eines Tief- oder Hochpaßrauschens. In Abhängigkeit vom Schallpegel erreicht die Ausgeprägtheit der Tonhöhe eines Sinustones ihren Maximalwert bereits relativ dicht über der Schwelle. Ein Sinuston, dessen Schallpegel nur 3–6 dB über der Hörschwelle liegt, hat bereits eine wohldefinierte Spektraltonhöhe (Tonschwelle, siehe Abschnitt 11.2.1), deren Ausgeprägtheit bei Erhöhung des Pegels um weitere 20 dB ihren Endwert erreicht hat.

Die wesentlichen Vorteile des Sinustones als Bezugssignal für die Tonhöhenbestimmung beliebiger Schalle bestehen darin, daß der Sinuston

- physikalisch außer durch die Amplitude durch eine einzige Frequenz gekennzeichnet ist, so daß die Unterscheidung zwischen Oszillationsfrequenz und Spektralfrequenz irrelevant ist, weil beide identisch sind;
- eine nahezu eindeutige Tonhöhe hervorruft, welche überwiegend durch seine Frequenz bestimmt ist und weitgehend monoton mit dieser steigt und fällt.

Wenngleich genau genommen bezüglich dieser Eigenschaften gewisse Einschränkungen zu machen sind, machen sie dennoch den Sinuston zum geeigneten Bezugsschall für die Messung der Tonhöhe *beliebiger* Schalle. Auf ihn läßt sich eine sinnvolle operationale *Definition* der Tonhöhe gründen. Eine in einem beliebigen Schallsignal enthaltene Tonhöhe kann dann als existent angesehen werden, wenn es gelingt, im Hörversuch die Frequenz eines Sinustones mit hinreichender Reproduzierbarkeit so einzustellen, daß dessen Tonhöhe

---

[1] Letzteres natürlich noch leichter, wenn nicht ein Mixturton, sondern nur ein einziger Pfeifenton erzeugt wird.

mit ihr übereinstimmt. Die so eingestellte Frequenz des Vergleichs-Sinustones stellt ein sinnvolles Maß der betreffenden Tonhöhe des Testschalles dar. Die Streuung, welche die durch Wiederholung des Versuchs gewonnene Verteilung der Vergleichstonfrequenzen aufweist, kann als Maß für die Deutlichkeit der betreffenden Tonhöhe des Testsignals benutzt werden. Der Hörversuch ist in der Regel mit *abwechselnder*, das heißt nichtsimultaner Darbietung von Testschall und Vergleichston durchzuführen. Bei simultaner Darbietung treten infolge der Überlagerung der Signale zusätzliche Hörempfindungen auf, welche mit der Tonhöhenwahrnehmung wenig oder nichts zu tun haben – beispielsweise Schwebungen. Diese kann die Versuchsperson zwar im Prinzip ignorieren; die Unsicherheit, ob dies auch tatsächlich gelingt, kann man aber durch nichtsimultane Darbietung von vorn herein vermeiden.

11.1.3 Die Tonhöhe harmonischer komplexer Töne

Wenn man auf dieser methodischen Grundlage die Tonhöhe von harmonischen komplexen Tönen (HKT) untersucht, so stellt sich heraus, daß dieselbe deutlich komplizierter ist als man auf Grund alltäglicher Hörerfahrungen in der Regel erwartet.

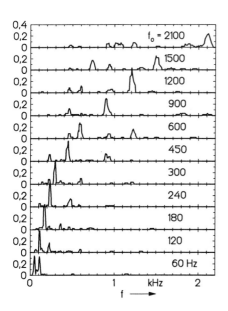

Abb. 11.3. Häufigkeitsverteilungen der in wiederholten Hörversuchen eingestellten Vergleichstonfrequenzen harmonischer komplexer Töne mit den angegebenen Oszillationsfrequenzen f_o. Die Versuchspersonen hatten die Aufgabe, nach kurzzeitiger Darbietung eines der komplexen Töne (Dauer 200 ms; Schallpegel 60 dB) die Frequenz des Vergleichstones auf eine der spontan gehörten Tonhöhen einzustellen. Abszisse: Vergleichstonfrequenz. Ordinate: Relative Häufigkeit der in ein 0,2 Frequenzgruppen breites Frequenzintervall fallenden Einstellwerte. Die Harmonischen der komplexen Töne erstreckten sich über den Hörbereich mit einer Amplitudenabsenkung von 3 dB pro Oktave. 8 Versuchspersonen führten bei jedem komplexen Ton sechs Einstellungen durch. Nach [989]

Abbildung 11.3 zeigt Histogramme von Vergleichstoneinstellungen auf die Tonhöhen harmonischer komplexer Töne, welche von 8 Versuchspersonen im Mittel gehört wurden [989]. Die Kurven geben die relative Anzahl der Einstellwerte an, welche in ein 0,2 Frequenzgruppen breites Intervall fallen, als

Funktion der Mittenfrequenz dieses Intervalls. Höhe und Schärfe der Maxima können als Maß für die Ausgeprägtheit und die relative Prominenz einzelner Tonhöhen angesehen werden. Jedes der elf Histogramme beruht auf 48 Einstellungen (8 Versuchspersonen, je 6 Einstellungen). Diese Anzahl ist insbesondere im Falle breiter Verteilungen, also des Vorhandenseins vieler Tonhöhen, zu gering, um in allen Details ein endgültiges Bild zu vermitteln. Jedoch reicht sie aus, um die grundsätzlichen Charakteristika der Tonhöhenwahrnehmung harmonischer komplexer Töne wiederzugeben. Diese kann man folgendermaßen zusammenfassen.

- Die Tonhöhe, welche der Oszillationsfrequenz entspricht, ist im allgemeinen vorherrschend.
- Neben der so verstandenen *Haupttonhöhe* sind – zumeist mit geringerer Ausgeprägtheit – weitere Tonhöhen (Nebentonhöhen) vorhanden.
- Die Nebentonhöhen liegen im Falle tiefer Oszillationsfrequenzen zumeist oberhalb der Haupttonhöhe; im Falle hoher Oszillationsfrequenzen zumeist unterhalb. Bezüglich des Auftretens von Nebentonhöhen ist demnach der mittlere Frequenzbereich zwischen einigen hundert Hertz und ungefähr 2000 Hz bevorzugt.
- Sämtliche Tonhöhen ein und desselben harmonischen komplexen Tones (ausgedrückt durch die Vergleichstonfrequenzen) stehen zueinander im Verhältnis kleiner ganzer Zahlen.

Weil man gewohnt ist, HKT als einheitliche akustische Objekte wahrzunehmen, mag die tatsächlich vorhandene Vielfalt von Tonhöhen überraschen. Die Erklärung dieser scheinbaren Diskrepanz ergibt sich abermals durch Beachtung des hierarchischen Wahrnehmungsprinzips. Als Objekt der Hörwahrnehmung besitzt beispielsweise ein auf dem Cello hervorgebrachter Ton seine gestaltartige Ganzheitlichkeit nur auf einer bestimmten Stufe der auditiven Hierarchie. Auf der nächsttieferen Stufe existieren auditive Sub-Objekte, aus welchen er zusammengesetzt ist – beispielsweise gewisse Spektraltonhöhen. Andererseits stellt er selbst – beispielsweise zusammen mit weiteren gleichzeitig vorhandenen musikalischen Tönen – seinerseits einen Baustein eines Wahrnehmungsobjekts der nächsthöheren Stufe (etwa eines musikalischen Akkords) dar. Ein musikalischer Akkord wird im allgemeinen seinerseits wiederum als ein ganzheitliches Klangobjekt wahrgenommen – allerdings nur auf der zugehörigen Stufe der auditiven Hierarchie. Die Ganzheitlichkeit der Wahrnehmung eines harmonischen komplexen Tones hängt also ebensowenig davon ab, daß dieser nur eine einzige Tonhöhe aufweist, wie beispielsweise die Ganzheitlichkeit eines visuell wahrgenommenen Schriftzeichens darauf angewiesen ist, daß dasselbe aus nur einem einzigen Strich besteht.

Die Tatsache, daß musikalische Töne und die menschliche Stimme nicht nur eine einzige, sondern eine ganze Anzahl von Tonhöhen enthalten, ist seit Jahrhunderten – wahrscheinlich sogar Jahrtausenden – bekannt. Es genügt in der Tat, sich einen harmonischen komplexen Ton in Ruhe und mit konzentrierter Aufmerksamkeit anzuhören, um zumindest die Spektraltonhöhen einiger Harmonischer wahrzunehmen [CD 30].

Der Nachweis und die Erklärung derjenigen Tonhöhen, welche *unterhalb* der Oszillationsfrequenz liegen, sind allerdings jüngeren Datums. Bei diesen ist offensichtlich, daß es sich um *virtuelle* Tonhöhen handeln muß.[2] Ihr Auftreten ist nicht ungewöhnlicher als beispielsweise die Tatsache, daß die wahrgenommene Stimmlage einer Männerstimme beim Telefonieren unverfälscht bleibt. Weil der Fernsprechkanal das Fourierspektrum auf den Bereich 300 Hz bis etwa 3400 Hz einschränkt, werden beim Telefonieren die ersten zwei bis drei Harmonischen einer Männerstimme regelmäßig unterdrückt – was jedoch erfahrungsgemäß der korrekten Wahrnehmung der Stimmlage durch den Gesprächspartner keinen Abbruch tut. Weil, wie oben gezeigt wurde, dieser Sachverhalt nicht auf eine unmittelbare Auswertung der Periode des ankommenden Sprachsignals durch das Gehör des Empfängers zurückgeführt werden kann, muß man ihn als weiteren Hinweis darauf auffassen, daß das Gehör die ihm zur Verfügung stehende Information in einem hierarchischen, aktiven Verarbeitungsprozeß auswertet und die Stimmlage des Sprechers als virtuelle Tonhöhe aus den Spektraltonhöhen der akustisch mit hinreichender Stärke vorhandenen Teiltöne extrahiert.

Die besondere Art auditiver Schallanalyse und -synthese, welche sich in der Tonhöhenwahrnehmung zeigt, ist ein typisches Merkmal der Art und Weise, wie das Gehör seinen natürlichen Zweck erfüllt. Dieser besteht unter anderem darin, die Anzahl der Schallobjekte, welche das aktuelle Ohrsignal verursachen, sowie deren Art herauszufinden. Wegen der Unbestimmtheit der Ohrsignale ist diese Aufgabe niemals eindeutig lösbar. Dies ist – eben weil das Gehör an die real vorgegebenen Bedingungen der akustischen Informationsgewinnung angepaßt ist – der Grund dafür, daß die Tonhöhe eines komplexen Schallsignals niemals völlig eindeutig sein kann.

Auf den Fall der Wahrnehmung eines einzelnen harmonischen komplexen Tones angewandt bedeutet dies, daß das Gehör sozusagen gar nicht von vorn herein wissen kann, ob beispielsweise der tiefste Teilton die erste oder irgend eine andere Harmonische eines periodischen Signals ist, und ob die vorhandenen Teiltöne von ein und derselben Schallquelle oder von mehreren stammen. Das Gehör muß alle irgendwie sinnvollen Möglichkeiten in die Interpretation einbeziehen. Dies führt zur Erzeugung verschiedener virtueller Tonhöhen unterschiedlicher Ausprägung [950, 951, 954, 52, 53].

Dieser Sachverhalt sei durch folgendes Beispiel illustriert. Ein harmonischer komplexer Ton bestehe aus nur drei Teiltönen, und zwar mit den Frequenzen 200, 400 und 600 Hz. Durch Fourieranalyse seien diese Frequenzen ermittelt worden. Dann ist eine von mehreren sinnvollen Interpretationen die, daß es sich um einen harmonischen komplexen Ton mit der Oszillationsfrequenz 200 Hz handelt, so daß ihm eine dieser Frequenz entsprechende virtuelle Tonhöhe zuzuordnen ist. In dieser Interpretation ist die Entscheidung enthalten, daß es sich um ein einziges Schallobjekt handelt. Diese Entscheidung ist aber nicht zwingend; die drei Teiltöne könnten im Prinzip von getrennten Schallquellen ausgehen. Weil es aber unter natürlichen Bedingungen unwahrscheinlich ist, daß mehrere Schallquellen zugleich *sinusförmige*

---

[2] Die Möglichkeit, daß es sich um Tonhöhen von Kombinationstönen – also Produkten auraler Nichtlinearität – handeln könnte, wurde im Zusammenhang mit den beschriebenen Hörversuchen durch Kontrollexperimente ausgeschlossen. Vgl. dazu [885, 696].

Schallsignale abgeben, und weil es noch unwahrscheinlicher ist, daß die Frequenzen unabhängig voneinander erzeugter Sinustöne gerade im Verhältnis kleiner ganzer Zahlen zueinander stehen, ist die beste Interpretation in der Tat diejenige, daß es sich um Harmonische einer einzigen periodischen Schwingung handelt.

Aber selbst in diesem Rahmen, das heißt, unter Berücksichtigung der normalen Bedingungen der Wahrnehmung von Schallobjekten, stellt die Zuordnung einer einzigen Grundfrequenz von 200 Hz nicht die einzig sinnvolle Interpretation dar, sondern spiegelt allenfalls die wahrscheinlichste Möglichkeit wider. Im Hinblick auf die akustischen Übertragungsverhältnisse der Umgebung sowie die begrenzte Frequenzauflösung des peripheren Gehörs ist es beispielsweise auch möglich, daß es sich um einen harmonischen komplexen Ton mit der Frequenz 100 Hz handelt, dessen erste, dritte und fünfte Harmonische auf dem Weg zum Ohr auf unhörbar geringe Amplituden gedämpft worden sind. Im Hinblick auf diese realistische Möglichkeit ist es in der Tat sinnvoll, demselben Schallsignal alternativ eine virtuelle Tonhöhe zuzuschreiben, welche der Frequenz 100 Hz entspricht – wenngleich möglicherweise mit geringerem Gewicht.

Die Mehrdeutigkeit der Tonhöhe eines HKT, die aus den Histogrammen von Abb. 11.3 hervorgeht, ist demnach eine notwendige Konsequenz der prinzipiellen Unbestimmtheit der Ohrsignale. Die Mehrdeutigkeit ist also nicht als eine Unvollkommenheit des Gehörs anzusehen, sondern im Gegenteil als Zeichen dafür, daß das Gehör an die realen Bedingungen der akustischen Informationsaufnahme angepaßt ist, über *sensorisches Wissen* verfügt und davon Gebrauch macht. Im übrigen ist die Tonhöhen-Mehrdeutigkeit analog der Mehrdeutigkeit, welche der *visuellen* Wahrnehmung einer jeden bildhaften Darstellung grundsätzlich anhaftet.

11.2 Die Spektraltonhöhe

Aufgrund des geschilderten konzeptionellen Ansatzes ist die Spektraltonhöhe als das Elementarobjekt auditiver Klanggestalten aufzufassen. Wegen ihrer großen Bedeutung für die auditive Aufnahme von Information werden ihre Eigenschaften in den folgenden Abschnitten eingehend besprochen.

11.2.1 Existenzbedingungen

Absolutschwelle und Tonschwelle eines Sinustones. Das naheliegendste Verfahren zur Erzeugung einer Spektraltonhöhe ist die Darbietung eines Sinustones. Die Existenzgrenze der Spektraltonhöhe (der Schallpegel, bei welchem eben eine tonale Empfindung entsteht), liegt bei tiefen und mittleren Frequenzen um etwa 3 dB, bei höheren Frequenzen um etwa 6 dB oberhalb der Absoluthörschwelle [735]. Diese spezielle Art von Schwelle sei als *Tonschwelle* bezeichnet. Nach den Beobachtungen von Pollack [735] ist die Tonschwelle bemerkenswert scharf ausgeprägt, so daß der Übergang von der atonalen zur tonartigen Hörempfindung des Sinustones mit wachsendem Schallpegel nahezu abrupt genannt werden kann. Außerdem ist der eben wahrnehmbare Frequenzunterschied des Sinustones dicht unterhalb der Tonschwelle viel größer als unmittelbar darüber [735]. Wegen der Tatsache, daß Sinustöne sehr prägnante tonale Klangmerkmale darstellen, sobald ihre Stärke nur eben über der Tonschwelle liegt, sind tonale Schallsignale besonders geeignet, akustische Information in stark gestörter Umgebung zu übermitteln [930].

Wächst der Schallpegel des Sinustones über die Tonschwelle hinaus weiter an, so nimmt die Deutlichkeit der Tonhöhe noch zu und erreicht bei einem Schallpegel von einigen zehn Dezibel über der Schwelle ihren Maximalwert. Wenn man die Existenz des zwischen Absolutschwelle und Tonschwelle liegenden *atonalen Intervalls* (*atonal interval* [735]) von 3–6 dB im Auge behält, kann man somit allgemein die Existenzgrenze der Spektraltonhöhe eines Sinustones durch seine Absolut- beziehungsweise Mithörschwelle charakterisieren.

Mithörschwelle eines Sinustones bei Verdeckung durch weißes Rauschen. Wird einem Sinuston weißes Rauschen überlagert, so wird die Hörschwelle des Sinustones zur *Mithörschwelle* [CD 1]. Entsprechend steigt die Schwelle für die Wahrnehmbarkeit der Spektraltonhöhe des Sinustones – die Tonschwelle – an.

Um die Wirkung des weißen Rauschens auf die Hörbarkeit eines Sinustones quantitativ zu beschreiben wird als Bezugsmaß zweckmäßigerweise der sogenannte Schallintensitätsdichtepegel L' des weißen Rauschens verwendet. Bei festem Schallintensitätsdichtepegel hängt der (Gesamt-)Schallpegel des weißen Rauschens von dessen objektiver Bandbreite ab. Bezeichnet man die Bandbreite mit B_{WR} und den Schallpegel mit L_{WR}, so hat wegen der Frequenzunabhängigkeit der spektralen Intensitätsdichte der Schallintensitätsdichtepegel den Wert

$$L' = L_{\mathrm{WR}} - 10\lg \frac{B_{\mathrm{WR}}}{\mathrm{Hz}}\,\mathrm{dB}. \tag{11.1}$$

Die Mithörschwelle eines Sinustones bei Verdeckung durch weißes Rauschen läßt sich nach Zwicker & Feldtkeller [1125] folgendermaßen beschreiben:

- Der Schwellenpegel L_{T} von Tönen mit Frequenzen unterhalb 500 Hz liegt bei $L' + 17$ dB.
- Für Töne oberhalb dieser Frequenz nimmt L_{T} jeweils um knapp 3 dB zu, wenn die Tonfrequenz verdoppelt wird.
- Diese Zahlenwerte gelten in einem weiten Schallpegelbereich des Maskierers, das heißt, für beliebige Werte von L', solange nur die Mithörschwelle hinreichend (etwa 20 dB) oberhalb der Absoluthörschwelle des Testtones bleibt.
- Interindividuelle Unterschiede treten kaum in Erscheinung.

Die Frequenzabhängigkeit der Mithörschwelle läßt sich einleuchtend mit der Abhängigkeit der Bandbreite der Kanalfilter des Gehörs erklären: Weil das weiße Rauschen eine frequenzunabhängige Intensitätsdichte hat, erzeugt es in den einzelnen Kanälen einen umso stärkeren Verdeckungseffekt, je größer die Bandbreite ist.

Mithörschwelle eines Sinustones bei Verdeckung durch Schmalbandrauschen. In Abb. 11.4 sind drei Mithörschwellen von Sinustönen verdeckt durch Schmalbandrauschen der angegebenen Mittenfrequenzen dargestellt [1125]. Die Fourier-Spektren der maskierenden Schmalbandgeräusche sind durch Verwendung von Bandpaßfiltern hoher Flankensteilheit auf Bandbreiten von ungefähr 100, 160 und 700 Hz beschränkt [CD 2].

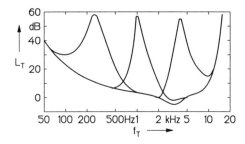

Abb. 11.4. Mithörschwellen von Sinustönen bei Verdeckung durch frequenzgruppenbreite Schmalbandrauschen mit den Mittenfrequenzen 250, 1000, 4000 Hz und dem Maskiererpegel $L_M = 60$ dB. Nach [1125]

Die Mithörschwellen von Sinustönen bei Verdeckung durch Schmalbandrauschen weisen ein deutlich nichtlineares Verhalten auf. Abbildung 11.5 zeigt Mithörschwellen verschiedener Maskiererpegel für eine Mittenfrequenz des maskierenden Schmalbandrauschens von 1 kHz. Bei allen Maskiererpegeln liegt das Maximum der Mithörschwelle ungefähr 3,5 dB unterhalb des Maskiererpegels. Die Verläufe beiderseits des Maximums – insbesondere oberhalb – zeigen jedoch eine deutliche Abhängigkeit vom Maskiererpegel. Die Steilheit der oberen Flanke nimmt mit wachsendem Pegel deutlich ab, womit eine Verbreiterung des Gesamtverlaufs einhergeht, welche über diejenige hinausgeht, welche allein durch das Anwachsen des Verlaufs über die Absolutschwelle hinaus entsteht.

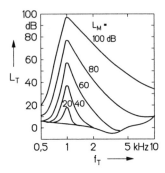

Abb. 11.5. Mithörschwelle eines Sinustones bei Verdeckung durch ein 160 Hz breites Schmalbandrauschen mit der Mittenfrequenz 1 kHz und den angegebenen Maskiererpegeln L_M. Nach [1125]

Mithörschwelle eines Sinustones bei Verdeckung durch einen weiteren Sinuston. Die psychoakustische Messung der Mithörschwelle eines Sinustones bei Verdeckung durch einen weiteren Sinuston wird in erheblichem

11.2 Die Spektraltonhöhe

Maß durch Schwebungen der beiden Töne sowie durch Kombinationstöne beeinflußt [1125]. Eine Anzahl Autoren haben versucht, durch geeignete Versuchsmethoden diese Schwierigkeiten zu überwinden, um ein Bild vom Verlauf der Mithörschwellen zu gewinnen, vgl. Munson & Gardner [660], Schafer et al. [809], Egan & Hake [257], Zwicker & Feldtkeller [1125], Schöne [820, 822], Sonntag [892]. Danach scheint zumindest gesichert, daß die Mithörschwelle eines Sinustones bei Verdeckung durch einen zweiten Sinuston ähnlich verläuft wie diejenige bei Verdeckung durch Schmalbandrauschen. Im übrigen ist die erstmals von Small [881] angegebene Methode, bei welcher der Testton eine feste Frequenz und einen kleinen festen Pegel hat, wobei Frequenz und Pegel des Maskierers variabel sind, als geeignet anzusehen, wenn es darum geht, die Maskierung eines Sinustones durch einen zweiten Sinuston zuverlässig zu messen. Diese Methode liefert die auf S. 257 erwähnten *psychoakustischen Tuningkurven*.

Im Zusammenhang mit den Existenzgrenzen der Spektraltonhöhe interessiert vor allem die Frage, welchen Frequenz- und Pegelunterschied zwei gleichzeitig dargebotene Sinustöne haben müssen, damit tatsächlich zwei Spektraltonhöhen wahrgenommen werden. Diese Frage wurde von Thurlow & Bernstein [1004], Plomp & Steeneken [730], Terhardt [944] und Feth et al. [309] untersucht. Ein repräsentatives Ergebnis für den Fall, daß die beiden Sinustöne die gleiche Pegellautstärke haben, ist in Abb. 10.16 dargestellt (Kurve c). Die Spektraltonhöhe von Sinuston-Zweiklängen bei unterschiedlichen Pegeln der Töne wurde von Feth und Mitarbeitern in weiteren Einzelheiten beschrieben [307, 309].

Mit dem PET-System kann man eine Abschätzung der Mithörschwelle eines Sinustones bei Verdeckung durch einen weiteren Sinuston durchführen, indem man voraussetzt, daß es zur Hörbarkeit des Testtones erforderlich sei, daß in irgend einem der PET-Kanäle der vom Testton allein hervorgerufene Ausgangspegel einen Wert erreicht, welcher um eine feste Differenz unter dem vom Maskierer allein erzeugten Ausgangspegel liegt. Entsprechend (9.56) erzeugt der mit dem Pegel L_M dargebotene Maskierer allein im n-ten Kanal den Ausgangspegel

$$L_{nM}/dB = L_M/dB + 20\lg|H_{ECR}(f_M)| + 20\lg|H_n(f_M)|. \qquad (11.2)$$

Der mit dem Pegel L_T dargebotene Testton allein erzeugt in demselben Kanal den Ausgangspegel

$$L_{nT}/dB = L_T/dB + 20\lg|H_{ECR}(f_T)| + 20\lg|H_n(f_T)|. \qquad (11.3)$$

Zieht man in Betracht, daß das Schwellenkriterium zuerst in demjenigen Kanal erfüllt sein wird, in welchem der Teston-Ausgangspegel maximal ist, so kann man sich auf den Kanal mit der charakteristischen Frequenz $f_C = f_T$ beschränken. Nimmt man als Schwellenkriterium an, daß für die Mithörschwelle in jenem Kanal die Bedingung

$$L_{nT} = L_{nM} - 4 dB \qquad (11.4)$$

gelte, so ergibt sich aus (11.2, 11.3) durch Auflösung nach L_T die Mithörschwelle als Funktion der charakteristischen Frequenz $f_C = f_T$ zu

$$L_T(f_T)/\mathrm{dB} = L_M/\mathrm{dB} + 20\lg|H_\mathrm{ECR}(f_M)| + 20\lg|H_\mathrm{n}(f_M)|$$
$$-20\lg|H_\mathrm{ECR}(f_T)| - 20\lg|H_\mathrm{n}(f_T)| - 4. \quad (11.5)$$

Weil voraussetzungsgemäß der ins Auge gefaßte n-te Kanal die charakteristische Frequenz $f_C = f_T$ hat, gilt

$$|H_\mathrm{n}(f_T)| = \eta^k (f_C = f_T). \quad (11.6)$$

Abb. 11.6 zeigt als Beispiel einige mit (11.5) berechnete Mithörschwellen.

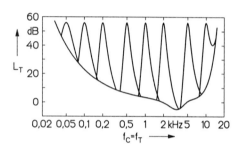

Abb. 11.6. Mit dem PET-System simulierte Mithörschwellen von Sinustönen, verdeckt durch einzelne Sinustöne. L_T ist derjenige Pegel des Testtones mit der Frequenz f_T, bei welchem dieser im Kanal mit der charakteristischen Frequenz $f_C = f_T$ (Abszisse) einen um 4 dB kleineren Pegel erzeugt als der Maskierer. Es sind voneinander unabhängige Mithörschwellen für die Maskiererfrequenzen 50, 100, 200, 500, 1000, 2000, 5000 und 10000 Hz dargestellt. Maskiererpegel 60 dB

Wahrnehmung der Spektraltonhöhen von Teiltönen harmonischer komplexer Töne. Um herauszufinden, wie die für die akustische Kommunikation besonders charakteristischen Schallsignale im Gehör repräsentiert werden, sind die Mithörschwellen von Sinustönen bei Verdeckung durch Sprachlaute und musikalische Töne von erheblicher Bedeutung. Als Prototyp solcher Schallsignale kann der HKT gelten. Mithörschwellen von Sinustönen bei Verdeckung durch HKT wurden von Plomp, Moore und anderen ermittelt [723, 639, 641]. Dabei wurden durch Ausnutzung des Effekts der *nichtsimultanen* Verdeckung (sukzessive Darbietung von Maskierer und Testton) Schwebungen des Testtones mit den Teiltönen des Maskierers ausgeschlossen. Die Mithörschwelle zeigt bei den Frequenzen der einzelnen Harmonischen scharf ausgeprägte Maxima – jedenfalls für die ersten 6 bis 8 Harmonischen.

Eine weitere Möglichkeit zur Untersuchung der Erregung des Gehörs durch HKT wurde von Houtgast aufgezeigt [448, 449]. Sie besteht darin, daß die verdeckende Wirkung eines Schallsignals auf einen Sinuston *indirekt* untersucht wird, nämlich durch Bestimmung der sogenannten *Pulsationsschwelle*.

Die Pulsationsschwelle beruht auf dem *Kontinuitätseffekt*, und bei ihrer Messung werden Maskierer und Testton nichtsimultan dargeboten (vgl. Abschnitt 12.2.3). Maskierer und Testton folgen in kurzen Zeitintervallen aufeinander (typische Dauer von Maskier sowie Testton: jeweils 100 ms). Auf diese Weise bilden sowohl der Maskierer als auch der Testton je eine Signalimpulsfolge, und die beiden Signalpulse sind ineinander zeitlich verschachtelt. Wenn der Testtonpuls eine relativ hohe Amplitude hat, wird er unter diesen Umständen sozusagen genau so gehört, wie er dargeboten wird, nämlich als eine im 100 ms-Rhythmus unterbrochene, also *pulsierende* Signalimpulsfolge. Wird der Testsignalpegel kontinuierlich erniedrigt, so wird schließlich ein Zustand erreicht, in welchem der Testton zwischen den Maskiererimpulsen zwar nach wie vor gut gehört, jedoch nicht mehr als periodisch unterbrochenes, sondern kontinuierliches Signal empfunden wird. Die Grenze zwischen beiden Zuständen ist die Pulsationsschwelle.

Abbildung 11.7 zeigt zwei Pulsationsschwellen, welche mit einem harmonischen komplexen Ton mit 200 Hz Grundfrequenz als Maskierer gemessen wurden [449]. Die beiden Schwellen gehören zu Maskiererpegeln von 70 beziehungsweise 40 dB. Sie spiegeln deutlich die Tatsache wider, daß ein komplexer Ton vom Gehör in gewissem Umfang in seine Fourierkomponenten – beziehungsweise die Teiltöne des Fourier-Synthesemodells – zerlegt wird (aurale Frequenzanalyse). Diese Zerlegung erstreckt sich im dargestellten Beispiel des komplexen Tones mit 200 Hz Grundfrequenz auf mindestens die ersten 8 Harmonischen.

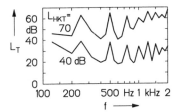

Abb. 11.7. Pulsationsschwelle eines harmonischen komplexen Tones mit 250 Hz Grundfrequenz. Ordinate: Schallpegel des Testtonpulses an der Pulsationsschwelle. Abszisse: Testtonfrequenz. Die Streckenzüge verbinden die einzelnen Meßpunkte. Nach Houtgast [448]

Abschätzung der Hörbarkeit von Spektraltonhöhen stationärer Klänge. Häufig ist es nützlich, den Grad der Hörbarkeit von Spektraltonhöhen in Klängen abschätzen zu können. Dazu sei ein beliebiges Klangsignal durch die festen Frequenzen und Amplituden seine Teiltöne definiert (Teiltonsynthesemodell). Der Grad der Hörbarkeit (die Prägnanz) der Spektraltonhöhe eines bestimmten Teiltones hängt erstens davon ab, daß sein Schallpegel über der Absoluthörschwelle liegt und zweitens davon, in welchem Maß die anderen Teiltöne ihn maskieren.

Die Abschätzung beruht auf folgendem Prinzip [960]. Jedem Teilton wird eine dreieckförmige Erregungspegel-Verteilung über der Tonheit zugeordnet, wie dies in Abb. 10.7 schematisch dargestellt ist. Daher leistet jeder Teilton an einer festen Stelle z_μ der Tonheit einen gewissen Beitrag zur Maskierung eines Teiltones mit der jener Stelle entsprechenden Frequenz f_μ. Die Summe der maskierenden Beiträge aller derjenigen Teiltöne, welche rechs oder links von der Stelle z_μ liegen, sei mit A_μ bezeichnet. Die Prägnanz der Spektraltonhöhe eines Teiltones mit der Frequenz f_μ wird definitionsgemäß durch den *Pegelüberschuß* $L_{X\mu}$ nach der Beziehung

$$L_{X\mu} = L_\mu - 10 \cdot \lg\left(A_\mu^2 + 10^{L_A/10\mathrm{dB}}\right) \mathrm{dB} \tag{11.7}$$

gekennzeichnet. Darin ist L_μ der Schallpegel desjenigen Teiltones, dessen Spektraltonhöhen-Prägnanz abgeschätzt wird und L_A ist die Absoluthörschwelle gemäß (9.15). Als Grenze für die Hörbarkeit des betreffenden Teiltones (also als dessen Mithörschwelle) ist ein Pegelüberschuß von $L_{X\mu} \approx -3\ldots-6$ dB anzusehen, so daß $L_{X\mu} = 0$ der Tonschwelle des μ-ten Teiltones entspricht.

Die maskierende Wirkung der Nachbarteiltöne, welche in (11.7) durch die Amplitudengröße A_μ repräsentiert wird, geht aus deren Einzelbeiträgen definitionsgemäß durch Amplitudenaddition hervor, und zwar nach der Beziehung

$$A_\mu = \sum_{\nu=1}^{\mu-1} 10^{L_{\nu r}/20\mathrm{dB}} + \sum_{\nu=\mu+1}^{N} 10^{L_{\nu l}/20\mathrm{dB}}. \tag{11.8}$$

Darin bedeuten $L_{\nu r}, L_{\nu l}$ den von der rechten beziehungsweise linken Flanke der Erregungsverteilung stammenden Erregungspegel-Beitrag des ν-ten Teiltones und N die Gesamtzahl der Teiltöne. Es gilt

$$L_{\nu r} = L_\nu - S_r(z_\mu - z_\nu), \tag{11.9}$$

$$L_{\nu l} = L_\nu - S_l(z_\nu - z_\mu), \tag{11.10}$$

wo S_r, S_l die Steigungen der rechten beziehungsweise linken Flanke der dreiecksförmigen Erregungspegelverteilung bedeuten. L_ν ist der Schallpegel des ν-ten Teiltones und definitionsgemäß zugleich der Maximalwert der zugehörigen Erregungspegelverteilung.

Definitionsgemäß wird der linken (ansteigenden) Flanke der Verteilung die feste Steigung

$$S_l = 27\,\mathrm{dB/Bark}, \tag{11.11}$$

der rechten Flanke die frequenz- und pegelabhängige Steigung

$$S_r = [24 + 0{,}23(f_\nu/\mathrm{kHz})^{-1} - 0{,}2L_\nu/\mathrm{dB}]\,\mathrm{dB/Bark} \tag{11.12}$$

zugeordnet.

Mit diesem Verfahren läßt sich die Prägnanz der Spektraltonhöhen beliebiger Klänge erfahrungsgemäß zutreffend abschätzen [960]. Von allgemeinem Interesse sind beispielsweise die stimmhaften Segmente des Sprachsignals, insbesondere die Vokale. Ermittelt man mit dem geschilderten Verfahren für die Vokale mit verschiedenen Grundfrequenzen die Häufigkeit, mit welcher im Sprachfluß positive Pegelüberschüsse zu erwarten sind, so ergibt sich das in Abb. 11.8 dargestellte Bild [960]. Danach treten im Fluß der natürlichen

Sprache die ersten 8 bis 10 Harmonischen mit einer Wahrscheinlichkeit von 50–100% als Spektraltonhöhen in Erscheinung, wobei die Wahrscheinlichkeit mit wachsender Ordnungszahl abnimmt.

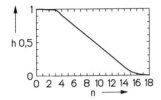

Abb. 11.8. Abschätzung der Häufigkeit, mit welcher die Harmonischen der Vokale mit ihren Spektraltonhöhen wahrnehmbar sind, in Abhängigkeit von der Ordnungszahl n der Harmonischen. Nach [960]

Diese Abschätzung stimmt mit experimentellen Ergebnissen über die Hörbarkeit von Harmonischen in HKT befriedigend überein, vgl. Plomp und Mimpen [723, 729], Terhardt [960], Stoll [913], Martens [587]. Siehe zum Beispiel Abb. 11.7 [CD 28].

Die Hörbarkeit der Spektraltonhöhen einzelner Harmonischer von HKT hängt in recht komplizierter Weise von der Frequenz-Zeitstruktur des zeitvarianten Fourier-Spektrums ab. Wenn die Oszillationsfrequenz des HKT tief genug ist, das heißt, unterhalb etwa 100 Hz liegt, werden höhere Harmonische nicht mehr in der Frequenzstruktur abgebildet (beispielsweise als lokale Maxima des Momentanspektrums). Trotzdem kann das Gehör unterscheiden, ob eine bestimmte hohe Harmonische vorhanden ist, oder nicht, weil sich dies auf die *Zeitstruktur* des entsprechenden Bereiches des Fourierspektrums auswirkt. Beispielsweise zeigte Duifhuis [245], daß eine hohe Harmonische eines HKT mit tiefer Grundfrequenz, welche nicht mit ihrer Spektraltonhöhe wahrnehmbar ist, gerade dann wahrnehmbar wird, wenn man sie durch Überlagerung eines Sinustones gleicher Frequenz und Amplitude sowie entgegengesetzter Phase auslöscht. Die Erklärung für dieses Phänomen läuft darauf hinaus, daß es der zugesetzte Kompensationston ist, welchen man in diesem Falle hören kann, und zwar deshalb, weil die vom HKT verursachte Erregung des Gehörs im entsprechenden Frequenzbereich mit der Oszillationsperiode auf und ab schwankt. Der Kompensationston kann daher während der periodisch auftretenden Phasen geringer Vorerregung die Mithörschwelle überwinden, und zwar umso besser, je länger die Oszillationsperiode des HKT ist [246]. Lin & Hartmann [560] diskutieren den Effekt auf der Grundlage weiterer Hörversuche unter neuen Gesichtspunkten und bieten eine weiter ins Detail gehende Erklärung an.

Spektraltonhöhen von stationärem weißem Rauschen. Das weiße Rauschen ist in vieler Hinsicht das extreme Gegenstück zum Sinuston. Insbesondere empfindet man es in der Regel als vollständig unklanghaft, das heißt, frei von Tonhöhen. Dieser Eindruck ist aber nur bedingt richtig. Die Zufälligkeit der Amplitudenverteilung des weißen Rauschens bringt es mit sich, daß sein zeitvariantes Leistungsspektrum kurzzeitig Merkmale annehmen kann, welche der Konturierungsmechanismus des Ohres in Spektraltonhöhen transformiert. Es sind die Kürze der Dauer dieser Merkmale sowie die Zufälligkeit ihres Auftretens bei unterschiedlichen Frequenzen, welche dafür sorgen, daß die entsprechend schwach ausgeprägten Spektraltonhöhen der Aufmerksamkeit meist entgehen.

Man kann solche Spektraltonhöhen jedoch bewußt hörbar machen, indem man ein und denselben Zeitabschnitt eines weißen Rauschens – beispielsweise mit einer Sekunde Dauer – identisch wiederholt. Wenn in jenem Zeitabschnitt zufällig eine geeignete Signalstruktur enthalten ist, so wird die dadurch kurzzeitig hervorgerufene Spektraltonhöhe infolge der Wiederholung des Vorganges leicht wahrgenommen. Signalstrukturen dieser Art sind die Ursache dafür, daß man die periodische, lückenlose Wiederholung eines Rauschsignalausschnitts bei Periodendauern von größenordnungsmäßig einer Sekunde als solche wahrnehmen kann [1048, 976, 488].

Der Effekt ist insofern bemerkenswert, als er einen Grenzfall für die ausgeprägte Konturierungstendenz des Ohres darstellt, das heißt, für die Tendenz, in Schallsignalen jeder Art Spektraltonhöhen zu "entdecken". In dieser Hinsicht besteht abermals eine Anlogie zur visuellen Wahrnehmung, denn dieselbe ausgeprägte Konturierungstendenz ist bei der Betrachtung diffuser Bildmuster feststellbar.

Spektraltonhöhen von bandbegrenztem Rauschen. Jedes (monaural oder diotisch dargebotene) Breitbandgeräusch erfährt eine (Klang-)Färbung, sobald dem Frequenzgang seines Leistungsspektrums Abweichungen vom gleichförmigen Verlauf aufgeprägt werden. Diese Art der Färbung geschieht beispielsweise bei den geräuschartigen Sprachlauten, insbesondere den Frikativlauten. Die Verständlichkeit *geflüsterter* Sprache beruht in hohem Maße auf der Beeinflussung des Geräuschspektrums durch die Vokaltraktübertragungsfunktion.

Was in diesem Sinne als Färbung wahrgenommen wird, hat stets mit der Entstehung von Spektraltonhöhen zu tun. Das heißt, daß beispielsweise eine Formantfrequenz eines geflüsterten Vokals – welche der Lage eines Maximums des zugehörigen Geräuschspektrums auf der Frequenzachse entspricht – als Spektraltonhöhe wahrgenommen werden kann. Bei Tonhöhenbestimmungen mit geflüsterten Vokalen fand Thomas [997], daß diejenige Spektraltonhöhe, welche der Frequenz des zweiten Formanten entspricht, meistens die ausgeprägteste ist; daneben wurde auch die Spektraltonhöhe des ersten Formanten wahrgenommen.

Die Spektraltonhöhen, welche durch spektral begrenztes Rauschen hervorgerufen werden können, wurden beispielsweise von Small & Daniloff [886], Rakowski [761], Rainbolt & Schubert [760], Fastl [275], sowie Dai et al. [214] beschrieben. Bei Bandbreiten, die unterhalb einer gewissen Grenze liegen, erzeugen die Schmalbandgeräusche eine einzige Tonhöhe, welche der Mittenfrequenz entspricht. Wächst die Bandbreite darüber hinaus, werden zwei Tonhöhen wahrgenommen; diese entsprechen Frequenzen, welche dicht oberhalb der unteren beziehungsweise dicht unterhalb der oberen Grenzfrequenz des Bandpaßrauschens liegen.

Auch Geräusche, welche innerhalb des Hörfrequenzbereichs nur einen einzigen Anstieg der spektralen Intensitätsverteilung aufweisen – also Hochpaß-

11.2 Die Spektraltonhöhe

beziehungsweise Tiefpaßrauschen – erzeugen eine Spektraltonhöhe. Diese liegt im allgemeinen dicht bei der Grenzfrequenz [275].

Die geschilderten Beobachtungen mit Bandpaßrauschen kann man mit der Spektraltonhöhe von Sinustönen folgendermaßen in Zusammenhang bringen. Eine einfache, wenngleich sehr grobe Approximation an ein Bandpaßrauschen entsteht, wenn man zwei eng frequenzbenachbarte Sinustöne gleicher Amplituden erzeugt. Sie stellen ein mit der Differenzfrequenz periodisch schwebendes Signal dar, welches *eine* ausgeprägte Spektraltonhöhe aufweist. Dieselbe entspricht mit guter Näherung dem Mittelwert der beiden Tonfrequenzen [920]. Erhöht man unter Beibehaltung der mittleren Frequenz den Frequenzabstand in kleinen Schritten, so ändert sich – abgesehen von der Zunahme der Anzahl der Schwebungen pro Sekunde – an der Tonhöhe zunächst nichts. Bei einem bestimmten Frequenzabstand, welcher von der Mittenfrequenz abhängt, beginnt die Auflösung der beiden Töne in zwei gleichzeitig vorhandene Spektraltonhöhen. Dieselben entsprechen näherungsweise den beiden Tonfrequenzen. Der Grenzabstand der Tonhöhenauflösung beträgt bei tiefen Frequenzen ungefähr 1/5, bei mittleren und hohen Frequenzen ungefähr 1/3 bis 1/2 der Frequenzgruppenbreite [1004, 730, 944, 309].

Diese Betrachtung kann man schrittweise auf den Fall eines echten Bandpaßrauschens beliebiger Bandbreite übertragen, indem man die Anzahl der über ein schmales Frequenzband verteilten Sinustöne nach und nach erhöht. Solange die Frequenzbandbreite unterhalb der eben genannten Grenzbandbreite bleibt, unterscheidet sich die Hörempfindung vom Schwebungssignal aus nur zwei Sinustönen allein dadurch, daß die zeitlichen Fluktuationen nicht mehr streng periodisch sind, sondern Zufallscharakter annehmen. Die Spektraltonhöhe entspricht in diesem Bereich der Mittenfrequenz des von den Teiltönen belegten Frequenzbandes [45, 259].

Spektraltonhöhen von Kammfilter-Rauschen. Wird ein Breitbandgeräusch mit gleichmäßiger spektraler Intensitätsverteilung – also eines, welches an sich praktisch keine Tonhöhe hat – zeitlich verzögert und dem unverzögerten Geräusch überlagert, so entsteht ein Breitbandgeräusch, welches in gleichen Frequenzabständen Intensitätsmaxima und dazwischen Minima aufweist (Kammfilter-Rauschen). Mit der veränderten spektralen Intensitätsverteilung gehen eine deutliche Färbung des Geräusches sowie – abhängig von der Verzögerungszeit – das Auftreten mehr oder weniger ausgeprägter Tonhöhen einher.

Dieser Effekt kann beispielsweise auftreten, wenn das Geräusch eines Wasserfalls oder eines Brunnens auf zwei verschieden langen Wegen ans Ohr gelangt, nämlich erstens auf dem direkten (also kürzesten) Weg und zweitens auf dem Umweg über eine Reflexion der Schallwelle am Boden oder einer Wand [84].

Wenn die Verzögerungszeit τ beträgt, so liegen die Maxima der spektralen Intensitätsverteilung eines derart entstandenen Geräuschs bei ganzzahligen Vielfachen von $1/\tau$, weil die Fourierkomponenten mit diesen Frequenzen einander gleichsinnig (in Phase) überlagern. Bei den Frequenzen $n/\tau \pm 1/(2\tau)$ tritt gegensinnige Überlagerung auf, so daß mehr oder weniger tief liegende Minima der Verteilung entstehen je nach der Stärke des verzögerten Anteils im Vergleich zum unverzögerten. Das Kammfilter-Rauschen ist demnach mit einem harmonischen komplexen Ton der Oszillationsfrequenz $1/\tau$ verwandt, wobei die in gleichem Abstand auf der Frequenzachse angeordneten "Bandpaßrauschen", aus welchen es besteht, eine ähnliche Rolle spielen wie die harmonischen Teiltöne.

Damit hängt es zusammen, daß die vom Kammfilter-Rauschen hervorgerufenen Tonhöhen eine ähnliche Vielfalt aufweisen, wie dies für harmonische komplexe Töne beschrieben wurde. Insbesondere sind daran sowohl Spektraltonhöhen als auch virtuelle Tonhöhen beteiligt. Was die Spektraltonhöhen betrifft, so entstehen diese im wesentlichen nach denselben Regeln, wie dies im vorhergehenden Abschnitt für einzelne Bandpaßgeräusche beschrieben wurde.

Besonders ausgeprägt sind die Tonhöhen, wenn eine Variante des Kammfilter-Rauschens benützt wird, bei welcher das verzögerte Rauschen dem ursprünglichen Rauschen gegensinnig (180 Grad phasengedreht) überlagert wird. In diesem Fall sind die spektralen Intensitätsmaxima sehr schmal und ausgeprägt. Von Fastl [287] wurde nachgewiesen, daß die Tonhöhen dieser Art von Kammfilter-Rauschen deutlich ausgeprägter sind als beim oben erwähnten Typ. Die Maxima der spektralen Intensitätsverteilung der zweiten Variante liegen bei den Frequenzen $(n - 0,5)/\tau$ $(n = 1, 2, 3, \ldots)$, also bei den ungeraden Vielfachen der Frequenz $1/(2\tau)$. Fastl [287] hat mit dieser Art von Kammfilter-Rauschen Tonhöhen-Histogramme derselben Art gemessen, wie sie in Abb. 11.3 für harmonische komplexe Töne dargestellt sind, und ähnliche Ergebnisse gefunden. Das heißt, daß eine erhebliche Anzahl von Tonhöhen existiert, von denen diejenige, welche der "Grundfrequenz" $1/(2\tau)$ entspricht, am ausgeprägtesten ist. Weitere Ergebnisse zur Tonhöhe von Kammfilter-Rauschen finden sich in Arbeiten von Fourcin [347], Bilsen [84, 85] sowie Yost und Mitarbeitern [1082, 1081, 1083].

Spektraltonhöhen von dichotischen Geräuschen. Die beschriebenen Spektraltonhöhen von monauralen beziehungsweise diotischen Geräuschen können offensichtlich nicht nach dem Prinzip der Ortstheorie in seiner einfachsten Form auf Frequenzen einzelner Fourierkomponenten (Teiltöne) zurückgeführt werden. Jedoch ist ihnen gemeinsam, daß sie systematisch mit Singularitäten beziehungsweise Diskontinuitäten der spektralen Intensitätsverteilung zusammenhängen. Insofern deutet sich in diesen Beobachtungen an, daß von allen denkbaren Modellen eine modifizierte und geeignet ergänzte Ortstheorie der spektralen Konturierung die wahrscheinlichste Lösung darstellt.

Unter diesem Gesichtspunkt ist es von Bedeutung, daß man Tonhöhen geringer Ausgeprägtheit auch durch binaurale Kombination zweier Schallsignale hervorrufen kann, von denen jedes einzelne weitestgehend frei von Tonhöhen ist. Das erste Beispiel dieser Art wurde von Cramer & Huggins [204] beschrieben. Weißes Rauschen wurde über ein phasendrehendes Allpaßfilter derart verändert, daß in der Umgebung von 600 Hz eine Phasendrehung aller Fourierkomponenten um 360 Grad erzeugt wurde. Das so erzeugte Geräusch erfüllt nach wie vor in jeder Hinsicht die Kriterien eines weißen Rauschens. Daher ist es selbstverständlich bei monauraler beziehungsweise diotischer Darbietung vom ursprünglichen weißen Rauschen auditiv nicht unterscheidbar. Wenn jedoch das ursprüngliche Rauschen auf dem einen Ohr und gleichzeitig das phasengedrehte Rauschen auf dem anderen Ohr dargeboten werden, so hört man eine schwach ausgeprägte Tonhöhe, welche ungefähr der Frequenz des Phasenübergangs entspricht – im Beispiel also 600 Hz.

Es handelt sich demnach um eine Tonhöhe, welche mit einer Diskontinuität der interauralen Differenz der Phasenspektren zusammenhängt. Insofern ist sie als eine Spektraltonhöhe anzusehen. Bezüglich ihres Entstehungsortes sind zwei Möglichkeiten zu unterscheiden. Erstens könnte sie in jedem der beiden Ohren getrennt entstehen, derart, daß derselbe ohrspezifische (monaurale) Konturierungsmechanismus, welcher auch die Spektraltonhöhe eines Sinustones erzeugt, durch das kontralaterale Signal beeinflußt beziehungsweise angeregt wird. Zweitens könnte sie durch einen zentralen, also separaten Mechanismus hervorgebracht werden. Bisher sind keine Beobachtungen bekannt, welche die Unterscheidung zwischen diesen beiden Möglichkeiten erlauben.

Die interaurale Tonhöhe entsteht nur, wenn der Phasenübergang des auf dem einen Ohr dargebotenen weißen Rauschens unterhalb 1600 Hz liegt [204]. Die zur Entstehung der Tonhöhe notwendige interaurale Wechselwirkung ist demnach auf denselben Frequenzbereich beschränkt wie die interaurale Auswertung der Signalstruktur bei der Richtungswahrnehmung und bei der Bildung binauraler Schwebungen [249]. Weitere Ergebnisse zum Effekt der binauralen Tonhöhen finden sich in [394, 88, 89, 755, 507].

11.2.2 Kontureffekte

Wenn die Spektraltonhöhe beim Hören eine Rolle spielt, welche derjenigen der Konturen beim Sehen entspricht, dann ist mit der Möglichkeit zu rechnen, daß die Bildung der Spektraltonhöhe von ähnlichen Effekten begleitet wird wie die Bildung visueller Konturen. Die beiden hauptsächlichen Typen visueller Kontureffekte sind die Kontrastverstärkung (Mach-Bänder) und die Nachbilder. Carterette et al. [160] haben durch Mithörschwellenmessungen bei Verdeckung durch scharf begrenzte Schmalbandrauschen versucht, örtliche Kontrastverstärkung nachzuweisen. Die auf diese Weise meßbaren Effekte erwiesen sich jedoch als gering und unsicher [759, 882]. In andersartigen Experimenten zeigt sich aber sehr deutlich, daß "Kontrastverstärkung" und "Nachbilder" des Gehörs tatsächlich existieren.

Akzentuierung. Wenn sich die spektralen Diskontinuitäten eines Schallsignals, welche die Voraussetzung für die Entstehung von Spektraltonhöhen sind, zeitlich nicht ändern, dann verschmelzen die Spektraltonhöhen in kurzer Zeit zu einem einheitlichen Klangeindruck (Teiltonfusion), und die bewußte Wahrnehmung ist weitgehend auf Empfindungsgrößen wie die virtuelle Tonhöhe und die Klangfarbe reduziert. Dennoch ist es bei genügender Aufmerksamkeit möglich, einzelne Spektraltonhöhen herauszuhören. Wenn andererseits das Schallsignal hinsichtlich spektraler Diskontinuitäten instationär ist, dann ist das Entstehen und Verschwinden der zugehörigen Spektraltonhöhen deutlich zu hören. Wenn während der Darbietung eines insoweit stationären Schallsignals demselben eine spektrale Diskontinuität – beispielsweise ein einzelner Teilton – plötzlich hinzugefügt wird, so wird im selben Moment die zugehörige Spektraltonhöhe sehr deutlich und ausgeprägt wahrgenommen, ohne daß es dazu besonderer Aufmerksamkeit bedarf. Die betreffende Spektraltonhöhe ist unmittelbar nach ihrem Erscheinen in der auditiven Wahrnehmung *akzentuiert*. Im Verlauf einiger Sekunden verschmilzt sie mit dem Gesamtklang. Die derart erzeugte Akzentuierung der betreffenden Spektraltonhöhe wird auch als *Enhancement* bezeichnet [1025]. Sie wurde beispielsweise von Schouten [827], Cardozo [154] sowie Viemeister & Green [1022] beschrieben. Da die Akzentuierung durch das plötzliche Auftreten einer spektralen Diskontinuität verursacht wird, kann sie als eine zeitliche Kontrastverstärkung aufgefaßt werden. Der Effekt wird eingehender im Abschnitt 12.2.4 beschrieben.

Die Folgetonhöhe (Zwicker'scher Nachton). Beschallt man das Ohr für einige Sekunden mit einem Breitbandgeräusch mittleren Schallpegels (z.B. 60 dB), dessen Intensitätsspektrum eine Lücke (beispielsweise mit der Breite einer Oktav) aufweist, so kann man nach dem Abschalten des Geräuschs in ruhiger Umgebung einen schwachen reinen Ton wahrnehmen, welcher nach einigen Sekunden wieder verschwunden ist [1104]. Die auditive Qualität dieses *Zwicker'schen Nachtones* entspricht vollkommen derjenigen eines schwachen Sinustones mit zeitlich absinkender Amplitude. Seine Tonhöhe ist von bemerkenswerter Konstanz und entspricht einer Frequenz, die innerhalb der Lücke des vorangegangenen Geräuschs liegt. Sie wird als *Folgetonhöhe* bezeichnet. Faßt man die Lücke im Intensitätsspektrum des Anregungsgeräuschs als eine invertierte Spektralkontur auf, dann stellt die Folgetonhöhe das abermals invertierte Abbild davon dar, in offensichtlicher Analogie zu visuellen invertierten Folgekonturen.

Die Kriterien für die Entstehung der Folgetonhöhe sowie die genaue Lage der äquivalenten Frequenz innerhalb der Lücke wurden von Guttman & Lummis [395], Neelen [668], Lummis & Guttman [571], Fastl [286, 289, 294] und Krump [529, 531, 530] untersucht. Fastl [286] wies nach, daß die Folgetonhöhe mit eher noch größerer Ausgeprägtheit auch nach Darbietung eines *Klanges* mit einer Lücke (anstelle des Breitbandrauschens mit Lücke) entsteht. Krump [531, 530] fand in umfangreichen Untersuchungen des Effekts folgende Merkmale.

- Von 100 normalhörenden Personen konnten 94 die Folgetonhöhe wahrnehmen.
- Das Auftreten der Folgetonhöhe ist auf den Frequenzbereich 300 bis 8000 Hz beschränkt.
- Die Folgetonhöhe existiert nach einer mindestens 2 Sekunden langen Anregung 2 bis 6 Sekunden lang.

- Die maximale Lautheit des subjektiven Nachtones entspricht derjenigen eines Sinustones, dessen Schallpegel 10 bis 15 dB über der Ruhehörschwelle liegt.
- Obwohl die Hörempfindung des Zwicker'schen Nachtones vollständig derjenigen eines schwachen Sinustones entspricht, existiert ein entsprechender Ton weder im Innenohr (wie beispielsweise im Falle eines Kombinationstones) noch als otoakustische Emission.
- Die Folgetonhöhe kann auch durch Anregung mit bandbegrenzten Schallen (ohne Lücke) hervorgerufen werden; die äquivalente Frequenz liegt dann oberhalb der oberen Grenzfrequenz. Folgetonhöhen im Bereich der unteren Grenzfrequenz wurden nicht gefunden.
- Die Folgetonhöhe ist ein monaurales Phänomen. Es können gleichzeitig auf beiden Ohren verschiedene Folgetonhöhen hervorgerufen werden, nämlich diejenigen, welche auch bei monauraler Darbietung der Anregungsschalle entstehen. Folgetonhöhen durch interaurale Kooperation wurden nicht gefunden.

11.2.3 Tonhöhenabweichungen

Als Tonhöhenabweichung wird der Effekt bezeichnet, daß die wahrgenommene Tonhöhe eines Tones fester Frequenz sich ändert, wenn man andere Parameter des Tones ändert, beziehungsweise dem Ton einen weiteren Schall überlagert. Beim Sinuston kommt als zu verändernder Parameter vor allem der Schallpegel in Betracht. Jedoch kann beim Zusammenklang mehrerer harmonischer Sinustöne auch die Phase von Bedeutung sein.

Der Einfluß des Schallpegels. Daß die Tonhöhe von Sinustönen nicht ausschließlich von der Frequenz abhängt, sondern – wenn auch in geringem Maße – von der Amplitude beziehungsweise dem Schallpegel beeinflußt wird, ist bei konsequenter Betrachtungsweise nicht überraschend. Gerade dann, wenn man die Bildung der Tonhöhe eines Sinustones durch das Gehör als einen Meßvorgang betrachtet, welcher dem Zwecke dient, die Frequenz des Tones abzubilden, so kann es nicht verwundern, daß dies nur mit endlicher Genauigkeit und mit systematischen Fehlern möglich ist. Mit anderen Worten: Nicht die Tatsache ist erstaunlich, daß die auditive Frequenzmessung eine gewisse Amplitudenabhängigkeit aufweist, sondern es ist umgekehrt beeindruckend, in welch riesigem Amplitudenbereich es dem Gehör gelingt, die Messung mit hoher Genauigkeit durchzuführen.

Über die Tatsache, daß die Tonhöhe von der Tonintensität abhängen kann, wurde schon im 19. Jahrhundert berichtet [269, 1095]. Weitere Beobachtungen des Phänomens wurden von Stevens [903], Snow [891], Morgan et al. [653], Cohen [184], Small & Campbell [884], Terhardt [953], Verschuure & van Meeteren [1020], Miyazaki [629], van den Brink [126], Burns [141] und Jesteadt & Neff [479] beschrieben.

330 11. Die Tonhöhe

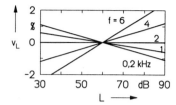

Abb. 11.9. Eine vereinfachte Darstellung der Abhängigkeit der Tonhöhe von Sinustönen vom Schallpegel L. Ordinate: Tonhöhenabweichung v_L gegenüber dem Schallpegel 60 dB. Parameter ist die Tonfrequenz. Nach [960]

Abbildung 11.9 gibt eine vereinfachte Übersicht über die beobachteten Tendenzen der Tonhöhenabweichung. Unter der Tonhöhenabweichung (Ordinate) wird der relative Unterschied zwischen der Frequenz des Sinustones mit 60 dB und derjenigen des Sinustones mit dem Schallpegel L (Abszisse) verstanden, welche durch auditiven Abgleich auf gleiche Tonhöhe bei sukzessiver Darbietung im Mittel zustandekommt. Die Tonhöhenabweichung ist also durch

$$v_L = \frac{f_{60dB} - f_L}{f_L} \qquad (11.13)$$

definiert. Aus Abb.11.9 geht hervor, daß tiefe Sinustöne konstanter Frequenz mit wachsendem Schallpegel um bis zu einige Prozent tiefer, hohe Sinustöne dagegen höher werden. Sinustöne in der Umgebung von 2000 Hz sind vom Pegeleinfluß nicht betroffen [CD 12].

Aus Untersuchungsergebnissen von Verschuure & van Meeteren [1020] und van den Brink [126] geht hervor, daß die obige Darstellung des Pegeleinflusses auf die Spektraltonhöhe nur als eine vereinfachte, schematische Wiedergabe der tatsächlichen Verhältnisse verstanden werden darf. Insbesondere ist ihre Gültigkeit auf mittlere Schallpegel beschränkt. Bei kleinen (unter ca. 50 dB) und sehr großen Schallpegeln (über ca. 80 dB) kann die Wirkung des Schallpegels auf die Spektraltonhöhe eine andere Richtung nehmen. Außerdem weist der Pegeleinfluß als Funktion der Tonfrequenz eine Feinstruktur auf, derart, daß der Effekt bei eng benachbarten Frequenzen deutlich verschieden groß sein, beziehungsweise sogar verschiedenes Vorzeichen haben kann [126]. Wilson et al. [1073] haben eine ergänzende Regel vorgeschlagen, nach welcher die Spektraltonhöhe bei *allen* Frequenzen mit dem Schallpegel *ansteigt*, sofern der Pegel unter 60 dB liegt. Wilson und Mitarbeiter konnten zeigen, daß bei Berücksichtigung dieser Regel recht gute Übereinstimmung zwischen der schallpegelbedingten Tonhöhenabweichung einerseits und der schallpegelbedingten physiologischen Verschiebung der Erregung der Basilarmembran besteht [1073]. Auch mit der *psychoakustischen* Erregung des Gehörs, welche man aus Mithörschwellen ableiten kann, lassen sich die pegelbedingten Tonhöhenabweichungen in Zusammenhang bringen [440, 442].

Der Einfluß von Zusatzschall. Wird einem Sinuston fester Frequenz zusätzlicher Schall überlagert, so kann sich seine Tonhöhe merklich ändern. Dieser Effekt wird gemessen, indem man der Versuchsperson abwechselnd den Testton samt Zusatzschall und einen ungestörten Vergleichston festen

Pegels darbietet, wobei die Vergleichstonfrequenz so einzustellen ist, daß die Tonhöhen von Vergleichs- und Testton übereinstimmen. Die möglicherweise auftretende Tonhöhenabweichung v wird durch

$$v = \frac{f_\mathrm{V} - f_\mathrm{T}}{f_\mathrm{T}} \tag{11.14}$$

definiert, wobei f_T die Testtonfrequenz und f_V die Vergleichstonfrequenz bedeuten. Je nach Art beziehungsweise spektraler Verteilung des Zusatzschalles kann die Tonhöhenabweichung größer oder kleiner als null oder auch verschwindend gering sein, vgl. Webster und Mitarbeiter [626, 1053], Allanson & Schenkel [7], Terhardt & Fastl [977], Sonntag [893], Hesse [441].

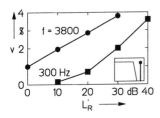

Abb. 11.10. Zwei Meßergebnisse (monaural) zur störschallbedingten Tonhöhenabweichung: Sinuston mit der Frequenz f und 50 dB Schallpegel oberhalb der Grenzfrequenz eines Tiefpaßrauschens (250 Hz bzw. 2,8 kHz), als Funktion des Intensitätsdichtepegels L'_R des Rauschens. Mittelwerte von 3 Vpn. Nach [977]

Abbildung 11.10 zeigt entsprechende Meßergebnisse für den Fall, daß der Zusatzschall (ein Tiefpaßrauschen) dicht unterhalb der Testtonfrequenz liegt, wobei Testton und Zusatzschall auf demselben Ohr dargeboten wurden. Bei konstanter Amplitude des Tones steigt die Tonhöhe monoton um bis zu einigen Prozent an, wenn der Schallpegel des Rauschens erhöht wird [CD 11].

Wenn man bei konstanter spektraler Intensitätsdichte das Tiefpaßrauschen durch ein Schmalbandrauschen ersetzt, ändert sich am Ergebnis nichts. Für diese Art der Tonhöhenabweichung ist demnach allein die in der Frequenznachbarschaft des Testtones vorhandene, ansteigende Schallintensität verantwortlich.

Auch ein Zusatzschall sehr geringer Bandbreite erzeugt unter sonst vergleichbaren Bedingungen denselben Effekt. Abb. 11.11 zeigt als Beispiel gemessene Tonhöhenabweichungen von Testtönen der Frequenzen 200–4000 Hz, denen als Zusatzschall je ein zweiter Sinuston mit der halben Frequenz überlagert wurde. Bei einer festen Pegeldifferenz zwischen Zusatz- und Testton hängt die Tonhöhenabweichung erheblich von der Frequenzlage ab; sie ist aber bei allen Testtonfrequenzen vorhanden und größer als null.

Für den Fall, daß das Fourierspektrum des Zusatzschalles unterhalb der Frequenz des Testtones liegt, kann man demnach zusammenfassend feststellen, daß ein Zusatzschall hinreichender Stärke bei allen Testtonfrequenzen eine Erhöhung der Tonhöhe um bis zu einigen Prozent verursacht. Die Tonhöhe wandert unter dem Einfluß des Zusatzschalles sozusagen von dessen spektraler Intensitätsanstiegsflanke fort.

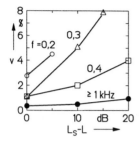

Abb. 11.11. Meßergebnisse (monaural) zur störschallbedingten Tonhöhenabweichung: Sinuston mit der Frequenz f und dem Pegel L, gestört durch einen zweiten Sinuston mit der Frequenz $f/2$ und dem Pegel L_S, als Funktion von $L_S - L$. Phasenunterschied $\varphi = 0$. L war so gewählt, daß der Testton die konstante Lautstärke 50 phon hatte. Mittelwerte von 4 Vpn. Nach [977]

Wenn das Fourierspektrum des Zusatzschalles dicht *oberhalb* des Testtones liegt, sind die Ergebnisse ein wenig komplizierter. In diesem Falle hängt die Richtung der Tonhöhenabweichung von der Frequenzlage des Testtones ab.

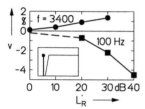

Abb. 11.12. Meßergebnisse (monaural) zur störschallbedingten Tonhöhenabweichung: Sinuston mit der Frequenz f und 60 dB Schallpegel unterhalb der Grenzfrequenz eines Hochpaßrauschens (125 Hz bzw. 3,6 kHz), als Funktion des Intensitätsdichtepegels L'_R des Rauschens. Mittelwerte von 3 Vpn. Nach [977]

Abb. 11.12 zeigt als Beispiel Ergebnisse für einen tiefen (100 Hz) und einen hohen (3,4 kHz) Testton, der dicht unterhalb eins Hochpaßrauschens liegt. Die Tonhöhenabweichung des tiefen Testtones ist negativ und erreicht im Mittel Werte bis zu -4%; das heißt, daß auch in diesem Fall die Tonhöhe von der Anstiegsflanke des Zusatzschalles fort wandert. Dagegen ist die Tonhöhenabweichung des hohen Testtones positiv; die Tonhöhe wandert hier auf die Anstiegsflanke zu, allerdings nur mit Beträgen von bis zu etwa 1%. Dasselbe Ergebnis erhält man, wenn man das Bandpaßrauschen durch einen Sinuston ersetzt [977].

In diesem Zusammenhang ist eine dritte Konstellation von Testton und Zusatzschall von Bedeutung, nämlich diejenige, bei welcher der Testton vollständig in das Fourierspektrum des Zusatzschalles eingebettet ist. Dieser Fall wurde mit weißem Rauschen als Zusatzschall untersucht [258, 977, 842]. Das Ergebnis ist, daß bei Testtonfrequenzen unterhalb ungefähr 300 Hz die Tonhöhenabweichung gleich null ist und bei höheren Frequenzen positive Werte annimmt. Ihr Betrag nimmt unter ansonsten konstanten Bedingungen mit der Tonfrequenz zu und erreicht bei Frequenzen im Kilohertzbereich einige Prozent.

Diese Zusammenhänge beziehen sich auf den Fall, daß Testton und Zusatzschall einander physikalisch überlagert sind, also *gleichzeitig* auf ein und dasselbe Ohr gegeben werden. Dabei spielt es für den Tonhöhenverschiebungseffekt keine Rolle, ob das Summensignal monaural oder binaural dargeboten wird. Die Charakteristika der unter diesen Bedingungen auftretenden Tonhöhenabweichungen kann man folgendermaßen zusammenfassen.

- Tonhöhenabweichungen treten nur auf, wenn der Testton durch den Zusatzschall teilmaskiert wird.
- Wenn das Fourierspektrum in der Frequenzumgebung des Testtones gleichmäßig verteilt ist, ist die Tonhöhenabweichung tiefer Töne ($f < 300$ Hz) null; bei darüber liegenden Tonfrequenzen nimmt sie zunehmend positive Werte bis zu einigen Prozent an.
- Wenn das Fourierspektrum des Zusatzschalles dicht *unterhalb* der Testtonfrequenz einen steilen Anstieg aufweist, wandert die Tonhöhe bei allen Testtonfrequenzen von der Anstiegsflanke des Zusatzschalles fort, das heißt zu höheren Werten.
- Wenn das Fourierspektrum des Zusatzschalles dicht *oberhalb* der Testtonfrequenz einen steilen Anstieg aufweist, wandert die Tonhöhe von Sinustönen unterhalb ca. 500 Hz von der Anstiegsflanke fort, das heißt zu tieferen Werten; der Betrag der Tonhöhenabweichung nimmt mit fallender Tonfrequenz zu und kann einige Prozent erreichen. Die Tonhöhe von Sinustönen höherer Frequenz wandert dagegen zur Anstiegsflanke hin, wobei der Betrag der Verschiebung unter etwa 1% bleibt.
- Die beschriebenen Tonhöhenabweichungen weisen bei verschiedenen Personen systematisch unterschiedliche Beträge auf (während die oben beschriebenen Gesetzmäßigkeiten bezüglich der Richtung einheitlich sind). Das heißt, es gibt Personen, deren Gehör bezüglich des Einflusses von Zusatzschallen auf die Tonhöhe sehr robust ist, und solche, bei denen dieser Einfluß erhebliche Ausmaße annimmt.

Es scheint, daß sich die durch Zusatzschalle verursachte Tonhöhenabweichung im wesentlichen aus zwei Anteilen zusammensetzt. Der eine resultiert aus dem Vorhandensein zuätzlicher Schallenergie in der Frequenzumgebung des Testtones *an sich*; er bewirkt bei Sinustönen oberhalb 300 Hz eine positive Tonhöhenabweichung, deren maximaler Betrag mit wachsender Tonfrequenz auf einige Prozent anwächst. Der zweite Anteil resultiert aus dem Vorhandensein eines steilen Anstiegs der Intensitätsdichte des Zusatzschalles in der Frequenznachbarschaft des Testtones; von ihm ist anzunehmen, daß er *bei allen Tonfrequenzen* die Tonhöhe von der Anstiegsflanke fort wandern läßt. Wenn die Anstiegsflanke unterhalb der Tonfrequenz liegt, unterstützen sich die beiden Anteile und ergeben bei hohen Tonfrequenzen erhebliche positive Verschiebungen. Liegt dagegen die Anstiegsflanke oberhalb der Tonfrequenz, so kompensieren sich für Tonfrequenzen oberhalb etwa 500 Hz die beiden Anteile mehr oder weniger vollständig. Die Tatsache, daß gemäß Abb. 11.12 im letzteren Fall bei hohen Tonfrequenzen eine Tendenz der Tonhöhe zu sehen ist, auf die Anstiegsflanke hin zu wandern, erklärt sich demnach so, daß in diesem Frequenzbereich der erste Anteil dem Betrage nach den zweiten überwiegt.[3]

Es liegt nahe, den tonhöheverschiebenden Einfluß von Zusatzschallen als Resultat einer Störung des auditiven Konturierungsmechanismus, welcher die Spektraltonhöhe bildet, aufzufassen. Die Tonhöhenabweichung ist unter diesem Gesichtspunkt der optischen Täuschung analog, welche darin besteht, daß eine gerade Linie infolge Überlagerung eines zusätzlichen Strichmusters gekrümmt erscheint, vgl. Abb. 1.12.

Tonhöhenabweichungen der beschriebenen Art treten im übrigen auch auf, wenn Sinuston und Zusatzschall nichtsimultan dargeboten werden, vorausgesetzt, daß ihr zeitlicher Abstand kleiner als ungefähr 100 ms ist [763, 251]. Insbesondere ein Zusatzschall, welcher einem kurzen Testton unmittelbar vorausgeht, hat auf den letzteren eine teilmaskierende und tonhöheverschiebende Wirkung.

Spektraltonhöhen der Teiltöne von Klängen. Als eine Konsequenz der geschilderten Effekte ist zu erwarten, daß die Spektraltonhöhen der Teiltöne eines beliebigen Klanges im allgemeinen merklich verschoben sind. Das heißt, daß ein Teilton verschiedene Spektraltonhöhen haben kann, je nachdem, ob er als Teil des Klanges oder isoliert gehört wird. Es ist damit zu rechnen, daß diese Tonhöhenabweichungen positiv sind, wenn die Teiltonfrequenz oberhalb etwa 500 Hz liegt. Der tiefste Teilton eines Klanges sollte eine kleine negative Tonhöhenverschiebung aufweisen, falls seine Frequenz unterhalb 500 Hz liegt.

Für die Spektraltonhöhen der Harmonischen von HKT erweisen sich diese Schlußfolgerungen als weitgehend zutreffend. Sofern ein HKT eine tiefe Oszillationsfrequenz von wenigen 100 Hz hat, ist die erste Harmonische entweder gar nicht, oder geringfügig nach tieferen Tonhöhen verschoben, und die höheren Harmonischen weisen positive Tonhöhenabweichungen auf [948, 949]. Peters et al. [711] fanden in einer Untersuchung mit drei Versuchspersonen keine signifikanten Tonhöhenabweichungen dieser Art. Dagegen konnten Hartmann & Doty [417] in Experimenten mit vier Versuchspersonen die Tonhöhenabweichungen im wesentlichen bestätigen.

Abbildung 11.13 zeigt die von Hartmann & Doty gefundenen mittleren Tonhöhenabweichungen einzelner Harmonischer eines bei 7 kHz tiefpaßbegrenzten harmonischen komplexen Tones mit ungefähr 200 Hz Oszillationsfrequenz, dessen Harmonische alle die gleiche Amplitude hatten. Mit Ausnahme der für die dritte Harmonische gefundenen mittleren Abweichungen sind diese Ergebnisse im Einklang mit [949].

Bei der Messung der Tonhöhenabweichungen von einzelnen Harmonischen harmonischer komplexer Töne können gerade dann Fehler auftreten, wenn die Abweichungen erhebliche Beträge annehmen. Beispielsweise ist es unmöglich, eine positive Tonhöhenabweichung der sechsten Harmonischen um 5% von einer negativen Ab-

---

[3] Bekesy [62] schloß auf Grund einer orientierenden Untersuchung, daß die Tonhöhe stets in Richtung auf den Zusatzschall wandere. Diese Gesetzmäßigkeit wurde durch die Ergebnisse aller anderen Autoren nicht bestätigt.

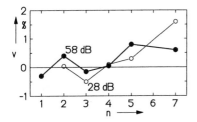

Abb. 11.13. Abweichung v der Spektraltonhöhen der n-ten Harmonischen eines harmonischen komplexen Tones mit $f_o \approx 200$ Hz. Pegel der Harmonischen 28 bzw. 58 dB, wie angegeben. Mittelwerte von vier Versuchspersonen. Nach Hartmann & Doty [417]

weichung der siebten Harmonischen um 10% zu unterscheiden, wenn nicht geeignete Kontrollmaßnahmen ergriffen werden.

Der Einfluß von Dauer und zeitlichem Amplitudenverlauf. Vergleicht man die Tonhöhen von Sinustönen verschiedener Dauer beziehungsweise unterschiedlicher Amplitudenverläufe, so kann man in vielen Fällen geringe Tonhöhenunterschiede feststellen. Der Einfluß der Tondauer beschränkt sich auf Dauern unterhalb etwa 200 ms, also denjenigen Bereich, in welchem auch die Lautheit von der Dauer abhängt [241, 1037]. Hartmann [414] sowie Rossing und Houtsma [799] haben den Einfluß des Amplitudenverlaufs, insbesondere mit steil einsetzenden und exponentiell abklingenden Hüllkurven, untersucht. Im Großen und Ganzen zeigte sich dabei, daß die Tonhöhe exponentiell abklingender kurzer Töne etwas höher ist als diejenige kurzer Rechteck-Tonimpulse gleicher Energie. Der Unterschied wächst mit der Tonfrequenz. Vergleicht man andererseits kurze Töne verschiedener Amplitudenverläufe und gleicher Maximalintensität, so liegt die Tonhöhe von exponentiell abklingenden Tönen unter derjenigen von solchen mit gleichbleibender Intensität und gleicher effektiver Dauer [456].

Der Einfluß von kontralateralem Zusatzschall. Systematische Tonhöhenabweichungen von Sinustönen bis zu wenigen Prozent können auch herbeigeführt werden, indem man den Testton auf einem Ohr, den Zusatzschall dagegen auf dem anderen Ohr darbietet [1000, 957]. Dieser Effekt unterscheidet sich von den oben beschriebenen insofern grundlegend, als er nicht auf Teilmaskierung zurückgeführt werden kann. Das Ausmaß kontralateraler Maskierung, das heißt, der Verdeckung eines auf dem einen Ohr dargebotenen Testschalles durch einen gleichzeitig auf dem anderen Ohr dargebotenen Störschall, ist durchweg sehr gering [173, 236, 1137, 1138, 370]. Die Tatsache, daß dennoch ein monauraler Zusatzschall relativ geringer Amplitude die Tonhöhe eines kontralateralen Testtones merklich ändern kann, stellt einen deutlichen Hinweis darauf dar, daß zwischen den beiden Ohren neuronale Wechselwirkungen bestehen.

Als Beispiel zeigt Abb. 11.14 die Tonhöhenverschiebung v_1 eines monauralen Sinustones mit der festen Frequenz $f_1 = 3$ kHz, hervorgerufen durch einen zweiten, auf dem anderen Ohr dargebotenen Sinuston mit der Frequenz f_2, in Abhängigkeit von f_2 [957]. Wie bei anderen binauralen Effekten auch, zeigt sich hier die Tatsache, daß die wechselseitige Beeinflussung der

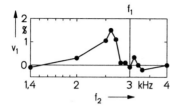

Abb. 11.14. Tonhöhenverschiebung v_1 eines monauralen 3 kHz-Sinustones (Frequenz f_1) durch einen zweiten, gleichzeitig auf dem anderen Ohr dargebotenen Sinuston mit der Frequenz f_2, in Abhängigkeit von f_2. Schallpegel: $L_1 = 60$ dB, $L_2 = 70$ dB. Nach [957]

beiden Ohren frequenzselektiv ist. Das heißt, daß Hörkanäle des einen Ohres vorzugsweise oder ausschließlich solche Hörkanäle des anderen Ohres beeinflussen können, welche zum gleichen Frequenzbereich gehören. Im obigen Beispiel ist die Tonhöhenverschiebung am größten, wenn die Frequenz f_2 des kontralateralen Störtones dicht unterhalb des Testtones liegt.

In diesem Zusammenhang ist bemerkenswert, daß Ayres & Clack [31, 32] fanden, daß ein Sinuston mit unterschwelliger Amplitude die Wahrnehmbarkeit eines kontralateral dargebotenen zweiten Tones gleicher oder halb so hoher Frequenz merklich beeinflussen kann. Dies deutet darauf hin, daß die Hörschwelle nicht ausschließlich monaural gebildet wird und daß interaurale Interaktion bereits unterhalb derjenigen Ebenen einsetzt, welche an der Bildung der Absolutschwelle beteiligt sind.

11.2.4 Die interaurale Tonhöhendifferenz

Ein binaural gehörter Sinuston ruft normalerweise eine einzige Tonhöhe hervor. Bietet man dagegen einen Sinuston monaural dar, und zwar abwechselnd auf dem einen und dem anderen Ohr, dann kann man häufig feststellen, daß die Tonhöhen nicht genau übereinstimmen. Dieser Effekt wird *interaurale Tonhöhendifferenz* (ITD) beziehungsweise *Binaurale Diplakusis* genannt [924, 925, 558, 910, 476, 1044].

Der Effekt weist darauf hin, daß die Spektraltonhöhe von jedem der beiden Ohren *autonom* gebildet wird, wobei ein und derselbe Sinuston auf dem einen Ohr eine etwas andere Tonhöhe hervorrufen kann als auf dem anderen. Die Tatsache, daß beim binauralen Hören ein und desselben Tones nur eine einzige Tonhöhe gehört wird, ist damit zu erklären, daß die beiden wenig verschiedenen Tonhöhen der beiden Ohren vom zentralen Gehör zu einer einzigen mittleren Tonhöhe zusammengefaßt werden (binaurale Tonhöhenfusion).

Um die ITD zu messen, bietet man je einen Sinuston abwechselnd links und rechts dar und die Versuchsperson stellt eine der beiden Tonfrequenzen so ein, daß die Tonhöhen übereinstimmen. Dabei stellt sich oftmals heraus, daß eine restlos befriedigende Übereinstimmung der Tonhöhen nicht zu erzielen ist – ein weiterer Hinweis darauf, daß die beiden Ohren in hohem Maße autonom sind, was die Bildung der Spektraltonhöhe betrifft. Es gelingt jedoch in der Regel, ein Optimum der Tonhöhenangleichung zu finden. Die Differenz zwischen den für gleiche (beziehungsweise optimal übereinstimmende) Tonhöhe gefundenen Frequenzen ist ein Maß für die ITD.

11.2 Die Spektraltonhöhe

Bei nicht-normalhörenden Personen, besonders bei Vorliegen einer einseitigen Gehörschädigung, kann die ITD erhebliche Ausmaße (mehr als einen musikalischen Halbtonschritt) ausmachen [925, 857, 360, 946]. Im folgenden wird der bei Normalhörenden vorhandene Effekt erläutert.

Als Maß der ITD wird sinnvollerweise der *relative* Unterschied zwischen den Frequenzen des rechts beziehungsweise links dargebotenen Tones, welche sich aus dem Tonhöhenabgleich ergeben haben, definiert. Dabei ist zu beachten, daß im Hörversuch im allgemeinen auf dem einen Ohr ein Sinuston fester Frequenz, auf dem anderen ein solcher einstellbarer Frequenz dargeboten wird. Wird die Frequenz f_L auf dem linken Ohr fest vorgegeben (so daß die Frequenz f_R auf dem rechten Ohr eingestellt wird), so ergibt sich die ITD

$$d_{LR}(f_L) = \frac{f_R - f_L}{f_L} = \frac{f_R}{f_L} - 1. \tag{11.15}$$

Die Frequenz f_L des links vorgegebenen Sinustones wird hier als unabhängige Variable angesehen, weil sie im allgemeinen schrittweise geändert wird, so daß nach einer entsprechenden Anzahl von Hörvergleichen die Funktion $d_{LR}(f_L)$ entsteht.

Entsprechend wird unter

$$d_{RL}(f_R) = \frac{f_L - f_R}{f_R} = \frac{f_L}{f_R} - 1 \tag{11.16}$$

die ITD für den Fall verstanden, daß im Hörversuch die Frequenz auf dem rechten Ohr fest vorgegeben wird.

Zwischen d_{LR} und d_{RL} ergibt sich aus (11.15) und (11.16) der Zusammenhang

$$d_{RL}(f_R) = -\frac{d_{LR}(f_L)}{1 + d_{LR}(f_L)}. \tag{11.17}$$

Aus (11.17) geht hervor, daß man $d_{RL} \approx -d_{LR}$ voraussetzen kann, sofern $d_{LR} \ll 1$. Wird ein und derselbe Sinuston mit der Frequenz f abwechselnd rechts und links dargeboten, so ist seine Tonhöhe links höher als rechts, falls $d_{LR}(f) > 0$ beziehungsweise $d_{RL}(f) < 0$.

Beispiele für die interaurale Tonhöhendifferenz d_{LR} von Sinustönen bei einer normalhörenden Person zeigt Abb.11.15, nach van den Brink [120]. Zwischen den drei Messungen lag jeweils ein Zeitabstand von rund drei Jahren. Die interaurale Tonhöhendifferenz weist als Funktion der Frequenz einen um die Nullinie schwankenden Verlauf auf, und die maximalen Abweichungen können mehrere Prozent ausmachen. Dieser Verlauf ist im Detail bei jeder Person verschieden. Wie das Beispiel zeigt, ist er bei ein und derselben Person langzeitlich recht genau reproduzierbar.

Daraus geht hervor, daß die ITD nicht etwa im Laufe der Zeit ausgeglichen wird, indem sich die beiden Ohren einander anpassen. Vielmehr erweist sich die Frequenz-Tonhöhen-Zuordnung durch jedes der beiden Ohren als weitgehend unveränderlich, und die ITD wird erst vom zentralen Gehör ausgemittelt. Die Verschmelzung der beiden Tonhöhen im Falle des binauralen

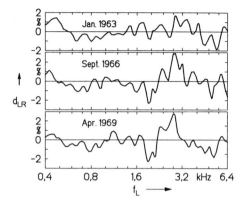

Abb. 11.15. Meßergebnisse für die interaurale Tonhöhendifferenz (binaurale Diplakusis) von Sinustönen, mit ein- und derselben Vp im Abstand von jeweils ungefähr drei Jahren gemessen. Ordinate: d_{LR} gemäß (11.14). Abszisse: Frequenz f_L des links dargebotenen Tones. Nach van den Brink [120]

Hörens ist weitgehend analog der visuellen Integration der beiden monokularen Bildeindrücke zum räumlichen Bild.

Der Tonhöhenunterschied, bis zu welchem die beiden links und rechts gleichzeitig erzeugten Tonhöhen ein und desselben Sinustones noch miteinander zu einer einzigen verschmelzen (binaurale Tonhöhenfusion), hat seine Grenze ungefähr bei der Weite des musikalischen Halb- bis Ganztontonschrittes, was einem relativen Frequenzunterschied von 6–12% entspricht [128]. Im Falle eines einseitig geschädigten Gehörs kann die ITD diesen Grenzwert überschreiten, so daß dann auch beim binauralen Hören ein und desselben Sinustones zwei verschiedene Tonhöhen zugleich entstehen können [925, 557, 1044]. Solche Fälle demonstrieren besonders deutlich, daß die Spektraltonhöhe von jedem der beiden Ohren autonom gebildet wird, denn zusammen mit der ausgeprägten ITD machen sich entsprechende *monaurale* Tonhöhenverfälschungen bemerkbar (monaurale Diplakusis), beispielsweise dadurch, daß musikalische Intervalle verstimmt erscheinen, vgl. Ward [1043], Liebermann & Révész [557], Corliss et al. [198], Schelleng [815], Turner et al. [1016]. Auch dieser Fall hat in der visuellen Wahrnehmung offensichtliche Parallelen, nämlich in der Wahrnehmung von Mehrfachbildern bei gewissen Sehstörungen.

Wenn man bei der Messung der ITD die Spektraltonhöhe eines der beiden Töne durch Überlagerung eines Zusatzschalles verschiebt, so wirkt sich dies additiv auf die ITD aus. Während die Struktur der ITD in ihrer Abhängigkeit von der Frequenz erhalten bleibt, erfährt sie durch die einseitige Verschiebung der Spektraltonhöhe insgesamt einen Versatz nach oben oder unten, je nachdem, auf welchem Ohr der Zusatzschall vorhanden war [119]. Entsprechendes gilt, wenn schallpegelbedingte Tonhöhenverschiebungen ins Spiel kommen [141, 144].

Van den Brink [120] hat weiterhin die bemerkenswerte Tatsache nachgewiesen, daß ein Zusammenhang zwischen der Frequenzabhängigkeit der ITD und der Differenz der beiden *Hörschwellen* besteht. Wenn man die Hörschwelle jedes einzelnen Ohres in hinreichend kleinen Frequenzabständen

11.2 Die Spektraltonhöhe

bestimmt, so zeigen sich in Abhängigkeit von der Frequenz Schwankungen im Ausmaß von etlichen Dezibel, deren Struktur für jedes Ohr verschieden, für ein und dasselbe Ohr aber langzeitlich reproduzierbar ist. Die Häufigkeit dieser Schwankungen innerhalb eines bestimmten Frequenzbereichs stimmt mit derjenigen der ITD überein. Darüber hinaus ist die Struktur der Frequenzabhängigkeit der Hörschwellendifferenz bei ein und derselben Person sehr ähnlich der Struktur der ITD [120]. Die Schwankungen des Frequenzganges der Hörschwelle sind naheliegenderweise auf natürliche Ungleichmäßigkeiten der Struktur und Funktionalität der Haarzellen und Ganglien des Innenohres zurückzuführen. Daher ist anzunehmen, daß die *Frequenz-Tonhöhe-Charakteristik* des einzelnen Ohres von denselben morphologischen Gegebenheiten abhängt. Diese Schlußfolgerungen werden gestützt durch die weitere Beobachtungstatsache, daß die Frequenzverteilung der bei einer Person auftretenden otoakustischen Emissionen erhebliche Ähnlichkeit mit der Feinstruktur der individuellen Hörschwelle aufweist [818, 1128, 1120, 1096].

Abbildung 11.16 illustriert schematisch, was unter der Frequenz-Tonhöhe-Charakteristik zu verstehen ist. Unabhängig davon, auf welche Weise die Spektraltonhöhe eines Sinustones im einzelnen gebildet wird und welches die Metrik der Tonhöhe ist, gibt es im Prinzip einen eindeutigen monotonen Zusammenhang zwischen Sinuston-Frequenz und Spektraltonhöhe, und zwar für jedes der beiden Ohren einzeln. Dieser Zusammenhang wäre im Idealfall durch eine 45-Grad-Gerade in Abb. 11.16 darstellbar. Die wirkliche Charakteristik weicht davon geringfügig, aber meßbar und reproduzierbar ab, und zwar für jedes Ohr in anderer Weise. Daraus folgt, daß zu ein und derselben Spektraltonhöhe (Ordinate) unterschiedliche Frequenzen gehören (Abszisse), je nachdem, auf welchem Ohr der Sinuston dargeboten wird.

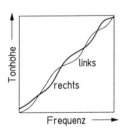

Abb. 11.16. Schematische Illustration der hypothetischen Frequenz-Tonhöhe-Charakteristik, das heißt, des Zusammenhangs zwischen Frequenz und absoluter Spektraltonhöhe auf je einem Ohr. Damit soll vor allem veranschaulicht werden, daß ein- und derselben Tonhöhe verschiedene Frequenzen entsprechen können, je nachdem, auf welchem Ohr ein Sinuston dargeboten wird

Die Frequenz-Tonhöhe-Charakteristik kann durch die Formel

$$H(f) = f[1 + \delta(f)]\frac{\text{pu}}{\text{Hz}} \qquad (11.18)$$

ausgedrückt werden. Darin bedeutet H die in der Maßeinheit pu (*pitch unit*) ausgedrückte Spektraltonhöhe des Sinustones mit der Frequenz f, und $\delta(f)$ gibt die Abweichung von der 45-Grad-Geraden an. Man kann daher die zum linken beziehungsweise rechten Ohr gehörenden Funktionen $\delta_\text{L}(f_L), \delta_\text{R}(f_R)$

als weitgehend unveränderliche Merkmale der betreffenden Frequenz-Tonhöhe-Charakteristiken ansehen. Wären $\delta_L(f_L)$ und $\delta_R(f_R)$ bekannt, so könnte man die ITD $d_{LR}(f_L)$ aus

$$d_{LR}(f_L) = \frac{1+\delta_L(f_L)}{1+\delta_R(f_R)} - 1 \tag{11.19}$$

berechnen. Die Formel (11.19) erhält man, indem man (11.18) für jedes der beiden Ohren ansetzt (Indizes L,R), die Ausdrücke für H_L, H_R einander gleichsetzt und daraus den Quotienten f_R/f_L in (11.15) einsetzt. Die entsprechende Formel für $d_{RL}(f_R)$ folgt aus (11.19) mit (11.17).

Die Beobachtungen über die ITD können wie folgt zusammengefaßt werden.

- Die Transformation von Tonfrequenzen in Tonhöhen wird von jedem der beiden Ohren weitgehend autonom durch einen starren (d.h. nicht durch Lernen beziehungsweise Anpassung modifizierbaren) Mechanismus ausgeführt; es gibt somit für jedes Ohr einer Person eine feste Frequenz-Tonhöhe-Charakteristik [120, 124].
- Mit einer Schädigung des Ohres – beispielsweise durch zu hohe Lärmbelastung – geht meistens eine Veränderung der Frequenz-Tonhöhe-Charakteristik einher [1043, 1044, 946].
- Der Mechanismus der Frequenz-Tonhöhe-Transformation hängt offenbar in hohem Maß von der morphologischen Struktur und Funktionalität des Innenohres beziehungsweise unmittelbar daran anschließender neuronaler Netzwerke ab. Daher unterscheiden sich die Frequenz-Tonhöhe-Charakteristiken der beiden Ohren ein und derselben Person geringfügig, aber systematisch und reproduzierbar. Das gleiche gilt für die Ohren verschiedener Personen.
- Die Frequenz-Tonhöhe-Charakteristik des einzelnen Ohres weist kleine Schwankungen um einen mittleren, monotonen Verlauf auf, und die interaurale Tonhöhendifferenz entspricht der Differenz zwischen den beiden Frequenz-Tonhöhe-Charakteristiken.

11.2.5 Oktav- und Quintabweichung

Die Tonintervalle der Oktav und der Quint sind durch die Frequenzverhältnisse 1:2 beziehungsweise 2:3 gekennzeichnet. Wenn in Hörversuchen zwei Töne auf optimale Oktav- beziehungsweise Quintverwandtschaft abgeglichen werden, so ergeben sich häufig Frequenzverhältnisse, welche von jenen Werten systematisch abweichen.

Oktavabweichung. Führt man mit aufeinanderfolgenden Sinustönen mittleren Schallpegels einen auditiven Oktavabgleich durch, so zeigt sich als Haupteffekt eine Tendenz zur *Spreizung* der Oktav. Das heißt, daß das Frequenzverhältnis, welches zur optimal empfundenen Oktavverwandtschaft der beiden Töne gehört, meistens den Wert 2:1 etwas übersteigt. Zweckmäßigerweise definiert man als *Oktavabweichung* Ω die Größe

$$\Omega = \frac{f_2 - 2f_1}{2f_1}. \tag{11.20}$$

Hierin ist f_1 die Frequenz des fest vorgegebenen Tones, und f_2 die Frequenz des von der Versuchsperson eingestellten Tones. Die Tendenz zur Spreizung der Oktav kommt darin zum Ausdruck, daß meistens $\Omega > 0$ ist [CD 13].

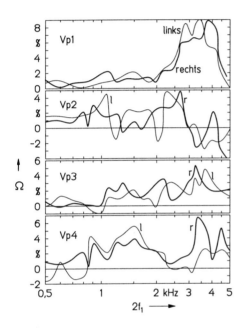

Abb. 11.17. Oktavabweichung Ω sukzessiver Sinustöne in Abhängigkeit von der Frequenzlage. Monaurale Darbietung. Abszisse ist die doppelte Frequenz des tieferen Tones. Interpolierte und geglättete Meßergebnisse von vier normalhörenden Vpn, für jedes Ohr getrennt. Modifizierte Darstellung nach Ward [1042]

Die Tendenz des Gehörs, das Oktavintervall bei sukzessiver Tondarbietung zu spreizen, ist schon frühzeitig beobachtet worden [925,199]. Ward [1042] hat in umfangreichen Untersuchungen mit Versuchspersonen unterschiedlicher musikalischer Vorbildung – unter anderem auch solchen mit *absolutem Gehör* – alle wesentlichen Aspekte des Phänomens dokumentiert. In Abb. 11.17 sind die von Ward mit vier Versuchspersonen bei monauraler Darbietung ermittelten Oktavabweichungen als Funktion der Frequenz f_1 des tieferen Tones dargestellt. Sie sind überwiegend positiv, so daß vorwiegend *Oktavspreizung* vorliegt.

Ferner zeigen die Oktavabweichungen als Funktion der Frequenz Schwankungen, welche hinsichtlich ihrer Häufigkeit pro Frequenzintervall und ihres Betrages denen des Frequenzganges der ITD ähneln. Die Struktur der Schwankungen ist bei den verschiedenen Versuchspersonen unterschiedlich. Zwischen den Verläufen, welche zu den beiden Ohren ein und derselben Person gehören, ist jedoch eine deutliche Ähnlichkeit vorhanden. Daher liegt es nahe, diese Schwankungen mit den Funktionen $\delta(f)$ der Frequenz-Tonhöhe-Charakteristik (11.18) in Zusammenhang zu bringen.

Die Tendenz zur Spreizung der Oktav – einschließlich der Tatsache, daß deren Ausmaß systematische individuelle Unterschiede aufweist – wird durch Untersuchungen weiterer Autoren bestätigt [1038, 946, 948, 933, 125, 238]. Dabei ist bemerkenswert, daß die erwähnte Art von Schwankungen der Oktavabweichung als Funktion der Frequenz nur bei monauraler Messung auftritt [1042, 948, 125]. Bei diotischer Darbietung (auf beiden Ohren dasselbe Signal) sind sie nicht vorhanden und es wird allein die Oktavspreizung gefunden [1038, 238].

Die Oktavspreizung ist auch bei Personen aus nicht-westlichen Musikkulturen vorhanden [147, 148]; sie wurde bei Kindern im Alter von 10–15 Jahren nachgewiesen [238]. Auch Personen mit absolutem Gehör zeigen die Oktavspreizung [1042]. Die Leistung des absoluten Gehörs darf also insbesondere nicht als Fähigkeit zum absolut exakten Erkennen von Frequenzintervallen mißverstanden werden.

Die Fähigkeit von Personen mit absolutem Gehör, durch Einstellen eines Vergleichstones die Tonhöhe beliebiger musikalischer Töne angeben zu können, hat Ward benutzt, um weitere Daten zur Spreizungstendenz zu gewinnen. Aufgefordert, die Tonhöhen der musikalischen Tonskala nacheinander an einem Tongenerator einzustellen, gaben die absoluthörenden Versuchspersonen Tonfrequenzen an, welche im Vergleich zur mathematischen temperierten Stimmung in tiefen Tonlagen systematisch zu tief, in hohen Tonlagen zu hoch waren [1042].

Die Oktavverwandtschaft wird durch die *Tonhöhen*distanz der beteiligten Töne bestimmt, nicht durch deren Frequenzverhältnis als solches. Daß dem so ist, geht unter anderem daraus hervor, daß die Oktavabweichung von den Schallpegeln sowie von gegebenenfalls überlagertem Zusatzschall abhängt. Würde man beispielsweise die Oberoktave eines 200 Hz-Tones abgleichen und dabei den Schallpegel des tieferen Tones um 20 dB oder mehr höher machen als denjenigen des höheren, so würde man eine deutlich geringere oder gar keine Oktavspreizung finden, weil die Spektraltonhöhe des tieferen Tones infolge des hohen Schallpegels absinkt [948].

Die beim Oktavabgleich aufeinanderfolgender Sinustöne beobachteten Effekte kann man folgendermaßen zusammenfassen.

- Bei der Mehrzahl normalhörender Personen ist eine Spreizung der Oktav sukzessiver Sinustöne zu beobachten. Der Betrag der bei verschiedenen Personen vorhandenen Oktavspreizung weist systematische individuelle Unterschiede auf.
- Bei festem Schallpegel der Töne wächst die Oktavspreizung nach sehr tiefen ($f_1 < 200$ Hz) und nach hohen Tonfrequenzen ($f_1 > 500$ Hz) hin an. Ihr Minimum liegt im Mittel bei etwa 0,5%; bei sehr tiefen und hohen Frequenzen erreicht sie Beträge von einigen Prozent.

- Beim Abgleich auf Oktavverwandtschaft über zwei oder mehr Oktaven ergibt sich eine Spreizung, welche gleich der Summe der für die eingeschlossenen Einzeloktaven gefundenen Spreizungen ist [1038].
- Bei monauraler Darbietung ist der Oktavspreizung als Funktion der Frequenz eine Schwankung überlagert, deren Muster bei den einzelnen Versuchspersonen unterschiedlich ist, von ein und derselben Person auf demselben Ohr jedoch reproduziert wird. Bei diotischer Darbietung treten die Schwankungen nicht auf.
- Die eben genannten Schwankungen der monauralen Oktavabweichung auf dem linken Ohr sind mit denjenigen auf dem rechten Ohr eng korreliert.

Quintabweichung. Auch für das *Quint*intervall wurde eine Tendenz zur Spreizung gefunden [CD 14]. Entsprechende Hörversuche wurden von Walliser [1038] und van den Brink [125] durchgeführt. Abb. 11.18 zeigt als Beispiel ein von Walliser gefundenes Ergebnis [1038].

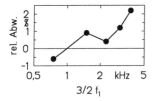

Abb. 11.18. Ergebnisse von Einstellungen des Quintintervalls mit sukzessiven Sinustönen (binaurale Darbietung, $L = 60$ dB, 4 Vpn). Nach [1038]

Korrelation von Tonhöhen- und Oktavabweichungen. Sowohl die beschriebenen Tonhöhenabweichungen unter dem Einfluß von Pegelunterschieden und Zusatzschall, als auch die Oktavabweichungen weisen hinsichtlich ihres Ausmaßes konsistente individuelle Unterschiede auf. Es gibt Personen mit sehr kleinen und solche mit großen Tonhöhenabweichungen, und das entsprechende gilt für die Oktavabweichung. Daher stellt sich die Frage, ob die beiden Typen von Tonhöheneffekten miteinander in Zusammenhang stehen, derart, daß Personen mit großen Tonhöhenabweichungen auch große Oktavabweichungen aufweisen, und umgekehrt.

In Abb. 11.19 ist das Ergebnis einer Untersuchung dieser Frage dargestellt. Mit jeder von 24 normalhörenden Versuchspersonen wurden zwei Hörversuche durchgeführt. Im einen Versuch wurde die Tonhöhenabweichung gemessen, welche ein 1 kHz Ton bei Teilmaskierung durch ein benachbartes Bandpaßrauschen erfährt. Im anderen Versuch wurde eine Anzahl von Oktavabgleichen mit aufeinanderfolgenden Sinustönen durchgeführt. Für jede Person sind die mittleren Ergebnisse in Abb. 11.19 als Kreise eingetragen, wobei die Ordinate die Oktavabweichung, die Abszisse die Tonhöhenabweichung angibt. Aus dem Diagramm geht hervor, daß

- bei den meisten Personen sowohl Oktavabweichung als auch Tonhöhenverschiebung positiv sind;

344   11. Die Tonhöhe

- bei der Mehrzahl der Personen mit einer großen (beziehungsweise kleinen) Tonhöhenabweichung eine große (beziehungsweise kleine) Oktavabweichung einhergeht, während das entgegengesetzte Verhalten sehr selten ist.

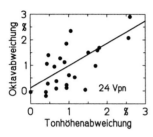

Abb. 11.19. Tonhöhen- und Oktavabweichungen bei 24 Einzelpersonen. Jeder Punkt stellt die Kombination von Tonhöhen- und Oktavabweichung einer Person dar. Die Tonhöhenabweichungen wurden mit einem 1 kHz-Ton gemessen, dem ein Bandpaßrauschen festen Pegels und tieferer Frequenzlage überlagert war. Die Oktavabweichungen wurden mit sukzessiven Sinustönen gemessen. Eingetragen ist die Regressionsgerade. Der Korrelationskoeffizient beträgt 0,67

Die Berechnung des Korrelationskoeffizienten ergibt den Wert 0,67. Im Hinblick auf die Zahl von 24 Wertepaaren besagt dieser Wert, daß die Wahrscheinlichkeit eines kausalen Zusammenhanges nahezu 100% beträgt. Weil die Messung der Oktavabweichung bei einer einzigen Bezugsfrequenz die individuelle mittlere Tendenz nur mit erheblicher Unsicherheit widerspiegeln kann (vgl. Abb.11.17), ist eine dichtere Anschmiegung der Punkte an die Regressionsgerade nur bei Durchführung einer größeren Anzahl von Oktavabgleichen bei verschiedenen Frequenzen zu erwarten.

11.2.6 Zusammenfassung der Beobachtungen und Schlußfolgerungen

Die wichtigsten Merkmale der Spektraltonhöhe, welche sich aus den geschilderten Beobachtungstatsachen ergeben, kann man folgendermaßen zusammenfassen.

- Die Spektraltonhöhe ist ein primärkonturartiges Merkmal, welches spektrale Diskontinuität widerspiegelt.
- Die Spektraltonhöhe wird überwiegend auf jedem Ohr einzeln gebildet, ein Vorgang, welcher durch eine ohrspezifische Frequenz-Tonhöhe-Funktion beschrieben werden kann.
- Die Frequenz-Tonhöhe-Funktion hängt eng mit den langzeitlich gegebenen morphologisch-physiologischen Strukturen des Corti'schen Organs und gegebenenfalls nachfolgender neuronaler Netzwerke zusammen.
- Innerhalb gewisser Grenzen hängt die Frequenz-Tonhöhe-Funktion von der Amplitude des Sinustones ab.
- Innerhalb gewisser Grenzen wird die Frequenz-Tonhöhe-Funktion durch Überlagerung von Zusatzschall beeinflußt.

- Eine Beeinflussung der Frequenz-Tonhöhe-Funktion durch Zusatzschall kann auch auf interauralem Wege erfolgen, jedoch nach anderen Gesetzen als im monauralen beziehungsweise diotischen Fall.
- Die offensichtlich vorhandene interaurale Beeinflussung auf einer niederen Ebene der auditiven Hierarchie kann dazu führen, daß die Autonomie der Ohren bei der Bildung der Spektraltonhöhe insofern durchbrochen wird, als auch schwach ausgeprägte *dichotische* Spektraltonhöhen möglich sind.

11.3 Die virtuelle Tonhöhe

Die ausgeprägtesten virtuellen Tonhöhen werden von *periodischen* Schallsignalen hervorgerufen, deren Oszillationsfrequenz im Bereich der Sprechstimme liegt, das heißt, zwischen ungefähr 70 und 500 Hz. Liegt die Oszillationsfrequenz unterhalb etwa 50 Hz, so treten zwar im allgemeinen ebenfalls virtuelle Tonhöhen auf; diese entsprechen aber nicht mehr der Oszillationsfrequenz, sondern einer höheren Frequenz, vgl. Abb. 11.3.

Nach hohen Werten ist der Existenzbereich der virtuellen Tonhöhe weniger klar begrenzt. Er reicht mit Sicherheit deutlich über äquivalente Frequenzen von 1000 Hz hinaus, was man in Abb. 11.3 aus den Tonhöhenhistogrammen harmonischer komplexer Töne mit Oszillationsfrequenzen von 1500 und 2100 Hz entnehmen kann.

Die Ausgeprägtheit der virtuellen Tonhöhe eines Klanges hängt – außer von dessen Periodizät – von der Anzahl der vorhandenen Harmonischen ab [87, 295, 452]. Die virtuelle Tonhöhe eines HKT mit vielen Harmonischen – beispielsweise eines Sprachvokals oder des Tones eines Cellos – ist eine höchst ausgeprägte Hörempfindung. Mit abnehmender Anzahl und Auswahl der dargebotenen Harmonischen kann diese auf so geringe Ausgeprägtheit reduziert werden, daß sie den Charakter einer "Illusion" annimmt. Zwischen diesen beiden Extremen gibt es alle Zwischenstadien. Auch in dieser Hinsicht ist die virtuelle Tonhöhe der visuellen virtuellen Kontur eng verwandt.

Diese Auffassung wird unter anderem durch die Tatsache unterstützt, daß die Ausgeprägtheit der virtuellen Tonhöhe nicht (beziehungsweise nur in spezieller und eingeschänkter Weise) von den Phasen der Harmonischen abhängt [788, 86, 87, 1065, 697] und auch nicht davon, ob sämtliche Harmonische auf demselben Ohr dargeboten oder auf beide Ohren verteilt werden [453]. Innerhalb gewisser Grenzen ist es noch nicht einmal erforderlich, daß die Teiltöne, deren Spektraltonhöhen die virtuelle Tonhöhe hervorrufen, *gleichzeitig* dargeboten werden; Hall & Peters [403] haben virtuelle Tonhöhen von *sukzessiv* dargebotenen Harmonischen nachgewiesen.[4] Während die Spektraltonhöhe eine monaurale Hörempfindung ist – sie wird auf jedem Ohr weitgehend un-

---

[4] Dazu wurden im Hörversuch "Sukzessivdreiklänge" dargeboten, das heißt, Folgen dreier Harmonischer von je 40 ms Dauer mit Pausen von 10 ms.

abhängig vom anderen gebildet – entsteht die virtuelle Tonhöhe zentral.[5] In diesem Zusammenhang ist bemerkenswert, daß die binaurale Tonhöhenfusion bei HKT dieselben Grenzen hat wie diejenige der einzelnen Harmonischen [128]. Dies stellt eine weitere Bestätigung des hierarchischen Zusammenhanges von virtueller Tonhöhe und Spektraltonhöhe dar.

Virtuelle Tonhöhen treten stets zusammen mit Spektraltonhöhen auf. Das Vorhandensein von mindestens *einer* Spektraltonhöhe bildet die Voraussetzung für die Entstehung einer oder mehrerer virtueller Tonhöhen. Dieser Sachverhalt tritt unter anderem zutage, wenn man den Existenzbereich virtueller Tonhöhen, welche durch einen Klang aus wenigen Teiltönen hervorgerufen werden, mit demjenigen individueller Spektraltonhöhen der Teiltöne vergleicht. Der erstere Existenzbereich wurde von Ritsma [785, 786], der letztere unter anderen von Thurlow [1001], Plomp & Steeneken [730] und Terhardt [945] untersucht. Weitere Hinweise darauf, daß zur Entstehung der virtuellen Tonhöhe die Existenz von Spektraltonhöhen erforderlich ist, finden sich beispielsweise in Untersuchungsergebnissen von Carlyon [156, 157], Beerends [51] und Clarkson & Rogers [183].

Eine Ausnahme von der Regel, daß virtuelle Tonhöhen von Spektraltonhöhen abhängen, scheint auf den ersten Blick das Phänomen der sogenannten Periodentonhöhe (*Periodicity Pitch*) zu bilden. Im Abschnitt 11.1 wurde anhand von Abb.11.1 auf den großen Unterschied hingewiesen, welcher zwischen den Hörempfindungen besteht, welche einerseits durch ein periodisch amplitudenmoduliertes Breitbandrauschen, andererseits ein periodisch *wiederholtes* Breitbandrauschen hervorgerufen werden. Während das letztere ausgesprochen tonalen Charakter hat, ist das erstere überwiegend geräuschartig, das heißt, nahezu frei von Tonhöhen. Verschiedene Autoren haben nachgewiesen, daß gleichwohl manche Personen im periodisch amplitudenmodulierten Rauschen eine schwach ausgeprägte Tonhöhe wahrnehmen können, welche der Modulationsfrequenz entspricht, vgl. Miller & Taylor [624], Harris [411], Pollack [740], Burns & Viemeister [145, 146], Houtsma et al. [454], Fastl [282]. Weil das Leistungsspektrum eines amplitudenmodulierten weißen Rauschens ebenfalls "weiß" ist, das heißt, keine spektralen Singularitäten aufweist, scheint das Auftreten der Periodentonhöhe der Vorstellung zu widersprechen, daß Tonhöhen aller Art durch Merkmale des Fourierspektrums hervorgerufen werden – sei es direkt, wie bei den Spektraltonhöhen, sei es indirekt, wie bei den virtuellen Tonhöhen.

Dieser Diskrepanz kann man jedoch angesichts der Tatsache, daß die überwältigende Mehrheit der Beobachtungen und Untersuchungsergebnisse eben jene Vorstellung sehr deutlich unterstützen, kein entscheidendes Gewicht beimessen. Es besteht die Möglichkeit, daß der spezielle Mechanismus der zeitvarianten Fourieranalyse und Spektralkonturierung, dessen Ergebnis die Spektraltonhöhen sind, auch im periodisch amplitudenmodulierten Breitbandrauschen schwach ausgeprägte, kurzzeitig, jedoch periodisch auftretende Spektraltonhöhen bildet [717, 455]. Weiterhin stellt sich bei gründlicher Analyse der Hörempfindungen heraus, daß allgemein das Auftreten von Spektraltonhöhen – seien diese auch gegebenenfalls von kur-

---

[5] Bezüglich der Kooperation der beiden Ohren wurden gewisse Asymmetrien gefunden. Diese scheinen auch die binaural zustandekommenden Tonhöhen zu betreffen [254, 1087, 255, 256, 1088, 1089].

zer Dauer und wenig ausgeprägt – nahezu unvermeidlich ist.[6] Es ist daher nicht überraschend, daß einige bekanntgewordene Versuche, die Existenz von virtuellen Tonhöhen bei gleichzeitiger Abwesenheit von Spektraltonhöhen nachzuweisen, wenig Überzeugungskraft haben.

11.3.1 Klänge aus wenigen Teiltönen

Filtert man mit einem Bandpaßfilter aus einem harmonischen komplexen Ton einige frequenzbenachbarte höhere Harmonische heraus, so bleibt ein Schallsignal übrig, das Schouten [828] als *Residuum* bezeichnet hat (Residualton, Residualklang). Liegen die Frequenzen der Teiltöne, aus welchen sich der Residualklang zusammensetzt, oberhalb ungefähr 500 Hz, dann kann man *zumindest* die Spektraltonhöhe des tiefsten darin vorhanden Teiltones deutlich wahrnehmen. Darüber hinaus werden bei hinreichendem Frequenzabstand der Teiltöne (dieser ist gleich der Oszillationsfrequenz) sowie ausreichenden Amplituden derselben auch die Spektraltonhöhen der übrigen Teiltöne gehört [594]. Außerdem erzeugt der Residualklang virtuelle Tonhöhen, von denen meist diejenige am ausgeprägtesten ist, welche der Oszillationsfrequenz entspricht [CD 21, CD 22].

Einen Residualklang aus *drei* Teiltönen kann man sehr einfach durch sinusförmige Amplitudenmodulation eines Sinustones erzeugen. Dadurch entsteht ein Dreiklang, dessen Frequenzlage man bei konstantem Frequenzabstand der Teiltöne auf einfache Weise verschieben kann. Umgekehrt kann man unter Beibehaltung der Frequenzlage (das heißt, mit konstanter Trägerfrequenz) durch Veränderung der Modulationsfrequenz den Frequenzabstand variieren.

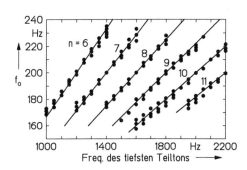

Abb. 11.20. Virtuelle Tonhöhen eines SAM Sinustones (Dreiklang) mit $f_m = 200$ Hz in verschiedenen Frequenzlagen (variable Trägerfrequenz f_c). Abszisse: Frequenz des tiefsten Teiltones $f_c - f_m$ der Testklänge. Ordinate: Modulationsfrequenz f_o des auf gleiche virtuelle Tonhöhe eingestellten SAM-Vergleichsklanges fester Trägerfrequenz. Drei Versuchspersonen. Die Geraden repräsentieren die angegebenen ganzzahligen Werte n des Verhältnisses $(f_c - f_m)/f_o$. Nach Schouten et al. [831]

---

[6] Vgl. die im Abschnitt 11.2.1 besprochenen Spektraltonhöhen in stationärem weißem Rauschen. Analog ist es nahezu unmöglich, dem Auge einen visuellen Stimulus zu präsentieren, welcher vollkommen frei von Konturen – seien diese auch unscharf und vage – gesehen wird.

Abbildung 11.20 zeigt das Ergebnis einer Anzahl von Abgleichen der virtuellen Tonhöhen, welche von einem derartigen Residualklang konstanter Modulationsfrequenz – also konstanten Frequenzabstandes der Teiltöne – von 200 Hz hervorgerufen werden [831]. Diese Messungen waren auf die *virtuellen* Tonhöhen beschränkt, also diejenigen, welche in der Frequenzumgebung der Modulationsfrequenz liegen. Daher gibt das Diagramm nicht sämtliche Tonhöhen wieder – insbesondere nicht die Spektraltonhöhen der Teiltöne. Als Vergleichsschall diente nicht ein Sinuston, sondern ein harmonischer Residualton einstellbarer Oszillationsfrequenz.[7] Die Ordinatenwerte geben die eingestellten Oszillationsfrequenzen wieder, und zwar für drei Versuchspersonen getrennt (Punkte).

Man kann davon ausgehen, daß die Mehrdeutigkeit der Tonhöhe, welche der Vergleichs-Residualklang seinerseits aufweist, in diesem Experiment keine wesentliche Rolle gespielt hat, so daß die eingestellten Oszillationsfrequenzen weitgehend als Maß der im Testklang jeweils wahrgenommenen virtuellen Tonhöhen anzusehen sind. Dieselben weisen demnach die folgenden Merkmale auf.

- Unabhängig davon, in welchem Verhältnis Teilton-Frequenzabstand und Frequenzlage (Frequenz des tiefsten Teiltones) zueinander stehen, sind stets mehrere virtuelle Tonhöhen vorhanden. Diese Mehrdeutigkeit entspricht vollständig derjenigen, welche auch bei vollständigen harmonischen komplexen Tönen (Abb. 11.3) gefunden wurde.
- Die virtuelle Tonhöhe entspricht im allgemeinen *nicht* dem Frequenzabstand der Teiltöne beziehungsweise der Modulationsfrequenz des Testklanges; nur ausnahmsweise kann dies der Fall sein (vgl. Abb. 11.20).
- Alle virtuellen Tonhöhen entsprechen Frequenzen, welche durch Division durch eine ganze Zahl aus der Frequenz des tiefsten Teiltones hervorgehen. Dies ist in Abb. 11.20 durch die mit $n = 6 \ldots 11$ bezeichneten Geraden veranschaulicht; sie haben die Steigung $1/n$.

Der Grund, weshalb in Abb. 11.20 der tiefste Teilton zur Kennzeichnung der Frequenzlage der Testklänge verwendet wurde, besteht darin, daß die Spektraltonhöhe dieses Teiltones am stärksten ausgeprägt ist. Dies hängt damit zusammen, daß der tiefste Teilton am wenigsten der Teilmaskierung durch die Nachbartöne ausgesetzt ist. Im Sinne eines allgemeinen Tonhöhenmerkmals ist aus diesem Grund die Spektraltonhöhe des ersten Teiltones dominant. Wie das Ergebnis zeigt, dominiert sie insbesondere als primäres Merkmal der virtuellen Tonhöhen. Diese sind in jedem Falle *subharmonisch* bezüglich der dominanten Spektraltonhöhe. Dieser Sachverhalt ist für die Art und Weise, wie das Gehör die virtuelle Tonhöhe aus Spektraltonhöhen bildet, in fundamentalem und universellem Sinne charakteristisch. Er wird durch die Ergebnisse zahlreicher Hörversuche bestätigt.

---

[7] Dies ist von Bedeutung, weil sich beim Tonhöhenvergleich mit einem Sinuston geringfügig, aber systematisch tiefere Werte ergeben hätten, vgl. Abbildungen 11.25, 11.26 und die Erläuterungen dazu.

Insbesondere bestätigte sich die Beziehung zwischen virtuellen Tonhöhen und dominanter Spektraltonhöhe in Experimenten, in denen durch weitere Reduzierung der Teiltonanzahl schließlich die Grenze der Existenz virtueller Tonhöhen erreicht wird. Smoorenburg [888] untersuchte die virtuellen Tonhöhen von Residualklängen, welche aus nur zwei Teiltönen bestehen. Die virtuelle Tonhöhe solcher Klänge ist – im Gegensatz zu den Spektraltonhöhen der Teiltöne – nur schwach ausgeprägt. Sie tritt insbesondere gegenüber den Spektraltonhöhen der Teiltöne völlig in den Hintergrund, wenn der Schallpegel größer als ungefähr 50–60 dB ist. Das heißt, die virtuellen Tonhöhen sind am besten wahrnehmbar, wenn der Testklang mit kleinem Schallpegel (30–40 dB) dargeboten wird.

Smoorenburg fand für die Residual-Zweiklänge (also Stimuli, die man in anderem Zusammenhang als Schwebungssignale bezeichnen würde) dieselben Beziehungen zwischen Teiltonfrequenzen und virtuellen Tonhöhen, wie oben beschrieben. Darüber hinaus enthalten seine Ergebnisse Hinweise darauf, daß unter bestimmten Umständen der kubische Differenzton (welcher die Frequenz $2f_1 - f_2$ hat, wenn f_1, f_2 die Frequenzen der beiden Teiltöne in aufsteigender Reihenfolge sind) die Rolle eines zusätzlichen und sogar dominanten Teiltones übernehmen kann. Diese Beobachtung ist insofern einleuchtend, als der äquivalente Schallpegel des kubischen Differenztones bei kleinen Primärtonpegeln nur 10–15 dB geringer ist als der Schallpegel der Primärtöne [1098, 1107, 1112, 1113, 1114, 1115, 430, 376, 378, 1122].

Sehr bemerkenswert ist die von Houtgast [450] nachgewiesene Tatsache, daß unter geeigneten Versuchsbedingungen sogar ein einziger Sinuston virtuelle Tonhöhen hervorrufen kann. Diese entsprechen ausnahmslos Frequenzen, welche durch ganzzahlige Division aus der Tonfrequenz hervorgehen, also zu dieser subharmonisch sind.

11.3.2 Dominanz des mittleren Frequenzbereichs

Wenn ein Schallsignal aus zahlreichen Teiltönen zusammengesetzt ist, wie dies bei den meisten Schallen des Alltags der Fall ist, dann stehen für die Bildung der virtuellen Tonhöhe im Prinzip entsprechend zahlreiche Primärmerkmale zur Verfügung, welche über den gesamten Hörfrequenzbereich verteilt sind. Diese Vielfalt möglicher Merkmale wird jedoch zum einen dadurch reduziert, daß wegen der wechselseitigen Teilmaskierung nur eine begrenzte Anzahl von Teiltönen (im allgemeinen maximal 8–10) gleichzeitig durch Spektraltonhöhen in der Hörempfindung vertreten sein kann. Zum anderen stellt sich heraus, daß unter diesen Umständen die Auswertung der Spektralmerkmale durch das zentrale Gehör auf einen bestimmten Frequenzbereich – den sogenannten *dominanten Spektralbereich* – beschränkt ist.

Für die Bildung der virtuellen Tonhöhe sind Teiltöne demnach dann von Bedeutung, wenn erstens ihre Spektraltonhöhen als solche hinreichend ausgeprägt sind und wenn sie zweitens im dominanten Spektralbereich liegen. Derselbe erstreckt sich nach Untersuchungen von Schouten [829], Ritsma

[787], Plomp [726], Yost [1079], Moore et al. [644], von ungefähr 500 Hz bis 2000 Hz [CD 23].

Es ist wahrscheinlich kein Zufall, daß dies derjenige Frequenzbereich ist, in welchem – bedingt durch die physikalischen Eigenschaften der Sprechorgane des Menschen – die wichtigsten informationstragenden Merkmale der stimmhaften Sprachlaute liegen, nämlich die ersten beiden Formanten der Vokale. French & Steinberg [351] haben die Dominanz des mittleren Frequenzbereichs bei der Identifikation frequenzbandbegrenzter sinnloser Silben quantitativ ausgedrückt, und zwar mit Hilfe des sogenannten *Artikulations-Index* (siehe auch [736, 330]). Abb. 11.21 zeigt als Beispiel die von French und Steinberg gefundenen Ergebnisse zur Silbenverständlichkeit bei Hoch- und Tiefpaßbegrenzung des Sprachsignals.

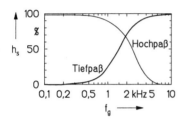

Abb. 11.21. Silbenverständlichkeit h_s hochpaß- und tiefpaßbegrenzter Sprache als Funktion der unteren beziehungsweise oberen Grenzfrequenz f_g. Nach French & Steinberg [351]

Transformiert man die relative Häufigkeit h_s richtig verstandener Silben mit der Formel

$$A_s = -\log(1 - h_s) \tag{11.21}$$

in den Artikulationsindex A_s, dann kann man den Grad von dessen Abhängigkeit von der Hochpaß-Grenzfrequenz als Maß für die Wichtigkeit benutzen, welche die Spektralfrequenzen für die Verständlichkeit haben: Derjenige Frequenzbereich, in welchem sich $A_s(f)$ am stärksten ändert, ist der wichtigste. Daher ergibt sich ein Maß für die Wichtigkeit aus der Ableitung der Funktion $A_s(f)$ nach f. Abb. 11.22 zeigt die derart von French und Steinberg gewonnene Gewichtsfunktion.

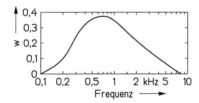

Abb. 11.22. Wichtigkeit w der Spektralfrequenzen (Abszisse) für die Identifikation sinnloser Silben, berechnet auf Grund des Artikulationsindex. Nach French & Steinberg [351]

Sie hat ihr Maximum bei 700–800 Hz. In diesem Frequenzgebiet liegt demnach sozusagen das Zentrum des Hörfrequenzbereichs. Dies kann im Zusammenhang damit gesehen werden, daß ein Sinuston ein weißes Rauschen maximal verdeckt, wenn seine Frequenz bei ungefähr 800 Hz liegt [1084]. Derselbe Dominanzbereich wurde auch im Zusammenhang mit der *Lateralisation* (Richtungswahrnehmung) von Schallimpulsen gefunden [90]. Weitere Daten zum Dominanzbereich sind in einer Arbeit von Duggirala et al. [244] zu finden.

11.3 Die virtuelle Tonhöhe

Man ordnet Spektraltonhöhen demnach zweckmäßigerweise in zweierlei Hinsicht jeweils ein Gewicht zu: Erstens zur Beschreibung der Ausgeprägtheit beziehungsweise Prägnanz, welche sie als solche innerhalb der Menge aller Tonhöhen eines Klanges aufweisen; und zweitens zur Beschreibung des relativen Beitrags, den sie zur Bildung von virtuellen Tonhöhen leisten.

Mit der Bevorzugung des genannten Frequenzbereichs durch das zentrale Gehör hängt es zusammen, daß der tiefste Teilton irgend eines Klanges nur dann dominant ist – beziehungsweise überhaupt für die Bildung der virtuellen Tonhöhe eine Rolle spielt – wenn er oberhalb ungefähr 500 Hz liegt. Dies ist zugleich der Grund dafür, daß die Grundtöne musikalischer Töne mit Oszillationsfrequenzen unter 500 Hz, sowie der meisten stimmhaften Sprachlaute, für die Tonhöhe nur eine geringe oder gar keine Rolle spielen.

11.3.3 Unterschiedsschwellen

Die Unterschiedsschwellen der virtuellen Tonhöhe können durch Frequenzunterschiede von Teiltönen der Testklänge beschrieben, beziehungsweise gemessen werden. Es stellt sich heraus, daß die Unterschiedsschwelle einer virtuellen Tonhöhe ebenso groß ist wie diejenige für die Spektraltonhöhe der dominanten Teiltöne, vgl. Campbell [153], Flanagan & Saslow [317], David & Schodder [223], Walliser [1040], Scheffers [813], Moore et al. [643]. Sie stimmt mit der Frequenzunterschiedsschwelle desjenigen Sinustones, dessen Frequenz der betreffenden virtuellen Tonhöhe entspricht, nur dann überein, wenn die entsprechende Frequenz höher als ungefähr 1000 Hz ist [436].

Beispielsweise beträgt die Frequenzuntersschiedsschwelle eines Sinustones mit der Frequenz 200 Hz im Mittel ungefähr 1 Hz, also 0,5%, vgl. Abb. 9.19. Macht man daraus einen harmonischen komplexen Ton, indem man beispielsweise 10 Harmonische hinzufügt, so sinkt die Frequenzunterschiedsschwelle auf ungefähr 0,2%. Dieser Wert stimmt mit der Frequenzunterschiedsschwelle derjenigen Harmonischen überein, welche im dominanten Spektralbereich liegen (vgl. hierzu Abschnitt 9.5.2 über die Frequenzunterschiedsschwellen). In Abb. 11.23 sind diese Beziehungen anhand von Meßergebnissen zweier Versuchspersonen illustriert.

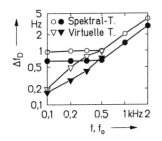

Abb. 11.23. Frequenz-Unterschiedsschwelle Δf_D für Sinustöne (Punkte, Kreise) und hochpaßgefilterte harmonische komplexe Töne (Dreiecke); Hochpaßgrenzfrequenz 1 kHz. Abszisse ist die Tonfrequenz f bzw. f_o. Individuelle Ergebnisse zweier Vpn (offene bzw. gefüllte Symbole). Gepulste Darbietung der Töne (300 ms Dauer, 300 ms Pause); Schallpegel 50 dB. Nach Walliser [1040]

11. Die Tonhöhe

Die Frequenzunterschiedsschwellen der Teiltöne sind im Zusammenklang miteinander nicht sehr verschieden von denjenigen bei isolierter Darbietung. Daher kann man die Frequenzunterschiedsschwelle eines komplexen Tones auf der Grundlage der Frequenzunterschiedsschwelle seiner Teiltöne erklären und quantitativ abschätzen.

Dies sei am folgenden Beispiel erläutert. Auf dem Klavier werde beispielsweise der Ton C_2 (das "große C") mit der nominellen Frequenz von rund 65 Hz angeschlagen. Würde es sich um einen Sinuston handeln, so könnte eine Abweichung seiner Intonation im Vergleich mit einem darauffolgenden Ton eines anderen Musikinstruments bestenfalls gehört werden, wenn sie mehr als rund 1 Hz, also 1,5% ausmacht. Das wäre bereits 1/4 des musikalischen Halbtonschritts. Tatsächlich kann die Intonation aber genauer beurteilt werden. Die Erklärung dafür ergibt sich daraus, daß der Klavierton Obertöne mit angenähert harmonischen Frequenzen hat, von denen etliche auf einer bestimmten Stufe des auditiven Systems mit ihren Spektraltonhöhen repräsentiert sind. Wenn die Grundfrequenz des Klaviertones nun tatsächlich um 1% vom Sollwert abweicht, so gilt dasselbe für jede seiner Harmonischen. Beispielsweise weist dann auch die achte Harmonische, welche die nominelle Frequenz 520 Hz hat, eine Abweichung von $0,01 \cdot 520 = 5,2$ Hz auf. Diese Abweichung ist erheblich größer als die Frequenzunterschiedsschwelle dieser Harmonischen, wie man Abb. 9.19 beziehungsweise (9.70) entnehmen kann. Die Intonationsabweichung des Tones mit einer musikalischen Tonhöhe, welche der Frequenz 65 Hz entspricht, wird also an der damit untrennbar verknüpften, prozentual gleichen Abweichung der Harmonischen erkannt – und sie wird vom Gehör dem Ton als solchem zugeschrieben.

Die Regel für die Bestimmung der Frequenzunterschiedsschwelle komplexer Töne lautet demnach allgemein: Wenn die Frequenz irgend eines Teiltones, welcher eine Rolle als integraler Bestandteil des komplexen Tones spielt, sich überschwellig ändert, dann wird zugleich die Frequenzunterschiedsschwelle des komplexen Tones überschritten. Die physikalische Ursache der Frequenzänderung des betreffenden Teiltones spielt dabei keine Rolle.

Diese Regel impliziert indirekt die Behauptung, daß für die musikalische Tonhöhe komplexer Töne im Tenor- bis Baßbereich die höheren Harmonischen größeres Gewicht haben als die Grundschwingung (die erste Harmonische). Dies ist in der Tat der Fall. Folgendes Beispiel möge zur Erläuterung dienen. Aus dem oben angenommenen Klavierton mit 65 Hz Grundfrequenz möge durch eine technische Manipulation ein neuer komplexer Ton erzeugt werden, dessen Grundschwingung um einen überschwelligen Betrag – beispielsweise 3% – in der Frequenz erniedrigt ist, während zugleich die zweite und alle höheren Harmonischen um denselben Prozentsatz in der Frequenz *erhöht* werden. Der so entstandene komplexe Ton erzeugt eine um 3% höhere musikalische Tonhöhe als der ursprüngliche Klavierton. Die vertiefte erste Harmonische (der Grundton) kann von einem aufmerksamen Hörer zwar herausgehört werden, sie hat aber auf die musikalische Tonhöhe des komplexen Tones keinen Einfluß [726].

Die Frequenzunterschiedsschwelle der Töne der Musikinstrumente sowie der Sprech- und Gesangsstimme (die in der Regel harmonische komplexe Töne sind) wird demnach allgemein durch diejenige höherer Harmonischer

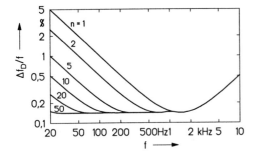

Abb. 11.24. Eben wahrnehmbarer relativer Grundfrequenz-Unterschied $\Delta f_D/f$ eines harmonischen komplexen Tones, welcher aus n aufeinanderfolgenden Harmonischen besteht, in Abhängigkeit von der Grundfrequenz f. Abschätzung mit Hilfe von Gleichung (9.70)

bestimmt, und zwar derjenigen Harmonischen, deren Unterschiedsschwelle zuerst überschritten wird. Dies hat letztlich zur Folge, daß die Frequenzunterschiedsschwelle *harmonischer komplexer Töne* unabhängig von deren Grundfrequenz im Mittel ungefähr 0,2% oder 1/30 Halbton beträgt, denn dies ist die relative Unterschiedsschwelle der maßgebenden Harmonischen. Im Gegensatz dazu steigt die *relative* Frequenzunterschiedsschwelle von *Sinustönen* unterhalb 500 Hz mit sinkender Frequenz drastisch an, denn ihr Wert ist in diesem Bereich umgekehrt proportional zur Frequenz. Bei $f = 65$ Hz ist sie mit dem Wert 1,5% ungefähr 7 mal so groß wie diejenige des im obigen Beispiel erläuterten Klaviertones. Abb. 11.24 gibt eine schematische Übersicht über die Gesetzmäßigkeiten der Frequenzunterschiedsschwellen von harmonischen komplexen Tönen. Experimentelle Daten dazu findet man in [296, 610].

11.3.4 Tonhöhenabweichungen und Teiltonspektrum

Tonhöhenabweichungen, das heißt, Unterschiede der Tonhöhe zwischen Schallen, welche sich nicht in den Frequenzen ihrer Fourierkomponenten, jedoch in anderen Parametern unterscheiden, werden auch bei komplexen Tönen und Klängen beobachtet. Weil die Tonhöhen komplexer Klänge in der Regel vom Typ der *virtuellen* Tonhöhe sind, kann man von Tonhöhenabweichungen der virtuellen Tonhöhe sprechen.

Harmonische komplexe Töne mit ein und derselben Grundfrequenz – beispielsweise die Töne der Musik – können sich außer im Schallpegel vor allem in der Amplitudenverteilung ihrer Harmonischen unterscheiden. Mit solchen Unterschieden gehen gegebenenfalls drastische Unterschiede der Klangfarbe sowie geringe Unterschiede der virtuellen Tonhöhe einher. In diesem Sinne kann man von einer Abhängigkeit der virtuellen Tonhöhe von der Klangfarbe sprechen. Diese Abhängigkeit zeigt sich unter anderem darin, daß verschiedene stationäre Vokale mit ein und derselben Oszillationsfrequenz geringfügig unterschiedliche Tonhöhen aufweisen können [919, 175, 914].

Einen Sinuston kann man als harmonischen komplexen Ton auffassen, von dem allein die erste Harmonische eine überschwellige Amplitude aufweist. Daher kann man den Sinuston unter den zahllosen möglichen Klangfarbenvarinten harmonischer komplexer Töne mit ein und derselben Grundfrequenz als Grenzfall auffassen. Die Tonhöhenabweichung, welche zwischen einem Sinuston und einem HKT mit mehr oder weniger zahlreichen Harmonischen besteht, ist daher recht charakteristisch für das Ausmaß, welches die klangfarbenbedingte Tonhöhendifferenz grundsätzlich annehmen kann.

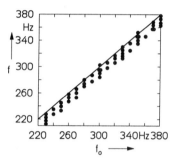

Abb. 11.25. Frequenz eines Sinustones mit $L = 70$ dB (Ordinate), welcher im sukzessiven binauralen Hörvergleich mit einem Residualton der Oszillationsfrequenz f_o (Abszisse) auf gleiche virtuelle Tonhöhe eingestellt wurde. Die Harmonischen des Residualtones lagen im Oktavband 1,4–2,8 kHz und sein Schallpegel war 50 dB. Mittelwerte von 4 Vpn. Zum Vergleich ist die Gerade $f = f_o$ eingetragen. Nach Walliser [1039]

Abbildung 11.25 zeigt die mit vier Versuchspersonen gemessenen Tonhöhenabweichungen zwischen Sinustönen und harmonischen Residualtönen. Wenn der Sinuston genau dieselbe Tonhöhe hervorrufen würde wie der harmonische Residualton, würde seine Frequenz nach dem Tonhöhenabgleich mit der Oszillationsfrequenz des Residualtones übereinstimmen. Wie Abb. 11.25 deutlich zeigt, liegt die Frequenz des auf gleiche Tonhöhe eingestellten Sinustones bei allen Grundfrequenzen systematisch unterhalb der Oszillationsfrequenz. Dies bedeutet, daß ein Sinuston, dessen Frequenz *gleich* der Oszillationsfrequenz des Residualtones ist, in der Regel eine etwas höhere Tonhöhe hat als der entsprechende harmonische Residualton.

Abbildung 11.26 zeigt in einem weiten Grundfrequenzbereich, wie die Tonhöhenabweichungen von der (Grund-)Frequenz abhängen. Während bei Grundfrequenzen oberhalb ungefähr 1000 Hz die Tonhöhen weitgehend übereinstimmen, wächst die Tonhöhenabweichung unterhalb davon mit fallender Frequenz an, und zwar derart, daß die Tonhöhe des HKT unterhalb derjenigen des Sinustones liegt. Wie Abb. 11.26 zeigt, nimmt die Tonhöhenabweichung komplexer Töne besonderes drastische Ausmaße an, wenn es sich um *Residualtöne* handelt, also solche, welche ausschließlich höhere Harmonische oberhalb einer bestimmten Grenzfrequenz enthalten.

Weitere Daten zur Tonhöhenabweichung in Abhängigkeit von der Teiltonverteilung beziehungsweise der Klangfarbe finden sich in den Untersuchungen von Lichte und Gray [550, 551], Terhardt und Grubert [948, 978], sowie Platt & Racine [720].

11.3.5 Tonhöhenabweichungen bei Schallpegeländerungen

Die virtuelle Tonhöhe harmonischer komplexer Töne fester Grundfrequenz kann – je nach Amplitudenverteilung der Harmonischen – vom Schallpegel

11.3 Die virtuelle Tonhöhe 355

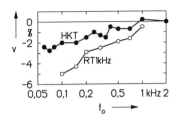

Abb. 11.26. Tonhöhenabweichung von HKT und harmonischen Residualtönen (RT1kHz) in Abhängigkeit von der Oszillationsfrequenz f_o. HKT enthielt alle Harmonischen; RT1kHz nur diejenigen oberhalb 1 kHz. Monauraler Sukzessivvergleich mit Sinuston. Schallpegel der Testklänge 50 dB; des Sinustones 60 dB bzw. unterhalb 100 Hz 70 dB. Mittelwerte von 7 Vpn; mindestens vier Tonhöhenvergleiche pro Vp und Frequenz. Nach [948]

beeinflußt werden. Handelt es sich um einen Sinuston, so zeigt sich mit wachsendem Schallpegel ein Absinken der Tonhöhe, wenn die Frequenz unterhalb etwa 1500 Hz liegt, und ein Anwachsen, wenn sie oberhalb etwa 2000 Hz liegt.

Besteht ein HKT aus zahlreichen Harmonischen derart, daß kein Frequenzbereich durch besonders intensiver Harmonische bevorzugt ist (so daß keine "Formanten" vorhanden sind), dann ist seine Tonhöhe nahezu unabhängig vom Schallpegel, jedenfalls für Grundfrequenzen unterhalb ungefähr 500 Hz [549, 955]. Bei Grundfrequenzen oberhalb 500 Hz verhält sich ein harmonischer komplexer Ton weitgehend wie ein entsprechender Sinuston. Auch seine Tonhöhe hängt in diesem Bereich vom Schallpegel in der gleichen Weise ab wie diejenige eines Sinustones derselben Schwingungsperiode. Dies besagt, daß die Tonhöhe harmonischer komplexer Töne mit Grundfrequenzen zwischen 500 und 1000 Hz mit steigendem Pegel geringfügig absinken kann; für Grundfrequenzen des Bereichs 1000–2000 Hz ist die Tonhöhe praktisch pegelunabhängig; und darüber steigt sie mit dem Schallpegel an.

Die Geringfügigkeit der Abhängigkeit der Tonhöhe komplexer Töne der ebengenannten Art vom Schallpegel ist im Einklang mit der bereits gezogenen Schlußfolgerung, daß für Grundfrequenzen unterhalb etwa 500 Hz die (virtuelle) Tonhöhe durch höhere Harmonische bestimmt wird, also nicht durch die Grundschwingung. Weil die dabei maßgebenden Harmonischen im Frequenzbereich zwischen ungefähr 500 und 2000 Hz liegen (dominanter Frequenzbereich), und weil die Spektraltonhöhen in diesem Bereich nur geringfügig vom Schallpegel abhängen, wird es verständlich, daß die virtuelle Tonhöhe harmonischer komplexer Töne mit Grundfrequenzen unterhalb 500 Hz eine nur geringe Pegelabhängigkeit zeigt.

Enthält jedoch ein harmonischer komplexer Ton mit einer Grundfrequenz unterhalb 500 Hz ausschließlich hohe Harmonische, beispielsweise im Frequenzbereich oberhalb 2000 Hz (Residualton), dann können für seine virtuelle Tonhöhe nur diese Harmonischen maßgebend sein. Weil deren Spektraltonhöhen mit wachsendem Schallpegel ansteigen, muß dies auf Grund der offenbar vorliegenden engen Zusammenhänge zwischen virtueller Tonhöhe und Spektraltonhöhen auch für die virtuelle Tonhöhe gelten. Abb. 11.27 zeigt, daß dies in der Tat zutrifft. Die schallpegelbedingten Tonhöhenabweichungen

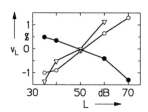

Abb. 11.27. Tonhöhenabweichung v_L von Spektraltonhöhe und virtueller Tonhöhe als Funktion des Testschallpegels L. Offene Punktsymbole: Testschall Residualton $f_o = 300$ Hz, Oktavband 2,8–5,6 kHz. Geschlossene Symbole: Testschall Sinuston $f = 300$ Hz. Sukzessivvergleich Testschall-Sinuston durch eine Vp. Dreiecke: Virtuelle Tonhöhe des Residualtones. Kreise: Spektraltonhöhe des tiefsten Teiltones des Residualtones ($f \approx 3$ kHz). Punkte: Spektraltonhöhe des Sinustones mit $f = 300$ Hz. Pegel des Vergleichstones 50 dB. Nach Walliser [1039]

des Residualtones sind positiv, sind also denjenigen gleich hoher Sinustöne entgegengesetzt.[8]

Wenngleich der Einfluß des Schallpegels auf die Tonhöhe harmonischer komplexer Töne im Durchschnitt gering ist, wirkt sie sich doch merklich auf die Intonation von Musik aus, vgl. z.B. Ternström & Sundberg [990].

11.3.6 Tonhöhenabweichungen durch Zusatzschall

Auch bezüglich des Einflusses von Zusatzschall erweist sich die Beobachtung als zutreffend, daß die virtuelle Tonhöhe komplexer Töne sich ebenso verhält wie die Spektraltonhöhen der vorhandenen beziehungsweise maßgebenden Harmonischen [119, 915].

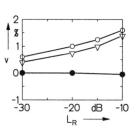

Abb. 11.28. Störschallbedingte Abweichung v der Spektraltonhöhe und der virtuellen Tonhöhe im Vergleich. Einfluß der Überlagerung von weißem Rauschen. Offene Symbole: Residualton mit $f_o = 400$ Hz, Harmonische im Oktavband 2,8–5,6 kHz. Abszisse: Pegel des weißen Rauschens bezüglich Mithörschwelle. Punkte: Spektraltonhöhe eines Sinustones mit $f = 400$ Hz. Kreise: Spektraltonhöhe eines Sinustones mit $f \approx 3$ kHz. Dreiecke: Virtuelle Tonhöhe des Residualtones. Nach Walliser [1039]

Abbildung 11.28 zeigt, daß die virtuelle Tonhöhe eines harmonischen Residualtones mit der Grundfrequenz 400 Hz, welcher ausschließlich aus Harmonischen mit Frequenzen oberhalb von 2,8 kHz besteht, mit wachsendem Schallpegel eines überlagerten weißen Rauschens ansteigt. Die virtuelle Tonhöhe verhält sich bezüglich des Einflusses des weißen Rauschens genauso wie die einzelnen Spektraltonhöhen der vorhandenen Harmonischen. Demgegenüber erweist sich die Tonhöhe des gleich hohen Sinustones als unabhängig von der Überlagerung des weißen Rauschens.

---

[8] Vgl. hierzu auch [884].

11.3.7 Interaurale Tonhöhendifferenz

Nach derselben Methode wie mit Sinustönen kann man die interaurale Tonhöhendifferenz (ITD) mit HKT messen. Dazu wird ein HKT über Kopfhörer abwechselnd links und rechts dargeboten. Die Oszillationsfrequenz des HKT auf der einen Seite wird vom Versuchsleiter fest vorgegeben, und die Versuchsperson stellt diejenige auf der anderen Seite so ein, daß die beiden sukzessiv gehörten HKT in der Tonhöhe optimal übereinstimmen. Diese Prozedur wird bei verschiedenen Oszillationsfrequenzen durchgeführt, wobei eine genügende Anzahl Wiederholungen derselben Werte vorgesehen wird. Die relative Differenz der jeweils auf einem Ohr vorgegebenen und der mittleren auf dem anderen Ohr eingestellten Oszillationsfrequenz kennzeichnet die ITD in dem betreffenden Meßpunkt.

Im Unterschied von der Messung der ITD mit Sinustönen hat man mit HKT die Möglichkeit, unter Beibehaltung der benutzten Oszillationsfrequenzen das Teiltonspektrum zu variieren. Auf diese Weise kann man untersuchen, ob es für das Ergebnis – die Frequenzabhängigkeit der ITD – auf die Oszillationsfrequenz oder auf die Teiltonfrequenzen ankommt.

Van den Brink [119, 121, 122, 123] hat derartige Messungen durchgeführt, und zwar hauptsächlich mit HKT, welche aus nur drei aufeinanderfolgenden Harmonischen bestanden, wobei die Ordnungszahl der tiefsten Harmonischen mindestens 3 war. Es handelte sich also um harmonische Residualtöne. Es wurden Oszillationsfrequenzen von etwa 100 bis 700 Hz benutzt. Die Versuchspersonen wurden angewiesen, die Einstellung anhand der (vergleichsweise tiefen) Grundtonhöhe – also der virtuellen Tonhöhe – und nicht etwa anhand der (vergleichsweise hohen) Spektraltonhöhen der dargebotenen Harmonischen vorzunehmen. Dies wurde durch zusätzliche Tests überprüft [121].

Wie bei der Messung mit Sinustönen (vgl. Abb. 11.15) ergaben sich als Funktion der Oszillationsfrequenz pendelnde Verläufe der ITD, welche bei jeder Versuchsperson anders, mit ein und derselben Versuchsperson jedoch reproduzierbar waren. Für ein und dieselbe Versuchsperson ergaben sich unterschiedliche Verläufe, wenn die Ordnungszahlen der Harmonischen der Testschalle voneinander verschieden waren. Dieses Ergebnis beweist, daß nicht die Oszillationsfrequenz als solche für die virtuelle Tonhöhe maßgebend ist, denn wenn dem so wäre, müßte die ITD davon unabhängig sein, ob der Testschall beispielsweise aus der dritten, vierten und fünften oder der vierten, fünften und sechsten Harmonischen besteht.

Wenn andererseits die ITD als Funktion der Frequenzlage der dargebotenen Harmonischen dargestellt wurde, ergab sich ausgeprägte Ähnlichkeit der pendelnden Verläufe der ITD trotz unterschiedlicher zugehöriger Oszillationsfrequenzen. Dies gilt insbesondere dann, wenn man die Frequenzlage durch die Frequenz der tiefsten im HKT vorhandenen Harmonischen kennzeichnet.

Das Gesamtergebnis der Untersuchungen van den Brinks läuft darauf hinaus, daß die ITD harmonischer komplexer Töne durch die ITD der dargebotenen Harmonischen bestimmt wird, und nicht durch die ITD, welche der

Oszillationsfrequenz entspricht [124]. Diese Ergebnisse stellen eine weitere, schon für sich genommen nahezu zwingende Bestätigung der Schlußfolgerung dar, daß zwischen der virtuellen Tonhöhe und der Spektraltonhöhe ein ursächlicher Zusammenhang besteht.

11.3.8 Oktavabweichung

Da in der Musik harmonische komplexe Töne die Hauptrolle spielen, ist die Beziehung zwischen den Grundfrequenzen aufeinanderfolgender komplexer Töne, welche als optimale Oktav empfunden werden, von besonderer Bedeutung [CD 15]. Die analog zu (11.20) definierte Oktavabweichung, welche man bei der Messung jenes Verhältnisses findet, ist im allgemeinen etwas geringer als diejenige für Sinustöne [948, 933]. Jedenfalls gilt dies für Grundfrequenzen komplexer Töne unterhalb etwa 500 Hz. Bei höheren Grundfrequenzen verhalten sich harmonische komplexe Töne auch hinsichtlich des Oktavabgleichs ebenso wie gleich hohe Sinustöne, so daß die Oktavabweichungen übereinstimmen.

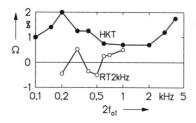

Abb. 11.29. Oktavabweichung von sukzessiven harmonischen komplexen Tönen (HKT) und harmonischen Residualtönen (RT2kHz) in Abhängigkeit von der Frequenzlage. Ω ist die relative Abweichung der als Oberoktave eingestellten Oszillationsfrequenz von $2f_{o1}$. Nach [948]

Gleichwohl ist auch bei harmonischen komplexen Tönen mit Grundfrequenzen unterhalb 500 Hz im allgemeinen eine Tendenz zur Spreizung der Oktav zu beobachten, derart, daß das zur optimalen Oktav gehörende Grundfrequenzverhältnis systematisch um einige Promille oder Prozent größer ist als 2 zu 1. Abb. 11.29 zeigt Oktavabweichungen, welche mit harmonischen komplexen Tönen (HKT) beziehungsweise Residualtönen (RT2kHz) ermittelt wurden [948]. Die Erklärung dafür, daß die Oktavspreizung solcher komplexer Töne im allgemeinen ebenfalls vorhanden, jedoch etwas geringer ist als bei Sinustönen, ergibt sich aus der in Abb. 11.26 dargestellten Tatsache, daß die virtuelle Tonhöhe eines komplexen Tones umso mehr unter die Spektraltonhöhe des entsprechenden Sinustones sinkt, je tiefer die (Grund-)Frequenz ist. Die Tatsache, daß ein harmonischer Residualton, dessen Teiltöne auf einen relativ hohen Frequenzbereich beschränkt sind (RT2kHz in Abb. 11.29) praktisch keine Oktavspreizung zeigt, ist auf denselben Sachverhalt zurückzuführen: Wie Abb. 11.26 zeigt, ist die Abhängigkeit der Tonhöhenabweichung derartiger Residualtöne von der Oszillationsfrequenz noch ausgeprägter als bei HKT.

Bei dieser Interpretation wird davon ausgegangen, daß beim Oktavabgleich mit harmonischen komplexen Tönen die gleiche gehörinterne und gespreizte Oktavschablone maßgebend ist wie bei Sinustönen. Die bei harmonischen komplexen Tönen tiefer Grundfrequenzen beobachtete Verringerung der Oktavspreizung wird durch die betragsmäßige Zunahme der (negativen) Tonhöhenabweichung mit fallender Grundfrequenz verursacht, welche in Abb. 11.26 erkennbar ist. Sie hat zur Folge, daß die virtuellen Tonhöhen zweier harmonischer komplexer Töne, welche beispielsweise genau im Grundfrequenzverhältnis 1:2 stehen, bereits einen etwas größeren Abstand voneinander haben, als wenn jene Tonhöhenabweichung nicht existieren würde. Der Unterschied macht ungefähr ein halbes Prozent aus, wie man aus Abb. 11.26 ablesen kann. Um diesen Betrag ist also die mit harmonischen komplexen Tönen zu erwartende Oktavspreizung in der Tat geringer als diejenige für Sinustöne. Entsprechendes gilt für harmonische Residualtöne.

11.3.9 Virtuelle Tonhöhen von Geräuschen

Die Kammfilter-Spektren, welche durch zeitverzögerte Überlagerung eines Breitbandrauschens mit sich selbst enstehen, sind insofern mit den Teiltonspektren der HKT verwandt, als sie äquidistante spektrale Diskontinuitäten aufweisen. Geräusche mit Kammfilterspektren erzeugen daher sowohl Spektraltonhöhen als auch virtuelle Tonhöhen. Diesbezüglich sei auf die Untersuchungen von Fourcin [347], Bilsen und Ritsma [85, 91, 92, 89] sowie Yost [1080] verwiesen.

11.4 Theorie

Aus der vorstehenden Darstellung der wesentlichen Beobachtungsergebnisse und Zusammenhänge bei der Wahrnehmung der Tonhöhe geht hervor, daß die Tonhöhe alles andere als eine einfache, leicht zu erklärende Hörempfindung ist. Sie erweist sich als eine komplexe Schlüsselempfindung des Hörens.

Einfache, mechanistische Vorstellungen über das Zustandekommen der Tonhöhe scheiden auf Grund der gefundenen Ergebnisse aus. Die von Helmholtz [432] akzeptierte Ansicht, daß *alle* Tonhöhen unmittelbar durch Fourier-Komponenten der Klänge erklärbar seien, trifft, wörtlich genommen, nicht zu. Gleichwohl erweist sie sich bezüglich der Spektraltonhöhen als richtig. Bezüglich der virtuellen Tonhöhen ist sie falsch, wird aber richtig, wenn man anstelle eines *unmittelbaren* Zusammenhanges mit Fourier-Komponenten einen mittelbaren Zusammenhang in Betracht zieht.

Auch die Vorstellung, daß es die Periodizität der Schallsignalstruktur sei, welche vom Gehör unmittelbar analysiert und in die Tonhöhenempfindung umgesetzt werde, erweist sich als unhaltbar. Sie kann weder der enormen Robustheit der Tonhöhen gegenüber Störungen und linearen Verzerrungen der

Schallsignale gerecht werden, noch den verschiedenen Arten von Tonhöhenabweichungen.

Um die gröbsten Schwierigkeiten bei der Erklärung der Tonhöhe komplexer Schallsignale zu bewältigen, haben einige Autoren die ebenfalls mechanistisch zu nennende Hypothese aufgestellt, daß das Gehör bei der Bildung der Tonhöhe mit zwei völlig verschiedenen Mechanismen zugleich arbeite, nämlich sowohl mit Fourier-Analyse als auch mit Periodenanalyse. Der eine Mechanismus soll in denjenigen Fällen die Arbeit übernehmen, in welchen der andere versagt [553, 679, 1036, 457]. Auch dieser Ansatz ist jedoch über das Stadium einer Diskussionsvorlage kaum hinausgelangt.

Wie im Abschnitt 11.1 dargelegt wurde, führt allein eine konzeptionelle Anpassung an die Grundlagen und Voraussetzungen sensorischer Informationsaufnahme zum Ziel – und dies mit bemerkenswerter Leichtigkeit. Das bedeutet die Aufgabe des allzu einseitigen Festhaltens an mechanistischen Ansätzen und Denkweisen; es bedeutet das Einbeziehen der Tatsache, daß jede sensorische Informationsaufnahme hierarchisch gegliedert ist; und es bedeutet bewußtes Akzeptieren und Anwenden des Prinzips der aktiven wissensbasierten Interpretation durch das auditive System.

Es scheint, daß erstmals Thurlow [1003] diesen Weg eingeschlagen hat, was die Wahrnehmung der Tonhöhe angeht. Zur Erklärung derjenigen Tonhöhen, denen keine Spektralkomponente unmittelbar entspricht (*Residue Pitch, Missing Fundamental, Periodicity Pitch*), schlägt er die Annahme vor, daß diese Hörempfindung durch Assoziation mit den zahlreichen Spektralmerkmalen harmonischer Klänge, insbesondere denen der eigenen Stimme, zustande komme. Durch diese Assoziation würden jene Tonhöhen sozusagen *vermittelt*, weshalb er diese Theorie als *Multicue, Mediation Theory* bezeichnete.

11.4.1 Die Theorie der virtuellen Tonhöhe

Die Thurlow'sche Theorie ist als Vorstufe der vom Autor des vorliegenden Buches vertretenen, sogenannten Theorie der virtuellen Tonhöhe anzusehen [947, 951]. Diese ist aus den in [947] dargestellten Beobachtungen hervorgegangen. Sie wurde in [950, 951] konzeptionell und funktional definiert und in [954] zusammenfassend beschrieben. Die vollständige quantitative Spezifikation wurde in [960, 988, 987] dargestellt.

Die Theorie stellt – im Widerspruch zu ihrem üblich gewordenen Namen – nicht lediglich eine solche der virtuellen Tonhöhe dar, sondern eine Theorie der Tonhöhe insgesamt. Allerdings nimmt darin die Erklärung der *virtuellen* Tonhöhe den größten Raum ein, weil diejenige der Spektraltonhöhe vergleichsweise einfach ist.

Eine Übersicht gibt Abb. 11.30. Darin bildet den ersten Verarbeitungsschritt die periphere frequenzselektive Signalübertragung (PET), welche die Repräsentation der Frequenzfunktion des Schallsignals herbeiführt. Darauf folgt die Extraktion von Spektraltonhöhen im Sinne diskreter punktueller Merkmale der Frequenzfunktion (aurale Frequenzanalyse). Weil das Gewicht,

Abb. 11.30. Blockschema der Tonhöhentheorie. Das Schallsignal $p(t)$ ruft im allgemeinen mehrere Spektraltonhöhen ST und – auf der nächsthöheren Ebene – Virtuelle Tonhöhen VT hervor. Die VT entstehen aus den ST durch *Subharmonische Koinzidenzdetektion*. PET: Periphere Filterung entsprechend Abb. 9.13

mit welchem Spektraltonhöhen zur Klangempfindung beitragen, von ihrer Höhe (der Frequenz der zugehörigen Teiltöne) abhängt, folgt eine sogenannte Spektralgewichtung. Die gewichteten Spektraltonhöhen (ST) bilden einen Teil des als Ergebnis ausgegebenen Tonhöhenmusters. Den zweiten Teil davon (VT) bilden die virtuellen Tonhöhen. Diese entstehen aus dem Spektraltonhöhen-Muster durch einen Prozeß, welcher *subharmonische Koinzidenzdetektion* genannt wird. Das gesamte Tonhöhenmuster ist eine gewichtete Mischung der beiden Tonhöhengruppen.

PET und Spektraltonhöhen-Extraktion. Die Extraktion der Spektraltonhöhen erfolgt auf der Grundlage des Teiltonzeitmusters, welches aus den Ausgangssignalen der Kanalfilter des PET-Systems gewonnen wird.[9]. Wieviele und welche Spektraltonhöhen dabei gefunden werden, hängt von der Amplitudenverteilung der Teiltöne und der Frequenzselektivität des PET-Systems ab. Das bedeutet, daß der Verdeckungseffekt (welcher im Verfahren nach [988] noch explizit und getrennt vorgesehen wurde), in den ersten beiden Stufen der Klangverarbeitung enthalten ist.

Es sei angenommen, daß die Spektraltonhöhen-Extraktion einen Satz von Spektraltonhöhen ergeben habe, welcher durch die Frequenzen f_μ, die Tonhöhenabweichungen v_μ und die Pegelüberschüsse $L_{X\mu}$ gekennzeichnet ist, wobei der Index μ die einzelnen Spektraltonhöhen kennzeichnet. In zahlreichen Anwendungsfällen ist die Berücksichtigung der Tonhöhenabweichungen v_μ der Spektraltonhöhen und der daraus sich ergebenden Abweichungen der virtuellen Tonhöhen ohne Bedeutung. Der Übersichtlichkeit halber bleiben daher im folgenden alle Arten von Tonhöhenabweichungen außer Betracht. Der Pegelüberschuß $L_{X\mu}$ der einzelnen Teiltöne wird seiner Definition entsprechend als Maß für die Prägnanz von deren Spektraltonhöhen benutzt.[10]

---

[9] Ein dazu geeignetes Verfahren besteht beispielsweise in der Gleichrichtung und nachfolgenden Tiefpaßfilterung der Filterausgangssignale, wodurch eine Art Spektraldarstellung entsteht, welche dem FTT-Spektrum ähnelt, vgl. Abschnitt 3.6

[10] Vgl. Abschnitt 11.2.1.

Spektralgewichtung. Das Gewicht S_μ der einzelnen Spektraltonhöhen, mit welchem diese in die Bildung der virtuellen Tonhöhe eingehen, wird erstens von ihrem Pegelüberschuß, zweitens von ihrer Frequenzlage abhängig gemacht gemäß der Formel

$$S_\mu = \frac{1 - \exp[-L_{X\mu}/(15\,\text{dB})]}{\sqrt{1 + 0{,}07[f_\mu/(700\,\text{Hz}) - 700\,\text{Hz}/f_\mu]^2}} \text{ für } L_{X\mu} \geq 0,$$
$$= 0 \text{ für } L_{X\mu} < 0. \tag{11.22}$$

Der Ausdruck im Zähler sorgt dafür, daß das Gewicht einer Spektraltonhöhe ausgehend von kleinen positiven Werten von $L_{X\mu}$ zunächst steil ansteigt, bei Pegelüberschüssen über 15 dB jedoch nicht mehr wesentlich zunimmt. Damit wird der Erfahrung Rechnung getragen, daß eine Spektraltonhöhe rasch fast ihre volle Ausprägung erreicht, wenn ein zunächst unhörbarer Teilton die Tonschwelle überschreitet und in der Amplitude weiter anwächst.

Der Ausdruck im Nenner von (11.22) gewichtet die Spektraltonhöhe entsprechend dem spektralen Dominanzeffekt, das heißt, in Abhängigkeit von der Frequenzlage. Dieser Beitrag zum Gewicht erreicht seinen Höchstwert bei der tonhöhenäquivalenten Frequenz 700 Hz (Mitte des dominanten Spektralbereichs).

Subharmonische Koinzidenzdetektion. Abbildung 11.31 illustriert das Prinzip der Entstehung virtueller Tonhöhen durch subharmonische Koinzidenzdetektion, und zwar am Beispiel eines HKT mit der Oszillationsfrequenz 220 Hz. Durch die periphere Spektral- und Frequenzanalyse entsteht aus dem Teiltonspektrum eine Gruppe von Spektraltonhöhen (Punkte in Abb. 11.31). Die darauf folgende Spektralgewichtung wurde in Abb. 11.31 der Anschaulichkeit halber auf einen Ausschnitt reduziert, welcher Spektraltonhöhen unterhalb der dritten und oberhalb der achten Harmonischen von der weiteren Verarbeitung ausnimmt, was ungefähr den oben erwähnten Grenzen des dominanten Frequenzbereichs von 500 und 2000 Hz entspricht.

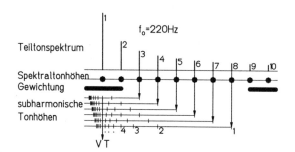

Abb. 11.31. Schematische Illustration der Entstehung der virtuellen Tonhöhe am Beispiel eines HKT mit $f_0 = 220$ Hz. Horizontal ist die tonhöhenäquivalente Frequenz angetragen. VT = virtuelle Tonhöhe

Die subharmonische Koinzidenzdetektion besteht – anschaulich gesprochen – darin, daß (1) an jede der nach der Gewichtung verbleibenden Spektraltonhöhen eine Subharmonischen-Schablone angelegt wird, welche angibt, welches die erste bis zwölfte subharmonische Tonhöhe (beziehungsweise die jener äquivalente Frequenz) ist; und (2) die Genauigkeit der Übereinstimmung der gefundenen subharmonischen Tonhöhen bewertet wird.

Jede der subharmonischen Tonhöhen stellt eine mögliche virtuelle Tonhöhe dar. Eine virtuelle Tonhöhe hat ein umso größeres Gewicht,

- je größer das Gewicht derjenigen Spektraltonhöhe ist, von der sie über die Schablone abstammt;
- je kleiner die subharmonische Ordnungszahl (der Teiler) ist, über welche sie erreicht wird;
- je größer die Anzahl der damit übereinstimmenden, von anderen Teiltönen abstammenden Tonhöhen ist;
- je genauer die Übereinstimmung ist.

Jede einzelne virtuelle Tonhöhe stammt auf diese Weise letztlich von einer einzigen Spektraltonhöhe ab und ihr Gewicht wird durch die eben genannten Kriterien bestimmt.

Die virtuellen Tonhöhen, welche von einer bestimmten Spektraltonhöhe abstammen, sind – unter Vernachlässigung von Tonhöhenabweichungen – durch die Formel

$$H_{\mathrm{im}} = \frac{f_{\mathrm{i}}/\mathrm{Hz}}{m} \text{ pu} \tag{11.23}$$

bestimmt. Darin bedeutet i den Index der betreffenden Spektraltonhöhe mit der äquivalenten Frequenz f_{i}, und m bedeutet die Ordnungszahl der Subharmonischen. Für jedes i nimmt letztere nacheinander alle ganzen Werte des Bereichs $m = 1\ldots 12$ an. So erzeugt jede Spektraltonhöhe eine Serie von zwölf potentiellen virtuellen Tonhöhen. Diese entsprechen den Skalenstrichen auf einer einzelnen Subharmonischen-Schablone in Abb. 11.31. Wenn das Spektraltonhöhenmuster aus R Spektraltonhöhen besteht, entstehen auf diese Weise genau $12R$ potentielle virtuelle Tonhöhen, und deren Tonhöhenwerte sind durch (11.23) bestimmt.

Jede der potentiellen virtuellen Tonhöhen kann im allgemeinen mehr oder minder genau mit einer oder mehreren anderen übereinstimmen. Durch solche angenäherte Koinzidenzen wird das Gewicht der betreffenden virtuellen Tonhöhe erhöht, ohne daß sich ihr Tonhöhenwert noch ändert.

Die Gewichte der einzelnen virtuellen Tonhöhen werden folgendermaßen gewonnen. Derjenigen virtuellen Tonhöhe, welche aus der angenäherten Koinzidenz der m-ten Subharmonischen der i-ten Spektraltonhöhe mit der n-ten Subharmonischen der j-ten Spektraltonhöhe hervorgeht, wird mit dem Teilgewicht

$$\begin{aligned} C_{\mathrm{ij}} &= \sqrt{\frac{S_{\mathrm{i}}S_{\mathrm{j}}}{mn}}(1-\gamma/\delta) \text{ für } \gamma \leq \delta, \\ &= 0 \text{ für } \gamma > \delta \end{aligned} \tag{11.24}$$

versehen, und das Gewicht der zu je einem bestimmten Wert von i und m gehörenden virtuellen Tonhöhe wird durch

$$W_{\text{im}} = \sum_{j=1(j\neq i)}^{R} C_{ij} \qquad (11.25)$$

definiert. Die Quadratwurzel in (11.24) erzeugt die Abhängigkeit von den Spektralgewichten und den subharmonischen Ordnungszahlen. Der zweite Faktor von (11.24) stellt die Abhängigkeit von der Genauigkeit der Koinzidenz her.

Zur Berechnung von (11.24, 11.25) für ein gegebenes Zahlenpaar i, m, das heißt, für eine bestimmte virtuelle Tonhöhe, brauchen nicht alle möglichen Werte $n = 1, 2, \ldots$ der Teilerzahl n durchprobiert zu werden, weil es allein auf die angenäherte Koinzidenz derjenigen potentiellen virtuellen Tonhöhen ankommt, welche von vorn herein nahe beieinander liegen. Daher ist für n diejenige ganze Zahl zu nehmen, welche dem Wert mf_j/f_i am nächsten kommt, so daß

$$n = \lfloor \frac{mf_j}{f_i} + 0,5 \rfloor. \qquad (11.26)$$

Die Genauigkeit der Koinzidenz wird in (11.24) mit Hilfe des Inharmonizitätskoeffizienten γ und der Konstante δ bewertet. Der Wert von γ wird nach

$$\gamma = |\frac{nf_i}{mf_j} - 1| \qquad (11.27)$$

berechnet. Er ist null, wenn die zu i und j gehörenden Spektraltonhöhen bezüglich der auf Übereinstimmung geprüften Tonhöhe harmonisch sind, andernfalls größer als null. Die gegebenenfalls auftretende Abweichung vom Wert null wird gemäß (11.24) auf die Konstante $\delta = 0,08$ bezogen. Der Zahlenwert 0,08 von δ entspricht ungefähr demjenigen relativen Frequenzunterschied, innerhalb dessen zwei benachbarte Tonhöhen im Gehör miteinander zu einer einzigen verschmelzen können, sei es monaural oder binaural.

Wenn man vor Beginn der Berechnung die Spektraltonhöhen nach ihrem Gewicht S_i sortiert, kann man das Verfahren abkürzen, indem man es auf diejenigen Spektraltonhöhen beschränkt, deren Gewicht mindestens 70% des Maximalgewichts beträgt. Die Wahrscheinlichkeit, daß aus einer Spektraltonhöhe mit geringerem Spektralgewicht noch eine wichtige virtuelle Tonhöhe hervorgeht, ist vernachlässigbar gering [988].

Im Tonhöhenberechnungsverfahren nach [988] war eine abschließende Gewichtung der virtuellen Tonhöhen durch eine Art Tiefpaß mit einer Grenzfrequenz von 800 Hz vorgesehen. Diese Maßnahme wurde durch ältere Beobachtungen nahegelegt, welche die Existenz von virtuellen Tonhöhen oberhalb ungefähr 800 pu unwahrscheinlich erscheinen ließen. Diese Annahme ist jedoch inzwischen als widerlegt anzusehen. Nach neueren Beobachtungen gibt es virtuelle Tonhöhen auch oberhalb der äquivalenten Frequenz 800 Hz. Beispielsweise zeigt Abb. 11.3, daß ein HKT mit einer Grundfrequenz von 600 Hz oder mehr virtuelle Tonhöhen hervorrufen kann, deren entsprechende Frequenz weit über 1000 Hz liegt. Das Verfahren wird diesen Beobachtungen dadurch angepaßt, daß der Tonhöhen-Tiefpaß entfällt.

Zusammenfassung aller Tonhöhen. Alle Spektraltonhöhen und virtuellen Tonhöhen eines Klanges, welche auf die beschriebene Art entstehen, konkurrieren in der Hörwahrnehmung miteinander und können bei entsprechend gezielter Aufmerksamkeit bewußt wahrgenommen werden. Die berechneten Gewichte stellen ein Maß dafür dar, in welcher Rangfolge beziehungsweise mit welcher Wahrscheinlichkeit die einzelnen Tonhöhen bewußt wahrgenommen werden, wenn man den Klang ohne subjektive Analyse seiner Tonhöhen – sozusagen spontan – wahrnimmt. Die gewichtigste Tonhöhe stellt in diesem Sinne die Haupttonhöhe eines Klanges dar, das heißt, diejenige, welche gemeinhin als "die" Tonhöhe des Klanges empfunden wird.

Um die Konkurrenz der Spektraltonhöhen mit den virtuellen Tonhöhen in diesem Sinne mit den Hörerfahrungen angenähert in Einklang zu bringen, hat sich eine Schlußgewichtung der Spektraltonhöhen mit dem Faktor 0,5 bewährt. Das heißt, daß im gesamten Tonhöhenmuster, welches das Verfahren liefert, die virtuellen Tonhöhen unmittelbar mit den Gewichten W_{im} nach (11.25) vertreten sind, während die Spektraltonhöhen mit dem Gewicht $S_\mu/2$ darin einbezogen werden. Auf diese Weise ergeben sich im Gesamt-Tonhöhenmuster für Spektraltonhöhen Gewichte zwischen 0 und 0,5; für virtuelle Tonhöhen zwischen 0 und ungefähr 2.

Tonhöhenbweichungen. Weil im soeben beschriebenen Tonhöhenberechnungsverfahren Tonhöhenabweichungen außer acht gelassen wurden, werden alle mit diesen zusammenhängenden Effekte nicht nachgebildet. Das Verfahren liefert die sogenannten *nominellen* Tonhöhen, das heißt diejenigen, welche sich ergeben, wenn alle möglichen Tonhöhenabweichungen den Betrag null haben. Wie in den Abschnitten über die Tonhöhenabweichungen der Spektraltonhöhe erläutert, sind die Tonhöhenabweichungen individuell verschieden groß und haben bei manchen Personen tatsächlich den Betrag null. Es ist daher für die meisten Anwendungen der Theorie nicht erforderlich beziehungsweise sinnvoll, die Tonhöhenabweichungen vorherzusagen, so daß das beschriebene Verfahren ausreicht. Die Erklärung der Tonhöhenabweichungen sowie die Möglichkeit, ihre Größe angenähert vorherzusagen, sind aber von grundsätzlicher Bedeutung, nämlich im Sinne der Verifikation der Theorie.

Die Tonhöhenabweichungen erstrecken sich erstens auf die Teiltöne der aktuell dargebotenen beziehungsweise der Tonhöhenberechnung unterzogenen Klänge; zweitens wirken sie sich auf die Subharmonischen-Schablonen aus. Beispielsweise weisen die Harmonischen eines HKT im allgemeinen Tonhöhenverschiebungen auf, derart, daß die Spektraltonhöhe der ersten Harmonischen geringfügig (um maximal 1%) vertieft, diejenigen der höheren beträchtlich (bis zu einigen Prozent) erhöht sein können [949]. Da die Subharmonischen-Schablonen (vgl. Abb. 11.31) gewissermaßen gespeicherte Abbilder der Beziehungen zwischen den Spektraltonhöhen harmonischer komplexer Töne aller möglicher Grundfrequenzen sind, sind die auf den Schablonen fixierten subharmonischen Tonhöhenintervalle in entsprechender Weise verändert, nämlich um die *Mittelwerte* derjenigen Verschiebungen, welche die Teiltöne von HKT aufweisen. Das Lernmaterial, welches für die Ausbildung der Schablonen vorwiegend in Betracht kommt, stellen die stimmhaften Laute der Sprache dar, und dies sind harmonische komplexe Töne.[11] Unter der Annahme, daß die Schablonen unter dem Einfluß der Wahrnehmung stimmhafter Sprache entstanden sind, kann man die Weite der darauf fixierten subharmonischen Tonhöhenintervalle abschätzen und erhält damit ein Berechnungsverfahren, welches die Tonhöhenabweichungen beziehungsweise deren Auswirkungen einschließt [960, 988].

Zur Einbeziehung der Tonhöhenabweichungen in die Tonhöhentheorie beziehungsweise das Berechnungsverfahren bedarf es erstens einer Modifikation der Spektraltonhöhen-Extraktion derart, daß dabei nicht nur die *nominellen* Spektraltonhöhen, sondern zusätzlich deren Verschiebungen ermittelt werden. Zweitens ist eine Modifikation der Formel (11.23) erforderlich, welche der Subharmonischen-Schablone entspricht. Die Durchführung dieses Konzepts auf der Grundlage des beschriebenen PET-Systems steht noch aus. Im früher beschriebenen Verfahren [988], welches zur Spektralanalyse einen Fast-Fourier-Analysator benutzte, ist sie enthalten.

Weil die Hörbarkeit der Spektraltonhöhen der Harmonischen der stimmhaften Sprachlaute im wesentlichen auf die ersten zehn Harmonischen beschränkt ist, gilt dasselbe für die zugehörigen Tonhöhen*intervalle*. Nimmt man als Obergrenze der im sprachlichen "Lernmaterial" vorkommenden Oszillationsfrequenzen 500 Hz an, so folgt daraus, daß die harmonischen Tonintervalle dem Gehör nur bis zu Frequenzen von ungefähr 5 kHz bekannt sein können. Diese Schlußfolgerung paßt zu der von Bachem [34] beschriebenen Beobachtung, daß die Erkennung musikalischer Tonkategorien oberhalb dieser Grenze versagt (*Chroma Fixation*).

Hall & Peters [404] haben nachgewiesen, daß die Subharmonischen-Schablone durch wiederholte Darbietung geeigneter Schalle sogar bei Erwachsenen noch langzeitlich verändert werden kann. Dazu wurde die "inharmonische" Teiltongruppe {1250, 1450, 1650 Hz} mit der harmonischen Gruppe {200, 400, 600, 800, 1000 Hz} zu einem *Assoziationsklang* zusammengefaßt. Derselbe wurde jeder Versuchsperson 5 min lang dargeboten (*association period*). Davor und danach wurde außerdem jeweils die virtuelle Tonhöhe des allein aus der ersten (also der "inharmonischen") Teiltongruppe bestehenden Testklanges (der hier die Rolle des "Residuums" des Assoziationsklanges spielt) bestimmt, und zwar durch Vergleich mit einem Sinuston. Diese Prozedur wurde mit denselben Versuchspersonen an verschiedenen Tagen wiederholt. Mit wachsender Zahl von Assoziationsdarbietungen sank die virtuelle Tonhöhe des Testklanges von zuerst ca. 210 Hz auf ca. 205 Hz ab. Nach Abschluß der Versuche blieb die veränderte Zuordnung der virtuellen Tonhöhe zum Testklang über Tage oder Wochen bestehen.

11.4.2 Andere Theorien

Das Prinzip der Auswertung des Teiltonspektrums hat sich nicht nur im Rahmen der Theorie der virtuellen Tonhöhe, sondern in zahlreichen anderen Modellen der Tonhöhe und der Grundfrequenzanalyse als gehöradäquat und

---

[11] Zur Frage der akustischen Prägung beim Menschen vgl. [102, 237].

leistungsfähig erwiesen. Ohne Anspruch auf Vollständigkeit seien die folgenden Theorien, Modelle und Verfahren genannt. Ihnen ist gemeinsam, daß sie die virtuelle Tonhöhe – beziehungsweise eine ihr äquivalente Frequenz – aus Spektralmerkmalen der Schallsignale ableiten.

- Das Cepstrum-Verfahren von Noll [673]. Die tonhöhenäquivalente Frequenz eines komplexen Schallsignals wird durch Fourier-Transformation des logarithmisch dargestellten Betragsspektrums gewonnen.
- Das Frequenz-Histogramm-Verfahren von Schroeder [836]. Die tonhöhenäquivalente Frequenz wird als größter gemeinsamer Teiler der Teiltonfrequenzen gewonnen.
- Das HIPEX-System von Miller [627]. Das Verfahren beruht auf dem gleichen Prinzip wie dasjenige von Schroeder und wurde vor allem zur Verifikation der günstigen Eigenschaften des Prinzips eingesetzt.
- Die *Pattern Transformation* Theorie von Wightman [1065]. Diese stellt im wesentlichen eine gehörangepaßte Variante des Cepstrum-Verfahrens dar.
- Der *Harmonic Pitch Detector* von Seneff [853]. Die Grundfrequenz eines Teiltonspektrums wird aus den Frequenzabständen der Teiltöne eines bestimmten Frequenzbereichs abgeleitet.
- Die *Optimum Processor* Theorie von Goldstein [377]. Die Theorie ist psychoakustisch orientiert, das heißt, explizit zur Erklärung der wahrgenommenen Tonhöhen komplexer Schalle entworfen. Die Auswertung der Teiltonfrequenzmuster geschieht durch statistische Bewertung von deren Übereinstimmung mit einer Schablone.
- Das Verfahren von Piszczalski und Galler [718]. Zur Ermittlung der tonhöhenäquivalenten) Grundfrequenz werden die Frequenzverhältnisse der Teiltöne ausgewertet.
- Das *Harmonic Sieve* Verfahren von Duifhuis et al. [247, 812]. Dasselbe stellt eine Implementation der Goldstein'schen Theorie für technische Anwendungen dar.
- Die *Central-Spectrum*-Theorie von Bilsen [89] beziehungsweise Raatgever & Bilsen [756]. Mit dieser Theorie, welche zugleich eine Theorie der binauralen Lokalisation ist, wird insbesondere ein Ansatz zur Erklärung dichotischer Tonhöhen gemacht, und zwar unter Einbeziehung von deren räumlicher Lokalisation.
- Das *Subharmonic Summation* Verfahren von Hermes [437]. Dieses ist mit der Theorie der virtuellen Tonhöhe eng verwandt und kann als eine Variante derselben angesehen werden.
- Das SPINET Modell von Cohen et al. [185]. Dieses Modell kann man grob als eine Kombination der Theorie der virtuellen Tonhöhe mit dem Harmonic Sieve-Verfahren charakterisieren. Es verwendet zur Spektralanalyse die Gammatone-Filterbank.
- Das Peripherie-Modell von Meddis & Hewitt [598, 599]. Dieses nimmt unter den hier genannten Verfahren insofern eine Sonderstellung ein, als es keine explizite Extraktion von Teiltonfrequenzen beziehungsweise Spektral-

tonhöhen vorsieht. Statt dessen wird eine summarische Autokorrelation der quasi-neuronalen Signale durchgeführt, welche in 128 Filterkanälen nachgebildet werden. Die Kanäle ergeben sich durch Einsatz der von Patterson et al. [700] angegebenen Filterbank.

12. Klangzeitgestalt, Sprache und Musik

Von den geschilderten Erkenntnissen über die Tonhöhenwahrnehmung ist es nur ein kleiner Schritt zu einer darauf gegründeten allgemeinen Konzeption von auditiven *Klanggestalten*, welche durch die Gesamtheit der Spektraltonhöhen definiert sind und deren virtuelle Tonhöhe – beziehungsweise das, was man im gewöhnlichen Sinne als "die Tonhöhe" zu bezeichnen gewohnt ist – nicht mehr ist als eines von einer erheblichen Anzahl auditiver Merkmale, welche die Klanggestalt kennzeichnen. Damit zeichnet sich eine adäquate Konzeption für die psychophysikalische Beschreibung der Wahrnehmung komplizierter Audiosignale ab. Im vorliegenden Kapitel wird diese Konzeption dargestellt und anhand von Beispielen erläutert. Dabei wird, gewissermaßen als Hintergrund, die Wahrnehmung der beiden vorherrschenden Medien der akustischen Kommunikation zugrundegelegt: Sprache und Musik.

Die auditive Repräsentation der Schallsignale von Sprache und Musik kann man sich auf der Grundlage der Erkenntnisse, welche in den vorangehenden Kapiteln über die prothetischen Hörempfindungen sowie über die Tonhöhe beschrieben wurden, in groben Zügen folgendermaßen vorstellen.

Die robuste – und daher hauptsächlich informationstragende – auditive Repräsentation wird durch das Spektraltonhöhen-Zeitmuster hergestellt. Das Spektraltonhöhen-Zeitmuster kann man seinerseits im Hinblick auf den hier ins Auge gefaßten allgemeineren Standpunkt auch als *Klangzeitmuster* KZM bezeichnen. Die adäquate Darstellung des KZM ergibt sich mit Hilfe des Teiltonzeitmusters TTZM.

Das Klangzeitmuster enthält die gesamte dem Gehör zur Verfügung stehende Information über die wahrnehmbaren akustischen Objekte der Umgebung, soweit diese nicht schon durch die prothetischen Hörempfindungen vermittelt wird. Die akustischen Objekte sind im KZM enthalten und werden durch Teilmengen des KZM repräsentiert. Diejenigen Teilmengen des KZM, welche zu bestimmten akustischen Objekten gehören, werden als *Klangzeitgestalten* bezeichnet.[1]

Man pflegt davon zu sprechen, daß zwischen den Elementen des KZM und den aufeinanderfolgenden Schallereignissen gewisse Beziehungen bestünden. Damit kann aber nicht etwa gemeint sein, daß solche Beziehungen *per se* exi-

---

[1] Zur Vorgeschichte des Konzepts vgl. z. B. Fletcher [326], Wilson [1068], Moore [635], Terhardt [965, 969, 971], Hartmann [415, 416].

stieren. Vielmehr werden sie durch das Gehör erst erzeugt, nämlich im Zusammenhang mit der hierarchisch gestuften Interpretation des KZM. Zweck der Interpretation ist es hauptsächlich, aus dem KZM zusammen mit den prothetischen Hörempfindungen soviel Information wie möglich über die reale Situation der Umgebung zu gewinnen. Dazu gehören die Analyse des KZM und die Synthese der Klanggestalten, welche bestimmte Schallobjekte repräsentieren (Objektsynthese).

Die Beziehungen, welche auf diese Art zwischen Elementen beziehungsweise Objekten oder *Ereignissen* (siehe unten) des KZM geschaffen werden, hängen davon ab, auf welcher Stufe der Interpretationshierarchie die betreffenden Teile des KZM herangezogen werden. Beispielsweise bestehen *auf der untersten Stufe* zwischen den Teiltönen beziehungsweise Spektraltonhöhen von zeitvariablen Klängen sehr enge und ausgeprägte Beziehungen, welche von den Frequenz-Zeit-Koordinaten abhängen. Diese Beziehungen sind aber in der Regel auf die unterste Stufe beschränkt. Auf den höheren Stufen bestehen grundsätzlich neue Beziehungen zwischen den dort repräsentierten Objekten höherer Ordnung, wenngleich sich gewisse formale Prinzipien der Interpretation auf verschiedenen Stufen der Hierarchie in bemerkenswertem Maße gleichen.

Erfahrungsgemäß gliedern sich Schallsignale gemäß ihrem zeitlichen Ablauf für das Gehör in kategorial empfundene und gegebenenfalls benannte Segmente; diese werden im folgenden als *auditive Ereignisse*, beziehungsweise kurz Ereignisse, bezeichnet. Beispiele für auditive Ereignisse sind die (auditiven Repräsentanten der) Laute, Silben, Wörter, Sätze, etc. der Sprache. Weitere Beispiele sind die Töne, Kadenzen, Sätze, etc. der Musik. Diese Beispiele weisen auf die hierarchische Gliederung der auditiven Wahrnehmung hin, denn selbstverständlich ist beispielsweise ein lautsprachlich geäußerter Satz auf einer höheren Wahrnehmungsebene als Ereignis repräsentiert, als ein Sprachlaut.

Jeweils für sich und einzeln betrachtet würde man Töne, Sprachlaute, und so weiter wahrscheinlich zweckmäßiger als auditive *Objekte* bezeichnen. Wenn es aber eine Rolle spielt, daß und in welchem Zeitpunkt ein Objekt in Erscheinung tritt, spricht man zweckmäßigerweise von einem Ereignis. Ein Ereignis ist demnach ein Objekt, welches in einem definierten Zeitpunkt in Erscheinung tritt.

Aufeinanderfolgende Ereignisse sind häufig miteinander *verkettet* in dem Sinne, daß sie einen sogenannten *Auditory Stream* [116, 115] bilden, also eine *Ereigniskette*. Ob dies geschieht (Verkettung; *Stream Integration*), oder ob die Ereignisse als unabhängig voneinander gehört und damit getrennten Ursachen zugeordnet werden (Zerfall; *Segregation*), hängt von der Struktur der betreffenden Klangzeitgestalten ab.

Die auditive Verkettung aufeinanderfolgender Ereignisse spielt bei der Informationsaufnahme zweifellos eine herausragende Rolle. Sie bildet die Grundlage dafür, daß das Gehör in gewissem Umfang in der Lage ist, mehrere gleichzeitig vorhandene Schallsignale voneinander zu trennen. Der sogenannte Cocktailparty-Effekt, welcher darin besteht, daß man aus einem Gewirr vieler Stimmen eine oder zwei zugleich mit dem Ohr herausfiltern und verfolgen kann [167], wird häufig im Zusammenhang mit dem binauralen beziehungsweise räumlichen Hören genannt. Er spielt jedoch in Bezug auf das monaurale beziehungsweise diotische Hören eine Rolle, die eher von noch größerer Bedeutung und größerem Interesse ist als bezüglich des dichotischen Hörens.

Eine Melodie wird dadurch zur Melodie, daß ihre Töne als zusammengehörig empfunden, das heißt, auditiv verkettet werden. Wenn die Melodie das musikalische Analogon der Silbenfolge einer sprachlichen Äußerung ist – und diese Vorstellung erscheint in vieler Hinsicht berechtigt –, dann kann man die mehrstimmigen Fugen J.S. Bachs als musikalische Analoga der Cocktailparty-Situation in künstlerischer Verfeinerung und Überhöhung bezeichnen. Die auditive Trennung von einander überlagerten Sprechstimmen einerseits und diejenige der musikalischen Stimmen einer Fuge andererseits finden in erheblichem Umfange schon im monauralen beziehungsweise diotischen Hören statt.

Es ist offensichtlich, daß beim Hören die Zeit eine Doppelfunktion hat. Einerseits spielt sie die in der gesamten Naturwissenschaft übliche Rolle einer Hilfsgröße, welche den Ablauf von Vorgängen und Ereignissen beschreibt. Andererseits stellt sie eine *Gestaltdimension* der Hörwahrnehmung dar, also eine Koordinate, auf welcher auditive Objekte angeordnet sind, welche zueinander in Beziehung stehen, derart, daß ihre Gesamtheit *Gestalten* bildet, welche davon abhängen, in welchen Zeitpunkten die Objekte auftreten. Eben dies macht den Ereignischarakter der Objekte aus. Eine typische Manifestation der Zeitgestalt ist der *Rhythmus*.

Bei der *visuellen* Wahrnehmung nimmt die Zeit bemerkenswerterweise die zweite Rolle – die einer Gestaltdimension – nicht an, oder höchstens in weit geringerem Maße. Zwar gibt es die Integration unmittelbar aufeinanderfolgender optischer Ereignisse im Sinne des Verschmelzens zu einer gleitenden Empfindung von ruckartigen Übergängen (beispielsweise der Einzelbilder eines Kinofilms), jedoch keine Ausbildung von Zeitgestalten. Es gibt keinen "visuellen Rhythmus".

Die Korrespondenz der Frequenz- und der Zeitdimension im Sinne von Gestaltkoordinaten des Hörens geht besonders deutlich aus zahlreichen Merkmalen der tonalen Musik hervor. Die tonale mehrstimmige Musik ist in höchstem Maße durch einander überlagerte auditive Ereignisketten gekennzeichnet, gleichgültig, ob es sich um den Typ *Melodie mit Begleitung* oder den Typ *mehrere Melodien zugleich* (Kanon, mehrstimmige Fuge) handelt. Es ist kein Zufall, daß zahlreiche Erkenntnisse über die Prinzipien der auditiven Aufnahme von Information, also auch der Wahrnehmung von Sprache, den Strukturen der Musik sowie den Regeln zu entnehmen sind, welche die Musiktheoretiker und Komponisten aufgefunden und formuliert haben. Daher kann man eine Frage wie diejenige nach dem *Survival Value of Music* in der Tat ernsthaft stellen [794].

12.1 Klanggestalt

In diesem Abschnitt geht es um Klangzeitgestalten, deren zeitliche Änderungen entweder nicht vorhanden oder unbedeutend sind, so daß die Zeitdimension außer acht gelassen werden kann.

12.1.1 Klangfarbe, Klanggestalt und Tonhöhe

Zum Konzept der Klangfarbe. Die Definition der Klangfarbe wurde zum Teil schon in Abschnitt 10.3.3 vorweggenommen, weil dies zur Erklärung des prothetischen Hörattributs Klanghaftigkeit erforderlich war. Sie geht aus einer Rückbesinnung auf die ursprüngliche Bedeutung des Klangfarbenbegriffes hervor. Wenn man sich an die – selbstverständlich metaphorische – Bedeutung des Begriffes Klangfarbe hält, dann wird man zur Klangfarbe alles zählen, was einen Schall *färbt*, also bunt macht, oder seine Färbung beziehungsweise Buntheit verändert. Es gilt dann noch zu erklären, welche Hörqualitäten letztlich mit den metaphorischen Bezeichnungen *bunt* etc. gemeint sein sollen.

Dazu sei an die im Abschnitt 10.3.3 angeführten Beispiele erinnert. Wie dort auseinandergesetzt wurde, läuft diese Auffassung von Gefärbtheit darauf hinaus, daß ein Schall umso mehr Farbe hat, je ausgeprägter die Tonhöhen sind, welche er in mehr oder weniger großer Zahl enthält. Daraus folgt, daß ein Schall nur dann vollkommen "grau" im Sinne von *unbunt*[2] ist, wenn er keinerlei Tonhöhen hervorruft, seien diese auch nur schwach ausgeprägt. Es gibt nur sehr wenige Schalle, welche diese Voraussetzung erfüllen. Mehr oder weniger treffende Beispiele solcher Schalle sind das *weiße Rauschen* und – noch treffender – das sogenannte *rosa Rauschen*. Beide Namen kennzeichnen ja nicht die entsprechende Hörwahrnehmung, sondern – in physikalischer Denkweise – die Spektralcharakteristik dieser Geräusche: Das erstere verdankt seinen Namen der Tatsache, daß die Intensitätsdichte über der Frequenz gleichmäßig verteilt ist; das letztere dem Umstand, daß die Intensitätsdichte umgekehrt proportional zum Quadrat der Spektralfrequenz ist.

Die durch die Wahl des Begriffes *weißes* Rauschen geschaffene Analogie zwischen Optik und Akustik trifft in Bezug auf die Definition der Klangfarbe in bemerkenswertem Maße den Nagel auf den Kopf. Ebenso, wie aus weißem Licht dadurch farbiges Licht wird, daß man aus dem Fourierspektrum der elektromagnetischen Schwingung eines oder mehrere Frequenzbänder heraushebt, entsteht aus einem "grauen" Schall ein gefärbter, wenn mit seinem Fourier-Spektrum ebenso verfahren wird. Ebenso wie das monochromatische Licht eines Lasers die reinste und ausgeprägteste Farbe hat, die es gibt,

---

[2] In physikalischer Denkweise würde man hier wahrscheinlich den Begriff "weiß" für angemessener halten. Im allgemeinen Sprachgebrauch hat sich jedoch – psychologisch sicher nicht ohne Grund – als "Farbe" besonders unauffälliger, äußerlich nichtssagender Objekte das Grau eingebürgert (*Graue Maus, Graue Eminenz*).

repräsentiert ein Sinuston die reinste und ausgeprägteste Klangfärbung, welche möglich ist. Der Farbe des Lichts ist die Tonhöhe analog, der Buntheit die Klangfarbe.

Zum Konzept der Klanggestalt. Ebenso, wie Buntheit der Oberfläche eines Gegenstandes Struktur verleiht, indem sie die Fläche in Sub-Gestalten unterteilt, verleiht Klangfärbung einem stationären Schall gewisse Gestalteigenschaften. Dies ist am Beispiel des geflüsterten Vokals leicht zu erkennen: Die Resonanzen des Vokaltrakts färben das Breitbandrauschen der Flüsterstimme in den Frequenzbereichen der Formanten, wodurch der artikulierte Vokal seine auditiv wahrnehmbare Identität bekommt. Dieselbe beruht darauf, daß die Formanten mäßig ausgeprägte und diffuse, jedoch unter geeigneten Bedingungen bewußt wahrnehmbare Spektraltonhöhen hervorrufen [997]. Es ist die strukturierende, gestaltbildende Wirkung der Klangfarbe, welche dieselbe zu einem *metathetischen* Hörattribut macht.

Was die Entstehung von Klanggestalten betrifft, so kann man im Hinblick auf die typischen Eigenschaften der meisten Schallquellen zwei Haupteinflüsse unterscheiden (vgl. Abschnitt 1.2.1). Der erste besteht in der Periodizität, welche zahlreiche Quellsignale aufweisen – jedenfalls über gewisse Zeitabschnitte gesehen. Aus der Periodizität ergibt sich infolge der Spektralzerlegung und Frequenzkonturierung im peripheren Gehör die Entstehung einer gewissen Anzahl von Spektraltonhöhen, und zwar in der speziellen Anordnung, welche den Harmonischen des Schallsignals entspricht. Die harmonischen Spektraltonhöhen verleihen jedem stationären periodischen Schall – also jedem HKT – von vorn herein eine bestimmte Klanggestalt, welche von der Oszillationsfrequenz abhängt. Die Elemente, welche eine derartige Klanggestalt durch ihre Positionen auf der Tief-Hoch-Dimension definieren, sind die Spektraltonhöhen. Die Klanggestalt selbst wird in diesem Falle durch virtuelle Tonhöhen bezeichnet. Die virtuelle Tonhöhe ist in diesem Konzept also nichts anderes als eines von vielen auditiven Merkmalen von Klanggestalten.

Der zweite Haupteinfluß besteht in der Filterwirkung des linearen Systemanteils, den jede Schallquelle aufweist – beim Sprechorgan also des Vokal- und Nasaltrakts. Die Amplituden der Teiltöne, aus welchen man sich das Quellsignal zusammengesetzt denken kann (vgl. Abschnitt 3.6), werden mit der Übertragungsfunktion jenes linearen Systemanteils multipliziert, so daß eine zusätzliche Klangfärbung und somit eine Veränderung der durch das ursprüngliche Quellsignal allein verursachten Klanggestalt entsteht. Die letztere Art der Klangfärbung beruht auf Formanten, beziehungsweise der formantartigen Verteilung der Amplituden der Harmonischen.

Erzeugt man ein periodisches Schallsignal mit dem Fourier-Spektrum des Glottis-Schallflusses (vgl. Abschnitt 7.1), so hört man die Klanggestalt, welche ausschließlich auf dem ersten Einfluß beruht. Verwendet man ein Quellsignal ohne eigene Klanggestalt, wie im Falle des Flüstervokals, hört man allein den zweiten Beitrag.

Es fällt erfahrungsgemäß leicht, mit dem Gehör beispielsweise die Tonhöhe, auf welcher ein bestimmter Vokal gesprochen wird (welche auf der Stimmbandfrequenz beruht, also einem Merkmal des Generatorsignals), unabhängig von der Identität des Vokals (welche auf seinen Formantfrequenzen beruht, also auf Merkmalen des Filters) wahrzunehmen. Daher sieht es auf den ersten Blick so aus, als wären Tonhöhe und Klangfarbe vollkommen unabhängig voneinander – ebenso, wie Stimmbandfrequenz und Formantfrequenz physikalisch in der Tat voneinander unabhängig sind. Diese Auffassung – welche sich seit Helmholtz [432] in der Akustik nachhaltig eingebürgert hat – ist aber mit den offensichtlich bestehenden engen Zusammenhängen zwischen Klangfarbe und Tonhöhe nicht vereinbar. Die Art und Weise, wie Klanggestalten auf den unteren Ebenen der auditiven Hierarchie entstehen, ist vollkommen unabhängig davon, wie das Schallsignal physikalisch zustandegekommen ist. Die Erkennung und Trennung der genannten Merkmale ist Sache der auditiven *Interpretation* der primären Klanggestalt. Auf welche Merkmale und Gesichtspunkte jene Interpretation letztlich führt, hängt davon ab, welches Problem es zu lösen gilt. Unter diesem Gesichtspunkt erscheint es allerdings in hohem Maße realistisch, anzunehmen, daß der auditive Interpretationsapparat darauf trainiert ist, beispielsweise die Vokalidentität unabhängig von der Stimmlippenfrequenz zu erkennen.

Zum Beispiel haben Säuglinge und Kleinkinder in der Regel das "Problem", nach dem akustischen Vorbild der Stimmen Erwachsener sprechen lernen zu müssen. Sie zeigen sich dabei in erstaunlichem Maße fähig, gehörte Sprachsignale auf ihre artikulatorische Entstehungsweise hin zu analysieren. Dies stellt eine bemerkenswerte Abstraktionsleistung dar. Die akustische Diskrepanz zwischen dem lautsprachlichen Vorbild und der eigenen Stimme des Kleinkindes ist bezüglich der Männerstimme besonders groß, bezüglich der Frauenstimme deutlich kleiner. Die Tatsache, daß die Kinder ihre Sprache hauptsächlich von der Mutter erwerben, kann somit neben den sonstigen Umständen auch damit zusammenhängen, daß die Stimme der Mutter derjenigen des Kleinkindes akustisch ähnlicher ist, als die Stimme des Vaters.

Kleinkinder sind offenbar in beträchtlichem Umfang in der Lage, aus mehreren gleichzeitig sprechenden Stimmen eine bestimmte herauszuhören [671]. Im Hinblick auf die Bedeutung der Klanggestalt als Informationsträger über die akustischen Geschehnisse in der Umgebung ist es im übrigen nicht überraschend, daß Klanggestalterkennung – die Bildung der virtuellen Tonhöhe eingeschlossen – bei Kleinkindern [228, 181, 182, 1014] und verschiedenen Wirbeltieren beobachtet werden kann [213, 110, 423, 176, 1009, 750].

Ein weiteres bemerkenswertes Beispiel ist die Beobachtung, daß selbst bei stimmloser Sprache (Flüstersprache) eine Art Intonation wahrgenommen werden kann. Nicht nur das Geschlecht der sprechenden Person, sondern auch Betonungsverläufe, welche normalerweise durch das Auf und Ab der Stimmtonhöhe gekennzeichnet sind, können in bemerkenswertem Ausmaß erkannt werden [616, 410, 543].

Die Ambivalenz von Tonhöhe und Klangfarbe. Tonhöhe und Klangfarbe sind offenbar eng ineinander verwoben, in gewisser Hinsicht sogar miteinander identisch. Ob es im Einzelfall angebrachter ist, von Tonhöhe oder Klangfarbe zu sprechen, ist häufig der Willkür überlassen. Entsprechend willkürlich ist beispielsweise die Entscheidung, ob angeschlagene Glocken

Klänge oder *Töne* von sich geben. Die komplementäre Ambivalenz von Tonhöhe und Klangfarbe zeigt sich unter anderem bei der auditiven Analyse *multipler* Klänge [1060, 871, 872].

Die Ambivalenz von Tonhöhe und Klangfarbe tritt ferner beim sogenannten *Obertonsingen* [887, 101] sowie beim Melodiespiel auf der *Maultrommel* [3] in Erscheinung. In beiden Fällen werden wahrnehmbare Melodien dadurch erzeugt, daß man von den zahlreichen harmonischen Teiltönen eines periodischen Generatorsignals mit sehr tiefer, fester Frequenz einige wenige durch Resonanz hervorhebt. Das Generatorsignal wird im Falle des Obertonsingens durch die normalen, jedoch mit konstanter Frequenz hervorgebrachten Schwingungen der Stimmbänder erzeugt, im Falle der Maultrommel durch ein mit dem Finger angezupftes Stahlfederblatt. Als Resonatorsystem dient in beiden Fällen der Vokaltrakt. Auf diese Weise werden formantartige Anhebungen des Teiltonspektrums, die ansonsten die Rolle unbewußt wahrgenommener Konstituenten der Klanggestalt spielen, zu bewußt wahrgenommenen Tonhöhen. Während nach der vorherrschenden Konvention das periodische Generatorsignal einer Schallquelle die musikalische Tonhöhe bestimmt, wobei der lineare Systemteil der Schallquelle lediglich klangfärbende Wirkung hat, ist es bei Maultrommel und Obertonsingen umgekehrt: Das periodische Generatorsignal erzeugt einen obstinaten Grundbaß, während die Melodie mit Hilfe der Filterwirkung des linearen Resonators erzeugt wird (vgl. Abb. 1.3). Tonhöhe und Klangfarbe haben sozusagen ihre Rollen getauscht.

Nach Untersuchungen von Block [99] und Crummer et al. [208] scheinen Personen mit absolutem Gehör beziehungsweise überdurchschnittlichem musikalischem Training bei der Erkennung von Klangfarben bessere Leistungen zu erbringen als Nichtabsoluthörer.

Starr & Pitt [898] berichten über ausgeprägte Äquivalenzen im Verhalten des Kurzzeitgedächtnisses für Klangfarben einerseits und Tonhöhen andererseits.

Wenn ein Klang aus Teiltönen mit annähernd gleichen Amplituden besteht, wird nicht nur seine Tonhöhe, sondern auch seine Klangcharakteristik – die Klangfarbe – weitestgehend durch die Frequenzen der Teiltöne bestimmt. Beispielsweise macht es einen erheblichen Unterschied, ob ein harmonischer Klang mit einer bestimmten Oszillationsfrequenz ausschließlich aus den geradzahligen Harmonischen oder allein aus den ungeradzahligen zusammengesetzt ist [1054].

Eine besonders interessante Art harmonischer Klänge, die aus einer speziellen Teilmenge von Harmonischen bestehen, stellen die sogenannten *Oktavklänge* dar. Dies sind Klangsignale, deren Teiltöne die Frequenzen

$$f_n = f_o 2^n \quad [n = 0, 1, 2, 3, \ldots] \tag{12.1}$$

haben, wobei f_o eine Bezugsfrequenz darstellt, welche möglichst an der unteren Hörgrenze liegt. Oktavklänge mit Teiltönen, die sich über den gesamten Hörfrequenzbereich erstrecken, sind durch eine typische Klangfarbe gekennzeichnet, und ihre musikalische Tonhöhe wird durch die Bezugsfrequenz f_o bestimmt [868, 140].

12. Klangzeitgestalt, Sprache und Musik

Die Oktavlage – das heißt, die absolute Tonhöhenlage der musikalischen Tonhöhe – entspricht bei den Oktavklängen im allgemeinen nicht der Bezugsfrequenz, sondern liegt in einem mittleren Tonhöhenbereich, wobei erhebliche Mehrdeutigkeit besteht. Beim Vergleich der wahrgenommenen Tonhöhe des Oktavklanges mit der Tonhöhe eines Sinustones wird bevorzugt ein Wert im Bereich zwischen ungefähr 200 und 400 Hz eingestellt [989].

Wenn man die Bezugsfrequenz f_o eines Oktavklangs in vielen kleinen Schritten fortgesetzt erhöht und dafür sorgt, daß dabei f_o unterhalb etwa 100 Hz bleibt, so erhöht sich die musikalische Tonhöhe scheinbar fortgesetzt; ihre Absolutlage (Oktavlage) verbleibt dennoch im erwähnten Bereich zwischen 200 und 400 Hz. Somit liegt das scheinbare Paradoxon vor, daß die Tonhöhe fortlaufend steigt, ohne absolut wesentlich an Höhe zu gewinnen, vgl. Shepard [868], Risset [783], Sugiyama & Ohgushi [928], Burns [140], Ohgushi [680]. Eine wahrnehmungspsychologische Entsprechung dieses Phänomens, auf welche verschiedene Autoren hingewiesen haben, stellt die durch perspektivische Verzerrung erzeugte endlose Treppe dar, von welcher in Abb. 12.1 ein Beispiel dargestellt ist.

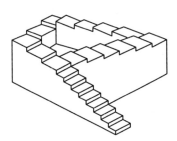

Abb. 12.1. "Aufstiegsunmöglichkeit". Durch Perspektivtäuschung entsteht eine Treppe, welche rundum ansteigt, aber nicht an Höhe gewinnt. Nach [706, 268]

Die Mehrdeutigkeit der Tonhöhe der Oktavklänge hinsichtlich ihrer Oktavlage, zusammen mit der Tatsache, daß die Tonhöhe bevorzugt im Bereich 200–400 Hz angesiedelt ist, führt zu weiteren paradox erscheinenden Wahrnehmungen, beispielsweise dem *Halbton-Paradoxon* [231] und dem *Tritonus-Paradoxon* [232, 230, 233, 234].

Das Tritonus-Paradoxon zeigt sich beim Hörvergleich zweier aufeinanderfolgender Oktavklänge, deren Bezugsfrequenzen sich um den Faktor $\sqrt{2}$ voneinander unterscheiden, so daß sämtliche Teiltöne des einen Klanges um genau eine halbe Oktav gegenüber denen des anderen in der Frequenz versetzt sind. Wenn sich die Teiltöne beider Klänge über den gesamten Hörbereich verteilen, so kann objektiv nicht entschieden werden, ob der eine Klang eine halbe Oktav höher oder tiefer ist als der andere. Beim Hörvergleich der beiden aufeinanderfolgenden Klänge besteht diese vollkommene Ambivalenz jedoch nicht. Vielmehr hört man spontan und weitgehend konsistent entweder einen aufsteigenden oder einen absteigenden Tonschritt. Das Phänomen läßt sich mit der Theorie der virtuellen Tonhöhe nachvollziehen [979, 971].

Ein weiteres scheinbares Paradoxon wird beobachtet, wenn die benachbarten Teiltöne nicht genau den Frequenzabstand einer Oktav haben, sondern denjenigen einer deutlich "gespreizten" Oktav, so daß beispielsweise

$$f_n = f_o 2^{n13/12}. \tag{12.2}$$

In diesem Beispiel beträgt der Frequenzabstand benachbarter Teiltöne eine Oktav plus einen Halbton. Die musikalische Tonhöhe eines solchen Klanges ist höher als diejenige des entsprechenden *reinen* Oktavklanges.

Das Paradoxon besteht darin, daß eine Verdopplung von f_o unter ansonsten gleichbleibenden Verhältnissen nicht einen aufsteigenden Oktavschritt der Tonhöhe bewirkt, sondern einen *ab*steigenden Halbtonschritt[3] [838, 784]. Dieser Effekt ist darauf zurückzuführen, daß bei Verdopplung von f_o jeder der ursprünglichen Teiltöne durch einen Teilton ersetzt wird, welcher einen Halbton tiefer liegt.

Klanggestalt und Gestaltkategorie. Ein- und dasselbe akustische Objekt kann innerhalb eines Klangmusters durch unterschiedliche Klanggestalten repräsentiert sein, so wie sich beispielsweise ein und derselbe gesehene Gegenstand auf der Retina in sehr verschiedenen visuellen Konturmustern abbildet, je nachdem, aus welchem Winkel und welcher Entfernung er gesehen wird. Daher erscheint es zweckmäßig, einen Unterschied zwischen Gestalt und Gestalt*kategorie* zu machen. Mit Gestalt ist die aktuelle Repräsentation eines Objekts auf der Wahrnehmungsebene gemeint, mit Gestaltkategorie die invariante Abstraktion davon.

Ein bemerkenswertes Beispiel dafür, daß ein und dieselbe Klanggestaltkategorie durch verschiedene Klanggestalten repräsentiert werden kann, stellen die Vokale dar. In Abb. 12.2 sind schematisch die Amplitudenspektren von vier verschiedenen Schallsignalen dargestellt, welche mehr oder weniger ausgeprägt ein und derselben Vokalkategorie – nämlich derjenigen des Vokals /a/ – zugehören. Im obersten Diagramm ist das Teiltonspektrum eines stimmhaft gesprochenen /a/ (Oszillationsfrequenz 200 Hz) wiedergegeben. Das zweite Diagramm zeigt das Leistungsspektrum desselben Vokals bei Anregung durch ein Breitbandrauschen; es entspricht der geflüsterten Version. Das dritte Teiltonspektrum besteht aus vier Sinustönen mit den ersten vier Formantfrequenzen und den entsprechenden Amplituden; es erzeugt die Wahrnehmung der Vokalkategorie /a/ [656]. Das unterste Diagramm illustriert die grobe Annäherung derselben Vokalkategorie durch einen einzigen Sinuston, dessen Frequenz zwischen den ersten beiden Formantfrequenzen liegt.

Die Tatsache, daß ein einzelner Sinuston Vokalcharakter haben kann, ist schon lange bekannt [510, 1058, 267, 272]. Sie erscheint weniger überraschend als dies auf den ersten Blick der Fall sein mag, wenn man in Betracht zieht, daß die Wahrnehmung einer bestimmten Vokalkategorie auch mit einem HKT herbeigeführt werden kann, welcher nur einen einzigen Formanten mit passender Frequenz hat, vgl. Chistovich [172, 171, 170], Traunmüller [1012], Schwartz & Escudier [850].

---

[3] Wie in den vorangehenden Beispielen wird auch hier vorausgesetzt, daß die Teiltöne sich über den gesamten Hörfrequenzbereich verteilen.

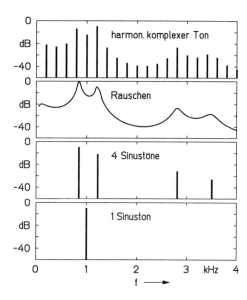

Abb. 12.2. Die Gestaltkategorie eines Vokals kann durch Schallsignale vermittelt werden, welche sich drastisch voneinander unterscheiden. Vier Beispiele, welchen die Vokalkategorie /a/ gemeinsam ist, sind dargestellt

Mit zeitvariablen Klängen aus wenigen Sinustönen, deren Frequenzen den Formantfrequenzen folgen, kann man verständliche Sprache erzeugen [773]. Verständliche Sprache entsteht auch schon durch passende Amplitudenmodulation von wenigen Sinustönen *fester* Frequenz (Sinuston-Vocoder) [1094].

Allen vier in Abb. 12.2 illustrierten Versionen des Vokals /a/ ist gemeinsam, daß die Spektralstruktur, auf welche es bei der Erzeugung der Vokalqualität ankommt, durch *Spektraltonhöhen* definiert wird. Im ersten Fall sind dies die Spektraltonhöhen einiger weniger Harmonischer, nämlich derjenigen, welche durch die Formanten hervorgehoben werden. Im zweiten Fall sind es die Spektraltonhöhen der "Schmalbandrauschen", welche durch die Formanten erzeugt werden. Im dritten und vierten Fall sind es die Spektraltonhöhen der Sinustöne. Die Spektraltonhöhen selbst, beziehungsweise ihre Positionen auf der Tief-Hoch-Koordinate, sind in den vier Versionen voneinander verschieden. Die Gemeinsamkeit, welche in der Assoziierbarkeit mit dem Vokal /a/ besteht, ergibt sich durch Gestaltinterpretation.

Zur hierarchischen Abhängigkeit der Interpretation. Harmonische komplexe Töne mit Formanten weisen einerseits in weitgehender Unabhängigkeit von der Oszillationsfrequenz die Klanggestaltmerkmale auf, welche ihre Vokalkategorie kennzeichnen. Andererseits können sie als musikalische Töne mit definierten Notenwerten wahrgenommen werden. Die musikalischen Notenwerte werden ihrerseits durch die beiden Komponenten *Tonkategorie* (Das ist der Notenwert innerhalb der Oktave, auch als *Chroma* bezeichnet) und *Oktavlage* gekennzeichnet.

Robinson & Patterson [792] haben die Erkennungsleistungen des Gehörs bezüglich dieser kategorialen Merkmale untersucht und miteinander verglichen. Dazu wurden HKT mit Oszillationsfrequenzen aus den Oktaven 1–4, den Tonkategorien C, D, E, F und den Formanten der Vokale /a/, /e/, /i/, /u/ den Versuchspersonen in gemischter Reihenfolge dargeboten. Nach jeder Darbietung hatte die Versuchsperson die gehörte Vokalkategorie, die musikalische Tonkategorie und die Oktavlage zu benennen, wobei sie hinsichtlich jedes der drei Merkmale die Auswahl unter vier Möglichkeiten hatte.

Abbildung 12.3 zeigt als Beispiel eines der Meßergebnisse. Dargestellt ist die relative Anzahl richtig identifizierter Merkmale in Abhängigkeit von der Anzahl dargebotener Schwingungsperioden. Die Resultate zeigen, daß die Identifikation der Vokalkategorie sicherer ist als diejenige der Oktavlage, und letztere wiederum sicherer als diejenige der Tonkategorie. Außerdem deutet sich an, daß zum Erreichen des jeweiligen Maximalwerts der Erkennungsrate bei den Vokalen die kleinste, bei den Tönen die größte Anzahl von Schwingungsperioden benötigt wird. Robinson und Patterson haben daraus geschlossen, daß für die Erkennung der Tonhöhe die längste, für diejenige der Oktavlage eine kürzere, und für diejenige der Vokalkategorie die kürzeste Zeit benötigt wird. Nimmt man an, daß die Tonhöhe eine einfachere Hörempfindung sei als die wahrgenommene Oktavlage, und diese wiederum einfacher als die Vokalqualität – wofür einiges spricht – dann würde das Ergebnis besagen, daß das Gehör für die Identifikation umso *weniger* Zeit benötigt, je komplexer das erkannte Objekt ist, beziehungsweise je höher die Ebene der auditiven Hierarchie ist, auf welcher es repräsentiert wird.

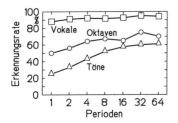

Abb. 12.3. Erkennungsraten für Vokale, Oktavlage und musikalische Tonhöhe von vokalähnlichen HKT kurzer Dauer. Abszisse: Dauer in Oszillationsperioden. Nach Robinson & Patterson [792]

Robinson & Patterson [792] haben auf den darin liegenden Widerspruch zur hierarchischen Abhängigkeit der zugehörigen Interpretationsschritte hingewiesen. Er besteht darin, daß – zumindest auf den ersten Blick – im Falle einer hierarchischen Abhängigkeit die zur Wahrnehmung eines Schallobjekts benötigte Zeit umso länger sein sollte, je komplexer das Objekt ist.[4]

Die Auflösung des Widerspruchs ergibt sich daraus, daß beim Vorgang des bewußten Wahrnehmens mehr im Spiel ist als die hierarchische Kette autonomer Verarbeitungsvorgänge, vgl. Abb. 1.14. Die zur bewußten Wahrnehmung erforderliche Gesamtzeit ist nicht allein der Summe der Verarbeitungszeiten auf den beteiligten Stufen der Hierarchie gleichzusetzen. Vielmehr ist noch

---

[4] Dieselbe Argumentation wurde schon in der historischen Auseinandersetzung um die Grundlagen der Gestaltwahrnehmung von Vertretern der Gestalttheorie vorgebracht [604].

eine weitere Zeitspanne in Rechnung zu stellen, nämlich diejenige, welche mit der Aufmerksamkeit des Beobachters zu tun hat, beziehungsweise damit, auf welche Stufe der Hierarchie dieselbe gerichtet ist, Abb. 1.14.

Die voreingestellte Ebene, das heißt, diejenige auf welche sich die Aufmerksamkeit des Beobachters spontan und bevorzugt richtet, ist aus Gründen der Effizienz nicht die unterste der Hierarchie, sondern eine höhere, nämlich diejenige, auf welcher die wichtigen Wahrnehmungsobjekte des täglichen Lebens normalerweise repräsentiert sind. Um Objekte einer tieferen Ebene (also einfachere Objekte) wahrzunehmen, muß die Einstellung geändert werden und dies braucht Zeit. Dieser zusätzliche Anteil der Gesamterkennungszeit ist als relativ groß anzusetzen, weil er Vorgänge betrifft, welche dem gesamten sensorischen System übergeordnet sind. Auf diese Weise kann man das Prinzip der hierarchischen Interpretation mit dem geschilderten Meßergebnis sowie mit der allgemeinen Erfahrungstatsache in Einklang bringen, daß Gestalten subjektiv leichter und objektiv rascher wahrgenommen werden als deren Einzelheiten – daß man "eher den Wald als die Bäume" zu sehen pflegt [663].

Klangfarbe und Phasenspektrum. Spätestens seit Helmholtz [432] ist evident, daß die Klangfarbe höchstens in sehr geringem Maße von den Phasen der Teiltöne der Klänge abhängt. Daher hat der genaue Umfang des Phaseneinflusses keine große Bedeutung. Gleichwohl ist es sinnvoll, ihn zur Kenntnis zu nehmen.

Die Frage nach dem Phaseneinfluß ist nur in Bezug auf Schallsignale sinnvoll, welche aus Teiltönen mit ganzzahligen Frequenzverhältnissen zusammengesetzt sind, also in Bezug auf harmonische komplexe Töne. Am leichtesten ist der Phaseneinfluß hörbar, wenn der HKT aus nur wenigen Teiltönen besteht [687]. Je größer die Anzahl von Harmonischen ist, umso geringer ist die Klangfarbenänderung, welche man durch Änderung der Teiltonphasen herbeiführen kann. Tatsächlich ist dieser Einfluß so gering, daß längere Zeit umstritten war, ob er überhaupt existiert [514, 515, 537, 561, 327, 1015, 222].

Besteht ein HKT nur aus der ersten und zweiten Harmonischen, so läßt sich eine deutliche Phasenabhängigkeit der Klangfarbe nachweisen, vgl. Craig & Jeffress [203], Raiford & Schubert [758], Hall & Schroeder [402], Ozawa et al. [687].[5] Diese Abhängigkeit kann man damit in Verbindung bringen, daß das Ausmaß der Teilmaskierung der einen Harmonischen durch die andere von der Phase abhängt [177, 178, 353, 977]. In Abb. 12.4 ist ein Meßergebnis dargestellt, welches die Phasenabhängigkeit der *Verdeckung* eines 400 Hz-Sinustones durch einen 200 Hz-Sinuston zeigt [977].

Die Mithörschwelle des höheren Tones ändert sich in diesem Fall unter sonst konstanten Bedingungen um mehr als 12 dB, wenn die Phase des

---

[5] Auch beim Zusammenklang der ersten und dritten Harmonischen wurde der Phaseneinfluß beobachtet [508].

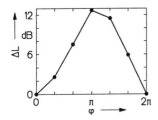

Abb. 12.4. Abhängigkeit der Mithörschwelle eines 400 Hz-Sinustones, bei Verdeckung durch einen 200 Hz-Sinuston, von der Cos-Phase des höheren Tones. ΔL ist die MHS-Differenz bezüglich $\varphi = 0$. Pegel des 200 Hz-Tones 70 dB. Mittelwerte von 8 Vpn. Nach [977]

höheren Tones um 180° verschoben wird.[6] Daraus kann man schließen, daß bei überschwelligen Pegeln des höheren Tones dessen Beitrag zur Klangfarbe in entsprechendem Maße phasenabhängig ist.

An diesem Ergebnis ist weiterhin bemerkenswert, daß in diesem Falle die Phasenänderung des höheren Tones um genau 180° dem *Umpolen* des gesamten HKT-Signals äquivalent ist. Dies besagt, daß bei einer festen Phasendifferenz die Mithörschwelle des höheren Tones – und daher auch die Klangfarbe des Zweiklanges – davon abhängt, mit welcher Polarität der gesamte Zweiklang ans Ohr gelangt. Mit anderen Worten: Eine Schall*druck*halbwelle (entsprechend der Einwärtsbewegung des Trommelfells) erzeugt eine andere Wirkung als eine ansonsten gleichartige *Sog*halbwelle; vgl. Hansen & Madsen [407, 408].

Fleischer [318, 319] untersuchte die eben wahrnehmbaren Phasenänderungen an Dreiklängen aus Sinustönen. Bei relativ kleinen Frequenzabständen der Teiltöne ergab sich eine eben wahrnehmbare Phasenänderung von ungefähr 10–30°. Bei größeren Frequenzabständen wächst die eben wahrnehmbare Phasenänderung im allgemeinen stark an.

Mit HKT aus 10 Harmonischen haben Plomp & Steeneken [731] umfangreiche Untersuchungen der Phasenabhängigkeit der Klangfarbe durchgeführt. Sie machten folgende Beobachtungen.

- Mit HKT, deren Teiltonamplituden mit -6 dB/oct nach hohen Frequenzen abnehmen, ergibt sich der größte Klangfarbenunterschied zwischen einem aus Harmonischen in Sinus- oder Kosinusphase zusammengesetzten HKT und demselben HKT, dessen Harmonische der Ordnungszahl nach abwechselnd Sinus- und Kosinusphase haben.
- Das Ausmaß der phasenbedingten Klangfarbenänderung ist bei verschiedenen Personen deutlich verschieden.
- Im Mittel ist die maximal erreichbare phasenbedingte Klangfarbenänderung äquivalent einer Änderung der Steilheit des Amplitudenabfalls über der Frequenz um 1 bis 2 dB/oct, je nach Oszillationsfrequenz, vgl. Abb. 12.5.

Weil die Phase jedenfalls im Falle von Klängen aus vielen Teiltönen nur eine sehr geringe Rolle spielt, kann man Sprach- und Musikklänge mit

---

[6] Dieses Ergebnis ist im Einklang mit der Beobachtung von Chapin & Firestone [165], daß sich die Lautheit harmonischer Zweiklänge als Funktion der Phase um einen Betrag ändern kann, welcher einem Pegelunterschied von 10 dB entspricht.

382   12. Klangzeitgestalt, Sprache und Musik

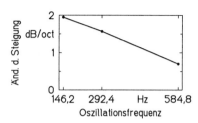

Abb. 12.5. Zum Einfluß der Teiltonphasen auf die Klangfarbe. Ordinate: Änderung der Steigung des nach hohen Frequenzen abfallenden Fourierspektrums, welche dem Betrage nach der maximal erzielbaren Klangfarbenänderung durch Phaseneinstellung der Teiltöne äquivalent ist. Abszisse: Oszillationsfrequenz der harmonischen komplexen Töne. Nach [731]

gewünschten Klangfarben erzeugen, indem man ohne Rücksicht auf die Phasen die entsprechenden *Amplituden*spektren realisiert. Dazu können Verfahren geeignet sein, welche mit der normalen physikalischen Entstehung der Klänge keine Ähnlichkeit haben. Ein naheliegendes Beispiel dafür ist die Teiltonsynthese mit beliebig gewählten Teiltonphasen. Ein weiteres Beispiel stellt die sogenannte FM- (Frequenzmodulations-) Synthese dar [106, 174]. Die weitgehende Phasenunabhängigkeit der Klangfarbe bildet auch den Grund dafür, daß man aus Teiltonzeitmustern, die durch Analyse gewonnen wurden, Audiosignale generieren kann, welche sich vom Ursprungssignal kaum hörbar unterscheiden, vgl. Abschnitt 3.6.3.

Ein eindrucksvolles Beispiel dafür, daß diejenigen auditiven Merkmale, welche für die Informationsaufnahme wesentlich sind, vom Phasenspektrum nicht abhängen, ist die Wahrnehmung zeitlich invertiert wiedergegebener Sprache. Personen, die geschickt darin sind, zeitvariable Klangabläufe mit der Stimme zu imitieren, können rückwärts wiedergegebene Sprache ohne Mühe nach Gehör so imitieren, daß dieselbe – abermals zeitlich invertiert – gut verständlich ist [498, 615].

Wenn andererseits das Teilton-Amplitudenspektrum so gleichförmig ist, daß die von Amplituden-Frequenz-Gradienten verursachte Klangfärbung sehr gering bleibt, kann selbst der geringe Einfluß der Teiltonphasen merklich zur Wirkung kommen. Schroeder und Strube [841] haben darauf hingewiesen, daß man mit harmonischen komplexen Tönen, deren Teiltonamplituden alle gleich groß sind, Vokalempfindungen erzeugen kann, wenn man die Teiltonphasen geeignet wählt (*Flat-Spectrum Speech*).

Profilanalyse. Als Profilanalyse wird im Zusammenhang mit der Wahrnehmung stationärer Klänge eine spezielle Methode der Unterschiedsschwellen-Messung bezeichnet (*Profile Analysis* [894, 380]). Ihr liegt die Frage zugrunde, welche Änderung der Form des Teiltonspektrums eines Klanges (des Spektralprofils) gerade wahrnehmbar ist.

Ein typischer Bezugsklang besteht aus einer festen Anzahl von Teiltönen mit festen Frequenzen und Schallpegeln, die in definierter Weise entlang der Frequenzachse verteilt sind, beispielsweise in Abständen, die gleichen Frequenzverhältnissen entsprechen. Der Bezugsklang wird im Hörversuch mit einem Testklang verglichen, welcher sich vom ersteren nur im Schallpegel eines einzigen Teiltones unterscheidet, und es wird derjenige Pegelunterschied jenes Teiltones ermittelt, bei welchem die Spektralprofile beider Klänge eben unterschieden werden können. Um sicherzustellen, daß wirklich allein der Unterschied des Profils beurteilt wird und nicht derjenige des Testton-Pegels für sich genommen, werden die beiden Klänge mit verschiedenen Gesamtpegeln dargeboten, und der Pegelunterschied wird in den einzelnen Darbietungen zufallsartig variiert.

Beispielsweise untersuchten Green et al. den Einfluß der Teilton-Anzahl [379, 381] sowie der Bandbreite und Dauer [382]. Bacon & Smith [43] führten die Messungen mit amplitudenmodulierten Teiltönen durch, und Ellermeier [264] ermittelte die eben wahrnehmbaren Pegelabsenkungen des Testtones.

12.1.2 Erkennung

Vokale. Änderungen des Amplitudenspektrums harmonischer komplexer Töne beeinflussen die Vokalqualität (Vokalidentität) und die Klangfarbe in gleicher Weise [876]. Harmonische komplexe Töne mit derselben spektralen Hüllkurve, jedoch verschiedenen Grundfrequenzen, unterscheiden sich merklich sowohl in der Vokalqualität als auch in der Klangfarbe. Stehen die Grundfrequenzen zweier vokalähnlicher HKT im Verhältnis 1:2, so kann der Klangfarbenunterschied minimiert werden, indem man die Formantfrequenzen des höheren HKT um den Faktor 1,1 erhöht [876]. Dieses Ergebnis kann möglicherweise als Hinweis darauf angesehen werden, daß die Klangfarbenwahrnehmung durch die Wahrnehmung von Sprache beeinflußt ist, denn um denselben Faktor unterscheiden sich im Mittel die Formantfrequenzen der von Männern und Frauen gesprochenen Vokale.

Beim Gesang in höherer Tonlage übertrifft die Oszillationsfrequenz der Stimmbänder häufig die Frequenz des tiefsten Formanten und nähert sich gar dem mittleren Abstand der Formantfrequenzen (1000 Hz) an. Unter diesen Bedingungen kann keine Rede davon sein, daß die Formantstruktur eines stationären Vokals hinreichend durch Teiltöne repräsentiert wird. Daher ist zu erwarten, daß die stationären Vokale hoher Singstimmen praktisch unverständlich sind. Die Erfahrung bestätigt diese Erwartung nur zum Teil. Offenbar gelingt es dem Gehör, selbst bei Abwesenheit einer akustischen Repräsentation der beiden ersten Formanten dem Schallsignal noch Restinformation über den Vokal zu entnehmen.

In einer Untersuchung von Meyer-Eppler & Leicher [617] wurden die Vokale /a/, /e/, /i/, /o/ und /u/ von geübten und ungeübten Sopranstimmen (Frauen und Kindern) bis zu möglichst hohen Stimmtonfrequenzen gesungen, auf Tonband aufgenommen und sodann Versuchspersonen in willkürlicher Reihenfolge dargeboten. Die als Versuchspersonen dienenden, phonetisch geschulten Hörer hatten die Aufgabe, jeden dargebotenen Vokal entweder zu identifizieren (wobei nur die Identifikationen als /a/, /e/, /i/, /o/ oder /u/ zugelassen waren), oder als nicht identifizierbar zu erklären. Im Mittel wurden bei der Stimmbandfrequenz von 523 Hz (C_5) noch 80% der Vokale richtig identifiziert; bei 698 Hz (F_5) waren es 60%, und bei 880 Hz (A_5) 35%. Diese

Zahlen spiegeln zwar den erwarteten Einfluß der Oszillationsfrequenz deutlich wider; sie entsprechen jedoch hinsichtlich des Ausmaßes jenes Einflusses nicht ganz der Erwartung. Möglicherweise finden beim Singen Anpassungsvorgänge der Formantfrequenzen an die Oszillationsfrequenz statt [100].

Ein interessanter Teilbereich des Problems der Erkennung und Trennung gleichzeitiger Sprachsignale ist der Fall zweier überlagerter stationärer Vokale. Scheffers [811] und Zwicker [1131] haben dieses Problem ungefähr zur gleichen Zeit aufgegriffen und erhielten in Hörversuchen mit stationären überlagerten Vokalpaaren weitgehend übereinstimmende Resultate. Die Erkennungsraten für überlagerte Vokalpaare mit ein und derselben Oszillationsfrequenz liegen bei etwas über 60%; mit verschiedenen Oszillationsfrequenzen bei knapp 80%. Sowohl Scheffers als auch Zwicker haben den Schluß gezogen, daß diese relativ hohen Erkennungsleistungen als Indiz dafür zu werten seien, daß bei der Erkennung der Vokale nicht allein die Umhüllenden der Leistungsspektren, sondern die Spektraltonhöhen-Muster ausgewertet werden. Weitere Hinweise dieser Art gehen aus den Untersuchungsergebnissen von Summerfield & Assmann [932] sowie Cheveigné et al. [168] vor. Zusätzliche zeitliche Merkmale wie zum Beispiel Frequenzmodulation [212], Dauer [597] und interaurale Verzögerung [855] unterstützen die auditive Trennbarkeit überlagerter Vokale.[7]

Musikinstrumententöne. Als Aufgabe des Gehörs entspricht die Zuordnung stationärer Tonsegmente zu den Musikinstrumenten, auf denen die Töne erzeugt wurden, weitgehend der Erkennung stationärer Vokale. In einer Untersuchung von Clark et al. [179] wurden Versuchspersonen Bandaufnahmen von Tönen beziehungsweise Tonsegmenten verschiedener Musikinstrumente dargeboten und es galt, die zugehörigen Musikinstrumente zu identifizieren. Abb. 12.6 gibt einen Teil der Ergebnisse wieder.

Danach wurden die Musikinstrumente im Mittel ebenso sicher erkannt, wenn nur die ersten 150 ms der Töne dargeboten wurden, wie bei Darbietung der vollständigen Töne (Diagramme a, b). Bei Beschränkung auf den stationären Teil der Töne (beginnend 150 ms nach dem Toneinsatz) ist die mittlere Erkennungsrate merklich geringer. Die Einbuße an Erkennungssicherheit im letzteren Fall betrifft hauptsächlich bestimmte Instrumente (Cello, Kontrabaß, Posaune), während die übrigen mit unveränderter Sicherheit erkannt werden.

Strong und Clark [922] untersuchten die Erkennbarkeit von natürlichen und teiltonsynthetisierten Musikinstrumententönen mit einer Anzahl vorgegebener spektraler und zeitlicher Hüllkurven. Die natürlichen Töne wurden mit einer Sicherheit von 85% den betreffenden Musikinstrumenten zugeordnet, die synthetischen mit 66%.

---

[7] In diesem Zusammenhang sei auf die Arbeit von Parsons [695] hingewiesen, in welcher ein Verfahren zur Trennung von Sprachsignal und Störgeräusch auf der Grundlage der Teiltonanalyse beschrieben wird.

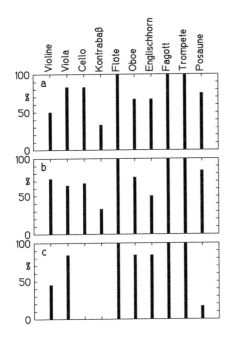

Abb. 12.6. Erkennung von Tönen beziehungsweise Tonsegmenten der angegebenen Musikinstrumente. a) vollständige Töne; b) Segment 0–150 ms; c) Segment 150–600 ms. Nach Clark et al. [179]. Die durchschnittlichen Erkennungsraten betragen a) 75,8% b) 74,6% c) 61,4%. Die verschwindend geringen Erkennungsraten für Cello und Kontrabaß im Fall c) beruhen darauf, daß die Cellotöne zu 100% für Violatöne gehalten und die Kontrabaßtöne mit Cello (50%), Englischhorn (33%) und Viola (17%) verwechselt wurden

Absolute Tonhöhe. Die Tonhöhe ist ein Merkmal von Klanggestalten, welches unabhängig von anderen Merkmalen erkannt und im Gedächtnis gespeichert werden kann. Es gibt Menschen, welche die Tonhöhen ebenso wie viele andere Hörkategorien (beispielsweise die Identität der Vokale) *absolut*, das heißt, nach beliebig langer Zeit, wiedererkennen und benennen können. Sie besitzen das sogenannte absolute Gehör. Andere können sich die Tonhöhe eines eben gehörten komplexen Tones nur für relativ kurze Zeit, das heißt, einige Sekunden oder allenfalls wenige Minuten lang mit beträchtlicher Genauigkeit merken [35, 513, 998, 762].

Es kann kein Zweifel daran bestehen, daß die Tonhöhen in ihren verschiedenen Erscheinungsformen (Spektraltonhöhen, virtuelle Tonhöhen verschiedenen Abstraktionsgrades) die wichtigsten Informationsträger der akustischen Kommunikation sind. Daher mag es auf den ersten Blick überraschen, daß das Gehör der meisten Menschen nicht in der Lage ist, *absolute* Tonhöhen zu identifizieren. Aus physikalisch-technischer Sicht ist die Messung der Absolutfrequenzen der Teiltöne eines Schalles – also der Vorgang, welcher der Absoluterkennung der Tonhöhen entspricht – kein besonders schwieriges Problem, so daß man sich auch aus diesem Grund darüber wundern kann, weshalb das hoch entwickelte Gehör des Menschen diese Leistung überwiegend *nicht* zu erbringen scheint.

Es spricht manches dafür, daß man der Lösung des Problems näherkommen kann, wenn man unzutreffende beziehungsweise unangemessene Auffassungen über das absolute Gehör überdenkt und korrigiert. Es ist wahrscheinlich unangemessen, diese Leistung als Kennzeichen eines besonders feinen beziehungsweise leistungsfähigen Gehörs – als eine besonders hochwertige Fähigkeit – aufzufassen. Diese Auffassung wird zwar dadurch nahegelegt, daß es in aller Regel Menschen mit besonders feinem, musikalischem und trainiertem Gehör sind, welche das absolute Gehör besitzen. Andererseits wurde die Fähigkeit zur absoluten Frequenzerkennung von Tönen beispielsweise bei Vögeln nachgewiesen [466, 465, 467, 1057, 937], sowie bei einer Froschart [260]. Dadurch wird die Annahme nahegelegt, daß es sich dabei eher um eine elementare Funktion des Gehörs handelt.

Vor diesem Hintergrund erscheint die Schlußfolgerung berechtigt, daß das absolute Gehör beim Menschen normalerweise durchaus angelegt ist, daß es sich aber bei der Mehrzahl der Menschen nicht zur Anwendungsreife entwickelt, weil es in der vorwiegend üblichen akustischen Kommunikation nicht benötigt und durch andere, wichtigere Funktionen überdeckt wird.

Die Bildung der virtuellen Tonhöhe aus den Spektraltonhöhen der Klänge, wie sie im vorliegenden Kapitel erörtert wurde, setzt auf gewissen peripheren Ebenen des auditiven Systems in der Tat das Vorhandensein sowohl einer Art relativen als auch eines absoluten Gehörs voraus. Die im Abschnitt 11.4 beschriebenen Schablonen zur Bildung der subharmonischen Tonhöhen sind nichts anderes als eine Art von relativem Gehör (im Sinne von Intervallgehör), welches auf der zugehörigen Ebene der Hierarchie existieren muß. Da andererseits für jede Teilton- beziehungsweise Grundfrequenz eine andere Schablone benötigt wird (denn die Weite der harmonischen Teiltonintervalle hängt von der Absolutfrequenz ab) wird zugleich auf derselben Ebene eine Art absoluten Gehörs benötigt, welches darüber entscheidet, welche Schablone anzuwenden ist. Zumindest in diesem Sinne müssen also sowohl das absolute als auch das relative Gehör im menschlichen Hörsystem vorhanden sein. Das Fehlen der Fähigkeit, musikalische Töne absolut zu erkennen und zu benennen, ist dann darauf zurückzuführen, daß auf die ebengenannten Leistungen des Gehörs normalerweise nicht *bewußt* zugegriffen zu werden braucht, weil sie autonom, das heißt reflexartig und selbständig, ausgeführt werden.

Die Fähigkeit zur absoluten Erkennung musikalischer Töne kann noch im Erwachsenenalter durch Training verbessert werden, sofern sie nicht schon im vollen Maße vorhanden ist [210]. Sie kann sogar von Erwachsenen durch gezielte Übung erworben und zu beachtlicher Leistungsfähigkeit gebracht werden [659, 573, 401, 211, 112]. Das derart antrainierte absolute Gehör geht jedoch rasch wieder verloren, wenn es nicht weiter trainiert beziehungsweise angewandt wird [112]. Hurni-Schlegel & Lang [468] berichten über erfolgreiche Trainingsversuche mit Kindern. Personen, welche das absolute Gehör von klein auf besaßen, können dasselbe im späteren Lebensalter verlieren [1078]. Über diese Erfahrung an sich selbst berichtet beispielsweise der Pianist Gerald Moore [649].

Die Erfahrungen, welche insbesondere mit der musikalischen Erziehung im frühen Kindesalter gemacht wurden, deuten darauf hin, daß die Ausbildung des absoluten Gehörs – im Sinne der bewußten Zugriffsmöglichkeit auf die betreffenden Gedächtnisinhalte – durch Früherziehung in erheblichem Maße gefördert werden kann [477]. Nach Untersuchungen von Miyazaki [630] haben in Japan, wo musikalische Früherziehung sehr verbreitet ist (beispielsweise Klavierunterricht ab dem dritten oder vierten Lebensjahr [632]), mehr als die Hälfte der Musikstudenten an Konservatorien das absolute Gehör, während der entsprechende Anteil in Europa und USA nur etwa 8% beträgt [1059, 985, 981].

Das absolute Gehör im Sinne der Fähigkeit, Töne spontan, ohne subjektive Anstrengung und sehr rasch zu identifizieren oder die Tonvorstellung irgend eines benannten Tones zu entwickeln [36, 1045], scheint beim Einzelnen entweder voll ausgebildet oder überhaupt nicht vorhanden zu sein. Wer das absolute Gehör besitzt, ist sich in aller Regel dessen bewußt und kann meist auch andere von seiner Fähigkeit überzeugen. Umgekehrt ist sich erfahrungsgemäß fast jeder Musikinteressierte darüber klar, falls er das absolute Gehör nicht besitzt. Absoluthören bedeutet, die gehörte Tonhöhe mit der musikalischen Tonkategorie (der Benennung als Note) in Zusammenhang zu bringen [36, 869], sie mit dem Namen einer Note zu *benennen*. Die absolute Tonidentifikation ist in diesem Sinne völlig äquivalent der Erkennung anderer akustischer Objekte, beispielsweise der Vokale.

Wie andere Fähigkeiten und Fertigkeiten auch, hängt die Fähigkeit zur Absoluterkennung von Tönen wahrscheinlich davon ab, daß man sie regelmäßig benutzt. Ebenso, wie ein Mensch durch erste Schwimmversuche seiner diesbezüglichen Fähigkeit schrittweise gewahr und damit zum Schwimmer werden kann, mag die Entwicklung eines Menschen zum Absoluthörer davon abhängen, daß er im frühen Lebensalter irgendwie auf seine zunächst nur latent vorhandene Fähigkeit aufmerksam wird und dieselbe daraufhin anwendet. Weil zum absoluten Gehör die verbale Benennung der Tonkategorien gehört, ist in der Tat anzunehmen, daß frühkindliche Musikerziehung dabei eine ausschlaggebende Rolle spielt.

Bietet man Versuchspersonen in geeigneten Versuchsabläufen Einzeltöne zur Erkennung an, dann erweist sich nach Auswertung der Erkennungsleistungen, daß es berechtigt ist, kategorisch zwischen Absoluthörern und Nichtabsoluthörern zu unterscheiden, denn die Erkennungsleistungen der beiden Gruppen unterscheiden sich drastisch. Nicht-Absoluthörer können das Tonhöhenkontinuum lediglich grob in Klassen wie beispielsweise *sehr tief, tief, mittelhoch, hoch, sehr hoch* einteilen und dargebotene Töne entsprechend einordnen [737, 738, 413, 930]. Demgegenüber können Absoluthörer die Töne der gesamten musikalischen Skala, das heißt, rund 90 Tonhöhen, spontan und fast sicher identifizieren – wobei allerdings eine signifikante Anzahl von Irrtümern hinsichtlich der Oktavlage zu beobachten ist [1055, 33, 782, 36, 632].

Als Beispiel für eine Untersuchung mit Absoluthörern, deren Ergebnisse erst durch die Kenntnis einer Anzahl psychoakustischer Grundeffekte der Tonhöhe verständlich werden, sei diejenige von Balzano [46] genannt. Den Experimenten wurde die Frage zugrunde gelegt, ob Absoluthörer Klaviertöne sicherer erkennen können als Sinustöne.[8] Dazu wurden den Versuchspersonen Töne eines gut gestimmten Klaviers und Sinustöne in der nominalen temperierten Stimmung entsprechend Gleichung (8.1) zur Erkennung dargeboten. Das Ergebnis war, daß die Anzahl der Erkennungsfehler bei Sinustönen deutlich größer war als bei Klaviertönen. Die Fehler waren weitgehend auf den Tonbereich unterhalb C_4 beschränkt und sie waren in der Weise systematisch, daß die Sinustöne überwiegend mit ihren höheren Nachbartönen verwechselt wurden. Das heißt, daß beispielsweise der Sinuston mit der Frequenz 110 Hz häufig als $B_2^\flat$ erkannt wurde, anstelle von A_2. Dies besagt nichts anderes, als daß die Versuchspersonen die Töne entsprechend ihrer wahrgenommenen Tonhöhe *korrekt* erkannt haben, denn die tiefen Sinustöne mit den nominellen Frequenzen der ungespreizten temperierten Stimmung haben aus zwei Gründen höhere Tonhöhen als die entsprechenden Klaviertöne. Erstens ist die Klavierstimmung bereits im physikalischen Sinne gespreizt (tiefe Töne sind "zu tief", hohe "zu hoch", vgl. Abschnitt 8.4). Zweitens tendiert die virtuelle Tonhöhe harmonischer komplexer Töne dazu, geringfügig tiefer zu liegen als der Oszillationsfrequenz entspricht, Abb. 11.26. Beide Effekte zusammen erklären die von Balzano beobachteten Halbtonverwechslungen. Wären in diesem Experiment die Sinustöne gespreizt intoniert, das heißt, in tonhöhenmäßiger Übereinstimmung mit den entsprechenden Klaviertönen gewesen, wären die Sinustöne ebenso sicher erkannt worden wie die Klaviertöne. Die von Balzano mit Sinustönen beobachteten Erkennungsfehler wurden also nicht durch deren spezielle Klangfarbe verursacht, sondern dadurch, daß die Sinustöne sozusagen falsch gestimmt waren. Möglicherweise sind die von Lockhead & Byrd [563] bei Sinustönen beobachteten Erkennungsfehler ebenso zu erklären.

Tonalität. Man kann das absolute Gehör auch auf einem weniger direkten Wege untersuchen, nämlich derart, daß man den Versuchspersonen die Identifikation der *Tonart*, in welcher kurze Musikbeispiele dargeboten werden, zur Aufgabe macht. Dies ist gleichbedeutend mit der Absoluterkennung der *Tonalität*. Die Darbietung kurzer musikalischer Tonfolgen hat den Vorteil, daß die experimentelle Situation aus der Sicht der Versuchsperson dem gewöhnlichen Musikhören ähnlicher ist als das Prüfen der Tonhöhenerkennung von Einzeltönen. Zum anderen kommt auf diese Weise von selbst ein weiterer interessanter Aspekt des Musikhörens ins Spiel, nämlich der sogenannte Tonartencharakter [1059]. Es liegt auf der Hand, daß die individuellen Charakteristika, welche gewissen musikalischen Tonarten nachgesagt werden (zum Beispiel C-Dur klar; A-Dur strahlend; Ges-Dur traurig), in engem Zusammenhang mit der auditiven Identifikation der Tonarten stehen müssen. Bezüglich dieses Zusammenhanges kann zunächst unentschieden bleiben, ob zuerst die Tonart erkannt und dieselbe dann mit der ihr zugeschriebenen

---

[8] Diese Frage war unter anderem zuvor von Lockhead & Byrd [563] aufgeworfen worden. Zur Frage des Einflusses der Klangfarbe und der Tonlage vgl. ferner [631].

Eigenart assoziiert wird, oder ob umgekehrt jene Eigenart die primär empfundene Qualität darstellt, aus welcher sodann auf die Tonart geschlossen werden kann.

Daß Absoluthörer die Tonarten spontan und sicher erkennen können, ist von vorn herein zu erwarten und wird durch die Erfahrung bestätigt. Systematische Untersuchungen zur Tonarten- beziehungsweise Tonalitätserkennung mit *Nicht*absoluthörern wurden von Corso [200], Terhardt & Ward [985] und Terhardt & Seewann [981] durchgeführt. Corso bot Musikstudenten Klavierton-Sequenzen dar, und zwar eine aufsteigende diatonische Folge, eine Zufallsfolge, und eine Akkordfolge. Mit allen drei Testschalltypen, am ausgeprägtesten jedoch mit der aufsteigend diatonischen Folge, zeigte sich ein erhebliches Ausmaß an Erkennungssicherheit.

In Experimenten der Arbeitsgruppe des Autors wurden einer großen Zahl von Personen (bis zu 135), welche überwiegend kein absolutes Gehör besaßen, jedoch musikbegabt und mit der abendländischen Musik vertraut waren (überwiegend Musikstudenten), kurze Abschnitte der zwölf Dur-Präludien des *Wohltemperierten Klaviers, Bd.1* von J.S. Bach dargeboten (Dauer 4–5 s), und zwar in unterschiedlichen Transpositionen gegenüber der Originaltonart [985, 981]. Die Beispiele wurden auf einem Klavier gespielt (hochwertiger Flügel, Normalstimmung). Den Versuchspersonen wurden während des Versuchs die Originalnoten der Beispiele zur Verfügung gestellt, so daß sie jedes gehörte Beispiel mit der Klangvorstellung vergleichen konnten, welche sie mit dem in der Originaltonart gesetzten Notenbild assoziierten. Die Versuchspersonen hatten nach jeder Darbietung auf einem Fragebogen anzugeben, ob die Transposition ihrer Meinung nach positiv (nach höheren Tönen), negativ, oder nicht vorhanden gewesen war.

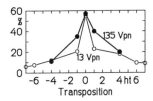

Abb. 12.7. Ergebnisse zur Tonartenidentifikation. Relative Anzahl der Aussagen "korrekte Tonart" nach Darbietung je eines kurzen Musikbeispiels. Abszisse: Transposition der Darbietung in Halbtönen. Bei den Darbietungen handelte es sich um die ersten 4–5 s der 12 Dur-Präludien aus J. S. Bachs *Wohltemp. Klavier I.* Nach [981]

Abbildung 12.7 zeigt die Häufigkeiten, mit welchen die Darbietungen als untransponiert bezeichnet wurden (Mittelwerte über alle 12 Präludien), und zwar für die Hauptgruppe von 135 Personen sowie eine weitere Gruppe von 13 Personen. In der großen Gruppe waren 11 Absoluthörer, in der kleinen 1 Absoluthörer enthalten. Aus der Lage der Meßpunkte über der Abszisse (der Transpositionsweite in Halbtönen) geht zugleich hervor, welche Transpositionen benutzt wurden. Das Beispiel zeigt, daß die beiden (überwiegend aus Nicht-Absoluthörern bestehenden) Gruppen in der Lage waren, bereits die Transposition um einen einzigen Halbton mit bemerkenswerter Häufigkeit zu erkennen und daß die Sicherheit mit der Transpositionsweite wächst. Die

390   12. Klangzeitgestalt, Sprache und Musik

Möglichkeit, daß harmonisch verwandte Tonarten, insbesondere die Grundtonart und die Dominanttonart (Transposition um 7 Halbtöne), in signifikantem Ausmaß miteinander verwechselt werden können, ist auf Grund dieser Ergebnisse auszuschließen.

In Anbetracht des eben geschilderten Befundes wurde mit der Gruppe aus 135 Personen ein weiteres gleichartiges Experiment durchgeführt, in welchem die vorkommende Transpositionsweite auf einen einzigen Halbton aufwärts oder abwärts beschränkt war. In diesem Experiment hatten die Versuchspersonen also zu entscheiden, ob die jeweilige Darbietung in der Originaltonart, oder einen Halbton höher beziehungsweise tiefer lag.

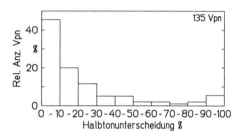

Abb. 12.8. Experimentelle Ergebnisse zur Tonartenidentifikation. Ordinate: Relative Anzahl der Vpn, welche die an der Abszisse angegebenen Erkennungsraten für die Unterscheidung der Transposition ±1 HT von der untransponierten Darbietung erzielten (vgl. Abb. 12.7). 135 Vpn, darunter 11 mit absolutem Gehör. Nach [981]

Abbildung 12.8 zeigt die Ergebnisse in der Form eines Histogramms [981]. Dargestellt ist die relative Anzahl von Versuchspersonen (Ordinate), welche mit der an der Abszisse angetragenen Häufigkeit die richtige Antwort gaben. Die Verteilung der Häufigkeit richtiger Antworten wurde entlang der Abszisse in 10% breite Intervalle unterteilt. Das Histogramm spiegelt eindrucksvoll die oben erwähnte kategoriale Verteilung der Fähigkeit zur Absoluterkennung (hier von Tonarten) auf die Versuchspersonen wider: Das Minimum beim Intervall 70–80% unterteilt die Versuchspersonen deutlich in zwei Gruppen: Links davon liegen die Nicht-Absoluthörer, rechts die Absoluthörer. Unter den derart definierten Nicht-Absoluthörern gibt es jedoch offensichtlich eine erhebliche Anzahl von Personen, welche die Halbton-Transposition mit einiger Sicherheit erkannten.

Unter der Annahme, daß die derart dokumentierten Tonarten-Erkennungsleistungen von Nicht-Absoluthörern weitgehend auf einem unbewußt verfügbaren (sozusagen latenten) absoluten Gehör beruhen, bestätigt das Histogramm die oben am Vergleich mit der Fähigkeit des Schwimmens erläuterte Vorstellung: Es scheint für eine musikalisch aktive Person "unmöglich" zu sein, die Fähigkeit zur absoluten Tonerkennung längere Zeit in demjenigen Maße beizubehalten, welches im eben beschriebenen Versuch einer Erkennungsrate von 70–80% entspricht. Eine Person, welche die diesem Wert entsprechende Sicherheit einmal erreicht hat, wird eben dadurch veranlaßt, ihre Fähigkeit in der weiteren Musikpraxis einzusetzen, sei es bewußt oder unbewußt. Dadurch wird sich die Erkennungssicherheit weiter erhöhen, so daß die betreffende Person zum Absoluthörer wird.

Einen weiteren Hinweis darauf, daß das absolute Gehör in einer latenten Form weit verbreitet ist, hat Levitin geliefert [548]. Er veranlasste 46 nichtabsoluthörende Versuchspersonen dazu, populäre, auf Tonträgern verbreitete Melodien anzusingen. Die Analyse ergab, daß dabei mit beträchtlicher Häufigkeit spontan diejenige Tonart gewählt wurde, in welcher die jeweilige Melodie überwiegend auf den Tonträgern verbreitet war.

Was den Zusammenhang zwischen absoluter Tonerkennung und Tonartenerkennung betrifft, so ist anzunehmen, daß dieser in der Tat sehr eng ist. Die öfter anzutreffende Vermutung, daß die Erkennung des Tonartencharakters – also auch der Tonarten selbst – jedenfalls im Falle der Nicht-Absoluthörer nicht notwendigerweise auf der Absoluterkennung musikalischer Töne beruhen müsse, sondern daß es physikalisch bedingte tonartabhängige Klangmerkmale der Musikinstrumente gebe, welche eine Transposition akustisch erkennbar machen würden, erscheint im Hinblick auf die physikalischen Grundlagen der Musikinstrumente und die große Streubreite der wirksamen physikalischen Parameter bei der Tonerzeugung von vorn herein unglaubwürdig. Daß man beispielsweise hören könne, ob auf dem Klavier überwiegend auf schwarzen oder weißen Tasten gespielt wird, weil dabei unterschiedliche Hebelwirkungen im Spiel sind, ist weder aus spieltechnischer Sicht noch aus physikalischen Gründen anzunehmen und es gibt dafür keinerlei empirische Anhaltspunkte.

Unabhängig von diesen Gründen wurden im Zusammenhang mit den oben beschriebenen Experimenten zur Tonarterkennung zwei Kontrollversuche durchgeführt, deren Ergebnisse die Mitwirkung anderer Einflüsse als der absoluten Tonhöhe in der Tat ausschließen [981]. Im ersten Kontrollversuch wurden die Testbeispiele auf einem elektronischen Tasteninstrument anstelle des Flügels erstellt, und zwar mit Tönen, welche von denen eines akustischen Klaviers sehr verschieden waren. Die Tonarterkennungsversuche hatten dieselben Ergebnisse wie oben geschildert. Im zweiten Kontrollversuch wurden einige Testbeispiele auf einem akustischen Flügel gespielt, und zwar in der Originaltonart sowie einen Halbton tiefer. Sodann wurden die abwärtstransponiert gespielten Testbeispiele auf technischem Wege, das heißt, durch Frequenzmultiplikation, wieder in die Originaltonart versetzt. Der Hörvergleich ergab keinerlei Merkmale der derart manipulierten Testklänge, welche auf eine andere als die Originaltonart hingedeutet hätten.

Sukzessiv-Tonintervalle. Die Erkennung (Absolutidentifikation) der musikalischen Tonintervalle durch das Gehör ist eine Leistung des sogenannten relativen Gehörs. Sie ist in erheblichem Maße von Begabung und Training abhängig. Ferner besteht ein erheblicher Unterschied zwischen Simultan- und Sukzessivintervallen. Simultanintervalle (also Zweiklänge) sind akustische Einzelobjekte mit auditiven Qualitäten, welche sich aus dem Zusammenklang der beiden Töne ergeben. Demgegenüber sind die entsprechenden

Sukzessivintervalle, bei denen die beiden Töne isoliert gehört werden, von deutlich anderer Qualität. Experimente mit Sukzessivintervallen wurden unter anderem von Siegel & Siegel [870], Fyk [358], Terhardt [989], Elliot et al. [265] und Burns & Campbell [142] beschrieben.

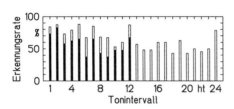

Abb. 12.9. Erkennung musikalischer Sukzessivintervalle. Offene Säulen: Gemischte Folge von Darbietungen der verschiedenen Intervalle bis zur Weite von zwei Oktaven; harmonische komplexe Töne; zufallsvariabler Bezugston; 23 Vpn. Gefüllte Säulen: Dasselbe mit Sinustönen und Intervallen bis zur Weite einer Oktav; 10 Vpn. Nach [989]

Mit einigermaßen geübten und musikalisch begabten Versuchspersonen ergeben entsprechende Hörversuche Erkennungsleistungen, wie sie in Abb. 12.9 dargestellt sind. Die nicht unbeträchtliche Zahl von Fehlern, welche dabei gemacht werden, zeigt, daß die Intervallerkennung – also eine Leistung des sogenannten relativen Gehörs – keine leichte Aufgabe ist [870, 147]. Es handelt sich dabei offenbar um eine Leistung, welche auf höheren Ebenen der auditiven Hierarchie erbracht wird. Dies geht beispielsweise daraus hervor, daß die Intervall-Erkennungsleistung nicht wesentlich davon abhängt, ob der Versuch mit Sinustönen oder mit harmonischen komplexen Tönen durchgeführt wird. Die Tonverwandtschaften spiegeln sich in der Erkennungsleistung der Intervalle sowohl für Sinustöne als auch für harmonische komplexe Töne darin wider, daß Oktav-, Quint-, Quart- und Terz-Intervalle sicherer erkannt werden als dissonante Intervalle.

12.1.3 Ähnlichkeit

Eine der allgemeinsten Eigenschaften, welche einzelne Schallobjekte im Vergleich miteinander aufweisen können, ist der Grad ihrer Ähnlichkeit beziehungsweise Unähnlichkeit.

Multidimensionale Skalierung. Ein allgemeiner und wirkungsvoller Ansatz zur Messung der Ähnlichkeit von Schallobjekten ist unter der Bezeichnung *multidimensionale Skalierung* bekannt. Die psychometrischen Ansätze dazu stammen von Shepard [866, 867], während die mathematische Spezifikation und Durchführungsmethode von Kruskal ausgearbeitet wurden [532, 533].

Mit Hilfe des Verfahrens können N Schallobjekte in einem mathematischen Raum so angeordnet werden, daß ihre wechselseitigen Distanzen den auditiven Unähnlichkeiten entsprechen. Dazu wird in einem geeigneten Hörversuch – beispielsweise durch Triadenvergleich – eine Rangfolge der

Unähnlichkeit ermittelt. Mit Hilfe des Kruskal'schen Verfahrens werden daraus sowohl die erforderliche Zahl von Raumdimensionen als auch die Anordnung der Objekte im Raum gewonnen. Vorteil des Verfahrens ist seine konzeptionelle Klarheit und Vollständigkeit. Nachteilig ist der hohe Rechenaufwand insofern, als er die Anwendbarkeit des Verfahrens von der Verfügbarkeit eines Digitalrechners abhängig macht.

Mit der Methode haben beispielsweise Plomp, Pols und andere die Unähnlichkeiten der Vokale gemessen [728, 743]. Dabei zeigte sich unter anderem, daß eine dreidimensionale Darstellung den Unähnlichkeitsurteilen der Versuchspersonen in hohem Maße gerecht wird.

Levelt et al. [547] haben auf entsprechende Weise die Unähnlichkeit musikalischer Simultanintervalle (Zweiklänge) untersucht, und zwar sowohl mit Sinustönen als auch mit HKT. Auch in diesem Falle ergab sich, daß drei Dimensionen ausreichend waren, die auditiven Beziehungen zwischen den Zweiklängen zu repräsentieren. Sowohl mit Sinustönen als auch mit HKT erwies sich die Weite des Intervalls als eine wesentliche Dimension. Darüber hinaus fanden Levelt et al. mit HKT, nicht aber mit Sinustönen, einen wesentlichen Einfluß der "Komplexität" des Frequenzverhältnisses der beteiligten Töne, das heißt, der Größe der ganzen Zahlen, durch welche das Verhältnis ausdrückbar war.[9]

Grey und Moorer [386, 385] haben mit Blick auf die Computer-Synthese musikalischer Töne nicht nur eine Signaldarstellung verwendet, welche dem vorliegenden Klanggestaltkonzept entspricht, sondern auch gezeigt, daß die Töne verschiedener Musikinstrumente mit Hilfe der Information, welche in der Klanggestalt enthalten ist, mit hoher Naturtreue synthetisiert werden können. Dabei wurde unter anderem die Methode der multidimensionalen Skalierung verwendet, um die Testklänge nach dem Kriterium der gehörmäßigen Unterscheidbarkeit im Raum anzuordnen. Dies war befriedigend mit zwei Dimensionen möglich.

Messung von Klangfarbenunterschieden. Mit Änderungen der Amplituden gewisser Teiltöne eines Klangspektrums gehen im allgemeinen wahrnehmbare Änderungen der Klangfarbe einher. Art und Richtung solcher Klangfarbenänderungen können meist nicht durch verbale Beschreibung erfaßt werden. Über das gesamte Ausmaß einer Klangfarbenänderung (deren Absolutbetrag) kann die Versuchsperson dagegen eine Aussage machen. Dazu wird beispielsweise ein Paar aufeinanderfolgender Klänge dargeboten, und die Versuchsperson gibt einen Zahlenwert an, welcher die Größe des Klangfarbenunterschiedes kennzeichnet (Größenschätzung). Oder es werden *drei* aufeinanderfolgende Klänge dargeboten, wonach die Versuchsperson angibt, ob sich der erste oder der dritte Klang am meisten vom zweiten unterscheidet (Tripelvergleich).

---

[9] Weitere Ergebnisse zur Erkennung musikalischer Zweiklänge finden sich bei Plomp et al. [732], Zatorre & Halpern [1091] und Elliot et al. [265].

Über die die Größe der empfundenen Klangfarbenunterschiede von *tiefpaßbegrenzten HKT* mit fester Oszillationsfrequenz lassen sich folgende Aussagen machen.

- Fügt man dem Grundton nacheinander die höheren Harmonischen hinzu (Tiefpaßbegrenzung mit schrittweise erhöhter Grenzfrequenz), so wächst der Klangfarbenunterschied näherungsweise proportional zur Tonheitsbreite der Klänge an; er kann nahezu vollständig durch die Zunahme der Schärfe erklärt werden, welche mit dem Anwachsen der Tiefpaßgrenzfrequenz einhergeht [72].
- Wird ein HKT, welcher aus einer festen Anzahl von Harmonischen besteht, auf der Frequenzachse dadurch verschoben, daß die Ordnungszahl der dargebotenen Harmonischen entsprechend erhöht wird, so ändert sich die Klangfarbe zunehmend und in erheblichem Maße [73].
- Werden aus einem HKT, der aus einer festen Zahl von Harmonischen besteht, einzelne Teiltöne außer dem tiefsten und dem höchsten entfernt, so ändert sich die Klangfarbe zwar merklich, jedoch nicht drastisch. Diese Art von Klangfarbenänderung kann nicht durch entsprechende Unterschiede der Schärfe erklärt werden [73].

Äquivalenzgesetz für Unähnlichkeit. Wenn sich Schallobjekte nur in einem oder wenigen Parametern unterscheiden – beispielsweise in der Tonhöhe oder in der Lautheit – kann man die Unähnlichkeit von Paaren solcher Objekte durch diejenige Empfindungsgröße auszudrücken versuchen, in welcher sie sich überwiegend unterscheiden. Man kann beispielsweise im Hörvergleich ermitteln, welcher *Frequenzunterschied* zwischen zwei aufeinanderfolgenden kurzen Sinustönen gleichen Schallpegels dieselbe Unähnlichkeit der beiden Töne erzeugt wie ein bestimmter *Pegelunterschied* zweier Töne gleicher Frequenz.

Auf diese Weise stellt sich beispielsweise heraus, daß ein 1000 Hz-Sinuston und ein 1010 Hz-Ton gleichen Pegels einander im gleichen Maße unähnlich sind wie ein 1000 Hz-Ton mit 70 dB und derselbe Ton mit 80 dB Schallpegel [945, 926]. In diesem Falle sind der Frequenzunterschied von 10 Hz und der Pegelunterschied von 10 dB einander in Bezug auf die Unähnlichkeit *äquivalent*. Derartige Hörvergleiche unter Variation von Tonhöhe, Lautheit, Klangfarbe, Schwankungsstärke und Rauhigkeit haben ergeben, daß es weder der jeweils den Unterschied bestimmende physikalische Parameter noch die jeweils variierte Empfindungsgröße sind, welche das geeignete Maß der Unähnlichkeit abgeben, sondern die *Anzahl der aneinandergereihten Unterschiedsschwellen*, welche sich zwischen dem einen und dem anderen Wert des variierten Parameters unterbringen lassen [943, 926, 927, 320].

Diese von Terhardt [945] als *Äquivalenzgesetz* für die Unähnlichkeit von Schallobjekten bezeichnete allgemeine Regel erinnert an das Fechner'sche Postulat einer sensorischen Metrik, welche auf den eben wahrnehmbaren Unterschieden beruht. Jenes Postulat erhält auf diese Weise eine neue und experimentell nachvollziehbare Bedeutung.[10] Im übrigen erweist sich das Äquivalenzgesetz häufig als nützlich, wenn es darum geht, die Unähnlichkeit von Schallobjekten ohne Hörversuch abzuschätzen oder ihr Ausmaß zu verdeutlichen. Beispielsweise läßt sich mit Hilfe des Äquivalenzgesetzes das maximal mögliche Ausmaß des im Abschnitt 12.1.1 beschriebenen Phaseneinflusses auf die Klangfarbe auch durch die Aussage kennzeichnen, daß es nur sehr wenigen eben wahrnehmbaren Unterschieden einer *beliebigen* Hörempfindung entspricht.

Tonverwandtschaft. Als Töne pflegt man Klanggestalten zu bezeichnen, welche hauptsächlich *eine* ausgeprägte Tonhöhe hervorrufen. Meistens handelt es sich um harmonische komplexe Töne, welche sich in vielen Merkmalen der Klanggestalt voneinander unterscheiden können und trotzdem unter gewissen Voraussetzungen zueinander in enger Beziehung stehen, nämlich hinsichtlich der musikalischen Tonverwandtschaft. Die tonale Musik beruht in hohem Maße auf dieser Verwandtschaftsbeziehung, sei es in der Aufeinanderfolge der Töne, sei es bei deren Zusammenklang. Insbesondere bestehen offensichtlich die Beziehungen der Oktav-, Quint-, Quart- und Terzverwandtschaft.

Zumindest die *Oktav*verwandtschaft ist universell, das heißt nicht von der Art der Musik oder der Art der bevorzugten Musikinstrumente einer Kultur abhängig. Sie ist schon bei Kindern im Säuglingsalter nachweisbar [181, 228]. Auch können die meisten Personen die Oktavverwandtschaft nicht nur über eine einzige Oktav (1:2) sondern über mehrere (1:4, 1:8, etc.) reproduzierbar beurteilen [1038, 1006].[11]

Was die Frage der Sensitivität für Oktavverwandtschaft bei Tieren angeht, so wird dazu häufig eine Arbeit von Blackwell & Schlosberg [95] herangezogen. Darin sind Verhaltensexperimente (Hörversuche) mit weißen Ratten beschrieben, deren Ergebnisse für das Vorliegen von Sensitivität für Oktavverwandtschaft bei diesen Tieren zu sprechen scheinen. Jedoch sollte die Frage besser erst dann als entschieden angesehen werden, wenn weitere einschlägige Ergebnisse vorliegen.

Verwandtschaft bedeutet *Ähnlichkeit*. Dies zeigt sich hinreichend deutlich in der Art und Weise, wie die Oktavverwandtschaft in der Musik gehandhabt wird: Töne im Oktavabstand werden als mehr oder minder gleich oder zumindest äquivalent empfunden, was nichts anderes bedeuten kann, als daß sie in hohem Maße einander ähnlich sein sollten. Daher erscheint die Frage nach der auditiven Ähnlichkeit von Tönen, welche paarweise dargeboten und von

---

[10] Zum Zusammenhang zwischen Unterschiedsschwellen und aufgenommener Information vgl. z.B. Jacobson [471], Zwicker [1099], Bäuerle [44].
[11] Die Oktavverwandtschaft wird von Kognitionspsychologen vorzugsweise als eine Eigenschaft der Tonhöhe aufgefaßt – im Gegensatz zu einem selbständigen Phänomen. Aus der Tonhöhe wird dadurch definitionsgemäß eine Hörempfindung mit zwei Komponenten, nämlich der *Höhe* und dem *Chroma* [774, 469]. Diese Darstellungsweise ist jedoch keineswegs zwingend. Da sie die Übersicht über die Zusammenhänge eher erschwert als erleichtert, erscheint es ratsam, sie zu vermeiden.

396 12. Klangzeitgestalt, Sprache und Musik

Versuchspersonen beurteilt werden, als sinnvolle Grundlage entsprechender psychoakustischer Versuche. Dafür kommen vor allem zwei Versuchsmethoden in Frage: (1) Die Darbietung von je zwei in kurzem Abstand aufeinanderfolgenden Tönen mit nachfolgender Angabe eines Schätzwertes für die Ähnlichkeit der beiden Töne; (2) die Darbietung zweier *Ton-Paare* mit nachfolgender Angabe durch die Versuchsperson, welches von beiden Paaren die größere Ähnlichkeit aufweist.

Unabhängig von der Versuchsmethode zeigt sich, daß der Ähnlichkeitsgrad von Tönen entscheidend von deren Teiltonzusammensetzung abhängt. Insbesondere zeigt sich ein deutlicher Unterschied zwischen Sinustönen und harmonischen komplexen Tönen. Abb. 12.10 zeigt die Ergebnisse von Ähnlichkeitsschätzungen mit Sinustönen [489]. Die Besonderheit des Oktav-, Quint, Quart- oder Terzintervalls tritt darin nicht in Erscheinung. Die Ähnlichkeit der Sinustöne gleicher Lautstärke hängt allein von deren Frequenzabstand ab; sie werden einander umso unähnlicher, je größer ihr Tonhöhenunterschied ist (vgl. dazu [1006]).

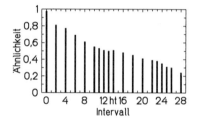

Abb. 12.10. Ergebnisse von Ähnlichkeitsschätzungen aufeinanderfolgender Sinustöne in Abhängigkeit von der Intervallweite in musikalischen Halbtönen. Nach Kallman [489]

Mit harmonischen komplexen Tönen ergibt sich demgegenüber eine deutlichere Manifestation der Tonverwandtschaften. Abb. 12.11 zeigt die Ergebnisse von Versuchen mit Klaviertönen [694]. Der Frequenz- beziehungsweise Tonhöhenabstand spielt hier offensichtlich nur eine geringe Rolle, während die Ähnlichkeit zwischen Tönen im Oktav- und Quint-Abstand (Intervallweite 12 beziehungsweise 7 Halbtöne) deutlich zutage tritt.

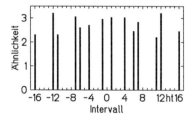

Abb. 12.11. Ergebnisse von Ähnlichkeitsschätzungen aufeinanderfolgender Klaviertöne in Abhängigkeit von der Intervallweite in musikalischen Halbtönen. Bezugston C_4 (262 Hz). Nach Parncutt [694]

Im Hinblick auf die unbestreitbare Tatsache, daß man nicht nur die Oktav- und Quintintervalle, sondern *alle* Tonintervalle der Skala auch mit Sinustönen erkennen kann, sind aus den ebengenannten Versuchsergebnissen folgende Schlüsse zu ziehen. Beziehungen zwischen Tönen – und damit mögliche Verwandtschaften – bestehen mit Sicherheit auf mehren Ebenen der auditiven Hierarchie. In Hörversuchen ohne eigentlich musikalischen Zusammenhang – wie den soeben erwähnten – hängt das Urteil der Versuchsperson offenbar nahezu ausschließlich von den Toncharakteristika einer tiefen (primärsensorischen) Ebene ab und damit vom Teiltonspektrum der Töne. Erst auf einer höheren Ebene kann das Gehör Beziehungen zwischen Tönen etablieren, welche weitgehend unabhängig von der Teiltonzusammensetzung sind.

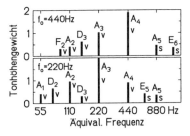

Abb. 12.12. Zur Grundlage der Oktavverwandtschaft. Schematische Darstellung der Tonhöhen, welche durch harmonische Komplexe Töne der Oszillationsfrequenzen 440 Hz (oben) und 220 Hz (unten) hervorgerufen werden. Virtuelle Tonhöhen sind durch v gekennzeichnet, Spektraltonhöhen durch s. Nach [971]

Die Verwandtschaften zwischen harmonischen komplexen Tönen – im Sinne von Ähnlichkeiten – werden unmittelbar durch die Vielfachheit der Tonhöhe solcher Töne erklärt, welche beispielsweise in Abb. 11.3 zu erkennen ist: Ein harmonischer komplexer Ton ruft nicht nur diejenige Tonhöhe hervor, welche seiner Oszillationsfrequenz entspricht, sondern auch solche, welche dem Doppelten, der Hälfte, beziehungsweise dem 1,5-fachen davon entspricht. Daher enthält das Tonhöhenmuster eines harmonischen komplexen Tones eine Anzahl von Tonhöhen, welche ebenfalls in demjenigen eines harmonischen komplexen Tones mit der doppelten beziehungsweise halben oder 1,5-fachen Oszillationsfrequenz enthalten sind. In Abb. 12.12 ist dies anhand der Tonhöhenmuster zweier harmonischer komplexer Töne mit den Oszillationsfrequenzen 220 Hz und 440 Hz illustriert, vor allem im Hinblick auf die Oktavverwandtschaft.

12.1.4 Musikalische Konsonanz

Die Töne, Klänge und Melodien der Musik weisen die Eigenschaft auf, mehr oder weniger konsonant beziehungsweise dissonant zu sein. Obgleich die Erfahrung lehrt, daß diese Eigenschaft real ist, das heißt, nicht lediglich auf theoretischen Annahmen beziehungsweise willkürlichen Definitionen beruht, hat es sich als relativ schwierig erwiesen, ein überzeugendes psychophysikalisches Konzept der musikalischen Konsonanz zu entwickeln [389, 572]. Die nähere Untersuchung des Problems ergibt, daß das von Helmholtz [132] ausgearbeitete Konzept die adäquate Grundlage bildet für die psychophysikalisch begründete Theorie der musikalischen Konsonanz. Die Theorie der musikalischen Konsonanz ergibt sich, wenn man die Klangeigenschaften *Tonverwandtschaft* und *Grundtonbezogenheit* mit der weiteren Eigenschaft zusammenfaßt, daß Schalle *jeder Art* unterschiedlich wohlklingend sind (*sensorische Konsonanz, Sonanz*).

Grundtonbezogenheit. Klangobjekte aller Art (beispielsweise Töne, musikalische Akkorde, Glockenklänge) werden vom Gehör unweigerlich auf ihre Beziehung zu einem oder mehreren *Grundtönen* hin analysiert [CD 24, CD 25]. Der Grundton eines HKT entspricht zumeist dessen musikalischer Tonhöhe und diese ist in der Regel eine virtuelle Tonhöhe. Der Grundton eines musikalischen Akkords (dessen "harmonische Wurzel") ist ebenfalls als virtuelle Tonhöhe zu erklären. Schließlich entspricht der Grundton eines Glockenklanges dessen sogenannter Schlagtonhöhe (der spontan und unmittelbar nach dem Anschlag wahrgenommenen musikalischen Tonhöhe) und wird gleichfalls als virtuelle Tonhöhe erklärt.[12]

Die Grundtonbezogenheit der musikalischen Klänge sowie der Melodien stellt neben der Tonverwandtschaft die zweite Hauptkomponente der tonalen Musik dar. In der Theorie und Praxis der Musik spielt der Begriff des Grundtones musikalischer Tonfolgen (Melodien) und insbesondere der Akkorde eine wichtige Rolle. Die Grundtonbezogenheit sowie deren Rolle für die Theorie und Praxis der Musik wurde erstmals durch Rameau [764] verdeutlicht und systematisch benutzt. Rameau hat die Grundtöne der Akkorde (*basse fondamentale*) als "hinzugedachte" Töne in Baßlage bezeichnet. Die Folge von Grundtönen, welche in einem tonalen Musikstück entsteht, kennzeichnet dessen harmonischen Verlauf. Der Grundton eines Klanges bezeichnet und repräsentiert dessen spezifische harmonische Qualität. Die harmonische Struktur eines tonalen Musikstückes ist in hohem Maße dadurch gekennzeichnet, daß die Folge der Akkord-Grundtöne in einfachen Verwandtschaftsbeziehungen steht, und zwar vorzugsweise in der Quint- beziehungsweise Quartbeziehung.

Durch die empirischen und theoretischen Erkenntnisse über die Tonhöhenwahrnehmung wird die Grundtonbezogenheit der Klänge unmittelbar auf eine psychophysikalische Grundlage gestellt. Danach sind die Grundtöne der Klänge nicht eigentlich *Töne*, sondern Ton*höhen* (also Hörempfindungen), und zwar virtuelle Tonhöhen. Das "Hinzudenken" eines Grundtones (oder auch mehrerer), als welches Rameau den Vorgang beschrieben hat, besteht in der aktiven Bildung der virtuellen Tonhöhe durch das Gehör, und die Regeln, nach welchen Akkordgrundtöne entstehen, sind genau dieselben, wie diejenigen, nach welchen beispielsweise die virtuellen Tonhöhen eines einzelnen harmonischen komplexen Tones entstehen. Die im Abschnitt 11.4.1 beschriebene quantitative Theorie der virtuellen Tonhöhe stellt also zugleich eine Theorie der musikalischen Akkordgrundtöne dar [954, 959, 961].

---

[12] Zur Physik und Wahrnehmung des Glockenklangs vgl. [797, 982, 323].

12.1 Klanggestalt 399

Ebenso wie die Tonverwandtschaften in systematischen Hörversuchen verifiziert werden können, kann man auch die Wahrnehmbarkeit der Akkordgrundtöne in Hörversuchen nachweisen. Eine Schwierigkeit ergibt sich lediglich daraus, daß es sich bei den Akkordgrundtönen im allgemeinen um relativ schwach ausgeprägte virtuelle Tonhöhen handelt. Das bewußte Hören schwach ausgeprägter Tonhöhen kann man aber beispielsweise dadurch unterstützen, daß man anstelle von Einzeltönen beziehungsweise -klängen Klang*folgen* darbietet [CD 26]. Ein Beispiel dafür wurde im ersten Kapitel angeführt (Abb. 1.13).

Abb. 12.13. Acht verschiedene Beispiele für die Darbietung der Tonsequenz C-D-E-F-G (unterste Zeile) durch die virtuellen Grundtöne von Zwei- und Dreiklängen. Zum Nachweis der Wahrnehmbarkeit von Akkordgrundtönen wurden Versuchspersonen außer der dargestellten Grundtonfolge C, D, E, F, G auch alle anderen möglichen Kombinationen dieser fünf Töne dargeboten, und zwar in der Form von Zwei- und Dreiklängen der Art, welche im Beispiel mit den Nummern 1–8 bezeichnet sind. Die Vpn hatten nach jeder Darbietung die gehörte Grundtonfolge zu notieren. Nach [958, 961]

Hörversuche zur Verifikation der Hörbarkeit der Akkordgrundtöne wurden folgendermaßen durchgeführt [958, 961]. Es wurden Testklangfolgen, bestehend aus je fünf Klängen hergestellt, derart, daß die hauptsächlichen virtuellen Tonhöhen der Klänge eine der 120 möglichen Tonhöhenfolgen bildete, welche aus den Tönen C, D, E, F, G gebildet werden können. Beispielsweise war in der Gesamtfolge der zufällig gemischten Testklänge die Grundtonfolge in jeweils einer der 8 Varianten realisiert, welche in Abb. 12.13 für die spezielle Grundtonfolge C, D, E, F, G dargestellt sind. Die Versuchspersonen waren Musikstudenten und hatten die Aufgabe, nach jeder Darbietung einer Klangfolge die zugehörige Grundtonfolge zu notieren.

Die Erkennungsleistungen von 9 Versuchspersonen bezüglich der korrekten Erkennung der jeweils aus fünf Tonhöhen bestehenden Muster von Akkordgrundtönen sind in Abb. 12.14 dargestellt. Die großen individuellen Unterschiede sind bemerkenswert, jedoch bezüglich des Nachweises der Hörbarkeit von Akkordgrundtönen von untergeordneter Bedeutung. Da die Wahrscheinlichkeit, allein durch Raten eine korrekte Grundtonfolge zu finden, unter den geschilderten Versuchsbedingungen nur 0,8 Prozent beträgt, ist schon bei einer Erkennungsrate von wenigen Prozent das Vorliegen von Grundtonerkennung signifikant.

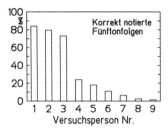

Abb. 12.14. Erkennungsraten für Fünftonfolgen, welche aus den Permutationen der Akkord-Grundtöne C, D, E, F, G gebildet und durch Zwei- und Dreiklänge der in Abb. 12.13 dargestellten Art dargeboten wurden (9 Vpn). Nach [958, 961]

Die Bildung virtueller Grundtonhöhen durch das Gehör hat längst im Orgelbau Anwendung gefunden, und zwar derart, daß bei kleineren Pfeifenorgeln zur Erzeugung tiefer Baßtöne anstelle der großen und teuren Baßpfeifen Quint-Zweiklänge höherer Tonlage benutzt werden. Diese Quint-Zweiklänge werden mit Pfeifenpaaren erzeugt, die ohnehin vorhanden und wegen ihrer höheren Tonlage kleiner und billiger sind. Die Zweiklänge rufen virtuelle Tonhöhen hervor, welche eine oder zwei Oktaven tiefer erscheinen als der tiefere der beiden tatsächlich aktivierten Töne [CD 27]. Das Phänomen wird als *akustischer Baß* bezeichnet [983].

Sonanz. Mit Sonanz ist – in weitgehender Übereinstimmung mit der Helmholtz'schen Definition des Begriffes Konsonanz – der sensorische Wohlklang gemeint, was gleichbedeutend ist mit der graduellen Abwesenheit von *Störungen des Zusammenklanges* (Helmholtz). In dieser Definition des Begriffes Sonanz steckt die Auffassung, daß jeder hörbare Schall grundsätzlich eine Art Störung darstellt, deren Ausmaß umso größer ist, je lauter der Schall ist und je stärker solche Schallparameter sind, welche als mißklingend empfunden werden. Der Aspekt der Lautheit ist nach dieser Auffassung sozusagen trivial, so daß die Sonanz im engeren Sinne als die Summe der letztgenannten Parameter aufgefaßt wird.

Als die psychoakustischen Attribute, welche die Sonanz im wesentlichen ausmachen, haben sich die Größen *Fluktuation, Rauhigkeit, Schärfe* und *Klanghaftigkeit* herausgestellt, vgl. Terhardt & Stoll [984], Cardozo & van Lieshout [155], Aures [29], Hellman [431], Kohler & Kotterba [517], Daniel [219]. Diese Zuordnung wurde mit Hörversuchen gewonnen, in welchen Versuchspersonen eine größere Anzahl von Schallen verschiedener Art und gleicher Lautstärke paarweise hinsichtlich ihres Wohlklangs bewerteten. Als Beispiel ist in Tabelle 12.1 die daraus abgeleitete Rangfolge von 17 alltäglichen Schallen bezüglich ihres Sonanzgrades dargestellt [984].

Die oben als Komponenten der Sonanz aufgeführten Attribute sind ihrerseits aus davon unabhängigen psychoakustischen Untersuchungen bekannt. Die Fluktuationswahrnehmung repräsentiert langsame Schallschwankungen. Solche können in musikalischen Klängen beispielsweise bei geringer Verstim-

Tab. 12.1. In Hörversuchen ermittelte Rangfolge der Sonanz (des "Wohlklangs") von 17 Schalltypen. W Wohlklangskoeffizient. Nach [984]

Rang	Schall	W
1	Musikal. Akkord	0,91
2	Frauenstimme	0,77
3	Glockenläuten	0,77
4	Männerstimme	0.65
5	Sinuston	0,63
6	Wasserplätschern	0,44
7	Flugzeug	0,39
8	Staubsauger	0,35
9	Motorrad	0,33
10	AM Sinuston	0,33
11	Automobil	0,32
12	Schreibmasch.	0,30
13	Weißes Rauschen	0,29
14	Telefonklingel	0,27
15	El. Kaffeemühle	0,26
16	Schlagbohrmasch.	0,24
17	Kreissäge	0,14

mung zusammenklingender Teiltöne entstehen. Die Rauhigkeit entsteht aus relativ raschen Schallschwankungen [944, 945, 952, 28], vgl. Abschnitt 10.2. Sie wurde schon von Helmholtz als maßgebende Ursache der sensorischen Dissonanz beschrieben. Die (Klang-) Schärfe wurde als ein wesentlicher Aspekt der Klangfarbenempfindung identifiziert [93, 94]. Fluktuationswahrnehmung, Rauhigkeit und Schärfe stellen Störungen des Zusammenklanges dar und mindern daher die Sonanz. Die vierte Komponente der Sonanz, die Klanghaftigkeit, repräsentiert das Ausmaß, in welchem ein Schall tonale Anteile enthält, vgl. Abschnitt 10.3.3. Klanghaftigkeit ist zuzusagen das Gegenteil von Geräuschhaftigkeit und kann durch den Anteil tonaler Empfindungskomponenten ausgedrückt werden. Die Klanghaftigkeit beeinflußt die Sonanz in positivem Sinne. Ein einfaches Berechnungsverfahren der Sonanz wurde von Aures angegeben [30].

Konsonanzbeurteilung von Zweiklängen. Ein Grundtyp von Versuchen zur experimentellen Verifikation der Konsonanz im Sinne einer Klangbewertung durch das Gehör besteht in der unmittelbaren auditiven Beurteilung einzelner Zweiklänge hinsichtlich ihres Konsonanzgrades. Nach Untersuchungen dieser Art ergibt sich dabei grundsätzlich eine Abhängigkeit des geschätzten Konsonanzgrades von der Tonintervall-Weite, wie in Abb. 12.15 dargestellt [393, 727].

Besteht der Zweiklang aus Sinustönen, so erweist sich seine empfundene Konsonanz als eine glatte Funktion der Intervallweite derart, daß – beginnend beim Intervall null – die Konsonanz zuerst steil absinkt und nach Durchlaufen eines Minimums wieder ansteigt. Besteht er aus harmonischen komplexen

402 12. Klangzeitgestalt, Sprache und Musik

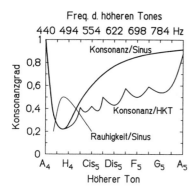

Abb. 12.15. Konsonanzbewertung von Simultanzweiklängen, deren tieferer Ton festliegt (A_4), in Abhängigkeit von der Intervallweite, das heißt, der Frequenz des höheren Tones. Leicht schematisierte Zusammenfassung verschiedener Ergebnisse [727, 490, 958]. Zum Vergleich ist zusätzlich der Verlauf der Rauhigkeitsempfindung für Sinuston-Zweiklänge eingetragen

Tönen, so treten bei bestimmten Intervallen lokale Maxima der Konsonanz auf [727]. Diese Maxima liegen bei Frequenzverhältnissen der beiden Töne, welche im Verhältnis kleiner ganzer Zahlen stehen. Sie kommen offensichtlich dadurch zustande, daß mit harmonischen komplexen Tönen bei diesen Frequenzverhältnissen die Schwebungen zwischen eng benachbarten Teiltönen minimiert werden oder ganz verschwinden – in Übereinstimmung mit den Vorstellungen von Helmholtz. Bildet man den Zweiklang mit komplexen Tönen, deren Teiltöne nur angenähert harmonisch sind, beispielsweise mit *gespreizten* Teiltönen, so ergeben sich ebenfalls lokale Konsonanzmaxima. Diese liegen jedoch bei anderen Frequenzverhältnissen, nämlich wiederum bei solchen, welche minimale Teiltonschwebungen ergeben [716, 877, 590, 364, 789].

Aus diesen Ergebnissen ist zu schließen, daß die empfundene Konsonanz von Zweiklängen bei Fehlen eines musikalischen Kontextes im wesentlichen allein durch die Fluktuations- und die Rauhigkeitsempfindung bestimmt wird, welche durch die Schwebungen von Teiltönen hervorgerufen wird – genau so, wie dies schon von Helmholtz gefolgert wurde. Dieser Befund beweist nicht, daß die eigentlich musikspezifischen Kriterien der Tonverwandtschaft für die Konsonanz unerheblich sind. Er besagt lediglich, daß bei der Konsonanzbeurteilung isolierter Zweiklänge die Rauhigkeit als Einflußgröße dominiert.

Die (negative) Korrelation der derart gemessenen Konsonanz mit der Rauhigkeit ist in Abb. 12.15 durch Vergleich mit dem für Sinuston-Zweiklänge gefundenen Rauhigkeitsverlauf erkennbar [958]. Abb. 12.16 bestätigt diesen Zusammenhang im Detail für Sinuston-Zweiklänge verschiedener Frequenzlage.

Theorie. Die wesentliche Grundlage der Theorie der musikalischen Konsonanz besteht in der von Helmholtz [432] entwickelten Konzeption, wonach die musikalische Konsonanz durch das Zusammenwirken zweier Hauptkomponenten beherrscht wird, nämlich (1) den *sensorischen* Wohl- beziehungsweise Mißklang, welchen jeder Schall in mehr oder weniger hohem Grade aufweist; und (2) die besonderen, musiktypischen Beziehungen zwischen den Klängen. Unter Berücksichtigung der geschilderten neueren Ergebnisse über die Grundtonbezogenheit, die Tonverwandtschaft und die Sonanz entsteht

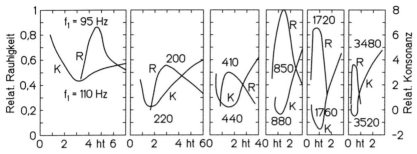

Abb. 12.16. Ergebnisse auditiver Schätzungen von Rauhigkeit und Konsonanz eines Zweiklangs aus Sinustönen, als Funktion des Frequenzabstands. Letzterer ist in Halbtonschritten [ht] dargestellt (Abszisse). Die Zahlen bedeuten die Frequenz f_1 des tieferen der beiden Töne, in Hz. Schallpegel der Töne 70 dB; 5 Vpn. Nach [958]

daraus das in Abb. 12.17 tabellarisch dargestellte Konzept der musikalischen Konsonanz [954, 956, 958, 962].

Die beiden Hauptkomponenten werden als *Sonanz* und *Tonalität* bezeichnet.[13] Helmholtz hat dafür die nahezu gleichbedeutenden Bezeichnungen *Konsonanz* und *Klangverwandtschaft* gewählt. Die Helmholtz'sche Wahl des Begriffes Konsonanz für nur eine der beiden Hauptkomponenten – und noch dazu für die aus der Sicht des Musiktheoretikers weniger wichtige – hat zu zahlreichen Mißverständnissen und zu unangebrachter Kritik am Helmholtz'schen Ansatz geführt, vgl. beispielsweise [162]. Daher erscheint es angebracht, die oben angegebenen neuen Bezeichnungen zu verwenden.

MUSIKALISCHE KONSONANZ	
Sonanz	Tonalität
Grad der Abwesenheit von Störungen	Tonverwandtschaft & Grundtonbezogenheit
Fluktuation ↓ Rauhigkeit ↓ Schärfe ↓ Klanghaftigkeit ↑	Hierarch. Verarb. von simultanen und nichtsimultanen Tonhöhen

Abb. 12.17. Übersicht über das Konzept der musikalischen Konsonanz. Die Wahrnehmung musikalischer Klänge unterliegt den beiden Hauptkomponenten *Sonanz* und *Tonalität*. Mit Sonanz ist der Grad der sensorischen Angenehmheit gemeint, welcher ein Merkmal *aller* Schalle ist. Mit dem Terminus *Tonalität* werden diejenigen Merkmale der Klänge bezeichnet, welche musikspezifisch sind. Nach [956, 958, 962]

Sonanz und Tonalität sind Oberbegriffe für je eine Gruppe psychoakustischer Attribute. Die Sonanz wird durch die Fluktuations- und Rauhigkeitsempfindung sowie die Schärfe der Klänge und deren Grad von Klanghaftigkeit bestimmt. Fluktuation, Rauhigkeit und Schärfe mindern die Sonanz, Klanghaftigkeit erhöht sie. Die Tonalität besteht im wesentlichen aus den Komponenten Tonverwandtschaft und Grundtonbezogenheit und wird auf

---

[13] In den früheren Arbeiten des Autors wurden dafür die Bezeichnungen *Sensorische Konsonanz* und *Harmonie* verwendet.

die hierarchischen Prinzipien der auditiven Verarbeitung tonaler Information zurückgeführt, welche in diesem Buch im Zusammenhang mit der Tonhöhenwahrnehmung beschrieben wurden.

Auf diese Weise werden *beide* Hauptkomponenten der musikalischen Konsonanz auf psychoakustische Grundempfindungen beziehungsweise Wahrnehmungsvorgänge zurückgeführt. Darin liegt der hauptsächliche Unterschied zwischen dem vorliegenden Konzept und demjenigen von Helmholtz. Helmholtz [432] hat zwar seine Theorie der Verwandtschaft der Klänge ausdrücklich und ausführlich auf die Eigenschaft des Gehörs zurückgeführt, Klänge in ihre Teiltöne zu zerlegen und deren Tonhöhen wahrzunehmen, und er hat auf die fundamentale Abhängigkeit der Entwicklung des musikalischen Klangempfindens von jener Eigenschaft hingewiesen. Die Entwicklung der Klangverwandtschaften selbst hat er aber als ein kulturelles Phänomen angesehen, das heißt eines, welches ausschließlich im Rahmen der Musik, unabhängig von den sonstigen Aspekten der akustischen Kommunikation, stattgefunden habe. Die Rameau'sche Vorstellung von den "intendierten" beziehungsweise "hinzugedachten" Grundbässen der Akkorde erschien Helmholtz inakzeptabel, so daß er sie ablehnte. Im Gegensatz dazu spielt in der vorliegenden Theorie der musikalischen Konsonanz die Grundtonbezogenheit der Klänge eine zentrale Rolle. In der Tat hat diese sich als ein universelles Merkmal der akustischen Kommunikation erwiesen und ist somit kein willkürlich-kulturelles Phänomen.

Weil die Akkordgrundtöne nichts anderes als virtuelle Tonhöhen sind, und weil Anzahl, Verteilung und Gewichtung virtueller Tonhöhen vom Teiltonspektrum des Klanges abhängen, benötigt man zur Ermittlung der Akkordgrundtöne eines gegebenen Klanges genau genommen dessen akustische Spezifikation. Das heißt, daß die musikalische Notation des Klanges im Prinzip nicht ausreicht. Gleichwohl zeigt die konventionelle Harmonielehre, deren Ziel unter anderem die Bestimmung der Akkordgrundtöne ist, daß man allein anhand der Notation weitgehende Aussagen über die musikalische Funktion von Klängen machen kann. Das liegt daran, daß dabei die Zusammensetzung der Klänge aus harmonischen komplexen Tönen stillschweigend vorausgesetzt wird. Diese Voraussetzung stellt zwar immer noch eine ungenaue Klangspezifikation dar, sie definiert aber immerhin eine der für die Tonhöhenwahrnehmung wichtigsten Klangeigenschaften, nämlich diejenige, daß die Töne aus Harmonischen zusammengesetzt sind.

Überträgt man diese Voraussetzung auf die Theorie der virtuellen Tonhöhe, so kann man ein einfaches Näherungsverfahren für die Vorhersage der Grundtöne beliebiger Akkorde angeben, wenn die Akkorde allein durch ihre Notation gegeben sind [961]. Dabei wird vereinfachend angenommen, daß von jedem Ton des Akkords die ersten sechs bis acht Harmonischen zur Hörempfindung beitragen. Wie in der konventionellen Musiktheorie üblich, werden ferner oktavverwandte Tonhöhen *zusammengefaßt*, das heißt, als "gleich" angesehen. Das Prinzip der Gewinnung von Akkordgrundtönen durch subharmonische Koinzidenzdetektion läuft dann auf das folgende, mit Hilfe von Tabelle 12.2 erklärte Verfahren hinaus.

Tab. 12.2. Schema für die Ermittlung der Grundtöne eines beliebigen musikalischen Akkords, demonstriert am Dreiklang c-f-a. Der Hauptgrundton ist F, weil dieser in allen drei Spalten erscheint. Nach [961]

Beispiel:	c	f	a
derselbe:	C	F	A
-1 Quint:	F	B^b	D
-1 gr. Terz:	A^b	D^b	F
+1 Ganzton:	D	G	H
-1 Ganzton:	B^b	E^b	G

Man schreibe die Töne des zu analysierenden Akkords in die oberste Zeile einer Tabelle, wie in Tab. 12.2 für die Töne c, f, a dargestellt. Sodann schreibe man in die Spalten, welche zu den einzelnen Akkordtönen gehören, untereinander die Notenwerte, welche den Subharmonischen entsprechen, wobei oktavverwandte Noten nur einmal gezählt werden. Den subharmonischen Tonhöhen entsprechen dann (1) die Unisono-Note (die 1. Subharmonische der Grundschwingung, die 2. Subharmonische der zweiten Harmonischen oder die 4. Subharmonische der vierten Harmonischen); (2) die Sub-Quint (als 3. beziehungsweise 6. Subharmonische); (3) die große Sub-Terz (als 5. beziehungsweise 10. Subharmonische); (4) die Sub-Septim beziehungsweise der darüberliegende Ganzton (als 7. Subharmonische); und die Sub-None beziehungsweise der darunterliegende Ganzton (als 9. Subharmonische). Subharmonische Koinzidenz liegt vor, wenn in zwei oder mehr Spalten gleiche Notenwerte auftreten. Als vorherrschender Grundton ist derjenige anzusehen, welcher in den meisten Spalten auftritt. Im Beispiel Tab. 12.2 ist dies der Grundton F.

Die grundsätzlich immer vorliegende Mehrdeutigkeit der Akkordgrundtöne spielt im musikalischen Kontext eine wichtige Rolle. Sie bildet einerseits die Voraussetzung für die Vielfalt harmonischer Entwicklungen (Kadenz, Modulation). Andererseits wird sie bezüglich der einzelnen Klänge durch den Kontext mehr oder weniger bereinigt [83]. Parncutt [693] hat das eben geschilderte Grundtonbestimmungsverfahren in Bezug auf die Aussagen der konventionellen Harmonielehre diskutiert und Modifikationen des Verfahrens angegeben [999].

12.2 Klangzeitgestalt

Nachdem im vorhergehenden Hauptabschnitt die quasi-statischen Klangzeitgestalten an einer Reihe von Beispielen abgehandelt wurden, werden im folgenden hauptsächlich die dynamischen Aspekte der Audiosignalwahrnehmung ins Auge gefaßt.

12.2.1 Ereignisintervalle und Ereigniszeitpunkte

Klangzeitgestalten sind zugleich Ereignisketten. Sie haben in aller Regel einen Rhythmus. Derselbe wird hauptsächlich durch die Zeitintervalle zwischen den Ereignissen bestimmt. Wenn der Rhythmus eines gegebenen Schallsignals nicht allzu kompliziert ist, kann man ihn im Hörversuch durch Nachtasten verifizieren. Dazu stellt man der Versuchsperson die Aufgabe, den Rhythmus, den sie in jeweils einer von vielen aufeinanderfolgenden Darbietungen eines Testsignals hört, unmittelbar nach der Darbietung nachzutasten, beispielsweise auf einer Morsetaste. Die Dauer ist dabei auf einige Sekunden beschränkt, reicht jedoch aus, um beispielsweise den Rhythmus von gesprochenen Sätzen und Musikausschnitten zu erfassen.

Die Methode liefert unmittelbar ein Bild des *Ereignismusters*, das heißt, der zeitlichen Ereignisverteilung; darin und im relativ geringen Aufwand liegt ihr Vorteil. Nachteilig ist, daß die Genauigkeit der Ergebnisse in erheblichem Maße von der Geschicklichkeit der Versuchspersonen abhängt [424].

Köhlmann hat die Brauchbarkeit des Methode sowohl mit Sprache [511] als auch mit Musik [512] demonstriert. In der erstgenannten Untersuchung wurden gesprochene Sätze in deutscher, englischer, französischer und japanischer Sprache sowie Sätze mit rückwärts wiedergegebener Sprache untersucht. Die Ergebnisse der deutschen, englischen und französischen Sätze zeigen zahlenmäßige Übereinstimmung der Ereignisse und der Silben. Auch die Struktur der Ereignismuster japanischer Sätze unterscheidet sich nicht erkennbar von derjenigen deutscher, englischer und französischer Sätze. Mit rückwärts wiedergegebener Sprache ergeben sich näherungsweise die zeitlich invertierten Ereignismuster der jeweiligen Originalsätze. Die Häufigkeitsverteilung der Ereignisintervalle zeigt ein Maximum bei 330 ms, entsprechend einer mittleren Silbenfolgefrequenz von 3 Hz, Abb. 12.18.

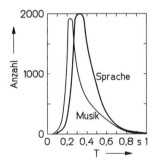

Abb. 12.18. Geglättete Häufigkeitsverteilung der Ereignisintervalle T bei Sprache und Musik, ermittelt durch manuelles Nachtasten des wahrgenommenen Rhythmus. Nach Köhlmann [512, 511]

Der enge Zusammenhang zwischen Sprachrhythmus und Silbenfolge, welcher sich in Köhlmanns Nachtastversuchen ergab, ist nicht überraschend [8, 462, 240]. Jedoch ist seine experimentelle Verifizierbarkeit mit der beschriebenen Methode bemerkenswert.

Die Ereignismuster von Musik wurden von Köhlmann [512] mit 60 Testbeispielen aus verschiedenen Musikrichtungen, mit verschiedenen musikalischen Tempi und mit einer Darbietungsdauer von ungefähr 5 s untersucht. Elf Versuchspersonen reproduzierten den wahrgenommenen Rhythmus mit einer Morsetaste. Es ergaben sich Ereignismuster, in welchen entsprechend der metrischen Organisiertheit von Musik jeweils bestimmte Ereignisintervalle am häufigsten auftraten. Im Mittel aller Testbeispiele zeigt sich ein ausgeprägtes und scharfes Maximum der Häufigkeitsverteilung in der Umgebung des Ereignisabstands 250 ms, Abb. 12.18.

Es spricht einiges dafür, daß die Methode tatsächlich die Zeitintervalle zwischen den wahrgenommenen rhythmischen Ereignissen der dargebotenen Schalle liefert, also die Intervalle zwischen denjenigen Zeitpunkten, in denen die einzelnen Ereignisse "stattfinden". Dabei ist die Frage, in welcher Beziehung jene Ereigniszeitpunkte zu den Schallsignalparametern stehen, unwesentlich. Dies ist ein Vorteil der Methode, bedeutet jedoch, daß die ebengenannte Frage zunächst unbeantwortet bleibt.

Man kann die Lage der Ereigniszeitpunkte bezüglich der Schallsignalstruktur mit Versuchen anderer Art ermitteln, und zwar, indem man davon Gebrauch macht, daß Rhythmus kategorialer Art ist, so daß man voraussetzen kann, daß Versuchspersonen bestimmte einfache Rhythmuskategorien ohne weiteres kennen. Die einfachste und deshalb am zuverlässigsten anwendbare Kategorie ist diejenige des *gleichförmigen* Rhythmus. Dieser definiert ein absolutes Raster für Ereignisse, welches man benutzen kann, um die Frage nach den Ereigniszeitpunkten zu beantworten.

Wenn man beispielsweise eine Folge von Schallimpulsen darbietet, deren Dauer so kurz ist, daß sie in der Größenordnung der Genauigkeit liegt, mit welcher man Ereigniszeitpunkte voneinander unterscheiden kann, dann ist es nicht nötig, zwischen Anfang, Mitte und Ende der einzelnen Impulse zu unterscheiden. Der auditive Ereigniszeitpunkt jedes Impulses muß in diesem Fall mit dem objektiven Zeitpunkt des Impulses zusammenfallen. Wenn die Impulsdauer dagegen mehrere Millisekunden überschreitet, wird es erforderlich, zwischen Anfang, Mitte und Ende zu unterscheiden, und die Frage gewinnt an Bedeutung, welcher objektive Zeitpunkt dem Ereigniszeitpunkt entspricht.

Üblicherweise und auf Grund der Erfahrungen mit Musik pflegt man dafür den Beginn eines Schallereignisses anzunehmen. Diese Annahme erscheint im Prinzip berechtigt – was jedoch ihre experimentelle Verifikation nicht überflüssig macht. Weiterhin ist die Annahme insofern unzulänglich, als die meisten auditiven Ereignisse – die Sprachlaute, Silben, Wörter; die Töne und Klänge der Musik – überhaupt keinen hinreichend scharf definier-

408   12. Klangzeitgestalt, Sprache und Musik

ten Beginn aufweisen, sondern vielmehr teils gleitend ineinander übergehen, teils lange Anschwingvorgänge haben.

Die auditiven Ereigniszeitpunkte solcher Schallimpulse kann man ermitteln, indem man die Schallimpulse abwechselnd mit sehr kurzen Schallimpulsen in eine Ereigniskette einbaut und sie nach Gehör zeitlich so justiert, daß sich ein gleichförmiger Rhythmus ergibt. In Abb. 12.19 ist diese Methode am Beispiel abwechselnder rechteckförmiger Schallimpulse verschiedener Dauer T_A, T_B illustriert. Die Grundperiode T – das ist das Intervall zwischen je zwei gleichen Impulsen – ist während der gesamten Darbietung konstant. Die Versuchsperson regelt die Verzögerungszeit Δt nach Gehör auf Gleichförmigkeit des Rhythmus ein. Wenn T_A hinreichend kurz gewählt wird, gibt der resultierende Mittelwert von Δt unmittelbar die *Ereignisverzögerung* der mit B bezeichneten längeren Impulse an, das heißt, diejenige Zeit, um welche der auditive Ereigniszeitpunkt hinter dem physikalischen Impulsbeginn liegt.

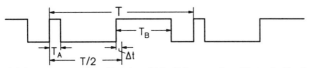

Abb. 12.19. Amplituden-Zeit-Schema der Testschalle bei der Gehörbeurteilung der Gleichmäßigkeit des Rhythmus (Beispiel). Das Zeitintervall zwischen gleichartigen Schallimpulsen ist gleich T. Die eine Impulsfolge (A oder B) wird durch die Versuchsperson derart gegenüber der anderen verschoben, daß ein gleichmäßiger Rhythmus wahrgenommen wird. Nach [980]

Ein bemerkenswertes Sekundärergebnis des Experiments besteht darin, daß offenbar schon sehr geringe Abweichungen vom gleichmäßigen Rhythmus wahrnehmbar sind, wenn die aufeinanderfolgenden Schallimpulse die gleiche Form und Dauer haben, sonst könnten die Einstellwerte nicht auf wenige Millisekunden genau sein, wie in Abb. 12.20 erkennbar. Die Genauigkeit ist bemerkenswerterweise über einen großen Intervallbereich angenähert die gleiche. Einer neueren Arbeit von Friberg & Sundberg [352] sind hierzu genauere Daten zu entnehmen, welche auf einer größeren Zahl von Untersuchungen beruhen. Danach beträgt die Unterschiedsschwelle für Gleichförmigkeit des Rhythmus bei Ereignisintervallen von 300 bis 1200 ms 3 bis 6% des Intervalls; für Intervalle unter 200 ms nimmt die Unterschiedsschwelle den annähernd konstanten Absolutwert 6 bis 8 ms an.

Als Hauptergebnis der Hörversuche mit abwechselnd kurzen und längeren Schallimpulsen gemäß Abb. 12.19 zeigt sich, daß der Ereigniszeitpunkt eines längeren Schallimpulses auch dann nicht genau mit dessen Beginn zusammenfällt, wenn dieser hinreichend genau definiert ist. Vielmehr muß der längere Impuls objektiv früher einsetzen, um Gleichförmigkeit des Rhythmus herzustellen, und zwar um die Ereignisverzögerung Δt.

Die Ereignisverzögerung von Schallimpulsen mit rechteckförmiger Umhüllenden beträgt bei einer Schallimpulsdauer von 100 ms etwas mehr als

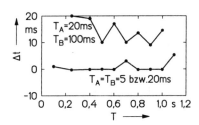

Abb. 12.20. Ergebnisse der Einstellung von Tonimpulsfolgen $f = 3$ kHz auf gleichmäßigen Rhythmus. Ordinate: Δt gemäß Abb. 12.19. Abszisse: Gesamtperiode T. Wenn die aufeinanderfolgenden Tonimpulse A, B identisch sind, ist im Mittel $\Delta t = 0$ (untere Meßpunkte). Wenn $T_B > T_A$, ergibt sich $\Delta t > 0$ (obere Meßpunkte). Nach [980]

10 ms. Bei noch längeren Schallimpulsen wächst sie weiter an, geht jedoch nicht über 20 ms hinaus. Dabei spielt es offenbar keine oder nur eine geringe Rolle, welcher Art das Schallsignal innerhalb des Schallimpulses ist (z.B. Ton, Rauschen) [980, 846].

Wie leicht einzusehen ist, ergeben sich noch größere Ereignisverzögerungen, wenn die Amplitude des Schallimpulses, welcher das fragliche Ereignis darstellt, am Beginn nicht abrupt auf ihren Endwert springt, sondern gleitend anwächst. Eben dies ist, wie oben gesagt, bei den meisten Ereignissen der Sprache und Musik tatsächlich der Fall. Schütte [846] hat dies mit synthetischen Schallimpulsen verifiziert.

Die Ereignisverzögerungen bei den gebräuchlichen Ereignisketten der akustischen Kommunikation sind im allgemeinen von derselben Größenordnung wie die Dauer der Ereignisse. Sie erklären zu einem guten Teil den Unterschied zwischen "mechanischer" und gehörgerechter rhythmischer Gliederung von Musik [74]. Die beträchtliche Größe der Ereignisverzögerungen bedingt ferner, daß das Gehör bezüglich der Gleichzeitigkeit von Schallereignissen erhebliche Toleranz aufweisen muß. Rasch [766] hat dies für musikalische Töne experimentell bestätigt. Er fand unter anderem, daß im Ensemblespiel die Toleranz für Synchronität der Toneinsätze verschiedener Instrumente im Mittel 30–50 ms ausmacht [767, 1032].

Die Silben der Lautsprache, welche in der Regel aus der Folge Konsonant-Vokal-Konsonant bestehen, werden hauptsächlich durch die große Intensität des Vokals zu auditiven Ereignissen. Im Hinblick auf den vorausgehenden Konsonanten sowie den ohnehin stets gleitenden Anstieg der Vokalintensität liegt insgesamt ein sehr flacher Intensitätsanstieg vor. Daher ist der Ereigniszeitpunkt einer Silbe in der Regel um größenordnungsmäßig 100 ms gegenüber ihrem physikalischen Beginn verzögert [8]. Die Ereigniszeitpunkte der Laute, Silben beziehungsweise Wörter sind unter der Bezeichnung *Perceptual Centers* (*P-centers*) bekannt [657, 348, 745, 744].

Modelle der auditiven Ereignisverzögerung beziehungsweise des *P-centers* beruhen auf der Trägheit, mit welcher die Erregung des Gehörs ein- und ausschwingt [845, 584, 458]. Insbesondere die Nachwirkung eines Schallimpulses fällt ins Gewicht, weil sie über eine Zeitspanne der Größenordnung 100 ms andauert [569, 900, 722].

Auf dasselbe Prinzip geht das von Köhlmann [512] angegebene Funktionsmodell der rhythmischen Segmentierung von Sprache und Musik zurück. Es beruht auf der Vorstellung, daß rhythmische Ereignisse durch zeitliche Änderungen im Lautheits- und Tonhöhenverlauf hervorgerufen werden. Köhlmann zeigte, daß mit Hilfe seines Modells ungefähr 90% der im Nachtastversuch gefundenen rhythmischen Ereignisse nachgebildet werden können.

Ein Verfahren zur unmittelbaren Detektion der Vokale wurde von Hermes [438] angegeben. Der Einsatz eines Vokals wird am plötzlichen Auftreten einer größeren Zahl spektraler Maxima erkannt, welche den Harmonischen entsprechen und daher die Stimmhaftigkeit des Sprachlauts signalisieren.

12.2.2 Auditive Dauer von Ereignissen

Die wahrgenommene Dauer von Schallereignissen ist nicht ohne weiteres aus der physikalischen Dauer abzulesen. Beispielsweise hängt die auditiv geschätzte Dauer von kurzen Tonimpulsen signifikant vom Schallpegel ab [559]. Zwicker fand, daß Tonimpulse (4 kHz) mit einer Dauer von weniger als 100 ms und einem Schallpegel von 25 dB subjektiv bis zu 1,5 mal kürzer empfunden werden als dieselben Tonimpulse mit 80 dB Schallpegel [1108].

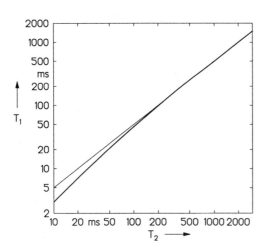

Abb. 12.21. Objektive Dauer T_1 eines 4 kHz-Sinustones (Ordinate), dessen auditive Dauer halb so groß ist wie diejenige desselben Tones mit der Dauer T_2 (Abszisse). Die dünne Linie stellt die Beziehung $T_1 = T_2/2$ dar. Nach Zwicker [1108]

Die auditive Dauer von Schallereignissen kann in Abhängigkeit von der physikalischen Dauer durch Verhältnisschätzung skaliert werden. Dabei zeigt sich, daß die Dauer von Schallimpulsen mit einer Länge von weniger als 100 ms umso mehr überschätzt wird, je kürzer sie dauern [1108]. In Abb. 12.21 ist die physikalische Dauer von 4 kHz-Tönen dargestellt, deren wahrgenommene Dauer im Mittel halb so lang geschätzt wird wie diejenige derselben Töne mit der Dauer, welche an der Abszisse angetragen ist [1108].

Burghardt [137] fand, daß die wahrgenommene Dauer von Tonimpulsen eine verhältnismäßig komplizierte Abhängigkeit von der Frequenz aufweist.

Bei fester physikalischer Dauer im Bereich unterhalb 1 s ist die wahrgenommene Dauer tiefer Töne merklich geringer als diejenige höherer Töne. Im Bereich von Tonfrequenzen oberhalb 3,2 kHz kehrt sich diese Tendenz jedoch teilweise um. Die Zusammenhänge sind in Abb. 12.22 in der Form von Kurven gleicher auditiver Dauer dargestellt [137].

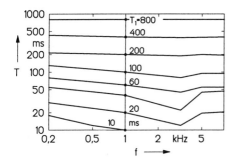

Abb. 12.22. Kurven gleicher auditiver Dauer für Sinustöne: Dauer T eines Sinustones mit der Frequenz f, dessen auditive Dauer gleich derjenigen des 1 kHz-Tones mit der objektiven Dauer T_1 ist. Parameter ist T_1. Nach Burghardt [137]

Nicht nur Schallimpulse beziehungsweise Segmente mit erhöhter Intensität stellen für das Gehör Schallereignisse dar, sondern auch Pausen innerhalb einer Schalldarbietung. Der Vergleich der wahrgenommenen Dauer von Schallpausen und Schallimpulsen ergibt, daß Pausen deutlich kürzer erscheinen als ebenso lange Impulse, wenn die physikalische Dauer unterhalb etwa 500 ms liegt [1108, 138].

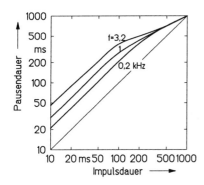

Abb. 12.23. Ergebnisse des Abgleichs von Pausen- und Impulsdauern von Sinustönen der angegebenen Frequenzen auf gleiche auditive Dauer. Unter der Impulsdauer ist die Länge einer einzelnen Tondarbietung zu verstehen; unter der Pausendauer die Länge einer Unterbrechung desselben Tones. Nach Burghardt [138]

In Abb. 12.23 ist das Ergebnis eines Vergleichs von Impuls- und Pausendauern für Sinustöne mit den Frequenzen 0,2; 1; und 3,2 kHz dargestellt [138]. Das Mißverhältnis zwischen wahrgenommener Impuls- und Pausendauer ist erheblich.

Theorie. Die beschriebenen Effekte, insbesondere der Unterschied zwischen der auditiven Dauer von Schallimpulsen und Pausen, werden in erster Näherung durch die Tatsache erklärt, daß die Erregung des Gehörs den zeitlichen

Amplitudenänderungen eines Schallsignals nur mit einer gewissen Trägheit folgt. Diese Trägheit kann insbesondere am Zeitverlauf der Mithörschwellen kurzer Testimpulse abgelesen werden, welche durch längere Schallimpulse verdeckt werden [276, 278, 1123].

12.2.3 Der Kontinuitätseffekt

Unter der Bezeichnung Kontinuitätseffekt (*Continuity Effect*) ist das Phänomen bekannt geworden, daß ein Schallsignal, welches in rascher Folge wiederholt kurzzeitig unterbrochen wird, gleichwohl als kontinuierlich andauernd gehört wird, sofern die Unterbrechungen mit einem Schall hinreichender Intensität maskiert werden. Die früheste Beschreibung des Effekts ist offenbar diejenige von Miller & Licklider [623].

Miller & Licklider stellten Hörversuche mit periodisch unterbrochener Sprache an (An/Aus-Verhältnis 1:1). Im wesentlichen ergab sich dabei, daß die Unterbrechungen die Sprachverständlichkeit nicht wesentlich beeinträchtigen, wenn ihre Periode kleiner als 1/10 s ist. Wird die Periode länger, das heißt, die Unterbrechungsfrequenz geringer, so sinkt die Sprachverständlichkeit schließlich auf 50%, weil nur die Hälfte der informationstragenden Sprachsegmente wiedergegeben wird.

In weiteren Experimenten überlagerten Miller & Licklider dem periodisch unterbrochenen Sprachsignal ein periodisch unterbrochenes Breitbandrauschen derart, daß die Rauschimpulse gerade in die Lücken zwischen den Sprachimpulsen fielen und somit die Lücken maskierten, vgl. Abb. 12.24. Der erste dabei beobachtete Effekt besteht darin, daß die Rauschimpulse die Sprachverständlichkeit *nicht* unter dasjenige Niveau drücken, welches bereits durch die periodische Unterbrechung herbeigeführt wird.[14] Zweitens werden die Rauhigkeit und die Lästigkeit, welche durch die periodische Unterbrechung des Sprachsignals hervorgerufen werden, durch die Überlagerung der Rauschimpulse wesentlich verringert [749, 78]. Drittens zeigt sich der Kontinuitätseffekt: Das Sprachsignal wird nicht mehr als unterbrochen gehört, sondern wie ein zwar gestörtes, jedoch kontinuierliches Signal. Miller & Licklider beschreiben den Effekt folgendermaßen:

> *When the noise is introduced between the bursts of speech, the on and off transients are assimilated into the noise and, when the noise is somewhat more intense than the speech, the speech begins to sound continuous and uninterrupted. It is much like seeing a landscape through a picket fence – the pickets interrupt the view at regular intervals, but the landscape is perceived as continuing behind the pickets.*

---

[14] Powers & Wilcox [748] sowie Verschuure & Brocaar [1019] haben gefunden, daß das Auffüllen der Lücken mit Rauschimpulsen unter bestimmten Versuchsbedingungen die Sprachverständlichkeit sogar verbessern kann.

12.2 Klangzeitgestalt

Miller & Licklider [623] beobachteten darüber hinaus, daß der Kontinuitätseffekt auch mit einem periodisch unterbrochenen Sinuston als Testsignal auftritt, wenn die Lücken mit Impulsen aus weißem Rauschen maskiert werden:

> *An interrupted tone will sound quite pure and continuous if the intervals between the bursts of tone are filled with a sufficiently intense white noise.*

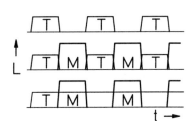

Abb. 12.24. Zu Continuity-Effekt und Pulsationsschwelle. Das periodisch unterbrochene Testsignal T (oberes Diagramm) hört sich an, als ob es *kontinuierlich*, das heißt, ununterbrochen wäre, wenn in die Lücken hinreichend starke Maskiersignalimpulse M eingefügt werden (zweites Diagramm). Das heißt, daß die im zweiten Diagramm symbolisierte Signalkonfiguration sich genau so anhört wie die unten dargestellte, in welcher das Testsignal tatsächlich kontinuierlich ist.

Thurlow und Elfner [1002, 1005] beschrieben denselben Effekt auf Grund einer Untersuchung mit aufeinanderfolgenden Sinustönen kurzer Dauer und verschiedener Frequenz:

> *Under certain conditions, the more intense of the two tones is heard as clearly intermittent (somewhat as "figure"), and the less intense appears to sound continuously (somewhat as "ground") ... The figure-ground effect appears only when the two tones are brought near together in frequency and when one tone is more intense than the other.*

Die Folgefrequenz der Töne war 10 Hz und die Tondauer betrug 60 ms. Der Schallpegel des stärkeren Tones war 60 dB, derjenige des schwächeren 40 dB.

Weitere Untersuchungen des Kontinuitätseffekts mit unterschiedlichen Schallkombinationen und Parametern wurden von Elfner & Caskey [262], Elfner & Homick [263], Elfner [261] (abwechselnd Rauschen und Sinuston; monotisch, dichotisch) sowie Warren et al. [1047, 1049] (abwechselnd Sinuston und Schmalbandrauschen) beschrieben.

Wesentliche Bedingungen für das Auftreten des Kontinuitätseffekts sind,

- daß die als Maskierer wirkenden Schallimpulse (vgl. Abb. 12.24) auf Grund ihres Fourier-Spektrums und ihrer Intensität das Testsignal jeweils während ihrer Dauer vollständig maskieren können;
- daß die Zeitabstände zwischen aufeinanderfolgenden Schallimpulsen nicht länger als ungefähr 150–200 ms sind.

Die Tatsache, daß es für das Auftreten des Kontinuitätseffekts darauf ankommt, die Lücken im Testsignal vollständig zu maskieren, wurde von Houtgast [447] zur Entwicklung einer psychoakustischen Meßmethode benutzt, nämlich der Messung der *Pulsationsschwelle*. Wenn man eine Schallimpulsfolge wie die in Abb. 12.24 (mitte) dargestellte darbietet und dabei den Schallpegel des Maskierers von großen Werten her langsam absenkt, so erreicht man schließlich einen Wert, bei welchem die periodische Unterbrechung des Testsignals hörbar zu werden beginnt, obgleich die Maskiererimpulse noch stark genug sind, um ebenfalls gehört zu werden. Die so definierte Pegelschwelle, die Pulsationsschwelle, wurde beispielsweise zur Untersuchung der Erregung des Gehörs durch Sprachlaute [449] (vgl. Abschnitt 11.2.1, Abb. 11.7) und der psychoakustischen Tuningkurven eingesetzt [448, 451].

Für das Zustandekommen des Kontinuitätseffekts ist von Bedeutung, daß die Dauer der Unterbrechungen die Grenze von ungefähr 150 bis 200 ms nicht überschreiten sollte. Für regelmäßige periodische Unterbrechungen heißt dies, daß die Länge der durch Test- und Maskierimpuls gegebenen Grundperiode nicht länger als 300 bis 400 ms sein sollte. Nach kurzen Unterbrechungsdauern ist der Effekt lediglich durch die Schwelle für die Wahrnehmung kurzer Unterbrechungen begrenzt (*Gap Detection*). Diese hängt von der Art des Schallsignals ab und liegt meist bei wenigen Millisekunden [722, 1125, 658].

In Übereinstimmung mit der Beschreibung und Deutung des Kontinuitätseffekts durch Miller & Licklider [623], Thurlow [1001] und Warren et al. [1047], ist der Effekt als ein bemerkenswertes Beispiel für aktive und autonome Interpretation des Klangzeitmusters auf einer tiefen Stufe der auditiven Hierarchie anzusehen. Interpretation muß man die Bildung des kontinuierlichen Höreindrucks deshalb nennen, weil im Falle der Maskiertheit der Lücken des Testsignals das Gehör gar keine Möglichkeit hat, objektiv zu entscheiden, ob das Testsignal wirklich Lücken aufweist, vgl. Abb. 12.24 mitte und unten. Trotz dieser Unbestimmtheit entscheidet sich das Gehör für eine bestimmte Interpretation, und zwar für diejenige, welche unter den in der Regel vorliegenden Bedingungen mit der größten Wahrscheinlichkeit den wirklichen Verhältnissen gerecht wird: Daß nämlich ein kontinuierlich andauerndes Schallsignal (das Testsignal) durch ein weiteres, unabhängiges Schallsignal wiederholt und kurzeitig überlagert wird; vgl. [741, 1011].

12.2.4 Der Akzentuierungseffekt

Der Akzentuierungseffekt wurde im Abschnitt 11.2.2 schon als eine Eigenschaft der Spektraltonhöhe erwähnt. Ebenso wie die Spektraltonhöhen eines Klangzeitmusters selbst hat die Akzentuierung der Spektraltonhöhen wahrscheinlich erheblichen Einfluß auf die Art und Weise, wie Sprache und Musik wahrgenommen werden [398, 118, 117].

Der auch als *Enhancement* [1022, 1025, 1021] bekannte Effekt entspricht einer zeitlichen und vorübergehenden Kontrastverstärkung. In Abb. 12.25 sind schematisch zwei typische Arten dargestellt, auf welche Akzentuierung eines bestimmten Teiltones eines Klanges erzeugt werden kann. Es handelt sich jeweils um harmonische komplexe Töne. Sämtliche Harmonische, die durch ihre Spuren in der Frequenz-Zeit-Ebene repräsentiert sind, sollen ein und dieselbe Amplitude haben. Harmonische komplexe Töne haben in besonderem Maße die Eigenschaft, daß die einzelnen Harmonischen in der Hörempfindung zu einem ganzheitlichen Klangeindruck verschmelzen, obwohl eine ganze Anzahl von ihnen bei genügender Aufmerksamkeit auch mit ihren Spektraltonhöhen wahrgenommen werden kann (Teiltonfusion). Im ersten Beispiel (links) ist der Einsatz der sechsten Harmonischen gegenüber demjenigen der übrigen Harmonischen verzögert. Dies reicht aus, um sie zu akzentuieren, so daß sie sich nach ihrem Einsatz einige 100 ms lang deutlich aus dem restlichen Klang heraushebt.

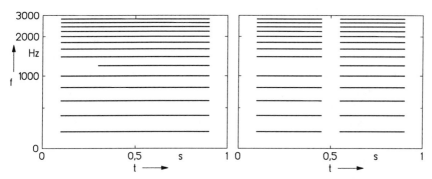

Abb. 12.25. Zwei Klangzeitmuster harmonischer komplexer Töne, welche Akzentuierung der sechsten Harmonischen hervorrufen (schematisch; Ordinate Barkskaliert). Alle Teiltöne haben die gleiche Amplitude. Als Oszillationsfrequenz wurde willkürlich 200 Hz angenommen. Links: Akzentuierung durch verzögerten Einsatz der sechsten Harmonischen. Rechts: Akzentuierung der sechsten Harmonischen im zweiten HKT infolge des Bestehens einer Lücke im vorausgehenden Adaptor-Klang. Der Zeitmaßstab an der Abszisse soll die Größenordnung der Zeitintervalle kennzeichnen

Diese Art der Akzentuierung einzelner Teiltöne kann quantitativ erfaßt werden, indem man im Hörversuch die Mithörschwelle des verzögert einsetzenden Teiltones in Abhängigkeit von der Verzögerungszeit mißt, also denjenigen Teiltonpegel, bei welchem er gerade hörbar wird. Auf diese Weise lassen sich Akzentuierungseffekte von mehr als 10 dB nachweisen [1077, 1075, 1050].

Mit dieser Art von Akzentuierung ist diejenige eng verwandt, welche mit einer plötzlichen Amplitudenzunahme eines Teiltones eines Klanges einhergeht. Wie beispielsweise durch van den Brink [127] demonstriert wurde, genügt es, einen beliebigen Teilton eines Klanges einige Zeit nach dessen Einschalten um 1 dB – also in der Größenordnung des eben wahrnehmbaren Pegelunterschieds – zu erhöhen, um die zugehörige Spektraltonhöhe aus dem Klang vorübergehend hervorzuheben [CD 17]. Baumann [49] hat die Pegelanhebung einzelner Harmonischer unter anderem dazu benutzt, einer kurzen Melodie aus harmonischen komplexen Tönen eine weitere zu überlagern.

Im zweiten Beispiel, Abb. 12.25, wurden die beiden Teile des HKT, welche sich im ersten Beispiel durch die Verzögerung der sechsten Harmonischen ergeben, aufgetrennt und zwischen ihnen eine Pause eingefügt. Auch in diesem Fall tritt Akzentuierung auf, nämlich der sechsten Harmonischen des zweiten HKT. Man kann den ersten HKT als einen *Adaptor* bezeichnen, weil er auf die Wahrnehmung des nachfolgenden, durch eine Pause getrennten HKT eine deutliche Wirkung ausübt [CD 18].

Die letztere Art der Akzentuierung tritt in derselben Weise auf, wenn der erste Klang mehrere Lücken aufweist, wobei jede einzelne davon durch das Fehlen mehrerer benachbarter Harmonischer erzeugt sein kann. Summerfield et al. [931] haben gezeigt, daß ein HKT mit gleichförmig verlaufender Spektralhüllkurve (so daß keine Formanten vorhanden sind), eine Klangfärbung im Sinne eines bestimmten Sprachvokals erfährt, wenn man ihm einen Klang derselben Art vorausgehen läßt, welcher bei den Formantfrequenzen des betreffenden Vokals Lücken hat, deren Breite ungefähr der Formantbandbreite entspricht [CD 19]. Auch durch Amplitudenmodulation von Harmonischen im Gebiet von Formanten kann man Akzentuierung und Vokalwahrnehmung herbeiführen [636, 585].

Wartini [1050] zeigte durch Untersuchung von sprachähnlichen Schallsignalen, daß

- Akzentuierung durch einen Adaptorschall über Pausen von mehreren hundert Millisekunden anhält;
- das Ausmaß der Akzentuierung bis zu 18 dB Pegeländerung entsprechen kann;
- die Formanten der Vokale um 6 bis 10 dB akzentuiert werden können, je nach den Eigenschaften des vorausgehenden Sprachsegments;
- durch Akzentuierung die Ruhehörschwelle für Teiltöne merklich abgesenkt werden kann;
- die Erkennung von Vokalen durch Akzentuierung beeinflußt wird.

12.2.5 Bildung und Zerfall von Ereignisketten

Die Trillerschwelle. Miller und Heise [622, 428] untersuchten die Bedingungen, unter denen Folgen kurzer, rasch aufeinanderfolgender Sinustöne eine auditive Ereigniskette bilden. In einem Hörversuch ermittelten sie die *Trillerschwelle* für eine Folge aus Sinustönen im Zeitabstand von 100 ms, in welcher regelmäßig ein Ton mit einer festen höheren Frequenz und einer mit einer festen tieferen Frequenz einander abwechselten, Abb. 12.26.

Wenn die Differenz der beiden Frequenzen kleiner als ungefär 2,5 Halbtöne ist (Abb. 12.26 oben), wird eine einzige auditive Ereigniskette wahrgenommen, nämlich diejenige eines trillernden Tones. Wenn die Frequenzdifferenz

12.2 Klangzeitgestalt

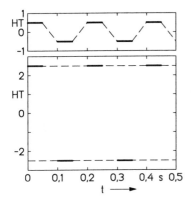

Abb. 12.26. Zerfall einer Kette kurzer Sinustöne mit abwechselnd auf- und abwärts springender Frequenz. Bei einer Sprungweite von weniger als ungefähr 2,5 Halbtönen (HT) wird eine einzige Tonkette gehört; sie ähnelt einem musikalischen Ton mit Triller (oberes Diagramm). Bei einer Sprungweite von mehr als etwa 3 HT zerfällt die Tonkette in zwei getrennte Tonfolgen mit je einer einzigen Tonhöhe (unten). Nach Miller & Heise [622]

jene Grenze überschreitet, zerfällt die Ereigniskette in zwei miteinander einhergehende Ereignisketten, nämlich diejenigen des höheren und des tieferen Tones (Abb. 12.26 unten).

Sinustonfolgen. In einer weiteren Untersuchung [428] erzeugten Heise und Miller längere Sinuston-Ketten, nämlich solche aus je 11 kurzen Tönen mit der Folgefrequenz 8/s. Die Tonfrequenzen wurden so voreingestellt, daß kein Zerfall der Ketten auftrat. Jedoch konnte die Frequenz des sechsten Tones durch die Versuchsperson derart variiert werden, daß dieser Ton schließlich außerhalb der Kette gehört wurde. Heise und Miller beschreiben die dabei auftretende Hörempfindung folgendermaßen:

> ... is heard as an isolated 'pop' that recurs once every 1.375 sec, with the onrushing stream of the melodic pattern in the background. This effect is quite marked, as if the isolated tone came from a separate sound source completely independent of the background pattern.

Miller und Heise haben mit diesen einfachen Experimenten wahrscheinlich den Schlüssel zum Verständnis eines der wichtigsten Phänomene des Hörens gefunden: der Trennung und Rekonstruktion akustischer Objekte beziehungsweise Quellsignale. Allerdings wird dieser Schlüssel erst nützlich, wenn man konsequent davon Gebrauch macht, daß Sinustöne – beziehungsweise die ihnen entsprechenden Spektraltonhöhen – die auditive Repräsentation auch der komplexen Schallsignale beherrschen.

Über ähnliche Untersuchungsergebnisse hat Schouten [826] berichtet. Auch er weist nachdrücklich darauf hin, wie ausgeprägt der Zerfall einer Tonkette in der Hörempfindung ist, wenn die Voraussetzungen für die Verkettung verletzt werden. Diese Voraussetzungen werden im Falle der Tonfolgen durch das *Gesetz der Nähe* gekennzeichnet: Um miteinander eine auditive Ereigniskette zu bilden, müssen die Töne sowohl in Zeit als auch Frequenz in enger Nachbarschaft auftreten. Enge Frequenznachbarschaft wird auf Grund der geschilderten Ergebnisse durch einen Frequenzabstand von wenigen Halbtönen, enge Zeitnachbarschaft durch einen Zeitabstand von 80 bis 150 ms gekennzeichnet. Werden die Frequenzintervalle größer gemacht, so kann innerhalb gewisser Grenzen die Verkettung aufrechterhalten werden, indem der Zeitabstand der Ereignisse ebenfalls vergrößert wird [116, 674].

Sinustöne und komplexe Töne. Van Noorden [674] untersuchte die Verkettung sowohl mit Sinustönen als auch mit harmonischen komplexen Tönen. Für Sinustonketten bestätigen seine Ergebnisse im wesentlichen die oben erwähnten Beobachtungen von Heise, Miller und Schouten. Darüber hinaus zeigte er, daß Zerfall einer Tonkette auch durch Pegelunterschiede anstelle der Frequenzunterschiede aufeinanderfolgender Töne herbeigeführt werden kann. Er fand, daß bei einem Pegelunterschied von mehr als ungefähr 3 dB Zerfall der Kette eintritt.

Mit HKT zeigte van Noorden [674], daß Verkettung auch im Falle komplexer Klänge von enger Nachbarschaft hinsichtlich Spektralfrequenz und Zeit abhängt, vgl. Abb. 12.27. Wenn abwechselnd ein kurzer Sinuston (40 ms Dauer) und ein harmonischer Residualton mit derselben musikalischen Tonhöhe dargeboten werden (Abb. 12.27a), gibt es keine Verkettung von Sinustönen und HKT. Vielmehr bilden die Folge der Sinustöne und diejenige der Residualtöne je eine eigene Kette. Wenn zwei harmonische Residualtöne mit ein und derselben Oszillationsfrequenz, jedoch verschiedenen Harmonischen einander abwechseln, gibt es ebenfalls keine Verkettung (Abb. 12.27b).

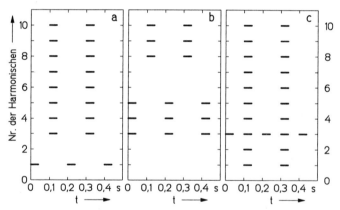

Abb. 12.27. Schematische Teilton-Zeitmuster von Tonfolgen, welche jeweils zwei unabhängige Ereignisketten bilden. (a) Sinuston und Residualton gleicher musikalischer Tonhöhe abwechselnd, wobei der Residualton aus der dritten bis zehnten Harmonischen besteht. (b) Zwei abwechselnde Residualtöne gleicher Oszillationsfrequenz, welche sich durch die Ordnungszahlen ihrer Harmonischen unterscheiden. (c) Sinuston abwechselnd mit HKT, wobei der Sinuston die Frequenz der dritten Harmonischen des HKT hat. Nach van Noorden [674]

Auch wenn ein Sinuston und ein HKT einander abwechseln (Abb. 12.27c), wobei die Frequenz des Sinustones mit derjenigen einer tieferen Harmonischen des HKT übereinstimmt, gibt es keine Verkettung, sondern es bleibt bei der

Wahrnehmung zweier getrennter Ketten. Daneben wurde von van Noorden der zusätzliche Effekt beobachtet, daß unter geeigneten Bedingungen diejenige Harmonische, deren Frequenz mit derjenigen des Sinustones übereinstimmt, in die Kette der Sinustöne integriert wird, so daß die Sinustonfolge ihre Folgefrequenz in der Hörempfindung verdoppelt. Die betreffende Harmonische wird durch den jeweils kurz vor dem HKT dargebotenen Sinuston gewissermaßen herausgehoben, als ob der Sinuston ein Zeiger wäre, welcher auf die betreffende Harmonische deutet. Voraussetzung dabei ist, daß der Schallpegel des Sinustones ungefähr gleich demjenigen der betreffenden Harmonischen ist [674].

Einfache Melodien mit Oktavversatz. Deutsch [229] und Dowling & Hollombe [242] haben in Hörversuchen mit einfachen Melodien nachgewiesen, daß die Verkettung von Tönen mit weiten Tonhöhensprüngen auch dann nicht gelingt, wenn die Töne oktavverwandt sind. Deutsch benutzte die erste Hälfte des Lieds *Yankee Doodle*, von dem sie voraussetzen konnte, daß es allen Versuchspersonen bekannt sein würde. Die Testmelodien wurden mit Sinustönen realisiert. In der Tat wurde die unmanipulierte Melodie (Abb. 12.28 oben) von den Versuchspersonen sicher erkannt. Wurden dagegen die Töne in willkürlicher Reihenfolge um eine oder zwei Oktaven versetzt (Abb. 12.28 unten), so sank die Erkennungsrate drastisch. Die aus zufällig oktavversetzten Tönen bestehende Melodie wurde nur noch ebenso häufig erkannt, wie dies allein auf Grund des Rhythmus (also ohne jede Tonhöheninformation) möglich war [229]. Die Versuche von Dowling & Hollombe [242], mit einem größeren Testmaterial durchgeführt, hatten im wesentlichen das gleiche Ergebnis. Insbesondere wurden bei Verwendung von HKT (Klavier) anstelle obertonarmer Töne (Flöte) keine wesentlich anderen Resultate gefunden.

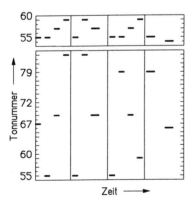

Abb. 12.28. Schematische Teilton-Zeitmuster der mit Sinustönen erzeugten Melodie *Yankee Doodle*. Die Tonfrequenz wird durch die Tonnummer der temperierten Skala bezeichnet (Ordinate; Nr. 57 entspricht A_4). Oben: Unveränderte Melodie. Unten: Dieselben Töne, jedoch in zufällig variierter Oktavlage. Die vertikalen Linien entsprechen den Taktstrichen der musikalischen Notation

Daß die Verkettung rasch aufeinanderfolgender Töne enge Frequenznachbarschaft erfordert, ist aus der Musik bekannt. Die Musik- beziehungsweise Kompositionslehre weist darauf hin, daß eine gute Melodie aus kleinen Tonschritten bestehen müsse [443]. In der Tat ist eine Tonfolge, welche zu weite

Frequenzsprünge enthält, nicht nur im ästhetischen Sinne wenig als Melodie geeignet, sondern sie tendiert dazu, *überhaupt keine* Melodie zu bilden, weil keine Verkettung stattfindet.

Komplexe Ereignisketten. Die auditiven Ereignisketten der Sprache und der Musik bestehen aus komplexen Klangzeitgestalten, das heißt, im Klangzeitmuster enthaltenen Teiltongruppen, welche sich über eine gewisse Zeit erstrecken. Somit steht man bei der Analyse der Klangzeitmuster vor der Frage, was diejenigen Teiltöne, welche zu einer bestimmten Ereigniskette (das heißt, einer Klangzeitgestalt) gehören, zusammenhält, und zwar erstens entlang der Frequenz- und zweitens entlang der Zeitkoordinate (vertikale beziehungsweise horizontale Zusammengehörigkeit). Diejenigen Kriterien, nach denen gewisse Elemente einer bestimmten Klangzeitgestalt als zusammengehörig gekennzeichnet werden können (*integration*) sind die gleichen, nach denen die betreffende Klangzeitgestalt von den anderen Klangzeitgestalten desselben Klangzeitmusters unterschieden wird (*segregation*).

Die wichtigsten und recht gut abgesicherten Kriterien für *vertikale* Zusammengehörigkeit von Teiltönen (das heißt, Zusammengehörigkeit in der Tonhöhendimension) sind folgende:

Synchronität. Gleichzeitigkeit des Auftretens verschiedener Teiltöne innerhalb einer gewissen Toleranz spricht dafür, daß dieselben zu ein und demselben Objekt gehören.

Harmonizität. Teiltöne, welche in Bezug auf eine auditiv sinnvolle Grundfrequenz harmonisch sind, stammen mit hoher Wahrscheinlichkeit von einem einzigen periodischen Schallsignal, das heißt, einer einzigen Quelle.

Gleichartigkeit der Amplitudenänderung. Während die instantanen Amplituden der Teiltöne wenig Information über die Quelle enthalten, weist Gleichartigkeit zeitlicher Amplituden*änderung* auf Zusammengehörigkeit der betreffenden Teiltöne hin.

Das wichtigste und vermutlich allgemein vorherrschende Kriterium für *horizontale* Zusammengehörigkeit (Verkettung; Zusammengehörigkeit in der Zeitdimension) ist *Nähe im Klangzeitmuster*.

Anhang

A.1 Symbole, Größen und Konstanten

Symbole

a	Radius, Seitenlänge, Dämpfungskonstante
$A, A(s)$	Übertragungsfaktor, Übertragungsfunktion
α	Winkel, Dämpfungskonstante, Absorptionsgrad
B	magnetische Induktion (Flußdichte)
β	Winkel, Wellenzahl
C	elektrische Kapazität, Federnachgiebigkeit, Wärmekapazität
c	Schallgeschwindigkeit, Fortpflanzungsgeschwindigkeit einer Welle
c_p	spezifische Wärme bei konstantem Druck
c_v	spezifische Wärme bei konstantem Volumen
D	elektrische Verschiebungsdichte, Richtungsmaß
d	Dicke, piezoelektrischer Modul
δ	Verlustkoeffizient, Dämpfungskonstante
E	elektrische Feldstärke, psychoakustische Erregung
E_M	Elastizitätsmodul
ε	Dielektrizitätskonstante
ε_0	elektrische Feldkonstante
ε_r	Dielektrizitätszahl
η	dynamische Viskosität, Wirkungsgrad, Reflexionskoeffizient
F	Frequenzmaß, Formantfrequenz
f	Frequenz
f_c	Trägerfrequenz
f_C	Charakteristische Frequenz (PET-System)
f_m	Modulationsfrequenz
f_o	Oszillationsfrequenz eines periodischen Signals
G	reeller Leitwert
G'	Leitwertbelag einer Leitung
Γ	Richtungsfaktor
γ	Transmissionsfunktion (Leitung), Zahlenkonstante
H	magnetische Feldstärke, Übertragungsfunktion, Tonhöhe
h	Höhe, Impulsantwort, relative Häufigkeit

$I, I(s)$	Frequenzfunktion der Stromstärke
$i, i(t)$	Zeitfunktion der Stromstärke
J	Schallintensität, Besselfunktion
J_r	Bezugs-Schallintensität
j	imaginäre Einheit
$K, K(s)$	Frequenzfunktion der Kraft
$k, k(t)$	Zeitfunktion der Kraft
κ	Empfindungsexponent
L	Schallpegel, Induktivität
L_A	Absolutschwellenpegel
L'	Induktivitätsbelag einer Leitung, Schallintensitätsdichtepegel
l	Länge
Λ	Volumen
λ	Wellenlänge
M	Masse, Induktivität
μ	Permeabilität
μ_0	magnetische Feldkonstante
μ_r	Permeabilitätszahl (relative Permeabilität)
N	Leistung, Lautheit
ω	Kreisfrequenz
Ω	Oktavspreizung
$P, P(s)$	Frequenzfunktion einer Schwingungsgröße bzw. des Schalldrucks
$p, p(t)$	Zeitfunktion einer Schwingungsgröße, Schalldruckzeitfunktion
p_a	absoluter Druck
p_r	Bezugsschalldruck
Φ	magnetischer Induktionsfluß, Winkel, Phasenwinkel
ϕ	Winkel, Phasenwinkel
Ψ, ψ	Winkel, Phasenwinkel
$Q, Q(s)$	Frequenzfunktion einer Schwingungsgröße, des Schallflusses oder einer elektrischen Ladung
$q, q(t)$	Zeitfunktion einer Schwingungsgröße, des Schallflusses oder einer elektrischen Ladung
r	Radius, Abstand
R	Allgemeine Empfindungsgröße (Response), reeller elektrischer Widerstand, mechanischer Reibwiderstand
R'	Widerstandsbelag einer Leitung
ρ	Wechselanteil der Dichte (Schalldichte), Konstante
ρ_a	absolute Dichte
ρ_0	mittlere Dichte
S	Allgemeine Stimulusgröße, Fläche
S_A	Stimulusstärke an der Absolutschwelle
s	imaginäre Frequenzvariable

A.1 Symbole, Größen und Konstanten

σ	Schwellenquotient
T	Zeitintervall, Periodendauer, Matrix eines realen Wandlers
t	Zeit
τ	Zeitkonstante, Zeit-Hilfsvariable
Θ	Winkel, elektrische Durchflutung
$U, U(s)$	Frequenzfunktion der elektrischen Spannung
$u, u(t)$	Zeitfunktion der elektrischen Spannung
$V, V(s)$	Frequenzfunktion der Schnelle bzw. Geschwindigkeit
$v, v(t)$	Zeitfunktion der Schnelle bzw. Geschwindigkeit
W	Elementarwandler-Kettenmatrix, reeller mechanischer Widerstand
w	Windungszahl einer Spule, Fensterfunktion
X	Realteil einer komplexen Frequenzfunktion
x	allgemeine Variable, Ortskoordinate
$Y, Y(s)$	Admittanz, Imaginärteil einer komplexen Frequenzfunktion
y	allgemeine Variable, Ortskoordinate
z	Ortskoordinate, Tonheit
$Z, Z(s)$	Impedanz

Größen und Konstanten

Die Definitionen der benutzten physikalischen Größen sind in den Tabellen A.3 und A.4 aufgeführt. Tabelle A.5 enthält Angaben über eine Anzahl physikalischer Konstanten.

Tab. A.3. Die Grundgrößen des internationalen Maßsystems

Größe	Einheit	Definition
Länge	m (Meter)	1650763,73 Wellenlängen der orangeroten Linie von Krypton 86 im Vakuum
Masse	kg (Kilogramm)	Masse des internationalen Prototyps
Zeit	s (Sekunde)	9192631770 Perioden der Strahlung, welche beim Übergang aus dem Grundzustand des Cäsiumatoms ^{133}Cs entsteht
elektr. Strom	A (Ampère)	Stärke des Stroms durch zwei gerade, parallele, unendlich lange Leiter im leeren Raum mit dem Abstand 1 m, zwischen denen pro m Länge die Kraft $2 \cdot 10^{-7}$ N wirkt
Temperatur	K (Kelvin)	Temperatur gefrierenden Wassers minus 273,16°
Lichtstärke	cd (Candela)	1/60 der von 1 cm^2 ausgehenden Lichtstärke eines schwarzen Körpers bei 2042,2 K

Tab. A.4. Zusammengesetzte physikalische Größen mit eigenen Einheiten

Größe	Einheit	Definition
Druck	Pa (Pascal)	1 Pa = 1 N/m^2
elektrische Kapazität	F (Farad)	1 F = 1 As/V
elektrische Ladung	C (Coulomb)	1 C = 1 As
elektrische Spannung	V (Volt)	1 V = 1 W/A
elektrischer Widerstand	Ω (Ohm)	1 Ω = 1 V/A
Energie, Arbeit	J (Joule)	1 J = 1 Nm
Frequenz	Hz (Hertz)	1 Hz = 1 s^{-1}
Induktivität, Selbstinduktivität	H (Henry)	1 H = 1 Vs/A
Kraft	N (Newton)	1 N = 1 mkg/s^2
Leistung	W (Watt)	1 W = 1 Nm/s
Magnet. Induktionsfluß	Wb (Weber)	1 Wb = 1 Vs
Magn. Induktion (Flußdichte)	T (Tesla)	1 T = 1 Wb/m^2

Tab. A.5. Physikalische Konstanten

Konstante	Symbol	Wert
Dichte (mittlere absolute)	ρ_a	
Luft, Normalbedingungen		$1,21$ kg/m^3
Luft, 37 °C, hohe Feuchtigkeit		$1,14$ kg/m^3
Elastizitätsmodul	E	
Aluminium		$7,2 \cdot 10^{10}$ N/m^2
Bronze		$12 \cdot 10^{10}$ N/m^2
Eisen		$21 \cdot 10^{10}$ N/m^2
Holz		ca. $1 \cdot 10^{10}$ N/m^2
Silizium		$11,5 \cdot 10^{10}$ N/m^2
elektrische Elementarladung	e	$1,60210 \cdot 10^{-19}$ As
elektrische Feldkonstante	ε_0	$8,8542 \cdot 10^{-12}$ As/(Vm)
Erdbeschleunigung	g	$9,80665$ m/s^2
Lichtgeschwindigkeit	c	$2,997925 \cdot 10^8$ m/s
magnetische Feldkonstante	μ_0	$1,2566$ Vs/(Am)
molare Gaskonstante	R	$8,3143$ Ws/(grd mol)
Schallgeschwindigkeit	c	
Blei		1300 m/s
Eisen		5100 m/s
Glas		ca. 5000 m/s
Helium, 0 °C		969 m/s
Kohlensäure		266 m/s
Luft, Normalbedingungen		343 m/s
Luft, 37 °C, hohe Feuchtigkeit		350 m/s
Wasser, 0 °C		1403 m/s
Wasser, 20 °C		1483 m/s
Wasser, 36 °C		1522 m/s
Wasserstoff, 0 °C		1237 m/s
spezifische Ladung d. Elektrons	e/m_e	$1,758796 \cdot 10^{11}$ As/kg
spezifische Wärmekapazität		
Luft, konstanter Druck	c_p	$29,2$ J/(Mol grd)
Luft, konstantes Volumen	c_v	$20,9$ J/(Mol grd)
Viskosität	η	
Wasser, 0 °C		$1,792$ Ns/m^2
Wasser, 20 °C		$1,002$ Ns/m^2
Wasser, 40 °C		$0,653$ Ns/m^2
Zustandsexponent c_p/c_v, *Luft*	κ	$1,4$

A.2 Korrespondenzen und Rechenregeln der CFT

Korrespondenzen

$1 \circ\!\!-\!\!\bullet 1/s$ (Einheitssprung) (A.1)

$\delta(t) \circ\!\!-\!\!\bullet 1$ (Einheitsimpuls) (A.2)

$t^{n-1}/(n-1)! \circ\!\!-\!\!\bullet 1/s^n$ für $n = 2, 3, 4 \ldots$ (A.3)

$t^{n-1}e^{at}/(n-1)! \circ\!\!-\!\!\bullet 1/(s-a)^n$ für $n = 1, 2, 3, \ldots$ (A.4)

$$\frac{t^{n-1}e^{-t/a}}{a^n(n-1)!} \circ\!\!-\!\!\bullet \frac{1}{(1+as)^n} \text{ für } n = 1, 2, 3, \ldots \quad (A.5)$$

$$\frac{e^{at} - e^{bt}}{a-b} \circ\!\!-\!\!\bullet \frac{1}{(s-a)(s-b)} \quad (A.6)$$

$$\sin \omega_s t \circ\!\!-\!\!\bullet \frac{\omega_s}{s^2 + \omega_s^2} \quad (A.7)$$

$$e^{at} \sin \omega_s t \circ\!\!-\!\!\bullet \frac{\omega_s}{(s-a)^2 + \omega_s^2} \quad (A.8)$$

$$\sinh at \circ\!\!-\!\!\bullet \frac{a}{s^2 - a^2} \quad (A.9)$$

$1 + \lfloor t/T \rfloor \circ\!\!-\!\!\bullet \dfrac{1 + \coth(sT/2)}{2s}$

(Treppenfunktion, Stufenbreite T) (A.10)

$\dfrac{1 + e^{2a} - 2e^{-2a\lfloor t/T \rfloor}}{e^{2a} - 1} \circ\!\!-\!\!\bullet \dfrac{1}{s}\coth(a + sT/2)$ (A.11)

In (A.10) und (A.11) bedeutet $\lfloor x \rfloor$ größte ganze Zahl $\leq x$.

1 für $nT < t < (n+1/2)T$;

0 für $(n+1/2)T < t < nT$ $\circ\!\!-\!\!\bullet \dfrac{1}{2s}\left(\tanh\dfrac{as}{2} + 1\right)$

(Rechteckpuls mit Periode T und Impulsdauer $T/2$) (A.12)

$\dfrac{\sqrt{\pi}}{\Gamma(n)}\left(\dfrac{t}{a-b}\right)^{n-1/2} \cdot e^{-(a+b)t/2} \cdot I_{n-1/2}\left(\dfrac{a-b}{2}t\right)$

$\circ\!\!-\!\!\bullet \dfrac{1}{(s+a)^n(s+b)^n}$ (A.13)

Rechenregeln

Additionsregel ($a_1, a_2, \ldots$ reell):
$$a_1 p_1(t) + a_2 p_2(t) + \ldots \;\multimap\; a_1 P_1(s) + a_2 P_2(s) + \ldots \tag{A.14}$$

Verschiebungsregel (Verschiebung des kausalen Signals um t_v):
$$p(t - t_v) \;\multimap\; P(s) e^{-st_v}. \tag{A.15}$$

Differentiationsregel (n-te Ableitung nach t):
$$p^{(n)}(t) \;\multimap\; s^n P(s). \tag{A.16}$$

Integrationsregel:
$$\int p(t) dt = \int_{-\infty}^{t} p(\tau) d\tau \;\multimap\; \frac{1}{s} P(s). \tag{A.17}$$

Faltungsregel:
$$\int_{-\infty}^{t} p_1(\tau) p_2(t - \tau) d\tau \;\multimap\; P_1(s) \cdot P_2(s). \tag{A.18}$$

Ähnlichkeitsregel ($a > 0$, reell):
$$p(at) \;\multimap\; \frac{1}{a} P\left(\frac{s}{a}\right). \tag{A.19}$$

Dämpfungsregel (a komplex):
$$p(t) e^{-at} \;\multimap\; P(s + a). \tag{A.20}$$

Multiplikationsregel ($n > 0$, ganz):
$$p(t) t^n \;\multimap\; (-1)^n P^{(n)}(s). \tag{A.21}$$

A.3 Inhalt der Compact-Disk

Mithörschwellen

1. Mithörschwelle eines Sinustones, verdeckt durch weißes Rauschen. Bei gleichzeitiger Darbietung eines Sinustones und eines Störschalls wird der Sinuston mehr oder weniger verdeckt. Die Mithörschwelle gibt hierbei denjenigen Schalldruckpegel des Testtones an, den dieser haben muß, um neben dem Störschall gerade noch wahrnehmbar zu sein. Verständlicherweise liegt die Mithörschwelle stets oberhalb der Ruhehörschwelle. Dies wird in dieser Demonstration mit einem 2 kHz-Sinuston, dem weißes Rauschen überlagert ist, gezeigt. Hierzu wird zunächst der Sinuston 10 mal dargeboten, wobei sein Pegel schrittweise um 3 dB verringert wird. Die letzte Darbietung sollte eben noch wahrnehmbar sein. Anschließend wird der gleichen Sequenz weißes Rauschen überlagert. Für die meisten Personen werden in diesem Fall weniger als 10 Sinustöne noch deutlich neben dem Störschall wahrnehmbar sein (S. 317).

2. Mithörschwelle eines Sinustones, verdeckt durch verschiedene bandbegrenzte Rauschen. Die Abhängigkeit der Mithörschwelle eines Sinustones von der Bandbreite des überlagerten Rauschens unterteilt sich in zwei Bereiche. Für Bandbreiten größer als diejenige der Frequenzgruppe des Sinustones steigt die Mithörschwelle umso mehr an, je geringer die Bandbreite des Rauschens wird. Der Schalldruckpegel des Sinustones muß also bei kleiner werdenden Bandbreiten größer sein, um neben dem Rauschen gerade noch wahrnehmbar zu sein. Wird die Bandbreite des Rauschens dagegen kleiner als die Frequenzgruppenbreite, ändert sich bei konstanter Intensität die Mithörschwelle nicht mehr. Zunächst wird ein 2 kHz-Sinuston 10 mal dargeboten, wobei der Pegel schrittweise um 3 dB verringert wird. Die letzte Darbietung sollte eben noch wahrnehmbar sein.

Die gleiche Sequenz wird nun zuerst mit einem Rauschen der Bandbreite von 7000 Hz und dann mit einem Rauschen der Bandbreite von 1000 Hz überlagert. Da beide Bandbreiten größer als diejenige der Frequenzgruppe mit 280 Hz sind, werden im Regelfall beim zweiten Beispiel mit Rauschen kleinerer Bandbreite deutlich weniger Sinustöne hörbar sein. Hier konzentriert sich nämlich die Schallintensität des Rauschens auf die Frequenzumgebung des Sinustones.

Die Bandbreiten des Rauschens der zwei folgenden Beispiele liegen nun unterhalb derjenigen der Frequenzgruppe. Diese beträgt übrigens bei der Frequenz 2 kHz 280 Hz. Die Bandbreite des Rauschens im ersten Beispiel beträgt 250 Hz, im zweiten Beispiel 80 Hz. In beiden Darbietungen werden gleich viele Sinustöne wahrnehmbar sein, jedoch weniger als im vorhergehenden Beispiel (S. 318).

Frequenzgruppen

3. Zunahme der Lautheit von Schallen gleicher Intensität mit anwachsender Bandbreite. Neun mal werden abwechselnd ein Sinuston und ein bandbegrenztes Rauschen dargeboten. Der Sinuston hat in allen Darbietungen die Frequenz 1000 Hz. Die Mittenfrequenz des bandbegrenzten Rauschens beträgt in allen neun Darbietungen ebenfalls 1000 Hz. Von der ersten zur letzten Darbietung wächst die Bandbreite des Rauschens von 100 bis 1900 Hz in unterschiedlichen Stufen an. Dabei bleibt seine Gesamtintensität konstant. Sie ist in allen Darbietungen gleich derjenigen des Sinustones. Ab der dritten Darbietung ist die Bandbreite des Rauschens größer als diejenige der Frequenzgruppe mit 1000 Hz Mittenfrequenz. Daher sollte die Lautheit des Rauschens in der dritten und erst recht den darauffolgenden Darbietungen größer als diejenige des Sinustones sein (S. 280).

4. Eben wahrnehmbarer Frequenzunterschied zwischen aufeinanderfolgenden Sinustönen. Zehn Gruppen von jeweils zwei Tonpaaren werden dargeboten. Bei jedem Tonpaar ist der zweite Ton entweder höher oder tiefer als der erste Ton. In jeder Gruppe ist jedoch stets ein Tonpaar mit einem tieferen und ein Tonpaar mit einem höheren zweiten Ton vorhanden. Die Reihenfolge der beiden Tonpaare variiert zufällig von Gruppe zu Gruppe. Die Frequenz des ersten Tones eines jeden Tonpaares beträgt 1 kHz. Der Frequenzunterschied zum zweiten Ton wird beginnend bei 9 Hz um jeweils 1 Hz pro Gruppe verringert, so daß bei der letzten dargebotenen Gruppe der erste und zweite Ton jedes Tonpaares identisch sind. Durch Abzählen der Gruppen, bei denen der Frequenzunterschied noch deutlich wahrnehmbar ist, kann die individuelle Schwelle für den Frequenzunterschied ermittelt werden (S. 261).

5. Frequenzunterschiedsschwelle bei tiefen und hohen Frequenzen im Vergleich. Zwei Gruppen mit je zwei Tonpaaren werden dargeboten. Die beiden Gruppen unterscheiden sich durch den Frequenzbereich, in dem ihre Tonpaare liegen. Alle Tonpaare haben denselben Frequenzunterschied zwischen den beiden nacheinander dargebotenen Sinustönen. In der ersten Gruppe betragen die Frequenzen der beiden Sinustöne beim ersten Tonpaar 500 und 505 Hz, beim zweiten Tonpaar 500 und 495 Hz. In der zweiten Gruppe sind die Frequenzen der Sinustöne im ersten Tonpaar 2000 und 2005 Hz, im zweiten Tonpaar 2000 und 1995 Hz. Der Frequenzunterschied ist also in allen vier Fällen gleich groß. Bei der ersten Gruppe mit Frequenzen um 500 Hz ist der Frequenzunterschied von 5 Hz deutlicher wahrnehmbar. Die Darbietung wird einmal wiederholt (S. 261).

6. Aurale Kombinationstöne gerader und ungerader Ordnung. Es werden zwei Sinustöne mit 1000 und 1200 Hz dargeboten, wobei die Frequenz des höheren Sinustones langsam von 1200 Hz nach 1600 Hz und zurück nach 1200 Hz variiert wird. Bei einem relativ hohen Wiedergabepegel kann man sowohl die Kombinationstöne gerader als auch ungerader Ordnung wahrnehmen. Man kann den Kombinationston gerader Ordnung daran erkennen, daß seine Tonhöhe der Variationsrichtung des höheren Sinustones folgt. Der Kombinationston ungerader Ordnung ändert dagegen seine Tonhöhe in entgegengesetzter Richtung (S. 239).

7. Schwebungen eines Zweiklangs von Sinustönen, deren Frequenzen angenähert im Verhältnis 1:1 bzw. 1:2 stehen. Zwei Sinustöne mit 500 und 504 Hz werden zunächst nacheinander dargeboten. Für einen aufmerksamen Hörer ist die leichte Verstimmung der beiden Töne hörbar. Eine viel deutlichere Hervorhebung der Verstimmung erreicht man jedoch bei der anschließenden gemeinsamen Darbietung der Töne. Die hierbei entstehende Schwebung macht die Verstimmung einwandfrei hörbar. Die Sequenz wird zweimal wiederholt.

Nun wird der gleiche Ablauf mit einer leicht verstimmten Oktave wiederholt, bei der die Frequenzen der Sinustöne 500 und 1004 Hz betragen. Auch hier wird die, bei sequentieller Darbietung der Töne kaum wahrnehmbare Verstimmung, durch die bei gleichzeitiger Darbietung entstehende Schwebung deutlich hervorgehoben. Die Schwebungsfrequenz ist wie im vorhergehenden Beispiel 4 Hz (S. 295).

8. Die von einem Zweiklang aus Sinustönen hervorgerufenen Wahrnehmungen bei unterschiedlichen Frequenzabständen. Zwei Sinustöne mit 500 und 504 Hz werden nacheinander und anschließend zusammen dargeboten. Die Wahrnehmung einer Schwebung bei der gemeinsamen Darbietung macht die Frequenzdifferenz deutlicher hörbar als in der sequentiellen Darbietung der beiden Sinustöne. Anschließend wird die Frequenzdifferenz zwischen den beiden Sinustönen von 4 auf 40 Hz erhöht. Der gleiche Ablauf wird mit diesen beiden Sinustönen von nunmehr 500 und 540 Hz wiederholt. Bei der gemeinsamen Darbietung wird Rauhigkeit hörbar. Zum Schluß wird die Frequenzdifferenz auf 200 Hz erhöht, so daß die Frequenzen der Sinustöne 500 und 700 Hz betragen. Eine deutliche, getrennte Wahrnehmung der beiden Sinustöne ist bei gleichzeitiger Darbietung möglich (S. 293).

9. Schwebungserzeugung auf einer Pfeifenorgel mit dem Nasat-Register. Ein Beispiel für die Verwendung von Schwebungen in der Musik ist das Nasat-Register der Pfeifenorgel. Der Orgelbauer belebt den Orgelklang durch den Einbau eines Nasat-Registers, das gegen die anderen Register um ein paar Hertz verstimmt ist. In diesem Hörbeispiel wird zunächst ein Ton mit dem Nasat-Register auf dem zweiten Manual und dann derselbe Ton mit einem anderen Register auf dem ersten Manual gespielt. Zum Schluß erklingen beide Töne gleichzeitig. Beim Zusammenklang ist eine deutliche Schwebung wahrnehmbar. Die Darbietung wird zweimal wiederholt (S. 293).

10. Subjektive Weite musikalischer Intervalle in verschiedenen Tonlagen. Auf einer Orgel wird der Choral 'Lobe den Herren' gespielt, und zwar abwechselnd in der eingestrichenen und der dreigestrichenen Oktave. Die Weite ein und derselben musikalischen Intervalle erscheint dem Gehör in der tieferen Tonlage deutlich größer als in der höheren (S. 263).

Tonhöhenabweichungen

11. Tonhöhenabweichung eines Sinustones durch Überlagerung von zusätzlichem Schall. Ein unmaskierter Vergleichssinuston bei 2025 Hz alterniert mit einem teilmaskierten 2025 Hz-Sinuston. Die partielle Maskierung erfolgt mit einem frequenzbenachbarten Terzrauschen, dessen obere Grenzfrequenz von 2016 Hz dicht unterhalb der Sinustonfrequenz liegt. Bei der letzten Darbietung wird das Terzrauschen weggelassen, um die Gleichheit der Tonhöhen der beiden Sinustöne hervorzuheben. Die meisten Personen nehmen den teilmaskierten Sinuston mit deutlich höherer Tonhöhe wahr (S. 330).

12. Tonhöhenabweichung eines Sinustones durch Pegeländerung. Drei Tonpaare in unterschiedlichen Frequenzbereichen werden je dreimal dargeboten. Die Sinustöne der ersten drei Tonpaare liegen bei 4500 Hz, die der nächsten drei Tonpaare bei 1600 Hz und die der letzten drei bei 130 Hz. Die Sinustöne eines Tonpaares weisen einen Pegelunterschied von 25 dB auf. Bei hohen Frequenzen, also im ersten Beispiel, hat der lautere Ton im allgemeinen eine höhere Tonhöhe als der leisere. In mittlerer Tonlage, also im zweiten Beispiel, ist zumeist kein Tonhöhenunterschied wahrnehmbar. Im dritten Beispiel, bei tiefer Tonlage, wird der lautere Ton meist tiefer empfunden als der leisere (S. 329).

Oktavspreizung

13. Oktavabweichung nacheinander dargebotener Sinustöne. Bei den meisten Personen ist eine Spreizung der Oktave nacheinander dargebotener Sinustöne zu beobachten. Der Betrag der Abweichung vom Frequenzverhältnis 1:2 ist jedoch individuell verschieden. In dieser Demonstration werden vier Gruppen von jeweils drei identischen Tonpaaren dargeboten. Die Tonpaare bestehen aus einem 500 Hz Sinuston und einem nachfolgenden zweiten Sinuston nahe 1000 Hz. Die Frequenz des zweiten Sinustones wächst von einer Gruppe zur nächsten von 990 bis 1020 Hz in 10 Hz-Schritten an. Mit diesem Beispiel kann individuell die am angenehmsten klingende Oktave ermittelt werden. Für viele Personen wird diese im dritten Beispiel zu finden sein. Man beachte insbesondere, daß die um 10 Hz verengte Oktave der ersten Gruppe wesentlich weniger akzeptabel klingt als die um den gleichen Betrag gespreizte Oktave in der dritten Gruppe (S. 340).

14. Quintabweichung nacheinander dargebotener Sinustöne. Die bei einer Oktave normalerweise auftretende Spreizung nacheinander dargebotener Sinustöne kann ebenso bei einem Quintabgleich festgestellt werden. Beim Abgleich einer Duodezime, d.h. einer Oktave plus einer Quint, ergibt sich eine Abweichung, die der Summe der Oktavspreizung und der Quintabweichung entspricht. In dieser Demonstration werden vier Gruppen von jeweils drei identischen Tonpaaren dargeboten. Die Tonpaare bestehen aus einem 500 Hz Sinuston und einem nachfolgenden zweiten Sinuston nahe der Duodezime bei 1500 Hz. Die Frequenz des zweiten Sinustones wächst von einer Gruppe zur nächsten von 1490 bis 1520 Hz in 10 Hz-Schritten an. Mit diesem Beispiel kann individuell die am angenehmsten klingende Duodezime ermittelt werden. Für viele Personen wird diese im dritten Beispiel zu finden sein. Man beachte insbesondere, daß die um 10 Hz verengte Duodezime der ersten Gruppe wesentlich weniger akzeptabel klingt als die um den gleichen Betrag gespreizte Duodezime in der dritten Gruppe (S. 343).

15. Oktavabweichung nacheinander dargebotener komplexer Töne.
Für die Musik von großer Bedeutung ist die auftretende Tendenz zur Spreizung der Oktave bei der Oktavbeurteilung zweier gleichzeitig oder nacheinander dargebotener komplexer Töne. Das als optimal empfundene Frequenzverhältnis ist meist etwas größer als 1:2. Dennoch ist die auftretende Spreizung bei komplexen Tönen etwas geringer als bei Sinustönen. Wie bei den Sinustönen ist der Betrag der Abweichung individuell verschieden. In dieser Demonstration werden vier Gruppen von jeweils drei identischen Tonpaaren dargeboten. Die Tonpaare bestehen aus einem komplexen Ton mit einer Grundfrequenz von 120 Hz und einem nachfolgenden zweiten komplexen Ton mit einer Grundfrequenz nahe 240 Hz. Die Grundfrequenz des zweiten komplexen Tones wächst von einer Gruppe zur nächsten von 237 bis 246 Hz in 3 Hz-Schritten an. Die komplexen Töne setzen sich aus 10 Harmonischen zusammen. Mit diesem Beispiel kann individuell die am angenehmsten klingende Oktave ermittelt werden. Für viele Personen wird diese im dritten Beispiel zu finden sein. Man beachte insbesondere, daß die um 3 Hz verengte Oktave der ersten Gruppe wesentlich weniger akzeptabel klingt als die um den gleichen Betrag gespreizte Oktave in der dritten Gruppe (S. 358).

16. Gespreizte, normale und verengte Intonation im Vergleich. Bei der Mehrzahl normalhörender Personen kann eine Bevorzugung gespreizter musikalischer Intervalle beobachtet werden. Die Ursachen hierfür sind die gleichen wie bei der Oktavabweichung bei Sinustönen und komplexen Tönen. Zur Demonstration wird die Melodie *My Bonnie is Over the Ocean* in der dreigestrichenen Oktave gespielt und von einem einstimmigen Baß in der kleinen Oktave begleitet. Für den Baß wie für die Melodie werden komplexe Töne verwendet, welche aus den Harmonischen Nummer 1, 2 und 3 bestehen. In der ersten Darbietung ist die Melodie im Vergleich zur temperierten, richtigen Intonation, um 4% erniedrigt, während die Intonation der Baßstimme unverändert bleibt.

Bei der nächsten Darbietung ist die Melodie im Vergleich zur richtigen Intonation um 4% erhöht. Für die meisten Personen wird dieses Beispiel, d.h. eine gespreizte Intonation, am angenehmsten klingen.

Bei der letzten Darbietung ist die Melodie genau entsprechend der temperierten Stimmung intoniert. Dennoch wird ihre Intonation im Vergleich zu derjenigen der Baßstimme von den meisten Personen als unbefriedigend empfunden. Bei einer Entscheidung für das am angenehmsten klingende Beispiel wird meistens die zweite Demonstration mit der gespreizten Intonation ausgewählt werden (S. 222).

Akzentuierung

17. Akzentuierung durch Pegelerhöhung einzelner Teiltöne eines komplexen Tones. Die Hervorhebung einzelner Teiltöne eines komplexen Tones kann durch eine plötzliche Amplitudenzunahme der entsprechenden Teiltöne erreicht werden. Bei einem stetig klingenden komplexen Ton werden auf diese Weise durch eine Pegelerhöhung von 3 dB nacheinander die Harmonischen Nummern 4, 3, 4, 5 und 6 hervorgehoben, so daß eine kleine Melodie hörbar wird. Der komplexe Ton besteht aus 10 Harmonischen bei einer Grundfrequenz von 200 Hz. Die Darbietung wird zweimal wiederholt (S. 415).

18. Akzentuierung eines Teiltones bei sukzessiver Darbietung eines Lückenschalls und eines vollständigen komplexen Tones. Die Spektraltonhöhe eines harmonischen Teiltones eines komplexen Tones kann hervorgehoben werden, indem man unmittelbar vor dem komplexen Ton einen weiteren komplexen Ton darbietet, dessen Teiltonspektrum eine Lücke aufweist. Zunächst werden dreimal nacheinander ein komplexer Ton und ein Sinuston dargeboten. Der komplexe Ton mit einer Grundfrequenz von 200 Hz besteht aus den ersten 10 Harmonischen gleicher Amplituden. Der Sinuston hat die Frequenz 600 Hz und entspricht somit der dritten Harmonischen des komplexen Tones. In dieser Darbietung wird kein Spektralton des komplexen Tones deutlich hervorgehoben.

Beim komplexen Ton der vorhergehenden Darbietung wird nun die dritte Harmonische weggelassen. Diesem Lückenschall folgt, durch eine kurze Pause getrennt, der vollständige komplexe Ton, der aus der vorigen Darbietung bekannt ist. Im Gegensatz zum ersten Beispiel kann nun beim gleichen komplexen Ton die dritte Harmonische deutlich herausgehört werden. Die Sequenz wird fünfmal dargeboten (S. 416).

19. Akzentuierung mehrerer benachbarter Harmonischer und die dadurch herbeigeführte Klangfärbung. Es wird zunächst dreimal ein komplexer Ton mit einer Grundfrequenz von 150 Hz dargeboten. Der komplexe Ton besteht aus 40 Harmonischen, deren Amplituden gleichmäßig mit der Frequenz abnehmen. Dieser Klang weist keine besondere Färbung auf.

Nun werden bei demselben komplexen Ton die Harmonischen desjenigen Frequenzbereiches weggelassen, welcher der ersten Formantfrequenz des Vokals /a/ entspricht. Die Lücke erstreckt sich von 700 bis 1400 Hz. Nach einer Pause von 100 ms folgt diesem Lückenschall der vorhin gehörte vollständige komplexe Ton. Dieser erfährt auf diese Weise eine Klangfärbung, welche an den Vokal /a/ erinnert. Die Sequenz von Lückenschall und vollständigem komplexen Ton wird zweimal wiederholt (S. 416).

Tonhöhenwahrnehmung von Klängen

20. Virtuelle Tonhöhe eines komplexen Tones. Ein komplexer Ton bestehend aus zehn Harmonischen gleicher Amplituden, dessen Grundfrequenz bei 300 Hz liegt, wird zunächst vollständig dargeboten. In den nachfolgenden Darbietungen werden schrittweise die Harmonischen Nummer eins bis sechs weggelassen. An der musikalischen Tonhöhe des komplexen Tones ändert sich dadurch nichts. Die Sequenz wird einmal wiederholt (S. 307).

21. Virtuelle Tonhöhe eines Residualtones. Ein Residualton, bestehend aus der sechsten bis zwölften Harmonischen gleicher Amplituden, bei einer Grundfrequenz von 200 Hz, wird dargeboten. Durch die unterbrochene Überlagerung eines Sinustones bei 200 Hz wird auf die virtuelle Tonhöhe des Residualtones hingewiesen. Die Darbietung wird einmal wiederholt (S. 347).

22. Maskierung von Residual- und Sinuston. Die Melodie *My Bonnie is Over the Ocean* wird mit Tonpaaren gespielt. Der erste Ton jedes Paares ist ein Sinuston, der zweite ein Residualton gleicher Tonhöhe bestehend aus der vierten, fünften und sechsten Harmonischen.

Nun wird ein Tiefpaßrauschen überlagert. Dies macht die Sinustöne unhörbar, ohne die Residualtöne zu beeinträchtigen. Die virtuellen Tonhöhen der Residualtöne werden daher weiterhin wahrgenommen.

Jetzt wird ein Hochpaßrauschen überlagert. Dies macht die Residualtöne unhörbar, so daß die virtuellen Tonhöhen verschwinden. Die mit Sinustönen gespielte Melodie ist weiterhin hörbar (S. 347).

23. Dominanter Spektralbereich für die Bildung der virtuellen Tonhöhe. Ein aus den ersten 20 Harmonischen bestehender komplexer Ton mit einer Grundfrequenz von 200 Hz wird gefolgt von einem inharmonischen Klang dargeboten. Bei dem inharmonischen Klang handelt es sich um den in zwei Teilklänge aufgeteilten harmonisch komplexen Ton. Der eine Teilklang enthält die Harmonischen bis zu einer festgelegten Frequenzgrenze, der andere die Harmonischen oberhalb der Frequenzgrenze. Beide Teilklänge werden sodann in unterschiedlicher Richtung längs der Frequenzachse verschoben, so daß die Harmonischen bis zur Frequenzgrenze um 10% erniedrigt und die oberhalb der Frequenzgrenze um 10% erhöht werden. Die gleichzeitige Darbietung der beiden Teilklänge ergibt den inharmonischen Klang. Die Frequenzgrenze wird zunächst im unteren Bereich des dominanten Spektralbereiches bei 500 Hz festgelegt. In diesem Fall folgt die virtuelle Tonhöhe des inharmonischen Klanges nicht der Frequenzverschiebung der tiefen Harmonischen und des Grundtones, sondern der Verschiebung der höheren im dominanten Bereich liegenden Harmonischen. Neben der erhöhten virtuellen Tonhöhe kann die erniedrigte Spektraltonhöhe des Grundtones herausgehört werden. Die Darbietung wird zweimal wiederholt.

Nun wird die Frequenzgrenze an das obere Ende des dominanten Spektralbereiches, nämlich auf 1900 Hz, gelegt. Die virtuelle Tonhöhe folgt jetzt der Verschiebung der tieferen Harmonischen.

Zuletzt wird die Frequenzgrenze in die Mitte des dominanten Spektalbereiches, nämlich auf 700 Hz, gelegt. Die virtuelle Tonhöhe folgt nun sowohl der Verschiebung der höheren wie auch der tieferen Harmonischen, so daß eine erhöhte und auch eine erniedrigte Tonhöhe wahrnehmbar werden (S. 349).

24. Melodie mit Residualtönen wechselnder Zusammensetzung – Beipiel 1. Die Melodie *My Bonnie is Over the Ocean* wird mit harmonischen komplexen Tönen gespielt, welche aus drei aufeinanderfolgenden Harmonischen bestehen. Bei der folgenden Darbietung sind dies die Harmonischen Nummer 2, 3, 4 oder Nummer 3, 4, 5 oder Nummer 4, 5 und 6.

In der nächsten Darbietung werden die Harmonischen in entsprechender Weise dem Intervall 5 bis 9 entnommen.

Bei der letzten Darbietung entstammen die Harmonischen dem Intervall 8 bis 12. Wie in den zwei vorhergehenden Darbietungen ist auch hier die Melodie noch deutlich wahrnehmbar (S. 398).

25. Melodie mit Residualtönen wechselnder Zusammensetzung – Beispiel 2. Die Melodie *My Bonnie is Over the Ocean* wird mit komplexen Tönen bestehend aus drei zufällig aus dem Intervall zwei bis neun ausgewählten Harmonischen gespielt. In diesem Fall handelt es sich aber im allgemeinen nicht um aufeinanderfolgende Harmonische. Die mit virtuellen Tonhöhen gespielte Melodie ist deutlich hörbar, trotz des Fehlens der Grundfrequenz und der Auswahl beliebiger, nicht zwingend aufeinanderfolgender Harmonischer (S. 398).

26. Grundtonbezogenheit von Akkorden und virtuelle Tonhöhe. Die Melodie *My Bonnie is Over the Ocean* wird mit temperiert gestimmten Akkorden, die aus je drei Sinustönen bestehen, gespielt. Hierbei bilden die Akkordgrundtöne, die nichts anderes als schwach ausgebildete virtuelle Tonhöhen sind, die Melodie. Auf diese Weise wird die Melodie für das Gehör erkennbar.

Die drei Sinustöne, die die temperiert gestimmten Akkorde bilden, werden nun zu harmonischen komplexen Tönen erweitert. Auch hier lassen die entstehenden virtuellen Tonhöhen, die den Akkordgrundtönen entsprechen, die Melodie erkennbar werden (S. 399).

27. Akustischer Baß auf einer Kirchenorgel. Die Wahrnehmbarkeit der virtuellen Tonhöhe wird in der Musik schon seit vielen Jahrhunderten benutzt. Seit Ende des sechzehnten Jahrhunderts findet man in vielen Orgeln ein Register, das eine Quinte höher klingt als die gespielte Note und dadurch den Baß eine Oktave unter der gespielten Note anregt. Dieser sogenannte akustische Baß, der nichts anderes als eine virtuelle Tonhöhe ist, soll hier demonstriert werden. Zunächst wird das in der Kontra-Oktave liegende große A1 gespielt. Danach wird das eine Quinte höher liegende große E gespielt. Zum Schluß werden beide Töne gleichzeitig gespielt, wobei das große E nach einer kurzen Verzögerung zum großen A1 hinzugefügt wird. Bei der gleichzeitigen Darbietung wird der akustische Baß wahrnehmbar, das heißt, die virtuelle Tonhöhe, die eine Oktave unter dem großen A1 liegt. Die Darbietung wird zweimal wiederholt (S. 400).

Analytische und synthetische Wahrnehmung

28. Bewußte Wahrnehmbarkeit einzelner Harmonischer eines komplexen Tones. Die Hörempfindungen, welche bei Darbietung eines komplexen Schalles spontan ins Bewußtsein treten, sind das Ergebnis aktiver Verarbeitung anderer, einfacherer Hörempfindungen. So ruft ein harmonischer komplexer Ton spontan eine oder mehrere virtuelle Tonhöhen hervor, welche aus den Spektraltonhöhen einzelner Harmonischer entstanden sind. Sollen die Spektraltonhöhen einzelner Harmonischer aus einem stetig klingenden komplexen Ton herausgehört werden, muß ihnen durch analytisches Hören mehr Aufmerksamkeit geschenkt werden. Es wird ein aus 20 Harmonischen bestehender komplexer Ton mit einer Grundfrequenz von 200 Hz dargeboten. Die Aufmerksamkeit des Hörers wird nacheinander auf die ersten drei Harmonischen gelenkt, indem der komplexe Ton abwechselnd mit einem zu Beginn variierenden Sinuston dargeboten wird. Die Frequenz des variablen Sinustones wird am Anfang jeder Darbietung auf die gleiche Frequenz der betreffenden Harmonischen eingestellt (S. 323).

29. Testhörbeispiel, welches entweder eine analytische oder eine synthetische Wahrnehmung beim Hörer hervorruft. Die Fähigkeit des Gehörs, einen komplexen Ton auf zwei verschiedene Weisen zu verarbeiten, ermöglicht es, für ein und denselben komplexen Ton zwei unterschiedliche Tonhöhenempfindungen zu erhalten. Bei der analytischen Wahrnehmung können die einzelnen Harmonischen getrennt wahrgenommen werden. Bei der synthetischen Wahrnehmung hingegen wird die Aufmerksamkeit auf den Ton als ganzes gerichtet. Es werden nicht die einzelnen harmonischen Teiltöne, sondern die virtuelle Tonhöhe des komplexen Tones herausgehört. In diesem Beispiel wird ein Zweiklang, bestehend aus Sinustönen bei 800 und 1000 Hz, gefolgt von einem Zweiklang mit 750 und 1000 Hz dargeboten. Bei analytischer Wahrnehmung wird ein Abwärtsschritt der Tonhöhe gehört, nämlich die Erniedrigung der unteren Harmonischen von 800 auf 750 Hz. Bei synthetischer Wahrnehmung dagegen wird ein aufwärtsgerichteter Schritt der Tonhöhe gehört, nämlich die Erhöhung der virtuellen Tonhöhe um eine große Terz, d.h. von 200 nach 250 Hz. Die Darbietung wird zweimal wiederholt (S. 311).

30. Erleichterung der Zuordnung einer einzigen Tonhöhe zu einem komplexen Ton durch den musikalischen Kontext. Ein dargebotener komplexer Ton kann vom Gehirn auf zwei verschiedene Arten verarbeitet werden. Bei der synthetischen Wahrnehmung wird die Aufmerksamkeit auf das Ergebnis der höheren Instanzen im Zentralnervensystem gerichtet, die eine einzige Tonhöhenempfindung liefern. Dagegen wird bei der analytischen Wahrnehmung die Aufmerksamkeit auf die primären Tonhöhen der einzelnen harmonischen Komponenten gerichtet. Dies hat eine mehrdeutige Tonhöhenempfindung des einen komplexen Tones zur Folge. Wie ein komplexer Ton nun vom Gehirn verarbeitet wird, hängt stark von den Umständen und dem Zusammenhang ab, in denen man sie hört. Die Zuordnung einer einzigen Tonhöhe zu einem komplexen Ton kann bedeutend dadurch erleichtert werden, daß der Testton in einem musikalischen Melodiezusammenhang angeboten wird. Zur Demonstration dieses vom Kontext abhängigen Grundtonerkennungseffekts wird ein Stück aus Josef Rheinbergers *Cantilene* mit einer einzelnen Sopranmelodie auf einer Pfeifenorgel gespielt. Die mit einer kornettartigen Registerkombination gespielte Sopranmelodie wird von einer sanften nur Grundstimmenregister enthaltenden Kombination begleitet. Taktweise werden nun die Grundstimmenregister in der Melodie abgeschaltet. Dadurch wird sich die Klangfarbe von Takt zu Takt verändern. Sobald sich die Klangfarbe nicht mehr ändert, sind alle Grundstimmenregister in der Melodie abgeschaltet. Die Oberstimme besteht nun nur noch aus Aliquoten, d.h. die Tonhöhen der geschriebenen Noten sind überhaupt nicht mehr vorhanden. Trotzdem bleibt die Tonhöhe der Melodie unverändert, solange der musikalische Zusammenhang durch die Begleitung gegeben ist. Erst beim Weglassen der Begleitung am Schluß der Darbietung wird ein Tonhöhensprung in der Melodie wahrnehmbar (S. 314).

31. Klangfarbe und Zusammensetzung der Mixtur einer Pfeifenorgel als Beispiel für die Dominanz der synthetischen Wahrnehmung.
Die bevorzugte Verschmelzung von Teiltönen zu einem einheitlichen Klangeindruck mit einer Tonhöhe war den Orgelbauern schon vor vielen Jahrhunderten bekannt. Sie nutzten diese Dominanz der sog. synthetischen Wahrnehmung, um mit unterschiedlichen Kombinationen von Pfeifen zu je einem Ton verschiedene Klangfarben zu erzeugen. Solche fest vorgegebenen Kombinationen von Einzelpfeifen werden als Mixturen bezeichnet. In diesem Beispiel wird zuerst ein Teil des Chorals 'Nun danket alle Gott' mit einer sechsfachen Mixtur gespielt, um zunächst deren Klangfarbe zu demonstrieren. Anschließend wird mit derselben Mixtur ein einzelner Ton dargeboten. An diesem Einzelton wird die Zusammensetzung der Mixtur vorgeführt. Hierzu werden nacheinander die sechs Einzelpfeifen, die an diesem Mixturton beteiligt sind, zu einem identisch klingenden Mixturton zusammengefügt. Durch die kontinuierliche spektrale Veränderung des Schalles, bedingt durch das Hinzufügen der Teiltöne, kann jeweils die zuletzt hinzugefügte Einzelpfeife ohne besondere Aufmerksamkeit herausgehört werden. Beim nachfolgend dargebotenen Mixturton ist es hingegen nicht mehr so einfach, einen Teilton herauszuhören. Bei den nachfolgenden abwechselnden Darbietungen von nachgebildetem und realem Mixturton wird deutlich, daß der zunächst schrittweise aufgebaute Ton auch tatsächlich dem mit der Mixtur gespielten Ton vom Klang her entspricht. Es werden dreimal zuerst der nachgebildete und dann der reale Mixturton dargeboten (S. 311).

Literaturverzeichnis

1. Adachi, S., Sato, M.: Trumpet sound simulation using a two-dimensional lip vibration model. J. Acoust. Soc. Am. **99** (1996), 1200–1209
2. Ades, H.W., Engström, H.: Anatomy of the inner ear. In *Handbook of Sensory Physiology* (Keidel, W.D., Neff, W.D., Hrsg.) **V/1**, Springer, Berlin/Heidelberg, 1974, 125–158
3. Adkins, C.J.: Investigation of the sound-producing mechanism of the jew's harp. J. Acoust. Soc. Am. **55** (1974), 667–670
4. Ainsworth, W.A.: Relative intelligibility of different transforms of clipped speech. J. Acoust. Soc. Am. **41** (1967), 1272–1276
5. Airo, E., Pekkarinen, J., Olkinuora, P.: Listening to music with earphones: An assessment of noise exposure. Acustica **82** (1996), 885–894
6. d' Alessandro, C.: Time-frequency speech transformation based on an elementary waveform representation. Speech Comm. **9** (1990), 419–431
7. Allanson, J.T., Schenkel, K.D.: The effect of band-limited noise ond the pitch of pure tones. J. Sound Vib. **2** (1965), 402–408
8. Allen, G.: The location of rhythmic stress beats in English: An experimental study I. Lang. Speech **15** (1972), 72–100
9. Allen, J.B.: Two-dimensional cochlear fluid model: New results. J. Acoust. Soc. Am. **61** (1977), 110–119
10. Allen, J.B.: Cochlear micromechanics – A method for transforming mechanical to neural tuning within the cochlea. J. Acoust. Soc. Am. **62** (1977), 930–939
11. Allen, J.B.: Cochlear modeling. IEEE ASSP Mag. **2** (1985), 3–29
12. Archbold, E., Ennos, A.E.: Observation of surface vibration modes by stroboscopic hologram interferometry. Nature **217** (1968), 942
13. Arnold, E.B., Weinreich, G.: Acoustical spectroscopy of violins. J. Acoust. Soc. Am. **72** (1982), 1739–1746
14. Arts, J.: The sound of bells. J. Acoust. Soc. Am. **9** (1938), 344
15. Arts, J.: The sounds of bells. The secondary strike note. J. Acoust. Soc. Am. **10** (1939), 327–329
16. Asano, F., Suzuki, Y., Sone, T.: Role of spectral cues in median plane localization. J. Acoust. Soc. Am. **88** (1990), 159–168
17. Ashmore, J.F.: A fast motile response in guinea-pig outer hair cells: The cellular basis of the cochlear amplifier. J. Physiol. **388** (1987), 323–347
18. Askenfelt, A.: Measurement of bow motion and bow force in violin playing. J. Acoust. Soc. Am. **80** (1986), 1007–1015
19. Askenfelt, A.: Measurement of the bowing parameters in violin playing. II: Bow-bridge distance, dynamic range, and limits of bow force. J. Acoust. Soc. Am. **86** (1989), 503–516
20. Askenfelt, A., Jansson, E.V.: From touch to string vibrations. I: Timing in the grand piano action. J. Acoust. Soc. Am. **88** (1990), 52–63

21 Askenfelt, A., Jansson, E.V.: From touch to string vibrations. II: The motion of the key and hammer. J. Acoust. Soc. Am. **90** (1991), 2383–2393
22 Askenfelt, A., Jansson, E.V.: On vibration sensation and finger touch in stringed instrument playing. Music Percept. **9** (1992), 311–350
23 Askenfelt, A., Jansson, E.V.: From touch to string vibrations. III: String motion and spectra. J. Acoust. Soc. Am. **93** (1993), 2181–2196
24 Askenfelt, A.G., Hammarberg, B.: Speech waveform perturbation analysis: A perceptual-acoustical comparison of seven measures. J. Speech Hear. Res. **29** (1986), 50–64
25 Atal, B.S., Schroeder, M.R.: Perception of coloration in filtered Gaussian noise. In *Proc. 4 Intern. Congr. Acoust.* **H-31**, Copenhagen, 1962
26 Atal, B.S., Schroeder, M.R., Kuttruff, K.H.: Perception of coloration in filtered gaussian noise; short-time spectral analysis by the ear. In *Proc. 4 Int. Congr. Acoust.* **H31**, Copenhagen, 1962
27 Attneave, F., Olson, R.K.: Pitch as a medium: A new approach to psychophysical scaling. Am. J. Psychol. **84** (1971), 147–166
28 Aures, W.: Ein Berechnungsverfahren der Rauhigkeit. Acustica **58** (1985), 268–281
29 Aures, W.: Der sensorische Wohlklang als Funktion psychoakustischer Empfindungsgrößen. Acustica **58** (1985), 282–290
30 Aures, W.: Berechnungsverfahren für den sensorischen Wohlklang beliebiger Schallsignale. Acustica **59** (1985), 130–141
31 Ayres, T.J, Clack, T.D.: Detection of interaural phase shift between a subaudible and an audible tone. J. Acoust. Soc. Am. **76** (1984), 411–413
32 Ayres, T.J., Clack, T.D.: Interaural octave phase-shift detection and aural harmonic distortion. J. Acoust. Soc. Am. **76** (1984), 414–418
33 Bachem, A.: Various types of absolute pitch. J. Acoust. Soc. Am. **9** (1937), 146–151
34 Bachem, A.: Chroma fixation at the ends of the musical frequency scale. J. Acoust. Soc. Am. **20** (1948), 704–705
35 Bachem, A.: Time factors in relative and absolute pitch determination. J. Acoust. Soc. Am. **26** (1954), 751–753
36 Bachem, A.: Absolute pitch. J. Acoust. Soc. Am. **27** (1955), 1180–1185
37 Backus, J.: Vibrations of the reed and the air column in the clarinet. J. Acoust. Soc. Am. **33** (1961), 806–809
38 Backus, J.: Resonance frequencies of the clarinet. J. Acoust. Soc. Am. **43** (1968), 1272–1281
39 Backus, J.: Input impedance curves for the reed woodwind instruments. J. Acoust. Soc. Am. **56** (1974), 1266–1279
40 Backus, J.: Input impedance curves for the brass instruments. J. Acoust. Soc. Am. **60** (1976), 470–480
41 Backus, J.: Multiphonic tones in the woodwind instruments. J. Acoust. Soc. Am. **63** (1978), 591–599
42 Backus, J., Hundley, T.C.: Harmonic generation in the trumpet. J. Acoust. Soc. Am. **49** (1971), 509–519
43 Bacon, S.P., Smith, M.A.: Profile analysis with amplitude-modulated nontarget components. J. Acoust. Soc. Am. **99** (1996), 1653–1659
44 Bäuerle, R.: Die Unterschiedsschwelle als Maß für die übertragbare Information. Biol. Cybern. **13** (1973), 164–171
45 Baley, S.: Über den Zusammenklang einer größeren Zahl wenig verschiedener Töne. Z. Psychol. **67** (1913), 261–276
46 Balzano, G.J.: Absolute pitch and pure tone identification. J. Acoust. Soc. Am. **75** (1984), 623–625

47 Bauch, H.: Die Bedeutung der Frequenzgruppe für die Lautheit von Klängen. Acustica **6** (1956), 40–45
48 Baumann, U.: Segregation and integration of acoustical objects in automatic analysis of music. In *Proc. 3 Intern. Conf. Music Percept. Cogn.*, Liège, 1994, 282–285
49 Baumann, U.: *Ein Verfahren zur Erkennung und Trennung multipler akustischer Objekte.* H. Utz Verlag Wissenschaft, München, 1995
50 Beauchamp, J.W.: Time-variant spectra of violin tones. J. Acoust. Soc. Am. **56** (1974), 995–1004
51 Beerends, J.G.: The influence of duration on the perception of pitch in single and simultaneous complex tones. J. Acoust. Soc. Am. **86** (1989), 1835–1844
52 Beerends, J.G., Houtsma, A.J.M.: Pitch identification of simultaneous dichotic two-tone complexes. J. Acoust. Soc. Am. **80** (1986), 1048–1056
53 Beerends, J.G., Houtsma, A.J.M.: Pitch identification of simultaneous diotic and dichotic two-tone complexes. J. Acoust. Soc. Am. **85** (1989), 813–819
54 von Békésy, G.: Über akustische Rauhigkeit. Z. Tech. Phys. **16** (1935), 276–282
55 von Békésy, G.: Über die Elastizität der Schneckentrennwand des Ohres. Acustica **6** (1941), 265–278
56 von Békésy, G.: A new audiometer. Acta Oto-Laryngol. **35** (1947), 411–422
57 von Békésy, G.: The vibration of the cochlear partition in anatomical preparations and in models of the inner ear. J. Acoust. Soc. Am. **21** (1949), 233–245
58 von Békésy, G.: Sensations on the skin similar to directional hearing, beats, and harmonics of the ear. J. Acoust. Soc. Am. **29** (1957), 489–501
59 von Békésy, G.: Similarities between hearing and skin sensations. Psychol. Rev. **66** (1959), 1–22
60 von Békésy, G.: *Experiments in Hearing.* McGraw-Hill, New York, 1960
61 von Békésy, G.: Synchrony between nervous discharges and periodic stimuli in hearing and periodic stimuli in hearing and on the skin. Ann. Otol. Rhinol. Laryngol. **71** (1962), 1–15
62 von Békésy, G.: Three experiments concerned with pitch perception. J. Acoust. Soc. Am. **35** (1963), 602–606
63 von Békésy, G., Rosenblith, W.A.: The early history of hearing – Observations and theories. J. Acoust. Soc. Am. **20** (1948), 727–748
64 Belcher, E.O., Hatlestad, S.: Formant frequencies, bandwidths, and Qs in helium speech. J. Acoust. Soc. Am. **74** (1983), 428–432
65 Benade, A.H.: On woodwind instrument bores. J. Acoust. Soc. Am. **31** (1959), 137–146
66 Benade, A.H.: On the mathematical theory of woodwind finger holes. J. Acoust. Soc. Am. **32** (1960), 1591–1608
67 Benade, A.H.: *Fundamentals of Musical Acoustics.* Oxford UP, New York, 1976
68 Benade, A.H., French, J.W.: Analysis of the flute head joint. J. Acoust. Soc. Am. **37** (1965), 679–691
69 Benade, A.H., Jansson, E.V.: On plane and spherical waves in horns with nonuniform flare I. Theory of radiation, resonance frequencies, and mode conversion. Acustica **31** (1974), 79–98
70 Benade, A.H., Kouzoupis, S.N.: The clarinet spectrum: Theory and experiment. J. Acoust. Soc. Am. **83** (1988), 292–304
71 Benade, A.H., Lutgen, S.J.: The saxophone spectrum. J. Acoust. Soc. Am. **83** (1988), 1900–1907

72 Benedini, K.: Klangfarbenunterschiede zwischen tiefpaßgefilterten harmonischen Klängen. Acustica **44** (1980), 129–134
73 Benedini, K.: Messung der Klangfarbenunterschiede zwischen schmalbandigen harmonischen Klängen. Acustica **44** (1980), 188–193
74 Bengtsson, I., Gabrielsson, A.: Methods for analyzing performance of musical rhythm. Scand. J. Psychol. **21** (1980), 257–268
75 Beranek, L.: Acoustics and musical qualities. J. Acoust. Soc. Am. **99** (1996), 2647–2652
76 Beranek, L.L.: *Acoustic Measurements*. Wiley, New York, 1949
77 Berg, B.G.: On the relation between comodulation masking release and temporal modulation transfer functions. J. Acoust. Soc. Am. **100** (1996), 1013–1023
78 Berglund, B., Harder, K., Preis, A.: Annoyance perception of sound and information extraction. J. Acoust. Soc. Am. **95** (1994), 1501–1509
79 Berliner, J.E., Durlach, N.I., Braida, L.D.: Intensity perception. VII. Further data on roving-level discrimination and the resolution and bias edge-effects. J. Acoust. Soc. Am. **61** (1977), 1577–1585
80 Berliner, J.E., Durlach, N.I., Braida, L.D.: Intensity perception. IX. Effect of a fixed standard on resolution in identification. J. Acoust. Soc. Am. **64** (1978), 687–689
81 Bernstein, L.R., Trahiotis, C.: Binaural beats at high frequencies: Listener's use of envelope-based interaural temporal and intensitive disparities. J. Acoust. Soc. Am. **99** (1996), 1670–1679
82 Betke, K., Mellert, V., Remmers, H., Weber, R.: Geräuschdiagnose durch gehörbezogene Parameter. In *Fortschritte der Akustik (DAGA'88)*, VDE-Verlag, Berlin, 1988, 649–652
83 Bharucha, J.J., Stoeckig, K.: Reaction time and musical expectancy: Priming of chords. J. Exp. Psychol. **12** (1986), 403–410
84 Bilsen, F.A.: Repetition pitch: Monaural interaction of a sound with the repetition of the same, but phase shifted, sound. Acustica **17** (1966), 295–300
85 Bilsen, F.A.: Thresholds of perception of repetition pitch. Conclusions concerning coloration in room acoustics and correlation in the hearing organ. Acustica **19** (1967), 27–32
86 Bilsen, F.A.: Phase sensitivity and (or?) short time analysis of the hearing organ. Acustica **18** (1967), 182
87 Bilsen, F.A.: On the influence of the number and phase of the harmonics on the perceptibility of the pitch of complex signals. Acustica (1973), 60–65
88 Bilsen, F.A.: Pronounced binaural pitch phenomenon. J. Acoust. Soc. Am. **59** (1976), 467–468
89 Bilsen, F.A.: Pitch of noise signals: Evidence for a "central spectrum". J. Acoust. Soc. Am. **61** (1977), 150–161
90 Bilsen, F.A., Raatgever, J.: Spectral dominance in binaural lateralization. Acustica **28** (1973), 131–132
91 Bilsen, F.A., Ritsma, R.J.: Repetition pitch and its implication for hearing theory. Acustica **22** (1969), 63–73
92 Bilsen, F.A., Ritsma, R.J.: Some parameters influencing the perceptibility of pitch. J. Acoust. Soc. Am. **47** (1970), 469–475
93 von Bismarck, G.: Timbre of steady sounds: A factorial investigation of its verbal attributes. Acustica **30** (1974), 146–159
94 von Bismarck, G.: Sharpness as an attribute of the timbre of steady sounds. Acustica **30** (1974), 160–172
95 Blackwell, H.R., Schlosberg, H.: Octave generalization, pitch discrimination, and loudness thresholds in the white rat. J. Exp. Psychol. **33** (1943), 407–419

96 Blauert, J.: *Räumliches Hören.* Hirzel, Stuttgart, 1974
97 Blauert, J.: *Spatial Hearing.* MIT Press, Cambridge, Mass., 1983
98 Blauert, J., Tritthart, P.: Ausnutzung von Verdeckungseffekten bei der Sprachkodierung. In *Fortschritte der Akustik (DAGA'75)*, DPG, Bad Honnef, 1975, 377–380
99 Block, L.: Comparative tone-colour responses of college music majors with absolute pitch and good relative pitch. Psychol. Music (1983), 59–66
100 Bloothooft, G., Plomp, R.: Spectral analysis of sung vowels. II. The effect of fundamental frequency on vowel spectra. J. Acoust. Soc. Am. 77 (1985), 1580–1588
101 Bloothooft, G., Bringmann, E., van Cappellen, M., van Luipen, J.B., Thomassen, K.P.: Acoustics and perception of overtone singing. J. Acoust. Soc. Am. 92 (1992), 1827–1836
102 Blutner, F.E.: Über akustische Prägung beim Menschen. In *Studientexte zur Sprachkommunikation* 8, Techn. Univ. Dresden, 1991
103 Bocker, P., Mrass, H.: Zur Bestimmung des Freifeld-Übertragungsmaßes von Kopfhörern. Acustica 9 (1959), 340–344
104 de Boer, E., Kuyper, P.: Triggered correlation. IEEE Trans. Biomed. Eng. 15 (1968), 169–179
105 Boner, C.P.: Acoustic spectra of organ pipes. J. Acoust. Soc. Am. 10 (1938), 32–40
106 Bordone-Sacerdote, C., Sacerdote, G.G.: A particular method of synthesizing vowels. Acustica 27 (1972), 228–231
107 Bos, C.E., de Boer, E.: Masking and discrimination. J. Acoust. Soc. Am. 39 (1966), 708–715
108 Bosquet, J.: A synthetic model of the monaural auditory function. Biosci. Communicat. 4 (1978), 160–174
109 Bosquet, J.: La sélectivité des fibres cochléaires compareé au masquage psychophysique: Essai de calcul. Acustica 47 (1981), 248–252
110 Braaten, R.F., Hulse, S.H.: A songbird, the European starling *(Sturnus vulgaris)*, shows perceptual constancy for acoustic spectral structure. J. Compar. Psychol. 105 (1991), 222–231
111 Bradley, J.S.: The sound absorption of occupied auditorium seating. J. Acoust. Soc. Am. 99 (1996), 990–995
112 Brady, P.T.: Fixed-scale mechanism of absolute pitch. J. Acoust. Soc. Am. 48 (1970), 883–887
113 Braida, L.D., Durlach, N.I.: Intensity perception. II. Resolution in one-interval paradigms. J. Acoust. Soc. Am. 51 (1972), 483–502
114 Brass, D., Kemp, D.T.: Analyses of Mössbauer mechanical measurements indicate that the cochlea is mechanically active. J. Acoust. Soc. Am. 93 (1993), 1502–1515
115 Bregman, A.S.: *Auditory Scene Analysis.* MIT Press, Cambridge, Mass., 1990
116 Bregman, A.S., Campbell, J.: Primary auditory stream segregation and perception of order in rapid sequences of tones. J. Exp. Psychol. 89 (1971), 244–249
117 Bregman, A.S., Ahad, P.A., Kim, J.: Resetting the pitch-analysis system. 2. Role of sudden onsets and offsets in the perception of individual components in a cluster of overlapping tones. J. Acoust. Soc. Am. 96 (1994), 2694–2703
118 Bregman, A.S., Ahad, P., Kim, J., Melnerich, L.: Resetting the pitch-analysis system. 1. Effects of rise times of tones in noise backgrounds or of harmonics in a complex tone. Percept. Psychophys. 56 (1994), 155–162
119 van den Brink, G.: Pitch shift of the residue by masking. Intern. Audiol. 4 (1965), 183–186

120 van den Brink, G.: Experiments on binaural diplacusis and tone perception. In *Frequency Analysis and Periodicity Detection in Hearing* (Plomp, R., Smoorenburg, G.F., Hrsg.), Sijthoff, Leiden, 1970, 362–372
121 van den Brink, G.: Two experiments on pitch perception: Diplacusis of harmonic AM signals and pitch of inharmonic AM signals. J. Acoust. Soc. Am. **48** (1970), 1355–1365
122 van den Brink, G.: Monotic and dichotic pitch matchings with complex sounds. In *Facts and Models in Hearing* (Zwicker, E., Terhardt, E., Hrsg.), Springer, Berlin/Heidelberg, 1974, 178–188
123 van den Brink, G.: The relation between binaural diplacusis for pure tones and for complex sounds under normal conditions and with induced monaural pitch shift. Acustica **32** (1975), 159–165
124 van den Brink, G.: Monaural frequency-pitch relations as the origin of binaural diplacusis for pure tones and residue sounds. Acustica (1975), 167–174
125 van den Brink, G.: Octave and fifth settings for pure tones and residue tones. In *Psychophysics and Physiology of Hearing* (Evans, E.F., Wilson, J.P., Hrsg.), Academic, London, 1977, 373–379
126 van den Brink, G.: Intensity and pitch. Acustica **41** (1979), 271–273
127 van den Brink, G.: On the relativity of pitch. Perception **11** (1982), 721–731
128 van den Brink, G., Sintnicolaas, K., van Stam, W.S.: Dichotic pitch fusion. J. Acoust. Soc. Am. **59** (1976), 1471–1476
129 Brogden, W.J., Miller, G.A.: Physiological noise generated under earphone cushions. J. Acoust. Soc. Am. **19** (1947), 620
130 Bronstein, I.N., Semendjajew, K.A.: *Taschenbuch der Mathematik.* H. Deutsch, Thun, 1983, 20. Aufl.
131 Brown, J.: Frequency ratios of spectral components of musical sounds. J. Acoust. Soc. Am. **99** (1996), 1210–1218
132 Brown, J.C.: Measurement of harmonic ratios of sounds produced by musical instruments. J. Acoust. Soc. Am. **95** (1994), 2889
133 Brown, J.C., Puckette, M.S.: A high resolution fundamental frequency determination based on phase changes of the Fourier transform. J. Acoust. Soc. Am. **94** (1993), 662–667
134 Brubaker, R.S., Wurst, J.W.: Spectrographic analysis of diver's speech during decompression. J. Acoust. Soc. Am. **43** (1968), 798–802
135 Buchsbaum, G.: The possible role of the cochlear frequency-position map in auditory signal coding. J. Acoust. Soc. Am. **77** (1985), 573–576
136 Buhlert, P., Kuhl, W.: Höruntersuchungen im freien Schallfeld zum Altershörverlust. Acustica **31** (1974), 168–177
137 Burghardt, H.: Die subjektive Dauer schmalbandiger Schalle bei verschiedenen Frequenzlagen. Acustica **28** (1973), 278–284
138 Burghardt, H.: Über die subjektive Dauer von Schallimpulsen und Schallpausen. Acustica **28** (1973), 284–290
139 Burghardt, H., Hess, H.: Statistische Untersuchungen der Nulldurchgangs- und Extremwertintervalle zur Unterscheidung von Vokalen. Nachrichtentech. Z. **24** (1971), 389–393
140 Burns, E.M.: Circularity in relative pitch judgments for inharmonic complex tones: The Shepard demonstration revisited, again. Percept. Psychophys. **30** (1981), 467–472
141 Burns, E.M.: Pure-tone pitch anomalies. I. Pitch-intensity effects and diplacusis in normal ears. J. Acoust. Soc. Am. **72** (1982), 1394–1402
142 Burns, E.M., Campbell, S.L.: Frequency and frequency-ratio resolution by possessors of absolute and relative pitch: Examples of categorical perception? J. Acoust. Soc. Am. **96** (1994), 2704–2719

143 Burns, E.M., Sampat, K.S.: A note on possible culture-bound effects in frequency discrimination. J. Acoust. Soc. Am. **68** (1980), 1886–1888
144 Burns, E.M., Turner, C.: Pure-tone pitch anomalies. II. Pitch-intensity effects and diplacusis in impaired ears. J. Acoust. Soc. Am. **79** (1986), 1530–1540
145 Burns, E.M., Viemeister, N.F.: Nonspectral pitch. J. Acoust. Soc. Am. **60** (1976), 863–869
146 Burns, E.M., Viemeister, N.F.: Played-again SAM: Further observations on the pitch of amplitude-modulated noise. J. Acoust. Soc. Am. **70** (1981), 1655–1660
147 Burns, E.M., Ward, W.D.: Categorical perception – Phenomenon or epiphenomenon: Evidence from experiments in the perception of melodic musical intervals. J. Acoust. Soc. Am. **63** (1978), 456–468
148 Burns, E.M., Ward, W.D.: Intervals, scales, and tuning. In *The Psychology of Music* (Deutsch, D., Hrsg.), Academic, New York, 1982, 241–269
149 Buss, E., Richards, V.M.: The effects on comodulation masking release of systematic variations in on- and off-frequency masker modulation patterns. J. Acoust. Soc. Am. **99** (1996), 3109–3118
150 Buunen, T.J.F., Rhode, W.S.: Responses of fibers in the cat's auditory nerve to the cubic difference tone. J. Acoust. Soc. Am. **64** (1978), 772–781
151 Caldersmith, G.: Guitar as a reflex enclosure. J. Acoust. Soc. Am. **63** (1978), 1566–1575
152 Campbell, D.T.: *Pattern Matching as an Essential in Distal Knowing*. Holt Rinehard Winston, New York, 1966
153 Campbell, R.A.: Frequency discrimination of pulsed tones. J. Acoust. Soc. Am. **35** (1963), 1193–1200
154 Cardozo, B.L.: Ohm's Law and Masking. In *IPO Report No.2*, IPO, Eindhoven, 1967, 59–64
155 Cardozo, B.L., van Lieshout, R.A.J.M.: Estimates of annoyance of sounds of different character. Appl. Acoust. **14** (1981), 323–329
156 Carlyon, R.P.: Encoding the fundamental frequency of a complex tone in the presence of a spectrally overlapping masker. J. Acoust. Soc. Am. **99** (1996), 517–524
157 Carlyon, R.P.: Masker asynchrony impairs the fundamental-frequency discrimination of unresolved harmonics. J. Acoust. Soc. Am. **99** (1996), 525–533
158 Carlyon, R.P., Moore, B.C.J.: Intensity discrimination. A severe departure from Weber's law. J. Acoust. Soc. Am. **76** (1984), 1369–1376
159 Carlyon, R.P., Moore, B.C.J.: Continuous versus gated pedestals and the "severe departure" from Weber's law. J. Acoust. Soc. , Am. **79** (1986), 453–460
160 Carterette, E.C., Friedman, M.P., Lovell, J.D.: Mach bands in hearing. J. Acoust. Soc. Am. **45** (1969), 986–998
161 Caussé, R., Kergomard, J., Lurton, X.: Input impedance of brass musical instruments – Comparison between experiment and numerical models. J. Acoust. Soc. Am. **75** (1984), 241–254
162 Cazden, N.: Sensory theories of musical consonance. J. Esth. Art. Crit. **20** (962), 301–319
163 Chaigne, A., Askenfelt, A.: Numerical simulations of piano strings. I. A physical model for a struck string using finite difference methods. J. Acoust. Soc. Am. **95** (1994), 1112–1118
164 Chaigne, A., Askenfelt, A.: Numerical simulations of piano strings. II. Comparisons with measurements and systematic exploration of some hammer-string parameters. J. Acoust. Soc. Am. **95** (1994), 1631–1640

165 Chapin, E.K., Firestone, F.A.: Influence of phase on tone quality and loudness: The interference of subjective harmonics. J. Acoust. Soc. Am. **5** (1934), 173–180
166 Chen, F.C., Weinreich, G.: Nature of the lip reed. J. Acoust. Soc. Am. **99** (1996), 1227–1233
167 Cherry, E.C.: Some experiments on the recognition of speech, with one and with two ears. J. Acoust. Soc. Am. **25** (1953), 975–979
168 de Cheveigné, A., McAdams, S., Laroche, J., Rosenberg, M.: Identification of concurrent harmonic and inharmonic vowels: A test of the theory of harmonic cancellation and enhancement. J. Acoust. Soc. Am. **97** (1995), 3736–3748
169 Chiba, T., Kajiyama, M.: *The Vowel, its Nature and Structure.* Tokyo, 1941
170 Chistovich, L.A.: Central auditory processing of peripheral vowel spectra. J. Acoust. Soc. Am. **77** (1985), 789–805
171 Chistovich, L.A., Lublinskaya, V.V.: The "center of gravity" effect in vowel spectra and critical distance between the formants: Psychoacoustical study of the perception of vowel-like stimuli. Hear. Res. **1** (1979), 185–195
172 Chistovich, L.A., Sheikin, R.L., Lublinskaja, V.V.: "Centers of gravity" and spectral peaks as the determinants of vowel quality. In *Frontiers of Speech Communication Research* (Lindblom, B., Öhman, S., Hrsg.), Academic, London, 1979, 143–157
173 Chocholle, R.: Le seuil auditif monaural en présence d'un son de fréquence différente sur l'oreille opposée. J. de Physiol. **52** (1960), 51–52
174 Chowning, J.M.: The synthesis of complex audio spectra by means of frequency modulation. J. Audio Eng. Soc. **21** (1973), 526–534
175 Chuang, C.K., Wang, W.S.: Psychophysical pitch biases related to vowel quality, intensity difference, and sequential order. J. Acoust. Soc. Am. **64** (1978), 1004–1014
176 Chung, D.Y., Colavita, F.B.: Periodicity pitch perception and its upper frequency limit in cats. Percept. Psychophys. **20** (1976), 433–437
177 Clack, T.D.: The masking of a 2000-Hz tone by a sufficient 1000-Hz fundamental. J. Acoust. Soc. Am. **42** (1967), 751–758
178 Clack, T.D.: Aural harmonics: Preliminary time-intensity relationships using the tone-on-tone masking technique. J. Acoust. Soc. Am. **43** (1968), 283–288
179 Clark, M., Luce, D., Abrams, R., Schlossberg, H., Rome, J.: Preliminary experiments on the aural significance of parts of tones of orchestral instruments and on choral tones. J. Audio Eng. Soc. **11** (1963), 45–54
180 Clark, M., Luce, D.: Intensities of orchestral instrument scales played at prescribed dynamic markings. J. Audio Eng. Soc. **13** (1965), 151
181 Clarkson, M.G., Clifton, R.K.: Infant pitch perception: Evidence for responding to pitch categories and the missing fundamental. J. Acoust. Soc. Am. **77** (1985), 1521–1528
182 Clarkson, M.G., Clifton, R.K., Perris, E.E.: Infant timbre perception: Discrimination of spectral envelopes. Percept. Psychophys. **43** (1988), 15–20
183 Clarkson, M.G., Rogers, E.C.: Infants require low-frequency energy to hear the pitch of the missing fundamental. J. Acoust. Soc. Am. **98** (1995), 148–154
184 Cohen, A.: Further investigation of the effects of intensity upon the pitch of pure tones. J. Acoust. Soc. Am. **33** (1961), 1363–1376
185 Cohen, M.A., Grossberg, S., Wyse, L.L.: A spectral network model of pitch perception. J. Acoust. Soc. Am. **98** (1995), 862–879
186 Coltman, J.W.: Resonance and sounding frequencies of the flute. J. Acoust. Soc. Am. **40** (1966), 99–107
187 Coltman, J.W.: Effect of material on flute tone quality. J. Acoust. Soc. Am. **49** (1971), 520–523

188 Coltman, J.W.: Jet drive mechanisms in edge tones and organ pipes. J. Acoust. Soc. Am. **60** (1976), 725–733
189 Coltman, J.W.: Acoustical analysis of the Boehm flute. J. Acoust. Soc. Am. **65** (1979), 499–506
190 Coltman, J.W.: Mode stretching and harmonic generation in the flute. J. Acoust. Soc. Am. **88** (1990), 2070–2073
191 Conklin, H.A.: Design and tone in the mechanoacoustic piano. Part I. Piano hammers and tonal effects. J. Acoust. Soc. Am. **99** (1996), 3286–3296
192 Conklin, H.A.: Design and tone in the mechanoacoustic piano. Part II. Piano structure. J. Acoust. Soc. Am. **100** (1996), 695–708
193 Conklin, H.A.: Design and tone in the mechanoacoustic piano. Part III. Piano strings and scale design. J. Acoust. Soc. Am. **100** (1996), 1286–1298
194 Cook, R.K.: Lord Rayleigh and reciprocity in physics. J. Acoust. Soc. Am. **99** (1996), 24–29
195 Cooke, M.: *Modelling Auditory Processing and Organisation.* Cambridge UP, Cambridge, 1993
196 Copley, D.C., Strong, W.J.: A stroboscopic study of lip vibrations in a trombone. J. Acoust. Soc. Am. **99** (1996), 1219–1226
197 Coren, S.: Subjective contours and apparent depth. Psychol. Rev. **79** (1972), 359–367
198 Corliss, E.L.R., Burnett, E.D., Stimson, H.F.: "Polyacusis," a hearing anomaly. J. Acoust. Soc. Am. **43** (1968), 1231–1236
199 Corso, J.F.: Scale position and performed melodic octaves. J. Psychol. **37** (1954), 297–305
200 Corso, J.F.: Absolute judgments of musical tonality. J. Acoust. Soc. Am. **29** (1957), 138–144
201 Corso, J.F.: Age and sex differences in pure-tone thresholds. J. Acoust. Soc. Am. **31** (1959), 498–507
202 Cotton, J.C.: Beats and combination tones at intervals between the unison and the octave. J. Acoust. Soc. Am. **7** (1935), 44–50
203 Craig, J.H., Jeffress, L.A.: Effect of phase on the quality of a two-component tone. J. Acoust. Soc. Am. **34** (1962), 1752–1760
204 Cramer, E.M., Huggins, W.H.: Creation of pitch through binaural interaction. J. Acoust. Soc. Am. **30** (1958), 413–417
205 Cremer, L.: Welcher Aufwand an Information ist erforderlich, um einen Raum akustisch zu charakterisieren? In *Proc. 3 Intern. Congr. Acoust.* **2**, Elsevier, London, 1961, 831–846
206 Cremer, L.: *Physik der Geige.* Hirzel, Stuttgart, 1981
207 Cremer, L., Ising, H.: Die selbsterregten Schwingungen von Orgelpfeifen. Acustica **19** (1967), 143–153
208 Crummer, G.C., Walton, J.P., Wayman, J.W., Hantz, E.C., Frisina, R.D.: Neural processing of musical timbre by musicians, nonmusicians, and musicians possessing absolute pitch. J. Acoust. Soc. Am. **95** (1994), 2720–2727
209 Crystal, T.H., House, A.S.: Articulation rate and the duration of syllables and stress groups in connected speech. J. Acoust. Soc. Am. **88** (1990), 101–112
210 Cuddy, L.L.: Practice effects in the absolute judgment of pitch. J. Acoust. Soc. Am. **43** (1968), 1069–1076
211 Cuddy, L.L.: Training the absolute identification of pitch. Percept. Psychophys. **8** (1970), 265–269
212 Culling, J.F., Summerfield, Q.: The role of frequency modulation in the perceptual segregation of concurrent vowels. J. Acoust. Soc. Am. **98** (1995), 837–846

213 D'Amato, M.R., Salmon, D.P.: Processing of complex auditory stimuli (tunes) by rats and monkeys (*Cebus apella*). Animal Learn. Behav. **12** (1984), 184–194
214 Dai, H., Nguyen, Q., Kidd, G., Feth, L.L., Green, D.M.: Phase independence of pitch produced by narrow-band sounds. J. Acoust. Soc. Am. **100** (1996), 2349–2351
215 Dallos, P.: Some electrical circuit properties of the organ of Corti. I. Analysis without reactive elements. Hear. Res. **12** (1983), 89–119
216 Dallos, P.: Some electrical circuit properties of the organ of Corti. II. Analysis including reactive elements. Hear. Res. **14** (1984), 281–291
217 Dallos, P.: Neurobiology of the cochlear hair cells. In *Auditory Physiology and Perception* (Cazals, Y., Demany, L., Horner, K., Hrsg.), Pergamon, Oxford, 1992, 3–16
218 Dallos, P.: The active cochlea. J. Neurosci. **12** (1992), 4575–4585
219 Daniel, P.: Kategoriale Rauhigkeit und Unangenehmheit von artifiziellen und technischen Schallen gleicher Lautheit. In *Fortschritte der Akustik (DAGA '95)*, DEGA, Oldenburg, 1995, 1187–1190
220 Daniel, P., Weber, R.: Evaluation and measurement of roughness of artificial and technical sounds. In *Inter-Noise 94*, Yokohama, 1994, 893–896
221 Daniel, P., Weber, R.: Psychoacoustical roughness: Implementation of an optimized model. Acustica **83** (1997), 113–123
222 David, E.E., Miller, J.E., Mathews, M.V.: Monaural phase effects in speech perception. In *Proc. 3 Intern. Congr. Acoust.*, Elsevier, Amsterdam, 1961, 227–229
223 David, E.E., Schodder, G.R.: Pitch discrimination of complex sounds. In *Proc. 3 Int. Congr. Acoust.* **1**, Elsevier, London, 1961, 106–109
224 Davies, R.O., Greenhough, M., Williams, R.P.: The pitch of pulse trains with random arrangements of two basic interpulse times. Acustica **29** (1973), 93–100
225 Davis, H.: An active process in cochlear mechanics. Hear. Res. **9** (1983), 79–90
226 Day, R.K., Jansson, E.V.: Vibration modes of neck, scroll and fingerboard. Catgut Acoust. Soc. J. **2** (1993), 10–14
227 Deisher, M.E., Spanias, A.S.: Speech enhancement using state-based estimation and sinusoidal modeling. J. Acoust. Soc. Am. **102** (1997), 1141–1148
228 Demany, L., Armand, F.: The perceptual reality of tone chroma in early infancy. J. Acoust. Soc. Am. **76** (1984), 57–66
229 Deutsch, D.: Octave generalization and tune recognition. Percept. Psychophys. **11** (1972), 411–412
230 Deutsch, D.: A musical paradox. Music Percept. **3** (1986), 275–280
231 Deutsch, D.: The semitone paradox. Music Percept. **6** (1988), 115–132
232 Deutsch, D., Moore, F.R., Dolson, M.: Pitch classes differ with respect to height. Music Percept. **2** (1984), 265–271
233 Deutsch, D., Moore, F.R., Dolson, M.: The perceived height of octave-related complexes. J. Acoust. Soc. Am. **80** (1986), 1346–1353
234 Deutsch, D., Kuyper, W.L., Fisher, Y.: The tritone paradox: Its presence and form of distribution in a general population. Music Percept. **5** (1987), 79–92
235 van Dijk, P., Manley, G.A., Gallo, L., Pavusa, A., Taschenberger, G.: Statistical properties of spontaneous otoacoustic emissions in one bird and three lizard species. J. Acoust. Soc. Am. **100** (1996), 2220–2227
236 Dirks, D.D., Malmquist, C.: Shifts in air conduction thresholds produced by pulsed and continuous contralateral masking. J. Acoust. Soc. Am. **37** (1965), 631–637
237 Divenyi, P.L.: Is pitch a learned attribute of sound? Two points in support of Terhardt's pitch theory. J. Acoust. Soc. Am. **66** (1979), 1210–1213

238 Dobbins, P.A., Cuddy, L.L.: Octave discrimination: An experimental confirmation of the "stretched" subjective octave. J. Acoust. Soc. Am. **72** (1982), 411–415

239 Doetsch, G.: *Anleitung zum praktischen Gebrauch der Laplace-Transformation und der Z-Transformation.* Oldenbourg, München, 1967, 3. Aufl.

240 Donovan, A., Darwin, C.: The perceived rhythm of speech. In *Proc. 9 Intern. Congr. Phon. Sci.*, Copenhagen, 1979, 268–274

241 Doughty, J.M., Garner, W.M.: Pitch characteristics of short tones: II. Pitch as a function of duration. J. Exp. Psychol. **38** (1948), 478–494

242 Dowling, W.J., Hollombe, A.W.: The perception of melodies distorted by splitting into several octaves: Effects of increasing proximity and melodic contour. Percept. Psychophys. **21** (1977), 60–64

243 Dünnwald, H.: Versuche zur Entstehung des Wolfs bei Violininstrumenten. Acustica **41** (1979), 238–245

244 Duggirala, V., Studebaker, G.A., Pavlovic, C.V., Sherbecoe, R.L.: Frequency importance functions for a feature recognition test material. J. Acoust. Soc. Am. **83** (1988), 2372–2382

245 Duifhuis, H.: Audibility of high harmonics in a periodic pulse. J. Acoust. Soc. Am. **48** (1970), 888–893

246 Duifhuis, H.: Audibility of high harmonics in a periodic pulse. II. Time effect. J. Acoust. Soc. Am. **49** (1971), 1155–1162

247 Duifhuis, H., Willems, L.F., Sluyter, R.J.: Measurement of pitch in speech. An implementation of Goldstein's theory of pitch perception. J. Acoust. Soc. Am. **71** (1982), 1568–1580

248 Dunn, H.K.: The calculation of vowel resonances, and an electrical vocal tract. J. Acoust. Soc. Am. **22** (1950), 740–753

249 Durlach, N.I.: Note on the creation of pitch through binaural interaction. J. Acoust. Soc. Am. **34** (1962), 1096–1099

250 Durlach, N.I., Braida, L.D.: Intensity perception. I. Preliminary theory of intensity resolution. J. Acoust. Soc. Am. **46** (1969), 372–383

251 Ebata, M., Tsumura, N., Okda, J.: Pitch shift of tone burst in the presence of preceding or trailing tone. J. Acoust. Soc. Jpn. (E) **5** (1984), 149–155

252 Eccles, J.C.: *The Understanding of the Brain.* McGraw-Hill, New York, 1973

253 Edwards, B.W., Viemeister, N.F.: Frequency modulation versus amplitude modulation discrimination: Evidence for a second frequency modulation encoding mechanism. J. Acoust. Soc. Am. **96** (1994), 733–740

254 Efron, R., Yund, E.F.: Dichotic competition of simultaneous tone bursts of different frequency I. Dissociation of pitch from lateralization and loudness. Neuropsychologia **12** (1974), 249–256

255 Efron, R., Yund, E.W.: Dichotic competition of simultaneous tone bursts of different frequency III. The effect of stimulus parameters on suppression and ear dominance functions. Neuropsychologia **13** (1975), 151–161

256 Efron, R., Yund, E.W.: Ear dominance and intensity independence in the perception of dichotic chords. J. Acoust. Soc. Am. **59** (1976), 889–898

257 Egan, J.P., Hake, H.W.: On the masking pattern of a simple auditory stimulus. J. Acoust. Soc. Am. **22** (1950), 622–630

258 Egan, J.P., Meyer, D.R.: Changes in pitch of tones of low frequency as a function of the pattern of excitation produced by a band of noise. J. Acoust. Soc. Am. **22** (1950), 827–833

259 Ekdahl, A.G., Boring, E.G.: The pitch of tonal masses. Am. J. Psychol. **46** (1934), 452–455

260 Elepfandt, A.: Wave frequency recognition and absolute pitch for water waves in the clawed frog, *Xenopus laevis*. J. Comp. Physiol. **A158** (1986), 235–238

261 Elfner, L.F.: Continuity in alternately sounded tone and noise signals in a free field. J. Acoust. Soc. Am. **46** (1969), 914–917
262 Elfner, L.F., Caskey, W.E.: Continuity effects with alternately sounded noise and tone signals as a function of manner of presentation. J. Acoust. Soc. Am. **38** (1965), 543–547
263 Elfner, L.F., Homick, J.L.: Some factors affecting the perception of continuity in alternately sounded tone and noise signals. J. Acoust. Soc. Am. **40** (1966), 27–31
264 Ellermeier, W.: Detectability of increments and decrements in spectral profiles. J. Acoust. Soc. Am. **99** (1996), 3119–3125
265 Elliot, J., Platt, J.R., Racine, R.J.: Adjustment of successive and simultaneous intervals by musically experienced and inexperienced subjects. Percept. Psychophys. **42** (1987), 594–598
266 Elliott, S., Bowsher, J., Watkinson, P.: Input and transfer response of brass wind instruments. J. Acoust. Soc. Am. **72** (1982), 1747–1760
267 Engelhardt, V., Gehrcke, E.: Über die Vokalcharaktere einfacher Töne. Z. Psychol. **115** (1930), 16–33
268 Ernst, B.: *Der Zauberspiegel des Maurits Cornelis Escher*. TACO, Berlin, 1986, 2. Aufl.
269 Ewald, R.R., Jäderholm, G.A.: Die Herabsetzung der subjektiven Tonhöhe durch Steigerung der objektiven Intensität. Arch. ges. Physiol. **124** (1908), 29–36
270 Fano, R.M.: Short-time autocorrelation functions and power spectra. J. Acoust. Soc. Am. **22** (1950), 546–551
271 Fant, C.G.M.: On the predictability of formant levels and spectrum envelopes from formant frequencies. In *Speech Synthesis* (Flanagan, J.L., Rabiner, L.R., Hrsg.), Dowden Hutchinson Ross, Stroudsburg, Pennsylvania, 1973, 216–228
272 Fant, G.: Acoustic analysis and synthesis of speech with applications to Swedish. Ericsson Technics (1959), 3–108
273 Fant, G.: *Acoustic Theory of Speech Production*. Mouton, The Hague, 1960, 1. Aufl.
274 Fassel, R., Kohlrausch, A.: Sinusoidal amplitude modulation thresholds as a function of carrier frequency and level. J. Acoust. Soc. Am. **99** (1996), 2566
275 Fastl, H.: Über Tonhöhenempfindungen bei Rauschen. Acustica **25** (1971), 350–354
276 Fastl, H.: Mithörschwelle und Subjektive Dauer. Acustica **32** (1975), 288–290
277 Fastl, H.: Rauhigkeit und Mithörschwellenzeitmuster sinusförmig amplitudenmodulierter Breitbandrauschen. In *Fortschritte der Akustik (DAGA'76)*, VDI, Düsseldorf, 1976, 601–604
278 Fastl, H.: Subjective duration and temporal masking patterns of broadband noise impulses. J. Acoust. Soc. Am. **61** (1977), 162–168
279 Fastl, H.: Roughness and temporal masking patterns of sinusoidally amplitude modulated broadband noise. In *Psychophysics and Physiology of Hearing* (Evans, E.F., Wilson, J.P., Hrsg.), Academic, London, 1977, 403–414
280 Fastl, H.: Frequency discrimination for pulsed versus modulated tones. J. Acoust. Soc. Am. **63** (1978), 275–277
281 Fastl, H.: Pitch strength and masking patterns of low-pass noise. In *Psychophysical, Physiological and Behavioural Studies in Hearing* (van den Brink, G., Bilsen, F.A., Hrsg.), Delft UP, Delft, 1980, 334–339
282 Fastl, H.: Ausgeprägtheit der Tonhöhe pulsmodulierter Breitbandrauschen. In *Fortschritte der Akustik (DAGA'81)*, VDE Verlag, Berlin, 1981, 725–728
283 Fastl, H.: Fluctuation strength and temporal masking patterns of amplitude modulated broadband noise. Hear. Res. **8** (1982), 59–69

284 Fastl, H.: Fluctuation strength of modulated tones and broadband noise. In *Hearing – Physiological Bases and Psychophysics* (Klinke, R., Hartmann, R., Hrsg.), Springer, Berlin/Heidelberg, 1983, 282–288
285 Fastl, H.: Fluctuation strength of FM-tones. In *Proc. 11 Intern. Congr. Acoust.* **3**, Paris,, 1983, 123–126
286 Fastl, H.: Auditory after-images produced by complex tones with a spectral gap. In *Proc. 12 Intern. Congr. Acoust.* **B-2-5**, Toronto, 1986
287 Fastl, H.: Pitch and pitch strength of peaked ripple noise. In *Basic Issues in Hearing* (Duifhuis, H., Horst, J.W., Wit, H.P., Hrsg.), Academic, London, 1988, 370–379
288 Fastl, H.: Pitch strength of pure tones. In *Proc. 13 Intern. Congr. Acoust.*, Belgrad, 1989, 11–14
289 Fastl, H.: Zum Zwicker-Ton bei Linienspektren mit spektralen Lücken. Acustica **67** (1989), 177–186
290 Fastl, H., Fleischer, H.: Über die Ausgeprägtheit der Tonhöhe von Paukenklängen. In *Fortschritte der Akustik (DAGA'92)*, DPG, Bad Honnef, 1992, 237–240
291 Fastl, H., Hesse, A.: Frequency discrimination for pure tones at short durations. Acustica **56** (1984), 41–47
292 Fastl, H., Wiesmann, N.: Ausgeprägtheit der virtuellen Tonhöhe von AM- und QFM-Tönen. In *Fortschritte der Akustik (DAGA'90)*, DPG, Bad Honnef, 1990
293 Fastl, H., Jaroszewski, A., Schorer, E., Zwicker, E.: Equal loudness contours between 100 and 1000 Hz for 30, 40 and 70 phon. Acustica **70** (1990), 197–201
294 Fastl, H., Krump, G.: Pitch of the Zwicker-tone and masking patterns. In *Advances in Hearing Research* (Manley, G.A., Klump, G.M., Köppl, C., Fastl, H., Oeckinghaus, H., Hrsg.), World Scientific, Singapore, 1995, 457–464
295 Fastl, H., Stoll, G.: Scaling of pitch strength. Hear. Res. **1** (1979), 293–301
296 Fastl, H., Weinberger, M.: Frequency discrimination for pure and complex tones. Acustica **49** (1981), 77–78
297 Fastl, H., Schmid, W., Theile, G., Zwicker, E.: Schallpegel im Gehörgang für gleichlaute Schalle aus Kopfhörern oder Lautsprechern. In *Fortschritte der Akustik (DAGA'85)*, DPG, Bad Honnef, 1985, 471–474
298 Fechner, G.T.: *Elemente der Psychophysik.* Breitkopf Härtel, Leipzig, 1860
299 Feiten, B., Becker, H.: Analyse/Synthese-Verfahren zur Modellierung von Klängen. In *Fortschritte der Akustik (DAGA'90)*, DPG, Bad Honnef, 1990, 533–536
300 Feldmann, H.: Homolateral and contralateral masking of tinnitus by noisebands and by pure tones. Audiology **10** (1971), 138–144
301 Feldtkeller, R.: Die Hörbarkeit nichtlinearer Verzerrungen bei der Übertragung musikalischer Zweiklänge. Acustica **2** (1952), 117–124
302 Feldtkeller, R.: *Einführung in die Vierpoltheorie der elektrischen Nachrichtentechnik.* Hirzel, Stuttgart, 1962, 8. Aufl.
303 Feldtkeller, R., Nonnenmacher, W.: Einheitliche elektrische Ersatzschaltbilder für elektroakustische Wandler. AEÜ **8** (1954), 191–196
304 Feldtkeller, R., Oetinger, R.: Die Hörbarkeitsgrenzen von Impulsen verschiedener Dauer. Acustica **6** (1956), 489–493
305 Feldtkeller, R., Zwicker, E.: Die Größe der Elementarstufen der Tonhöhenempfindung und der Lautstärkeempfindung. Acustica **3** (1953), 97–100
306 Fester, R.: *Sprache der Eiszeit.* Herbig, München, 1980
307 Feth, L.L.: Frequency discrimination of complex periodic tones. Percept. Psychophys. **15** (1974), 375–378

308 Feth, L.L., Wolf, R.V., Bilger, R.C.: Frequency modulation and the difference limen for frequency. J. Acoust. Soc. Am. **45** (1969), 1430–1437
309 Feth, L.L., O'Malley, H., Ramsey, J.: Pitch of unresolved two-component complex tones. J. Acoust. Soc. Am. **72** (1982), 1403–1412
310 Fischer, F.A.: Systematik der elektroakustischen Wandler. Frequenz **2** (1948), 181–238
311 Fischer, F.A.: Über die prinzipiellen Möglichkeiten der elektroakustischen Energieumwandlung und ihre Klassifikation. AEÜ **3** (1949), 129–135
312 Fischer, F.A.: Über die verschiedenen Darstellungen der elektroakustischen Wandler. AEÜ **7** (1953), 569–574
313 Fischler, H.: Model of the 'secondary' residue effect in the perception of complex tones. J. Acoust. Soc. Am. **42** (1967), 759–764
314 Flanagan, J.L.: *Speech Analysis, Synthesis and Perception.* Springer, Berlin/Heidelberg, 1972, 2. Aufl.
315 Flanagan, J.L., Guttman, N.: On the pitch of periodic pulses. J. Acoust. Soc. Am. **32** (1960), 1308–1319
316 Flanagan, J.L., Guttman, N.: Pitch of periodic pulses without fundamental component. J. Acoust. Soc. Am. **32** (1960), 1319–1328
317 Flanagan, J.L., Saslow, M.G.: Pitch discrimination for synthetic vowels. J. Acoust. Soc. Am. **30** (1958), 435–442
318 Fleischer, H.: Gerade wahrnehmbare Phasenänderungen bei Drei-Ton-Komplexen. Acustica **32** (1975), 44–50
319 Fleischer, H.: Über die Wahrnehmbarkeit von Phasenänderungen. Acustica **35** (1976), 202–209
320 Fleischer, H.: Subjektive Größe von Unterschieden im Amplituden-Modulationsgrad von Sinustönen. Acustica **46** (1980), 31–38
321 Fleischer, H.: Modulationsschwellen von Schmalbandrauschen. Acustica **51** (1982), 154–161
322 Fleischer, H.: Das Schallfeld auf der Oberfläche von Kreisstrahlern bei hohen Frequenzen. Acustica **55** (1984), 268–276
323 Fleischer, H.: *Glockenschwingungen.* Univ. Bundeswehr LRT4, München, 1997
324 Fletcher, H.: Loudness, masking and their relation to the hearing process and the problem of noise measurment. J. Acoust. Soc. Am. **9** (193), 275–293
325 Fletcher, H.: Space-time pattern theory of hearing. J. Acoust. Soc. Am. **1** (1930), 311–343
326 Fletcher, H.: Some physical characteristics of speech and music. J. Acoust. Soc. Am. **3** (1931), 1–25
327 Fletcher, H.: Loudness, pitch, and timbre of musical tones and their relations to the intensity, the frequency and the overtone structure. J. Acoust. Soc. Am. **6** (1934), 59–69
328 Fletcher, H.: The mechanism of hearing as revealed through experiments on the masking effect of thermal noise. Proc. Natl. Acad. Sci. Am. **24** (1938), 265–274
329 Fletcher, H.: Auditory patterns. Rev. Mod. Phys. **12** (1940), 47–65
330 Fletcher, H.: *Speech and Hearing in Communication.* Van Nostrand, New Jersey, 1953
331 Fletcher, H.: Normal vibration frequencies of a stiff piano string. J. Acoust. Soc. Am. **36** (1964), 203–209
332 Fletcher, H., Munson, W.A.: Relation between loudness and masking. J. Acoust. Soc. Am. **9** (1937), 1–10
333 Fletcher, H., Blackham, E., Stratton, R.: Quality of piano tones. J. Acoust. Soc. Am. **34** (1962), 749–761

334 Fletcher, H., Blackham, E.D., Christensen, D.A.: Quality of organ tones. J. Acoust. Soc. Am. **35** (1963), 314–325
335 Fletcher, N.H.: Acoustical correlates of flute performance technique. J. Acoust. Soc. Am. **57** (1975), 233–237
336 Fletcher, N.H.: Sound production by organ flue pipes. J. Acoust. Soc. Am. **60** (1976), 926–936
337 Fletcher, N.H.: Analysis of the design and performance of harpsichords. Acustica **37** (1977), 139–147
338 Fletcher, N.H.: Excitation mechanisms in woodwind and brass instruments. Acustica **43** (1979), 63–72
339 Fletcher, N.H., Thwaites, S.: Wave propagation on an acoustically perturbed jet. Acustica **42** (1979), 323–334
340 Fletcher, N.H., Strong, W.J., Silk, R.K.: Acoustical characterization of flute head joints. J. Acoust. Soc. Am. **71** (1982), 1255–1260
341 Flock, Å.: Physiological properties of sensory hairs in the cochlea. In *Psychophysics and Physiology of Hearing* (Evans, E.F., Wilson, J.P., Hrsg.), Academic, London, 1977, 15–25
342 Flock, Å., Cheung, H.C., Flock, B., Utter, G.: Three sets of actin filaments in sensory cells of the inner ear. Identification and functional orientation determined by gel electrophoresis, immunofluorescence and electron microscopy. J. Neurocytol. **10** (1981), 133–147
343 Flohrer, W.: Die Beeinträchtigung der Natürlichkeit von Sprache durch Löcher im Übertragungsfrequenzband. Frequenz **22** (1968), 175–178
344 Florentine, M.: Intensity discrimination as a function of level and frequency and its relation to high-frequency hearing. J. Acoust. Soc. Am. **74** (1983), 1375–1379
345 Florentine, M.: Level discrimination of tones as a function of duration. J. Acoust. Soc. Am. **79** (1986), 792–798
346 Florentine, M., Buus, S.: An excitation-pattern model for intensity discrimination. J. Acoust. Soc. Am. **70** (1981), 1646–1654
347 Fourcin, A.J.: The pitch of noise with periodic spectral peaks. In *Proc. 5 Intern. Congr. Acoust.* **B42**, Liège, 1965
348 Fowler, C.A.: "Perceptual centers" in speech production and perception. Percept. Psychophys. **25** (1979), 375–388
349 Fransson, F., Sundberg, J., Tjernlund, P.: Statistical computer measurements of the tone-scale in played music. In *STL-QPSR 2-3*, Dept. Speech Commun. KTH, Stockholm, 1970, 41–45
350 Freedman, M.D.: Analysis of musical instrument tones. J. Acoust. Soc. Am. **41** (1967), 793–806
351 French, N.R., Steinberg, J.C.: Factors governing the intelligibility of speech sounds. J. Acoust. Soc. Am. **19** (1947), 90–119
352 Friberg, A., Sundberg, J.: Time discrimination in a monotonic, isochronous sequence. J. Acoust. Soc. Am. **98** (1995), 2524–2531
353 Fricke, J.E.: Monaural phase effects in auditory signal detection. J. Acoust. Soc. Am. **43** (1968), 439–443
354 Fujimura, O., Lindqvist, J.: Sweep-tone measurements of vocal-tract characteristics. J. Acoust. Soc. Am. **49** (1971), 541–558
355 Fuks, L.: Prediction of pitch effects from measured CO_2 content variations in wind instrument playing. In *TMH-QPSR* **4**, Roy. Inst. Tech., Stockholm, 1996, 37–43
356 Funada, T.: A method for the extraction of spectral peaks and its application to fundamental frequency estimation of speech signals. Signal Processing **13** (1987), 15–28

357 Furukawa, S., Moore, B.C.J.: Across-channel processes in frequency modulation detection. J. Acoust. Soc. Am. **100** (1996), 2299–2311
358 Fyk, J.: Tolerance of intonation deviation in melodic intervals in listeners of different musical training. Arch. Acoust. **7** (1982), 13–28
359 Gässler, G.: Über die Hörschwelle für Schallereignisse mit verschieden breitem Frequenzspektrum. Acustica **4** (1954), 408–414
360 Gaeth, J.H., Norris, T.W.: Diplacusis in unilateral high-frequency hearing losses. J. Speech Hear. Res. **8** (1965), 63–75
361 Gambardella, G.: Time scaling and short-time spectral analysis. J. Acoust. Soc. Am. **44** (1968), 1745–1747
362 Gambardella, G.: A contribution to the theory of short-time spectral analysis with nonuniform bandwith filters. IEEE Trans. Circuit Theory **18** (1971), 455–460
363 Garner, W.R., Miller, G.A.: Differential sensitivity to intensity as a function of the duration of the comparison tone. J. Exp. Psychol. **34** (1947), 450–463
364 Geary, J.M.: Consonance and dissonance of pairs of inharmonic sounds. J. Acoust. Soc. Am. **67** (1980), 1785–1789
365 Geisler, C.D., Rhode, W.S., Kennedy, D.T.: Responses to tonal stimuli of single auditory nerve fibers and their relationship to basilar membrane motion in the squirrel monkey. J. Neurophysiol. **37** (1974), 1156–1172
366 Geisler, C.D., Cai, Y.: Relationships between frequency-tuning and spatial-tuning curves in the mammalian cochla. J. Acoust. Soc. Am. **99** (1996), 1550–1555
367 Genuit, K.: Bestimmung strukturgemittelter Außenohrübertragungsfunktionen. In *Fortschritte der Akustik (DAGA'84)*, DPG, Bad Honnef, 1984, 667–670
368 Giordano, T.A., Rothman, H.B., Hollien, H.: Helium speech unscramblers – A critical review of the state of the art. IEEE-AU **21** (1973), 436–444
369 Gitter, A.H., Klinke, R.: Die Energieschwellen von Auge und Ohr in heutiger Sicht. Naturwiss. **76** (1989), 160–164
370 Gjaevenes, K., Vigran, E.: Contralateral masking: An attempt to determine the role of the aural reflex. J. Acoust. Soc. Am. **42** (1967), 580–585
371 Glasberg, B.R., Moore, B.C.J.: Derivation of auditory filter shapes from notched-noise data. Hear. Res. **47** (1990), 103–138
372 Glattke, T.J.: Unit responses of the cat cochlear nucleus to amplitude-modulated stimuli. J. Acoust. Soc. Am. **45** (1969), 419–425
373 Gold, T.: Hearing II. The physical basis of the action of the cochlea. Proc. R. Soc. London B **135** (1948), 492–498
374 Gold, T.: Historical background to the proposal, 40 years ago, of an active model for cochlear frequency analysis. In *Cochlear Mechanisms* (Wilson, J.P., Kemp, D.T., Hrsg.), Plenum, New York, 1989, 299–305
375 Goldstein, J.L.: Auditory spectral filtering and monaural phase perception. J. Acoust. Soc. Am. **41** (1967), 458–479
376 Goldstein, J.L.: Auditory nonlinearity. J. Acoust. Soc. Am. **41** (1967), 676–689
377 Goldstein, J.L.: An optimum processor theory for the central formation of the pitch of complex tones. J. Acoust. Soc. Am. **54** (1973), 1496–1516
378 Goldstein, J.L., Buchsbaum, G., Furst, M.: Compatibility between psychophysical and physiological measurements of aural combination tones. J. Acoust. Soc. Am. **63** (1978), 474–485
379 Green, B.G., Craig, J.C., Wilson, A.M., Pisoni, D.B., Rhodes, R.P.: Vibrotactile identification of vowels. J. Acoust. Soc. Am. **73** (1983), 1766–1778

380 Green, D.M.: *Profile Analysis: Auditory Intensity Discrimination*. Oxford UP, Oxford, 1988
381 Green, D.M.: The number of components in profile analysis tasks. J. Acoust. Soc. Am. **91** (1992), 1616–1623
382 Green, D.M., Mason, C.R., Kidd, G.: Profile analysis: Critical bands and duration. J. Acoust. Soc. Am. **75** (1984), 1163–1167
383 Greenberg, S., Marsh, J.T., Brown, W.S., Smith, J.C.: Neural temporal coding of low pitch. I. Human frequency-following responses to complex tones. Hear. Res. **25** (1987), 91–114
384 Greenwood, D.D.: Aural combination tones and auditory masking. J. Acoust. Soc. Am. **50** (1971), 502–542
385 Grey, J.M.: Multimensional perceptual scaling of musical timbre. J. Acoust. Soc. Am. **61** (1977), 1270–1277
386 Grey, J.M., Moorer, J.A.: Perceptual evaluations of synthesized musical instrument tones. J. Acoust. Soc. Am. **62** (1977), 454–462
387 Grose, J.H., Hall, J.W.: Across-frequency processing of multiple modulation patterns. J. Acoust. Soc. Am. **99** (1996), 534–541
388 Grose, J.H., Hall, J.W.: Multiband detection of energy fluctuations. J. Acoust. Soc. Am. **102** (1997), 1088–1096
389 Guernsey, M.: The role of consonance and dissonance in music. Am. J. Psychol. **40** (1928), 173–204
390 Güth, W.: *Physik der Streichinstrumente*. Hirzel, Stuttgart, 1995
391 Guirao, M., Garavilla, J.M.: Perceived roughness of amplitude-modulated tones and noise. J. Acoust. Soc. Am. **60** (1976), 1335–1338
392 Guirao, M., Stevens, S.S.: Measurement of auditory density. J. Acoust. Soc. Am. **36** (1964), 1176–1182
393 Guthrie, E.R., Morrill, H.: The fusion of non-musical intervals. Am. J. Psychol. **40** (1928), 624–625
394 Guttman, N.: Pitch and loudness of a binaural subjective tone. J. Acoust. Soc. Am. **34** (1962), 1996
395 Guttman, N., Lummis, R.C.: Auditory afterimages produced by low-pass, high-pass, and band-reject noises. J. Acoust. Soc. Am. **41** (1967), 1592–1593
396 Haar, G.: Die Störfähigkeit quadratischer und kubischer Verzerrungen bei der Übertragung von Musik. Frequenz **6** (1952), 199–206
397 Hähnle, W.: Die Darstellung elektromechanischer Gebilde durch rein elektrische Schaltbilder. Veröff. Siemens-Konzern **11** (1932), 1–23
398 Hafter, E.R., Buell, T.N.: Restarting the adapted binaural system. J. Acoust. Soc. Am. **88** (1990), 806–812
399 Hahnemann, W., Hecht, H.: Schallgeber und Schallempfänger. I. Physikal. Z. **20** (1919), 104–114
400 Hahnemann, W., Hecht, H.: Schallgeber und Schallempfänger. II. Physikal. Z. **20** (1919), 245–251
401 Hall, D.E.: Practically perfect pitch: Some comments. J. Acoust. Soc. Am. **71** (1982), 754–755
402 Hall, J.L., Schroeder, M.R.: Monaural phase effects for two-tone signals. J. Acoust. Soc. Am. **51** (1972), 1882–1884
403 Hall, J.W., Peters, R.W.: Pitch for nonsimultaneous successive harmonics in quiet and noise. J. Acoust. Soc. Am. **69** (1981), 509–513
404 Hall, J.W., Peters, R.W.: Change in the pitch of a complex tone following its association with a second complex tone. J. Acoust. Soc. Am. **71** (1982), 142–146
405 Hall, J.W., Haggard, M.P., Fernandes, M.A.: Detection in noise by spectro-temporal pattern analysis. J. Acoust. Soc. Am. **76** (1984), 50–56

406 Hall, J.W., Grose, J.H., Hatch, D.R.: Effects of masker gating for signal detection in unmodulated and modulated bandlimited noise. J. Acoust. Soc. Am. **100** (1996), 2365–2372
407 Hansen, V., Madsen, E.R.: On aural phase detection. J. Audio Eng. Soc. **22** (1974), 10–14
408 Hansen, V., Madsen, E.R.: On aural phase detection: Part II. J. Audio Eng. Soc. **22** (1974), 783–788
409 Harbert, F., Young, I.M., Wenner, C.H.: Auditory flutter fusion and envelope of signal. J. Acoust. Soc. Am. **44** (1968), 803–806
410 Harbold, G.J.: Pitch ratings of voiced and whispered vowels. J. Acoust. Soc. Am. **30** (1958), 600–601
411 Harris, G.G.: Periodicity perception by using gated noise. J. Acoust. Soc. Am. **35** (1963), 1229–1233
412 Harris, J.D.: Pitch discrimination. J. Acoust. Soc. Am. **24** (1952), 750–755
413 Hartman, E.B.: The influence of practice and pitch-distance between tones on the absolute identification of pitch. Am. J. Psychol. **67** (1954), 1–14
414 Hartmann, W.M.: The effect of amplitude envelope on the pitch of sine wave tones. J. Acoust. Soc. Am. **63** (1978), 1105–1113
415 Hartmann, W.M.: Pitch perception and the segregation and integration of auditory entities. In *Auditory Function* (Edelmann, G.M., Hall, W.E., Cowan, W.M., Hrsg.), Wiley, New York, 1988, 623–645
416 Hartmann, W.M.: Pitch, periodicity, and auditory organization. J. Acoust. Soc. Am. **100** (1996), 3491–3502
417 Hartmann, W.M., Doty, S.L.: On the pitches of the components of a complex tone. J. Acoust. Soc. Am. **99** (1996), 567–578
418 Hashimoto, T., Hatano, S.: Roughness level as a measure for estimating unpleasantness: Modification of roughness level by modulation frequencies. In *Inter-Noise 94*, Yokohama, 1994, 887–892
419 Hauge, F.B.: An investigation of the phenomena connected with the beating complex. Psychol. Monogr. **41** (1931), 32
420 Heaviside, O.: *Electromagnetic Theory (2)*. London, 1899
421 Hecht, H.: Schaltschema und elektro-mechanische Analogie. Z. Tech. Phys. **22** (1941), 111–117
422 Hedelin, P.: A representation of speech with partials. In *The Representation of Speech in the Peripheral Auditory System* (Carlson, R., Granström, B., Hrsg.), Elsevier, Amsterdam, 1982, 247–250
423 Heffner, H., Whitfield, I.C.: Perception of the missing fundamental by cats. J. Acoust. Soc. Am. **59** (1976), 915–919
424 Heinbach, W.: Rhythmus von Sprache: Untersuchung methodischer Einflüsse. In *Fortschritte der Akustik (DAGA'85)*, DPG, Bad Honnef, 1985, 567–570
425 Heinbach, W.: Untersuchung einer gehörbezogenen Spektralanalyse mittels Resynthese. In *Fortschritte der Akustik (DAGA'86)*, DPG, Bad Honnef, 1986, 453–456
426 Heinbach, W.: Datenreduktion von Sprache unter Berücksichtigung von Gehöreigenschaften. ntzArchiv **9** (1987), 327–333
427 Heinbach, W.: Aurally adequate signal representation: The part-tone-time-pattern. Acustica **67** (1988), 113–121
428 Heise, G.A., Miller, G.A.: An experimental study of auditory patterns. Am. J. Psychol. **64** (1951), 68–77
429 Heisenberg, W.: Physik und Philosophie. In *Weltperspektiven* (Anshen, R.N., Hrsg.) **2**, Ullstein, Frankfurt/M
430 Helle, R.: Amplitude und Phase des im Gehör gebildeten Differenztones dritter Ordnung. Acustica **22** (1969), 74–87

431 Hellman, R.P.: Perceived magnitude of two-tone-noise complexes: Loudness, annoyance, and noisiness. J. Acoust. Soc. Am. **77** (1985), 1497–1504
432 von Helmholtz, H.: *Die Lehre von den Tonempfindungen als physiologische Grundlage für die Theorie der Musik.* Vieweg, Braunschweig, 1863
433 van Hengel, P.W.J., Duifhuis, H., van den Raadt, M.P.M.G.: Spatial periodicity in the cochlea: The result of interaction of spontaneous emissions? J. Acoust. Soc. Am. **99** (1996), 3566–3571
434 Henning, G.B.: Frequency discrimination of random-amplitude tones. J. Acoust. Soc. Am. **39** (1966), 336–339
435 Henning, G.B.: A model for auditory discrimination and detection. J. Acoust. Soc. Am. **42** (1967), 1325–1334
436 Henning, G.B., Grosberg, S.L.: Effect of harmonic components on frequency discrimination. J. Acoust. Soc. Am. **44** (1968), 1386–1389
437 Hermes, D.J.: Measurement of pitch by subharmonic summation. J. Acoust. Soc. Am. **83** (1988), 257–264
438 Hermes, D.J.: Vowel-onset detection. J. Acoust. Soc. Am. **87** (1990), 866–873
439 Hesse, A.: Zur Ausgeprägtheit der Tonhöhe gedrosselter Sinustöne. In *Fortschritte der Akustik (DAGA '85)*, DPG, Bad Honnef, 1985, 535–538
440 Hesse, A.: Beschreibung der Pegelabhängigkeit der Spektraltonhöhe von Sinustönen anhand von Mithörschwellenmustern. In *Fortschritte der Akustik (DAGA '86)*, DPG, Bad Honnef, 1986, 445–448
441 Hesse, A.: Zur Tonhöhenverschiebung von Sinustönen durch Störgeräusche. Acustica (1987), 264–281
442 Hesse, A.: Ein Funktionsschema der Spektraltonhöhe von Sinustönen. Acustica **63** (1987), 1–16
443 Hindemith, P.: *Unterweisung im Tonsatz.* Schott, Mainz, 1940
444 Hirschberg, A., van de Laar, W.A., Marrou-Maurières, J.P., Wijnands, A.P.J., Dane, H.J., Kruijswijk, S.G., Houtsma, A.J.M.: A quasi-stationary model of air flow in the reed channel of single-reed woodwind instruments. Acustica **70** (1990), 146–154
445 Hirschberg, A., Gilbert, J., Msallam, R., Wijnands, A.P.J.: Shock waves in trombones. J. Acoust. Soc. Am. **99** (1996), 1754–1758
446 Hirsh, I.J., Ward, W.D.: Recovery of the auditory threshold after strong acoustic stimulation. J. Acoust. Soc. Am. **24** (1952), 131–141
447 Houtgast, T.: Psychophysical evidence for lateral inhibition in hearing. J. Acoust. Soc. Am. **51** (1972), 1885–1894
448 Houtgast, T.: Psychophysical experiments on "tuning curves" and "two-tone inhibition". Acustica **29** (1974), 168–179
449 Houtgast, T.: Auditory analysis of vowel-like sounds. Acustica **31** (1974), 320–324
450 Houtgast, T.: Subharmonic pitches of a pure tone at low S/N ratio. J. Acoust. Soc. Am. **60** (1976), 405–409
451 Houtgast, T.: Auditory-filter characteristics derived from direct-masking data and pulsation-threshold data with a rippled-noise masker. J. Acoust. Soc. Am. **62** (1977), 409–415
452 Houtsma, A.J.M.: Pitch salience of various complex sounds. Music Percept. **1** (1984), 296–307
453 Houtsma, A.J.M., Goldstein, J.L.: The central origin of the pitch of complex tones: Evidence from musical interval recognition. J. Acoust. Soc. Am. **51** (1972), 520–529
454 Houtsma, A.J.M., Wicke, R.W., Ordubadi, A.: Pitch of amplitude-modulated low-pass noise and predictions by temporal and spectral theories. J Acoust. Soc. Am. **67** (1980), 1312–1322

455 Houtsma, A.J.M., Durlach, N.I., Braida, L.D.: Intensity perception XI. Experimental results on the relation of intensity resolution to loudness matching. J. Acoust. Soc. Am. **68** (1980), 807–813
456 Houtsma, A.J.M., Rossing, T.D.: Effects of signal envelope on the pitch of short complex tones. J. Acoust. Soc. Am. **81** (1987), 439–444
457 Houtsma, A.J.M., Smurzynski, J.: Pitch identification and discrimination for complex tones with many harmonics. J. Acoust. Soc. Am. **87** (1990), 304–310
458 Howell, P.: Prediction of P-center location from the distribution of energy in the amplitude envelope: I. Percept. Psychophys. **43** (1988), 90–93
459 Hudde, H.: Methoden zur Bestimmung der menschlichen Trommelfellimpedanz unter Berücksichtigung der Querschnittsfunktion des Ohrkanals. Rundfunktech. Mitt. **22** (1978), 206–208
460 Hudde, H.: Meßmethoden für die akustische Impedanz des Mittelohres bei hohen Frequenzen. ntzArchiv **6** (1984), 265–271
461 Hudde, H., Weistenhöfer, C.: A three-dimensional circuit model of the middle ear. Acustica **83** (1997), 535–549
462 Huggins, A.W.F: On the perception of temporal phenomena in speech. J. Acoust. Soc. Am. **51** (1972), 1279–1290
463 Huggins, W.H.: A phase principle for complex-frequency analysis and its implications in auditory theory. J. Acoust. Soc. Am. **24** (1952), 582–589
464 Hughes, G.W., Halle, M.: Spectral properties of fricative consonants. J. Acoust. Soc. Am. **28** (1956), 303–310
465 Hulse, S.H., Cynx, J., Humpal, J.: Absolute and relative pitch discrimination in serial pitch perception by birds. J. Exp. Psychol. **113** (1984), 38–54
466 Hulse, S.H., Cynx, J.: Relative pitch perception is constrained by absolute pitch in songbirds (*Mimus, Molothrus,* and *Sturnus*). J. Compar. Psychol. **99** (1985), 176–196
467 Hulse, S.H., Page, S.C.: Toward a comparative psychology of music perception. Music Percept. **5** (1988), 427–452
468 Hurni-Schlegel, L., Lang, A.: Verteilung, Korrelate und Veränderbarkeit der Tonhöhenidentifikation (sog. absolutes Musikgehör). Schweiz. Z. Psychol. **37** (1978), 265–292
469 Idson, W.L., Massaro, D.W.: A bidimensional model of pitch in the recognition of melodies. Percept. Psychophys. **24** (1978), 551–565
470 Isshiki, N., Okamura, H., Tanabe, M., Morimoto, M.: Differential diagnosis of hoarseness. Folia Phoniatrica **21** (1969), 9–19
471 Jacobson, H.: Information and the human ear. J. Acoust. Soc. Am. **23** (1951), 463–471
472 Jahn, G.: Über die Beziehung zwischen der Lautstärke und dem Schalldruck am Trommelfell. Hochfrequenztech. Elektroak. **67** (1958), 69–72
473 Jahn, G.: Über den Unterschied zwischen den Kurven gleicher Lautstärke in der ebenen Welle und im diffusen Schallfeld. Hochfrequenztech. Elektroak. **69** (1960), 75–81
474 Jansson, E.V., Benade, A.H.: On plane and spherical waves in horns with non-uniform flare II. Prediction and measurements of resonance frequencies and radiation losses. Acustica **31** (1974), 185–202
475 Javel, E.: Coding of AM tones in the chinchilla auditory nerve: Implications for the pitch of complex tones. J. Acoust. Soc. Am. **68** (1980), 133–146
476 Jeffress, L.A.: Variations in pitch. Am. J. Psychol. **57** (1944), 63–76
477 Jeffress, L.A.: Absolute pitch. J. Acoust. Soc. Am. **34** (1962), 987
478 Jesteadt, W., Wier, C.C., Green, D.M: Intensity discrimination as a function of frequency and sensation level. J. Acoust. Soc. Am. **61** (1977), 169–177

479 Jesteadt, W., Neff, D.L.: A signal-detection-theory measure of pitch shifts in sinusoids as a function of intensity. J. Acoust. Soc. Am. **72** (1982), 1812–1820
480 Johannsen, K.: *AEG-Hilfsbuch*. Alfred Hüttig, Heidelberg, 1972
481 Johnson, C.S.: Relation between absolute threshold and duration-of-tone pulses in the bottlenosed porpoise. J. Acoust. Soc. Am. **43** (1968), 757–763
482 Johnson-Davies, D., Patterson, R.D.: Psychophysical tuning curves: Restricting the listening band. J. Acoust. Soc. Am. **65** (1979), 765–770
483 Johnstone, B.M., Boyle, A.J.F.: Basilar membrane vibrations examined with the Mössbauer technique. Science **158** (1967), 389–390
484 Johnstone, B.M., Yates, G.K.: Basilar membrane tuning curves in the guinea pig. J. Acoust. Soc. Am. **55** (1974), 584–587
485 Johnstone, B.M., Patuzzi, R., Yates, G.K.: Basilar membrane measurements and the traveling wave. Hear. Res. **22** (1986), 147–153
486 Jones, A.T.: The strike note of bells. J. Acoust. Soc. Am. **1** (1930), 373–381
487 Jones, A.T., Alderman, G.W.: Further studies of the strike note of bells. J. Acoust. Soc. Am. **3** (1931), 297–307
488 Kaernbach, C.: Temporal and spectral basis of the features perceived in repeated noise. J. Acoust. Soc. Am. **94** (1993), 91–97
489 Kallman, H.J.: Octave equivalence as measured by similarity ratings. Percept. Psychophys. **32** (1982), 37–49
490 Kameoka, A., Kuriyagawa, M.: Consonance theory part I: Consonance of dyads. J. Acoust. Soc. Am. **45** (1969), 1451–1459
491 Kates, J.M.: A central spectrum model for the perception of coloration in filtered Gaussian noise. J. Acoust. Soc. Am. **77** (1985), 1529–1534
492 Kates, J.M.: Speech enhancement based on a sinusoidal model. J. Speech Hear. Res. **37** (1994), 449–464
493 Keefe, D.H.: Theory of the single woodwind tone hole. J. Acoust. Soc. Am. **72** (1982), 676–687
494 Keefe, D.H.: Experiments on the single woodwind tone hole. J. Acoust. Soc. Am. **72** (1982), 688–699
495 Keefe, D.H.: Acoustic streaming, dimensional analysis of nonlinearities, and tone hole mutual interactions in woodwinds. J. Acoust. Soc. Am. **73** (1983), 1804–1820
496 Keefe, D.H.: Wind-instrument reflection function measurements in the time domain. J. Acoust. Soc. Am. **99** (1996), 2370–2381
497 Keller, H.: Maskierung binauraler Schwebungen. In *Fortschritte der Akustik (DAGA'85)*, DPG, Bad Honnef, 1985, 531–534
498 Kellogg, E.W.: Reversed speech. J. Acoust. Soc. Am. **10** (1939), 324–326
499 Kemp, D.T.: Stimulated acoustic emissions from within the human auditory system. J. Acoust. Soc. Am. **64** (1978), 1386–1391
500 Khanna, S.M.: Cellular vibration and motility in the organ of Corti. Acta Oto-Laryngol. **S467** (1989), 1–279
501 Kiang, N.Y.S.: *Discharge Patterns of single Fibers in the Cat's Auditory Nerve*. MIT Press, Cambridge, Mass., 1965
502 Kiang, N.Y.S., Goldstein, M.H.: Tonotopic organization of the cat auditory cortex for some complex stimuli. J. Acoust. Soc. Am. **31** (1959), 786–790
503 Kidd, G., Mason, C.R.: A new technique for measuring spectral shape discrimination. J. Acoust. Soc. Am. **91** (1992), 2855–2864
504 Killion, M.C.: Revised estimate of minimum audible pressure: Where is the "missing 6 dB"? J. Acoust. Soc. Am. **63** (1978), 1501–1508
505 Kim, D.O., Molnar, C.E.: A population study of cochlear nerve fibers: Comparison of spatial distributions of average-rate and phase-locking measures of responses to single tones. J. Neurophysiol. **42** (1979), 16–30

506 Kimberley, B.P., Brown, D.K., Eggermont, J.J.: Measuring human cochlar traveling wave delay using distortion product emission phase responses. J. Acoust. Soc. Am. **94** (1993), 1343–1350
507 Klein, M.A., Hartmann, W.M.: Binaural edge pitch. J. Acoust. Soc. Am. **70** (1981), 51–61
508 Klein, R., Tributsch, J.: Effect of phase shift on hearing. Audio (1962), 36
509 Klimenko, G.K.: Aural perception of timbre variation in the addition of a signal with its echo. Soviet Physics-Acoustics **12** (1960), 98–100
510 Köhler, W.: Akustische Untersuchungen. II. Z. Psychol. **58** (1911), 59–140
511 Köhlmann, M.: Bestimmung der Silbenstruktur von fließender Sprache mit Hilfe der Rhythmuswahrnehmung. Acustica **56** (1985), 120–125
512 Köhlmann, M.: Rhythmische Segmentierung von Sprach- und Musiksignalen und ihre Nachbildung mit einem Funktionsschema. Acustica **56** (1985), 193–204
513 König, E.: Effect of time on pitch discrimination thresholds under several psychophysical procedures; comparison with intensity discrimination thresholds. J. Acoust. Soc. Am. **29** (1957), 606–612
514 König, R.: Bemerkungen über die Klangfarbe. Ann. Phys. Chem. **14** (1881), 369–393
515 König, R.: Zur Frage über den Einfluß der Phasendifferenz der harmonischen Töne auf die Klangfarbe. Ann. Phys. Chem. **57** (1896), 555–566
516 Kohda, T.: An argument against rejection of role of time intervals in pitch – Revised fine structure theory of pitch perception. J. Acoust. Soc. Jpn. (E) **6** (1985), 79–88
517 Kohler, M., Kotterba, B.: Fusion gemessener Empfindungsgrößen zur objektiven Bestimmung des Wohlklanges. In *Fortschritte der Akustik (DAGA'92)*, VDE-Verlag, Berlin, 1992, 905–908
518 Kohllöffel, L.U.E.: A study of basilar membrane vibrations I. Fuzziness-detection: A new method for the analysis of microvibrations with Laser light. Acustica **27** (1972), 49–65
519 Kohllöffel, L.U.E.: A study of basilar membrane vibrations II. The vibratory amplitude and phase pattern along the basilar membrane (post-mortem). Acustica **27** (1972), 66–81
520 Kohllöffel, L.U.E.: A study of basilar membrane vibrations. III. The basilar membrane frequency response curve in the living guinea pig. Acustica **27** (1972), 82–89
521 Kohut, J., Mathews, M.V.: Study of motion of a bowed string. J. Acoust. Soc. Am. **49** (1971), 532–537
522 Kojima, H., Gould, W., Lambiase, A., Isshiki, N.: Computer analysis of hoarseness. Acta Otolaryngol. **89** (1980), 547–554
523 Kolston, P.J., Ashmore, J.F.: Finite element micromechanical modeling of the cochlea in three dimensions. J. Acoust. Soc. Am. **99** (1996), 455–467
524 Korn, T.S.: Theory of audio information. Acustica **22** (1969), 336–344
525 Kraft, L.G.: Correlation function analysis. J. Acoust. Soc. Am. **22** (1950), 762–764
526 Krahé, D.: Ein Verfahren zur Datenreduktion bei digitalen Audiosignalen unter Ausnutzung psychoakustischer Phänomene. Rundfunktech. Mitt. **30** (1986), 117–123
527 Kringlebotn, M., Gundersen, T.: Frequency characteristics of the middle ear. J. Acoust. Soc. Am. **77** (1985), 159–164
528 Kronester-Frei, A.: Lichtleiter-Beleuchtungstechnik bei der Mikrosektion der Cochlea. Mikroskopie **32** (1976), 334–344

529 Krump, G.: Zum Zwicker-Ton bei unterschiedlicher Bandbreite der Anregung. In *Fortschritte der Akustik (DAGA'93)*, DPG, Bad Honnef, 1993, 808–811
530 Krump, G.: Zum Zwicker-Ton bei binauraler Anregung. In *Fortschritte der Akustik (DAGA'94)*, DPG, Bad Honnef, 1994, 1005–1008
531 Krump, G.: Zum Zwicker-Ton bei Linienspektren mit spektraler Überhöhung. In *Fortschritte der Akustik (DAGA'94)*, DPG, Bad Honnef, 1994, 1009–1012
532 Kruskal, J.B.: Multidimensional scaling by optimizing goodness of fit to a nonmetric hypothesis. Psychometrica **29** (1964), 1–28
533 Kruskal, J.B.: Nonmetric multidimensional scaling: A numerical method. Psychometrika **29** (1964), 115–129
534 Kryter, K.D.: Presbycusis, sociocusis and nosocusis. J. Acoust. Soc. Am. **73** (1983), 1897–1917
535 Küpfmüller, K.: *Die Systemtheorie der elektrischen Nachrichtenübertragung*. Hirzel, Stuttgart, 1968, 3. Aufl.
536 Küpfmüller, K., Kohn, G.: *Theoretische Elektrotechnik und Elektronik*. Springer, Berlin/Heidelberg, 1993, 14. Aufl.
537 ter Kuile, T.E.: Einfluß der Phasen auf die Klangfarbe. Arch. Ges. Physiol. **89** (1902), 333–426
538 Kuttruff, H.: Raumakustische Korrelationsmessungen mit einfachen Mitteln. Acustica **13** (1963), 120–122
539 Kuttruff, H.: Über die Frequenzkurven elektroakustisch gekoppelter Räume und ihre Bedeutung für die künstliche Nachhallverlängerung. Acustica **15** (1965), 1–5
540 Langner, G.: Evidence for neuronal periodicity detection in the auditory system of the guinea fowl: Implications for pitch analysis in the time domain. Exp. Brain Res. **52** (1983), 333–355
541 Langner, G., Schreiner, C.E.: Periodicity coding in the inferior colliculus of the cat. I: Neuronal mechanisms. J. Neurophysiol. **60** (1988), 1799–1822
542 Langner, G., Schreiner, C., Albert, M.: Tonotopy and periodotopy in the auditory midbrain of cat and guinea fowl. In *Auditory Physiology and Perception* (Cazals, Y., Demany, L., Horner, K., Hrsg.), Pergamon, Oxford, 1992, 241–247
543 Lass, N.J., Hughes, K.R., Bowyer, M.D., Waters, L.T., Bourne, V.T.: Speaker sex identification from voiced, whispered, and filtered isolated vowels. J. Acoust. Soc. Am. **59** (1976), 675–678
544 Lattard, J.: Influence of inharmonicity on the tuning of a piano – Measurements and mathematical simulation. J. Acoust. Soc. Am. **94** (1993), 46–53
545 Le Page, E.L., Johnstone, B.M.: Nonlinear mechanical bahaviour of the basilar membrane in the basal turn of the guinea pig cochlea. Hear. Res. **2** (1980), 183–189
546 Lehr, A.: Partial groups in the bell sound. J. Acoust. Soc. Am. **79** (1986), 2000–2011
547 Levelt, W., van de Geer, J., Plomp, R.: Triadic comparisons of musical intervals. Brit. J. Math. Statist. Psychol. **19** (1966), 163–179
548 Levitin, D.J.: Absolute memory for musical pitch: Evidence from the production of learned melodies. Percept. Psychophys. **56** (1994), 414–423
549 Lewis, D., Cowan, M.: Influence of intensity on the pitch of violin and 'cello tones. J. Acoust. Soc. Am. **8** (1936), 20–22
550 Lichte, W.H.: Attributes of complex tones. J. Exp. Psychol. **28** (1941), 455–480
551 Lichte, W.H., Gray, R.F.: The influence of overtone structure on the pitch of complex tones. J. Exp. Psychol. **49** (1955), 431–436

552 Licklider, J.C.R.: The intelligibility of amplitude-dichotomized, time-quantized spech waves. J. Acoust. Soc. Am. **22** (1950), 820–823
553 Licklider, J.C.R.: A duplex theory of pitch perception. Experienta **7** (1951), 128–134
554 Licklider, J.C.R.: Periodicity pitch and related auditory process models. Intern. Audiol. **1** (1962), 11–36
555 Licklider, J.C.R., Pollack, I.: Effects of differentiation, integration, and infinite peak clipping upon the intelligibility of speech. J. Acoust. Soc. Am. **20** (1948), 42–51
556 Licklider, J.C.R., Webster, J.C., Hedlun, J.M.: On the frequency limits of binaural beats. J. Acoust. Soc. Am. **22** (1950), 468–473
557 von Liebermann, P., Révész, G.: Über Orthosymphonie. Beitrag zur Kenntnis des Falschhörens. Z. Psychol. **48** (1908), 259–275
558 von Liebermann, P., Révész, G.: Die binaurale Tonmischung. Z. Psychol. **69** (1914), 234–255
559 Lifshitz, S.: Apparent duration of sound perception and musical optimum reverberation. J. Acoust. Soc. Am. **7** (1936), 213–221
560 Lin, J.Y., Hartmann, W.M.: On the Duifhuis pitch effect. J. Acoust. Soc. Am. **101** (1997), 1034–1043
561 Lindig, F.: Über den Einfluß der Phasen auf die Klangfarbe. Ann. Phys. **10** (1903), 242–269
562 Lindqvist, J., Sundberg, J.: Perception of the octave interval. In *Proc. 7 Intern. Congr. Acoust.* **20S12**, Budapest, 1971
563 Lockhead, G.R., Byrd, R.: Practically perfect pitch. J. Acoust. Soc. Am. **70** (1981), 387–389
564 Lorenz, K.: Gestaltwahrnehmung als Quelle wissenschaftlicher Erkenntnis. In *Vom Weltbild des Verhaltensforschers* **TB 499**, DTV, München, 1972, 5. Aufl., 97–147
565 Lorenz, K.: *Die Rückseite des Spiegels.* Piper, München, 1973
566 Lottermoser, W.: Nachhallzeiten in Barockkirchen. Acustica **2** (1952), 109–111
567 Luce, D., Clark, M.: Physical correlates of brass-instrument tones. J. Acoust. Soc. Am. **42** (1967), 1232–1243
568 Luce, R.D., Edwards, W.: The derivation of subjective scales from just noticeable differences. Psychol. Rev. **65** (1958), 222–237
569 Lüscher, E., Zwislocki, J.: The decay of sensation and the remainder of adaptation after short pure-tone impulses on the ear. Acta Oto-Laryngol. **35** (1947), 428–445
570 Luke J.C.: Measurement and analysis of body vibrations of a violin. J. Acoust. Soc. Am. **49** (1971), 1264–1274
571 Lummis, R.C., Guttman, N.: Exploratory studies of Zwicker's "negative afterimage" in hearing. J. Acoust. Soc. Am. **51** (1972), 1930–1944
572 Lundin, R.W.: Toward a cultural theory of consonance. J. Psychol. **23** (1947), 45–49
573 Lundin, R.W., Allen, J.D.: A technique of training perfect pitch. Psychol. Record **12** (1962), 139–146
574 Lutman, M.E., Davis, A.C.: The distribution of hearing threshold levels in the general population aged 18-40 years. Audiology **33** (1994), 327–350
575 Lyons, D.H.: Resonance frequencies of the recorder (English flute). J. Acoust. Soc. Am. **70** (1981), 1239–1247
576 MacKay, D.M.: *Freedom of Action in a Mechanistic Universe.* Cambridge UP, Cambridge, 1967

577 Maiwald, D.: Beziehungen zwischen Schallspektrum, Mithörschwelle und der Erregung des Gehörs. Acustica **18** (1967), 69–80
578 Maiwald, D.: Ein Funktionsschema des Gehörs zur Beschreibung der Erkennbarkeit kleiner Frequenz- und Amplitudenänderungen. Acustica **18** (1967), 81–92
579 Maiwald, D.: Berechnung von Modulationsschwellen mit Hilfe eines Funktionsschemas. Acustica **18** (1967), 193–207
580 Manley, G.A.: The evolution of the mechanisms of frequency selectivity in vertebrates. In *Auditory Frequency Selectivity* (Moore, B.C.J., Patterson, R.D., Hrsg.), Plenum, New York, 1986, 63–72
581 Manley, G.A., Kronester-Frei, A.: Organ of Corti: Observation technique in the living animal. Hear. Res. **2** (1980), 87–91
582 Manley, G.A., Gallo, L., Köppl, C.: Spontaneous otoacoustic emissions in two gecko species, *Gekko gecko* and *Eublepharis macularius*. J. Acoust. Soc. Am. **99** (1996), 1588–1603
583 Manley, H.J.: Analysis-synthesis of connected speech in terms of orthogonalized exponentially damped sinusoids. J. Acoust. Soc. Am. **35** (1963), 464–474
584 Marcus, S.M.: Acoustic determinants of perceptual center (P-center) location. Percept. Psychophys. **30** (1981), 247–256
585 Marin, C.M.H., McAdams, S.: The role of auditory beats induced by frequency modulation and polyperiodicity in the perception of spectrally embedded complex target sounds. J. Acoust. Soc. Am. **100** (1996), 1736–1753
586 Marko, H.: *Theorie linearer Zweipole, Vierpole und Mehrtore*. Hirzel, Stuttgart, 1971, 1. Aufl.
587 Martens, J.P.: Audibility of harmonics in a periodic complex. J. Acoust. Soc. Am. **70** (1981), 234–237
588 Martin, D.W.: Decay rates of piano tones. J. Acoust. Soc. Am. **19** (1947), 535–541
589 Martin, D.W., Ward, W.D.: Subjective evaluation of musical scale temperament in pianos. J. Acoust. Soc. Am. **33** (1961), 582–585
590 Mathews, M.V., Pierce, J.R.: Harmony and nonharmonic partials. J. Acoust. Soc. Am. **68** (1980), 1252–1257
591 McAulay, R.J., Quatieri, T.F.: Speech analysis/synthesis based on a sinusoidal representation. IEEE Trans. ASSP **34** (1986), 744–754
592 McClellan, M.E., Small, A.M.: Time separation pitch associated with noise pulses. J. Acoust. Soc. Am. **40** (1966), 570–582
593 McClellan, M.E., Small, A.M.: Pitch perception of pulse pairs with random repetition rate. J. Acoust. Soc. Am. **41** (1967), 690–699
594 McClelland, K.D., Brandt, J.F.: Pitch of frequency-modulated sinusoids. J. Acoust. Soc. Am. **45** (1969), 1489–1498
595 McFadden, D., Pasanen, E.G.: Binaural beats at high frequencies. Science **190** (1975), 394–396
596 McGill, W.J., Goldberg, J.P.: A study of the near-miss involving Weber's law and pure-tone intensity discrimination. Percept. Psychophys. **4** (1968), 105–109
597 McKeown, J.D., Patterson, R.D.: The time course of auditory segregation: Concurrent vowels that vary in duration. J. Acoust. Soc. Am. **98** (1995), 1866–1877
598 Meddis, R., Hewitt, M.J.: Virtual pitch and phase sensitivity of a computer model of the auditory periphery. I: Pitch identification. J. Acoust. Soc. Am. **89** (1991), 2866–2882
599 Meddis, R., O'Mard, L.: A unitary model of pitch perception. J. Acoust. Soc. Am. **102** (1997), 1811–1820

600 Mehrgardt, S., Mellert, V.: Transformation characteristics of the external human ear. J. Acoust. Soc. Am. **61** (1977), 1567–1576
601 Meinel, H.: Musikinstrumentenstimmungen und Tonsysteme. Acustica **7** (1957), 185–190
602 Mellert, V., Siebrasse, K.F., Mehrgardt, S.: Determination of the transfer function of the external ear by an impulse response measurement. J. Acoust. Soc. Am. **56** (1974), 1913–1915
603 Mermelstein, P.: Determination of the vocal-tract shape from measured formant frequencies. J. Acoust. Soc. Am. **41** (1967), 1283–1294
604 Metzger, W.: *Gesetze des Sehens.* Kramer, Frankfurt, 1975
605 Meyer, E., Klaes, J.: Über den Schlagton von Glocken. Naturwiss. **21** (1933), 697–701
606 Meyer, G.: Elektromechanische Analogien. Frequenz **9** (1955), 227–232
607 Meyer, J.: Über die Messung der Frequenzskalen von Holzblasinstrumenten. Das Musikinstrument **10** (1961), 614–616
608 Meyer, J.: Über die Intonation bei den Klarinetten. Instrumentenbau-Z. **23** (1969), 480
609 Meyer, J.: *Akustik und musikalische Aufführungspraxis.* Verlag Das Musikinstrument, Frankfurt/M., 1972
610 Meyer, J.: Zur Tonhöhenempfindung bei musikalischen Klängen in Abhängigkeit vom Grad der Gehörschulung. Acustica **42** (1979), 189–204
611 Meyer, J.: Zur Dynamik und Schalleistung von Orchesterinstrumenten. In *Ber. 15. Tonmeister-Tagung*, Mainz, 1988, 184–198
612 Meyer, J., Angster, J.: Zur Schalleistungsmessung bei Violinen. Acustica **49** (1981), 192–204
613 Meyer, J., Melka, A.: Messung und Darstellung des Ausklingverhaltens von Klavieren. Das Musikinstrument **32** (1983), 1049–1069
614 Meyer, M.F.: Beats from combining a unit frequency with a mistuned multiple. Am. J. Psychol. **62** (1949), 424–430
615 Meyer-Eppler, W.: Reversed speech and repetition systems as means of phonetic research. J. Acoust. Soc. Am. **22** (1950), 804–806
616 Meyer-Eppler, W.: Realization of prosodic features in whispered speech. J. Acoust. Soc. Am. **29** (1957), 104–106
617 Meyer-Eppler, W.: Zur Erkennbarkeit gesungener Vokale. In *Proc. 3 Intern. Congr. Acoust.* **1**, Elsevier, London, 1961, 236–238
618 Michaelis, D., Gramss, T., Strube, H.W.: Glottal-to-noise excitation ratio – A new measure for describing pathological voices. Acustica **81** (1997), 700–706
619 Miller, C.: Structural implications of basilar membrane compliance measurements. J. Acoust. Soc. Am. **77** (1985), 1465–1474
620 Miller, G.A.: Sensitivity to changes in the intensity of white noise and its relation to masking and loudness. J. Acoust. Soc. Am. **19** (1947), 609–619
621 Miller, G.A.: The magical number seven, plus or minus two: Some limits on our capacity for processing information. Psychol. Rev. **63** (1956), 81–97
622 Miller, G.A., Heise, G.A.: The trill threshold. J. Acoust. Soc. Am. **22** (1950), 637–638
623 Miller, G.A., Licklider, J.C.R.: The intelligibility of interrupted speech. J. Acoust. Soc. Am. **22** (1950), 167–173
624 Miller, G.A., Taylor, W.J.: The perception of repeated bursts of noise. J. Acoust. Soc. Am. **20** (1948), 171–182
625 Miller, M.I., Sachs, M.B.: Representation of voice pitch in discharge patterns of auditory-nerve fibers. Hear. Res. **14** (1984), 257–279

626 Miller, P.H., Thompson, P.O., Davenport, E.W.: The masking and pitch shifts of pure tones near abrupt changes in a thermal noise spectrum. J. Acoust. Soc. Am. **24** (1952), 147–152
627 Miller, R.L.: Performance characteristics of an experimental harmonic identification pitch extraction (HIPEX) system. J. Acoust. Soc. Am. **47** (1970), 1593–1601
628 Mills, D.M., Rubel, E.W.: Development of the cochlear amplifier. J. Acoust. Soc. Am. **100** (1996), 428–441
629 Miyazaki, K.: Pitch-intensity dependence and its implications for pitch perception. Tohoku Psychol. Folia **36** (1977), 75–88
630 Miyazaki, K.: Musical pitch identification by absolute pitch possessors. Percept. Psychophys. **44** (1988), 501–512
631 Miyazaki, K.: Absolute pitch identification: Effects of timbre and pitch region. Music Percept. **7** (1989), 1–14
632 Miyazaki, K.: The speed of musical pitch identification by absolute-pitch possessors. Music Percept. **8** (1990), 177–188
633 Møller, A.R.: Network model of the middle ear. J. Acoust. Soc. Am. **33** (1961), 168–176
634 Moore, B.C.J.: Psychophysical tuning curves measured in simultaneous and forward masking. J. Acoust. Soc. Am. **63** (1978), 524–532
635 Moore, B.C.J.: *An Introduction to the Psychology of Hearing.* Academic, London, 1982
636 Moore, B.C.J., Alcántara, J.I.: Vowel identification based on amplitude modulation. J. Acoust. Soc. Am. **99** (1996), 2332–2343
637 Moore, B.C.J., Glasberg, B.R.: Auditory filter shapes derived in simultaneous and forward masking. J. Acoust. Soc. Am. **70** (1981), 1003–1014
638 Moore, B.C.J., Glasberg, B.R.: Interpreting the role of suppression in psychophysical tuning curves. J. Acoust. Soc. Am. **72** (1982), 1375–1379
639 Moore, B.C.J., Glasberg, B.R.: Masking patterns for synthetic vowels in simultaneous and forward masking. J. Acoust. Soc. Am. **73** (1983), 906–917
640 Moore, B.C.J., Glasberg, B.R.: Suggested formulae for calculating auditory-filter bandwidths and excitation patterns. J. Acoust. Soc. Am. **74** (1983), 750–753
641 Moore, B.C.J., Glasberg, B.R.: Forward masking patterns for harmonic complex tones. J. Acoust. Soc. Am. **73** (1983), 1682–1685
642 Moore, B.C.J., Raab, D.H.: Pure-tone intensity discrimination: Some experiments relating to the "near miss" to Weber's law. J. Acoust. Soc. Am. **55** (1974), 1049–1054
643 Moore, B.C.J., Glasberg, B.R., Shailer, M.J.: Frequency and intensity difference limens for harmonics within complex tones. J. Acoust. Soc. Am. **75** (1984), 550–561
644 Moore, B.C.J., Glasberg, B.R., Peters, R.W.: Relative dominance of individual partials in determining the pitch of complex tones. J. Acoust. Soc. Am. **77** (1985), 1853–1860
645 Moore, B.C.J., Glasberg, B.R.: Mechanisms underlying the frequency discrimination of pulsed tones and the detection of frequency modulation. J. Acoust. Soc. Am. **86** (1989), 1722–1732
646 Moore, B.C.J., Jorasz, U.: Modulation discrimination interference and comodulation masking release as a function of the number and spectral placement of narrow-band noise modulators. J. Acoust. Soc. Am. **100** (1996), 2373–2381
647 Moore, B.C.J., Sek, A.: Detection of combined frequency and amplitude modulation. J. Acoust. Soc. Am. **92** (1992), 3119–3131

648 Moore, B.C.J., Hafter, E.R., Glasberg, B.R.: The probe-signal method and auditory-filter shape: Results from normal- and hearing-impaired subjects. J. Acoust. Soc. Am. **99** (1996), 542–552
649 Moore, G.: *Am I too loud?* Hamish Hamilton, London, 1962
650 Moorer, J.A., Grey, J.M.: Lexicon of analyzed tones. Part II: Clarinet and oboe tones. Computer Music J. **1** (1977), 12–29
651 Moorer, J.A., Grey, J.M.: Lexicon of analyzed tones. Part I: A violin tone. Computer Music J. **1** (1977), 39–45
652 Moorer, J.A., Grey, J.M.: Lexicon of analyzed tones. Part III: The trumpet. Computer Music J. **2** (1978), 23–31
653 Morgan, C.T., Garner, W.R., Galambos, R.: Pitch and intensity. J. Acoust. Soc. Am. **23** (1951), 658–663
654 Morrell, C.H., Gordon-Salant, S., Pearson, J.D., Brant, L.J., Fozard, J.L.: Age- and gender-specific reference ranges for hearing level and longitudinal changes in hearing level. J. Acoust. Soc. Am. **100** (1996), 1949–1967
655 Morse, P.M.: *Vibration and Sound*. McGraw-Hill, New York, 1948, 2. Aufl.
656 Morton, J., Carpenter, A.: Judgement of the vowel colour of natural and artificial sounds. Lang. Speech **5** (1962), 190–204
657 Morton, J., Marcus, S., Frankish, C.: Perceptual centers. Psychol. Rev. **83** (1976), 405–408
658 Münkner, S., Kohlrausch, A., Püschel, D.: Influence of fine structure and envelope variability on gap-duration discrimination thresholds. J. Acoust. Soc. Am. **99** (1996), 3126–3137
659 Mull, H.K.: Acquisition of absolute pitch. Am. J. Psychol. **36** (1925), 469–493
660 Munson, W.A., Gardner, M.B.: Loudness patterns – A new approach. J. Acoust. Soc. Am. **22** (1950), 177–190
661 Munson, W.A., Wiener, F.M.: In search of the missing 6 dB. J. Acoust. Soc. Am. **24** (1952), 498–501
662 Nakamura, I.: Fundamental theory and computer simulation of the decay characteristics of piano sound. J. Acoust. Soc. Jpn. (E) **10** (1989), 289–297
663 Navon, D.: Forest before trees: The precedence of global features in visual perception. Cogn. Psychol. **9** (1977), 353–383
664 Nederveen, C.J.: Calculations on location and dimensions of holes in a clarinet. Acustica **14** (1964), 227–234
665 Nederveen, C.J.: *Acoustical Aspects of Woodwind Instruments*. Knuf, Amsterdam, 1969
666 Nederveen, C.J.: Blown, passive, and calculated resonance frequencies of the flute. Acustica **28** (1973), 12–23
667 Nederveen, C.J., van Wulfften Palthe, D.W.: Resonance frequency of a gas in a tube with a short closed side-tube. Acustica **13** (1963), 65–70
668 Neelen. J.J.M. : Auditory afterimages produced by incomplete line spectra. In *IPO Progress Report* **2**, 37–43, 1967
669 Neely, S.T., Kim, D.O.: A model for active elements in cochlear mechanics. J. Acoust. Soc. Am. **79** (1986), 1472–1480
670 Nelson, D.A., Stanton, M.E., Freyman, R.L.: A general equation describing frequency discrimination as a function of frequency and sensation level. J. Acoust. Soc. Am. **73** (1983), 2117–2123
671 Newman, R.S., Jusczyk, P.W.: The cocktail party effect in infants. Percept. Psychophys. **58** (1996), 1145–1156
672 Nobili, R., Mammano, F.: Biophysics of the cochlea II: Stationary nonlinear phenomenology. J. Acoust. Soc. Am. **99** (1996), 2244–2255
673 Noll, A.M.: Cepstrum pitch determination. J. Acoust. Soc. Am. **41** (1967), 293–309

674 van Noorden, L.P.A.S.: *Temporal Coherence in the Perception of Tone Sequences.* Inst. for Perception, Eindhoven, 1975
675 van Noorden, L.P.A.S.: Two-channel pitch perception. In *Music, Mind, and Brain* (Clynes, M., Hrsg.), Plenum, New York, 1982, 251–269
676 Nordmark, J.O.: Mechanisms of frequency discrimination. J. Acoust. Soc. Am. **44** (1968), 1533–1540
677 Nuttal, A.L., Dolan, D.F., Avinash, G.: Laser Doppler velocimetry of basilar membrane vibration. Hear. Res. **51** (1991), 203–214
678 Nuttall, A.L., Dolan, D.F.: Steady-state sinusoidal velocity responses of the basilar membrane in guinea pig. J. Acoust. Soc. Am. **99** (1996), 1556–1565
679 Ohgushi, K.: On the role of spatial and temporal cues in the perception of the pitch of complex tones. J. Acoust. Soc. Am. **64** (1978), 764–771
680 Ohgushi, K.: Circularity of the pitch of complex tones and its application. Electron. Communicat. Jpn. **68** (1985), 1–9
681 Ohm, G.S.: Über die Definition des Tones, nebst daran geknüpfter Theorie der Sirene und ähnlicher tonbildender Vorrichtungen. Ann. Phys. Chem. **59** (1843), 513–565
682 Olson, E.S., Mountain, D.C.: In vivo measurement of basilar membrane stiffness. J. Acoust. Soc. Am. **89** (1991), 1262–1275
683 Olson, E.S., Mountain, D.C.: Mapping the cochlear partitions's stiffness to its cellular architecture. J. Acoust. Soc. Am. **95** (1994), 395–400
684 Olson, H.F.: Mass controlled electrodynamic microphones: The ribbon microphone. J. Acoust. Soc. Am. **3** (1931), 56–68
685 Onchi, Y.: Mechanism of the middle ear. J. Acoust. Soc. Am. **33** (1961), 794–805
686 Oppenheim, A.V., Willsky, A.S.: *Signals and Systems.* Prentice-Hall, New Jersey, 1983
687 Ozawa, K., Suzuki, Y., Sone, T.: Monaural phase effects on timbre of two-tone signals. J. Acoust. Soc. Am. **93** (1993), 1007–1011
688 Palmer, A.R., Winter, I.M.: Cochlear nerve and cochlear nucleus responses to the fundamental frequency of voiced speech sounds and harmonic complex tones. In *Auditory Physiology and Perception* (Cazals, Y., Demany, L., Horner, K., Hrsg.), Pergamon, Oxford, 1992, 231–237
689 Pantev, C., Hoke, M., Lütkenhöner, B., Lehnertz, K.: Tonotopic organization of the auditory cortex: Pitch versus frequency representation. Science **246** (1989), 486–488
690 Pantev, C., Elbert, T., Ross, B., Eulitz, C., Terhardt, E.: Binaural fusion and the representation of virtual pitch in the human auditory cortex. Hear. Res. **100** (1996), 164–170
691 Parker, S.E.: Analyses of the tones of wooden and metal clarinets. J. Acoust. Soc. Am. **19** (1947), 415–419
692 Parks, T.E.: Illusory figures: A (mostly) atheoretical review. Psychol. Bull. **95** (1984), 282–300
693 Parncutt, R.: Revision of Terhardt's psychoacoustical model of the root(s) of a musical chord. Music Percept. **6** (1988), 65–93
694 Parncutt, R.: *Harmony: A Psychoacoustical Approach.* Springer, Berlin/Heidelberg, 1989
695 Parsons, T.W.: Separation of speech from interfering speech by means of harmonic selection. J. Acoust. Soc. Am. **60** (1976), 911–918
696 Patterson, R.D.: Noise masking of a change in residue pitch. J. Acoust. Soc. Am. **45** (1969), 1520–1524
697 Patterson, R.D.: The effects of relative phase and the number of components on residue pitch. J. Acoust. Soc. Am. **53** (1973), 1565–1572

698 Patterson, R.D.: Auditory filter shapes derived with noise stimuli. J. Acoust. Soc. Am. **59** (1976), 640–654
699 Patterson, R.D., Nimmo-Smith, I., Weber, D.L., Milroy, R.: The deterioration of hearing with age: Frequency selectivity, the critical ratio, the audiogram, and speech threshold. J. Acoust. Soc. Am. **72** (1982), 1788–1803
700 Patterson, R.D., Holdsworth, J., Nimmo-Smith, I., Rice, P.: *SVOS Final Report: The Auditory Filterbank*. APU Report 2341, 1988
701 Patterson, R.D., Holdsworth, J., Allerhand, M.: Auditory models as preprocessors for speech recognition. In *The Auditory Processing of Speech: From Sounds to Words* (Schouten, M.E.H., Hrsg.), Mouton de Gruyter, Berlin, 1992, 67–83
702 Patuzzi, R., Robertson, D.: Tuning in the mammalian cochlea. Physiol. Rev. **68** (1988), 1009–1082
703 Paulus, E., Zwicker, E.: Programme zur automatischen Bestimmung der Lautheit aus Terzpegeln oder Frequenzgruppenpegeln. Acustica **27** (1972), 253–266
704 Pearson, J.D., Morrell, C.H., Gordon-Salant, S., Brant, L.J., Mettter, E.J., Klein, L.L., Fozard, J.L.: Gender differences in a longitudinal study of age-associated hearing loss. J. Acoust. Soc. Am. **97** (1995), 1196–1205
705 Penner, M.J., Leshowitz, B., Cudahy, E., Ricard, R.: Intensity discrimination for pulsed sinusoids of various frequencies. Percept. Psychophys. **15** (1974), 568–570
706 Penrose, L.S., Penrose, R.: Impossible objects: A special type of visual illusion. Brit. J. Psychol. **49** (1958), 31–33
707 Perrott, D.R.: A further note on "Limits for the detection of binaural beats". J. Acoust. Soc. Am. **47** (1970), 663–664
708 Perrott, D.R., Buell, T.N.: Judgements of sound volume: Effects of signal duration, level and interaural characteristics on the perceived extensity of broadband noise. J. Acoust. Soc. Am. **72** (1982), 1413–1416
709 Perrott, D.R., Musicant, A.D.: Rotating tones and binaural beats. J. Acoust. Soc. Am. **61** (1977), 1288–1292
710 Perrott, D.R., Nelson, M.A.: Limits for the detection of binaural beats. J. Acoust. Soc. Am. **46** (1969), 1477–1481
711 Peters, R.W., Moore, B.C.J., Glasberg, B.R.: Pitch of components of complex tones. J. Acoust. Soc. Am. **73** (1983), 924–929
712 Peterson, G.E., Barney, H.: Control methods used in a study of the vowels. J. Acoust. Soc. Am. **24** (1952), 175–184
713 Pfeiffer, R.R., Kim, D.O.: Cochlear nerve fiber responses: Distribution along the cochlear partition. J. Acoust. Soc. Am. **58** (1975), 867–869
714 Pick, G.F.: Level dependence of psychophysical frequency resolution and auditory filter shape. J. Acoust. Soc. Am. **68** (1980), 1085–1095
715 Pickles, J.O.: *An Introduction to the Physiology of Hearing*. Academic, London, 1988
716 Pierce, J.R.: Attaining consonance in arbitrary scales. J. Acoust. Soc. Am. **40** (1966), 249
717 Pierce, J.R., Lipes, R., Cheetham, C.: Uncertainty concerning the direct use of time information in hearing: Place clues in white-spectra stimuli. J. Acoust. Soc. Am. **61** (1977), 1609–1621
718 Piszczalski, M, Galler, B.A.: Predicting musical pitch from component frequency ratios. J. Acoust. Soc. Am. **66** (1979), 710–720
719 Pitnik, G.R., Strong, W.J.: Numerical method for calculating input impedances of the oboe. J. Acoust. Soc. Am. **65** (1979), 816–825

720 Platt, J.R., Racine, R.J.: Effect of frequency, timbre, experience, and feedback on musical tuning skills. Percept. Psychophys. **38** (1985), 543–553
721 Plitnik, G.R., Strong, W.J.: Numerical method for calculating input impedances of the oboe. J. Acoust. Soc. Am. **65** (1979), 816–825
722 Plomp, R.: Rate of decay of auditory sensation. J. Acoust. Soc. Am. **36** (1964), 277–282
723 Plomp, R.: The ear as a frequency analyzer. J. Acoust. Soc. Am. **36** (1964), 1628–1636
724 Plomp, R.: Detectability thresholds for combination tones. J. Acoust. Soc. Am. **37** (1965), 1110–1123
725 Plomp, R.: Beats of mistuned consonances. J. Acoust. Soc. Am. **42** (1967), 462–474
726 Plomp, R.: Pitch of complex tones. J. Acoust. Soc. Am. **41** (1967), 1526–1533
727 Plomp, R., Levelt, W.J.M.: Tonal consonance and critical bandwidth. J. Acoust. Soc. Am. **38** (1965), 548–560
728 Plomp, R., Pols, L.C.W., van de Geer, J.P.: Dimensional analysis of vowel spectra. J. Acoust. Soc. Am. **41** (1967), 707–712
729 Plomp, R., Mimpen, A.M.: The ear as a frequency analyzer. II. J. Acoust. Soc. Am. **43** (1968), 764–767
730 Plomp, R., Steeneken, H.J.M.: Interference between two simple tones. J. Acoust. Soc. Am. **43** (1968), 883–884
731 Plomp, R., Steeneken, H.J.M.: Effect of phase on the timbre of complex tones. J. Acoust. Soc. Am. (1969), 409–421
732 Plomp, R., Wagenaar, W.A., Mimpen, A.M.: Musical interval recognition with simultaneous tones. Acustica **29** (1973), 101–109
733 Plomp, R., Steeneken, H.J.M.: Place dependence of timbre in reverberant sound fields. Acustica **28** (1973), 50–59
734 Pohlmann, K.C.: The compact disc formats: Technology and applications. J. Audio Eng. Soc. **36** (1988), 250–287
735 Pollack, I.: The atonal interval. J. Acoust. Soc. Am. **20** (1948), 146–149
736 Pollack, I.: Effects of high-pass and low-pass filtering on the intelligibility of speech in noise. J. Acoust. Soc. Am. **20** (1948), 259–266
737 Pollack, I.: The information of elementary auditory displays. J. Acoust. Soc. Am. **24** (1952), 745–749
738 Pollack, I.: The information of elementary auditory displays. II. J. Acoust. Soc. Am. **25** (1953), 765–769
739 Pollack, I.: Number of pulses required for minimal pitch. J. Acoust. Soc. Am. **42** (1967), 895
740 Pollack, I.: Periodicity pitch for interrupted white noise: Fact or artifact? J. Acoust. Soc. Am. **45** (1969), 237–238
741 Pollack, I.: Continuation of auditory frequency gradients across temporal breaks: The auditory Poggendorf. Percept. Psychophys. **21** (1977), 563–568
742 Pollack, I., Pickett, J.M.: Intelligibility of peak-clipped speech at high noise levels. J. Acoust. Soc. Am. **31** (1959), 14–16
743 Pols, L.C.W., van der Kamp, J.T., Plomp, R.: Perceptual and physical space of vowel sounds. J. Acoust. Soc. Am. **46** (1969), 458–467
744 Pompino-Marschall, B., Tillmann, H.G., Kühnert, B.: P-centers and the perception of 'momentary tempo'. In *Proc. 11 Intern. Congr. Phon. Sci.*, Tallinn, 1987
745 Pompino-Marschall, B., Tillmann, H.G.: On the multiplicity of factors affecting P-center location. In *Proc. 11 Intern. Congr. Phon. Sci.*, Tallinn, 1987
746 Popper, K.: *Objective Knowledge, an Evolutionary Approach*. Clarendon, Oxford, 1972

747 Popper, K., Eccles. J.C.: *Das Ich und sein Gehirn.* Piper, München, 1982
748 Powers, G.L., Wilcox, J.C.: Intelligibility of temporally interrupted speech with and without intervening noise. J. Acoust. Soc. Am. **61** (1977), 195–199
749 Preis, A., Terhardt, E.: Annoyance of distortions of speech: Experiments on the influence of interruptions and random-noise impulses. Acustica **68** (1989), 263–267
750 Preisler, A., Schmidt, S.: Virtual pitch formation in the ultrasonic range. Naturwiss. **82** (1995), 45–47
751 Probst, R., Lonsbury-Martin, B.L., Martin, G.K.: A review of otoacoustic emissions. J. Acoust. Soc. Am. **89** (1991), 2027–2067
752 Purks, S.R., Callahan, D.J., Braida, L.D., Durlach, N.I.: Intensity perception. X. Effect of preceding stimulus on identification performance. J. Acoust. Soc. Am. **67** (1980a), 634–637
753 Pynn, C.T., Braida, L.D., Durlach, N.I.: Intensity perception. III. Resolution in small-range identification. J. Acoust. Soc. Am. **51** (1972), 559–566
754 Quatieri, T.F., McAulay, R.J.: Speech transformations based on a sinusoidal representation. IEEE Trans. ASSP **34** (1986), 1449–1464
755 Raatgever, J., Bilsen, F.A.: Lateralization and dichotic pitch as a result of spectral pattern recognition. In *Psychophysics and Physiology of Hearing* (Evans, E.F., Wilson, J.P., Hrsg.), Academic, London, 1977, 443–453
756 Raatgever, J., Bilsen, F.A.: A central spectrum theory of binaural processing. Evidence from dichotic pitch. J. Acoust. Soc. Am. **80** (1986), 429–441
757 Rabinowitz, W.M., Lim, J.S., Braida, L.D., Durlach, N.I.: Intensity perception VI. Summary of recent data on deviations from Webers's law for 1000-Hz tone pulses. J. Acoust. Soc. Am. **59** (1976), 1506–1509
758 Raiford, C.A., Schubert, E.D.: Recognition of phase changes in octave complexes. J. Acoust. Soc. Am. **50** (1971), 559–567
759 Rainbolt, H., Small, A.M.: Mach bands in auditory masking: An attempted replication. J. Acoust. Soc. Am. **51** (1972), 567–574
760 Rainbolt, H.R., Schubert, E.D.: Use of noise bands to establish noise pitch. J. Acoust. Soc. Am. **43** (1968), 316–323
761 Rakowski, A.: Pitch of filtered noise. In *Proc. 6 Intern. Congr. Acoust.*, Tokio, 1968, 105–108
762 Rakowski, A.: Direct comparison of absolute and relative pitch. In *Hearing Theory* (Cardozo, B.L., Hrsg.), IPO, Eindhoven, 1972, 105–108
763 Rakowski, A., Hirsh, I.J.: Poststimulatory pitch shifts for pure tones. J. Acoust. Soc. Am. **68** (1980), 467–474
764 Rameau, J.P.: *Démonstration du principe de l'harmonie.* Reprint Wolfenbüttel, Berlin (1930), 1750
765 Ranke, O.: Das Massenverhältnis zwischen Membran und Flüssigkeit im Innenohr. Acustica **7** (1942), 1–11
766 Rasch, R.A.: The perception of simultaneous notes such as in polyphonic music. Acustica **40** (1978), 21–33
767 Rasch, R.A.: Synchronization in performed ensemble music. Acustica **43** (1979), 121–131
768 Rasch, R.A., Heetvelt, V.: String inharmonicity and piano tuning. Music Percept. **3** (1985), 171–190
769 Rayleigh, J.W.: *Theory of Sound II.* Dover, New York, 1945
770 Redfield, J.: Minimizing discrepancies of intonation in valve instruments. J. Acoust. Soc. Am. **3** (1931), 292–296
771 Redlich, H., Joschko, G.: CD direct metal mastering technology: A step toward a more efficient manufacturing process for compact discs. J. Audio Eng. Soc. **35** (1987), 130–137

772 Reinicke, H.P.: Untersuchungen über die Klangabläufe angeschlagener Glocken. Arch. Musikwiss. (Trossingen) **12** (1955), 178–185
773 Remez, R.E., Rubin, P.E.: On the perception of intonation from sinusoidal sentences. Percept. Psychophys. **35** (1984), 429–440
774 Révész, G.: Nachweis, daß in der sog. Tonhöhe zwei voneinander unabhängige Eigenschaften zu unterscheiden sind. Nachr. Ges. Wiss., Math. Phys. (1912), 247–252
775 Reynolds, G.S., Stevens, S.S.: Binaural summation of loudness. J. Acoust. Soc. Am. **32** (1960), 1337–1344
776 Rhode, W.S.: Observations of the vibration of the basilar membrane in squirrel monkeys using the Mössbauer technique. J. Acoust. Soc. Am. **49** (1971), 1218–1231
777 Rhode, W.S.: An investigation of post-mortem cochlear mechanics using the Mössbauer effect. In *Basic Mechanisms in Hearing* (Møller, A., Hrsg.), Academic, New York, 1973, 49–67
778 Rhode, W.S.: Some observations on cochlear mechanisms. J. Acoust. Soc. Am. **64** (1978), 158–176
779 Rhode, W.S.: Interspike intervals as a correlate of periodicity pitch in cat cochlear nucleus. J. Acoust. Soc. Am. **97** (1995), 2414–2429
780 Rhode, W.S., Robles, L.: Evidence from Mössbauer experiments for nonlinear vibration in the cochlea. J. Acoust. Soc. Am. **55** (1974), 588–596
781 Riesz, R.R.: Differential intensity sensitivity of the ear for pure tones. Phys. Rev. **31** (1928), 867–875
782 Riker, B.L.: The ability to judge pitch. J. Exp. Psychol. **36** (1946), 331–346
783 Risset, J.C.: Paradoxes de hauteur: Le concept de hauteur sonore n'est pas le même pour tout le monde. In *Proc. 7 Intern. Congr. Acoust.* **S-10**, Budapest, 1971
784 Risset, J.C.: Pitch and rhythm paradoxes: Comments on "Auditory paradox based on fractal waveform" [J. Acoust. Soc. Am. 79, 186-189 (1986)]. J. Acoust. Soc. Am. **80** (1986), 961–962
785 Ritsma, R.J.: Existence region of the tonal residue. I. J. Acoust. Soc. Am. **34** (1962), 1224–1229
786 Ritsma, R.J.: Existence region of the tonal residue. II. J. Acoust. Soc. Am. **35** (1963), 1241–1245
787 Ritsma, R.J.: Frequencies dominant in the perception of the pitch of complex sounds. J. Acoust. Soc. Am. **42** (1967), 191–198
788 Ritsma, R.J., Engel, F.: Pitch of frequency-modulated signals. J. Acoust. Soc. Am. **36** (1964), 1637–1644
789 Roberts, L.A., Mathews, M.V.: Intonation sensitivity for traditional and nontraditional chords. J. Acoust. Soc. Am. **75** (1984), 952–959
790 Robinson, D.W., Dadson, R.S.: A re-determination of the equal-loudness relations for pure tones. Brit. J. Appl. Phys. **7** (1956), 166–181
791 Robinson, D.W., Dadson, R.S.: Threshold of hearing and equal-loudness relations for pure tones, and the loudness function. J. Acoust. Soc. Am. **29** (1957), 1284–1288
792 Robinson, K., Patterson, R.D.: The stimulus duration required to identify vowels, their octave, and their pitch chroma. J. Acoust. Soc. Am. **98** (1995), 1858–1865
793 Robles, L., Ruggero, M.A., Rich, N.C.: Basilar membrane mechanics at the base of the chinchilla cochlea. I. Input-output functions, tuning curves, and response phases. J. Acoust. Soc. Am. **80** (1986), 1364–1374
794 Roederer, J.G.: The search for a survival value of music. Music Percept. **1** (1984), 350–356

795 Rosenblith, W.A., Stevens, K.N.: On the DL for frequency. J. Acoust. Soc. Am. **25** (1953), 980–985
796 Rossing, T.D.: *Acoustics of Bells.* Van Nostrand, New York, 1984
797 Rossing, T.D.: Acoustics of bells. Am. Sci. **72** (1984), 440–447
798 Rossing, T.D.: Acoustics of Eastern and Western bells, old and new. J. Acoust. Soc. Jpn. (E) **10** (1989), 241–252
799 Rossing, T.D., Houtsma, A.J.M.: Effects of signal envelope on the pitch of short sinusoidal tones. J. Acoust. Soc. Am. **79** (1986), 1926–1933
800 Rossing, T.D., Hampton, D.S., Richardson, B.E., Sathoff, H.J.: Vibrational modes of Chinese two-tone bells. J. Acoust. Soc. Am. **83** (1988), 369–373
801 Rudmose, W.: The case of the missing 6 dB. J. Acoust. Soc. Am. **71** (1982), 650–659
802 Ruggero, M.A., Rich, N.O.: Chinchilla auditory-nerve responses to low-frequency tones. J. Acoust. Soc. Am. **73** (1983), 2096–2108
803 Russell, I.J., Sellick, P.M.: Intracellular studies of hair cells in the mammalian cochlea. J. Physiol. **283** (1978), 261–290
804 Sachs, M.B., Blackburn, C.C., Young, E.D.: Rate-place and temporal-place representations of vowels in the auditory nerve and anteroventral cochlear nucleus. J. Phonetics **16** (1988), 37–53
805 Saldner, H.O., Molin, N.E., Jansson, E.V.: Vibration modes of the violin forced via the bridge and action of the soundpost. J. Acoust. Soc. Am. **100** (1996), 1168–1177
806 Santos-Sacchi, J.: On the frequency limit and phase of outer hair cell motility: Effects of the membrane filter. J. Neurosci. **12** (1992), 1908–1916
807 Saunders, J.C., Schneider, M.E., Dear, S.P.: The structure and function of actin in hair cells. J. Acoust. Soc. Am. **78** (1985), 299–311
808 Sawada, Y., Sakaba, S.: On the transition between the sounding modes of a flute. J. Acoust. Soc. Am. **67** (1980), 1790–1794
809 Schafer, T.H., Gales, R.S., Shewmaker, C.A., Thompson, P.O.: The frequency selectivity of the ear as determined by masking experiments. J. Acoust. Soc. Am. **22** (1950), 490–496
810 Scharf, B.: Dichotic summation of loudness. J. Acoust. Soc. Am. **45** (1969), 1193–1205
811 Scheffers, M.T.M.: *Sifting vowels: Auditory Pitch Analysis and Sound Segregation.* Univ. Groningen, 1983
812 Scheffers, M.T.M.: Simulation of auditory analysis of pitch: An elaboration on the DWS pitch meter. J. Acoust. Soc. Am. **74** (1983), 1716–1725
813 Scheffers, M.T.M.: Discrimination of fundamental frequency of synthesized vowel sounds in a noise background. J. Acoust. Soc. Am. **76** (1984), 428–434
814 Schelleng, J.C.: The violin as a circuit. J. Acoust. Soc. Am. **35** (1963), 326–338
815 Schelleng, J.C.: Anomaly in pitch perception. J. Acoust. Soc. Am. **57** (1975), 249–250
816 Schlang, M.: An auditory based approach for echo compensation with modulation filtering. In *Proc. Eurospeech 89*, Paris, 1989, 661–664
817 Schlang, M., Mummert, M.: Die Bedeutung der Fensterfunktion für die Fourier-t-Transformation als gehörgerechte Spektralanalyse. In *Fortschritte der Akustik (DAGA'90)*, DPG, Bad Honnef, 1990, 1043–1046
818 Schloth, E.: Relation between spectral composition of spontaneous otoacoustic emissions and fine-structure of threshold in quiet. Acustica **53** (1983), 250–256
819 Schmiedt, R.A.: Acoustic injury and the physiology of hearing. J. Acoust. Soc. Am. **76** (1984), 1293–1317

820 Schöne, P.: Nichtlinearitäten im Mithörschwellen-Tonheitsmuster von Sinustönen. Acustica **37** (1977), 37–44
821 Schöne, P.: Vergleich dreier Funktionsschemata der akustischen Schwankungsstärke. Biol. Cybern. **29** (1978), 57–62
822 Schöne, P.: Mithörschwellen-Tonheitsmuster maskierender Sinustöne. Acustica **43** (1979), 197–204
823 Schorer, E.: An active free-field equalizer for TDH-39 earphones. J. Acoust. Soc. Am. **80** (1986), 1261–1262
824 Schorer, E.: Vergleich eben erkennbarer Unterschiede und Variationen der Frequenz und Amplitude von Schallen. Acustica **68** (1989), 183–199
825 Schorer, E.: Ein Funktionsschema eben wahrnehmbarer Frequenz- und Amplitudenänderungen. Acustica **68** (1989), 268–287
826 Schouten, J.F.: On the perception of sound and speech; subjective time analysis. In *Proc. 4 Intern. Congr. Acoust.* **II**, Copenhagen, 201–203
827 Schouten, J.F.: The perception of pitch. Philips Techn. Rev. **5** (1940), 286–294
828 Schouten, J.F.: The residue, a new component in subjective sound analysis. Proc. Kon. Nederl. Akad. Wetensch. **43** (1940), 356–365
829 Schouten, J.F.: Existence region of the tonal residue. J. Acoust. Soc. Am. **34** (1962), 1224–1229
830 Schouten, J.F.: The residue revisited. In *Frequency Analysis and Periodicity Detection in Hearing* (Plomp, R., Smoorenburg, G.F., Hrsg.), Sijthoff, Leiden, 1970, 41–54
831 Schouten, J.F., Ritsma, R.J., Cardozo, B.L.: Pitch of the residue. J. Acoust. Soc. Am. **34** (1962), 1418–1424
832 Schroeder, M.: The "Schroeder frequency" revisited. J. Acoust. Soc. Am. **99** (1996), 3240–3241
833 Schroeder, M.R.: Die statistischen Parameter der Frequenzkurven von großen Räumen. Acustica **4** (1954), 594–600
834 Schroeder, M.R.: Residue pitch: A remaining paradox and a possible explanation. J. Acoust. Soc. Am. **40** (1966), 79–81
835 Schroeder, M.R.: Determination of the geometry of the human vocal tract by acoustic measurements. J. Acoust. Soc. Am. **41** (1967), 1002–1010
836 Schroeder, M.R.: Period histogram and product spectrum: New methods for fundamental-frequency measurement. J. Acoust. Soc. Am. **43** (1968), 829–834
837 Schroeder, M.R.: An integrable model for the basilar membrane. J. Acoust. Soc. Am. **53** (1973), 429–434
838 Schroeder, M.R.: Auditory paradox based on fractal waveform. J. Acoust. Soc. Am. **79** (1986), 186–188
839 Schroeder, M.R.: Statistical parameters of the frequency response curves of large rooms. J. Audio Eng. Soc. **35** (1987), 299–305
840 Schroeder, M.R., Atal, B.S.: Generalized short-time power spectra and autocorrelation functions. J. Acoust. Soc. Am. **34** (1962), 1679–1683
841 Schroeder, M.R., Strube, H.W.: Flat-spectrum speech. J. Acoust. Soc. Am. **79** (1986), 1580–1583
842 Schubert, E.D.: The effect of a thermal masking noise on the pitch of a pure tone. J. Acoust. Soc. Am. **22** (1950), 497–499
843 Schubert, E.D., Elpern, B.S.: Psychological estimate of the velocity of the traveling wave. J. Acoust. Soc. Am. **46** (1959), 990–994
844 Schuck, O.H., Young, R.W.: Observations on the vibrations of piano strings. J. Acoust. Soc. Am. **15** (1943), 1–11
845 Schütte, H.: Ein Funktionsschema für die Wahrnehmung eines gleichmäßigen Rhythmus in Schallimpulsfolgen. Biol. Cybern. **29** (1978), 49–55

846 Schütte, H.: Subjektiv gleichmäßiger Rhythmus: Ein Beitrag zur zeitlichen Wahrnehmung von Schallereignissen. Acustica **41** (1978), 197–206
847 Schumann, F.: Einige Beobachtungen über die Zusammenfassung von Gesichtseindrücken zu Einheiten. Psychol. Stud. **1** (1904), 1–32
848 Schutte, H.K., Miller, D.G.: Transglottal pressures in professional singing. Acta Oto-Rhino-Laryng. Belg. **40** (1986), 395–404
849 Schwantke, G.: Untersuchung über den Aufsprechvorgang beim Magnettonverfahren. Frequenz **12** (1958), 383–394
850 Schwartz, J.L., Escudier, P.: A strong evidence for the existence of a large-scale integrated spectral representation in vowel perception. Speech Comm. **8** (1989), 235–259
851 Seewann, M., Terhardt, E.: Messungen der wahrgenommenen Tonhöhe von Glocken. In *Fortschritte der Akustik (DAGA'80)*, VDE-Verlag, Berlin, 1980, 635–638
852 Sellick, P.M., Patuzzi, R., Johnstone, B.M.: Measurement of basilar membrane motion in the guinea pig using the Mössbauer technique. J. Acoust. Soc. Am. **72** (1982), 131–141
853 Seneff, S.: Real-time harmonic pitch detector. IEEE ASSP **26** (1978), 358–365
854 Sessler, G.M., West, J.E.: Foil electrets and their use in condenser microphones. J. Electrochem. Soc. **115** (1968), 836–841
855 Shackleton, T.M., Meddis, R.: The role of interaural time difference and fundamental frequency difference in the identification of concurrent vowel pairs. J. Acoust. Soc. Am. **91** (1992), 3579–3581
856 Shailer, M.J., Moore, B.C.J.: Gap detection as a function of frequency, bandwidth, and level. J. Acoust. Soc. Am. **74** (1983), 467–473
857 Shambaugh, G.E.: Diplacusis: A localizing symptom of disease of the organ of Corti. Arch. Otolaryngol. **31** (1940), 160
858 Shankland, R.S., Coltman, J.W.: Departure of overtones of a vibrating wire from a true harmonic series. J. Acoust. Soc. Am. **10** (1939), 161–166
859 Shaw, E.A.G.: Earcanal pressure generated by a free sound field. J. Acoust. Soc. Am. **39** (1965), 465–470
860 Shaw, E.A.G.: Earcanal pressure generated by circumaural and supraaural earphones. J. Acoust. Soc. Am. **39** (1965), 471–479
861 Shaw, E.A.G.: Hearing threshold and earcanal pressure levels with varying acoustic field. J. Acoust. Soc. Am. **46** (1969), 1502–1514
862 Shaw, E.A.G.: Transformation of sound pressure level from the free field to the eardrum in the horizontal plane. J. Acoust. Soc. Am. **56** (1974), 1848–1861
863 Shaw, E.A.G., Piercy, J.E.: Audiometry and physiological noise. In *Proc. 4 Intern. Congr. Acoust.* **H-46**, Copenhagen
864 Shaw, E.A.G., Teranishi, R.: Sound pressure generated in an external-ear replica and real human ears by a nearby point source. J. Acoust. Soc. Am. **44** (1968), 240–249
865 Sheft, S., Yost, W.A.: Temporal integration in amplitude modulation detection. J. Acoust. Soc. Am. **88** (1990), 796–805
866 Shepard, R.N.: Stimulus and response generalization: A stochastic model relating generalization to distance in psychological space. Psychometrika **32** (1957), 325–345
867 Shepard, R.N.: The analysis of proximities: Multidimensional scaling with an unknown distance function. Psychometrika **27** (1962), 125–139
868 Shepard, R.N.: Circularity in judgments of relative pitch. J. Acoust. Soc. Am. **36** (1964), 2346–2353
869 Siegel, J.A.: Sensory and verbal coding strategies in subjects with absolute pitch. J. Exp. Psychol. **103** (1974), 37–44

870 Siegel, J.A., Siegel, W.: Absolute identification of notes and intervals by musicians. Percept. Psychophys. **21** (1977), 143–152
871 Singh, P.G.: Perceptual organization of complex-tone sequences: A tradeoff between pitch and timbre? J. Acoust. Soc. Am. **82** (1987), 886–899
872 Singh, P.G., Hirsh, I.J.: Influence of spectral locus and F0 changes on the pitch and timbre of complex tones. J. Acoust. Soc. Am. **92** (1992), 2650–2661
873 Sivian, L.J., Dunn, H.K., White, S.D.: Absolute amplitudes and spectra of certain musical instruments and orchestras. J. Acoust. Soc. Am. **2** (1930), 330–371
874 Sivian, L.J., White, S.D.: On minimum audible sound fields. J. Acoust. Soc. Am. **4** (1933), 288–321
875 Slaney, M.: *An Efficient Implementation of the Patterson-Holdsworth Auditory Filter Bank*. Apple Computer Inc., 1993
876 Slawson, A.W.: Vowel quality and musical timbre as functions of spectrum envelope and fundamental frequency. J. Acoust. Soc. Am. **43** (1968), 87–101
877 Slaymaker, F.: Chords from tones having stretched partials. J. Acoust. Soc. Am. **47** (1970), 1569–1571
878 Sluijter, A.M.C., van Heuven, V.J.: Spectral balance as an acoustic correlate of linguistic stress. J. Acoust. Soc. Am. **100** (1996), 2471–2485
879 Sluijter, A.M.C., van Heuven, V.J., Pacilly, J.J.A.: Spectral balance as a cue in the perception of linguistic stress. J. Acoust. Soc. Am. **101** (1997), 503–513
880 Small, A.M.: Some parameters affecting the pitch of amplitude modulated signals. J. Acoust. Soc. Am. **27** (1955), 751–760
881 Small, A.M.: Pure-tone masking. J. Acoust. Soc. Am. **31** (1959), 1619–1625
882 Small, A.M.: Mach bands in auditory masking revisited. J. Acoust. Soc. Am. **57** (1975), 251–252
883 Small, A.M., Bacon, W.E., Fozard, J.L.: Intensive differential thresholds for octave-band noise. J. Acoust. Soc. Am. **31** (1959), 508–510
884 Small, A.M., Campbell, R.A.: Pitch shifts of periodic stimuli with changes in sound level. J. Acoust. Soc. Am. **33** (1961), 1022–1027
885 Small, A.M., Campbell, R.A.: Masking of pulsed tones by bands of noise. J. Acoust. Soc. Am. **33** (1961), 1570–1576
886 Small, A.M., Daniloff, R.G.: Pitch of noise bands. J. Acoust. Soc. Am. **41** (1967), 506–512
887 Smith, H., Stevens, K.N., Tomlinson, R.S.: On an unusual mode of chanting by certain Tibetan Lamas. J. Acoust. Soc. Am. **41** (1967), 1262
888 Smoorenburg, G.F.: Pitch perception of two-frequency stimuli. J. Acoust. Soc. Am. **48** (1970), 924–942
889 Smoorenburg, G.F.: Combination tones and their origin. J. Acoust. Soc. Am. **52** (1972), 615–632
890 Snow, W.B.: Audible frequency ranges of music, speech and noise. J. Acoust. Soc. Am. **3** (1931), 155–166
891 Snow, W.B.: Change in pitch with loudness at low frequencies. J. Acoust. Soc. Am. **8** (1936), 14–19
892 Sonntag, B.: Zur Abhängigkeit der Mithörschwellen-Tonheitsmuster maskierender Sinustöne von deren Tonheit. Acustica **52** (1983), 95–97
893 Sonntag, B.: Tonhöhenverschiebungen von Sinustönen durch Terzrauschen bei unterschiedlichen Frequenzlagen. Acustica **53** (1983), 218
894 Spiegel, M.F., Picardi, M.C., Green, D.M.: Signal and masker uncertainty in intensity discrimination. J. Acoust. Soc. Am. **70** (1981), 69–73
895 Spiegel, M.F., Watson, C.S.: Performance on frequency-discrimination tasks by musicians and nonmusicians. J. Acoust. Soc. Am. **76** (1984), 1690–1695

896 Spoendlin, H.: Structural basis of peripheral frequency analysis. In *Frequency Analysis and Periodicity Detection in Hearing* (Plomp, R., Smoorenburg, G.F., Hrsg.), Sijthoff, Leiden, 1970, 2–36
897 Springer, N., Weber, R.: Bewertung von amplitudenmodulierten Schallen im R-Rauhigkeitsbereich. In *Fortschritte der Akustik (DAGA'95)*, DEGA, Oldenburg, 1995, 839–842
898 Starr, G.E., Pitt, M.A.: Interference effects in short-term memory for timbre. J. Acoust. Soc. Am. **102** (1997), 486–494
899 Steele, C.R., Zais, J.G.: Effect of coiling in a cochlear model. J. Acoust. Soc. Am. **77** (1985), 1849–1852
900 Stein, H.J.: Das Absinken der Mithörschwelle nach dem Abschalten von Weißem Rauschen. Acustica **10** (1960), 116–119
901 Stenzel, H., Brosze, O.: *Leitfaden zur Berechnung von Schallvorgängen*. Springer, Berlin/Heidelberg, 1958, 2. Aufl.
902 Stevens, S.S.: Tonal density. J. Exp. Psychol. **17** (1934), 585–592
903 Stevens, S.S.: The relation of pitch to intensity. J. Acoust. Soc. Am. **6** (1935), 150–154
904 Stevens, S.S.: The measurement of loudness. J. Acoust. Soc. Am. **27** (1955), 815–829
905 Stevens, S.S.: On the psychophysical law. Psychol. Rev. **64** (1957), 153–181
906 Stevens, S.S.: Concerning the form of the loudness function. J. Acoust. Soc. Am. **29** (1957), 603–606
907 Stevens, S.S.: To honor Fechner and repeal his law. Science **133** (1961), 80–86
908 Stevens, S.S.: The surprising simplicity of sensory metrics. Am. Psychol. **17** (1962), 29–39
909 Stevens, S.S.: *Psychophysics*. Wiley, New York, 1975
910 Stevens, S.S., Egan, J.P.: Diplacusis in normal ears. Psychol. Bull. **38** (1941), 548
911 Stevens, S.S., Galanter, E.H.: Ratio scales and category scales for a dozen perceptual continua. J. Exp. Psychol. **54** (1957), 377–411
912 Stevens, S.S., Guirao, M., Slawson, A.W.: Loudness, a product of volume times density. J. Exp. Psychol. **69** (1965), 503–510
913 Stoll, G.: Psychoakustische Messungen der Spektraltonhöhenmuster von Vokalen. In *Fortschritte der Akustik (DAGA'80)*, VDE-Verlag, Berlin, 631–634
914 Stoll, G.: Pitch of vowels: Experimental and theoretical investigation of its dependence on vowel quality. Speech Commun. **3** (1984), 137–150
915 Stoll, G.: Pitch shift of pure and complex tones induced by masking noise. J. Acoust. Soc. Am. **77** (1985), 188–192
916 Stoll, G., Urban, P.: Psychoakustische Experimente zur Hörbarkeit von Aliasing-Verzerrungen. Rundfunktech. Mitt. **30** (1986), 149–157
917 Stoll, G., Wiese, D., Link, M.: MUSICAM: Ein Quellcodierverfahren zur Datenreduktion hochqualitativer Audiosignale für universelle Anwendung im Bereich der digitalen Tonübertragung und -speicherung. In *Taschenbuch der Telekom Praxis*, Schiele und Schön, Berlin, 1991, 96–127
918 Story, B.H., Titze, I.R., Hoffman, E.A.: Vocal tract area functions from magnetic resonance imaging. J. Acoust. Soc. Am. **100** (1996), 537–554
919 Stout, B.: The harmonic structure of vowels in singing in relation to pitch and intensity. J. Acoust. Soc. Am. **10** (1938), 137–146
920 Stover, L.J., Feth, L.L.: Pitch of narrow-band signals. J. Acoust. Soc. Am. **73** (1983), 1701–1707
921 Strawn, J.: Analysis and synthesis of musical transitions using the discrete short-time Fourier transform. J. Audio Eng. Soc. **35** (1987), 3–13

922 Strong, W., Clark, M.: Synthesis of wind-instrument tones. J. Acoust. Soc. Am. **41** (1967), 39–52
923 Strube, H.W.: A computationally efficient basilar-membrane model. Acustica **58** (1985), 207–214
924 Stumpf, C.: *Tonpsychologie*. Hirzel, Leipzig, 1883
925 Stumpf, C.: *Tonpsychologie II*. Hirzel, Leipzig, 1890
926 Suchowerskyj, W.: Beurteilung von Unterschieden zwischen aufeinanderfolgenden Schallen. Acustica **38** (1977), 131–139
927 Suchowerskyj, W.: Beurteilung kontinuierlicher Schalländerungen. Acustica **38** (1977), 140–147
928 Sugiyama, M., Ohgushi, K.: Proximity analysis of pitch perception of complex tones in endless scale. Behaviormetrika **6** (1979), 35–43
929 Sullivan, D.L.: Accurate frequency tracking of timpani spectral lines. J. Acoust. Soc. Am. **101** (1997), 530–538
930 Sumby, W.H., Chambliss, D., Pollack, I.: Information transmission with elementary auditory displays. J. Acoust. Soc. Am. **30** (1958), 425–429
931 Summerfield, Q., Haggard, M., Forster, J.: Perceiving vowels from uniform spectra: Phonetic exploration of an auditory aftereffect. Percept. Psychophys. **35** (1984), 203–213
932 Summerfield, Q., Assmann, P.F.: Perception of concurrent vowels: Effects of harmonic misalignment and pitch-period asynchrony. J. Acoust. Soc. Am. **89** (1991), 1364–1377
933 Sundberg, J., Lindqvist, J.: Musical octaves and pitch. J. Acoust. Soc. Am. **54** (1973), 922–929
934 Suzuki, H., Nakamura, I.: Acoustics of pianos. Appl. Acoust. **30** (1990), 147–205
935 Swigart, E.: Pitch of a periodically interrupted tone. J. Acoust. Soc. Am. **40** (1966), 1180–1185
936 Symmes, D., Chapman, L.F., Halstead, W.C.: The fusion of intermittent white noise. J. Acoust. Soc. Am. **27** (1955), 470–473
937 Takeuchi, A.H., Hulse, S.H.: Absolute pitch. Psychol. Bull. **113** (1993), 345–361
938 Tarnóczy, T.: Experiments on aluminium bells with vertical slits. Acustica **72** (1990), 288–291
939 Tarnóczy, T., Járfás, T., Kukás, M.: Neuere subjektiv-akustische Untersuchungen über die Nachhallzeit. Elektron. Rundschau **14** (1960), 223–226
940 Tasaki, I., Davis, H., Legouix, J.P.: The space-time pattern of the cochlear microphonic (guinea pig) as recorded by differential electrodes. J. Acoust. Soc. Am. **24** (1952), 502–519
941 Teas, D.C., Eldredge, D.H., Davis, H.: Cochlear responses to acoustic transients. An interpretation of whole nerve action potentials. J. Acoust. Soc. Am. **34** (1962), 1438–1459
942 Teranishi, R., Shaw, E.A.G.: External-ear acoustic models with simple geometry. J. Acoust. Soc. Am. **44** (1968), 257–263
943 Terhardt, E.: Über ein Äquivalenzgesetz für Intervalle akustischer Empfindungsgrößen. Biol. Cybern. **5** (1968), 127–133
944 Terhardt, E.: Über die durch amplitudenmodulierte Sinustöne hervorgerufene Hörempfindung. Acustica **20** (1968), 210–214
945 Terhardt, E.: Über akustische Rauhigkeit und Schwankungsstärke. Acustica **20** (1968), 215–224
946 Terhardt, E.: Oktavspreizung und Tonhöhenverschiebung bei Sinustönen. Acustica **22** (1969), 345–351

947 Terhardt, E.: Frequency analysis and periodicity detection in the sensations of roughness and periodicity pitch. In *Frequency Analysis and Periodicity Detection in Hearing* (Plomp, R., Smoorenburg, G.F., Hrsg.), Sijthoff, Leiden, 1970, 278–287
948 Terhardt, E.: Die Tonhöhe Harmonischer Klänge und das Oktavintervall. Acustica **24** (1971), 126–136
949 Terhardt, E.: Pitch shifts of harmonics, an explanation of the octave enlargement phenomenon. In *Proc. 7 Intern. Congr. Acoust.* **3**, Budapest, 1971, 621–624
950 Terhardt, E.: Zur Tonhöhenwahrnehmung von Klängen. I. Psychoakustische Grundlagen. Acustica **26** (1972), 173–186
951 Terhardt, E.: Zur Tonhöhenwahrnehmung von Klängen. II. Ein Funktionsschema. Acustica **26** (1972), 187–199
952 Terhardt, E.: On the perception of periodic sound fluctuations (roughness). Acustica **30** (1974), 201–213
953 Terhardt, E.: Pitch of pure tones: Its relation to intensity. In *Facts and Models in Hearing* (Zwicker, E., Terhardt, E., Hrsg.), Springer, Berlin/Heidelberg, 1974, 353–360
954 Terhardt, E.: Pitch, consonance, and harmony. J. Acoust. Soc. Am. **55** (1974), 1061–1069
955 Terhardt, E.: Influence of intensity on the pitch of complex tones. Acustica **33** (1975), 344–348
956 Terhardt, E.: Ein psychoakustisch begründetes Konzept der Musikalischen Konsonanz. Acustica **36** (1976), 121–137
957 Terhardt, E.: Pitch shift of monaural pure tones caused by contralateral sounds. Acustica **37** (1977), 56–57
958 Terhardt, E.: The two-component theory of musical consonance. In *Psychophysics and Physiology of Hearing* (Evans, E.F., Wilson, J.P., Hrsg.), Academic, London, 1977, 381–390
959 Terhardt, E.: Psychoacoustic evaluation of musical sounds. Percept. Psychophys. **23** (1978), 483–492
960 Terhardt, E.: Calculating virtual pitch. Hear. Res. **1** (1979), 155–182
961 Terhardt, E.: Die psychoakustischen Grundlagen der musikalischen Akkordgrundtöne und deren algorithmische Bestimmung. In *Tiefenstruktur der Musik* (Dahlhaus, C., Krause, M., Hrsg.), Tech. Univ. Berlin, 1982, 23–50
962 Terhardt, E.: The concept of musical consonance: A link between music and psychoacoustics. Music Percept. **1** (1984), 276–295
963 Terhardt, E.: Fourier transformation of time signals: Conceptual revision. Acustica **57** (1985), 242–256
964 Terhardt, E.: Ableitungsregel der Laplace-Transformation und Anfangswertproblem. ntz-Archiv **8** (1986), 39–43
965 Terhardt, E.: Gestalt principles and music perception. In *Perception of Complex Auditory Stimuli* (Yost, W.A., Watson, C.S., Hrsg.), Erlbaum, Hillsdale, NJ, 1986, 157–166
966 Terhardt, E.: Ableitungsregel der Laplace-Transformation: Anfangswert fehl am Platze. ntz-Archiv **8** (1986), 177–178
967 Terhardt, E.: Psychophysics of auditory signal processing and the role of pitch in speech. In *The Psychophysics of Speech Perception* (Schouten, M.E.H., Hrsg.), Nijhoff, Dordrecht, 1987, 271–283
968 Terhardt, E.: Evaluation of linear-system responses by Laplace-transformation. Critical review and revision of method. Acustica **64** (1987), 61–72
969 Terhardt, E.: Warum hören wir Sinustöne? Naturwiss. **76** (1989), 496–504

970 Terhardt, E.: A systems theory approach to musical stringed instruments: Dynamic behaviour of a string at point of excitation. Acustica **70** (1990), 179–188
971 Terhardt, E.: Music perception and sensory information acquisition: Relationships and low-level analogies. Music Percept. **8** (1991), 217–240
972 Terhardt, E.: The SPINC function for scaling of frequency in auditory models. Acustica **77** (1992), 40–42
973 Terhardt, E.: Zur Anwendung der elektro-mechanischen beziehungsweise - akustischen Analogien auf elektroakustische Wandler. In *Fortschritte der Akustik (DAGA'93)*, DPG, Bad Honnef, 1993, 494–497
974 Terhardt, E.: Lineares Modell der peripheren Schallübertragung im Gehör. In *Fortschritte der Akustik (DAGA'97)*, DEGA, Oldenburg, 1997, 367–368
975 Terhardt, E.: Linear model of peripheral-ear transduction (PET). In *Auditory Worlds: Sensory Analysis and Perception in Animals and Man*, VCH, Weinheim, 1998
976 Terhardt, E., Aures, W.: Wahrnehmbarkeit der periodischen Wiederholung von Rauschsignalen. In *Fortschritte der Akustik (DAGA'84)*, Darmstadt, 1984, 769–772
977 Terhardt, E., Fastl, H.: Zum Einfluß von Störtönen und Störgeräuschen auf die Tonhöhe von Sinustönen. Acustica **25** (1971), 53–61
978 Terhardt, E., Grubert, A.: Factors affecting pitch judgments as a function of spectral composition. Percept. Psychophys. **42** (1987), 511–514
979 Terhardt, E., Grubert, A.: Zur Erklärung des "Tritonus-Paradoxons". In *Fortschritte der Akustik (DAGA'88)*, DPG, Bad Honnef, 1988, 717–720
980 Terhardt, E., Schütte, H.: Akustische Rhythmus-Wahrnehmung: Subjektive Gleichmäßigkeit. Acustica **35** (1976), 122–126
981 Terhardt, E., Seewann, M.: Aural key identification and its relationship to absolute pitch. Music Percept. **1** (1983), 63–83
982 Terhardt, E., Seewann, M.: Auditive und objektive Bestimmung der Schlagtonhöhe von historischen Kirchenglocken. Acustica **54** (1984), 129–144
983 Terhardt, E., Seewann, M.: Der "akustische Baß" von Orgeln. In *Fortschritte der Akustik (DAGA'84)*, DPG, Darmstadt, 1984, 885–888
984 Terhardt, E., Stoll, G.: Skalierung des Wohlklangs von 17 Umweltschallen und Untersuchung der beteiligten Hörparameter. Acustica **48** (1981), 247–253
985 Terhardt, E., Ward, W.D.: Recognition of musical key: Exploratory study. J. Acoust. Soc. Am. **72** (1982), 26–33
986 Terhardt, E., Zick, M.: Evaluation of the tempered tone scale in normal, stretched, and contracted intonation. Acustica **32** (1975), 268–274
987 Terhardt, E., Stoll, G., Seewann, M.: Pitch of complex signals according to virtual-pitch theory: Tests, examples, and predictions. J. Acoust. Soc. Am. **71** (1982), 671–678
988 Terhardt, E., Stoll, G., Seewann, M.: Algorithm for extraction of pitch and pitch salience from complex tonal signals. J. Acoust. Soc. Am. **71** (1982), 679–688
989 Terhardt, E., Stoll, G., Schermbach, R., Parncutt, R.: Tonhöhenmehrdeutigkeit, Tonverwandtschaft und Identifikation von Sukzessivintervallen. Acustica **61** (1986), 57–66
990 Ternström, S., Sundberg, J.: Intonation precision of choir singers. J. Acoust. Soc. Am. **84** (1988), 59–69
991 Terrace, H.S., Stevens, S.S.: The quantification of tonal volume. Am. J. Psychol. **75** (1962), 596–604

992 Theile, G, Stoll, G., Wiese, D., Link, M.: Datenreduktion für hochwertige Audiosignale. In *Fortschritte der Akustik (DAGA'91)*, DPG, Bad Honnef, 1991, 105–120

993 Theile, G.: Sind "Klangfarbe" und "Lautstärke" vollständig determiniert durch das Schalldruckpegel-Spektrum am Trommelfell? In *Fortschritte der Akustik (DAGA'84)*, DPG, Bad Honnef, 1984, 747–752

994 Thiede, T., Steinke, G.: Arbeitsweise und Eigenschaften von Verfahren zur gehörrichtigen Qualitätsbewertung von bitratenreduzierten Audiosignalen. Rundfunktech. Mitt. **38** (1994), 102–114

995 Thomas, G.J.: Equal volume judgments of tones. Am. J. Psychol. **62** (1949), 182–201

996 Thomas, G.J.: Volume and loudness of noise. J. Exp. Psychol. **65** (1952), 588–593

997 Thomas, I.B.: Perceived pitch of whispered vowels. J. Acoust. Soc. Am. **46** (1969), 468–470

998 Thomas, I.B., Dinicola, P.D., Elia, M.P., Pasierbiak, C.S.: Auditory memory in a pitch-discrimination task. J. Acoust. Soc. Am. **48** (1970), 1383–1386

999 Thompson, W.F., Parncutt, R.: Perceptual judgments of triads and dyads: Assessment of a psychoacoustic model. Music Percept. **14** (1997), 263–280

1000 Thurlow, W.R.: Studies in auditory theory. I. Binaural interaction and the perception of pitch. J. Exp. Psychol. **32** (1942), 17–36

1001 Thurlow, W.R.: Further observation on pitch associated with a time-difference between two pulse trains. J. Acoust. Soc. Am. **29** (1957), 1310–1311

1002 Thurlow, W.R.: An auditory figure-ground effect. Am. J. Psychol. **70** (1957), 653–654

1003 Thurlow, W.R.: Perception of low auditory pitch: A multicue, mediation theory. Psychol. Rev. **70** (1963), 461–470

1004 Thurlow, W.R., Bernstein, S.: Simultaneous two-tone pitch discrimination. J. Acoust. Soc. Am. **29** (1957), 515–519

1005 Thurlow, W.R., Elfner, L.F.: Continuity effects with alternately sounding tones. J. Acoust. Soc. Am. **31** (1959), 1337–1339

1006 Thurlow, W.R., Erchul, W.P.: Judged similarity in pitch of octave multiples. Percept. Psychophys. **22** (1977), 177–182

1007 Thurlow, W.R., Small, A.M.: Pitch perception for certain periodic auditory stimuli. J. Acoust. Soc. Am. **27** (1955), 132–137

1008 Tobias, J.V.: Application of a "relative" procedure to a problem in binaural-beat perception. J. Acoust. Soc. Am. **35** (1961), 1442–1447

1009 Tomlinson, R.W.W., Schwarz, D.W.F.: Perception of the missing fundamental in nonhuman primates. J. Acoust. Soc. Am. **84** (1988), 560–565

1010 Tonndorf, J.: Time-frequency analysis along the partition of cochlear models: A modified place concept. J. Acoust. Soc. Am. **34** (1962), 1337–1350

1011 Tougas, Y., Bregman, A.S.: Auditory streaming and the continuity illusion. Percept. Psychophys. **47** (1990), 121–126

1012 Traunmüller, H.: Perceptual dimension of openness in vowels. J. Acoust. Soc. Am. **69** (1981), 1465–1475

1013 Traunmüller, H.: Analytical expressions for the tonotopic sensory scale. J. Acoust. Soc. Am. **88** (1990), 97–100

1014 Trehub, S.E., Trainor, L.J.: Listening strategies in infancy: The roots of music and language development. In *Thinking Sound* (McAdams, S., Bigand, E., Hrsg.), Clarendon, Oxford, 1993, 278–327

1015 Trimmer, J.D., Firestone, F.A.: An investigation of subjective tones by means of the steady tone phase effect. J. Acoust. Soc. Am. **9** (1937), 24–29

1016 Turner, C.W., Burns, E.M., Nelson, D.A.: Pure tone pitch perception and low-frequency hearing loss. J. Acoust. Soc. Am. **73** (1983), 966–975
1017 von Uexküll, J.: *Umwelt und Innenleben der Tiere*. Berlin, 1921, 2. Aufl.
1018 Unkrig, A., Baumann, U.: Spektralanalyse und Frequenzkonturierung durch Filter mit asymmetrischen Flanken. In *Fortschritte der Akustik (DAGA'93)*, DPG, Bad Honnef, 1993, 876–879
1019 Verschuure, J., Brocaar, M.P.: Intelligibility of interrupted meaningful and nonsense speech with and without intervening noise. Percept. Psychophys. **33** (1983), 232–240
1020 Verschuure, J., van Meeteren, A.A.: The effect of intensity on pitch. Acustica **32** (1975), 33–44
1021 Viemeister, N., Bacon, S.: Forward masking by enhanced components in harmonic complexes. J. Acoust. Soc. Am. **71** (1982), 1502–1507
1022 Viemeister, N., Green, D.M.: Detection of a missing harmonic in a continuous or pulsed harmonic complex. J. Acoust. Soc. Am. **52** (1972), 142
1023 Viemeister, N.F.: Intensity discrimination of pulsed sinusoids: The effects of filtered noise. J. Acoust. Soc. Am. **51** (1972), 1265–1269
1024 Viemeister, N.F.: Intensity discrimination of noise in the presence of band-reject noise. J. Acoust. Soc. Am. **56** (1974), 1594–1600
1025 Viemeister, N.F.: Adaptation of masking. In *Psychophysical, Physiological, and Behavioural Studies in Hearing* (van den Brink, G., Bilsen, F.A., Hrsg.), Delft UP, Delft, 1980, 190–198
1026 Villchur, E.: Free-field calibration of earphones. J. Acoust. Soc. Am. **46** (1969), 1527–1534
1027 Vogel, A.: Ein gemeinsames Funktionsschema zur Beschreibung der Lautheit und der Rauhigkeit. Biol. Cybern. **18** (1975), 31–40
1028 Vogel, A.: Über den Zusammenhang zwischen Rauhigkeit und Modulationsgrad. Acustica **32** (1975), 300–306
1029 Vogten, L.L.M.: Pure-tone masking: A new result from a new method. In *Facts and Models in Hearing* (Zwicker, E., Terhardt, E., Hrsg.), Springer, Berlin/Heidelberg, 1974, 142–154
1030 Vogten, L.L.M.: Simultaneous pure-tone masking: The dependence of masking asymmetries on intensity. J. Acoust. Soc. Am. **63** (1978), 1509–1519
1031 Vogten, L.L.M.: Low-level pure-tone masking: A comparison of "tuning curves" obtained with simultaneous and forward masking. J. Acoust. Soc. Am. **63** (1978), 1520–1527
1032 Vos, J., Rasch, R.A.: The perceptual onset of musical tones. Percept. Psychophys. **29** (1981), 323–335
1033 Vos, J., Smoorenburg, G.F.: Penalty for impulse noise, derived from annoyance ratings for impulse and road-traffic sounds. J. Acoust. Soc. Am. **77** (1985), 193–201
1034 Wagner, K.W.: *Operatorenrechnung und Laplacesche Transformation*. Barth, Leipzig, 1948, 2. Aufl.
1035 Wakefield, G.H., Viemeister, N.F.: Temporal interactions between pure tones and amplitude-modulated noise. J. Acoust. Soc. Am. **77** (1985), 1535–1542
1036 Walliser, K.: Über ein Funktionsschema für die Bildung der Periodentonhöhe aus dem Schallreiz. Biol. Cybern. **6** (1969), 65–72
1037 Walliser, K.: Über die Abhängigkeit der Tonhöhenempfindung von Sinustönen vom Schallpegel, von überlagertem drosselndem Störschall und von der Darbietungsdauer. Acustica **21** (1969), 211–221
1038 Walliser, K.: Über die Spreizung von empfundenen Intervallen gegenüber mathematisch harmonischen Intervallen bei Sinustönen. Frequenz **23** (1969), 139–143

1039 Walliser, K.: Zusammenhänge zwischen dem Schallreiz und der Periodentonhöhe. Acustica **21** (1969), 319–329
1040 Walliser, K.: Zur Unterschiedsschwelle der Periodentonhöhe. Acustica **21** (1969), 329–336
1041 Ward, L.M., Davidson, K.P.: Where the action is: Weber fractions as a function of sound pressure at low frequencies. J. Acoust. Soc. Am. **94** (1993), 2587–2594
1042 Ward, W.D.: Subjective musical pitch. J. Acoust. Soc. Am. **26** (1954), 369–380
1043 Ward, W.D.: Tonal monaural diplacusis. J. Acoust. Soc. Am. **27** (1955), 365–372
1044 Ward, W.D.: Diplacusis and auditory theory. J. Acoust. Soc. Am. **35** (1963), 1746–1747
1045 Ward, W.D., Burns, E.M.: Absolute pitch. In *The Psychology of Music* (Deutsch, D., Hrsg.), Academic, New York, 1982, 431–451
1046 Warren, R.M.: Measurement of sensory intensity. Behav. Brain Sci. **4** (1981), 175–223
1047 Warren, R.M., Obusek, C.J., Ackroff, J.M.: Auditory induction: Perceptual synthesis of absent sounds. Science **176** (1972), 1149–1151
1048 Warren, R.M., Bashford, J.A., Wrightson, J.M.: Infrapitch echo. J. Acoust. Soc. Am. **68** (1980), 1301–1305
1049 Warren, R.M., Wrightson, J.M., Puretz, J.: Illusory continuity of tonal and infratonal periodic sounds. J. Acoust. Soc. Am. **84** (1988), 1338–1342
1050 Wartini, S.: *Zur Rolle der Spektraltonhöhen und ihrer Akzentuierung bei der Wahrnehmung von Sprache.* VDI-Verlag, Düsseldorf, 1996
1051 Wartini, S., von Rücker, C.: Dynamikreduktion von Sprachsignalen in konturierter Darstellung. In *Fortschritte der Akustik (DAGA'94)*, DPG, Bad Honnef, 1994, 1421–1424
1052 Weber, D.L.: Growth of masking and the auditory filter. J. Acoust. Soc. Am. **62** (1977), 424–429
1053 Webster, J.C., Schubert, E.D.: Pitch shifts accompanying certain auditory threshold shifts. J. Acoust. Soc. Am. **26** (1954), 754–758
1054 Webster, J.C., Carpenter, A., Woodhead, M.M.: Identifying meaningless tonal complexes. J. Acoust. Soc. Am. **44** (1968), 606–609
1055 Wedell, C.H.: Nature of absolute judgment of pitch. J. Exp. Psychol. **17** (1934), 485–503
1056 Wegel, R., Lane, C.E.: The auditory masking of one pure tone by another and its probable relation to the dynamics of the inner ear. Physiol. Rev. **23** (1924), 266–285
1057 Weisman, R., Ratcliffe, L.: Absolute and relative pitch processing in black-capped chickadees, *Parus atricapillus*. Animal Behav. **38** (1989), 685–692
1058 Weiss, A.P.: The vowel character of fork tones. Am. J. Psychol. **31** (1920), 166–193
1059 Wellek, A.: *Musikpsychologie und Musikästhetik.* Akad. Verlagsges., Frankfurt/M., 1963
1060 Wessel, D.L.: Timbre space as a musical control structure. Computer Music J. **3** (1979), 45–52
1061 White, W.B.: New system of tuning pianos. J. Acoust. Soc. Am. **10** (1939), 246–247
1062 Whitfield, I.C.: Auditory cortex and the pitch of complex tones. J. Acoust. Soc. Am. **67** (1980), 644–647
1063 Wiener, F.M.: On the diffraction of a progressive sound wave by the human head. J. Acoust. Soc. Am. **19** (1947), 401–408

1064 Wier, C.C., Jesteadt, W., Green, D.M.: Frequency discrimination as a function of frequency and sensation level. J. Acoust. Soc. Am. **61** (1977), 178–184
1065 Wightman, F.L.: Pitch and stimulus fine structure. J. Acoust. Soc. Am. **54** (1973), 397–406
1066 Wilson, J.P.: A sub-miniature capacitive probe for vibration measurements of the basilar membrane. J. Sound Vib. **30** (1973), 483–493
1067 Wilson, J.P.: Basilar membrane vibration data and their relation to theories of frequency analysis. In *Facts and Models in Hearing* (Zwicker, E., Terhardt, E., Hrsg.), Springer, Berlin/Heidelberg, 1974, 56–63
1068 Wilson, J.P.: Psychoacoustical and neuropsychological aspects of auditory pattern recognition. In *The Neurosciences: Third Study Program* (Schmitt, F.O., Worden, F.G., Hrsg.), MIT Press, Cambridge, Mass., 1974, 147–153
1069 Wilson, J.P.: Cochlear mechanics. In *Auditory Physiology and Perception* (Cazals, Y., Demany, L., Horner, K., Hrsg.), Pergamon, Oxford, 1992, 71–84
1070 Wilson, J.P., Evans, E.F.: Some observations on the "passive" mechanics of the cat basilar membrane. In *Mechanisms of Hearing* (Webster, W.R., Aitkin, L.M., Hrsg.), Monash, Clayton, Victoria, Australia, 1983, 30–35
1071 Wilson, J.P., Johnstone, J.R.: Capacitive probe measures of basilar membrane vibration. In *Hearing Theory*, Inst. for Perception, Eindhoven, 1972, 172–181
1072 Wilson, J.P., Johnstone, J.R.: Basilar membrane and middle ear vibration in guinea pig measured by capacitive probe. J. Acoust. Soc. Am. (1975), 705–723
1073 Wilson, J.P., Baker, R.J., Whitehead, M.L.: Level dependence of frequency tuning in human ears. In *Basic Issues in Hearing* (Duifhuis, H., Horst, J.W., Wit, H.P., Hrsg.), Academic, London, 1988, 80–87
1074 Winkler, I., Tervaniemi, M., Näätänen, R.: Two separate codes for missing-fundametal pitch in the human auditory cortex. J. Acoust. Soc. Am. **102** (1997), 1072–1082
1075 Wright, B.A.: Detectability of simultaneously masked signals as a function of signal bandwidth for different signal delays. J. Acoust. Soc. Am. **98** (1995), 2493–2503
1076 Wright, B.A.: Auditory filter asymmetry at 2000 Hz in 80 normal-hearing ears. J. Acoust. Soc. Am. **100** (1996), 1717–1721
1077 Wright, B.A., McFadden, D., Champlin, C.A.: Adaptation of suppression as an explanation of enhancement effects. J. Acoust. Soc. Am. **94** (1993), 72–82
1078 Wynn, V.T.: Accuracy and consistency of absolute pitch. Perception **22** (1992), 113–121
1079 Yost, W.A.: The dominance region and ripple noise pitch: A test of the peripheral weighting model. J. Acoust. Soc. Am. **72** (1982), 416–425
1080 Yost, W.A.: Pitch of iterated rippled noise. J. Acoust. Soc. Am. **100** (1996), 511–518
1081 Yost, W.A., Hill, R., Perez-Falcon, T.: Pitch and pitch discrimination of broadband signals with rippled power spectra. J. Acoust. Soc. Am. **64** (1978), 1166–1173
1082 Yost, W.A., Hill, R.: Strength of the pitches associated with ripple noise. J. Acoust. Soc. Am. **64** (1978), 485–492
1083 Yost, W.A., Patterson, R., Sheft, S.: A time domain description for the pitch strength of iterated rippled noise. J. Acoust. Soc. Am. **99** (1996), 1066–1078
1084 Young, I.M.: Masking of white noise by pure tone, frequency-modulated tone, and narrow-band noise. J. Acoust. Soc. Am. **41** (1967), 700–706
1085 Young, R.W.: Inharmonicity of piano strings. Acustica **4** (1954), 259–262

1086 Yu-An, R., Carterette, E.C., Yu-Kui, W.: A comparison of the musical scales of the ancient Chinese bronze bell ensemble and the modern bamboo flute. Percept. Psychophys. **41** (1987), 547–562

1087 Yund, E.W., Efron, R.: Dichotic competition of simultaneous tone bursts of different frequency II. Suppression and ear dominance functions. Neuropsychologia **13** (1975), 137–150

1088 Yund, E.W., Efron, R.: Dichotic competition of simultaneous tone bursts of different frequency: IV. Correlation with dichotic competition of speech signals. Brain Lang. **3** (1976), 246–254

1089 Yund, W.E., Efron, R.: Model for the relative salience of the pitch of pure tones presented dichotically. J. Acoust. Soc. Am. **62** (1977), 607–617

1090 Zatorre, J.R.: Pitch perception of complex tones and human temporal-lobe function. J. Acoust. Soc. Am. **84** (1988), 566–572

1091 Zatorre, R.J., Halpern, A.R.: Identification, discrimination, and selective adaptation of simultaneous musical intervals. Percept. Psychophys. **26** (1979), 384–395

1092 Zeh, E., Quante, F., Becker, D., Haag, R.: Vom Phonokardiogramm zur Phonoanalyse. Z. Kardiol. **76** (1987), 357–363

1093 Zerlin, S.: Traveling-wave velocity in the human cochlea. J. Acoust. Soc. Am. **46** (1969), 1011–1015

1094 Zollner, M.: Verständlichkeit der Sprache eines einfachen Vocoders. Acustica **43** (1979), 271–272

1095 Zurmühl, G.: Abhängigkeit der Tonhöhenempfindung von der Lautstärke und ihre Beziehung zur Helmholtzschen Resonanztheorie des Hörens. Z. Sinnesphysiol. **61** (1930), 40–86

1096 Zweig, G., Shera, C.A.: The origin of periodicity in the spectrum of evoked otoacoustic emissions. J. Acoust. Soc. Am. **98** (1995), 2018–2047

1097 Zwicker, E.: Die Grenzen der Hörbarkeit der Amplitudenmodulation und der Frequenzmodulation eines Tones. Acustica **2** (1952), 125–133

1098 Zwicker, E.: Der ungewöhnliche Amplitudengang der nichtlinearen Verzerrungen des Ohres. Acustica **5** (1955), 67–74

1099 Zwicker, E.: Die elementaren Grundlagen zur Bestimmung der Informationskapazität des Gehörs. Acustica **6** (1956), 365–381

1100 Zwicker, E.: Über psychologische und methodische Grundlagen der Lautheit. Acustica **8** (1958), 237–258

1101 Zwicker, E.: Ein Verfahren zur Berechnung der Lautstärke. Acustica **10** (1960), 304–308

1102 Zwicker, E.: Subdivision of the audible frequency range into critical bands (Frequenzgruppen). J. Acoust. Soc. Am. **33** (1961), 248

1103 Zwicker, E.: Direct comparison between the sensations produced by frequency modulation and amplitude modulation. J. Acoust. Soc. Am. **34** (1962), 1425–1430

1104 Zwicker, E.: "Negative afterimage" in hearing. J. Acoust. Soc. Am. **36** (1964), 2413–2415

1105 Zwicker, E.: Ein Beitrag zur Lautstärkemessung impulshaltiger Schalle. Acustica **17** (1966), 11–22

1106 Zwicker, E.: Lautstärkeberechnungsverfahren im Vergleich. Acustica **17** (1966), 278–284

1107 Zwicker, E.: Der kubische Differenzton und die Erregung des Gehörs. Acustica **20** (1968), 206–209

1108 Zwicker, E.: Subjektive und objektive Dauer von Schallimpulsen und Schallpausen. Acustica **22** (1970), 214–218

1109 Zwicker, E.: Über die Viskosität der Lymphe im Innenohr des Hausschweines. Acta Otolaryngol. **78** (1974), 65–72
1110 Zwicker, E.: On a psychoacoustical equivalent of tuning curves. In *Facts and Models in Hearing* (Zwicker, E., Terhardt, E., Hrsg.), Springer, Berlin/Heidelberg, 1974, 132–141
1111 Zwicker, E.: Procedure for calculating loudness of temporally variable sounds. J. Acoust. Soc. Am. **62** (1977), 675–682
1112 Zwicker, E.: Zur Nichtlinearität ungerader Ordnung des Gehörs. Acustica **42** (1979), 149–157
1113 Zwicker, E.: Formulae for calculating the psychoacoustical excitation level of aural difference tones measured by the cancellation method. J. Acoust. Soc. Am. **69** (1981), 1410–1413
1114 Zwicker, E.: Dependence of level and phase of the (2f1-f2)-cancellation tone on frequency range, frequency difference, level of primaries, and subject. J. Acoust. Soc. Am. **70** (1981), 1277–1288
1115 Zwicker, E.: Level and phase of the (2f1-f2)-cancellation tone expressed in vector diagrams. J. Acoust. Soc. Am. **74** (1983), 63–66
1116 Zwicker, E.: A hardware cochlear nonlinear preprocessing model with active feedback. J. Acoust. Soc. Am. **80** (1986), 146–153
1117 Zwicker, E.: "Otoacoustic" emissions in a nonlinear cochlear hardware model with feedback. J. Acoust. Soc. Am. **80** (1986), 154–162
1118 Zwicker, E.: Suppression and (2f1-f2)-difference tones in a nonlinear cochlear preprocessing model with active feedback. J. Acoust. Soc. Am. **80** (1986), 163–176
1119 Zwicker, E.: Objective otoacoustic emissions and their uncorrelation to tinnitus. In *Proc. III Intern. Tinnitus Seminar* (Feldmann, H., Hrsg.), Harsch, Karlsruhe, 1987, 75–81
1120 Zwicker, E.: On the frequency separation of simultaneously evoked otoacoustic emissions' consecutive extrema and its relation to cochlear traveling waves. J. Acoust. Soc. Am. **88** (1990), 1639–1641
1121 Zwicker, E., Flottorp, G., Stevens, S.S.: Critical band width in loudness summation. J. Acoust. Soc. Am. **29** (1957), 548–557
1122 Zwicker, E., Fastl, H.: Cubic difference sounds measured by threshold- and compensation-method. Acustica **29** (1973), 336–343
1123 Zwicker, E., Fastl, H.: *Psychoacoustics.* Springer, Berlin/Heidelberg, 1990
1124 Zwicker, E., Feldtkeller, R.: Über die Lautstärke von gleichförmigen Geräuschen. Acustica **5** (1955), 303–316
1125 Zwicker, E., Feldtkeller, R.: *Das Ohr als Nachrichtenempfänger.* Hirzel, Stuttgart, 1967, 2. Aufl.
1126 Zwicker, E., Harris, F.P.: Psychoacoustical and ear canal cancellation of $(2f_1 - f_2)$ distortion products. J. Acoust. Soc. Am. **87** (1990), 2583–2591
1127 Zwicker, E., Heinz, W.: Zur Häufigkeitsverteilung der menschlichen Hörschwelle. Acustica **5** (1955), 75–80
1128 Zwicker, E., Schloth, E.: Interrelation of different oto-acoustic emissions. J. Acoust. Soc. Am. **75** (1984), 1148–1154
1129 Zwicker, E., Terhardt, E.: Analytical expressions for critical band rate and critical bandwidth as a function of frequency. J. Acoust. Soc. Am. **68** (1980), 1523–1525
1130 Zwicker, U.T.: Diotische und dichotische Wahrnehmung von Schallfluktuationen. Acustica **55** (1984), 181–186
1131 Zwicker, U.T.: Auditory recognition of diotic and dichotic vowel pairs. Speech Commun. **3** (1984), 265–277

1132 Zwislocki, J.J.: Über die mechanische Klanganalyse des Ohrs. Experientia **2** (1946), 415–417
1133 Zwislocki, J.J.: Theorie der Schneckenmechanik: Qualitative und quantitative Analyse. Acta Otolaryng. Suppl. **72** (1948), 1–76
1134 Zwislocki, J.J.: Review of recent mathematical theories of cochlear dynamics. J. Acoust. Soc. Am. **25** (1953), 743–751
1135 Zwislocki, J.J.: Effect of the transmission characteristic of the ear on the threshold of audibility. J. Acoust. Soc. Am. **30** (1958), 430–432
1136 Zwislocki, J.J.: Electrical model of the middle ear. J. Acoust. Soc. Am. **31** (1959), 841
1137 Zwislocki, J.J., Damianopoulos, E.N., Buining, E., Glantz, J.: Central masking: Some steady-state and transient effects. Percept. Psychophys. **2** (1967), 59–64
1138 Zwislocki, J.J., Buining, E., Glantz, J.: Frequency distribution of central masking. J. Acoust. Soc. Am. **43** (1968), 1267–1271

Sachverzeichnis

Ableitungsregel der CFT 74, 427
absolutes Gehör 385–388
- bei Tieren 386
- durch Training 386
- Erkennungsleistung 387
- Häufigkeit 387
- und auditive Klanganalyse 386
- und Klangfarbe 375, 387
- und musikalische Früherziehung 387
- und Objekterkennung 387
- und Skalenspreizung 342, 388
Absolutschätzung 16
Absolutschwelle 278, 281
- bei Hörschaden 244
- für Dauertöne 242
- für Tonimpulse 245
- Mindestenergie 235, 245
- Nachbildung mit PET-System 255–256
- und Empfindungsfunktion 17
- und Potenzgesetz 19
- und prothetische Empfindungsgröße 16
- und Unterschiedsschwelle 19
Absorptionsgrad 140
Abstraktion
- beim Spracherwerb 374
- in der Cochlea 23
- in sensorischen Systemen 22
- Mechanismen 29
adäquater Reiz 15
Adaptor 416
adiabatischer Zustand 118
Admittanz 68
Ähnlichkeit 392
- Abschätzung 394
- oktavverwandter Töne 203, 396
- quintverwandter Töne 396
- von Klaviertönen 396
- von Tönen 395–397
Äquivalenzgesetz 394–395
äußere Haarzelle 58, 236, 237
Akkord-Grundton 398
- [CD 26] 435
- Beispiel 28
- Hörbarkeit 399
- Mehrdeutigkeit 405
- psychophysikalische Grundlage 398
- Schema zur Ermittlung 404
- und virtuelle Tonhöhe 398, 404
Aktionspotential 23, 235
akustischer Baß der Orgel 400
- [CD 27] 435
akustischer Nerv 23, 58, 235
Akzentuierung 414–416
- [CD 17–19] 433
- Messung als Mithörschwelle 415
- von Formanten 416
- von Teiltönen 327, 415
AM siehe Amplitudenmodulation
AM-Methode 272
AM-Schwelle
- Funktionsschema 277
Ambivalenz von Tonhöhe und Klangfarbe 374–377
- [CD 31] 437
Amplitudenmodulation 88, 272
- Modulationsgrad 88
- SAM Sinuston 89
- Signaleigenschaften der SAM 88
- Teiltonspektrum 88
- und Hörempfindung 89
- und Schallfluktuation 283
Analogie
- elektrisch-mechanisch-akustisch 63–64
- von Bit und Kontur 24
- von Optik und Akustik 27, 372
Analysebandbreite 96

Anatomie des Ohres 53–54
- Afferenz 58
- Amboß 55
- Basilarmembran 57
- Cochlea 53, 56, 57
- Corti'sches Organ 57
- Deckmembran 57
- Efferenz 58
- Eustachische Röhre 56
- Gehörgang 55
- Hammer 55
- Hörnerv 53
- Innenohr 54
- Innenohrlymphe 56
- knöcherne Trennwand 57
- Ohrmuschel 55
- ovales Fenster 56, 57
- Reißner'sche Membran 57
- rundes Fenster 56, 57
- Steigbügel 55
- Stereozilium 57
- Trommelfell 55
- Vestibulärorgan 56
Anhall 148
Anhallzeit 149
Artikulation 31, 32, 183
- Beispiele 183
- und Gestikulation 183
- und Mimik 183
Artikulationsindex 350
auditive Dauer
- Kurven gleicher 411
- Pegeleinfluß 410
- Theorie 411
- und objektive Dauer 410
- Verhältnisschätzung 410
- von Schallpausen 411
auditives Ereignis siehe Ereignis
Auditory Stream siehe Ereigniskette
aurale Frequenzanalyse 310, 321, 360
- [CD 28] 436
- Evolution 241
- und Zeitstruktur 323
- Zweck und Vorteile 241
auraler Differenzton 230
auraler Kombinationston 230, 239
- [CD 6] 429
Auricula 55
Autokorrelation 94
- zeitvariante 94
- Zusammenhang mit Frequenzfunktion 95
autonome Einflüsse 224, 229

Autonomie
- bei Bildung der Spektraltonhöhe 336, 337
- der sensorischen Prozesse 27
Axon 58
- als Informationsträger 241
- Frequenzselektivität 240
- Tuningkurve 240

Bandgeschwindigkeit 52
Bandpaß zweiter Ordnung 81
Bandpaß-Filterbank
- und FTT 80
Bandpaßrauschen
- Rauhigkeit 296
- und Spektraltonhöhe 324
Bark 264, 266
Bark-Funktion siehe Tonheit
Basilarmembran 57, 58, 234
- Amplitudenverteilung 232, 233
- Beobachtung 231, 232
- Frequenzselektivität 232, 233, 237, 241
- Nichtlinearität 232
- Schnelle 231
- Wirkung der äußeren Haarzellen 237
Basse fondamentale 398
- [CD 26] 435
- Hörbarkeit 399
Beats of Mistuned Consonances 295
Békésy-*Tracking* 242
Bernoulli'sches Gesetz 185
Besselfunktion J_1 135
Bestfrequenz 240
Bewegungsgleichung 117, 119
binaurale Diplakusis 336
- und Frequenz-Tonhöhe-Charakteristik 339
- und Hörschwelle 338
- und Innenohrstruktur 340
- und Tonhöhenabweichung 338
binaurale Kooperation 4
binaurale Tonhöhenfusion 336, 338, 346
Bit und Kontur 23, 24
Blasinstrument 36
- als Schallenquellentyp 6
- Oszillationsfrequenz 211
Blechblasinstrument 34, 209
- Naturtöne 210
- Rohrimpedanz 209
Blockflöte 38, 210

Böhmflöte 39
Breitbandlautsprecher 46
Brillanz 301
Buntheit 304, 372

CD *siehe* Compact Disk
Cembalo 216
cent 204
Central-Spectrum Theory 367
Cepstrum 367
CFT *siehe* kausale Fourier-Transformation
charakteristische Frequenz 240
– des PET-Kanals 250, 268
Chroma 378, 395
– Fixation 366
Cimbal 40
CMR *siehe Comodulation Masking Release*
Cochlea 57
– Endolymphe 236
– Frequenzselektivität 237
– Natrium-Kalium-Pumpe 236
– Perilymphe 236
– physiologische Vorgänge 235
– physiologischer Zustand 232
– Übertragungsfunktion 241, 249
Cochlear Transmission Function 246
Cocktailparty-Effekt 371
Comodulation Masking Release 276
Compact Disk 51–52
– Abtastung 51
– Pit 51
Concha 55
Continuity Effect 412
Corpus geniculatum mediale 54
Corti'sches Organ 57, 235
– Beobachtung 231
Critical-Band Rate 264, 266
CTF *siehe Cochlear Transmission Function*
CTF-Filter 246
– Bandbreite 250
– charakteristische Frequenz 240, 250, 268
– digitale Berechnung 260
– Dimensionierung 253
– effektive Zeitfensterlänge 252
– Einschwingverhalten 251
– Einschwingzeit 252
– Frequenzgang 249
– Impulsantwort 251
– Phasengang 250

– Resonanzüberhöhung 249, 251–253
– Typ 248
– Übertragungsfunktion 249

Datenreduktion 97
Dauer
– auditive 410
– Kurven gleicher auditiver 411
– und Absolutschwelle 242
Deckmembran 57, 235
Dichte 117, 301
dielektrischer Lautsprecher 45
dielektrisches Mikrofon *siehe* Kondensatormikrofon
Differenzton 6, 349
digitales Magnetbandgerät 52–53
Dipolschallquelle 131
Dirac-Stoß 8
Dissonanz
– und Rauhigkeit 401
– und Sonanz 401
dominanter Spektralbereich 349
– [CD 23] 434
– und Formantfrequenz 350
– und Lateralisation 350
– und Silbenverständlichkeit 350
– und Spektralgewichtung 362
Dominanz von Spektraltonhöhen 348
Druckkammer 121, 165, 171
Duodezime 37
Durdreiklang 34, 405
Dynamikbereich 66, 218
dynamisches Mikrofon *siehe* elektrodynamisches Mikrofon

Ear-Canal Resonances 246
eben wahrnehmbarer Richtungsunterschied 227
ebene Welle
– dämpfungsfreie 122
– Impedanz 122
– in Rohr 122
– Verlustgrößen 124
ECR *siehe Ear-Canal Resonances*
ECR-Filter 246
– digitale Berechnung 259
– Dimensionierung 248
– Impulsantwort 259
– Übertragungsfunktion 247
Effektivwert
– Definition 65
– Integrationszeit 65
Efferenz 58

Eigenrauschen 19
Eigenschwingung 7, 41
Einfach-Resonator 81
Einheitsimpuls 8
Einschwingvorgang 71, 87
Elektretmikrofon 45
elektroakustischer Speicher 43
elektrodynamisches Lautsprechersystem 47
elektrodynamisches Mikrofon 45–46, 178
elektromagnetisches Mikrofon 180
elektromechanische Grundelemente 102
elektromechanischer Schwingungswandler 100
elektromechanisches Schema 99
– des Kopfhörers 168
elektronische Orgel 222
Elementar-Eintorsystem 63
Elementar-Zweitorsystem 63
Elementarereignis 30
Elementarwandler 99, 101
– Darstellung im PES 103
– elektromechanischer 102
– Kettenmatrix 102
– Kettenmatrix des dielektrischen 109
– Kettenmatrix des elektrodynamischen 105
– Kettenmatrix des elektromagnetischen 111
– Kettenmatrix des piezoelektrischen 107
– pseudoelektrische Entsprechung 102
– Wandlergleichungen 102
Empfindungsexponent 16
– der Lautheit 281, 282
– der Rauhigkeit 297
– der Schärfe 302
– des Volumens 301
Empfindungsfunktion
– nach Stevens 18
– und Schwellen 19
– und Unterschiedsschwelle 17
Empfindungsgröße
– prothetische 16
Empfindungsstärke 16
EMS *siehe* elektromechanisches Schema
– Umwandlung in PES 103
Energieeintor 68

Energiezweitorsystem 62
Enhancement 414
Entscheidung 21, 24, 414
Epiglottis 31
Equivalent Rectangular Bandwidth 255
ERB *siehe Equivalent Rectangular Bandwidth*
ERB-Skalierung 267
Ereignis 370
– auditives 370
– Gleichzeitigkeit 409
– und Sprachsilbe 409
Ereignisintervall 407
Ereigniskette 370
– auditive 416
Ereignismuster 406
Ereignisverzögerung 408, 409
– in Musik 409
– in Sprache 409
– und Trägheit 409
Ereigniszeitpunkt 407, 408
Erkennung
– der Tonalität 388–391
– überlagerter Vokale 384
– von Musikinstrumenten 384
– von Tönen 385–388
– von Tonintervallen 391–392
– von Vokalen 383
Erregungssignal 275, 276, 282
erzwungene Schwingung 41, 219
Evolution 4
– und Lernen 4
– sensorischer Systeme 23
– und Information 22
Experimentalpsychologie 21

Fagott 36, 205
Fanfare 34
Fechner'sches Postulat 17
Federung 68, 69, 100, 121, 153, 154, 162, 167, 169, 170
Fensterfunktion 94
– der CTF-Filter 251
– der FTT 97
– der zeitvarianten Fourier-Transformation 80
– effektive Dauer 251–252
Flankenerregung 280
Flat-Spectrum Speech 382
Flüsterstimme 373, 377
Fluktuation 271, 283, 292
– Absolutschwellen 284

– durch AM 283
Flußgröße 64, 118
FM *siehe* Frequenzmodulation
FM-Schwelle 92
FM-Synthese 382
Folgetonhöhe 328
– Kriterien 328
Formant 190
– Bandbreite 193, 194
– Informationsgewicht 195
– und Klangfarbe 373
Formantfrequenz 191
– der Vokale 192
– des Schwa-Lauts 190
– und Artikulation 195
Fossa scaphoida 55
Fossa triangularis 55
Fourier-Analysator
– auraler 10
– Eigenschaften der FTT 81, 82
– Zeit- und Frequenzauflösung 82
Fourier-t-Transformation
– BT-Produkt 82
– Definition 81
– der Kosinusschwingung 81, 83
– digitale Berechnung 84
– Frequenz- und Zeitauflösung 82
– rekursive Berechnung 85
– rekursive Berechnung des Absolutbetrags 85
Fourier-Transformation
– Definition 69
– endliche 71
– Gewichtsfunktion 80
– kausale 71
– Konvergenzproblem 70–74
– Umkehrung 69
– zeitvariante 79
freie Schwingung 41, 219
freies Schallfeld
– im Hörversuch 14
Freifeld 225
– und Kopfhörerwiedergabe 15
Freifeldübertragungsfunktion 225
Frequenz-Histogramm-Verfahren 367
Frequenz-Tonhöhe-Charakteristik 339
– und ITD 340
Frequenzfunktion 69, 72–74
– der Glottisschwingung 187
Frequenzgang 74
– des CTF-Filters 249
– des Gehörganges 229
– des Glottis-Schallflusses 186, 195

– einer elektrodynamischen Lautsprecherbox 162
– einer Punktquelle vor einer Wand 142
– im Quaderraum 146
Frequenzgangentzerrer 15
Frequenzgruppe 264–266, 280, 292, 294
– Formeln 265
– und Lautheit 279
– und Verdeckung 265
Frequenzhub 91
Frequenzmaß 204
Frequenzmodulation 90
– Frequenzhub 91
– Modulationsindex 91
– Phasenhub 91
Frequenzunterschiedsschwelle
– [CD 4–5] 429
– Formel 262
– für Sinustöne 261
– von HKT 353
Frikativlaut 32, 187, 197
Frontalebene 223
FTT *siehe* Fourier-t-Transformation
FTT-Algorithmus 258–259
– rekursive Berechnung 259
FTT-Spektrum
– des SAM Sinustones 90
– eines Vokals 87
– Glättung 96

Gammatone-Filter 249, 251
Ganglion spirale 58
Gap Detection 414
Gaumensegel *siehe Velum*
gedackte Pfeife 39
gehörbezogene Frequenzskalierung 260–269
Gehörgang 55, 123, 229
– Abstand der Eingänge 53
– Frequenzgang 229
– Resonanz 230, 243, 247
– Übertragungsfunktion 229
gehörgerechte Analyse 78
gehörgerechte Signaldarstellung 96
Generator 7
– als Komponente der Schallquelle 374
Geräusch 201
Gesang 221
– Erkennung von Vokalen 383
– Evolution 1

- Oszillationsfrequenz und Formantfrequenz 383
Gestalt 23, 26
- auditive 371
- hierarchische Interpretation 378–380
- Zeitdimension 371
Gestaltkategorie 377–378
- von Vokalen 377
Gewichtsfunktion 94
- der CTF-Filter 251
- der FTT 97
- der zeitvarianten Fourier-Transformation 80
- effektive Dauer 251–252
Gitarre 216
- Aufbau 40
- Plektrum 41
Glocke 219, 375
- Frequenzspektrum 219
- Schlagton 220, 308
- Teiltöne 219
Glockenspiel 219
Glottis 31, 185
- innere Impedanz 187, 188
- Schallfluß 187
- Schwingungsfrequenz 198
Glottisschwingung 32, 185–188, 198, 199
- Oszillationsperiode 186
- Schallfluß 186
- Signalform 186
Größenschätzung 297
Grundaktivität 19, 275, 276, 281
Grundfrequenz 42, 86, 326
Grundgleichungen des Schallfeldes 119
Grundschwingung 7
Grundton 87, 352
- von Akkorden 398
Grundtonbezogenheit 398–400, 404
Gyrator 64, 77, 106, 111

Haarzelle 57
- Diodenverhalten 237
- Erregung 236
- Rolle der äußeren 237
- Rolle der inneren 237
Hackbrett 40
Härte 301
Halbton 204
Hallradius 150
- Abschätzung 150

Harmonic Pitch Detector 367
Harmonic Sieve 367
Harmonie 201, 403
Harmonielehre und musikalische Konsonanz 404
Harmonische 373
- Definition 6
- der angestrichenen Saite 42
harmonischer komplexer Ton 86, 87, 217, 218, 309
- Phaseneinfluß 381
Harmonizität 86, 217
- der Glottisschwingung 199
- und musikalische Konsonanz 404
Helicotrema 57, 231, 233, 234
Heliumsprache 190
Helix 55
Helligkeit 301
hierarchisches Prinzip 27, 28, 311, 314, 378
- und Wahrnehmungsgeschwindigkeit 379
HIPEX-Verfahren 367
Histogramm 313, 326, 390
HKT *siehe* harmonischer komplexer Ton
Hörbahn 54
Hörcortex 54, 310
Hörkanal 246
Hörnerv 58
Hörschaden 244
Hörschwelle *siehe* Absolutschwelle
Holzblasinstrument 38
homogene Zweidrahtleitung 123
homogenes Ersatzsystem 63
Horizontalebene 223
Horn 33

Impedanz 68
- der idealen Saite 213, 214
- des ebenen Schallfeldes 122
- des Kugelschallfeldes 126
- des Trommelfells 166
- Strahlungsimpedanz des Kreiskolbenstrahlers 137
- Strahlungsimpedanz des Kugelstrahlers 128
Incus 55
Information
- akustische Bedingungen der Aufnahme 10
- im Dreiweltenkonzept 2
- im Ohrsignal 8

- in sensorischen Systemen 21-30
- sensorische 15
- Übertragung 5
- und Bedeutung 3
- und Entscheidung 3
- und Evolution 22
- und Formantfrequenz 192, 195
- und Objektbildung 3
Informationsverarbeitung
- hierarchisches Schema 28
- in der Cochlea 239
- in sensorischen Systemen 22
Inharmonizitätskoeffizient 364
Innenohr
- als periphere Komponente 23
- Frequenzselektivität 237
- Hydromechanik 235
- Modelle 233, 235
- Physiologie 235
- Selbsterregung 238
- Übertragungsfunktion 241
innere Haarzelle 58, 59, 237, 239
- Innervation 236
- und sensorische Information 23
Intensitätsempfindung 15
Intensitätsunterschiedsschwelle
- des Sinustons 273, 277
- Meßmethoden 271
- von Schmalbandrauschen 273
- von weißem Rauschen 272
interaurale Laufzeit 226
- und Richtungshören 227
interaurale Tonhöhendifferenz 336-340
- Messung 337
- und Frequenz-Tonhöhe-Charakteristik 339
- und Hörschwelle 338
- und Innenohrstruktur 340
- und otoakustische Emission 339
- von HKT 357-358
interaurale Übertragungsfunktion 226
- Abschätzung 228
Interpretation
- als autonomer Prozeß 27
- bei der Tonhöhenwahrnehmung 310, 315
- der Klanggestalt 374
- des KZM 370
- im Gehör 11
- in sensorischen Systemen 22
- und Kontinuität 414
Intonation

- [CD 16] 432
- des Tonsystems 203
- gespreizte 222
- temperierte 203
- von Flüstersprache 374
ITD *siehe* interaurale Tonhöhendifferenz

Kammfilter-Rauschen
- Entstehung 325
- Spektraltonhöhen 325
- und HKT 326
Kammfiltereffekt 304
Kassettentonbandgerät 49
Kategorisierung
- in der Cochlea 23
- und Abstraktion 22
kausale Fourier-Transformation 71
- Anwendung 74
- Beziehung zur Laplace-Transformation 74
- Definition 73
- Frequenzfunktion 75
- Korrespondenzen 74, 426
- Rechenregeln 427
kausales System 71, 72
Kausalität 72, 73, 79
Kernerregung 280
Kettenmatrix
- Definition 76
- des dielektrischen Elementarwandlers 109
- des elektrodynamischen Elementarwandlers 105
- des elektromagnetischen Elementarwandlers 111
- des Gehörganges 229
- des piezoelektrischen Elementarwandlers 107
- des realen elektromechanischen Wandlers 112
- des Vokaltrakts 192
- des zylindrischen Rohres 124, 125
Klang 86, 87, 95, 201
- Definition 201
Klangfärbung 303, 304, 324
- durch Akzentuierung 416
- und Tonhöhe 304, 324
Klangfarbe 304
- als metathetisches Attribut 373
- Bestimmung von Unterschieden 393
- Definition 372
- und Buntheit 373

- und Formant 373
- und Klanggestalt 373
- und Phasenspektrum 380–382
- und Tonhöhe 372–375
Klanggestalt 373
- bei Wirbeltieren 374
- beim Kleinkind 374
- Interpretation 374
- und Wahrnehmungszeit 379
- von HKT 373
Klanghaftigkeit 304, 372
- Definition 304
- und Sonanz 400
- und Tonhöhe 305
Klangverwandtschaft 403, 404
Klangzeitgestalt 369
Klangzeitmuster 4, 369
- hierarchische Interpretation 414
Klarinette 36–37, 205
- als zylindrisches Rohr 205
- Oszillationsfrequenz 206
- Rohr-Sprungantwort 206
- Rohr-Übertragungsfunktion 208
- Rohrblattschwingung 207
- Rohrimpedanz 205, 206
- Strahlungsimpedanz 205
- Synchronisation des Blatts 206
Klavier 40, 216
- Inharmonizität 219, 221
- Nachklingen 216
- Spreizung der Intonation 220
Klirrdämpfung 66
Klirrfaktor 66
Klirrprodukt 66
knöcherne Trennwand 57
Körperschallanregung des Gehörs 224
komplexe Ereigniskette 420
komplexer Ton 86, 217
Kondensatormikrofon 44–45, 174, 180
Konsonanz 403
Kontinuitätsbedingung 117
Kontinuitätseffekt 320, 412–414
- Bedingungen 413, 414
- und Pulsationsschwelle 414
Kontinuitätsgleichung 119
Kontrastverstärkung 24, 327
- zeitliche 328, 414
Kontur 24, 327
- als binäre Informationseinheit 23
- als metathetisches Attribut 15
- primäre 311
- virtuelle 311
- visuelle 24

Konzertflöte *siehe* Querflöte
Kopfhörer 47–48, 121
- akustisches Leck 48, 164–166
- als Zweitorsystem 164
- Betriebsfrequenzbereich 170, 171
- circumaural 48
- elektromechanisches Schema 168
- geschlossener 48, 170
- im Hörversuch 15
- Leckresonanz 167, 170, 171
- offener 48, 169, 170
- PES 168
- supraaural 48
- Systemresonanz 169
- Übertragungsfunktion 164, 166–169, 171
- Zweck 43
Kopfkoordinaten 223
Kraft 61
Kreiskolbenstrahler
- Grenzfrequenz 138
- Richtungsfaktor 135
- Schalldruck auf der Achse 136, 137
- Strahlungsimpedanz 137
- Theorie 134
- Wirkleistung 138
Kugelschallfeld
- Definition 125
- Schalldruckverteilung 126
- Schnelle 126
- und Nahbesprechungseffekt 177
Kugelstrahler 127
- Grenzfrequenz 128
- mitschwingende Luftmasse 128
- Strahlungsimpedanz 128
- Wirkleistung 128
Kugelwellenimpedanz 126
Kurve gleicher Lautheit 278
KZM *siehe* Klangzeitmuster

Lästigkeit 412
Lambda-halbe-Resonator 39
Lambda-viertel-Resonator 39, 233
Lamina spiralis 57
Laplace-Transformation 70–72, 74
Lautfrequenz 198
Lautheit 278
- [CD 3] 429
- allgemeine Merkmale 278
- binaurale 280
- des 1 kHz-Tones 20, 278, 279
- Exponent 16
- instantane 281

- Theorie 280–283
- Trägheit 281
- und Bandbreite 279
- und Frequenzgruppe 279
- und PET-System 281–283
- und Schalldauer 279
- und Schalldruck am Trommelfell 224
- Verhältnisschätzung 279
- zeitbewertete 281
Lautschrift 183
Lautsprache 183
- als auditive Ereignisfolge 370
- Evolution 1, 183
- Lauterzeugung 31
- periodisch unterbrochene 412
- prosodische Merkmale 201
- Segmentierung 410
- und Musik 201
- und sensorische Kategorisierung 22
- zeitliche Invertierung 382
Lautsprecher 151
- akustische Übertragungsfunktion 151, 152
- allgemeines Schema 63
- Anker-Resonanzfrequenz 154, 162
- Aufstellung einer Box 159
- Baßreflexbox 121
- Betriebsfrequenzbereich 156
- elektrodynamischer 154, 161
- elektromechanische Übertragungsfunktion 151, 153
- Frequenzgang einer elektrodynamischen Box 162
- Kreiskolben-Grenzfrequenz 154
- Membranschwingung 157
- mit Schallwand 152, 156
- Musikleistung 163
- Schwingspule 163
- Schwingspulengrenzfrequenz 154
- Sinusleistung 163
- Trichterlautsprecher 121
- Übertragungsfunktion 154, 155, 157–159, 161
- und Schalleistung 163
- vor großer Wand 142
- Zweck 43
Lautsprecherchassis 46
Lautsprecherzeile 132
Lautstärke *siehe* Lautheit
Leistungsverstärker 151
Leitungskennimpedanz 124
Lernen

- durch Versuch und Irrtum 4
- und Konturierung 24
lineare Verzerrung 66
Linearität
- der Systeme 61
- des Schallfeldes 117
- und Gehör 6
- von Systemen 6, 66
- von Übertragungsstrecken 7
Linienschallquelle 132
Luftdämpfung 140
Lymphe des Innenohres 233

Mach-Band 24, 327
Magic Number Seven 30
Magnetbandgerät 49–51
- Aufzeichnung 50
- Bandgeschwindigkeit 51
- Hinterbandkontrolle 50
- Hörkopf 49
- Kombikopf 49
- Löschkopf 49
- Magnetkopf 49
- Mehrspuraufzeichnung 50
- Sprechkopf 49
- Tonband 49
Malleus 55
Marimbaphon 219
Maultrommel 375
Medianebene 223
Melodie 201
- als Ereigniskette 371
- mit Oktavsprüngen 419
- und Tonhöhe 201, 399
metathetische Sinnesempfindung 15, 307
Mikrofon
- akustische Übertragungsfunktion 172
- Bändchenmikrofon 179
- Betriebsfrequenzbereich 176
- dielektrisches 180
- Druck-Übertragungsfunktion 172
- Druckempfänger 171, 173
- Druckgradientenempfänger 171, 174
- elektrodynamisches 178
- elektromagnetisches 180
- Federhemmung 179, 180
- Feld-Übertragungsfunktion 173
- Massenhemmung 178, 181
- Nahbesprechungseffekt 177
- piezoelektrisches 179

- Prinzip 171
- Reibungshemmung 178–180
- Richtcharakteristik 173, 176
- Typen 171
- Übertragungsfunktion 172, 175–178
- Zweck 43
Missing 6 dB 224
Mithörschwelle 224, 265, 277, 317
- des Sinustones, verdeckt durch Schmalbandrauschen 318
- des Sinustones, verdeckt durch Sinuston 318–320
- des Sinustones, verdeckt durch weißes Rauschen 317
- und Akzentuierung 415
- und Kombinationston 319
- und psychoakustische Erregung 280
- und Trägheit 412
Mittelohr
- Übertragungsfunktion 230
Mittelohrfunktion 56
Modell der auralen Peripherie 276
Modulationsfrequenz 88
Modulationsgrad 88
- und Pegeldifferenz 272
Modulationsindex 91
Modulationsschwelle 277
- Beziehung zur Unterschiedsschwelle 289
- für SAM eines Sinustones 285
- für SAM und SFM im Vergleich 288–289
- für SAM von weißem Rauschen 284
- für SFM eines Sinustones 287
- Messung 284
- und Darbietungsdauer 286–287
Modus 36
Mößbauer-Effekt 231
monaurale Diplakusis 338
Multicue-Mediation Theory 360
multidimensionale Skalierung 392
Multiphonics 209
Musik
- als Prototyp der Klangzeitgestalt 371
- Evolution 1
- Grundtonbezogenheit 398
- Merkmale 201
- Rhythmus 407
- Spreizung der Tonskala 222
- Teiltonspektren von Tönen 217
- Toneinsatz 409
- Tonintervall 204

- Tonkategorie 204
- und akustische Kommunikation 1
- und Lautsprache 201
- und sensorische Kategorisierung 22
musikalische Konsonanz 398
- Hauptkomponenten 403
- psychophysikalische Grundlagen 404
- Theorie 402–405
- und Harmonizität 404
- und Rauhigkeit 402
- und Tonintervall 401
- von Zweiklängen 401–402
musikalische Stimme 26
Musiklehre
- und musikalische Konsonanz 404
- und Verkettung von Tönen 419

Nachbild, Nachkontur 24
Nachhall 148
Nachhallzeit 148–150
Nasallaut 32, 196
Naturton 33–37, 39, 42, 209
Necker-Würfel 22
Neurophysiologie 11, 21
nichtlineare Verzerrung 66–67
Nichtlinearität
- der Basilarmembranschwingung 232
- der Erregung des Gehörs 277
- des Gehörs 230, 237
- Feststellung 66
- und Information 6
nichtsimultane Verdeckung 257, 267, 320
nominelle Tonhöhe 365
Normstimmton 203
Nucleus cochlearis 54, 58
Nucleus lemniscus laterale 54

obere Olive 54
Obertonsingen 375
Objekt
- als Gegenstand der Information 22
- als Teilmenge des KZM 369
- auditives 370
- Bildung 28
- in der Wahrnehmung 11, 26
- und visuelle Kontur 24
Objektanalyse 97, 311, 312, 417
Objektsynthese 311, 312, 314, 370, 417
Oboe 36, 205
Ohrensausen 239

Ohrmuschel 55
Ohrsignal 223
– Definition 10
– Einfluß der Polarität 381
– Unbestimmtheit 13, 315
– und Kopfhörer 15
– und Quellsignal 9
Oktav 340
Oktavabweichung 340–343
– [CD 13] 431
– [CD 15] 432
– binaural 342
– interindividueller Unterschied 343
– monaural 342
– und ITD 341
– und Tonhöhenabweichung 342–344
– von HKT 358–359
Oktavklang 375
– Tonhöhe 376
– Tonhöhenparadoxon 376
Oktavspreizung
– mit HKT 358
– mit Sinustönen 340–342
– und absolutes Gehör 342
– und Schallpegel 342
– Verbreitung 342
Oktavverwandtschaft 202, 203, 340, 342, 395
– und Stimme 203
Operator 67, 69
Optimum Processor Theory 367
optische Täuschung 24
Orgelpfeife 38
– Anregung 210
– Aufschnitt 38
– Kern 38
– Unterlabium 38
Ortsempfindung 15
Oszillationsfrequenz 87, 94, 312
otoakustische Emission 238
– evozierte 238
– spontane 238
– und binaurale Diplakusis 339
– und Cohörfunktion 239
ovales Fenster 56, 57, 233, 235

P-center siehe Perceptual Center
Pattern Transformation Theory 367
Pauke 219
Peak Picking 96
Peak Tracking 96
Pegellautheit
– Definition 278

Pegelüberschuß 322, 361
pendelndes Regeln 242, 284
Perceptual Center 409
Periode 93
Periodendauer 94
Periodentonhöhe 346
Periodizität 86, 93–95, 373
– angenäherte 94
– der Glottisschwingung 186, 199
– der Rohrblattschwingung 208
– neuronale Repräsentation 309
– und Tonhöhe 307
Peripheral Ear Transduction 246
Peripherie
– und Information 23
Peripherie-Modell der Tonhöhe 368
PES *siehe* pseudeoelektrisches Schema
PET *siehe Peripheral Ear Transduction*
PET-Skalierung 267–269
PET-System 246–260
– Absolutschwelle 255–256
– Bandbreiten 254
– Einschwingzeiten 258
– erweitertes 275
– Frequenzgänge 254
– Kanal-Schwellenpegel 255
– Referenzüberhöhung 253
– SPINC-Skalierung 264
– Tuningkurven 256–257
Pfeifenorgel 222
– akustischer Baß 400
– Mixtur 311
Pharynx 31
– Eingangsimpedanz 186
Phase
– Einfluß auf die Klangfarbe 380–382
– Unterschiedsschwelle in Sinus-Dreiklang 381
Phasenhub 91
phon 278
physikalische Bedingungen des Hörens 8–10, 310
Physiologie 3
physiologisches Rauschen 224
piezoelektrischer Effekt 44, 106
piezoelektrisches Material 44
piezoelektrisches Mikrofon 43–44, 179
Pinna 55
Piszczalski-Verfahren 367
Plosivlaut 32, 187, 198
Posaune 34

Potentialgröße 64, 118
Potenzfunktion 276
Potenzgesetz 18
- als Reiz-Empfindungsfunktion 16
- der Lautheit 281, 282
- der Lautheit des 1 kHz-Tones 20
- der Rauhigkeit 297
- und Schwellen 19
Prägnanz 24, 304
- der Spektraltonhöhe 25, 321, 322, 351, 361
- und Klanghaftigkeit 304
Presbyakusis 244
Profilanalyse 382
prothetische Sinnesempfindung 15, 16, 284
pseudoelektrisches Schema 101
- der Vokale 188
- des Kopfhörers 168
- des Sprechorgans 184
psychoakustische Erregung 277, 278, 280, 281
- und Frequenzunterschiedsschwelle 292
- und Mithörschwelle 280
psychoakustische Tuningkurve 257, 319
Psychophysik 11, 15, 21
pu (*pitch unit*) 339
Pulsationsschwelle 320
- und Kontinuitätseffekt 414
- und Tuningkurve 414
Punktschallquelle
- äquivalenter Schallfluß 129
- Definition 129
- im Quaderraum 144

Querflöte 38, 39
- Anregung 210
- Oszillationsfrequenz 211
- Spreizung der Intonation 222
Quint 340
Quintabweichung 343
- [CD 14] 431
Quintenzirkel 203
Quintverwandtschaft 202, 340, 395

R-DAT-Verfahren 52
räumliches Hören 4
Rauhigkeit 283, 292, 401, 412
- [CD 8] 430
- Addition 297
- Berechnungsverfahren 300

- binaurale 298
- Existenzbereich 293
- Exponent 297
- Funktionsschema 299
- in halligem Raum 298
- musikalischer Töne 298
- Potenzfunktion 297
- Theorie 298–300
- und auditives Ereignis 30, 293
- und aurale Spektralzerlegung 294
- und Dissonanz 401
- und Geräuschdiagnose 293
- und Hörnerv 299
- und Konsonanz 402
- und Lästigkeit 293
- und Schwankungsamplitude 296
- und Schwankungsfrequenz 295
- und Sonanz 400
- und Trägheit 294
- und Wohlklang 293
- von Bandpaßrauschen 296
- von SAM Rauschen 296
Reflexionskoeffizient 140
Refraktärzeit 236
Register 36
Reibungskennlinie 211
reiner Ton *siehe* Sinuston
Reißner'sche Membran 57, 236
Reiz-Empfindungsfunktion 16
- der Lautheit 281, 282
- der Rauhigkeit 297
- im PET-System 275
- Potenzgesetz 16
relatives Gehör 386, 391
- und auditive Klanganalyse 386
Residualklang *siehe* Residualton
Residualton 347
- Oktavabweichung 358
- Oktavspreizung 358
Residuum 347
Resonator 6, 7, 39, 40
Response
- im Potenzgesetz 16
Retina 15
Reversibilität 45, 46
Rezeptor 15
Rezeptorfeld 15
reziproker piezoelektrischer Effekt 44
Rhythmus 201
- als Zeitgestalt 371
- Ereignisintervall 408
- Ereignisverzögerung 408
- gleichförmiger 407, 408

- Messung durch Nachtasten 406
- Segmentierung von Sprache 410
- und Ereignis 406
- und Lautheit 410
- und Sprachsilbe 406
- und Tonhöhe 410
- Unterschiedsschwelle 408
- von Musik 407
- von Sprache 406

Richtcharakteristik
- der Doppel-Punktquelle 130
- der Linienquelle 133
- der Stimme 33, 188
- des druckempfangenden Mikrofons 173
- des Druckgradientenmikrofons 176
- des Kreiskolbenstrahlers 136
- musikalischer Streichinstrumente 43

Richtdiagramm
- Definition 130
- der Linienquelle 133

Richtungsfaktor
- der Dipolquelle 131
- der Doppel-Punktquelle 130
- der Linienquelle 133
- des Kreiskolbenstrahlers 135

Robustheit
- der Kontur 24
- der Tonhöhenwahrnehmung 310, 360
- von Schallparametern 9

Rohrblatt 35, 205
rosa Rauschen 372
Ruhehörschwelle 224, 242
rundes Fenster 56, 57

Saite
- angezupfte 216
- Anregung beim Klavier 216
- Anstreichvorgang 211
- Biegesteifigkeit 219
- dynamisches Verhalten 213
- Federungsbelag 213
- Gleitphase 212
- Haftphase 211, 212
- Impedanz 213, 214
- Inharmonizität 218, 219, 222
- Massenbelag 213
- Sprungantwort 214–215

Saiteninstrument
- Griffbrett 40, 42
- Hals 40

- Impulsanregung 42
- Resonanzboden 40
- Sattel 40
- Steg 40
- Stimmwirbel 42

SAM *siehe* sinusförmige Amplitudenmodulation

SAM Rauschen
- Rauhigkeit 296

SAM Signal
- Teiltondarstellung 88

SAM Sinuston 89
- FTT-Frequenzfunktion 90
- Rauhigkeit 295
- Teiltondarstellung 89

SAM-Schwelle
- des Sinustones 285, 286
- von weißem Rauschen 272, 284

Saxophon 36, 205
Scala media 57, 236
Scala tympani 57, 236
Scala vestibuli 57, 236

Schärfe 302
- Berechnung 303
- des Sinustones 302
- Theorie 302–303
- und Sonanz 400
- von Breitbandschall 302

Schallbeugung 223
Schalldichte 117
Schalldruck 61, 117

Schallfeld
- als Übertragungsstrecke 8, 117
- dämpfungsfreie ebene Welle 122
- Definition 117
- der Dipolquelle 131
- der Doppel-Punktquelle 129
- der Linienquelle 132
- der Punktquelle 129
- des Kreiskolbenstrahlers 134–137
- des Kugelstrahlers 127
- ebenes 121
- einer Punktquelle im Quaderraum 145
- einer Punktquelle vor einer Wand 141, 142
- Grundgleichungen 119
- Impedanz der ebenen Welle 122
- Impedanz der Kugelwelle 126
- in halligem Raum 139, 147
- Kugelwelle 125
- Luftdämpfung 140
- quasi-statisches 120

- Schalldruckverteilung in der Kugelwelle 126
- Schnelle in der Kugelwelle 126
- Typen 120
- verlustbehaftete ebene Welle 122

Schallfluß 61, 118
Schallgeschwindigkeit 118
Schallintensität 65, 118, 271
- Referenzintensität 65

Schallintensitätsdichtepegel 317
Schallpegel
- absoluter 65
- Definition 65
- Referenzschalldruck 65
- schädlicher 244
- und Tonhöhe 329

Schallplatte 49
- Seitenschrift 49
- Tiefenschrift 49

Schallquelle
- im Sprechorgan 185, 188
- Klassen 6
- Wahrnehmung der Position 228

Schallreflexion 139, 223
- an großer Wand 139
- und Kammfiltereffekt 325
- Wandabsorption 140, 144

Schallschnelle 118
- einer Punktquelle vor einer Wand 142
- im ebenen Schallfeld 122
- im Quaderraum 147

Schallsignal
- im Quaderraum 145
- Übertragung durch zylindrisches Rohr 124–125
- und Typ der Schallquelle 6, 7

Schallwand 47
Schlagtonhöhe 308
Schmalbandrauschen 265, 273, 277, 280, 302, 306, 318, 324, 325, 327
- Intensitätsunterschiedsschwelle 273

Schnelle 61
Schwankungsstärke 283, 292
- Existenzbereich 293
- und Modulationsfrequenz 296
- und Schallereignis 293
- und Schwankungsamplitude 296

Schwebung 313
- [CD 7–9] 430
- binaurale 292
- sekundäre 295
- und Mithörschwelle 319

- und Tonhöhe 325
- von Klaviertönen 221
- zweier Sinustöne 297

Schwellenkriterium
- für Unterschied im Modulationsgrad 291
- prothetischer Empfindungsgrößen 19

Schwellenquotient 19, 20, 275, 291
Schwingspule 45
Schwingungsgeber 151
Schwingungsgröße 63
- als Informationsträger 5
- Berechnung mit Operatormethode 69
- Flußgröße 64, 118
- kausale 70
- komplementäre 118, 119
- Potentialgröße 64, 118

Seitenloch 37
- und Klang 38

Selbstbeobachtung 11
sensorische Konsonanz 398
sensorisches Wissen 11, 22, 28, 316
SFM siehe sinusförmige Frequenzmodulation
SFM Signal 91
- Teiltondarstellung 91, 92

SFM-Schwelle
- des Sinustones 287
- und Frequenzunterschiedsschwelle 289
- und SAM-Schwelle 288

Signal 6, 61
- amplitudenmoduliertes 88
- Definition 6
- frequenzmoduliertes 90
- in Abtastwerten 84
- kausales 70, 73
- und Information 21

Signalanalyse 78
Signalverbesserung 97
Silbe 183
- und Rhythmus 406

Silbenfrequenz 198
Silbenverständlichkeit bandbegrenzter Sprache 350

Sinnesempfindung
- metathetische 15
- prothetische 16

sinusförmige Amplitudenmodulation 88
sinusförmige Frequenzmodulation 91

Sinuston
- als Bezugsschall der Tonhöhe 312–313
- Ausgeprägtheit der Tonhöhe 312
- Intensitätsunterschiedsschwelle 273, 277

Sonanz 398, 400–401, 403
- Berechnung 401
- und Fluktuation 400
- und Rauhigkeit 400
- und Schärfe 400

Sonanz und Klanghaftigkeit 400
Sondenmikrofon 123
sone 20, 279
spektrale Konturierung 311, 323, 324, 326, 334
Spektralfrequenz 312
Spektralgewichtung 361, 362
Spektralprofil 382
Spektraltonhöhe 311
- Abschätzung der Hörbarkeit 321
- Akzentuierung 327
- als Entsprechung der Kontur 24, 373
- binaurale Fusion 338
- der Teiltöne von Klängen 334
- Einfluß der Dauer 335
- Einfluß des Amplitudenverlaufs 335
- Einfluß von Zusatzschall 330
- Gewicht 351
- im Schwellenbereich 316
- in Klängen 319–321
- in Vokalen 323
- in weißem Rauschen 323
- kontralateraler Einfluß 335
- Oktavabweichung 340
- Pegeleinfluß 329
- Prägnanz 322, 361
- Quintabweichung 343
- Tonschwelle 316
- und Klangfärbung 324, 325
- und Klanggestalt 378
- von Bandpaßrauschen 324
- von dichotischem Geräusch 326
- von Kammfilter-Rauschen 325, 326
- von Sinuston und Schmalbandrauschen 325
- Wahrnehmbarkeit in HKT 320, 321

Spektraltonhöhen-Muster 361
- als Informationsträger 25
Spektraltonhöhen-Zeitmuster 369
spezifische Lautheit 281
Spiegelschallquelle 139, 143

- Koordinaten für Quaderraum 144
- Schallfluß für Quaderraum 144
Spielmechanik 37
SPINC-Funktion 262–264
- Formel 263
- und Bark-Funktion 263
SPINET-Verfahren 367
Sprache *siehe* Lautsprache
Spracherwerb 374
Sprachlaut 183
Sprachsignal
- akustische Leistung 198
- aus wenigen Sinustönen 378
- der Frikativlaute 197
- der Nasallaute 196
- der Plosivlaute 198
- der Vokale 188, 194, 195
- des Schwa-Lauts 189
- Intensität 198
- Spektralfrequenzbereich 200
- zeitliche Invertierung 382
- zeitliche Struktur 198
Sprachverständlichkeit 350
- bei nichtlinearer Verzerrung 6
Sprechorgan 31–33
- PES 184
- Vokaltrakt 123
Sprungantwort
- der idealen Saite 214–215
- des Klarinettenrohres 206
- einer Punktquelle im Quaderraum 145
- einer Punktquelle vor einer Wand 141
Stapedius 55
Stapes 55
Stereozilium 57, 58
- Auslenkung 235
Stevens'sches Gesetz 18
Stimme 6, 7
- akustische Diskrepanz 374
- Frequenzlage 32
Stimmlippe 31, 185
Stimmlippen-Oszillationsfrequenz 32, 188, 198
Stimmritze *siehe* Glottis
Stimulus
- Aspekte 15
- im Potenzgesetz 16
Strahlungsimpedanz
- an Mund und Nase 185, 188
- des Kreiskolbenstrahlers 137
- des Kugelstrahlers 128

Streichinstrument
- als Schallquellentyp 6
- Anregung 211
- Anstreichvorgang 42
- Bogendruck 212
- Bogengeschwindigkeit und Amplitude 212
- Cello 41
- Gleitreibung 42
- Haft- und Gleitphase der Saite 212
- Haftreibung 42
- individuelle Eigenschaften 214
- Kontrabaß 41
- reguläre Schwingung 212
- Richtcharakteristik 43
- Viola 41
- Violine 41

Stria vascularis 236
Struve'sche Funktion H_1 137
Subharmonic Summation 367
subharmonische Koinzidenzdetektion 361–364, 405
Subharmonischen-Schablone 362
- Veränderbarkeit 366
subjektive Abbildung 10
subjektive Verstimmung von Tonintervallen 338
Subjektivität 3
- und Zuverlässigkeit 12, 13
- von Konturen 26
Sukzessivintervall
- Erkennung 392
Systemantwort 67
Systemfunktion 70, 73, 76
- Definition 70
- des realen elektromechanischen Wandlers 112
- konjugiert komplexe 70
Systemtheorie 5

Tastenmechanik 40
Tauchspule 45, 178
Teilton 86, 92
- Akzentuierung 327
- als Komponente 8
- harmonischer 6
Teiltonanalyse 96
Teiltondarstellung
- des SAM Signals 88
- des SAM Sinustones 89
- des SFM Signals 91
Teiltonfusion 327, 415
Teiltonsynthese 92, 93, 95, 187, 382

Teiltonzeitmuster 96, 200
- Beispiel 25, 200
- Resynthese 96
- und Datenreduktion 97
- und Klangwahrnehmung 97
- und Objektanalyse 97
- und Signalverbesserung 97
- und Tonhöhentheorie 361
Tektorialmembran *siehe* Deckmembran
temperierte Stimmung 203
Temporary Threshold Shift 244
Theorie
- der Absolutschwelle 19
- der auralen Kombinationstöne 239
- der Basilarmembranschwingung 232
- der Cochlea 238
- der elektrischen Zweitore 75
- der FM-Schwelle 291
- der homogenen Zweidrahtleitung 123
- der Intensitätsunterschiedsschwelle 274–276
- der Klarinette 205–208
- der Lautheit 280–283
- der linearen Systeme 5, 6, 61
- der Rauhigkeit 298–300
- der Schärfe 302–303
- der Schwankungsstärke 300
- der Tonhöhe 359–366
- der Vokale 188, 191
- des Kreiskolbenstrahlers 134
- des Kugelstrahlers 127–128
Tief-Hoch-Dimension 24
- und Fourier-Spektrum 79
Tinnitus 239
Ton 86, 202, 375
- absolute Erkennung 385–388
- Ähnlichkeit 395
- angenähert harmonischer 218
- Dauerton 242
- Definition 201
- der Orgelmixtur 311
- geringharmonischer 219
- harmonischer komplexer 217, 309
- komplexer 217
- Teiltonspektrum 217
- Tonhöhe 313
- Tonimpuls 242
- von Musikinstrumenten 384
Tonalität 403, 404
- der Hörempfindung 309

Tonartencharakter 388
Tonartenerkennung 388–391
- und absolutes Gehör 391
Tonband
- Geschwindigkeit 51
- Material 50
Tonheit 264, 266, 278
- Formeln 266
Tonhöhe
- [CD 29–30] 436–437
- als Entsprechung der Kontur 15, 24
- Ausgeprägtheit 305–306
- beim Telefonieren 315
- binaurale Fusion 338
- des Oktavklanges 376
- Gedächtnis 385
- hierarchische Ordnung 311
- in der Musik 202
- in geflüstertem Vokal 324
- interaurale 326, 327
- Mehrdeutigkeit 201, 313–316
- Oktavabweichung 340
- Oktavlage 201
- operationale Definition 312
- Paradoxon von Risset/Schroeder 377
- Prägnanz 304
- Sinuston als Bezugsschall 312–313
- und Fourier-Spektrum 307
- und Klangfärbung 324
- und Klangfarbe 374, 375
- und Oszillationsfrequenz 314
- und Periodizität 307, 308, 310
- von AM Breitbandrauschen 346
- von gepulstem Breitbandrauschen 308
- von Glocken 308
- von HKT 313–316
- von Orgelmixtur 311
Tonhöhenabweichung
- [CD 11–12] 431
- Additivität 338
- bei HKT 353
- durch kontralateralen Schall 335
- durch Pegel 329–330, 354–356
- durch Zusatzschall 330–335, 356
- in Klängen 334
- interindividueller Unterschied 343
- und Theorie der Tonhöhe 365, 366
- von Harmonischen 334
Tonhöhenempfindung *siehe* Tonhöhe
Tonindex 202
Tonintervall

- [CD 10] 430
Tonkategorie 378, 387
Tonleiter 201, 202
- chromatische 202, 203
Tonotopie 58
- im auditorischen Cortex 310
Tonschwelle 316, 322, 362
Tonsystem 202, 203
- Frequenzmaß 204
- Frequenzzuordnung 203
- Intonation 203
- nominelle Frequenz 203
- Spreizung der Intonation 220
- temperierte Intonation 203
- Tonindex 202
Tonverwandtschaft 395
- Erklärung 397
Trachea 31, 185
Trägersignal 88, 90
- Teiltonsynthese 88
Transmissionsfunktion 125
Trennung
- akustischer Objekte 417
- von Ereignisketten 371
Tribar 22
Trillerschwelle 416–418
Tritonus-Paradoxon 376
Trommel 219
Trommelfell 55
- Impedanz 166
Trompete 34, 209
- Naturtöne 210
- Rohrimpedanz 209
TTS *siehe Temporary Threshold Shift*
Tuningkurve 240, 241
- mit Pulsationsmethode 414
- Nachbildung mit PET-System 256–257
- neurophysiologische 256
- psychoakustische 257, 319
- Resonanzüberhöhung 257

Überblasen 36
Übertragungsfaktor 70
Übertragungsfunktion 70
- bei Schallreflexion an einer Wand 142
- Definition 70
- der Cochlea 239, 241
- der Mikrofone 172
- der Mikrofontypen 181–182
- der Nasallaute 196
- des dielektrischen Druckmikrofons 180

- des dielektrischen Gradientenmikrofons 180
- des druckempfangenden Mikrofons 177
- des elektrodynamischen Druckmikrofons 178
- des elektrodynamischen Gradientenmikrofons 178
- des elektrodynamischen Lautsprechers 154
- des elektromagnetischen Druckmikrofons 180
- des elektromagnetischen Gradientenmikrofons 180
- des elektromechanischen Schwingungsgebers 113
- des Gehörganges 229
- des Gradientenmikrofons 175, 176, 178
- des Innenohres 231
- des Kopfhörers 164, 166–169, 171
- des Lautsprechers 151, 157–159, 161
- des mechano-elektrischen Kraftwandlers 114
- des Mittelohres 230
- des piezoelektrischen Druckmikrofons 179
- des piezoelektrischen Gradientenmikrofons 179
- des Schallwandlautsprechers 152, 153, 155
- des Schwa-Lauts 189
- des Vokaltrakts 188
- im PET-System 248
- im Quaderraum 146
- interaurale 226
- konjugiert komplexe 70

Umkehrmatrix 77
Unbestimmtheit der Ohrsignale 10–11, 13, 315, 316
ungestörte Überlagerung 10
Unterschiedsschwelle
- der Frequenz des Sinustones 261
- der Frequenz von HKT 352
- für Schallfluktuation 291
- und Absolutschwelle 19
- und Empfindungsfunktion 17
- und Potenzgesetz 18
- und prothetische Empfindungsgröße 16

Velum 31, 188
Verdeckung 265
- [CD 1–2] 428
- durch Schmalbandrauschen 318
- durch Sinuston 318
- durch weißes Rauschen 317
- Phaseneinfluß 380
Verhältnisschätzung 16, 297
- der auditiven Dauer 410
Verkettung
- Kriterien 420
- musikalischer Töne 419
- und Ereignisintervall 417
- von auditiven Ereignissen 370
- von oktavversetzten Tönen 419
- von Sinus- und HKT-Folgen 419
- von Sinustönen 417–418
Verschiebungsregel der CFT 74, 427
Verschlußlaut siehe Plosivlaut
Verständlichkeit periodisch unterbrochener Sprache 412
Verzerrung
- lineare 66
- nichtlineare 6
Vibraphon 219
Vierpol 75
Violine
- Baßbalken 42, 43
- Stimmstock 43
virtuelle Kontur 26, 311
virtuelle Tonhöhe 311, 315
- [CD 20–22] 434
- Abweichungen 353
- als Subharmonische 348, 349, 363
- Ausgeprägtheit 345
- des SAM Sinustones 347
- dichotische 345
- eines Sinustones 349
- Einfluß von Zusatzschall 356
- Existenzbereich 345, 346
- Gewichtung relativ zur Spektraltonhöhe 365
- im auditorischen Cortex 310
- ITD 357
- Lerneffekte 365
- Mehrdeutigkeit 348
- mit Wechselklängen [CD 24–25] 435
- Oktavabweichung 358
- Pegeleinfluß 354
- Phaseneinfluß 345
- Theorie 360
- und Akkord-Grundton 398
- und Harmonische 352
- und Klangfarbe 353–354
- und Stimme 345

- und virtuelle Kontur 345
- Unterschiedsschwelle 351
- von HKT 355
- von SAM Sinuston 348
- von Sinus-Zweiklängen 349
- von Sukzessivtönen 345
- Zusammenhang mit Spektraltonhöhe 346, 349, 352, 356, 358

Vokal
- Erkennung 383
- FTT-Spektrum 87
- geflüsterter 324, 373, 377
- gesungener 383
- PES der Erzeugung 188
- Schallabstrahlung 188
- Schalldruck-Frequenzfunktion 194
- Schallsignal 188
- Schwa-Laut 189
- spektrale Hüllkurve 195
- Teiltonspektrum 195
- Trennung 384
- Wahrnehmung 377

Vokalidentität 373, 383
Vokalqualität 383
Vokalqualität von Sinustönen 377

Vokaltrakt
- Frequenzgang 190, 194
- Kettenmatrix 191, 192
- Querschnitt 191
- Rohrmodell 191
- Schallausbreitung 186
- Schallquellen 187
- Übertragungsfunktion 188, 192, 193
- Übertragungsfunktion des Schwa-Lauts 190
- und ebene Welle 123

Volume Velocity siehe Schallfluß

Volumen 300–301
- und Darbietungsdauer 301
- von Sinustönen 301

Wahrnehmung
- als sensorische Größe 11
- im Dreiweltenkonzept 2, 3
- und neuronale Aktivität 11
- von Unterbrechungen 414
- Zuverlässigkeit 13

Wandabsorption 140
Wandler 46, 47, 49, 02
- dielektrischer 107
- elektrodynamischer 105
- elektromagnetischer 109
- elektromechanischer 102

- elementarer 99
- magnetfeldabhängiger 63
- mit Gyratoreigenschaften 64
- piezoelektrischer 106
- realer 111

Weber und Fechner 15–17
Weber'sches Gesetz 17, 274–276, 291
weißes Rauschen 323, 372
- Einfluß auf Tonhöhe 332
- Intensitätsunterschiedsschwelle 272
- Segmentwiederholung 324

Wirkleistung
- des Kreiskolbenstrahlers 138
- des Kugelstrahlers 128

Wohlklang 400
- sensorischer 402

Xylophon 219

Zeit
- als Gestaltdimension 371
- in doppelter Funktion 371

Zeitauflösung
- auf dem akustischen Nerv 236
- des Gehörs 10
- eines Fourier-Analysators 82

zeitvariante Fourier-Transformation 79

Zerfall
- bei Pegelunterschieden 418
- einer Ereigniskette 370
- einer Tonkette 416
- von Sinustonketten 417
- von Tonketten mit Oktavsprüngen 419

Zustandsgleichung 118
Zweitorsystem 62, 75
- Ausgangsimpedanz 77
- Definitionen 62
- Eingangsimpedanz 77
- Energieflußrichtung 64
- Gyrator 77, 106, 111
- homogenes 62
- inhomogenes 62, 63
- Kettenmatrix 76
- Reziprozität 77
- Systemfunktionen 75
- Systemgleichungen 75
- Übertragungsfunktion 78
- Übertragungssymmetrie 77
- Umkehrmatrix 76
- Widerstandssymmetrie 77

Zwicker'scher Nachton 328

Druck: Druckhaus Beltz, Hemsbach
Verarbeitung: Buchbinderei Schäffer, Grünstadt